中天实训教程

五轴加工中心操作与编程——应用篇

编审委员会

（排名不分先后）

本书编写人员

主　　编　贺琼义
副主编　康晓崇
编　　者　贺琼义　康晓崇　王传龙　赵　聪　张海涛
许文凯
审　　稿　吴立国

中国劳动社会保障出版社

图书在版编目(CIP)数据

五轴加工中心操作与编程．应用篇/贺琼义主编．—北京：中国劳动社会保障出版社，2017

中天实训教程

ISBN 978－7－5167－3192－5

Ⅰ．①五…　Ⅱ．①贺…　Ⅲ．①数控机床-车床-操作-教材②数控机床-车床-程序设计-教材　Ⅳ．①TG519．1

中国版本图书馆 CIP 数据核字(2017)第 263447 号

中国劳动社会保障出版社出版发行

（北京市惠新东街 1 号　邮政编码：100029）

*

北京北苑印刷有限责任公司印刷装订　　新华书店经销

787 毫米×1092 毫米　16 开本　29．5 印张　556 千字

2017 年 10 月第 1 版　　2017 年 10 月第 1 次印刷

定价：78．00 元

读者服务部电话：（010）64929211/84209103/84626437

营销部电话：（010）84414641

出版社网址：http://www.class.com.cn

前言

为加快推进职业教育现代化与职业教育体系建设，全面提高职业教育质量，更好地满足中国（天津）职业技能公共实训中心的高端实训设备及新技能教学需要，天津海河教育园区管委会与中国（天津）职业技能公共实训中心共同组织，邀请多所职业院校教师和企业技术人员编写了“中天实训教程”丛书。

丛书编写遵循“以应用为本，以够用为度”的原则，以国家相关标准为指导，以企业需求为导向，以职业能力培养为核心，注重应用型人才的专业技能培养与实用技术的培训。丛书具有以下一些特点：

以任务驱动为引领，贯彻项目教学。将理论知识与操作技能融合设计在教学任务中，充分体现“理实一体化”与“做中学”的教学理念。

以实例操作为主，突出应用技术。所有实例充分挖掘公共实训中心高端实训设备的特性、功能以及当前的新技术、新工艺与新方法，充分结合企业实际应用，并在教学实践中不断修改与完善。

以技能训练为重，适于实训教学。根据教学需要，每门课程均设置丰富的实训项目，在介绍必备理论知识基础上，突出技能操作，严格实训程序，有利于技能养成和固化。

丛书在编写过程中得到了天津市职业技能培训研究室的积极指导，同时也得到了河北工业大学、天津职业技术师范大学、天津中德应用技术大学、天津机电工艺学院、天津轻工职业学院以及海克斯康测量技术（青岛）有限公司、ABB（中国）有限公司、天津领智科技有限公司、天津市翰本科技有限公司的大力支持与热情帮助，在此一并致以诚挚的谢意。

由于编者水平有限，经验不足，时间仓促，书中的疏漏在所难免，衷心希望广大读者与专家提出宝贵意见和建议。

编审委员会

内容简介

本书主要通过加工实例学习 DMU 60 monoBLOCK 五轴加工中心的操作和 PowerMILL 软件的使用。本书的特点是将操作技能和理论知识有机结合，以实用、够用为宗旨，采用大量实例，图文并茂，形象直观，语言通俗易懂，力求使读者在较短的时间学到实用的五轴加工技术。

本书的主要内容包括五轴加工基础实例、五轴定位加工实例、五轴联动加工实例。

本书为职业院校、技师学院和技校等各类院校数控多轴加工的通用教材，而且也可以作为职业培训和在岗工程技术人员的培训教材。

目 录

项目一

五轴加工基础实例

任务1 PowerMILL软件编程基础

【任务描述】

本任务通过肥皂盒凹模加工实践案例编程过程，主要介绍PowerMILL软件编程的基本步骤，如输入模型，输出模型，建立毛坯和刀具，设置进给率和转速、快进高度、开始点和结束点、切入/切出和连接等，要求学生初步掌握PowerMILL软件的编程过程和编程方法。

【任务分析】

图1—1—1所示为肥皂盒凹模图样。根据图样中的相关信息，对塑料模具型腔进行数控编程，粗加工肥皂盒凹模型腔部分单边预留0.2 mm余量，精加工直接达到图样尺寸。

【相关知识】

PowerMILL是一种专业的数控加工编程软件，由英国Delcam Plc公司研制开发而成。Delcam Plc公司是世界领先的专业化CAD/CAM软件公司，其软件产品适用于具有复杂形体的产品、零件及模具的设计与制造，广泛应用于航空航天、汽车、船舶、内燃机、家用电器、轻工产品等行业，尤其对塑料模、压铸模、橡胶模、锻模、大型覆盖件冲压模、玻璃模具等的设计与制造具有明显的优势。

Delcam Plc公司是当今世界唯一拥有大型数控加工车间的CAD/CAM软件公司，所有

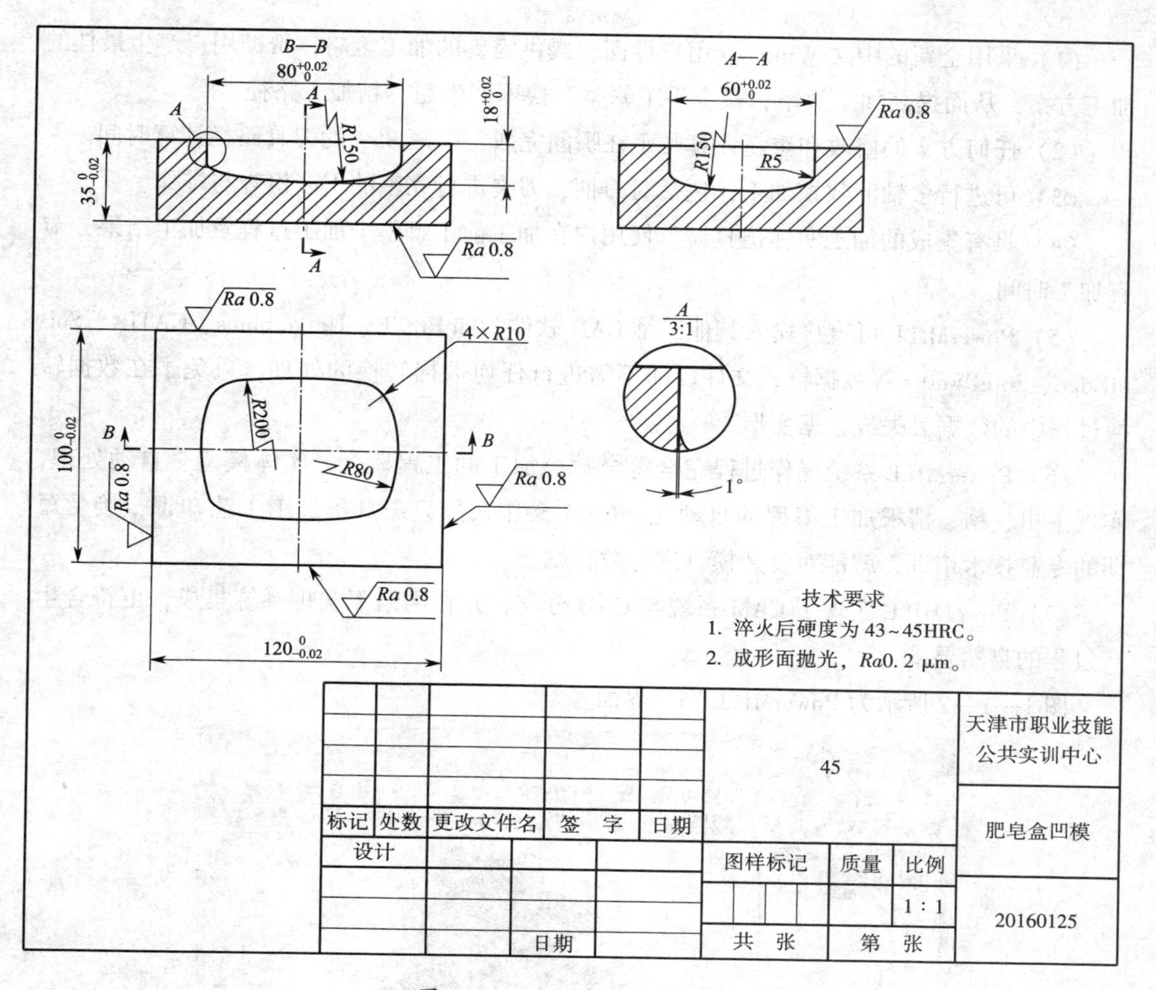

图 1—1—1　肥皂盒凹模图样

的软件产品都在实际生产环境中经过了严格的测试，使得其最能理解用户的问题与需求，提供从设计、制造、测试到管理的全套产品，并为客户提供符合实际的集成化解决方案。

Delcam Plc 公司的产品主要包括 PowerSHAPE（面向加工的三维设计系统）、PowerMILL（最先进的 CAM 加工软件）、PowerINSPECT（复杂三维零件检测）、CopyCAD（由数字化数据产生复杂曲面）、ArtCAM Pro（三维浮雕和 CNC 浮雕）。

PowerMILL 是世界上著名的功能最强大、加工策略最丰富的数控加工编程软件系统，同时也是 CAM 软件技术最具代表性、增长率最快的加工软件。它是独立运行的、智能化程度最高的三维复杂形体加工 CAM 系统，实现了 CAM 系统与 CAD 分离，在网络下完成一体化集成，更能适应工程化的要求，代表着 CAM 技术最新的发展方向。总的来说，PowerMILL 有以下特点和优势：

（1）采用全新的中文 Windows 用户界面，提供完善的加工策略，帮助用户产生最佳的加工方案，从而提高加工效率，减少手工修整，快速产生粗、精加工路径。

（2）任何方案的修改和重新计算几乎在瞬间完成，缩短 85%的刀具路径计算时间。

（3）可进行多轴的数控加工，包括对刀柄、刀夹进行完整的干涉检查与排除。

（4）具有集成的加工实体仿真，方便用户在加工前了解整个加工过程及加工结果，节省加工时间。

（5）PowerMILL 可直接输入其他三维 CAD 软件，如 Pro/E、Unigraphics、CATIA、SolidEdge、SolidWorks 等数据格式文件，而不需进行任何数据转换的处理，避免了在数据转换过程中的数据丢失或数据变形。

（6）PowerMILL 系统操作过程完全符合数控加工的工程概念，实体模型全自动处理，实现了粗、精、清根加工编程的自动化，CAM 操作人员只需具备加工工艺知识，接受短期的专业技术培训，就能对复杂模具进行数控编程。

（7）PowerMILL 实现了 CAM 系统与 CAD 分离，并在网络下实现系统集成，更符合生产过程的自然要求。

图 1—1—2 所示为 PowerMILL 用户界面。

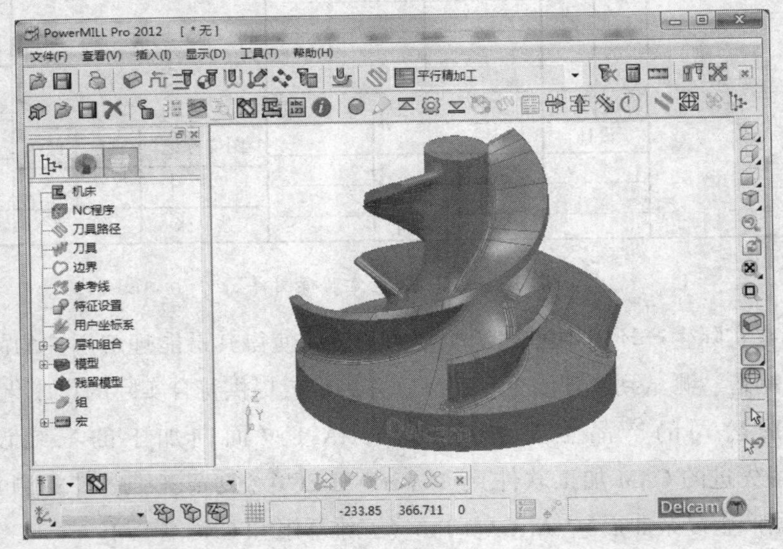

图 1—1—2　PowerMILL 用户界面

【任务实施】

按零件图样加工要求，制定肥皂盒凹模型腔数控加工工艺；编制加工程序；完成加工仿真，根据不同数控系统产生相对应的 NC 程序。

一、制定加工工艺

1. 零件结构分析

肥皂盒凹模结构比较简单，主要由底部的圆弧曲面和起模斜度为1°的侧壁及它们之间的圆角过渡曲面构成。经过对零件的分析，可知零件上最小的内圆弧半径为5 mm，所以在进行精加工编程时选择的刀具直径不能大于10 mm。

2. 毛坯选用

选用45钢毛坯，尺寸为120 mm×100 mm×35 mm。在数控加工型腔曲面前已经完成了120 mm×100 mm×35 mm尺寸的加工及淬火处理工艺。

3. 制定加工工序卡

零件采用三轴曲面加工方式，夹具采用精密机床用平口虎钳（以下简称精密平口钳），遵循先粗加工后精加工的原则。粗加工采用“模型区域清除”加工策略，“公差”设置为0. 1 mm。半精加工采用“最佳等高精加工”加工策略，“公差”设置为0. 05 mm。精加工采用“最佳等高精加工”加工策略，“公差”设置为0. 01 mm。肥皂盒凹模型腔加工工序卡见表1—1—1。

二、编制加工程序

图1—1—3所示为肥皂盒凹模数字模型。

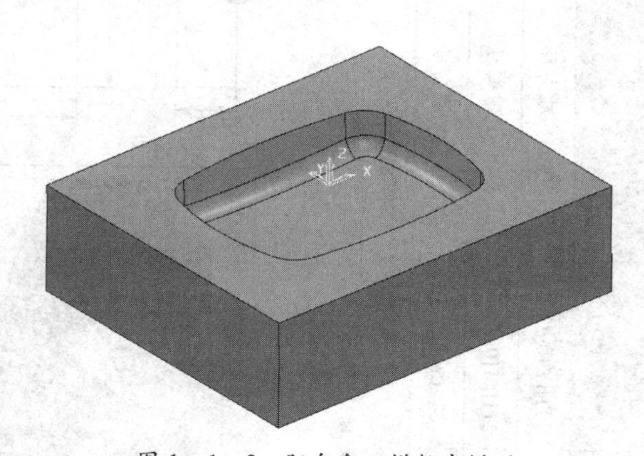

图1—1—3　肥皂盒凹模数字模型

1. 模型输入

单击下拉菜单“文件”→“输入模型”命令，弹出如图1—1—4所示的“输入模型”对话框，在此对话框内选择并打开本书光盘中的模型文件“肥皂盒凹模 . dgk”，然后单击用户界面最右边“查看工具栏”中的“ISO1”按钮，接着单击“查看工具栏”中的

表 1—1—1

肥皂盒凹模型腔加工工序卡

五 轴 加 工 程 序 单　　　　页码：

零件号	20160125	编程员		图档路径		机床操作员		机床号	
客户名称		材料	45	工序号	01	工序名称	肥皂盒凹模型腔加工	日期	年　月　日

序号	加工内容	程序名称	刀具号	刀具类型	刀具参数（mm）	主轴转速（r/min）	进给速度（mm/min）	余量（XY/Z）（mm）	装夹刀长*（mm）	加工时间（h）	备注
1	型腔粗加工	1T1BM10-C-01	T1	球头刀	$\phi 10$	1 000	400	0.5/0.5	35		
2	型腔半精加工	2T1BM10-BJ-01	T1	球头刀	$\phi 10$	1 000	400	0.2/0.2	35		
3	型腔精加工	3T2BM8-J-01	T2	球头刀	$\phi 8$	1 200	200	0/0	35		

工件装夹图

Z
X
35
120
100
Y
X

Z 方向	上表面对零
XY 方向	毛坯四周分中

毛坯尺寸	120 mm×100 mm×35 mm
装夹方式	精密平口钳

五轴加工中心操作确认

1	工件定位和程序对上了吗？
2	工件夹紧了吗？找正了吗？
3	分中检查了吗？寻边器、杠杆表好用吗？
4	坐标系、输入数据确认了吗？
5	对刀、刀号、输入数据确认了吗？
6	刀具直径、长度、安全高度确认了吗？
7	加工程序确认了吗？
8	加工前使用 VERICUT 仿真加工了吗？
9	加工前试切削了吗？

*“装夹刀长”是指装夹刀具时刀具伸出刀柄的长度。

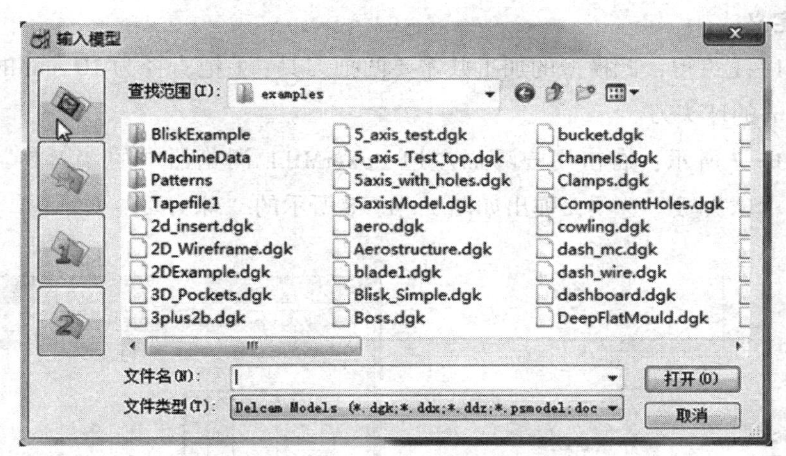

图 1—1—4 “输入模型”对话框

“普通阴影”按钮，即产生如图 1—1—3 所示的肥皂盒凹模数字模型。

2. 毛坯定义

单击用户界面上部“主工具栏”中的“毛坯”按钮，弹出如图 1—1—5 所示的“毛坯”对话框。在图 1—1—5 的“由…定义”下拉列表框中选择“方框”，“坐标系”下拉列表框中选择“世界坐标系”。单击此对话框中的“计算”按钮，然后单击“接受”按钮，则绘图区变为图 1—1—6 所示的定义毛坯后的模型。

图 1—1—5 “毛坯”对话框

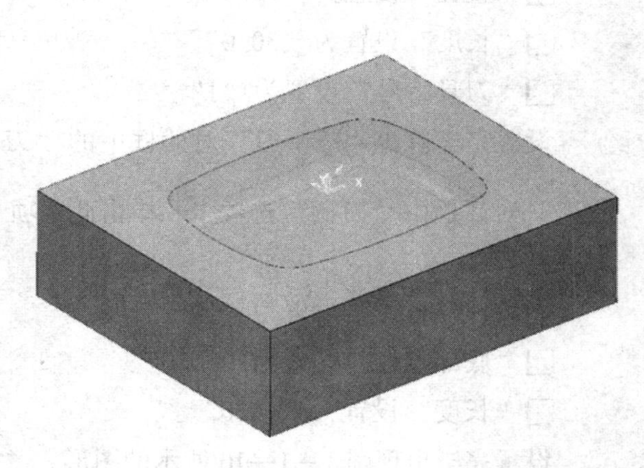
图 1—1—6 定义毛坯后的模型

3. 刀具定义

由表 1—1—1 可得，此模型的加工共需要两把刀具：1 把直径为 10 mm 的球头刀和 1 把直径为 8 mm 的球头刀。

如图 1—1—7 所示，右击用户界面左边 PowerMILL 浏览器中的“刀具”，依次选择“产生刀具”→“球头刀”选项，弹出如图 1—1—8 所示的“球头刀”对话框。

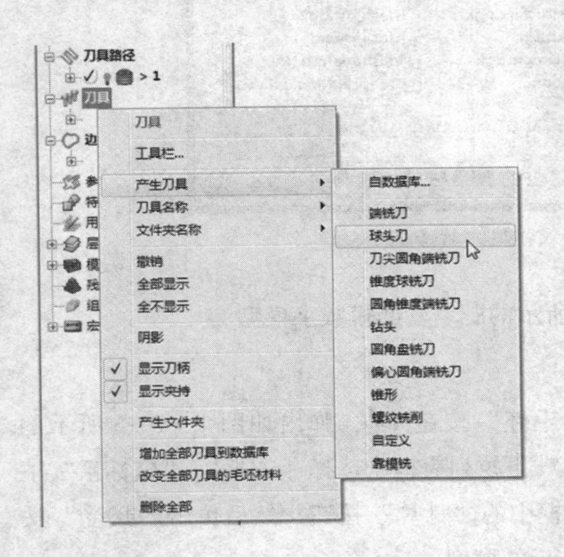

图 1—1—7 球头刀的选择

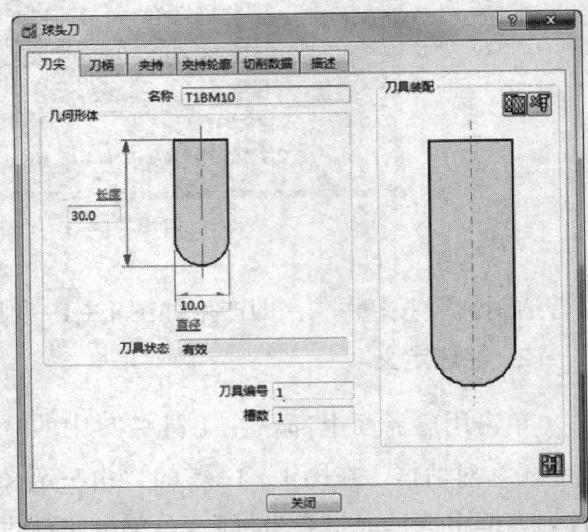

图 1—1—8 “球头刀”对话框

在此对话框中的“刀尖”选项卡中设置如下参数：

❑“名称”改为“T1BM10”。

❑“直径”设置为“10. 0”。

❑“长度”设置为“30. 0”。

❑“刀具编号”设置为“1”。

设置完毕单击“球头刀”对话框中的“刀柄”标签，弹出如图 1—1—9 所示的“球头刀”对话框中“刀柄”选项卡。单击此选项卡中的按钮，并在此选项卡中设置如下参数：

❑“顶部直径”设置为“10. 0”。

❑“底部直径”设置为“10. 0”。

❑“长度”设置为“40. 0”。

设置完毕出现图 1—1—10 所示的图形。

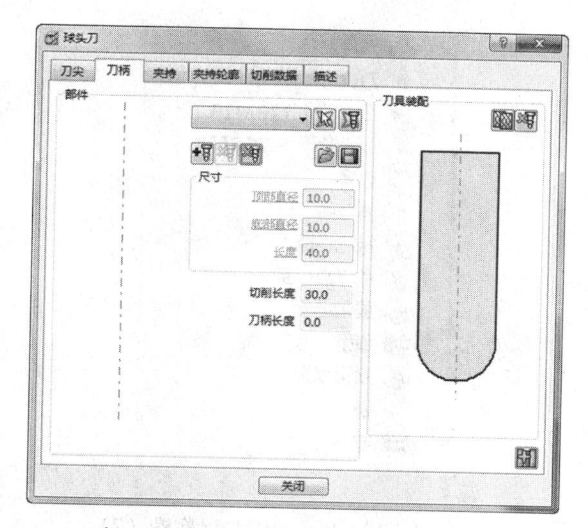

图 1—1—9 “刀柄”的选择

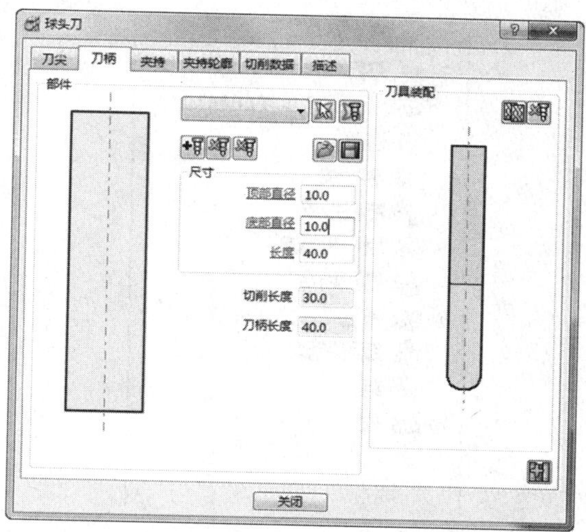

图 1—1—10 “刀柄”的设置

单击“关闭”按钮。此时在用户界面左边的 PowerMILL 浏览器中将显示刚才设置的刀具，如图 1—1—11 所示。

上述步骤完成了粗加工及半精加工所用刀具的设置。精加工使用的刀具类型和粗加工相同，只是参数不同。按上述步骤再次打开图 1—1—8 所示的“球头刀”对话框，在此对话框中设置如下参数：

❑“名称”改为“T2BM8”。

❑“直径”设置为“8.0”。

❑“长度”设置为“25.0”。

❑“刀具编号”设置为“2”。

在图 1—1—9 所示“球头刀”对话框的“刀柄”选项卡中设置如下参数：

❑“顶部直径”设置为“8.0”。

❑“底部直径”设置为“8.0”。

❑“长度”设置为“35.0”。

设置完毕再次单击“关闭”按钮，完成精加工所用刀具的设置。此时图 1—1—11 所示的 PowerMILL 浏览器变为图 1—1—12 所示。刀具设置完成后在绘图区出现刀具，如图 1—1—13 所示。

4. 进给率设置

如图 1—1—14 所示，右击用户界面左边 PowerMILL 浏览器“刀具”中的“T1BM10”，在弹出的快捷菜单中选择“激活”，使得在“T1BM10”左边出现符号“>”，

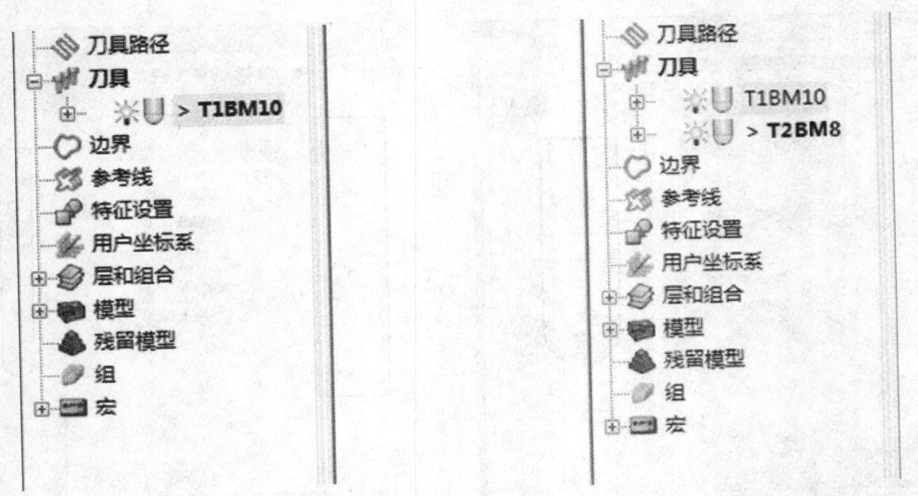

图 1—1—11　PowerMILL 浏览器（1）

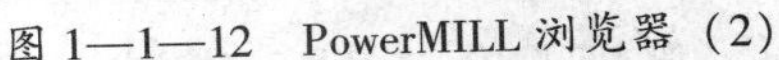
图 1—1—12　PowerMILL 浏览器（2）

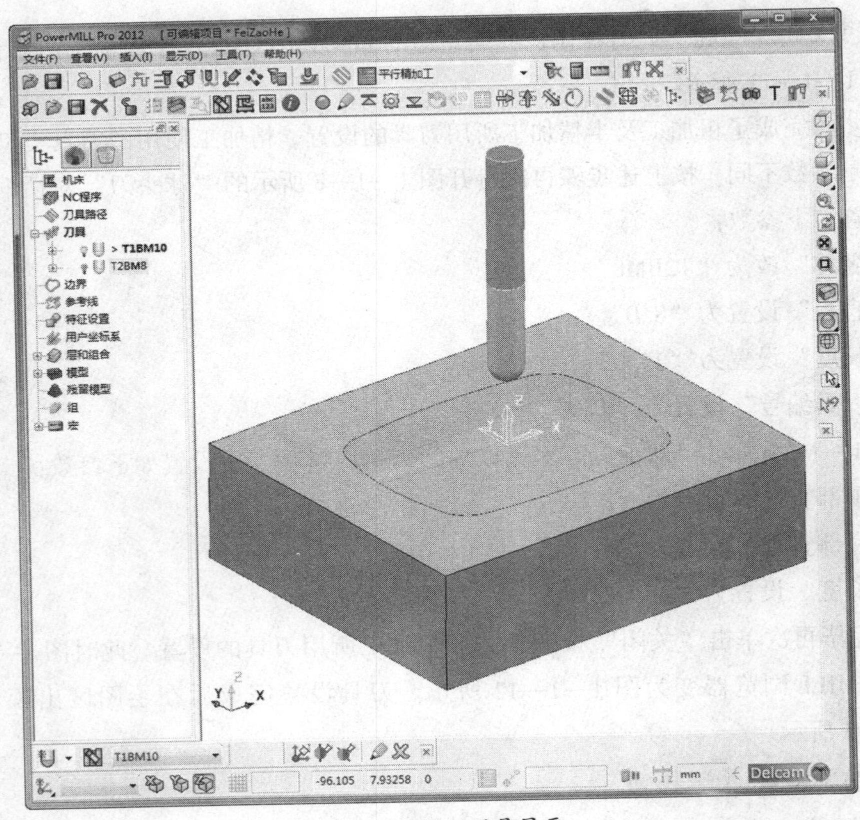

图 1—1—13　刀具显示

这表明“T1BM10”刀具处于被激活状态。

单击用户界面上部“主工具栏”中的“进给率”按钮，弹出如图 1—1—15 所示的“进给和转速”对话框。

在此对话框中按表 1—1—1 中的内容设置如下参数：

❑“主轴转速”设置为“1000.0”。

❑“切削进给率”设置为“400.0”。

❑“下切进给率”设置为“150.0”。

❑“掠过进给率”设置为“6000.0”。

设置完毕单击“接受”按钮，完成粗加工刀具进给率的设置。使用同样方法按表 1—1—1 中的参数设置精加工刀具“T2BM8”的进给率。

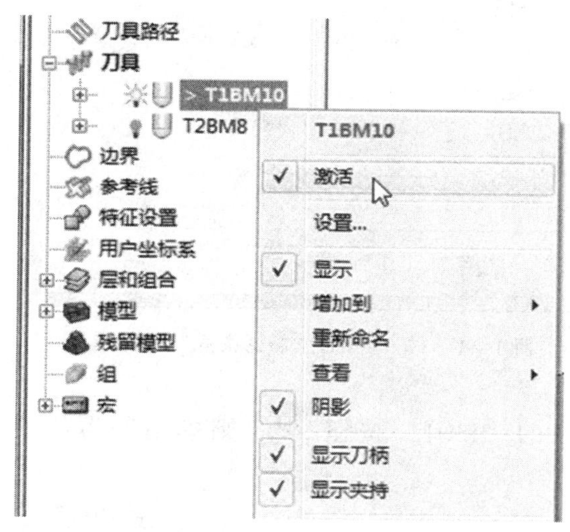

图 1—1—14 激活刀具

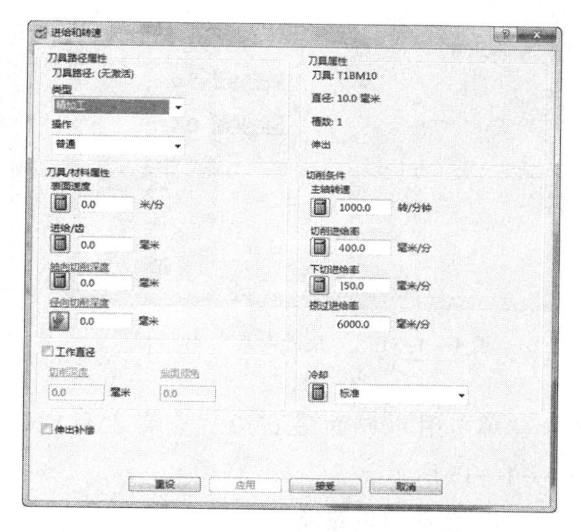

图 1—1—15 “进给和转速”对话框

5. 快进高度设置

单击用户界面上部“主工具栏”中的“快进高度”按钮，弹出如图 1—1—16 所示的“快进高度”对话框。

在此对话框中单击“计算”按钮，然后再单击“接受”按钮，完成快进高度的设置。

6. 加工开始点和结束点的设置

单击用户界面上部“主工具栏”中的“开始点和结束点”按钮，弹出如图 1—1—17 所示的“开始点和结束点”对话框。

在此对话框“开始点”和“结束点”选项卡的“使用”下拉列表框中都选择“毛坯中心安全高度”，单击“接受”按钮，完成加工开始点和结束点的设置。

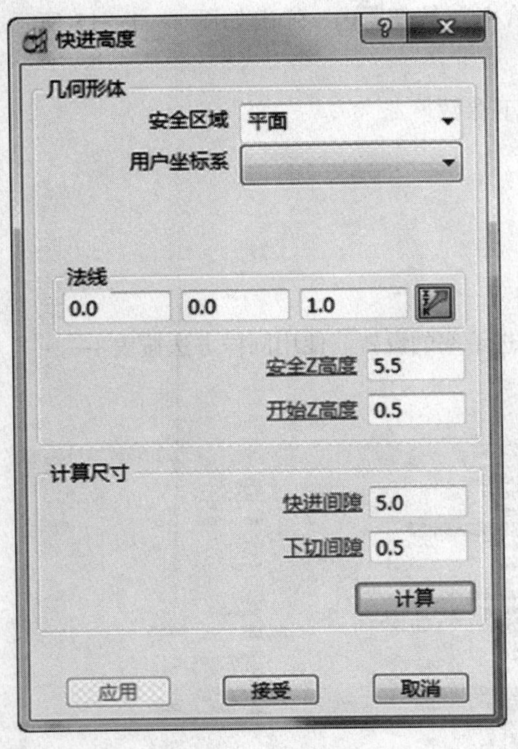

图 1—1—16 “快进高度”对话框

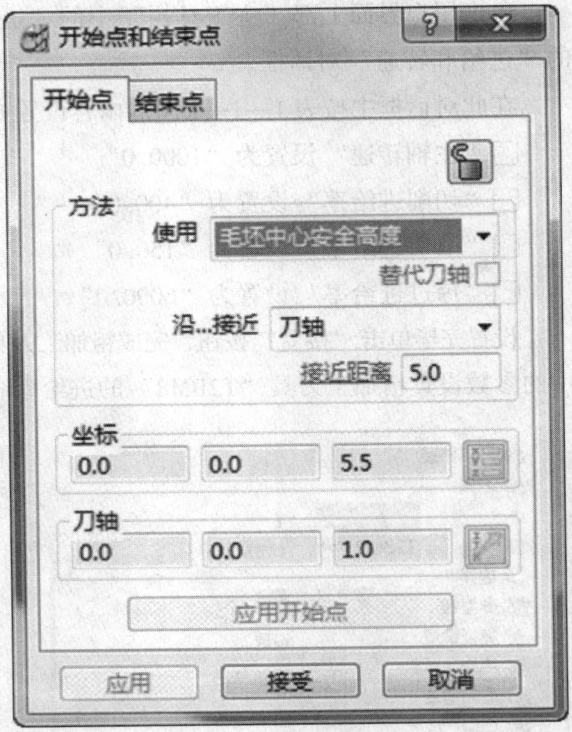

图 1—1—17 “开始点和结束点”对话框

单击用户界面最右边“查看工具栏”中的“ISO1”按钮，则模型变为如图1—1—13所示。

7. 创建刀具路径

由于此模型的加工分为粗加工、半精加工和精加工3个步骤，因此一共将产生3个刀具路径。

（1）粗加工刀具路径的产生

1）建立粗加工边界。如图1—1—18所示，右击用户界面左边PowerMILL浏览器中的“边界”，在弹出的快捷菜单中依次选择“定义边界”→“已选曲面”选项，弹出如图1—1—19所示的“已选曲面边界”对话框。在此对话框中设置如下参数：

□“名称”设置为“T1BM10-01”。

□“公差”设置为“0.1”。

□“余量”设置为“0.5”。

□在“刀具”下拉列表框中选择“T1BM10”。

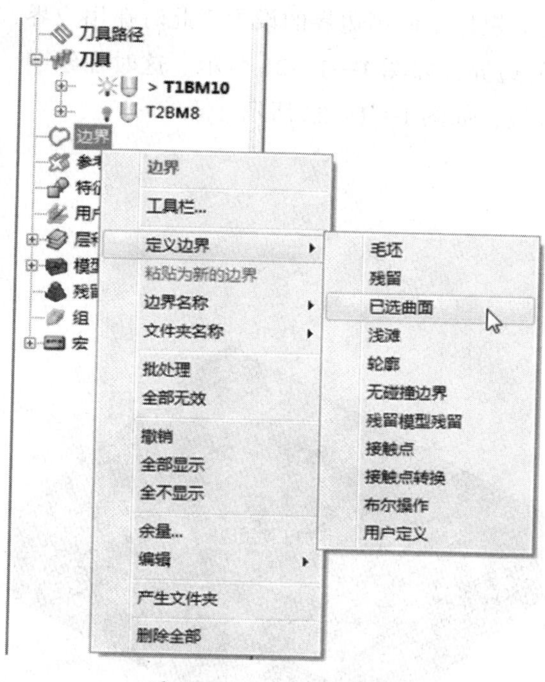

图 1—1—18　边界建立

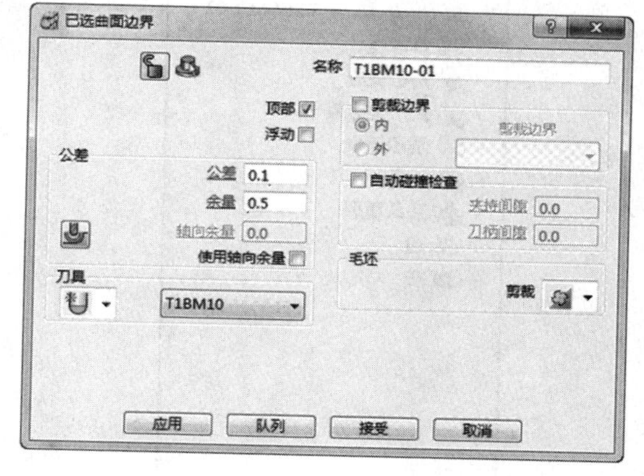

图 1—1—19　“已选曲面边界”对话框

然后在绘图区使用鼠标左键加键盘上的“Shift”按键依次选择肥皂盒凹模型腔曲面，选择结果如图 1—1—20 所示。

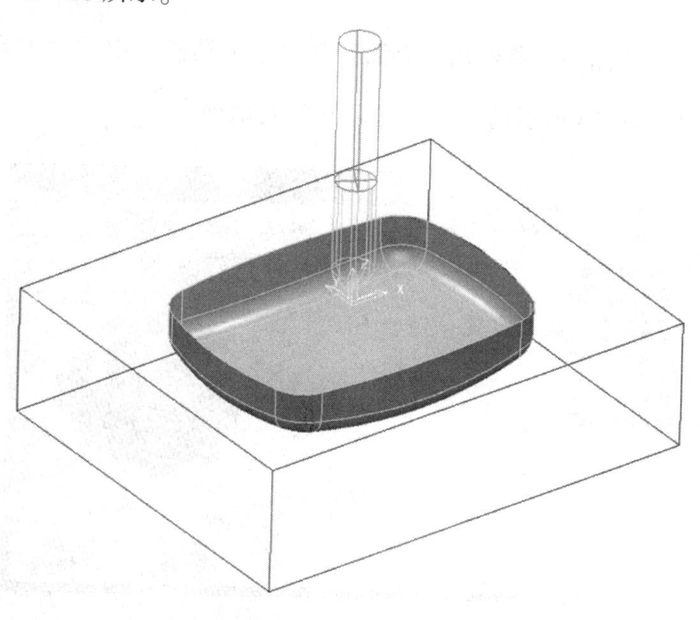

图 1—1—20　肥皂盒凹模型腔曲面选择结果

最后单击“应用”按钮→“接受”按钮，完成粗加工使用边界的设置。此时在用户界面左边的 PowerMILL 浏览器中将显示刚才设置的边界，如图 1—1—21 所示。这时在绘图区域肥皂盒凹模型腔位置处出现一个封闭的边界线，如图 1—1—22 所示。

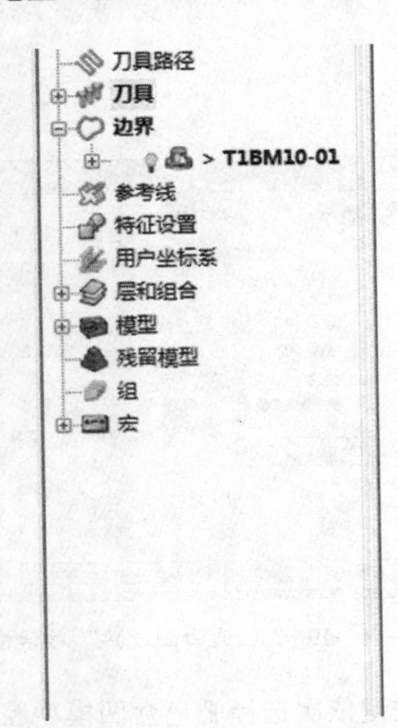

图 1—1—21　PowerMILL 浏览器中出现粗加工边界

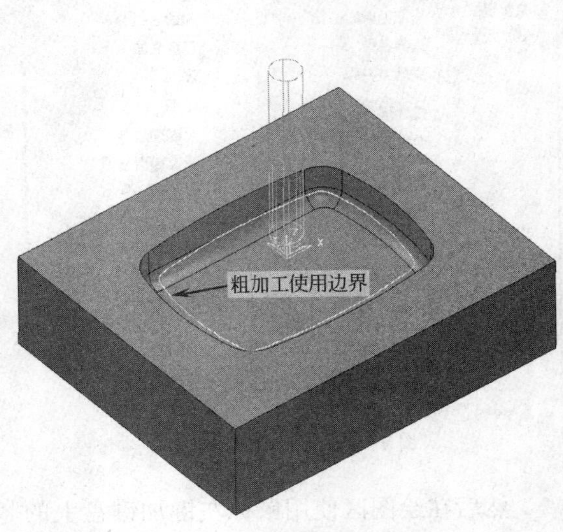

图 1—1—22　粗加工使用边界

2）建立粗加工刀具路径。单击用户界面上部“主工具栏”中的“刀具路径策略”按钮，弹出如图 1—1—23 所示的“策略选取器”对话框。

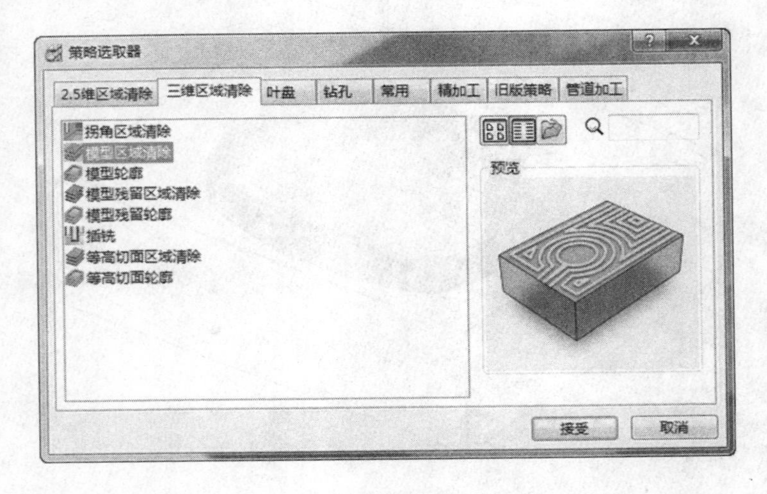

图 1—1—23　“策略选取器”对话框

单击“三维区域清除”标签，然后选择“模型区域清除”选项，如图 1—1—23 所示，单击“接受”按钮，将弹出如图 1—1—24 所示的“模型区域清除”对话框。

图 1—1—24 “模型区域清除”对话框

在“模型区域清除”对话框中设置如下参数：

- ❑“名称”改为“1T1BM10-C-01”。
- ❑ 在“样式”下拉列表框中选择“偏置全部”。
- ❑ 在“切削方向”下拉列表框中选择“顺铣”。
- ❑“公差”设置为“0.1”。
- ❑“余量”设置为“0.5”。
- ❑“行距”设置为“1.5”。
- ❑ 在“下切步距”下拉列表框中选择“自动”，参数设置为“0.75”。

在“模型区域清除”对话框中选择 用户坐标系 标签，在“用户坐标系”下拉列表框中不选择任何坐标系，如图 1—1—25 所示。

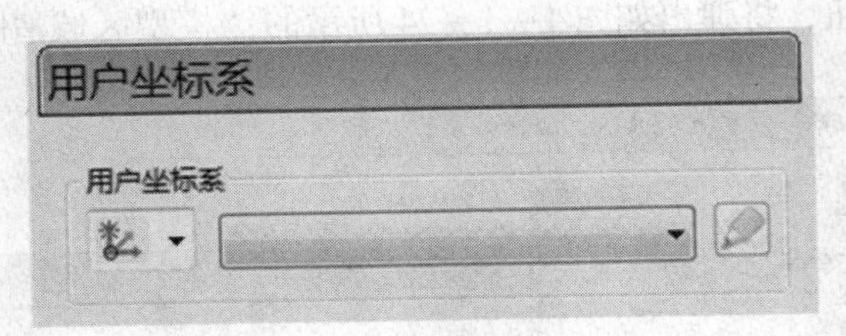

图 1—1—25 “用户坐标系”选择

选择 刀具标签，在刀具选择下拉列表框中选择刀具“T1BM10”，如图 1—1—26 所示。

选择 剪裁标签，在“剪裁”选项卡的“边界”下拉列表框中选择边界“T1BM10-01”，如图 1—1—27 所示。

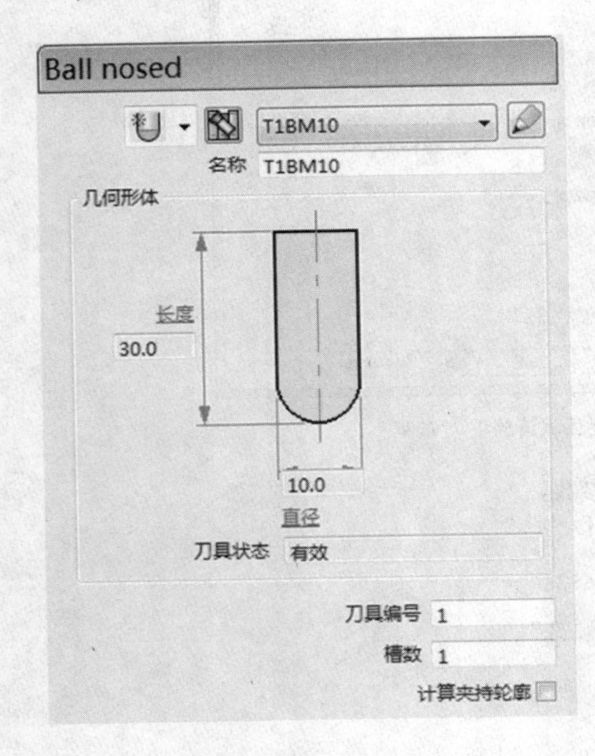

图 1—1—26 刀具选择

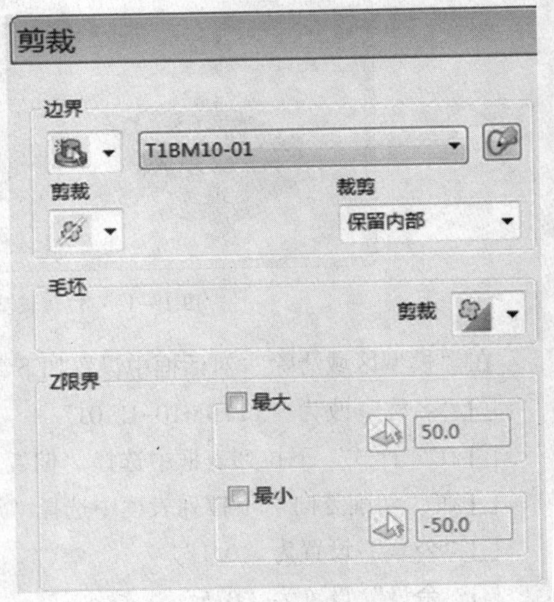

图 1—1—27 粗加工“剪裁”边界选择

选择 偏置标签，在“偏置”选项卡中设置如下参数：

❑ 在“高级偏置设置”中选中“删除残留高度”复选框。

❑ 在“切削方向”下拉列表框中全部选择“顺铣”。

❑ 在“方向”下拉列表框中选择“由内向外”。

设置结果如图 1—1—28 所示。

选择 切入切出和连接 切入 标签中的“切入”标签。在“切入”选项卡的“第一选择”下拉列表框中选择“斜向”。这时可以选择“斜向选项”按钮 斜向选项... ，弹出“斜向切入选项”对话框，在此对话框“第一选择”选项卡中设置如下：

❑“最大左斜角”设置为“3.0”。

❑ 在“沿着”下拉列表框中选择“圆形”。

❑“圆圈直径”设置为“0.95”。

❑ 在“斜向高度”选项组中的“类型”下拉列表框中选择“段增量”。

❑“高度”设置为“1.0”。

选择结果如图 1—1—29 所示，然后单击“接受”按钮。

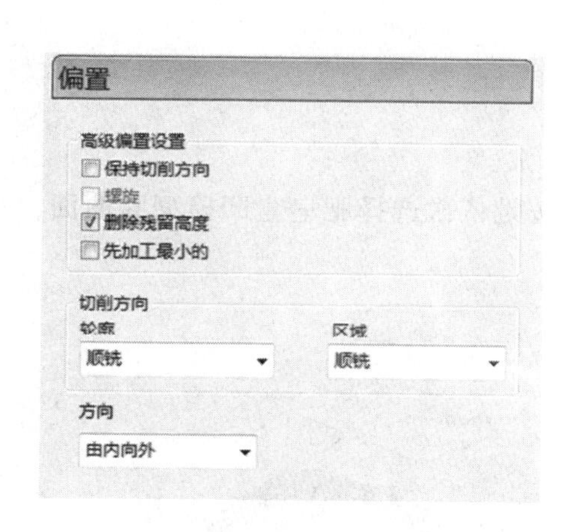

图 1—1—28 “偏置”参数设置

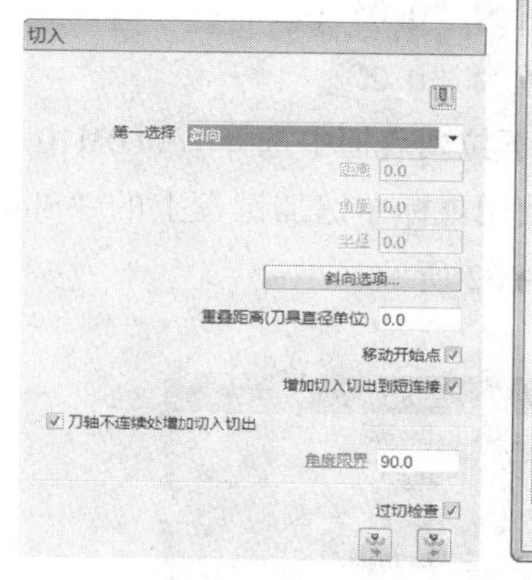

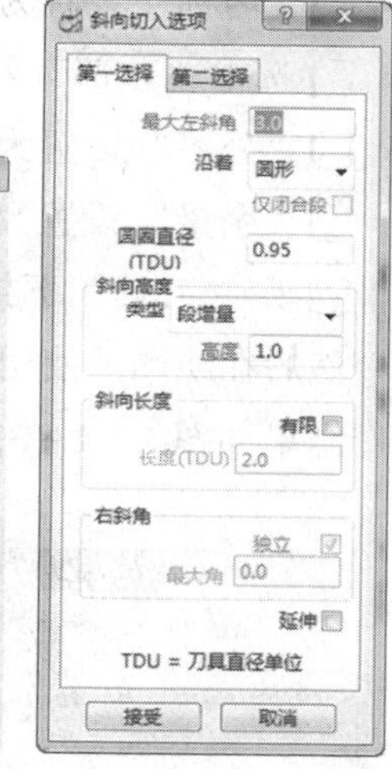

图 1—1—29 “切入”和“斜向切入选项”参数设置

“模型区域清除”对话框的其余参数保持默认，设置完毕单击“计算”按钮。刀具路径生成后单击“取消”按钮，接着单击用户界面最右边“查看工具栏”中的“ISO1”按钮，用户界面产生如图 1—1—30 所示的粗加工刀具路径。

（2）半精加工刀具路径的产生

1）建立半精加工边界。参照粗加工建立“边界”的方法，在图 1—1—31 所示“已

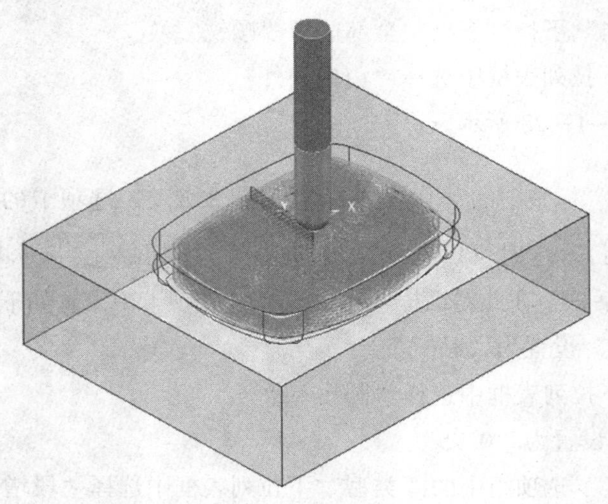

图 1—1—30　粗加工刀具路径

选曲面边界”对话框中设置如下参数：

❑“名称”设置为“T1BM10-02”。

❑选中“顶部”复选框。

❑“公差”设置为“0.05”。

❑“余量”设置为“0.2”。

❑在“刀具”下拉列表框中选择“T1BM10”。

然后在绘图区使用鼠标左键加键盘上的“Shift”按键依次选择肥皂盒凹模型腔曲面，选择结果如图 1—1—32 所示。

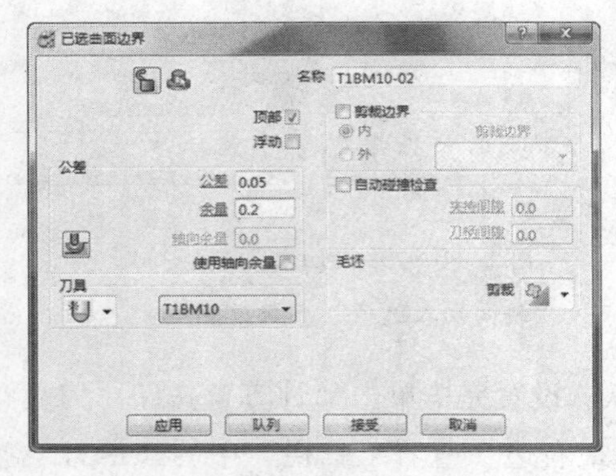

图 1—1—31　“已选曲面边界”对话框

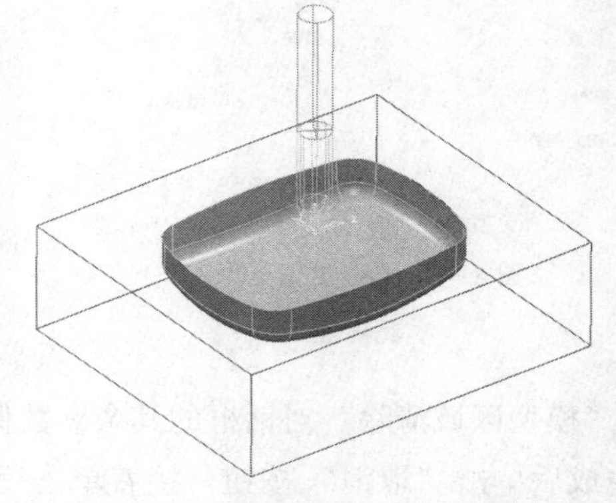

图 1—1—32　肥皂盒凹模型腔曲面选择结果

最后单击“应用”按钮→“接受”按钮，完成半精加工使用边界的设置。此时在用户界面左边的 PowerMILL 浏览器中将显示刚才设置的边界，如图 1—1—33 所示。这时在绘图区域肥皂盒凹模型腔位置处出现一个封闭的边界线，如图 1—1—34 所示。

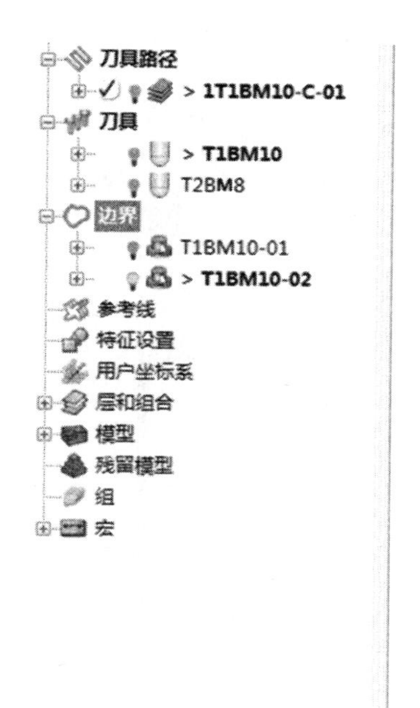

图 1—1—33 PowerMILL 浏览器中出现半精加工边界

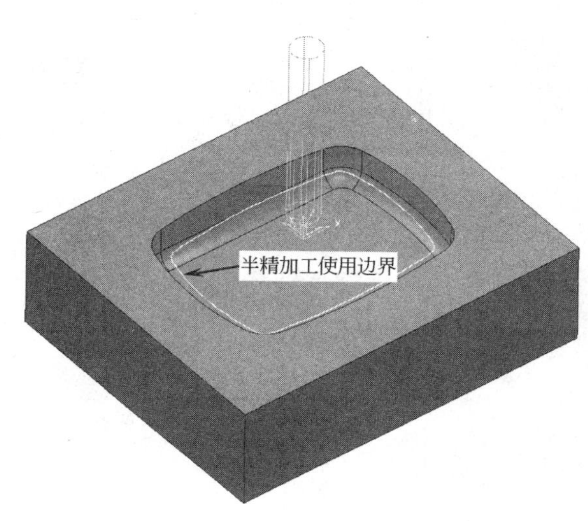

图 1—1—34 半精加工使用边界

2）建立半精加工刀具路径。单击用户界面上部“主工具栏”中的“刀具路径策略”按钮，弹出如图 1—1—35 所示的“策略选取器”对话框。

图 1—1—35 “策略选取器”对话框

单击“精加工”标签，然后选择“最佳等高精加工”选项，如图1—1—35所示，单击“接受”按钮，将弹出如图1—1—36所示的“最佳等高精加工”对话框。

图1—1—36 “最佳等高精加工”对话框

在“最佳等高精加工”对话框中设置如下参数：

❑“名称”改为“2T1BM10-BJ-01”。

❑ 选中“封闭式偏置”复选框。

❑ 在“切削方向”下拉列表框中选择“顺铣”。

❑“公差”设置为“0.05”。

❑“余量”设置为“0.2”。

❑“行距”设置为“0.5”。

在“最佳等高精加工”对话框中选择 用户坐标系 标签，在“用户坐标系”下拉列表框中不选择任何坐标系，如图1—1—37所示。

图1—1—37 “用户坐标系”选择

选择 刀具标签，在刀具选择下拉列表框中选择刀具“T1BM10”，如图 1—1—38 所示。

选择 剪裁标签，在“剪裁”选项卡的“边界”下拉列表框中选择边界“T1BM10-02”，如图 1—1—39 所示。

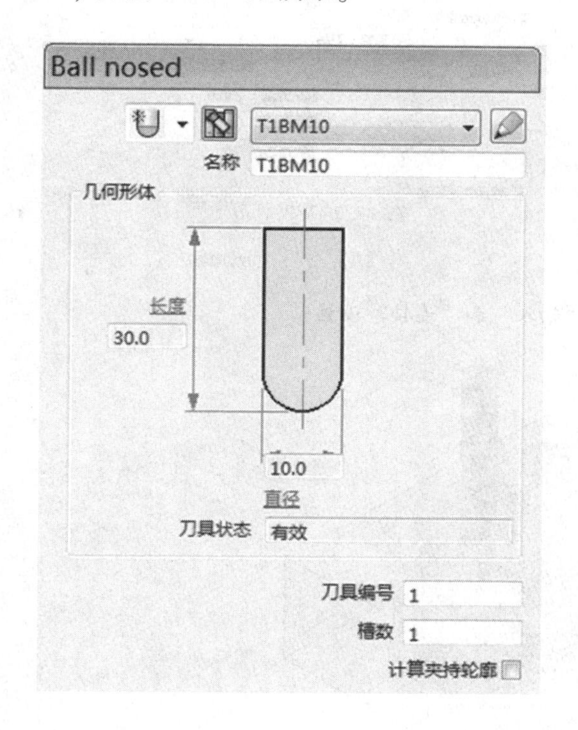

图 1—1—38 刀具选择

图 1—1—39 半精加工“剪裁”边界选择

选择 切入切出和连接 切入 标签中的“切入”标签。在“切入”选项卡的“第一选择”下拉列表框中选择“无”。在“连接”选项卡中设置如下：

❑ 在“短”下拉列表框中选择“曲面上”。

❑ 在“长”下拉列表框中选择“掠过”。

❑ 在“缺省”下拉列表框中选择“相对”。

设置结果如 1—1—40 所示。

“最佳等高精加工”对话框的其余参数保持默认，设置完毕单击“计算”按钮。刀具路径生成后单击“取消”按钮，接着单击用户界面最右边“查看工具栏”中的“ISO1”按钮，用户界面产生如图 1—1—41 所示的半精加工刀具路径。

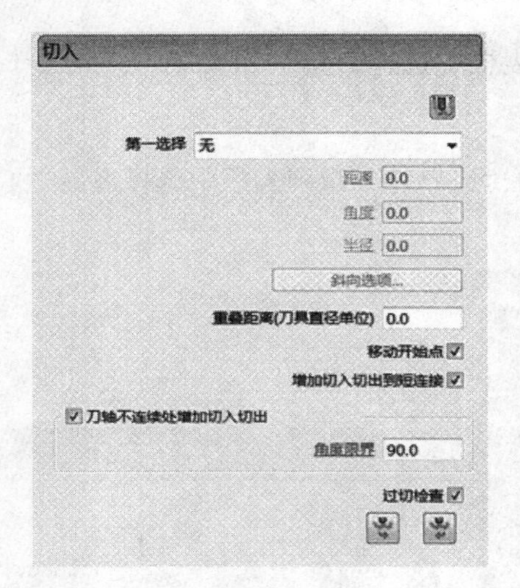

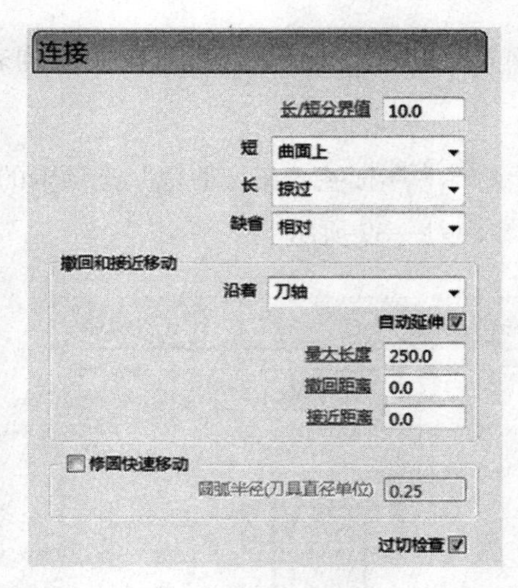

图 1—1—40　半精加工“切入”和“连接”设置

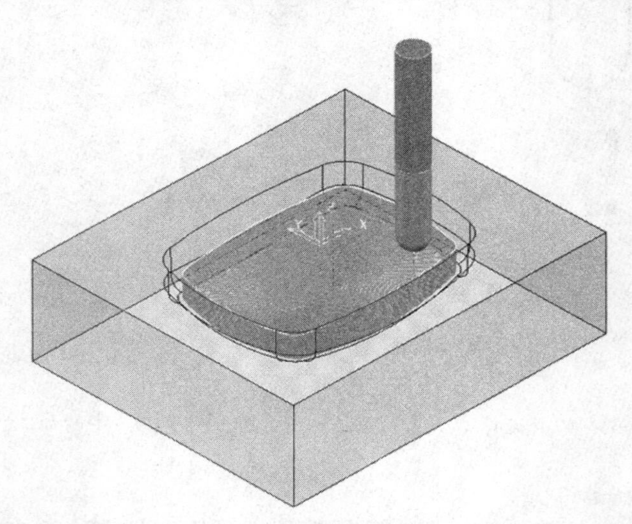

图 1—1—41　半精加工刀具路径

（3）精加工刀具路径的产生

1）建立精加工边界。参照半精加工建立“边界”的方法，在图 1—1—42 所示的“已选曲面边界”对话框中设置如下参数：

❑“名称”设置为“T2BM8-01”。

❑ 选中“顶部”复选框。

❑“公差”设置为“0.01”。

❑“余量”设置为“0.0”。

❑“刀具”选择下拉列表框中的“T2BM8”。

然后在绘图区使用鼠标左键加键盘上的“Shift”按键依次选择肥皂盒凹模型腔曲面，选择结果如图 1—1—43 所示。

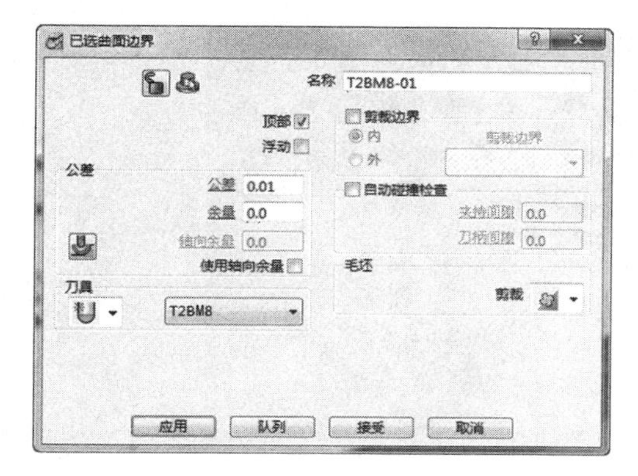

图 1—1—42 “已选曲面边界”对话框

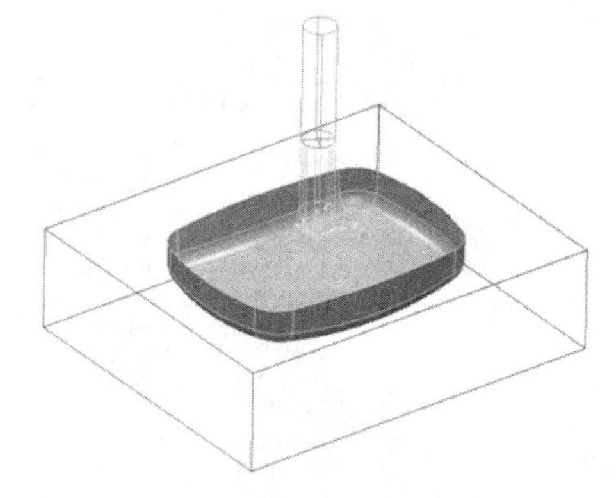

图 1—1—43 肥皂盒凹模型腔曲面选择结果

最后单击“应用”按钮→“接受”按钮，完成精加工使用边界的设置。此时在用户界面左边的 PowerMILL 浏览器中将显示刚才设置的边界，如图 1—1—44 所示。这时在绘图区域肥皂盒凹模型腔位置处出现一个封闭的边界线，如图 1—1—45 所示。

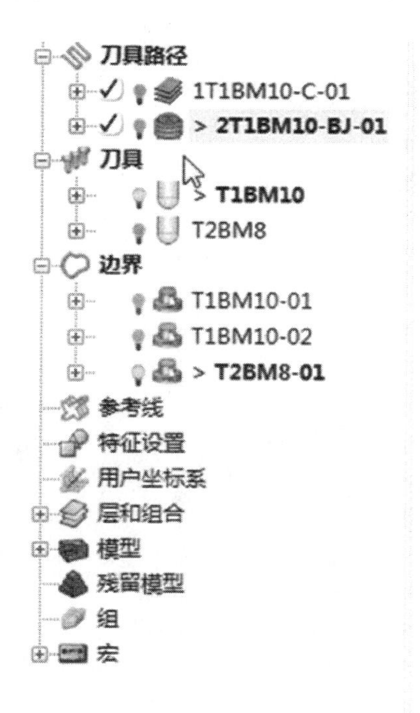

图 1—1—44 PowerMILL 浏览器中出现精加工边界

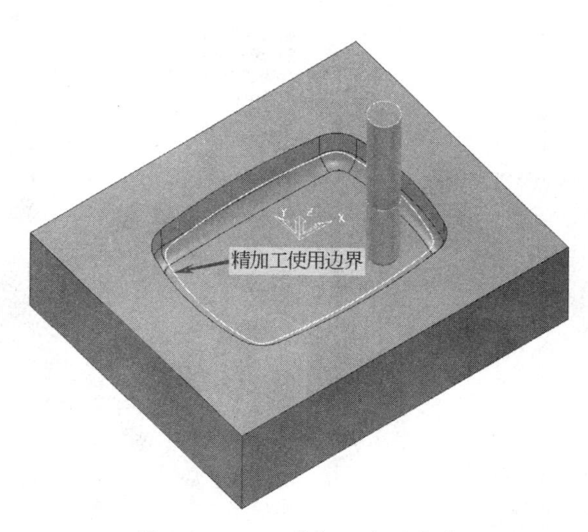

图 1—1—45 精加工使用边界

2）建立精加工刀具路径。单击用户界面上部“主工具栏”中的“刀具路径策略”按钮，弹出如图1—1—46所示的“策略选取器”对话框。

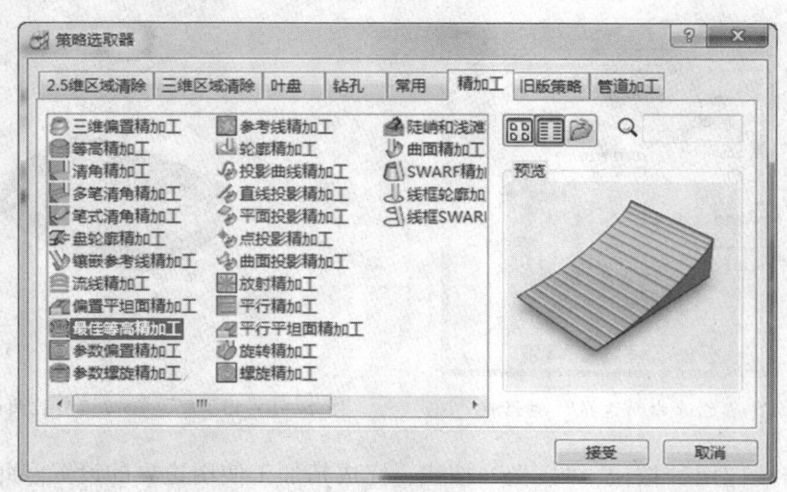

图1—1—46 “策略选取器”对话框

单击“精加工”标签，然后选择“最佳等高精加工”选项，如图1—1—46所示，单击“接受”按钮，将弹出如图1—1—47所示的“最佳等高精加工”对话框。

图1—1—47 “最佳等高精加工”对话框

在“最佳等高精加工”对话框中设置如下参数：

❑“名称”改为“3T2BM8-J-01”。

❑ 选中“封闭式偏置”复选框。

❑ 在“切削方向”下拉列表框中选择“顺铣”。

❑“公差”设置为“0.01”。

❑“余量”设置为“0.0”。

❑“行距”设置为“0.25”。

在“最佳等高精加工”对话框中选择 用户坐标系 标签，在“用户坐标系”下拉列表框中不选择任何坐标系，如图1—1—48所示。

图1—1—48 “用户坐标系”选择

选择 刀具 标签，在刀具选择下拉列表框中选择刀具“T2BM8”，如图1—1—49所示。

选择 剪裁 标签，在“剪裁”选项卡的“边界”下拉列表框中选择边界“T2BM8-01”，如图1—1—50所示。

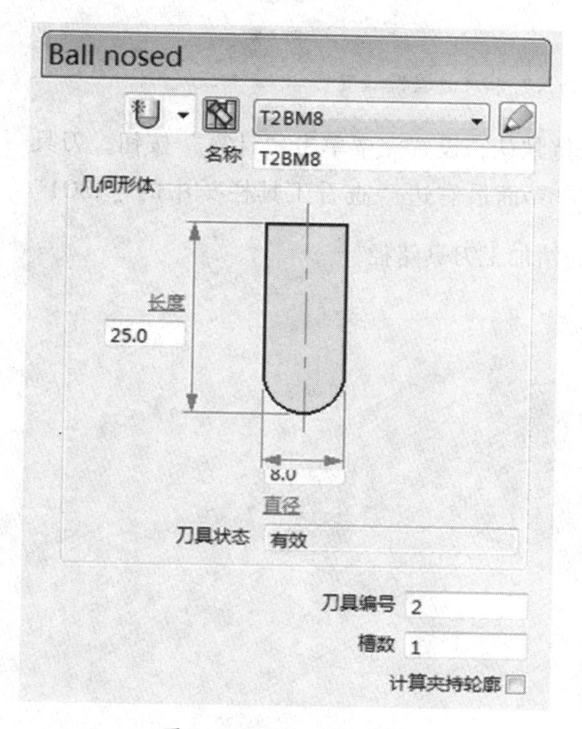

图1—1—49 刀具选择

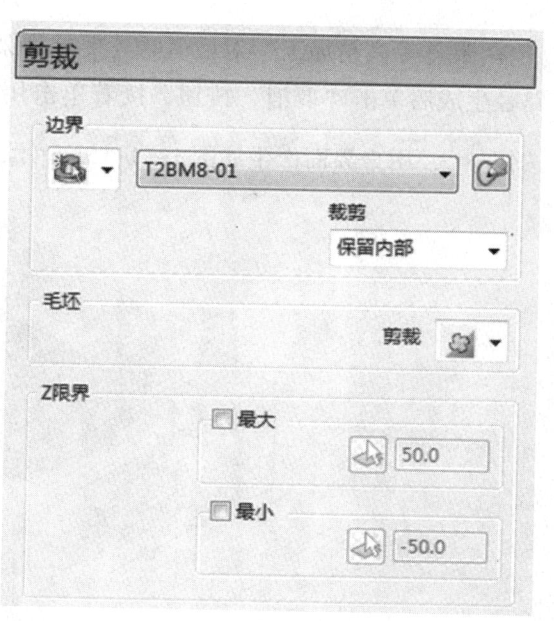

图1—1—50 精加工“剪裁”边界选择

选择 切入切出和连接 切入 标签中的“切入”标签。在“切入”选项卡的“第一选择”下拉列表框中选择“无”。在“连接”选项卡中设置如下：

❑ 在“短”下拉列表框中选择“曲面上”。

❑ 在“长”下拉列表框中选择“掠过”。

❑ 在“缺省”下拉列表框中选择“相对”。

设置结果如图 1—1—51 所示。

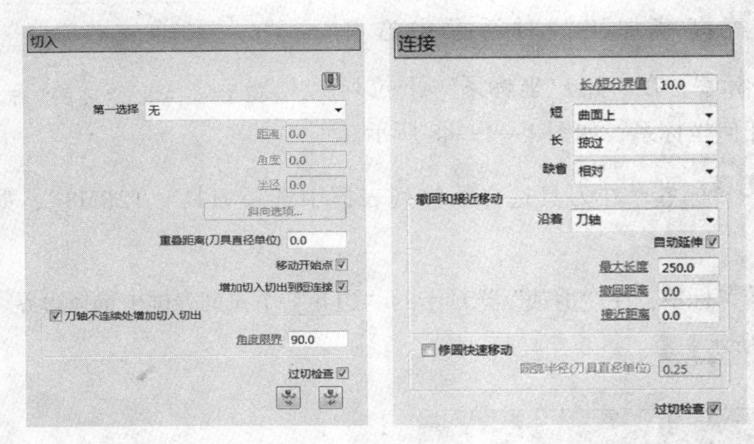

图 1—1—51　精加工“切入”和“连接”设置

“最佳等高精加工”对话框的其余参数保持默认，设置完毕单击“计算”按钮。刀具路径生成后单击“取消”按钮，接着单击用户界面最右边“查看工具栏”中的“ISO1”按钮，用户界面产生如图 1—1—52 所示的精加工刀具路径。

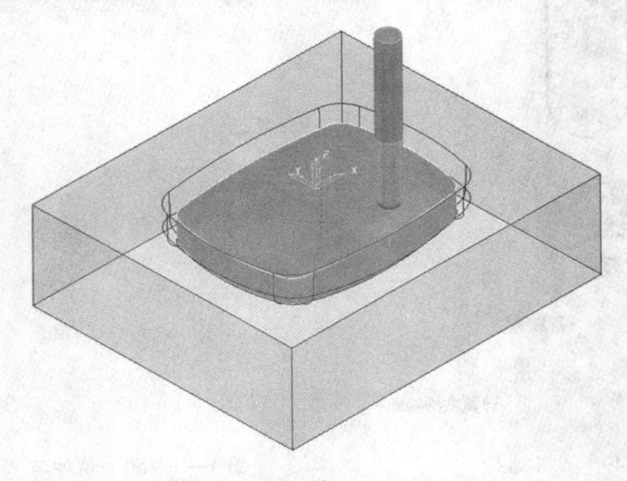

图 1—1—52　精加工刀具路径

三、刀具路径仿真

本案例中共产生了 3 个刀具路径，因此刀具路径的仿真也分为 3 个步骤。

1. 仿真前的准备

如图 1—1—53 所示，单击下拉菜单“查看”→“工具栏”命令，分别选择“仿真”和“ViewMill”菜单。这时在用户界面中出现“仿真工具栏”和“ViewMill 工具栏”，如图 1—1—54 所示。

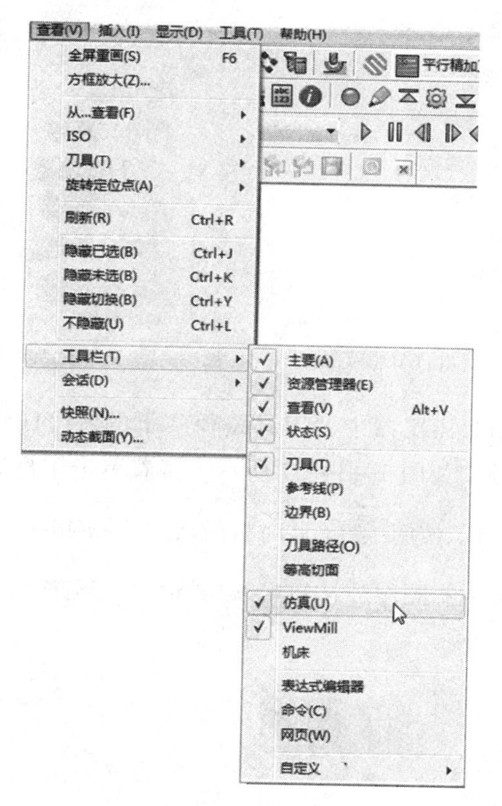

图 1—1—53 打开“仿真工具栏”和“ViewMill 工具栏”

图 1—1—54 “仿真工具栏”和“ViewMill 工具栏”

2. 粗加工刀具路径的仿真

将鼠标移至 PowerMILL 浏览器中“刀具路径”下的“1T1BM10-C-01”，然后右击，选择“激活”选项，如图 1—1—55 所示。

激活后刀具路径“1T1BM10-C-01”的前面将产生一个符号“>”，指示灯变亮，如图 1—1—56 所示，同时用户界面将再次产生如图 1—1—30 所示的模型和刀具路径。

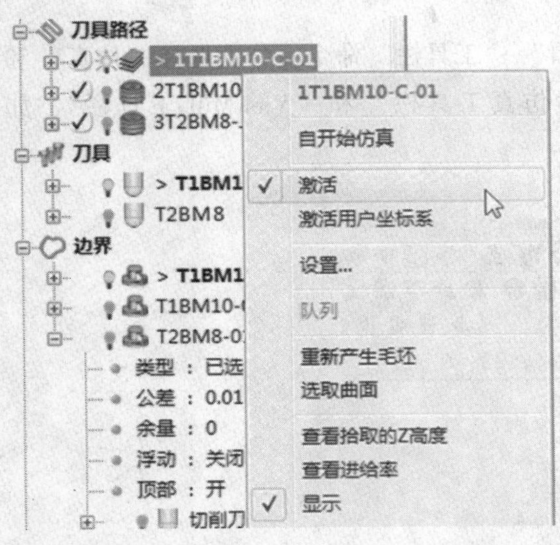

图 1—1—55　激活刀具路径“1T1BM10-C-01”　　图 1—1—56　激活后的刀具路径“1T1BM10-C-01”

将鼠标移至 PowerMILL 浏览器中“刀具路径”下的“1T1BM10-C-01”，然后右击，选择“自开始仿真”选项，如图 1—1—57 所示。接着单击用户界面上部“ViewMill 工具栏”中的“开/关 ViewMill”按钮，此时将激活“ViewMill 工具栏”，如图 1—1—58 所示，然后单击“切削方向阴影图像”按钮，这时绘图区进入仿真界面，如图 1—1—59 所示。

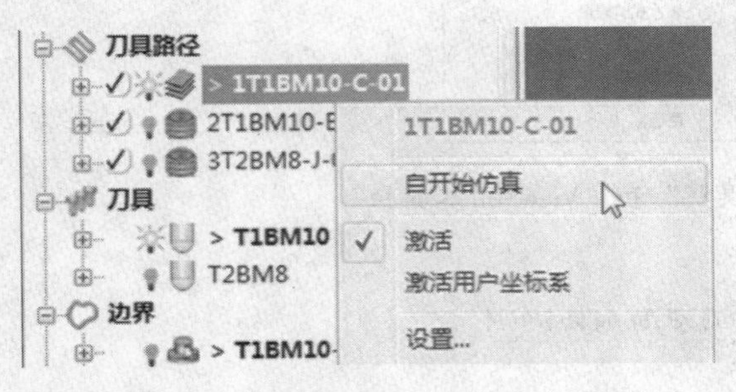

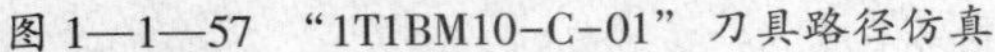
图 1—1—57　“1T1BM10-C-01”刀具路径仿真　　图 1—1—58　“ViewMill 工具栏”

单击“仿真工具栏”中的“运行”按钮，执行粗加工刀具路径的仿真，仿真结果如图 1—1—60 所示。

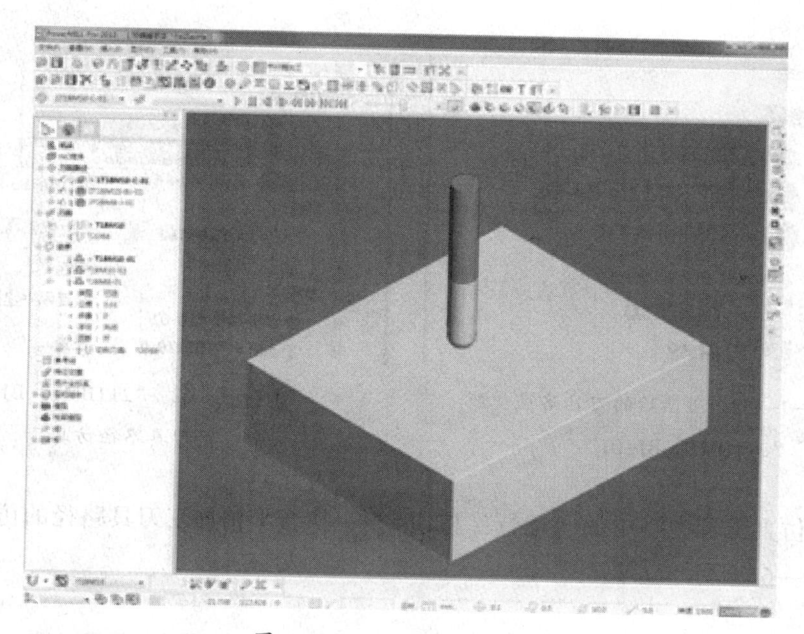

图 1—1—59　仿真界面显示

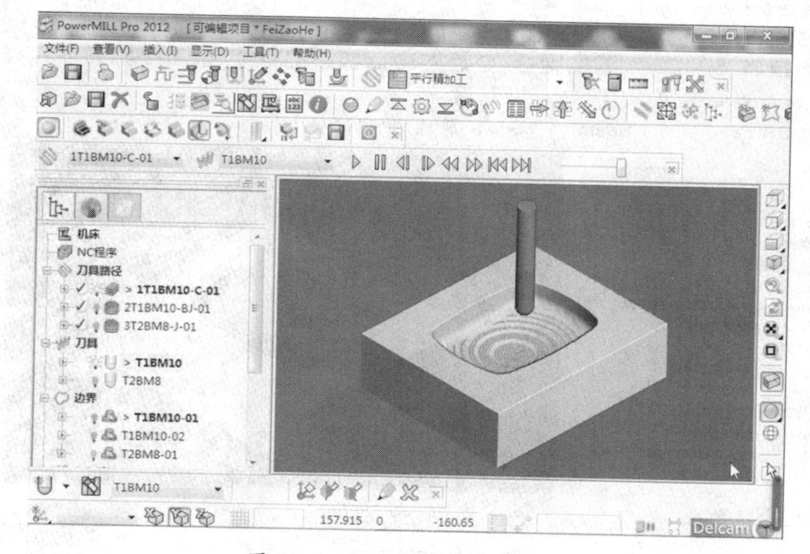

图 1—1—60　粗加工仿真结果

3. 半精加工刀具路径的仿真

在粗加工仿真界面不变的情况下，按图 1—1—55 所示的方法将半精加工刀具路径“2T1BM10-BJ-01”激活，如图 1—1—61 所示。将鼠标移至 PowerMILL 浏览器中“刀具路径”下的“2T1BM10-BJ-01”，然后右击，选择“自开始仿真”选项，如图 1—1—62 所示。

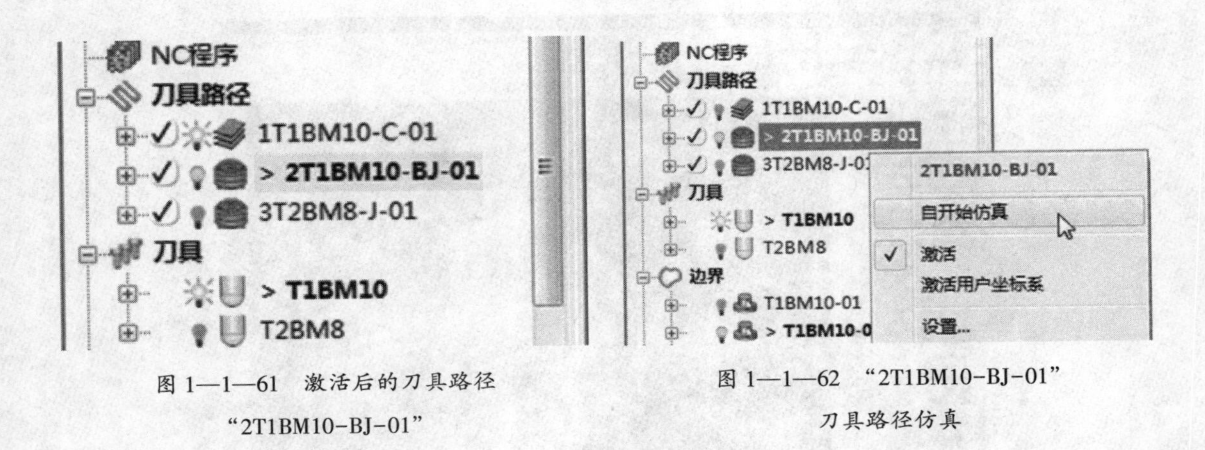

图 1—1—61 激活后的刀具路径“2T1BM10-BJ-01”

图 1—1—62 “2T1BM10-BJ-01”刀具路径仿真

单击“仿真工具栏”中的“运行”按钮▷，执行半精加工刀具路径的仿真，仿真结果如图 1—1—63 所示。

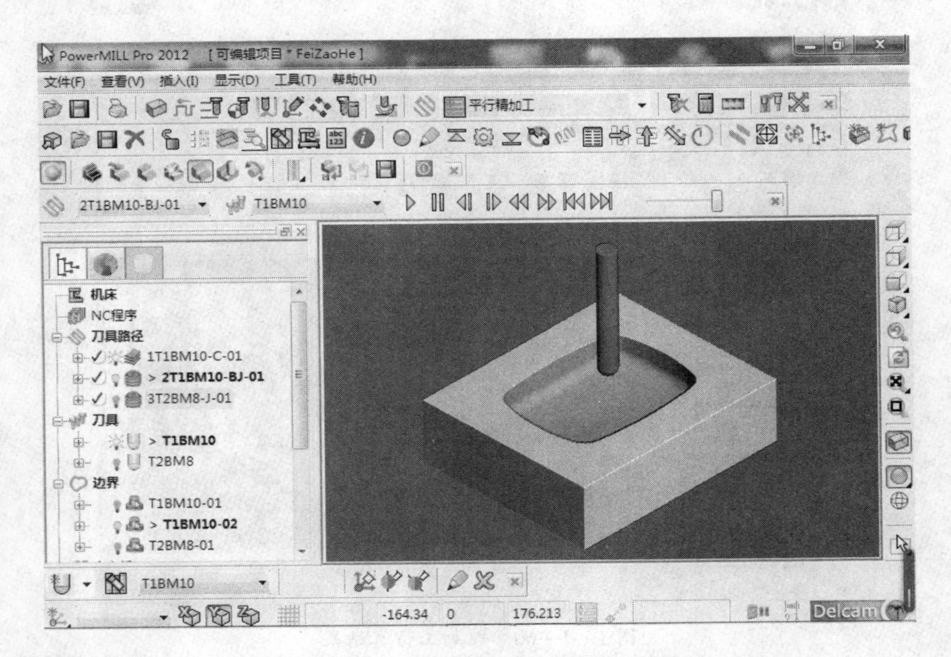

图 1—1—63 半精加工刀具路径的仿真结果

4. 精加工刀具路径的仿真

按上述方法将精加工刀具路径“3T2BM8-J-01”激活，单击“仿真工具栏”中的“运行”按钮▷，执行精加工刀具路径的仿真，仿真结果如图 1—1—64 所示。

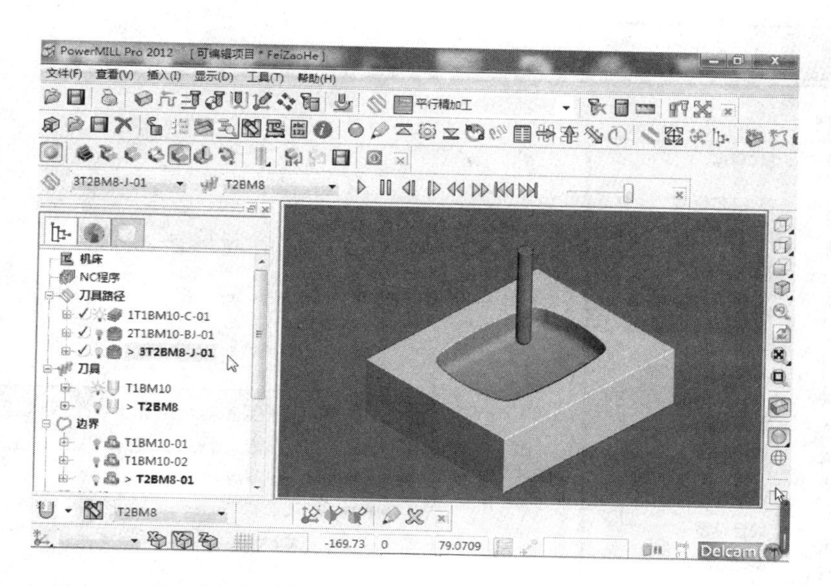

图 1—1—64 精加工刀具路径的仿真结果

5. 退出仿真

单击用户界面“ViewMill 工具栏”中的“退出 ViewMill”按钮，此时将打开“PowerMILL 询问”对话框，如图 1—1—65 所示，然后单击“是（Y）”按钮，退出加工仿真。

图 1—1—65 退出加工仿真

四、NC 程序的产生

如图 1—1—66 所示，将鼠标移至 PowerMILL 浏览器中的“NC 程序”，然后右击，选择“参数选择”选项，将弹出如图 1—1—67 所示的“NC 参数选择”对话框。

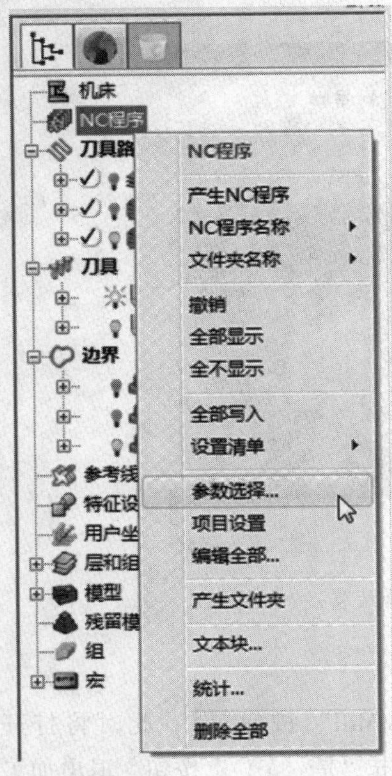

图 1—1—66　NC 程序参数选择

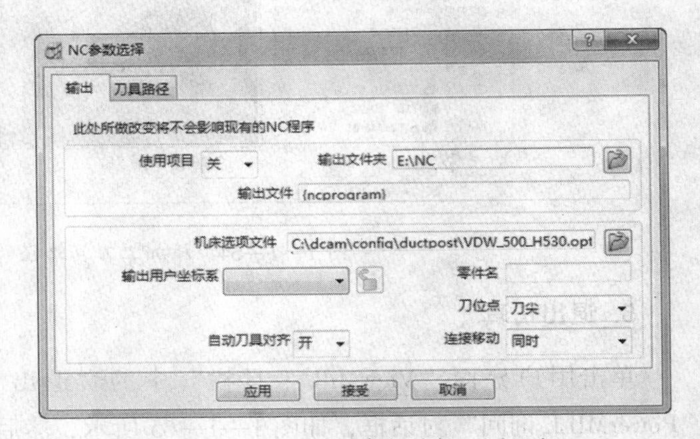

图 1—1—67　“NC 参数选择”对话框

在此对话框中单击“输出文件夹”右边的“浏览选取输出目录”按钮，选择路径“E：\ NC”（此文件夹必须存在），接着单击“机床选项文件”右边的“浏览选取读取文件”按钮，将弹出如图 1—1—68 所示的“选取机床选项文件名”对话框，选择

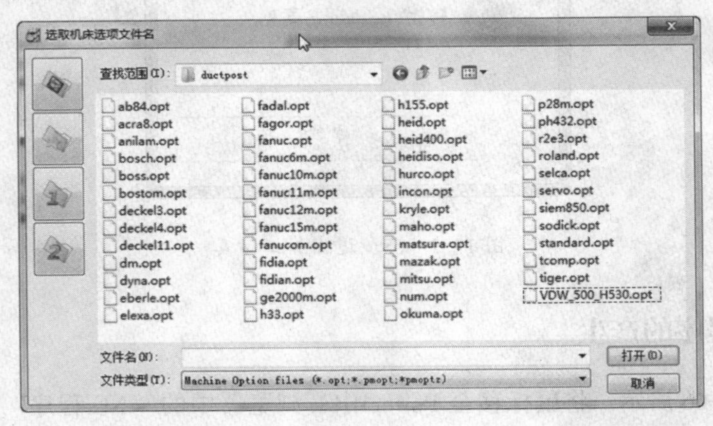

图 1—1—68　“选取机床选项文件名”对话框

“VDW_500_H530. opt”文件并打开。最后单击“NC 参数选择”对话框中的“应用”和“接受”按钮。

接着将鼠标移至 PowerMILL 浏览器中的刀具路径“1T1BM10-C-01”，右击，选择“产生独立的 NC 程序”选项，如图 1—1—69 所示，然后对刀具路径“2T1BM10-BJ-01”和“3T2BM8-J-01”进行同样的操作。此时 PowerMILL 浏览器如图 1—1—70 所示。

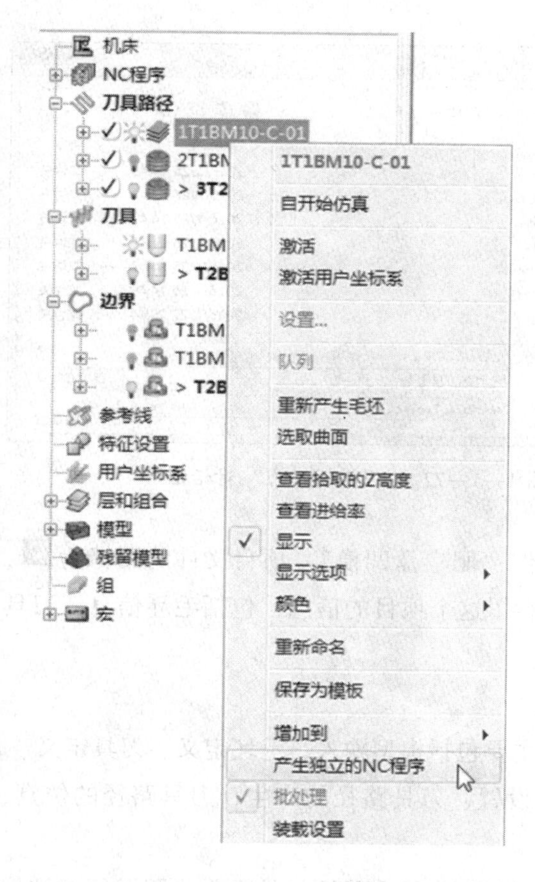

图 1—1—69　右击选择“产生独立的 NC 程序”

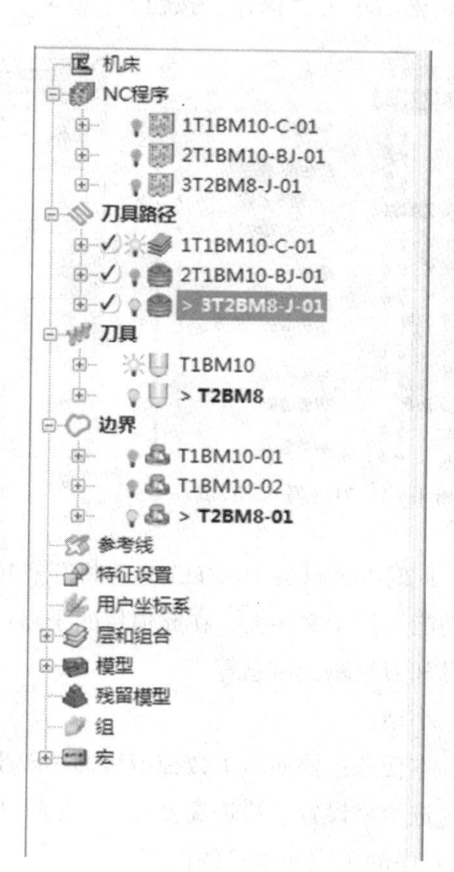

图 1—1—70　PowerMILL 浏览器——NC 程序浏览

最后将鼠标移至 PowerMILL 浏览器中的“NC 程序”，右击，选择“全部写入”选项，如图 1—1—71 所示，程序自动运行产生 NC 代码。随后在文件夹 E：\ NC 下将产生 3 个 . tap 格式的文件，即 1T1BM10-C-01. tap、2T1BM10-BJ-01. tap 和 3T2BM8-J-01. tap。读者可以通过记事本方式打开这 3 个文件查看 NC 数控代码。

五、保存加工项目

单击用户界面上部“主工具栏”中的“保存此 PowerMILL 项目”按钮，弹出如图 1—1—72 所示的“保存项目为”对话框，在“保存在”下拉列表框中选择项目要存盘的路径“D:\TEMP\肥皂盒凹模”，在“文件名”文本框中输入项目文件名称“肥皂盒凹模”，然后单击“保存”按钮。

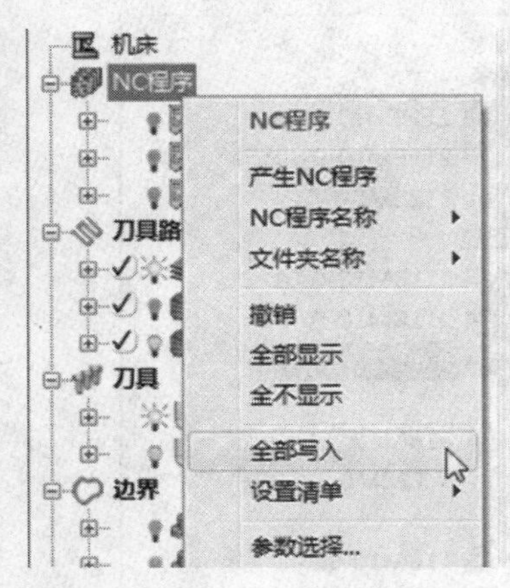

图 1—1—71　写入 NC 程序

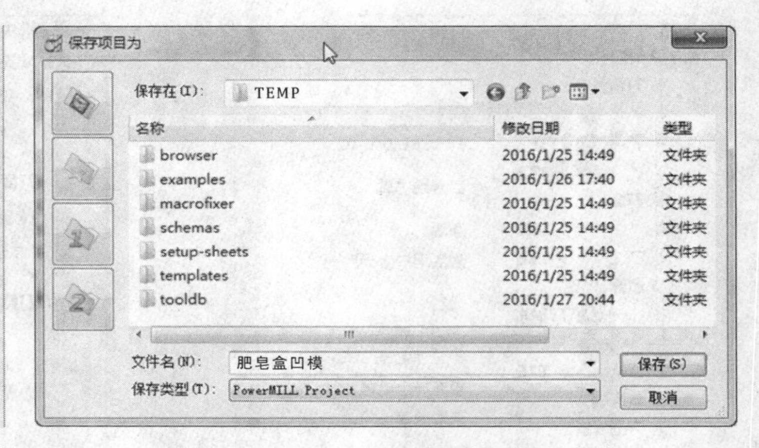

图 1—1—72　“保存项目为”对话框

此时在文件夹 D:\TEMP 下将存有项目文件“肥皂盒凹模”。项目文件的图标为，其功能类似于文件夹，在此项目的子路径中保存了这个项目的信息，包括毛坯信息、刀具信息和刀具路径信息等。

小结：

本任务主要演示了数控编程的一般步骤，主要包括模型输入、毛坯定义、刀具定义、

进给率设置、快进高度设置、加工开始点设置、刀具路径的产生、刀具路径的仿真、NC 程序的生成和项目的保存。

但 PowerMILL 软件不像其他数控编程软件一样要求按非常严格的操作步骤进行数控编程，也就是说上述例子中的某些步骤是可以调换、删除或者添加的。例如，进给率设置、快进高度设置、加工开始点设置以及切入/切出和连接的设置、五轴加工中刀轴方向的设置等这些步骤可以任意地调换次序或者忽略这些步骤的设置而调用默认值；可以随时在任意步骤之间进行项目的保存，以免在编程过程中丢失数据；若读者具备丰富的数控加工经验，可通过生成的刀具路径来判断其合理性和正确性，因此，可省略刀具路径仿真这一步骤而直接生成数控代码（注：如果是编写五轴加工程序，强烈建议进行刀具路径仿真）。

当然数控编程存在一个基本的框架，如模型输入、毛坯定义、刀具定义、刀具路径的产生和 NC 程序的生成这 5 个步骤必不可少且不能颠倒次序。总的来说，PowerMILL 软件数控编程步骤可参考表 1—1—2。

表 1—1—2　　PowerMILL 软件数控编程步骤

次序	步　　骤	备　　注	
1	模型输入	可直接输入多种格式的数据文件	
2	坐标系的设定	可以默认世界坐标系	
3	毛坯定义	可采用多种方式定义毛坯	
4	刀具定义	这 6 个步骤的顺序可任意排列，除刀具定义之外的另外 5 个步骤可省略而调用默认值	
	进给率设置		
	快进高度设置		
	加工开始点设置		
	切入/切出设置		
	刀轴方向设置		
5	刀具路径的生成	2.5 维区域清除、三维区域清除、钻孔、精加工等加工策略刀具路径的生成	
6	刀具路径的仿真	此步骤可省略	
7	NC 程序的生成	可生成任意格式的 NC 数控程序	

【任务评价】

一、自我评价

任务名称			课时				
任务自我评价成绩			任课教师				
类别	序号	自我评价项目	结果	A	B	C	D
编程	1	编程工艺是否符合基本加工工艺？					
	2	程序能否顺利完成加工？					
	3	编程参数是否合理？					
	4	程序是否有过多的空刀？					
	5	题目：通过对该零件的编程你的收获主要是什么？ 作答：					
	6	题目：你设计本程序的主要思路是什么？ 作答：					
	7	题目：你是如何完成程序的完善与修改的？ 作答：					

续表

类别	序号	自我评价项目	结果	A	B	C	D
工件与刀具安装	1	刀具安装是否正确？					
	2	工件安装是否正确？					
	3	刀具安装是否牢固？					
	4	工件安装是否牢固？					
	5	题目：安装刀具时需注意的事项主要有哪些？ 作答：					
	6	题目：安装工件时需注意的事项主要有哪些？ 作答：					
操作与加工	1	操作是否规范？					
	2	着装是否规范？					
	3	切削用量是否符合加工要求？					
	4	刀柄和刀片的选用是否合理？					
	5	题目：如何使加工和操作更好地符合批量生产的要求？你的体会是什么？ 作答：					
	6	题目：加工时需要注意的事项主要有哪些？ 作答：					
	7	题目：加工时经常出现的加工误差主要有哪些？ 作答：					
精度检测	1	是否了解测量本零件所需各种量具的原理及使用方法？					
	2	题目：本零件所使用的测量方法是否已经掌握？你认为难点是什么？ 作答：					
	3	题目：本零件精度检测的主要内容是什么？采用了哪种方法？ 作答：					
	4	题目：批量生产时，你将如何检测该零件的各项精度要求？ 作答：					
（本部分综合成绩）合计：							
自我总结							
学生签名： 年 月 日			指导教师签名： 年 月 日				

二、小组互评

序号	小组评价项目	评价情况			
		A	B	C	D
1	与其他同学口头交流学习内容是否顺畅？				
2	是否尊重他人？				
3	学习态度是否积极主动？				
4	是否服从教师教学安排和管理？				

续表

序号	小组评价项目	评价情况			
		A	B	C	D
5	着装是否符合标准？				
6	能否正确领会他人提出的学习问题？				
7	是否按照安全规范进行操作？				
8	能否辨别工作环境中哪些是危险因素？				
9	是否合理规范地使用工具和量具？				
10	能否保持学习环境的干净、整洁？				
11	是否遵守学习场所的规章制度？				
12	是否对工作岗位有责任心？				
13	能否达到全勤要求？				
14	能否正确地对待肯定与否定的意见？				
15	团队学习中主动与同学合作的情况如何？				

参与评价同学签名：

年 月 日

三、教师评价

教师总体评价：

教师签名：__________ 年 月 日

【习题】

一、思考题

1. PowerMILL 软件编程操作流程是什么？
2. 如何在 PowerMILL 软件中定义矩形毛坯？
3. 如何定义加工刀具？在 PowerMILL 软件中如何创建刀具？刀具如何命名？
4. 简述在 PowerMILL 软件中生成刀具轨迹的过程。
5. 在 PowerMILL 软件中如何根据实际情况选择与机床数控系统相对应的后置处理文件？

二、练习图样

按图 1—1—73 所示图样完成肥皂盒凸模型芯加工。

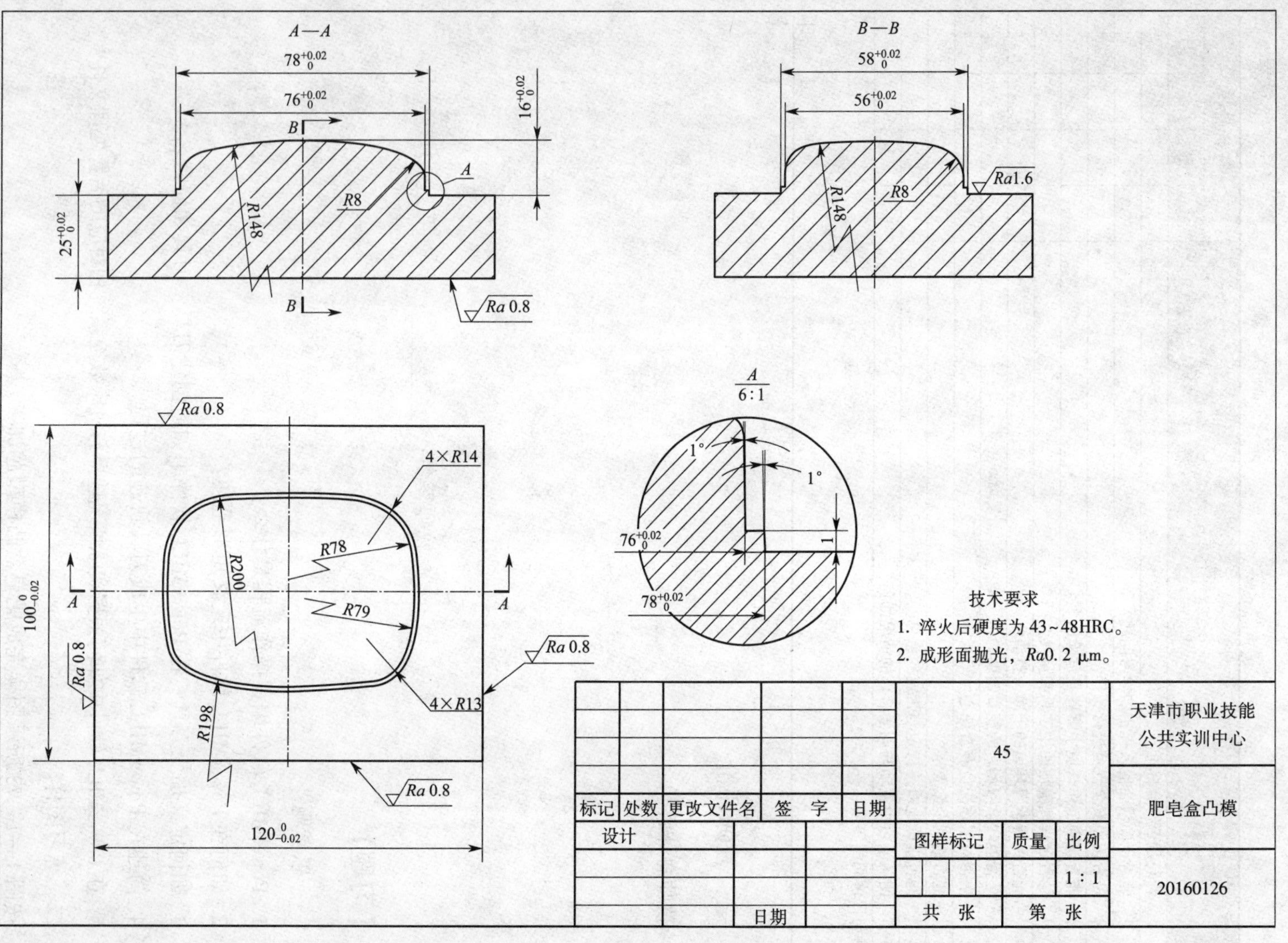

图 1—1—73 练习件图样——肥皂盒凸模型芯

任务2　支撑柱基座加工案例

【任务描述】

基座是机械结构中常见的一类零件，根据基座的特征，制定合理的数控加工工艺路线，创建平面铣、侧壁加工、倾斜面加工、侧槽加工、倒角加工、孔加工等操作。设置必要的加工参数和刀具路径轨迹，并通过仿真检验刀具路径是否合理，同时对操作过程中可能存在的问题进行研讨和交流，通过相应的后置处理文件生成数控加工程序，并运用机床加工零件。

【任务分析】

如图1—2—1所示为支撑柱基座三维零件。根据图1—2—2所示的相关信息，这类零件的特点是结构比较简单，零件的整体外形都成块状，零件上一般会有凸台、凹槽、台阶、过渡圆角、孔等结构特征。加工精度要求不高，在编程与加工过程中要注意台阶面和配合孔的精度。

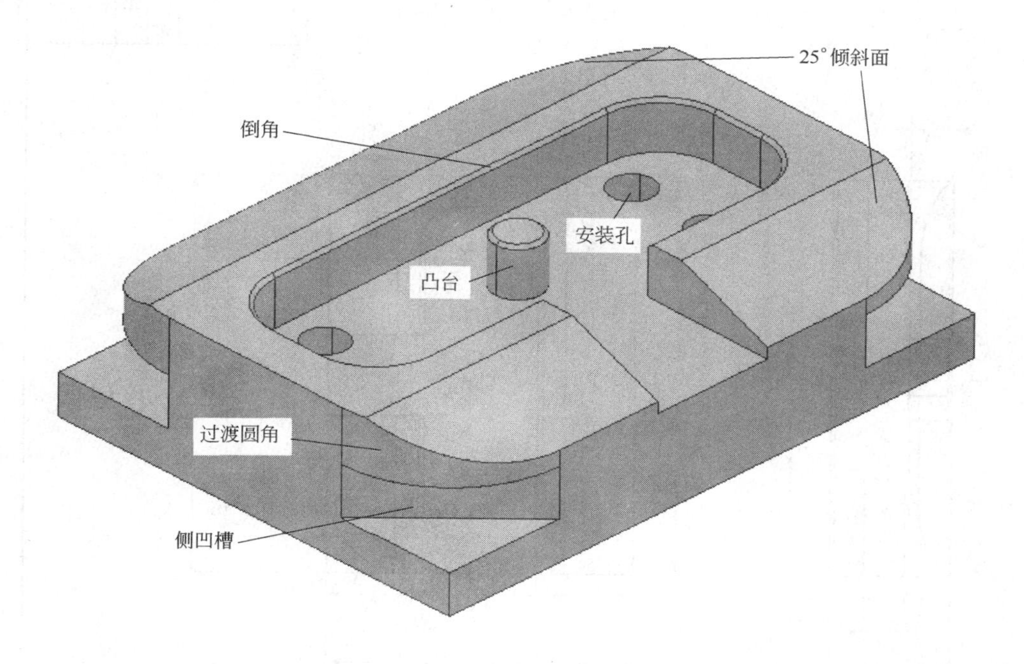

图1—2—1　支撑柱基座三维零件

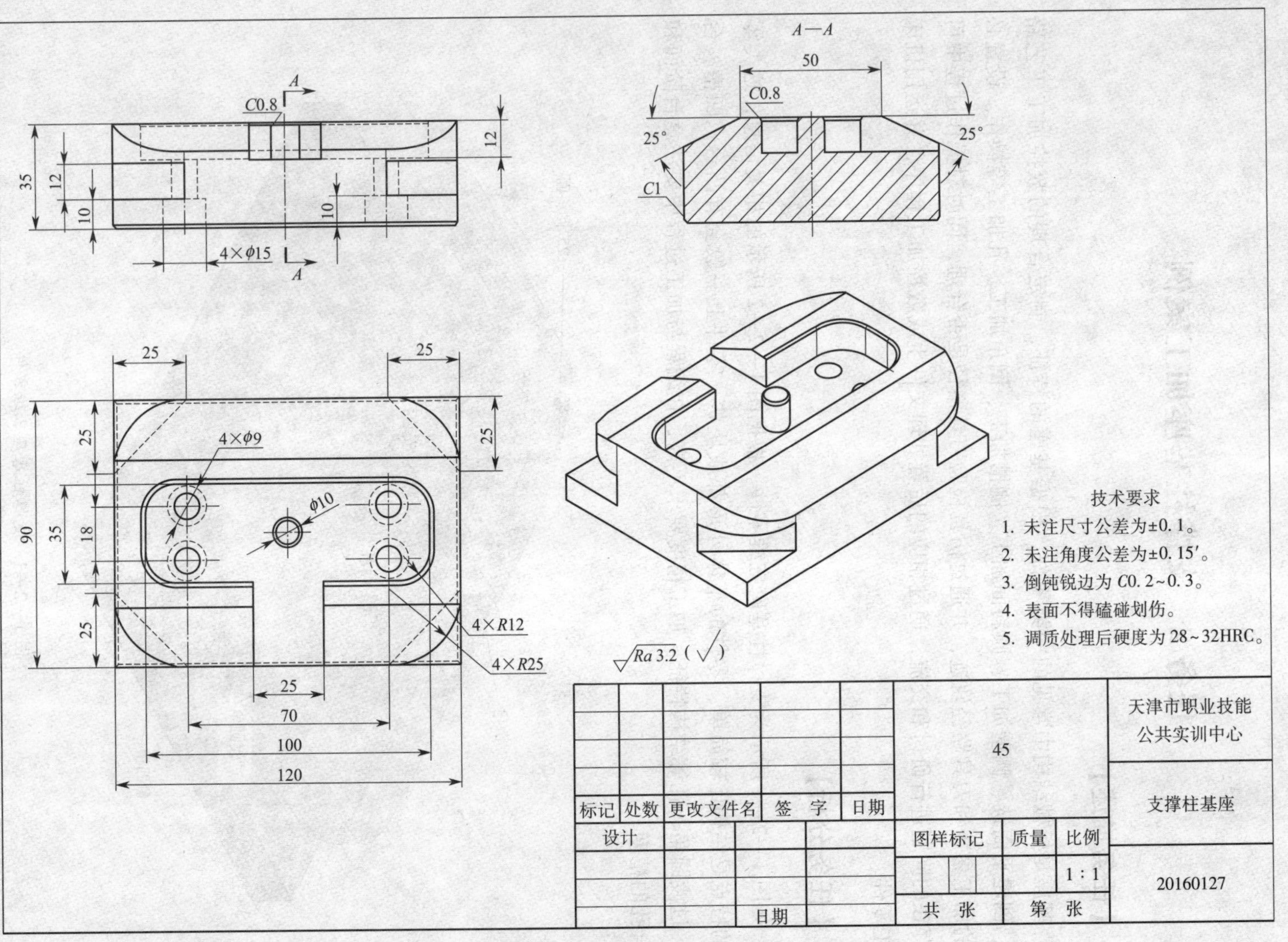

图1—2—2 支撑柱基座图样

【相关知识】

多轴数控编程的核心内容之一是刀轴矢量控制。事实上，三轴数控编程中对于刀轴矢量控制是一个特例，即刀具的轴线始终与机床坐标系 Z 轴平行。编程人员在掌握三轴数控加工编程的基础上再进一步理解并掌握多轴加工中刀轴矢量控制的方法，基本上可以完成大部分零件的多轴加工编程任务。刀轴矢量控制方法丰富与否，也是衡量 CAM 软件多轴加工编程功能强弱的主要指标之一。

1. 定义刀轴指向的方法

刀轴是指刀具的回转轴线。矢量在数学中定义为同时具有长度和方向的一种几何要素。刀轴矢量是指以加工中刀具刀尖点为起点的旋转轴线的长度及其方位、方向，如图 1—2—3 所示为刀具的刀轴矢量。结合机床结构，定义刀轴指向的主要方法有以下几种：

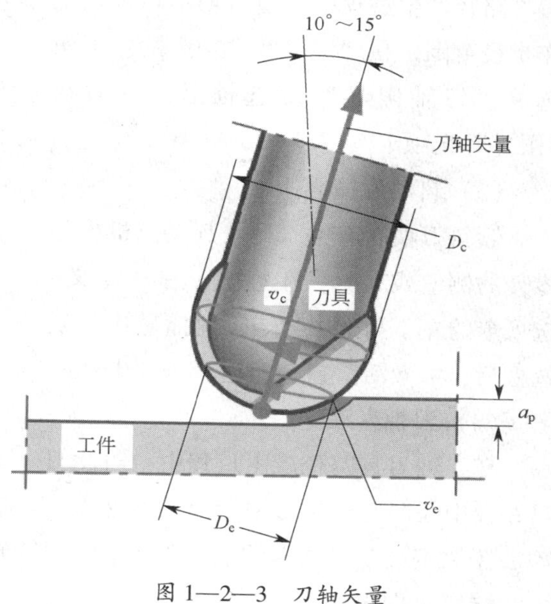

图 1—2—3 刀轴矢量

（1）与机床 Z 轴平行。例如，三轴数控铣床加工时，刀轴与机床 Z 轴始终保持平行状态。

（2）与空间中的某条线（直线、曲线）或者面（平面、曲面）保持一定的角度。例如，定义刀轴指向与 XOY 平面成 45°夹角。

（3）由空间中的两个点来定义刀轴方向。例如，设置一个固定点，使得刀轴在任意位置时都要通过该设置点零件表面上的某一个点。

（4）定义刀轴的 I、J、K 值。例如，定义 $I=1$、$J=0$、$K=0$ 单位矢量值，使得刀轴与机床 X 轴保持平行。

将上述 4 种方法具体化，即成为 CAM 软件中的刀轴矢量控制命令。为了更好地理解刀轴矢量，下面以 PowerMILL 软件为基础进行介绍。PowerMILL 软件提供了丰富的控制刀轴矢量的方法，包括垂直、前倾/侧倾、朝向点、自点、朝向直线、自直线、朝向曲线、自曲线、固定方向和自动共 10 种方法。

2. 刀轴选项卡的功能

在 PowerMILL“主工具栏”中单击“刀轴”按钮，打开“刀轴”选项卡，如图 1—2—4 所示。

在图 1—2—4 所示“刀轴”选项卡中共有五个选项卡，它们的主要功能如下：

(1) 定义控制刀轴的指向

刀轴默认的指向是垂直，用于标准的三轴加工。

(2) 刀轴限界

控制刀具路径加工范围，从而在多轴刀具路径产生过程中，使刀轴不超过该工作半径范围。在“定义”选项卡的左下角选中“刀轴限界”复选框后，可激活“限界”选项卡。

(3) 自动碰撞避让

倾斜刀轴以避免刀具及其夹持机构与零件的侧壁或夹具发生碰撞。在“定义”选项卡的左下角选中“自动碰撞避让”复选框后，可激活“碰撞避让”选项卡。

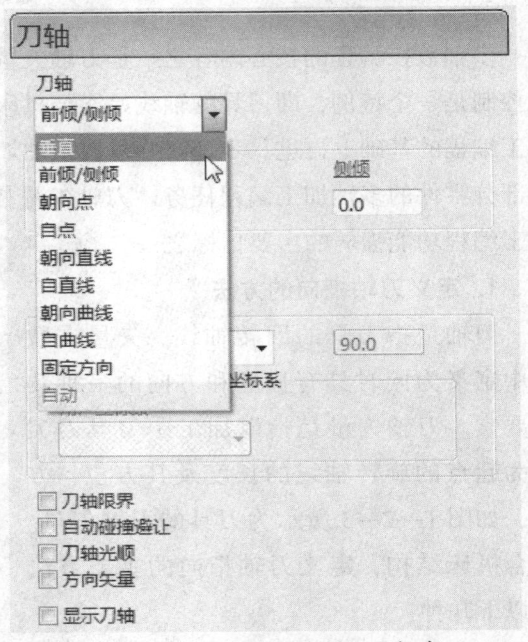

图 1—2—4 PowerMILL 刀具轴线矢量控制界面

(4) 刀轴光顺

在 5 轴刀具路径产生过程中，对此刀具路径中任何速度或刀轴指向的突然改变进行最小化的调整，以使刀轴连续、光滑地运动。在“定义”选项卡的左下角选中“刀轴光顺”复选框后，可激活“光顺”选项卡。

(5) 方向矢量

通过将刀轴矢量与某一特定方向对齐来控制刀轴。刀具路径保持不变，但是刀具与工件的接触点随着刀轴朝向的改变而发生变化。

在系统默认值设置状态下，刀轴指向为垂直，即刀轴与机床工作台垂直，与机床 Z 轴平行，用于三轴编程的情况。

【任务实施】

按零件图样加工要求，制定支撑柱基座数控加工工艺；编制支撑柱基座加工程序；完成加工仿真，根据不同数控机床操作系统产生 NC 程序。

一、制定加工工艺

1. 零件结构分析

该基座的结构主要由圆凸台、倾斜面、敞开式矩形型腔、圆角过渡、侧槽和螺钉沉孔等基本几何图素组成。

2. 毛坯选用

选用 45 钢毛坯，尺寸为 120 mm×90 mm×35 mm。在数控加工前已经完成 120 mm×90 mm×35 mm 尺寸的加工及调质处理。

3. 制定加工工序卡

支撑柱基座的底面有 4 个安装用螺钉沉孔，这样加工该零件将采用三轴加工方式，并进行两次装夹，夹具采用精密平口钳，遵循先粗加工后精加工的原则。第一次装夹零件加工底部四个安装孔和 *C*1 mm 倒角，第二次装夹零件加工 100 mm×35 mm 矩形槽、*R*25 mm 过渡倒圆角、25° 斜面等。支撑柱基座第一次装夹和第二次装夹加工工序卡分别见表 1—2—1 和表 1—2—2。

二、编制加工程序

1. 模型输入

单击下拉菜单“文件”→“输入模型”命令，弹出如图 1—2—5 所示的“输入模型”对话框，在此对话框内选择并打开本书光盘中的模型文件“支撑柱基座 . dgk”。然后单击用户界面最右边“查看工具栏”中的“ISO1”按钮，接着单击“查看工具栏”中的“普通阴影”按钮，即产生如图 1—2—1 所示的支撑柱基座数字模型。

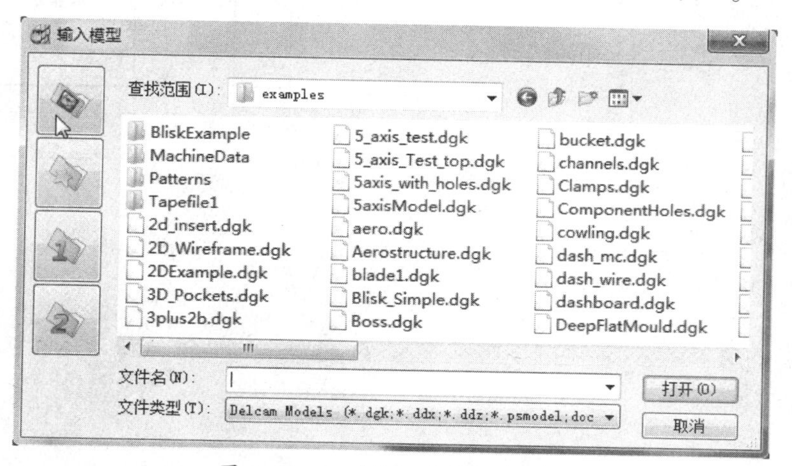

图 1—2—5 “输入模型”对话框

2. 毛坯定义

单击用户界面上部“主工具栏”中的“毛坯”按钮，弹出如图 1—2—6 所示的“毛坯”对话框。在图 1—2—6 中“由…定义”下拉列表框中选择“方框”，“坐标系”下

表 1—2—1

支撑柱基座第一次装夹加工工序卡

页码：

五 轴 加 工 程 序 单

零件号	20160127	编程员		图档路径		机床操作员		机床号	
客户名称		材料	45	工序号	01	工序名称	支撑柱基座第一次装夹加工	日期	年 月 日

序号	加工内容	程序名称	刀具号	刀具类型	刀具参数（mm）	主轴转速（r/min）	进给速度（mm/min）	余量（XY/Z）（mm）	装夹刀长（mm）	加工时间（h）	备注
1	钻 ϕ9 mm 定位孔	1T1NC6	T1	90°定心钻	ϕ6	900	1 200	0/0	25		第一次装夹
2	钻 ϕ9 mm 孔	2T2DR9	T2	钻头	ϕ9	1 000	100	0/0	50		第一次装夹
3	铣 ϕ15 mm 螺钉沉孔	3T3EM10	T3	端铣刀	ϕ10	3 500	1 400	0/0	35		第一次装夹
4	加工 $C1$ 倒角	4T4CHAM25_3_45	T4	倒角刀	ϕ25A45	3 000	300		30		第一次装夹

工件装夹图

毛坯尺寸	120 mm×90 mm×35 mm（第一次装夹）
装夹方式	精密平口钳（注意安装方向）

Z 方向	上表面对零
XY 方向	毛坯四周分中

五轴加工中心操作确认

序号	内容	
1	工件定位和程序对上了吗？	
2	工件夹紧了吗？找正了吗？	
3	分中检查了吗？寻边器、杠杆表好用吗？	
4	坐标系、输入数据确认了吗？	
5	对刀、刀号、输入数据确认了吗？	
6	刀具直径、长度、安全高度确认了吗？	
7	加工程序确认了吗？	
8	加工前使用 VERICUT 仿真加工了吗？	
9	加工前试切削了吗？	

表1—2—2

支撑柱基座第二次装夹加工工序卡

五轴加工程序单

页码：

零件号	20160127	编程员		图档路径		机床操作员		机床号	
客户名称		材料	45	工序号	02	工序名称	支撑柱基座第二次装夹加工	日期	年 月 日

序号	加工内容	程序名称	刀具号	刀具类型	刀具参数 (mm)	主轴转速 (r/min)	进给速度 (mm/min)	余量 (XY/Z) (mm)	装夹刀长 (mm)	加工时间 (h)	备注
1	正面整体粗加工	5T5EM10R2	T5	刀尖圆角端铣刀	$\phi 10R2$	3 500	1 400	0.5/0.5	35		第二次装夹
2	四个侧槽加工	6T8TC40_12_20	T8	圆角盘铣刀	$\phi 40$	80	19	0/0	40		第二次装夹
3	型腔侧壁精加工	7T6EM10	T6	端铣刀	$\phi 10$	3 500	800	0/0	35		第二次装夹
4	型腔底面精加工	8T6EM10	T6	端铣刀	$\phi 10$	3 500	800	0/0	35		第二次装夹
5	$R25$ mm 圆角过渡精加工	9T6EM10	T6	端铣刀	$\phi 10$	3 500	800	0/0	35		第二次装夹
6	25°倾斜面精加工	10T7BM8	T7	球头刀	$\phi 8$	4 500	800	0/0	35		第二次装夹
7	加工 $C0.8$ mm 倒角	11T4CHAM25_3_45	T4	倒角刀	$\phi 25A45$	3 000	300		30		第二次装夹

工件装夹图

方向	对零方式
Z 方向	上表面对零
XY 方向	毛坯四周分中

毛坯尺寸	120 mm×90 mm×35 mm（第二次装夹）
装夹方式	精密平口钳（注意安装方向）

五轴加工中心操作确认

序号	内容	
1	工件定位和程序对上了吗?	
2	工件夹紧了吗？找正了吗?	
3	分中检查了吗？寻边器、杠杆表好用吗?	
4	坐标系、输入数据确认了吗?	
5	对刀、刀号、输入数据确认了吗?	
6	刀具直径、长度、安全高度确认了吗?	
7	加工程序确认了吗?	
8	加工前使用 VERICUT 仿真加工了吗?	
9	加工前试切削了吗?	

拉列表框中选择“世界坐标系”。单击此对话框中的“计算”按钮，然后单击“接受”按钮，则绘图区出现图 1—2—7 所示的模型。

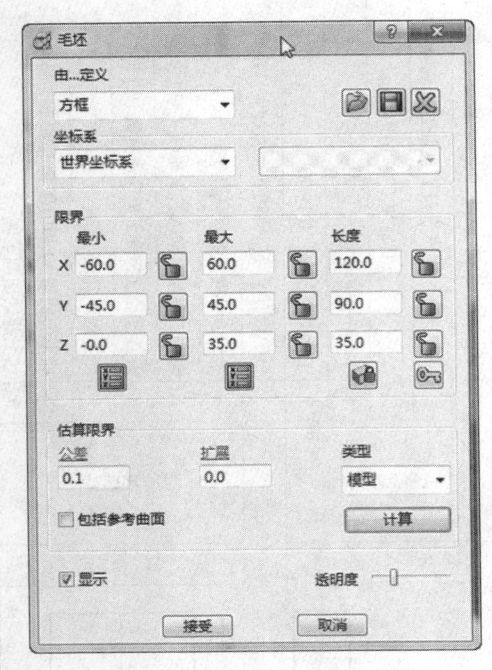

图 1—2—6 “毛坯”对话框

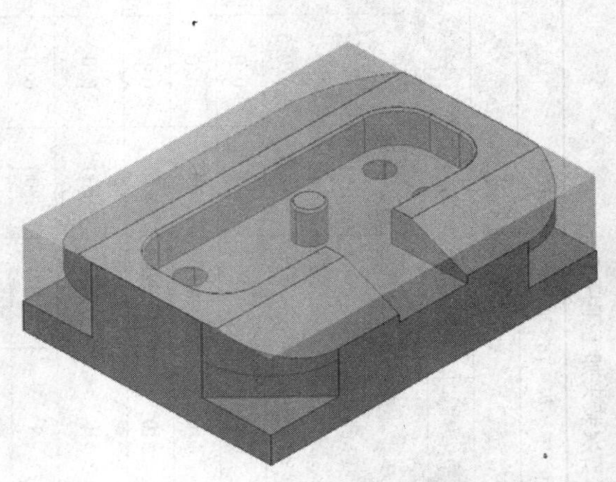

图 1—2—7 定义毛坯后的模型

3. 用户坐标系建立

(1) 第一次装夹坐标系建立

右击用户界面左边 PowerMILL 浏览器中的“用户坐标系”，选择“产生用户坐标系”选项，弹出如图 1—2—8 所示的“用户坐标系编辑器”工具栏。同时在零件的底部及世界坐标系位置出现一个新的坐标系，如图 1—2—9 所示。

图 1—2—8 “用户坐标系编辑器”工具栏

在“用户坐标系编辑器”工具栏中把“名称”改为“第一次装夹”。单击“绕 Y 轴旋转”按钮，在弹出的“旋转”对话框中输入“180.0”，接着单击“接受”按钮，如图 1—2—10 所示，单击“用户坐标系编辑器”工具栏中的“接受改变”按钮。“第一次装夹”用户坐标系创建完毕，如图 1—2—11 所示。此时在用户界面左边的 Power-

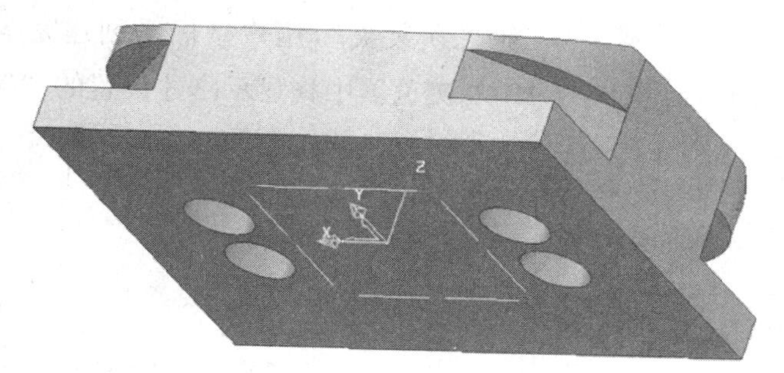

图 1—2—9 用户坐标系建立

图 1—2—10 “旋转”对话框

图 1—2—11 “第一次装夹”用户坐标系创建完毕

MILL 浏览器中将显示刚才设置的“第一次装夹”用户坐标系，如图 1—2—12 所示。

（2）第二次装夹坐标系建立

右击用户界面左边 PowerMILL 浏览器中的“用户坐标系”，选择“产生用户坐标系”选项，弹出如图 1—2—8 所示的“用户坐标系编辑器”工具栏。同时在零件的底部及世界坐标系位置又出现一个新的坐标系，如图 1—2—9 所示。

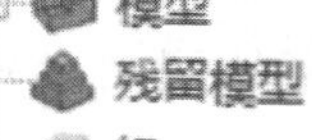

图 1—2—12 PowerMILL 浏览器

在“用户坐标系编辑器”工具栏中把“名称”改为“第二次装夹”。单击“打开位置表格”按钮，弹出“位置”对话框，如图 1—2—13 所示。在此对话中输入以下参数：

- ❑ 在“用户坐标系”下拉列表框中选择“相对”。
- ❑ 在“当前平面”下拉列表框中选择“XY”。
- ❑ “X”设置为“0.0”。
- ❑ “Y”设置为“0.0”。
- ❑ “Z”设置为“35.0”。

设置完毕单击“位置”对话框中的“应用”按钮，再单击“用户坐标系编辑器”工具栏中的“接受改变”按钮 。“第二次装夹”用户坐标系创建完毕，如图 1—2—14 所示。此时在用户界面左边的 PowerMILL 浏览器中将显示刚才设置的“第二次装夹”用户坐标系，如图 1—2—15 所示。

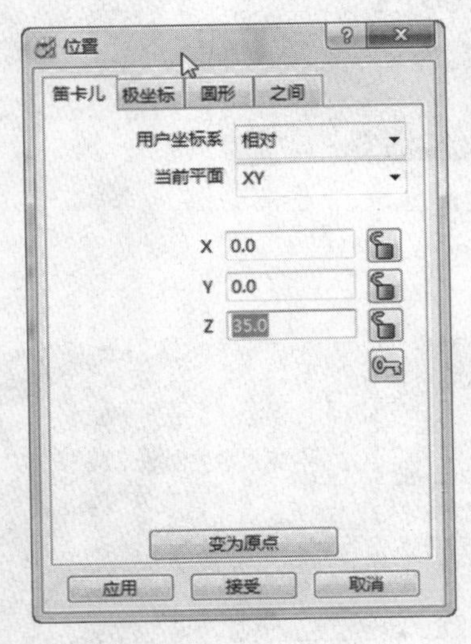

图 1—2—13 用户坐标系“位置”对话框

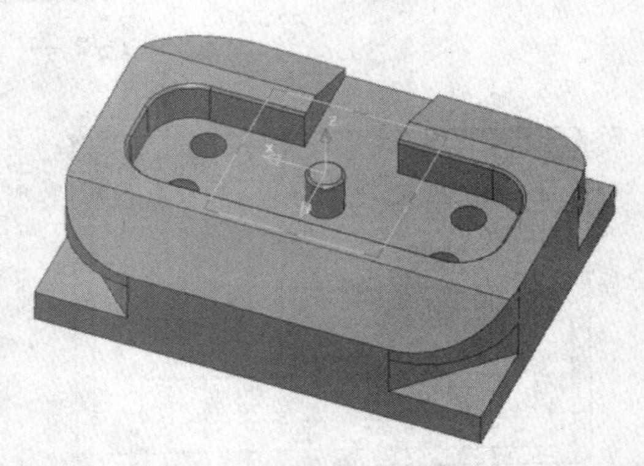

图 1—2—14 “第二次装夹”用户坐标系创建完毕

4. 刀具定义

由表 1—2—1 和表 1—2—2 可知，此零件的加工共需 8 把刀具，其中第一次装夹使用了 $\phi6$ mm 定心钻、$\phi9$ mm 钻头、$\phi10$ mm 端铣刀（粗加工使用）和 45°倒角刀各 1 把。第二次装夹使用了 $\phi10$ mm 端铣刀（精加工使用）、$\phi10R$ 2 mm 刀尖圆角端铣刀、$\phi8$ mm 球头刀、$\phi40$ mm 且刃长 12 mm 的圆角盘铣刀各 1 把。按照表 1—2—1 和表 1—2—2 中刀具信息建立刀具。

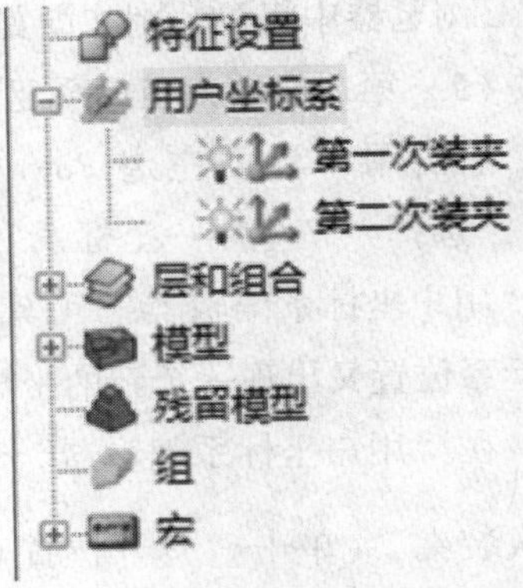

图 1—2—15 PowerMILL 浏览器

（1）激活“第一次装夹”用户坐标系

将鼠标移至 PowerMILL 浏览器中“用户坐标系”下“第一次装夹”用户坐标系，然后右击，在弹出的快捷菜单中选择“激活”选项，如图 1—2—16 所示。激活后的“第一次装夹”用户坐标系前面将产生一个符号“>”，指示灯变亮，如图 1—2—17 所示，同时用户界面中“第一次装夹”用户坐标系将以红颜色显示。单击用户界面最右边“查看工具栏”中的“ISO1”按钮 ，接着单击“查看工具栏”中的“普通阴影”按钮 ，即显示如图 1—2—18 所示。

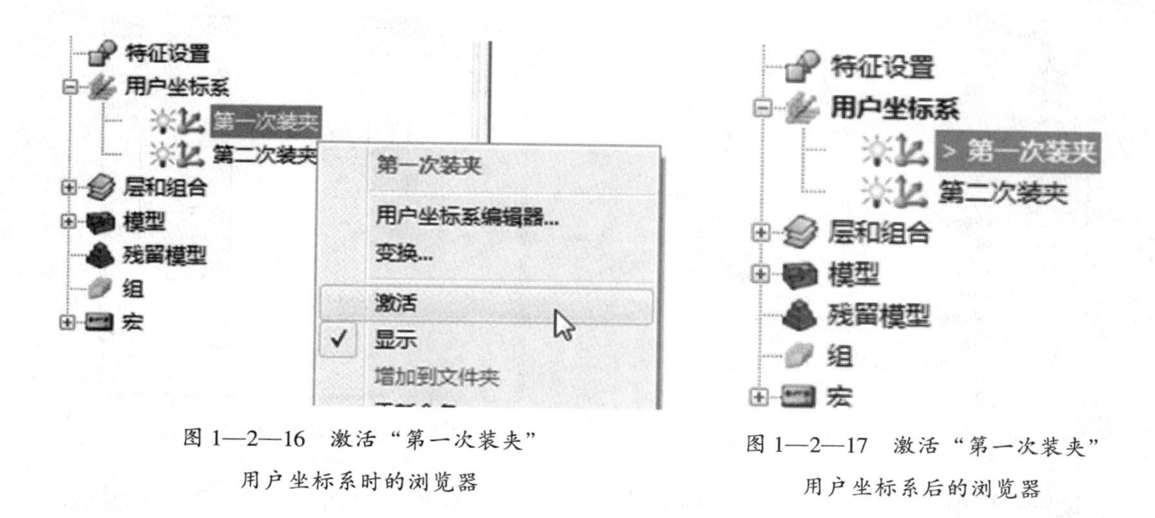

图 1—2—16　激活“第一次装夹”用户坐标系时的浏览器

图 1—2—17　激活“第一次装夹”用户坐标系后的浏览器

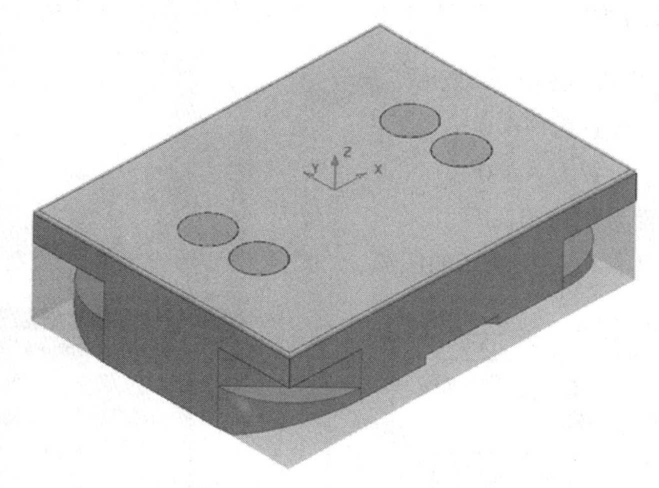

图 1—2—18　激活后“第一次装夹”的用户坐标系

（2）建立 90°定心钻

如图 1—2—19 所示，右击用户界面左边 PowerMILL 浏览器中的“刀具”，依次选择“产生刀具”→“钻头”选项，弹出如图 1—2—20 所示的“钻孔刀具”对话框。

在此对话框中的“刀尖”选择项卡设置如下参数：

❑“名称”改为“T1-NC6”。

❑“锥角”设置为“45. 0”。

❑“直径”设置为“6. 0”。

❑“长度”设置为“10. 0”。

❑“刀具编号”设置为“1”。

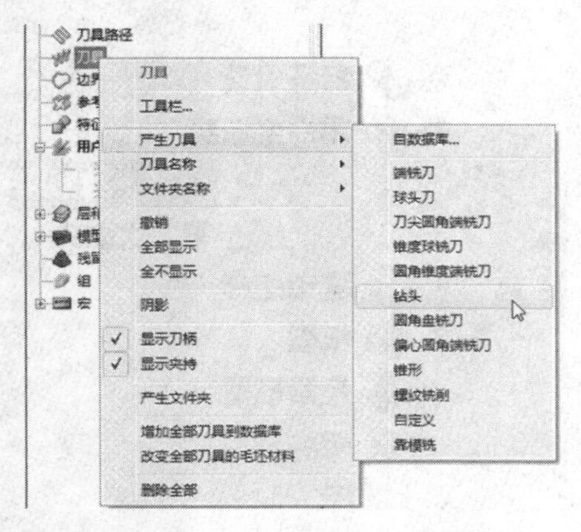

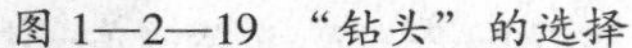
图 1—2—19 “钻头”的选择

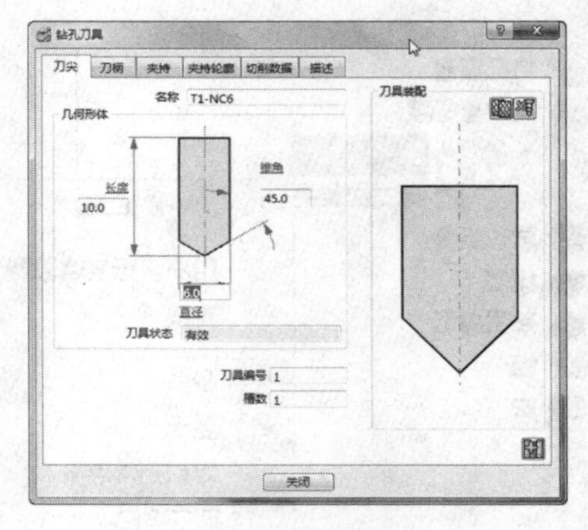

图 1—2—20 “钻孔刀具”对话框

设置完毕单击“钻孔刀具”对话框中的“刀柄”标签，弹出如图 1—2—21 所示的“钻孔刀具”对话框中的“刀柄”选项卡。单击此选项卡中的“增加刀柄部件”按钮 ，并在此选项卡中设置如下参数：

❑“顶部直径”设置为“6.0”。

❑“底部直径”设置为“6.0”。

❑“长度”设置为“50.0”。

设置完毕出现图 1—2—22 所示的图形。

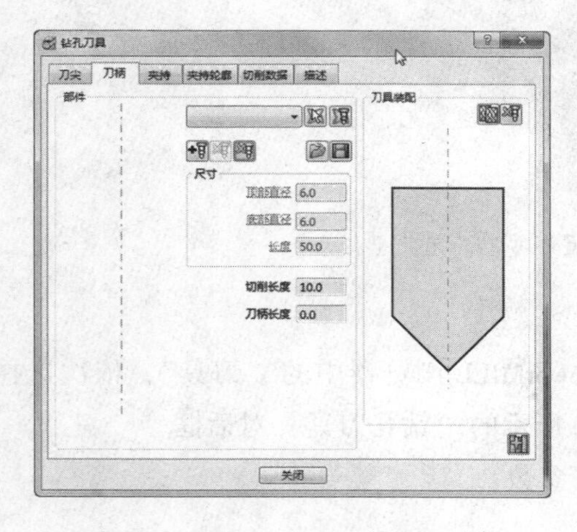

图 1—2—21 钻头“刀柄”的选择

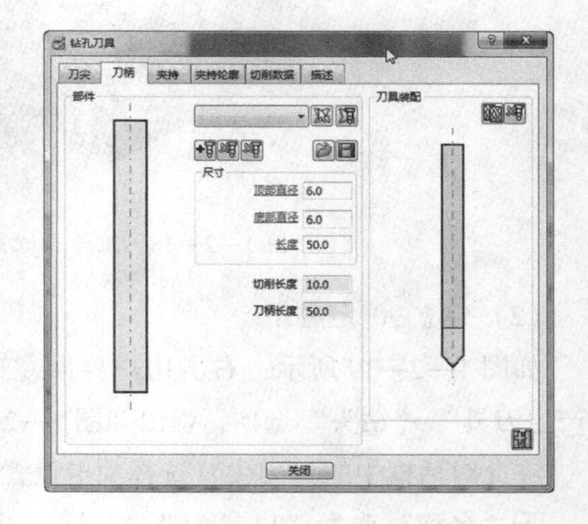

图 1—2—22 钻头“刀柄”的设置

单击“钻孔刀具”对话框中的“夹持”标签，弹出如图 1—2—23 所示的“钻孔刀具”对话框中的“夹持”选项卡。单击此选项卡中的“增加夹持部件”按钮 ，并在此选项卡中设置如下参数：

❑“顶部直径”设置为“27.0”。

❑“底部直径”设置为“27.0”。

❑“长度”设置为“80.0”。

❑“伸出”设置为“25.0”。

设置完毕出现图 1—2—24 所示的图形。

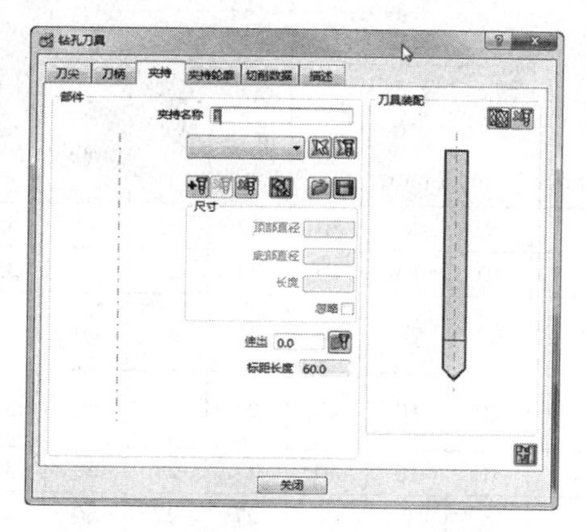

图 1—2—23　钻头“夹持”的选择

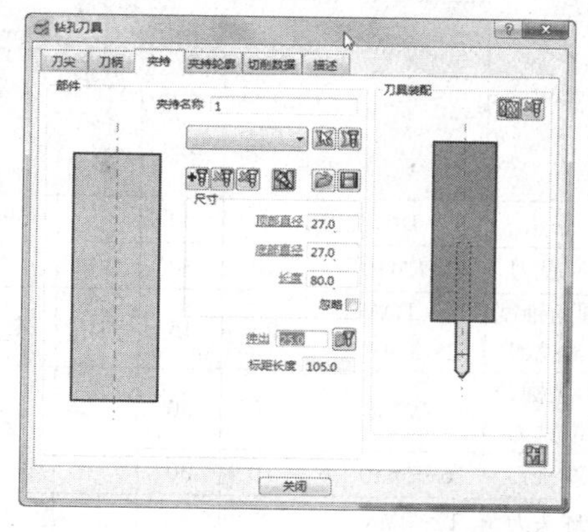

图 1—2—24　钻头“夹持”的设置

单击“钻孔刀具”对话框中的“关闭”按钮。此时在用户界面左边的 PowerMILL 浏览器中将显示刚才设置的刀具“T1-NC6”，如图 1—2—25 所示。单击用户界面最右边“查看工具栏”中的“ISO1”按钮，用户工作区即如图 1—2—26 所示。

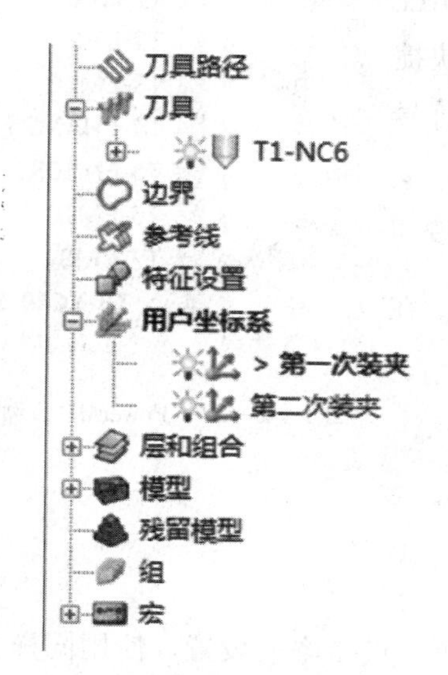

图 1—2—25　PowerMILL 浏览器

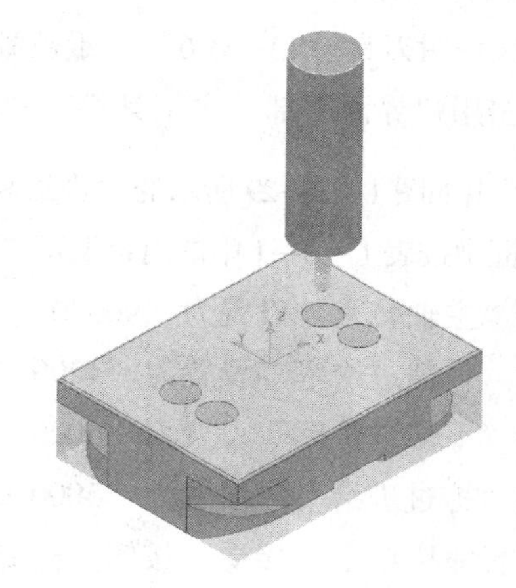

图 1—2—26　90°定心钻建立完成后的显示

（3）建立其他刀具

参照上述建立刀具的操作过程，按表 1—2—3 中的刀具参数创建出加工此零件的其余刀具。

表 1—2—3　　其余刀具参数

序号	刀具类型	刀尖								刀柄			夹持			
		名称	编号	几何形状						尺寸			尺寸			伸出（mm）
				直径（mm）	长度（mm）	刀尖半径（mm）	锥角（°）	锥高（mm）	锥形直径（mm）	顶部直径（mm）	底部直径（mm）	长度（mm）	顶部直径（mm）	底部直径（mm）	长度（mm）	
1	钻头	T2-DR9	2	9	50		59			9	9	30	27	27	80	55
2	端铣刀	T3-EM10	3	10	30					10	10	40	27	27	50	35
3	圆角锥度端铣刀	T4-CHAM25_3_45	4	25	15	0	45	11	3	20	20	50	45	45	80	30
4	刀尖圆角端铣刀	T5-EM10R2	5	10	30	2				10	10	40	27	27	80	35
5	端铣刀	T6-EM10	6	10	30					10	10	40	27	27	50	35
6	球头刀	T7-BM8	7	8	30					8	8	40	27	27	50	35
7	圆角盘铣刀	T8-TC40_12_20	8	40	12	0				20	20	60	45	45	80	40

设置完毕的 PowerMILL 浏览器变为图 1—2—27 所示。

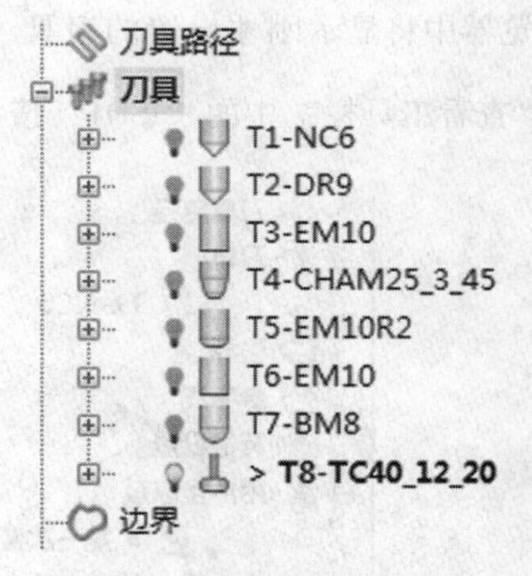

图 1—2—27　PowerMILL 浏览器

5. 进给率设置

如图 1—2—28 所示，右击用户界面左边 PowerMILL 浏览器中“刀具”标签内的“T1-NC6”，在弹出的快捷菜单中选择“激活”，使得在“T1-NC6”左边出现符号“>”，这表明刀具“T1-NC6”处于被激活状态。

单击用户界面上部“主工具栏”中的“进给率”按钮，弹出如图 1—2—29 所示的“进给和转速”对话框。在此对话框中按表 1—2—1 中的内容设置如下参数：

- “主轴转速”设置为“900.0”。
- “切削进给率”设置为“1200.0”。
- “下切进给率”设置为“60.0”。
- “掠过进给率”设置为“5000.0”。

设置完毕单击“接受”按钮，完成刀具“T1-NC6”进给率的设置。使用同样方法按表 1—2—1 和表 1—2—2 中的参数设置其余刀具的进给率。

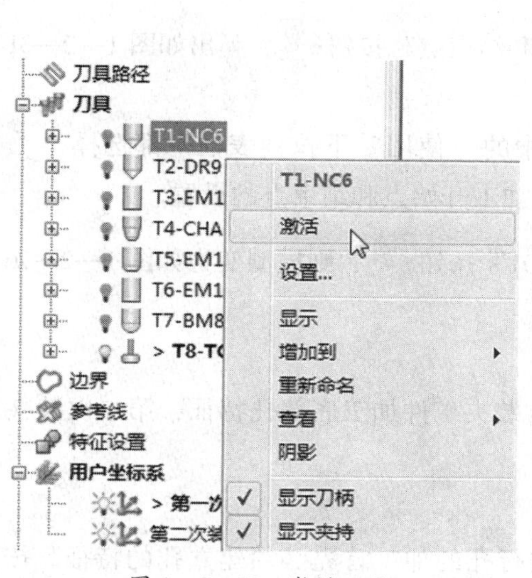

图 1—2—28 激活刀具

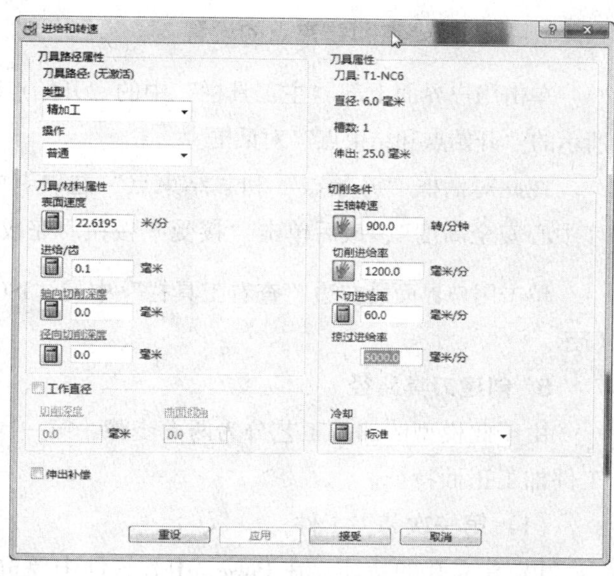

图 1—2—29 “进给和转速”对话框

6. 快进高度设置

单击用户界面上部“主工具栏”中的“快进高度”按钮，弹出如图 1—2—30 所示的“快进高度”对话框，在“用户坐标系”下拉列表框中选择“第一次装夹”。然后在此对话框中单击“计算”按钮，最后再单击“接受”按钮，完成快进高度的设置。

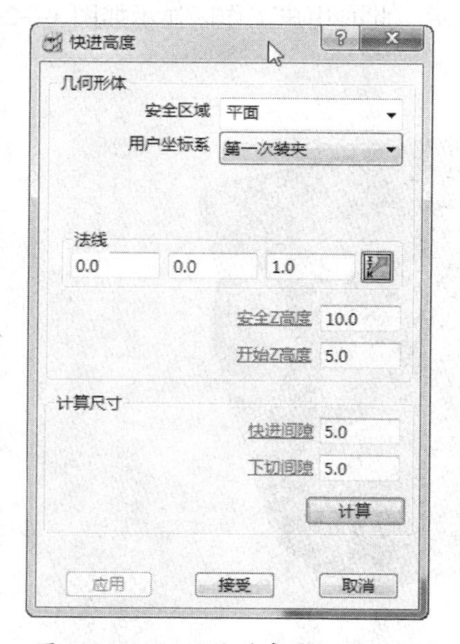

图 1—2—30 “快进高度”对话框

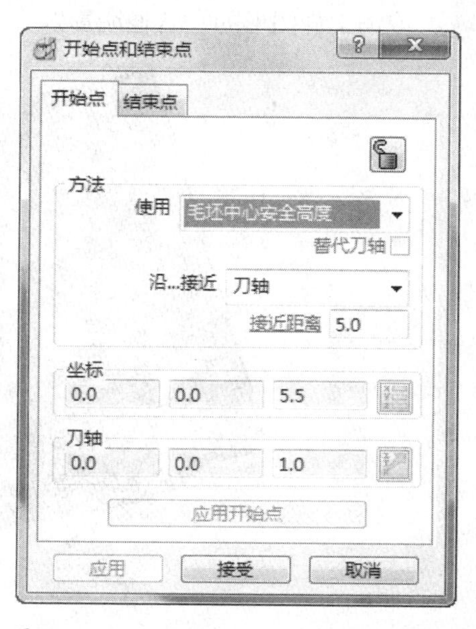

图 1—2—31 “开始点和结束点”对话框

7. 加工开始点和结束点的设置

单击用户界面上部“主工具栏”中的“开始点和结束点”按钮，弹出如图 1—2—31 所示的“开始点和结束点”对话框。

在此对话框“开始点”和“结束点”选项卡中的“使用”下拉列表框中都选择“毛坯中心安全高度”，最后单击“接受”按钮。完成加工开始点和结束点的设置。

单击用户界面最右边“查看工具栏”中的“ISO1”按钮，则模型变为如图 1—2—26 所示。

8. 创建刀具路径

由于此模型的加工工艺分为两大步骤：第一次装夹工件加工底部孔特征，第二次装夹工件加工正面特征。

（1）第一次装夹工件

1）建立孔的特征。在 PowerMILL 软件中要进行孔的加工首先必须建立孔的特征。按住“Shift”键，在绘图区中使用鼠标左键分别选取 8 个孔的表面，如图 1—2—32 所示。在 PowerMILL 浏览器中右击“特征设置”，在弹出的快捷菜单中选择“识别模型中的孔”，如图 1—2—33 所示。这时将打开“特征”对话框。按图 1—2—34 所示设置参数。单击“应用”按钮→“关闭”按钮。此时在用户界面左边的 PowerMILL 浏览器中将显示刚才设置的孔特征，如图 1—2—35 所示。单击用户界面最右边“查看工具栏”中的“普通阴影”按钮，取消工件图形的“普通阴影”显示和毛坯显示。此时用户工作区显示如图 1—2—36

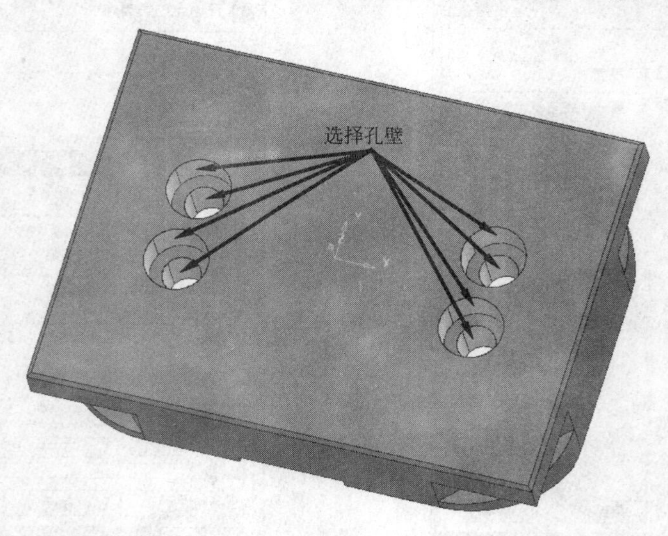

图 1—2—32　选择 8 个孔壁

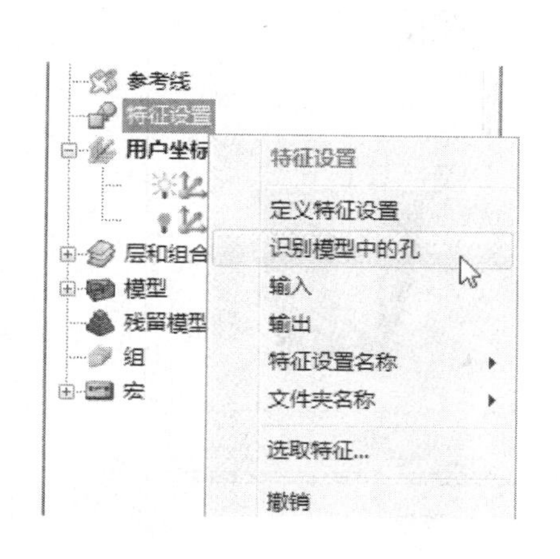

图 1—2—33　识别模型中的孔

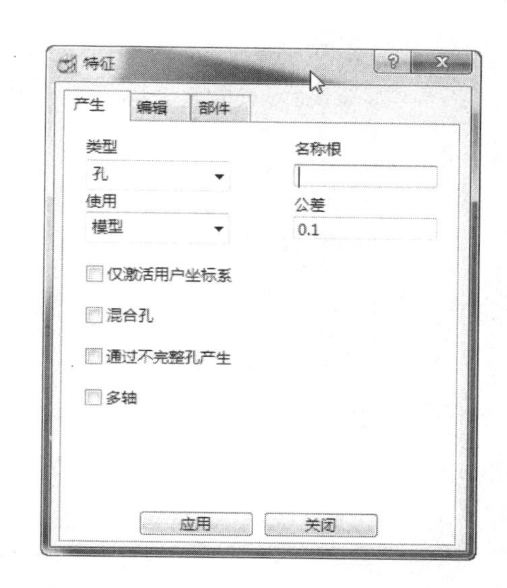

图 1—2—34　“特征”对话框

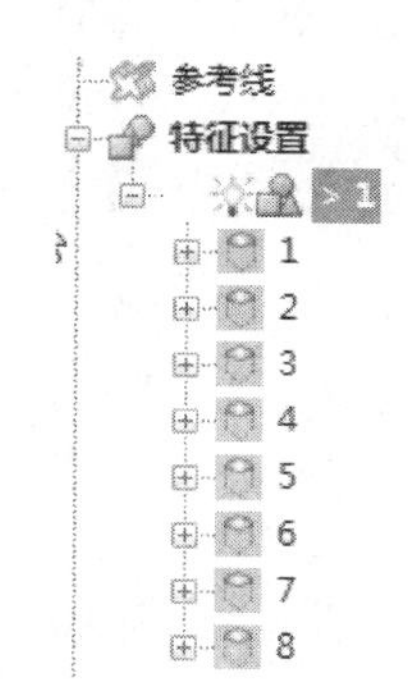

图 1—2—35　建立完成后的孔特征

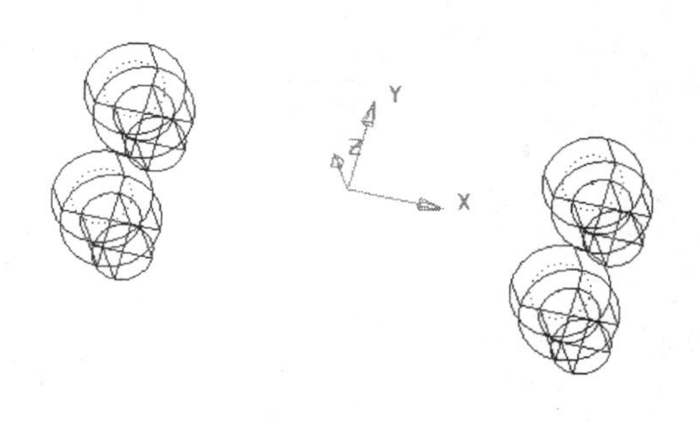

图 1—2—36　孔特征显示

所示。特征“1”此时被激活。完成孔特征的建立。

2）建立 90°定心钻程序。单击用户界面上部“主工具栏”中的“刀具路径策略”按钮，弹出如图 1—2—37 所示的“策略选取器”对话框。

单击“钻孔”标签，然后选择“钻孔”选项，如图 1—2—37 所示，单击“接受”按钮，将弹出如图 1—2—38 所示的“钻孔”对话框。

在此对话框中设置如下参数：

❑“刀具路径名称”改为“1T1NC6”。

❑ 在“循环类型”下拉列表框中选择“单次啄孔”。

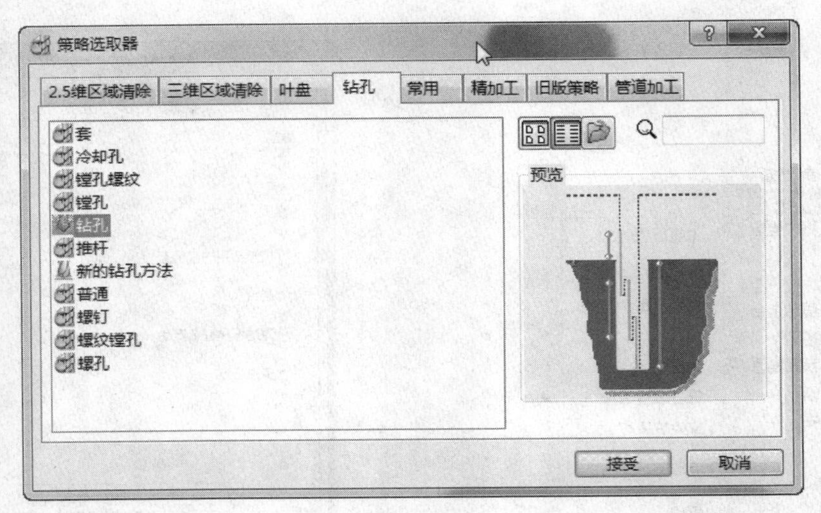

图 1—2—37 “策略选取器”对话框

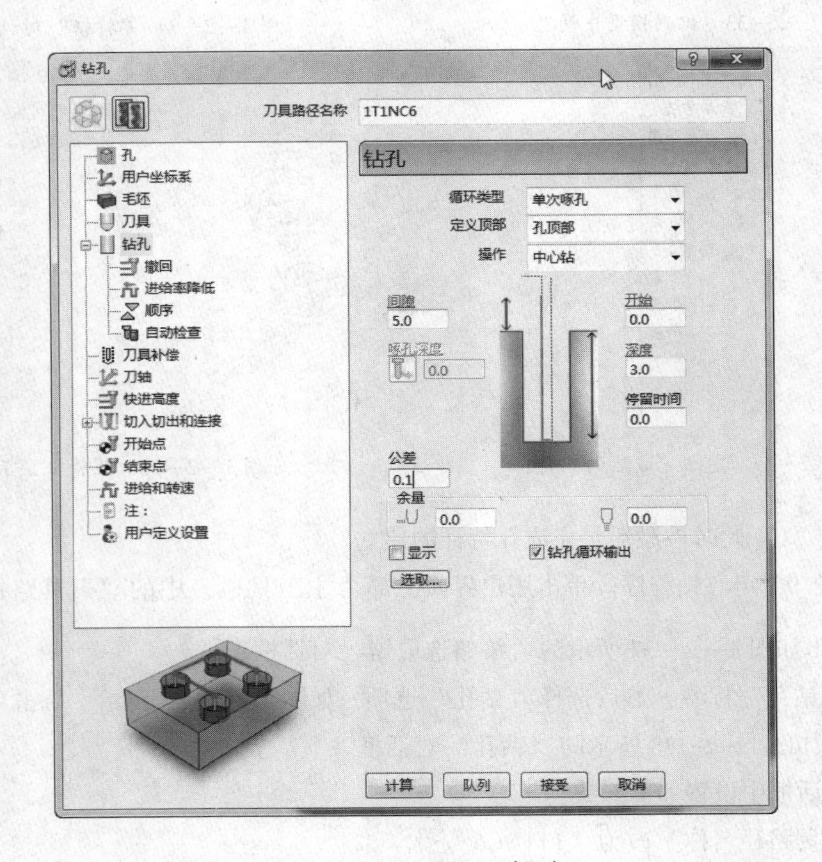

图 1—2—38 “钻孔”对话框

❑ 在“定义顶部”下拉列表框中选择“孔顶部”。
❑ 在“操作”下拉列表框中选择“中心钻”。
❑ “公差”设置为“0.1”。
❑ “余量”设置为“0.0”。

在“钻孔”对话框中选择 孔 标签，在孔选择选项卡中的“特征设置”下拉列表框中选择“1”，如图 1—2—39 所示。

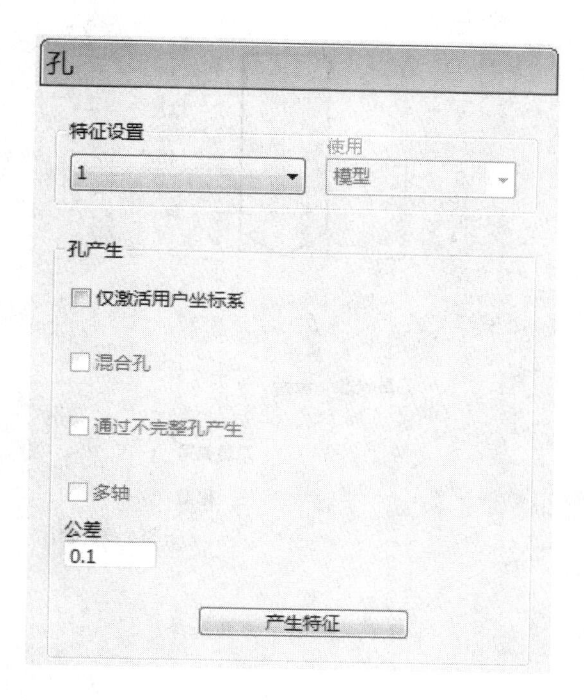

图 1—2—39　孔特征选择

在“钻孔”对话框中选择 用户坐标系 标签，在“用户坐标系”下拉列表框中选择“第一次装夹”用户坐标系，如图 1—2—40 所示。

图 1—2—40　“用户坐标系”选择

选择 刀具标签，在刀具选择选项卡下拉列表框中选择刀具“T1-NC6”，如图1—2—41所示。

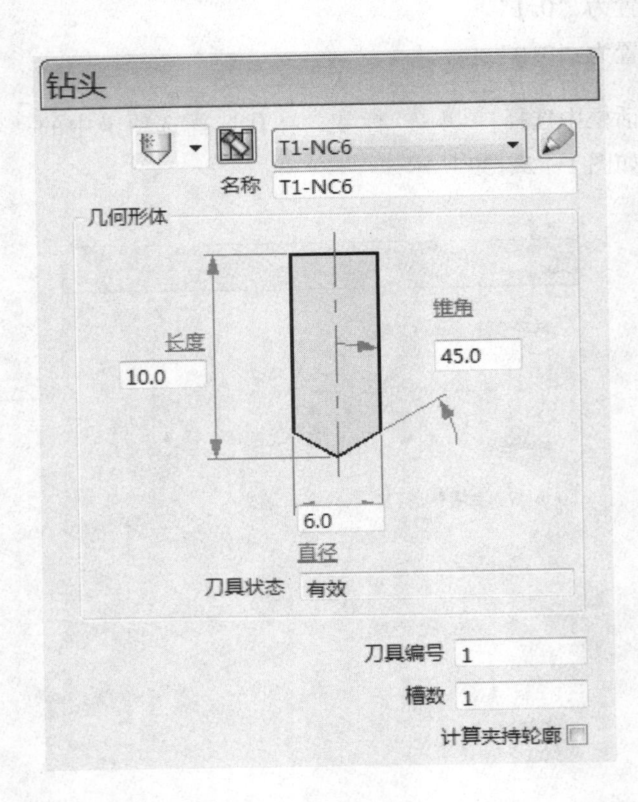

图1—2—41 刀具选择

选择 钻孔标签，在“钻孔”对话框中单击 选取... 按钮，弹出图1—2—42所示的“特征选项”对话框。在此对话框中选择“直径”列表框内的“9.00”后再单击 > 按钮→“选取”按钮，完成直径为9 mm孔的选择，如图1—2—43所示。单击“关闭”按钮，回到“钻孔”对话框。

选择 切入切出和连接 连接 标签中的“连接”标签。在“连接”选项卡中设置如下：

- 在“短”下拉列表框中选择“掠过”。
- 在“长”下拉列表框中选择“相对”。
- 在“缺省”下拉列表框中选择“安全高度”。
- 在“沿着”下拉列表框中选择“刀轴”。

图 1—2—42 “特征选项”对话框

图 1—2—43 选择直径 9 的孔特征

设置结果如图 1—2—44 所示。

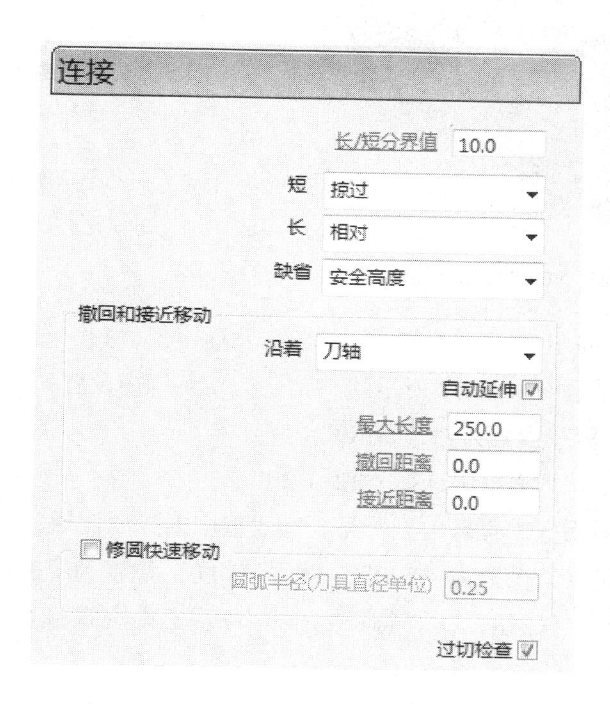

图 1—2—44 钻孔“连接”参数设置

“钻孔”对话框的其余参数保持默认，设置完毕单击“计算”按钮。刀具路径生成后，单击“取消”按钮，接着单击用户界面最右边“查看工具栏”中的“ISO1”按钮，用户界面产生如图 1—2—45 所示的 90°定心钻刀具路径。此时在用户界面左边 PowerMILL 浏览器的“刀具路径”中将显示刚才建立的 90°定心钻刀具路径“1T1NC6”，如图 1—2—46 所示。

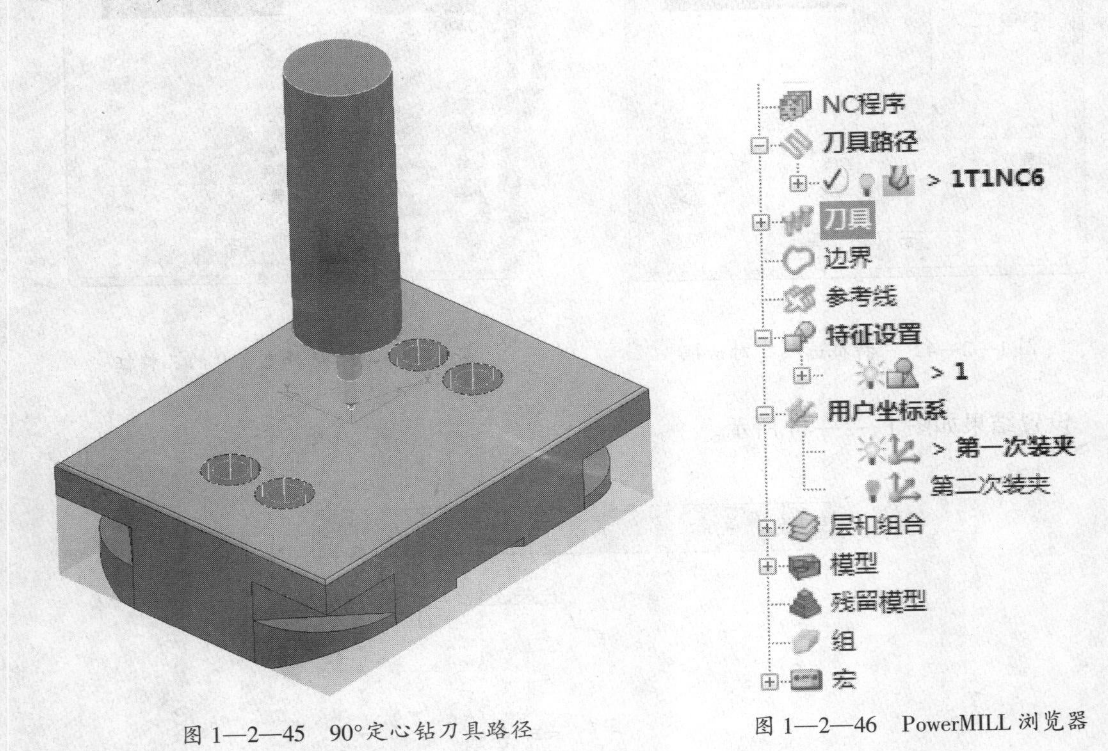

图 1—2—45　90°定心钻刀具路径

图 1—2—46　PowerMILL 浏览器

3）建立直径 9 mm 孔程序。参照 90°定心钻刀具路径“1T1NC6”建立的方法，建立直径 9 mm 孔程序。在图 1—2—38 所示的“钻孔”对话框中设置如下参数：

❑“刀具路径名称”设置为“2T2DR9”。

❑ 在“刀具”下拉列表框中选择“T2-DR9”。

❑ 在“钻孔”对话框“循环类型”下拉列表框中选择“深钻”，“操作”下拉列表框中选择“通孔”，“间隙”设置为“5. 0”，“啄孔深度”设置为“3. 0”，“公差”设置为“0. 1”，再单击“选取”按钮，在“特征选项”对话框中选择直径 9 mm 的孔特征，如图 1—2—43 所示。

❑ 在“切入切出和连接”中的设置同图 1—2—44 所示一样。

最后单击“计算”按钮→“取消”按钮，完成直径 9 mm 孔的加工程序。接着单击用户界面最右边“查看工具栏”中的“ISO1”按钮，用户界面产生如图1—2—47所示的“2T2DR9”刀具路径。此时在用户界面左边PowerMILL浏览器的“刀具路径”中也将显示刀具路径“2T2DR9”，如图1—2—48所示。

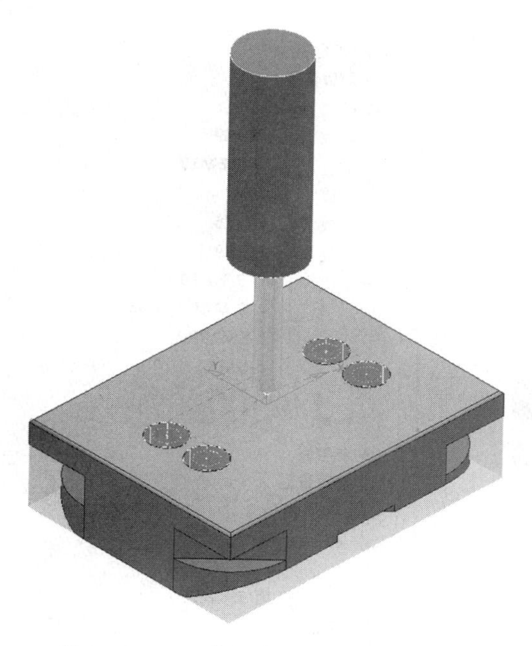

图1—2—47　直径为9的孔的刀具路径

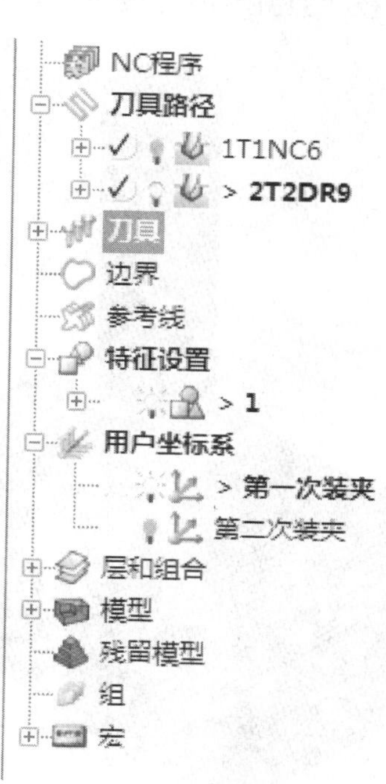

图1—2—48　PowerMILL浏览器

4）建立直径15 mm沉孔程序。同样参照90°定心钻刀具路径“1T1NC6”建立的方法，建立直径15 mm沉孔程序。在图1—2—38所示的“钻孔”对话框中设置如下参数：

❑“刀具路径名称”设置为“3T3EM10”。

❑在“刀具”下拉列表框中选择“T3-EM10”。

❑在“钻孔”对话框“循环类型”下拉列表框中选择“螺旋”，“操作”下拉列表框中选择“钻到孔深”，“间隙”设置为“5.0”，“节距”设置为“1.0”，“公差”设置为“0.05”，再单击“选取”按钮，在“特征选项”对话框中选择直径15 mm的孔特征，如图1—2—49所示。

图1—2—49　选择直径15的孔特征

❑在“切入切出和连接”中的设置同图1—2—44所示一样。

最后单击“计算”按钮→“取消”按钮，完成直径15 mm沉孔程序。接着单击用户界面最右边“查看工具栏”中的“ISO1”按钮，用户界面产生如图 1—2—50 所示的“3T3EM10”刀具路径。此时在用户界面左边 PowerMILL 浏览器的“刀具路径”中也将显示刀具路径“3T3EM10”，如图 1—2—51 所示。

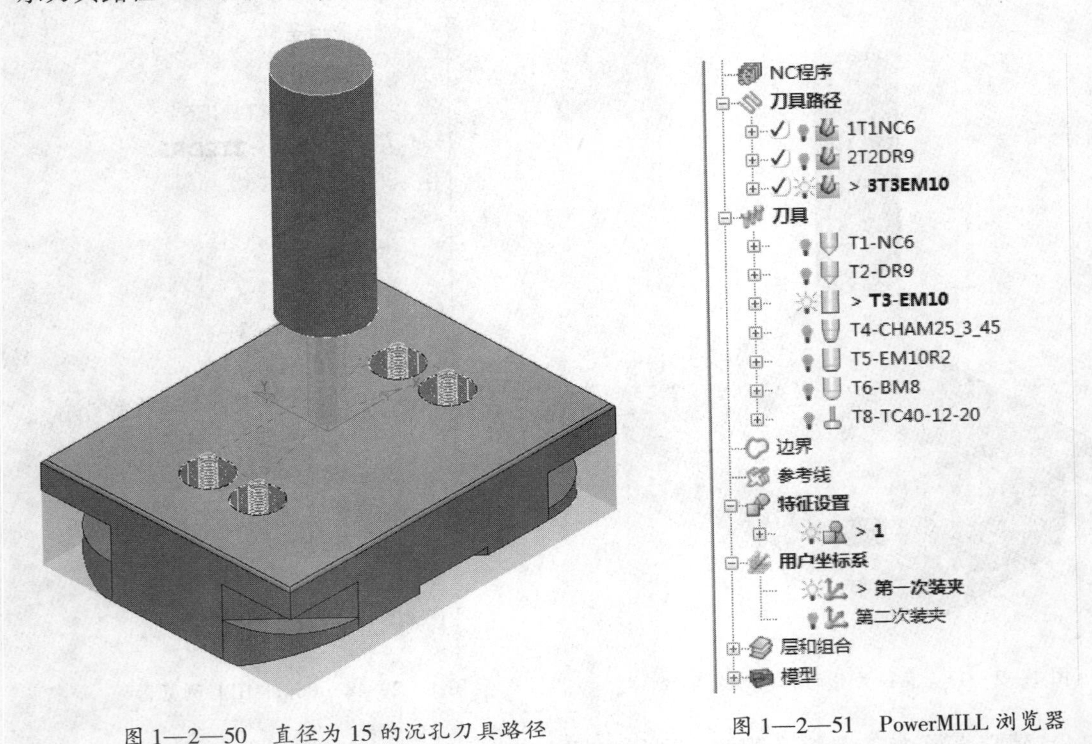

图 1—2—50　直径为 15 的沉孔刀具路径

图 1—2—51　PowerMILL 浏览器

5）建立工件底部 C1 mm 倒角程序

①创建 C1 mm 倒角程序用参考线。在 PowerMILL 浏览器中右击“参考线”，在弹出的快捷菜单中选择“产生参考线”，如图 1—2—52 所示。这时系统即产生一个名称为“1”、内容空白的参考线，如图 1—2—53 所示。双击“参考线”，将它展开，右击参考线“1”，在弹出的快捷菜单中选择“曲线编辑器”，如图 1—2—54 所示。调出“曲线编辑器”工具栏，如图 1—2—55 所示。在“曲线编辑器”工具栏中单击“获取曲线”按钮，系统弹出“获取”工具栏，如图 1—2—56 所示。在绘图区选取图 1—2—57 所示箭头所指平面。在“获取”工具栏中单击按钮，完成曲线获取。在图 1—2—58 中，箭头所指的 4 个圆是不需要倒角的，因此应该删除这些曲线。在绘图区中，按住键盘上的“Shift”键，选择这 4 个圆，然后在“曲线编辑器”工具栏中单击“删除已选几何元素”按钮，将它们删除。在“曲线编辑器”工具栏中单击按钮，完成参考线“1”的创建。

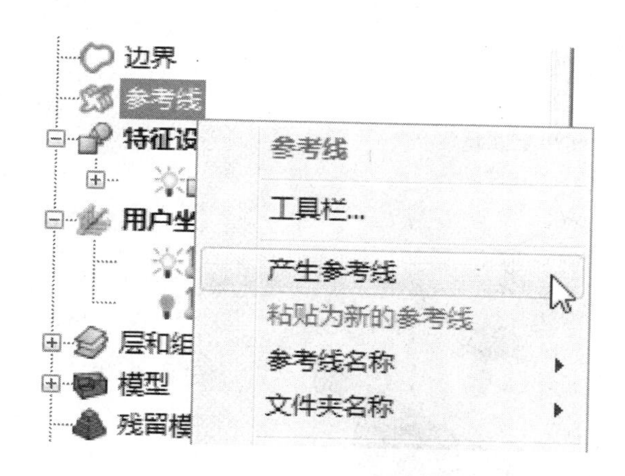

图 1—2—52　创建参考线

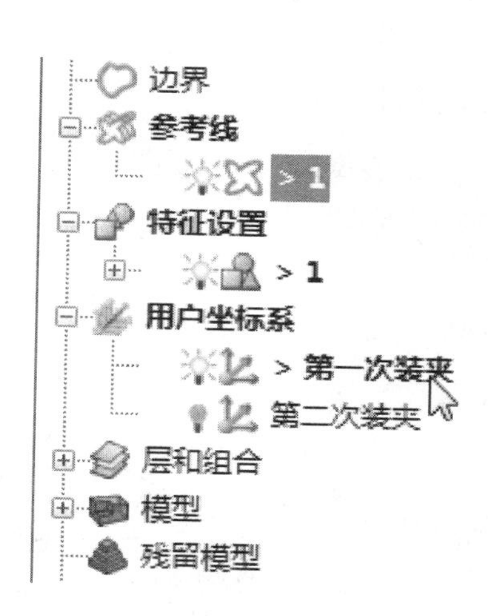

图 1—2—53　参考线“1”显示

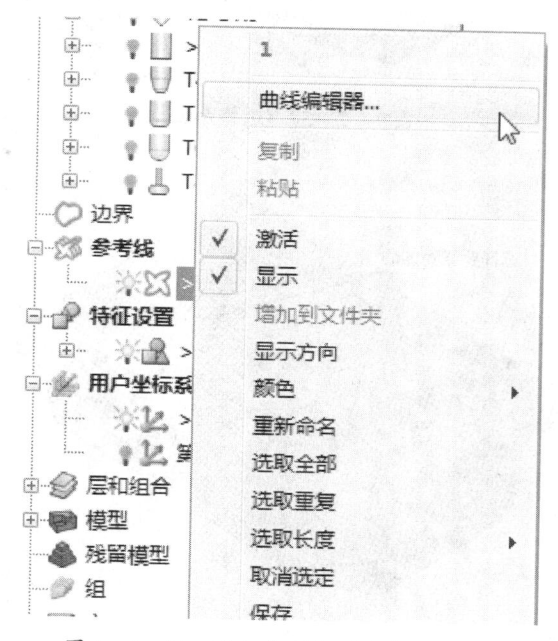

图 1—2—54　进入参考线“曲线编辑器”

图 1—2—55　“曲线编辑器”工具栏

图 1—2—56 “获取”工具栏

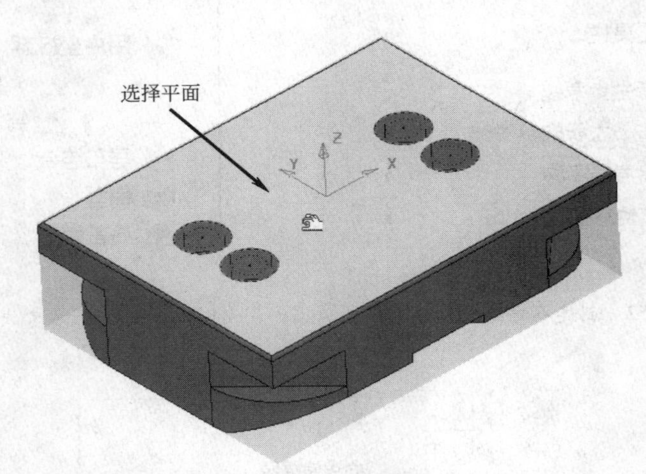

图 1—2—57 选择平面

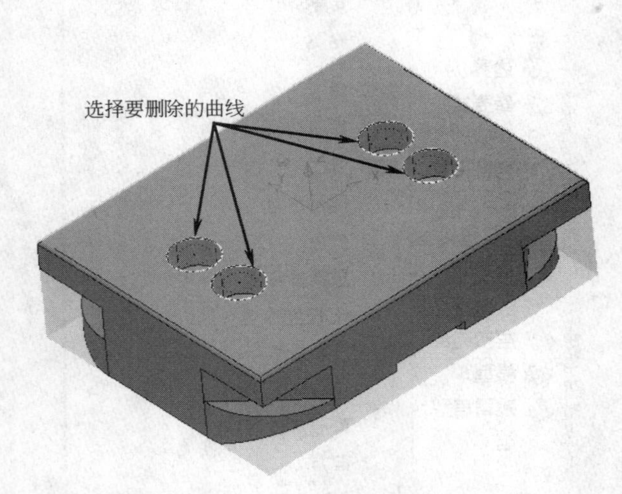

图 1—2—58 选择要删除的曲线

②建立 $C1$ mm 倒角程序。单击用户界面上部“主工具栏”中的“刀具路径策略”按钮，弹出如图 1—2—59 所示的“策略选取器”对话框。

单击“2. 5 维区域清除”标签，然后选择“平倒角铣削”选项，如图 1—2—59 所示，单击“接受”按钮，将弹出如图 1—2—60 所示的“平倒角铣削”对话框。

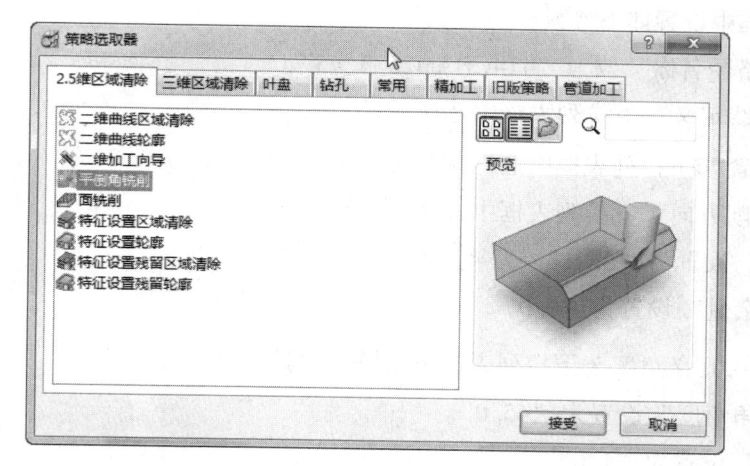

图 1—2—59 “策略选取器”对话框

图 1—2—60 “平倒角铣削”对话框

在此对话框中设置如下参数：

□“刀具路径名称”改为“4T4CHAM25_3_45”。

□在“曲线定义”下拉列表框中选择“1”。

□在“位置”下拉列表框中选择“顶部”。

□在“切削方向”下拉列表框中选择“顺铣”。

□“公差”设置为“0.01”。

□“曲线余量”设置为“0.0”。

□在“由…定义角度”下拉列表框中选择“刀具”。

□“平倒角角度”设置为“45.0”。

□“宽度”设置为“1.0”。

□“深度”设置为“1.0”。

□在“刀具位置”下拉列表框中选择“底部轴向深度”，参数设置为“1.0”。

在“平倒角铣削”对话框中打开 剪裁标签，在“剪裁”选项卡的毛坯“剪裁”下拉列表框中选择“允许刀具中心在毛坯之外”选项，如图1—2—61所示。

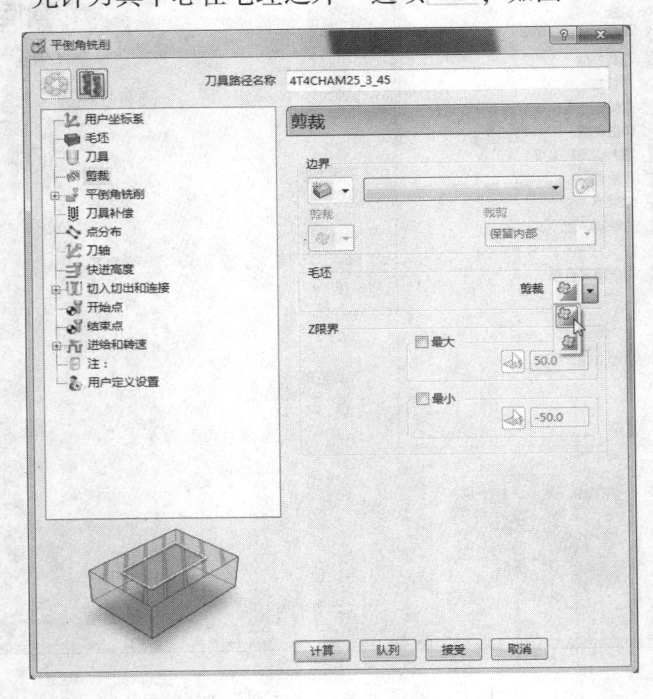

图1—2—61 “剪裁”选项选择

选择 用户坐标系标签，在“用户坐标系”下拉列表框中选择“第一次装夹”用户坐标系，如图 1—2—62 所示。

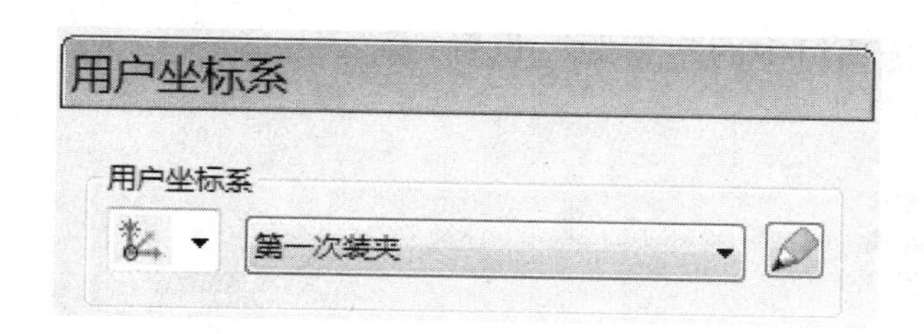

图 1—2—62 “用户坐标”系选择

选择 刀具标签，在刀具选择下拉列表框中选择刀具“T4-CHAM25_3_45”，如图 1—2—63 所示。

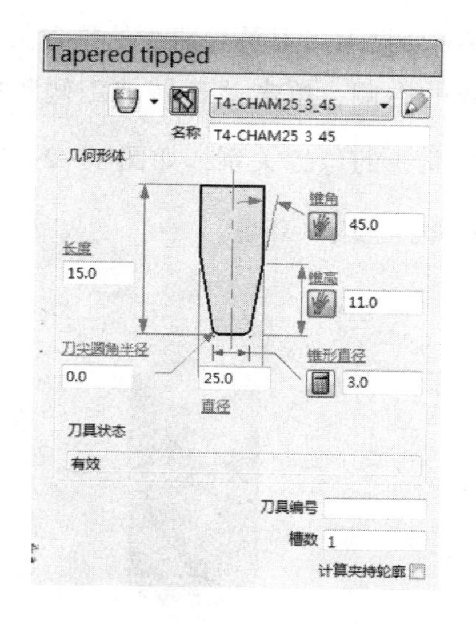

图 1—2—63 刀具选择

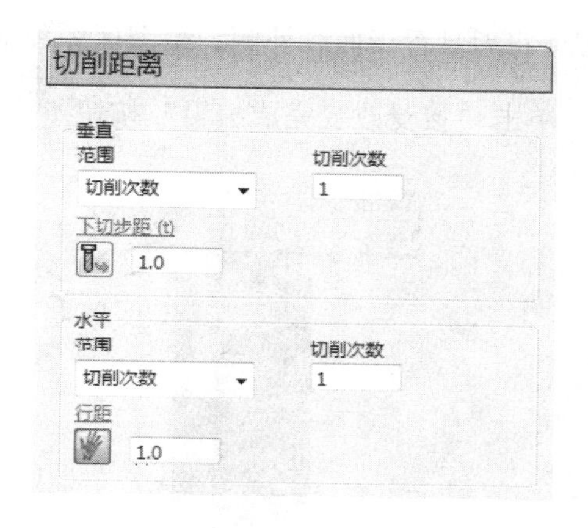

图 1—2—64 “切削距离”参数设置

单击 平倒角铣削 切削距离 标签下“切削距离”标签，打开“切削距离”选项卡，如图 1—2—64 所示。在此选项卡中设置如下参数：

❑ 在“垂直”选项组中的“范围”下拉列表框中选择“切削次数”。

❑ 在“垂直”选项组中的“切削次数”设置为“1”。

❑ 在“垂直”选项组中的“下切步距”设置为“1.0”。

❑在“水平”选项组中的“范围”下拉列表框中选择“切削次数”。

❑在“水平”选项组中的“切削次数”设置为“1”。

❑在“水平”选项组中的“行距”设置为“1.0”。

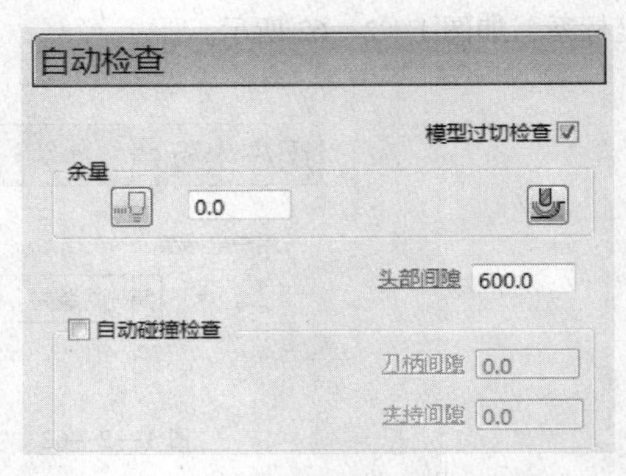

图 1—2—65 “自动检查”参数设置

单击 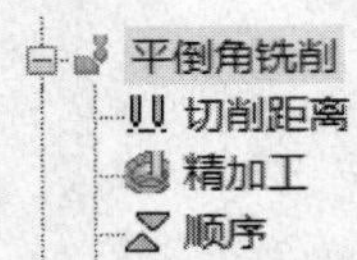 标签下的“自动检查”标签，在“自动检查”选项卡中选中“模型过切检查”复选框，将“余量”设为“0.0”，如图 1—2—65 所示。

在“平倒角铣削”对话框的“曲线定义”选项组中单击“交互修改加工段”按钮，调出“编辑加工段”工具栏，同时在绘图区系统会显示出刀具与曲线的位置关系及铣削方向，如图 1—2—66 所示。如果刀具位于曲线的内侧，单击“反转加工侧”按钮，将刀具置于曲线外侧。绘图区系统显示刀具与曲线的位置关系，如图 1—2—67 所示。单击“接受改变完成编辑”按钮，退出“编辑加工段”环境。

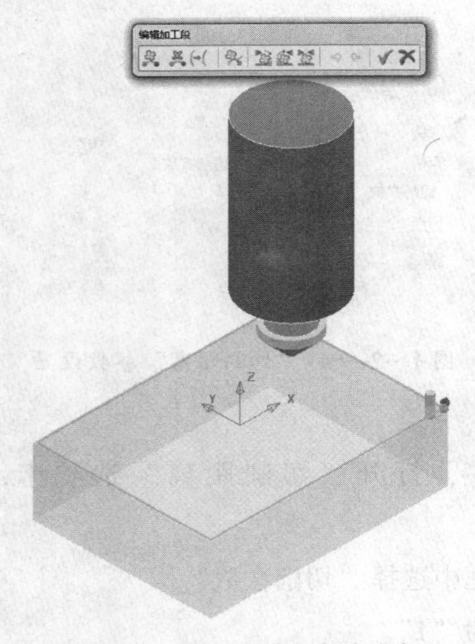

图 1—2—66 铣削方向的确定

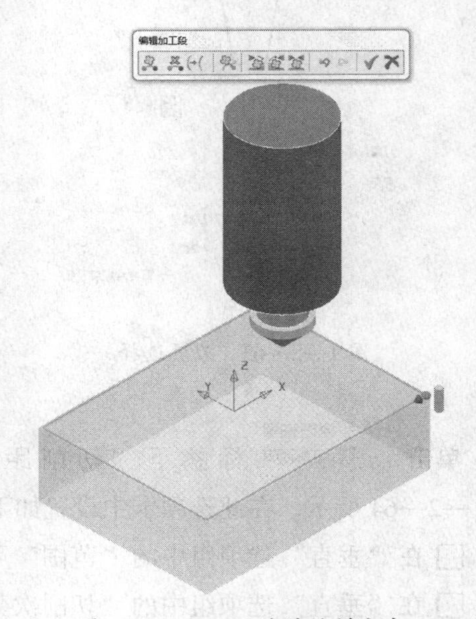

图 1—2—67 正确的铣削方向

“平倒角铣削”对话框的其余参数保持默认，设置完毕单击“计算”按钮。刀具路径生成后单击“取消”按钮，接着单击用户界面最右边“查看工具栏”中的“ISO1”按钮，用户界面产生如图 1—2—68 所示“4T4CHAM25_3_45”刀具路径。此时在用户界面左边 PowerMILL 浏览器的“刀具路径”中将显示刀具路径“4T4CHAM25_3_45”，如图 1—2—69 所示。

图 1—2—68　工件底部 $C1$ 倒角刀具路径

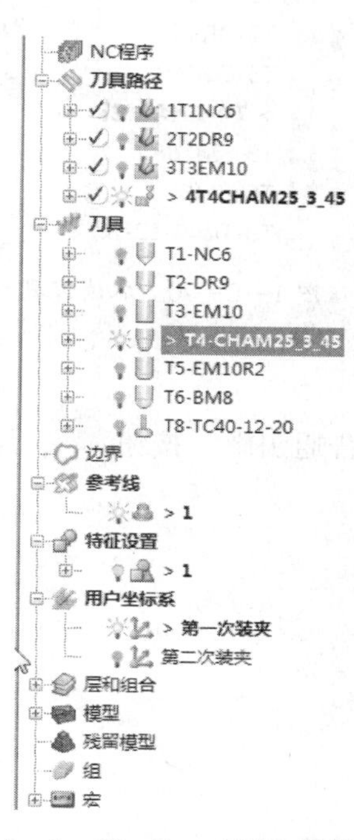

图 1—2—69　PowerMILL 浏览器

（2）第二次装夹工件

1）编程前的准备。将鼠标移至 PowerMILL 浏览器中“刀具路径”下的“4T4CHAM25_3_45”，然后右击，选择“激活”选项，如图 1—2—70 所示，即可取消刀具路径被激活状态。接着再单击“刀具路径”下“4T4CHAM25_3_45”左边点亮的指示灯按钮，使其处于熄灭状态。未激活的刀具路径“4T4CHAM25_3_45”前面将没有“>”符号，如图 1—2—71 所示。

使用相同的方法可以取消 PowerMILL 浏览器中“特征设置”下“1”的激活状态。使“用户坐标系”下的“第二次装夹”用户坐标系处于激活状态，“刀具”下的“T5-EM10R2”刀具处于激活状态，隐藏“T4-CHAM25_3_45”刀具。

单击用户界面最右边“查看工具栏”中的“ISO1”按钮，接着单击“查看工具栏”

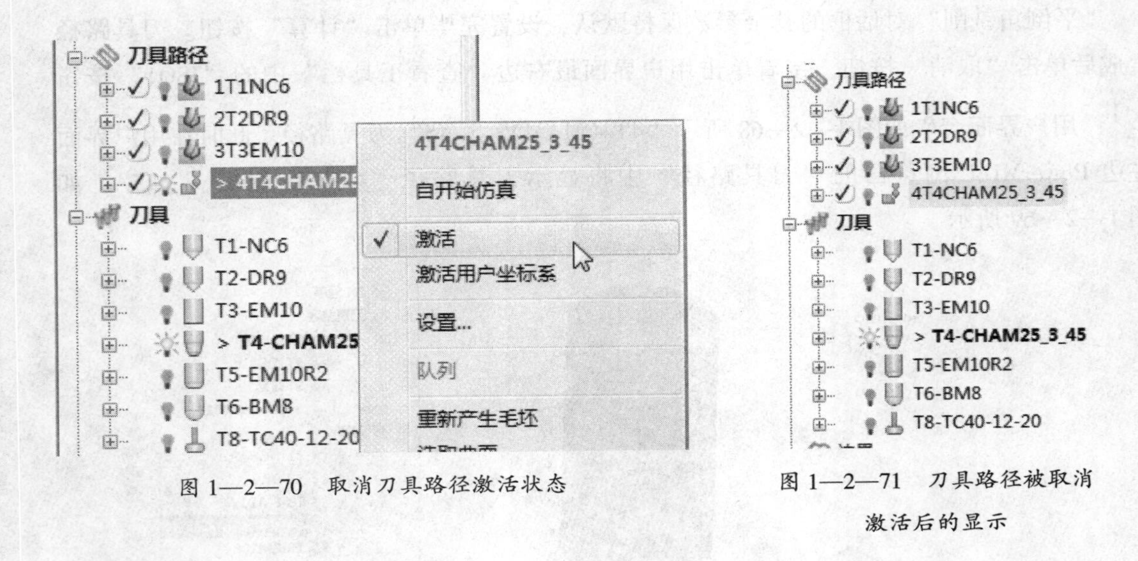

图 1—2—70　取消刀具路径激活状态

图 1—2—71　刀具路径被取消激活后的显示

中的“普通阴影”按钮，用户绘图区域即产生如图 1—2—72 所示的显示。

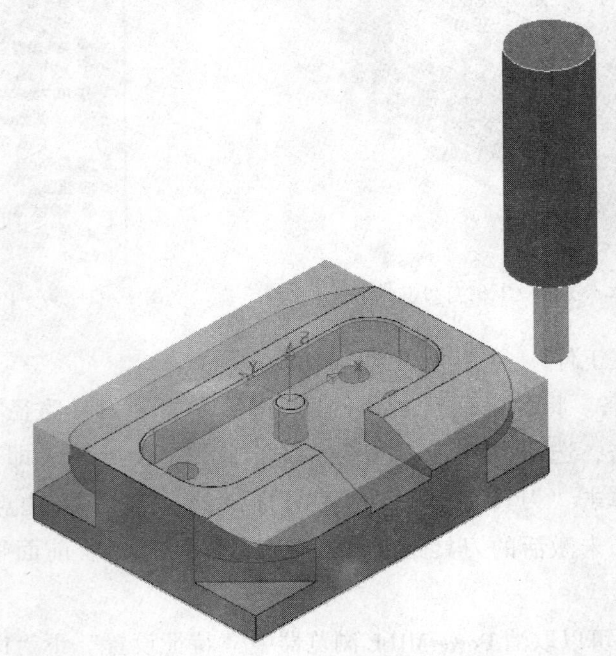

图 1—2—72　“第二次装夹”用户坐标系激活后的显示

2）建立第二次装夹整体粗加工刀具路径。单击用户界面上部“主工具栏中”的“刀具路径策略”按钮，弹出如图 1—2—73 所示的“策略选取器”对话框。

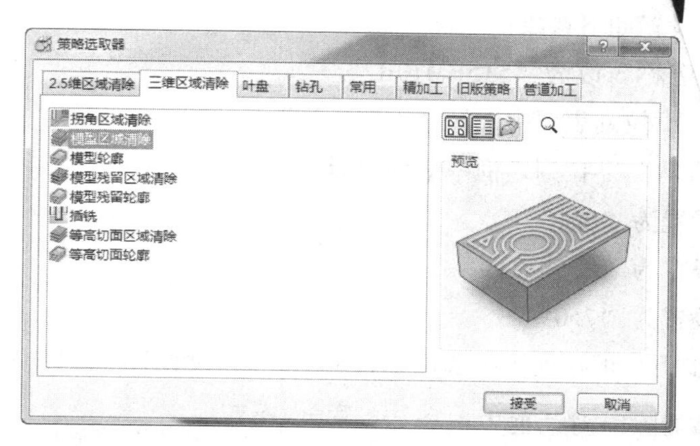

图 1—2—73 “策略选取器”对话框

单击“三维区域清除”标签，然后选择“模型区域清除”选项，如图 1—2—73 所示，单击“接受”按钮，将弹出如图 1—2—74 所示的“模型区域清除”对话框。

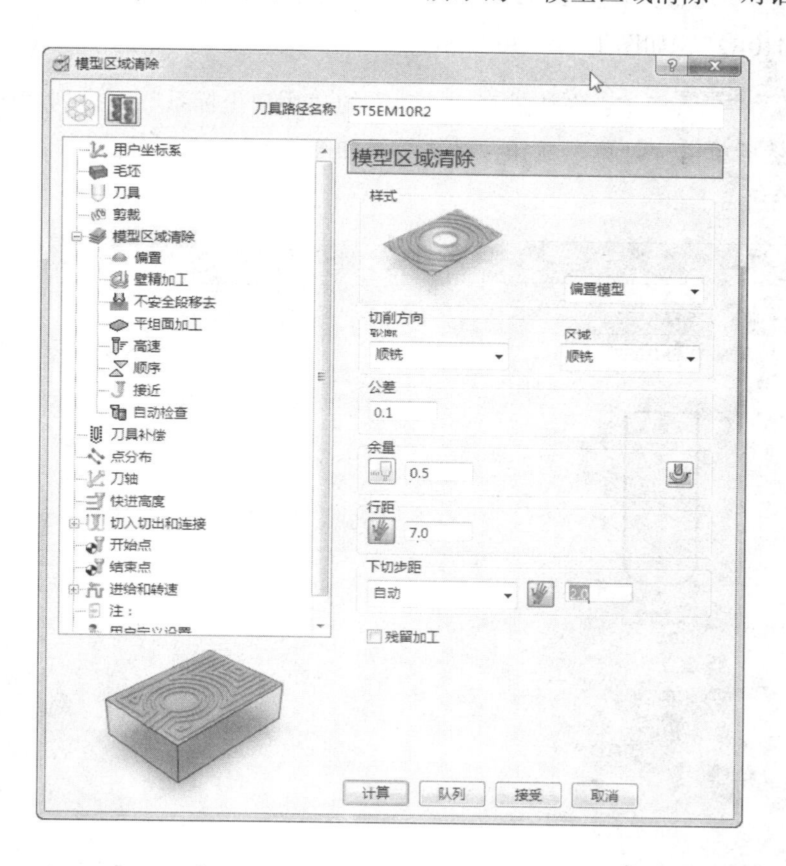

图 1—2—74 “模型区域清除”对话框

对话框中设置如下参数：

“刀具路径名称”改为“5T5EM10R2”。

❑ 在“样式”下拉列表框中选择“偏置模型”。

❑ 在“切削方向”下拉列表框中全部选择“顺铣”。

❑“公差”设置为“0.1”。

❑“余量”设置为“0.5”。

❑“行距”设置为“7.0”。

❑ 在“下切步距”下拉列表中选择“自动”，参数设置为“2.0”。

在“模型区域清除”对话框中选择 用户坐标系 标签，在“用户坐标系”选项卡的下拉列表框中选择“第二次装夹”用户坐标系，如图 1—2—75 所示。

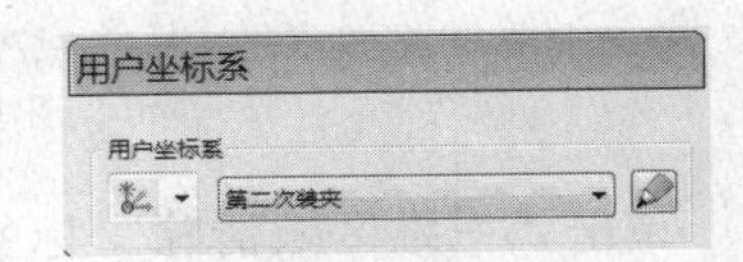

图 1—2—75 “用户坐标系”选择

选择 刀具 标签，在刀具选择下拉列表框中选择刀具“T5-EM10R2”，如图 1—2—76 所示。

选择 快进高度 标签，在快进高度选项卡的“用户坐标系”下拉列表框中选择“第二次装夹”，然后单击“计算”按钮，计算结果如图 1—2—77 所示。

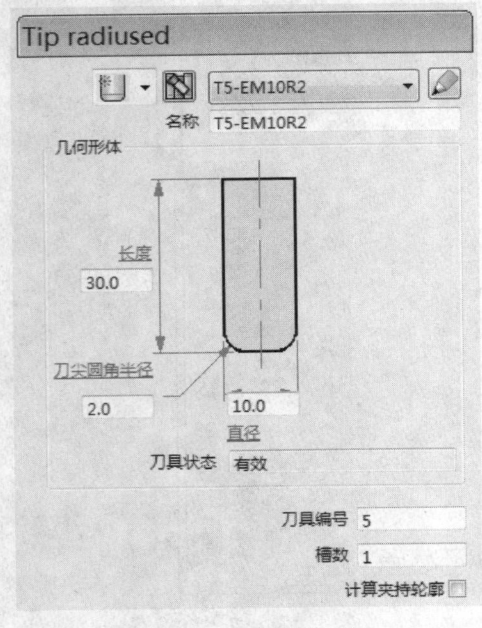

图 1—2—76 刀具选择

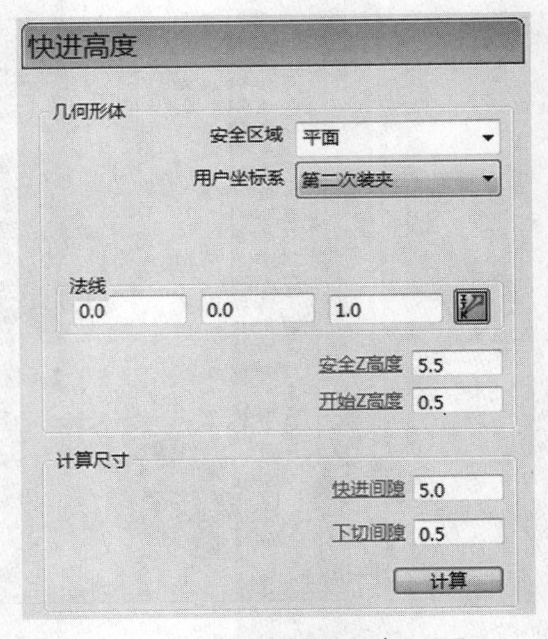

图 1—2—77 “快进高度”参数设置

选择 切入切出和连接 切入 标签中的“切入”标签。在“切入”选项卡的“第一选择”下拉列表框中选择“斜向”。这时可以选择“斜向选项”按钮 斜向选项... ，弹出“斜向切入选项”对话框，如图 1—2—78 所示，在此对话框的“第一选择”选项卡中设置如下参数：

❑“最大左斜角”设置为“3. 0”。

❑ 在“沿着”下拉列表框中选择“圆形”。

❑“圆圈直径”设置为“0. 95”。

❑ 在“斜向高度”选项组中的“类型”下拉列表框中选择“段增量”。

❑“高度”设置为“2. 0”。

设置结果如图 1—2—78 所示，然后单击“接受”按钮。

“模型区域清除”对话框的其余参数保持默认，设置完毕单击“计算”按钮。刀具路径生成后单击“取消”按钮，接着单击用户界面最右边“查看工具栏”中的“ISO1”按钮，用户界面产生如图 1—2—79 所示的粗加工刀具路径。

图 1—2—78 “斜向切入选项”参数设置

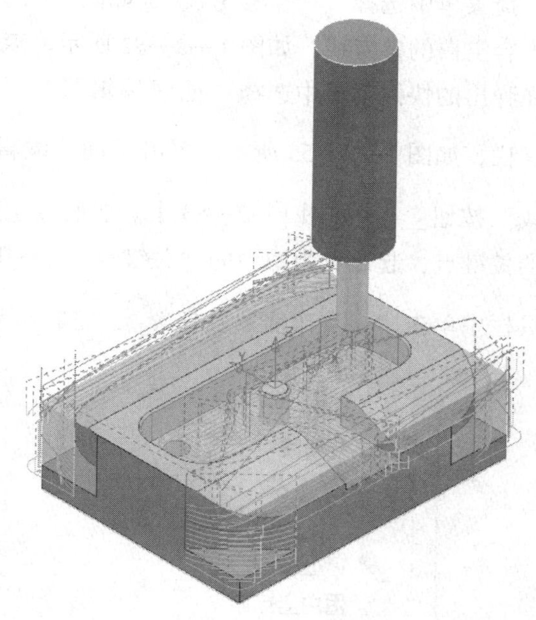

图 1—2—79 第二次安装粗加工刀具路径

3）建立第二次装夹四个侧槽加工刀具路径

①单击下拉菜单“工具”→“捕捉过滤器”→“任意地方”命令，如图 1—2—80 所示。使“任意地方”左侧没有出现“✓”，说明已取消“任意地方”模式，如图 1—2—81 所

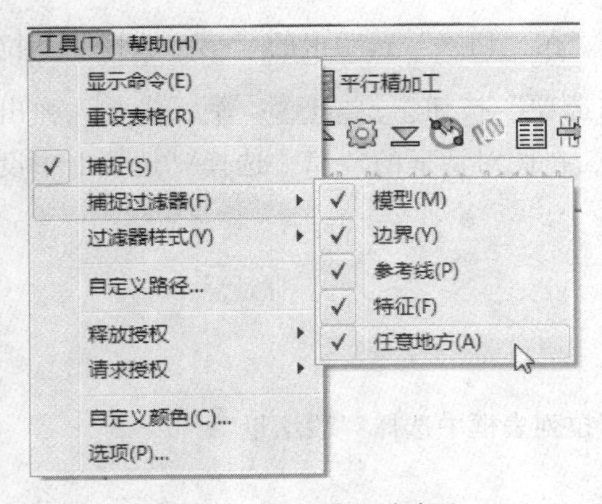

图 1—2—80　捕捉过滤器

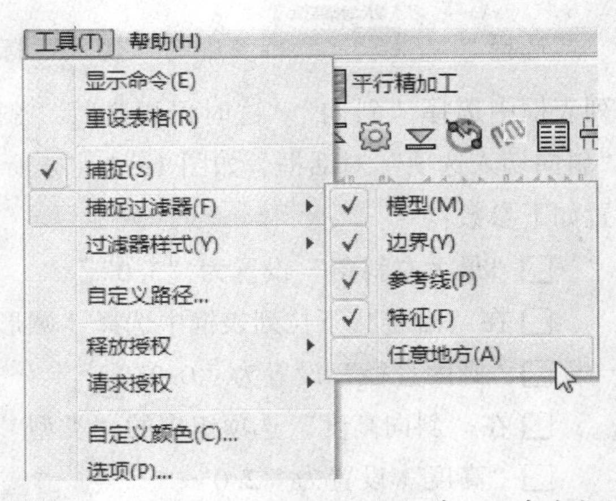

图 1—2—81　取消“捕捉过滤器”中“任意地方”

示。使用鼠标左键单击“刀具路径”下“5T5EM10R2”左边点亮的指示灯按钮，使其处于熄灭状态。

② 创建四个侧槽程序使用参考线。在 PowerMILL 浏览器中右击“参考线”，在弹出的快捷菜单中选择“产生参考线”，如图 1—2—52 所示。这时系统即产生一个名称为“2”、内容空白的参考线，如图 1—2—82 所示。双击“参考线”，将它展开，右击参考线“2”，在弹出的快捷菜单中选择“曲线编辑器”，如图 1—2—54 所示。调出“曲线编辑器”工具栏，如图 1—2—55 所示。单击“曲线编辑器”工具栏中“直线”按钮→“单个直线”按钮，如图 1—2—83 中。然后按顺时针方向依次单击图 1—2—84 中箭头所指向的关键点，起始点为图中的“关键点”，一共选取 8 个关键点。最后在“曲线编辑器”工具栏中单击“接受改变”按钮，完成参考线“2”的创建。

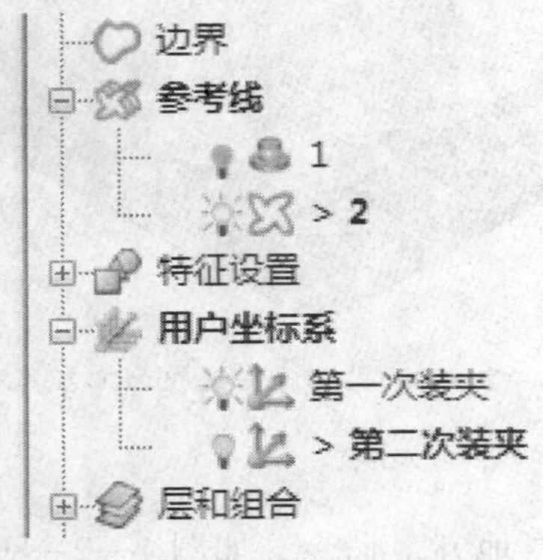

图 1—2—82　参考线“2”显示

图 1—2—83　建立单个直线参考线

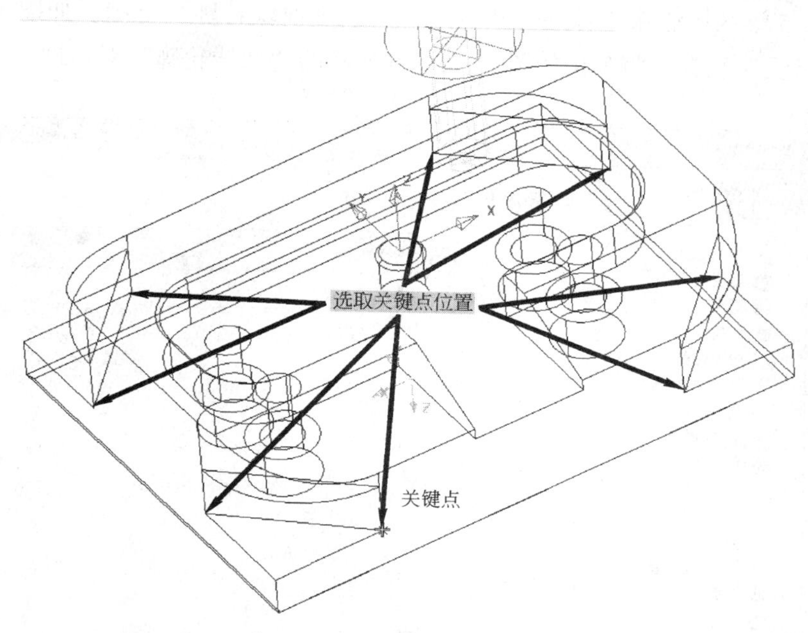

图 1—2—84　关键点选取位置

③创建四个侧槽程序。单击用户界面上部“主工具栏”中的“刀具路径策略”按钮 ，弹出如图 1—2—85 所示的“策略选取器”对话框。

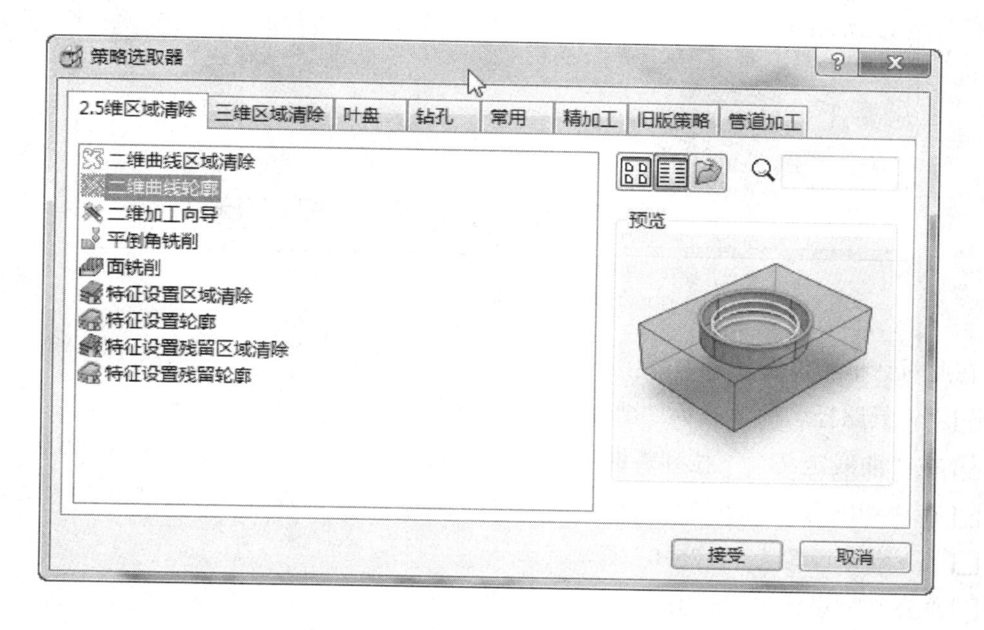

图 1—2—85　“策略选取器”对话框

单击“2.5维区域清除”标签，然后选择“二维曲线轮廓”选项，如图1—2—85所示，单击“接受”按钮，将弹出如图1—2—86所示的“曲线轮廓”对话框。

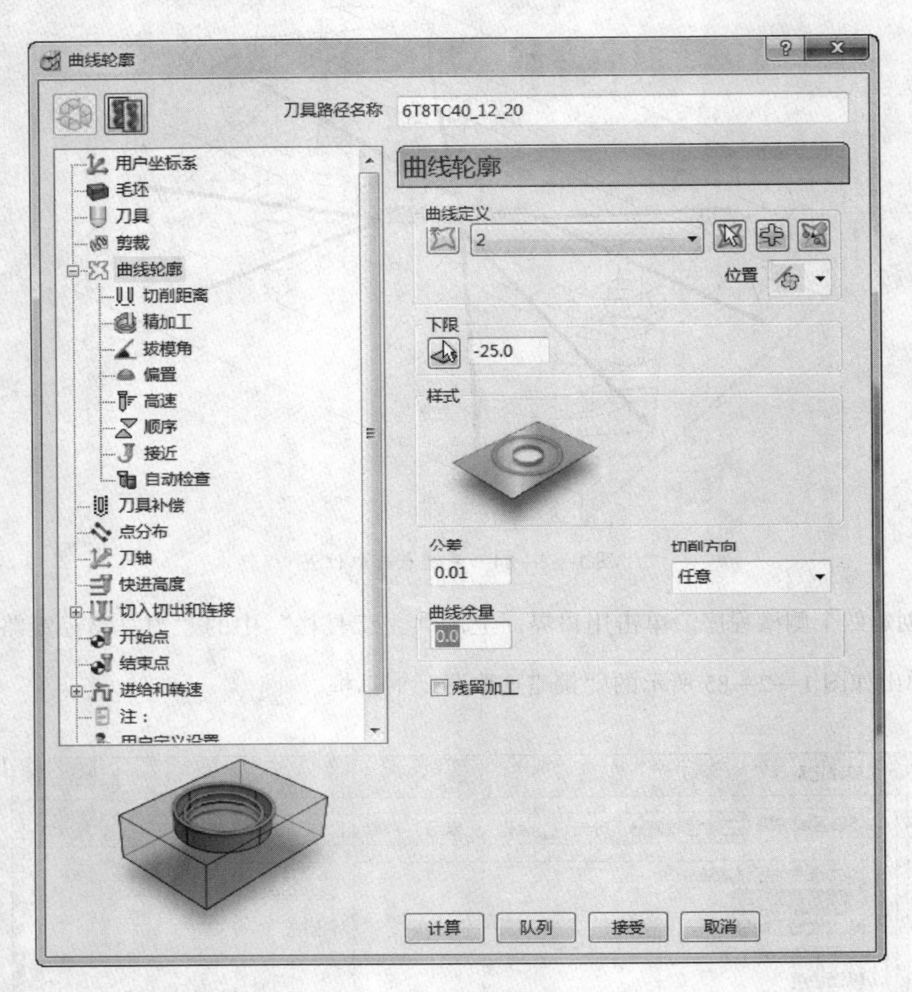

图1—2—86 “曲线轮廓”对话框

在此对话框中设置如下参数：

□“刀具路径名称”改为“6T8TC40_12_20”。

□在“曲线定义”下拉列表框中选择“2”。

□在“切削方向”下拉列表框中选择“任意”。

□“下限”设置为“-25.0”。

□“公差”设置为“0.01”。

□“曲线余量”设置为“0.0”。

在“曲线轮廓”对话框中打开 剪裁标签，在“剪裁”选项卡的毛坯“剪裁”下拉列表框中选择“允许刀具中心在毛坯之外”选项，如图1—2—87所示。

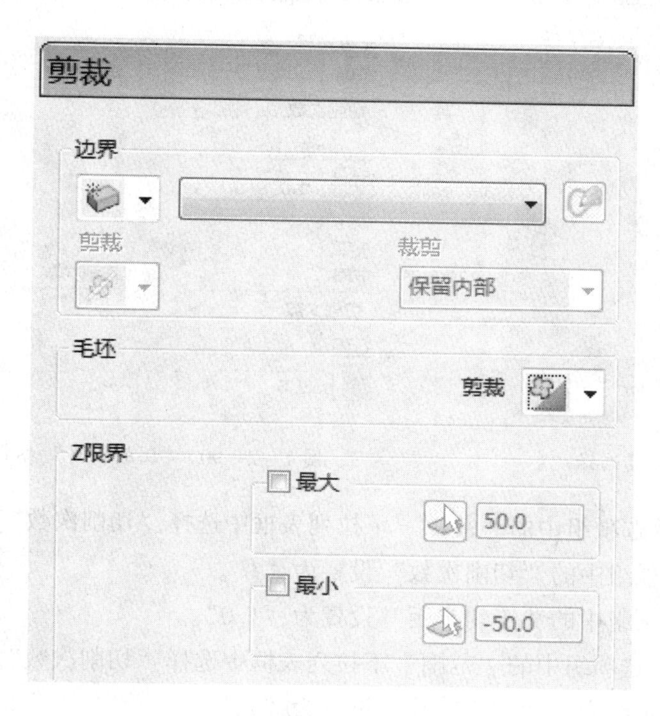

图1—2—87 “剪裁”选项选择

选择 用户坐标系标签，在“用户坐标系”下拉列表框中选择“第二次装夹”用户坐标系，如图1—2—88所示。

图1—2—88 “用户坐标系”选择

选择 刀具标签，在刀具选择下拉列表框中选择刀具“T8-TC40_12_20”，如图1—2—89所示。

单击 曲线轮廓 切削距离标签下的“切削距离”标签，打开“切削距离”选项卡，如

图 1—2—90 所示。在此选项卡中设置如下参数：

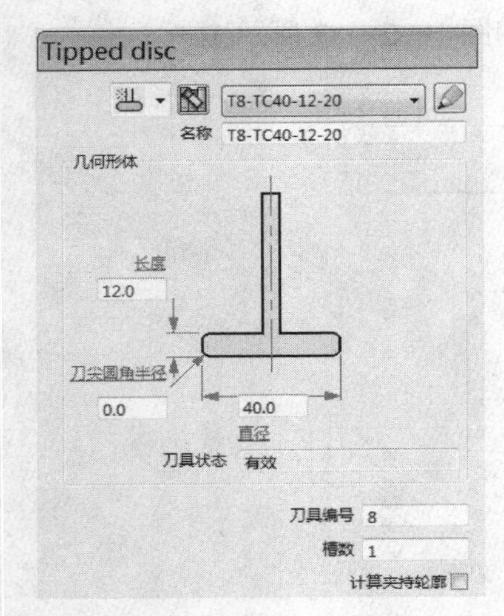

图 1—2—89 刀具选择

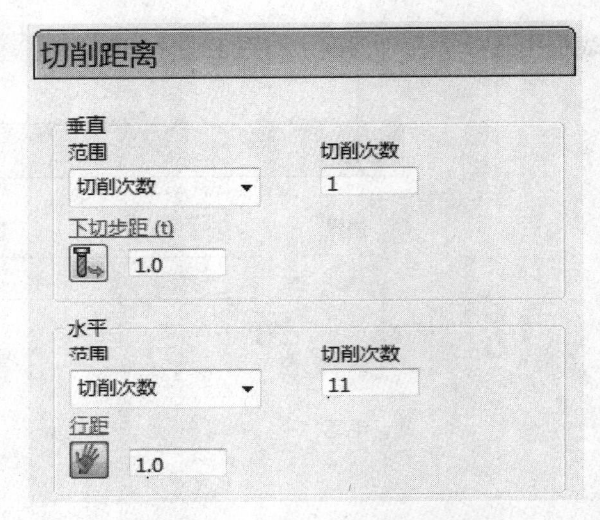

图 1—2—90 “切削距离”参数设置

❑ 在“垂直”选项组中的“范围”下拉列表框中选择“切削次数”。

❑“垂直”选项组中的“切削次数”设置为“1”。

❑“垂直”选项组中的“下切步距”设置为“1.0”。

❑ 在“水平”选项组中的“范围”下拉列表框中选择“切削次数”。

❑“水平”选项组中的“切削次数”设置为“11”。

❑“水平”选项组中的“行距”设置为“1.0”。

单击“自动检查”标签，在“自动检查”选项卡中选中“模型过切检查”复选框，将“余量”设为“0.0”，如图 1—2—91 所示。

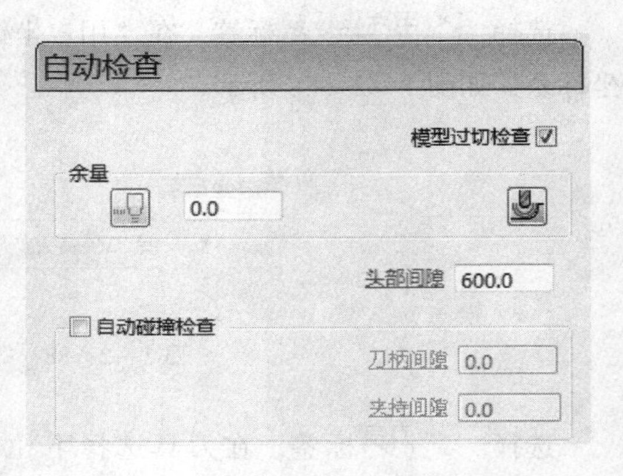

图 1—2—91 “自动检查”参数设置

在“曲线轮廓”对话框的“曲线定义”选项组中单击“交互修改加工段”按钮，调出“编辑加工段”工具栏，同时在绘图区系统会显示出刀具与曲线的位置关系及铣削方向，如图 1—2—92 所示。如果刀具位于曲线的外侧，单击“反转加工侧”按钮，将刀具置于曲线内侧，如图 1—2—92 所示的位置。单击“接受改变完成编辑”按钮，退出“编辑加工段”环境。

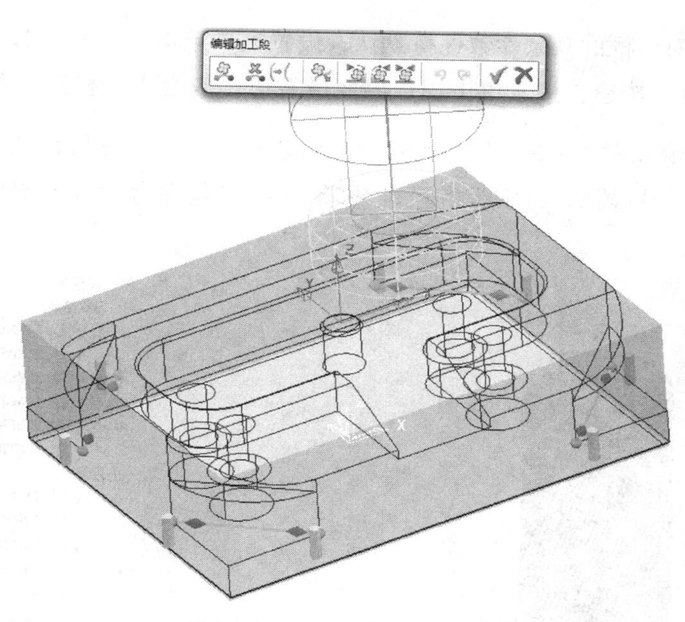

图 1—2—92　正确的铣削方向

切入切出和连接
选择 切入 标签中的“切入”标签。在“切入”选项卡的“第一选择”下拉列表框中选择“延伸移动”，“距离”设置为“15.0”，并且选中“增加切入切出到短连接”复选框。单击“切出和切入相同”按钮，把“切入”的参数全部复制给“切出”，如图 1—2—93 所示。单击“连接”标签，在“连接”选项卡的“短”下拉列表框中选择“直”，“长”与“缺省”下拉列表框中都选择“掠过”，如图 1—2—94 所示。

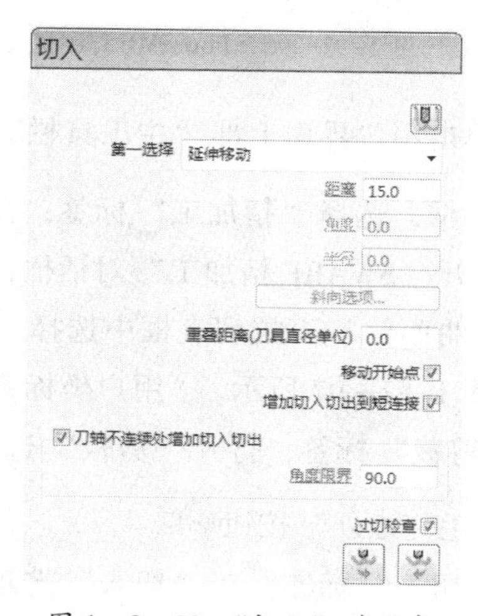

图 1—2—93　“切入”选项卡

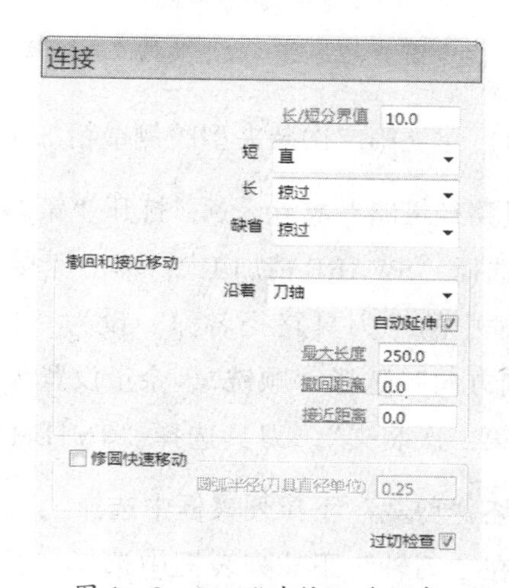

图 1—2—94　“连接”选项卡

“曲线轮廓”对话框的其余参数保持默认，设置完毕单击“计算”按钮。刀具路径生成后，单击“取消”按钮，接着单击用户界面最右边“查看工具栏”中的“ISO1”按钮，用户界面产生如图 1—2—95 所示的“6T8TC40_12_20”刀具路径。此时在用户界面左边 PowerMILL 浏览器的“刀具路径”中将显示刀具路径“6T8TC40_12_20”，如图 1—2—96 所示。

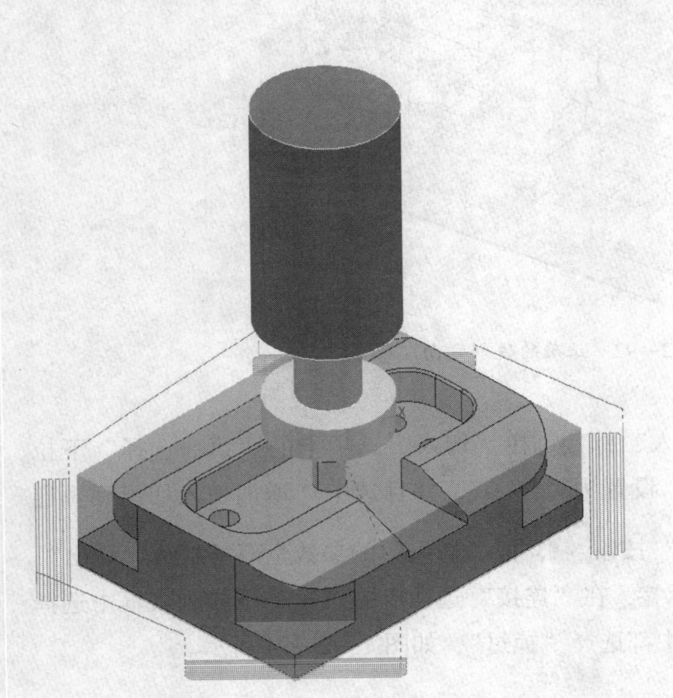

图 1—2—95 四个侧槽刀具路径

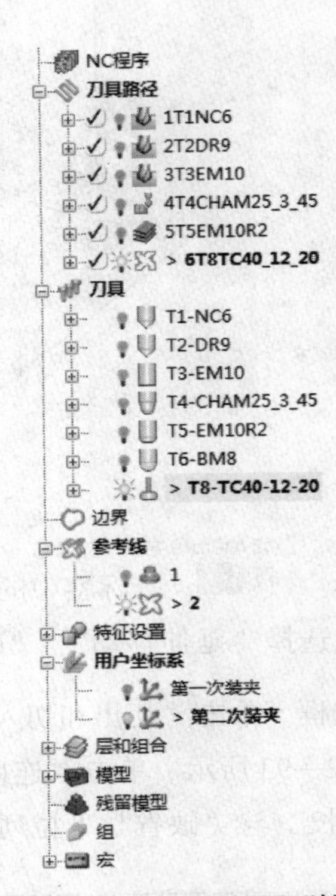

图 1—2—96 PowerMILL 浏览器

4）建立第二次装夹型腔侧壁精加工刀具路径。单击用户界面上部“主工具栏”中的“刀具路径策略”按钮，打开“策略选取器”对话框，选择“精加工”标签，在该标签中选择“SWARF 精加工”，单击“接受”按钮，打开“SWARF 精加工”对话框，将该对话框中的“刀具路径名称”设为“7T6EM10”，“曲面侧”下拉列表框中选择“外”，“切削方向”选择“顺铣”，余量设置为“0.0”，如图 1—2—97 所示。“用户坐标系”选择“第二次装夹”。刀具选择“T6-EM10”。单击“剪裁”标签，打开“剪裁”选项卡，在毛坯“剪裁”下拉列表框中选择“允许刀具中心在毛坯之外”按钮。

在“刀轴”下拉列表框中选择“垂直”。单击“切入”标签，在“切入”选项卡的“第一选择”下拉列表框中选择“延伸移动”，“距离”设置为“8.0”，单击“切出和切入相同”按钮。在“连接”选项卡的“短”下拉列表框中选择“掠过”，“长”与“缺省”下拉列表框中都选择“相对”。按住键盘上的“Shift”键选取图1—2—98所示的型腔侧壁曲面。

单击“计算”按钮，系统计算“7T6EM10”刀具路径。单击“取消”按钮，关闭“SWARF精加工”对话框。用户界面产生如图1—2—99所示的型腔侧壁精加工刀具路径。

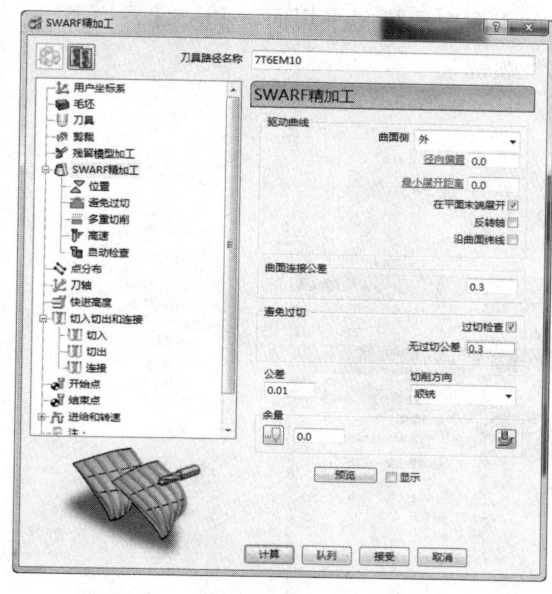

图1—2—97　设置“SWARF精加工”参数

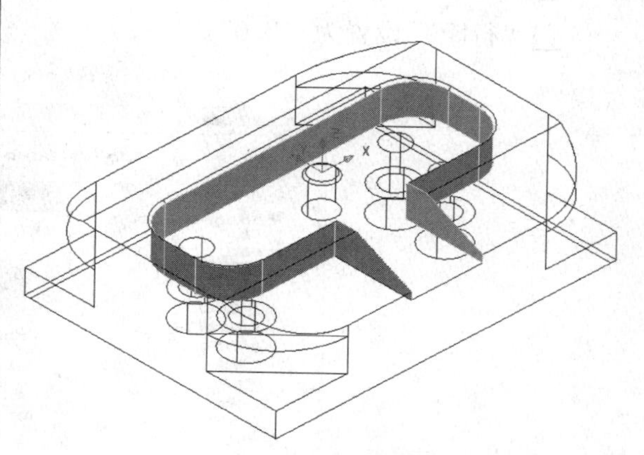

图1—2—98　选择型腔侧壁曲面

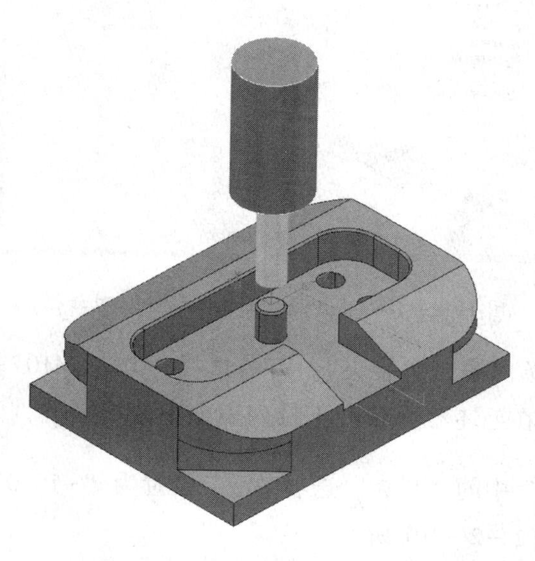

图1—2—99　型腔侧壁精加工刀具路径

5）建立第二次装夹型腔底面精加工刀具路径。单击用户界面上部“主工具栏”中的“刀具路径策略”按钮，打开“策略选取器”对话框，选择“三维区域清除”标签，在该标签中选择“等高切面区域清除”选项，单击“接受”按钮，打开“等高切面区域清除”对话框，如图1—2—100所示，在此对话框中设置如下参数：

❑“刀具路径名称”改为“8T6EM10”。

❑在“样式”选项组的“等高切面”下拉列表框中选择“平坦面”和“偏置模型”。

❑在“切削方向”下拉列表框中全部选择“顺铣”。

❑“公差”设置为“0.01”。

❑“余量”设置为“0.0”。

❑“行距”设置为“7.0”。

图1—2—100 “等高切面区域清除”对话框

“用户坐标系”选择“第二次装夹”。刀具选择“T6-EM10”。单击“剪裁”标签，打开“剪裁”选项卡，在毛坯“剪裁”下拉列表框中选择“允许刀具中心在毛坯之外”按钮，将“Z限界”中的“最大”选项激活，设置为“-10.0”，“最小”选项激活，设置为“-15.0”，如图1—2—101所示。

单击“等高切面区域清除”标签下的“平坦面加工”标签，如图1—2—102所示，打开“平坦面加工”选项卡，如图 1—2—103 所示，激活“多重切削”选项，激活状态为在其左边打上“✓”。在此选项卡中设置如下参数：

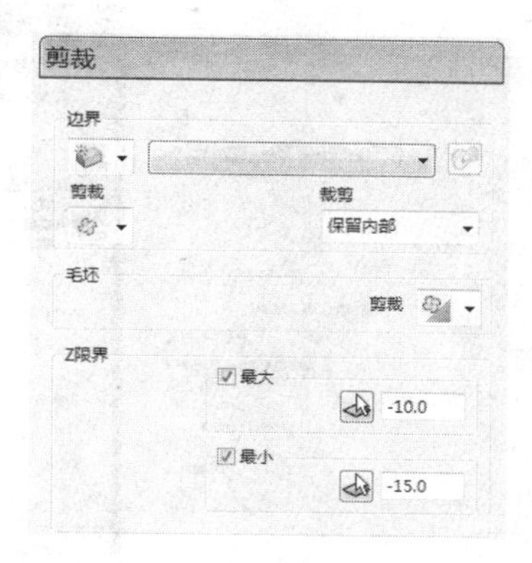

图 1—2—101 剪裁“Z 限界”设置

- ❑“切削次数”设置为“3”。
- ❑“下切步距”设置为“0.2”。
- ❑“最后下切”设置为“0.2”。

选择  切入切出和连接 切入 标签中的“切入”标签。在“切入”选项卡的“第一选择”下拉列表框中选择“斜向”。这时可以选择“斜向选项”按钮  斜向选项... ，弹出“斜向切入选项”对话框，在此对话框的“第一选择”选项卡中设置如下参数：

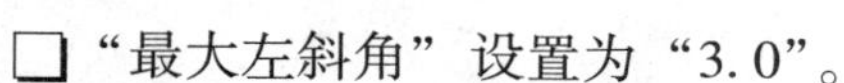

- ❑“最大左斜角”设置为“3.0”。
- ❑ 在“沿着”下拉列表框中选择“圆形”。
- ❑“圆圈直径”设置为“0.95”。
- ❑ 在“斜向高度”选项组中的“类型”下拉列表框中选择“段增量”。
- ❑“高度”设置为“2.0”。

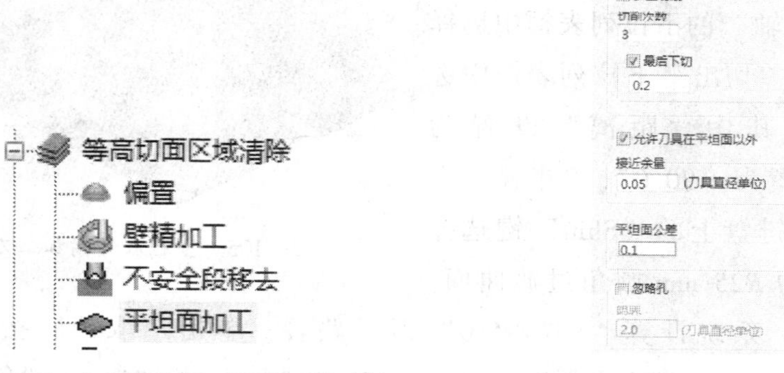

图 1—2—102 “平坦面加工”选项的选择

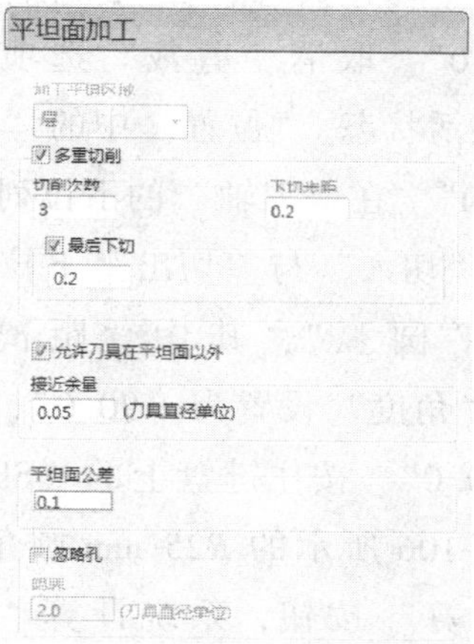

图 1—2—103 “平坦面加工”参数设置

设置结果如图 1—2—104 所示。然后单击“接受”按钮。在“切出”选项卡的“第一选择”下拉列表框中选择“无”。在“连接”选项卡的“短”下拉列表框中选择“掠过”，“长”与“缺省”下拉列表框中都选择“相对”。

单击图 1—2—100 中的“计算”按钮，系统开始计算“8T6EM10”刀具路径。单击

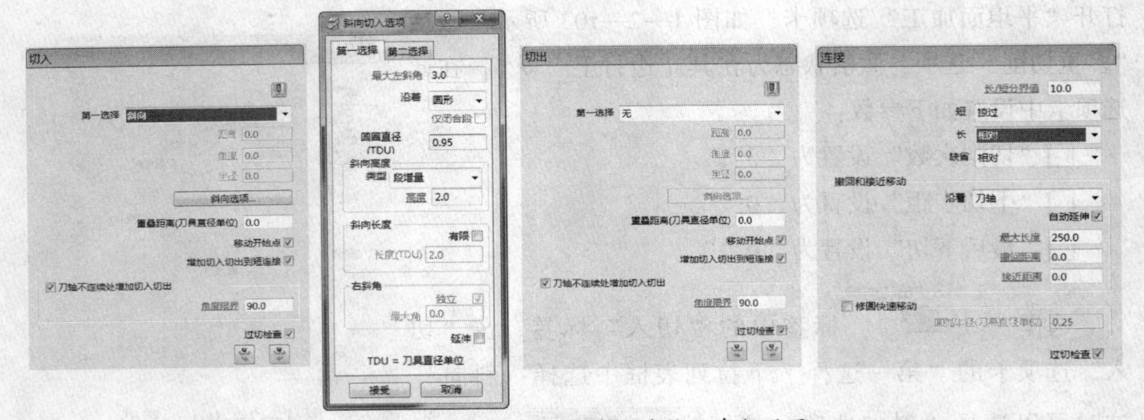

图 1—2—104 “切入切出和连接”参数设置

“取消”按钮，关闭“等高切面区域清除”对话框。用户界面产生如图 1—2—105 所示的型腔底面精加工刀具路径。

6）建立第二次装夹 $R25$ mm 圆角过渡面刀具路径。按照建立型腔侧壁精加工刀具路径的方法，使用精加工策略中的“SWARF 精加工”策略建立 $R25$ mm 圆角过渡面刀具路径。只是将“刀具路径名称”设置为“9T6EM10”。取消“剪裁”选项卡中的“Z 限界”激活状态。“位置”中的“偏置”设置为“-3.0”。在“刀轴”的下拉列表框中选择“垂直”。“切入”与“切出”下拉列表框中选择“水平圆弧”，其中“距离”设置为“0.0”，“角度”设置为“90.0”，“半径”设置为“10.0”。按住键盘上的“Shift”键选择图 1—2—106 所示的 $R25$ mm 圆角过渡曲面。单击“计算”按钮，系统计算“9T6EM10”刀具路径。单击“取消”按钮，关闭“SWARF 精加工”对话框。用户界面产生如图 1—2—107 所示的 $R25$ mm 圆角过渡面刀具路径。

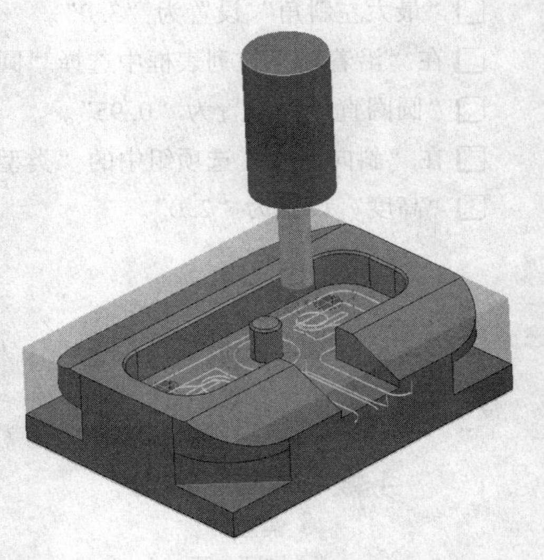

图 1—2—105 型腔底面精加工刀具路径

7）建立第二次装夹 25°倾斜面刀具路径

①建立倾斜面加工边界。如图 1—2—108 所示，右击用户界面左边 PowerMILL 浏览器中的“边界”，依次选择“定义边界”→“已选曲面”选项，弹出如图 1—2—109 所示的“已选曲面边界”对话框。在此对话框中设置如下参数：

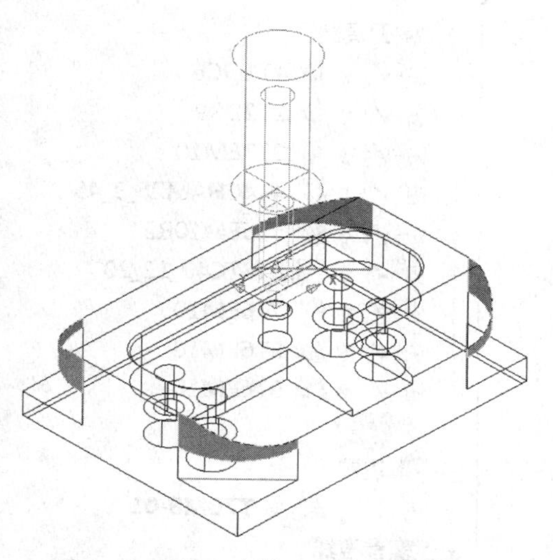

图 1—2—106　选择 *R*25 圆角过渡曲面

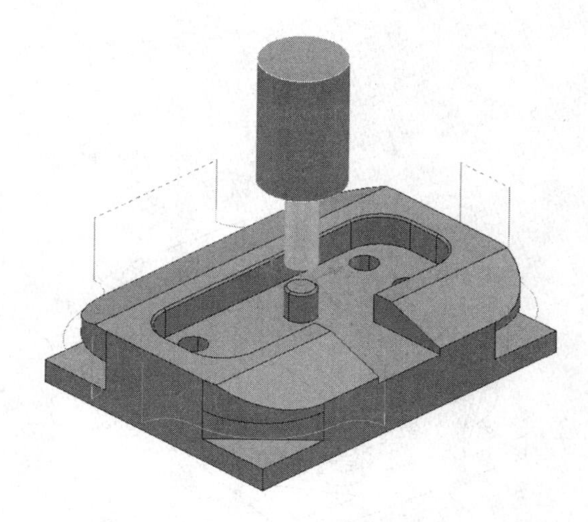

图 1—2—107　*R*25 圆角过渡面刀具路径

❑“名称”设置为“T7BM8-01”。

❑“公差”设置为“0.01”。

❑“余量”设置为“0.0”。

❑在“刀具”下拉列表框中选择“T7-BM8”。

然后在绘图区使用鼠标左键加键盘上的“Shift”键依次选择零件 25°倾斜曲面，选择结果如图 1—2—110 所示。

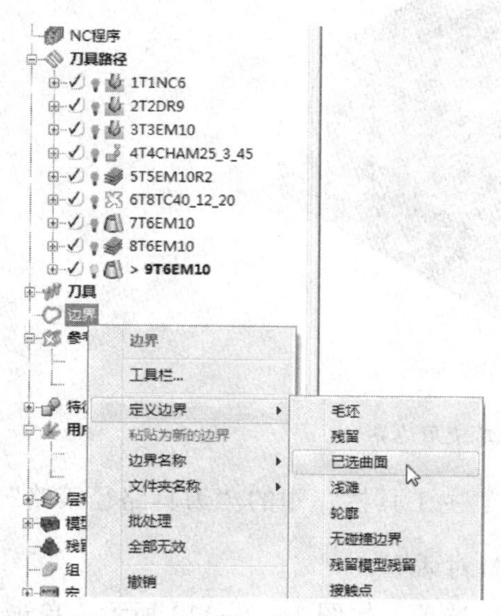

图 1—2—108　边界建立

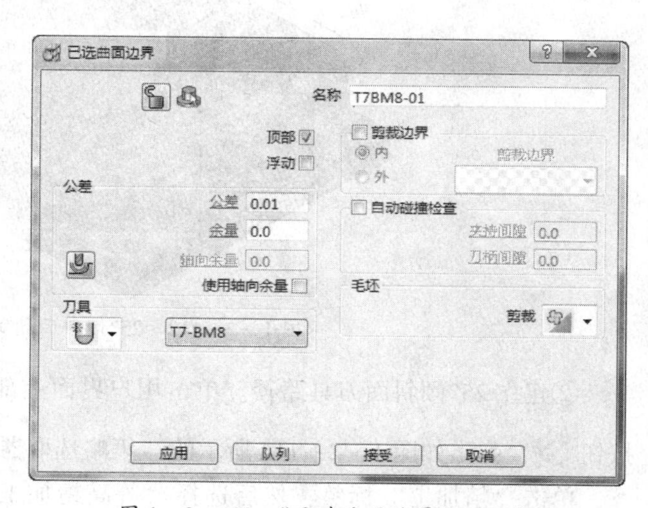

图 1—2—109　“已选曲面边界”对话框

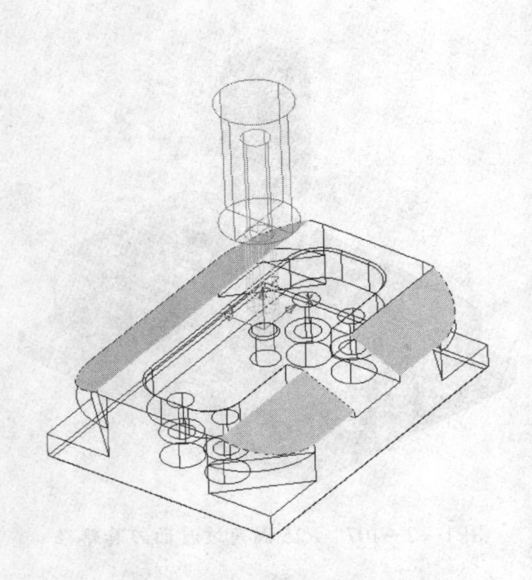

图 1—2—110　25°倾斜曲面选择结果

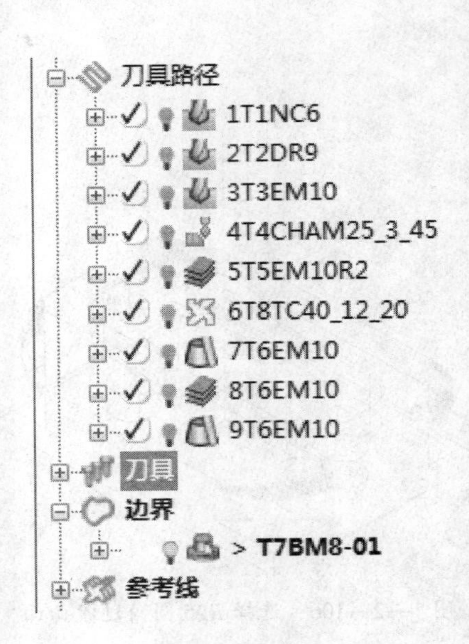

图 1—2—111　25°倾斜面精加工

最后单击“应用”按钮→“接受”按钮，完成25°倾斜曲面使用边界的设置。此时在用户界面左边的 PowerMILL 浏览器中将显示刚才设置的边界，如图 1—2—111 所示。这时在绘图区出现三个封闭的边界线，如图 1—1—112 所示。

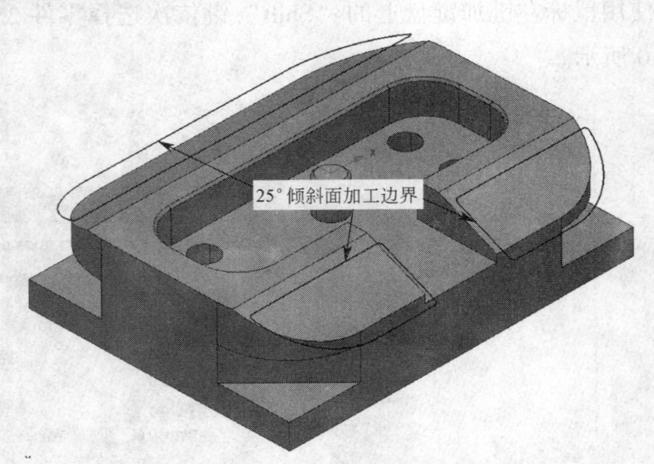

图 1—2—112　25°倾斜面精加工使用边界

②建立 25°倾斜面刀具路径。单击用户界面上部“主工具栏”中的“刀具路径策略”按钮，弹出如图 1—2—113 所示的“策略选取器”对话框。

单击“精加工”标签，然后选择“等高精加工”选项，如图 1—2—113 所示，单击“接受”按钮，将弹出如图 1—2—114 所示的“等高精加工”对话框。

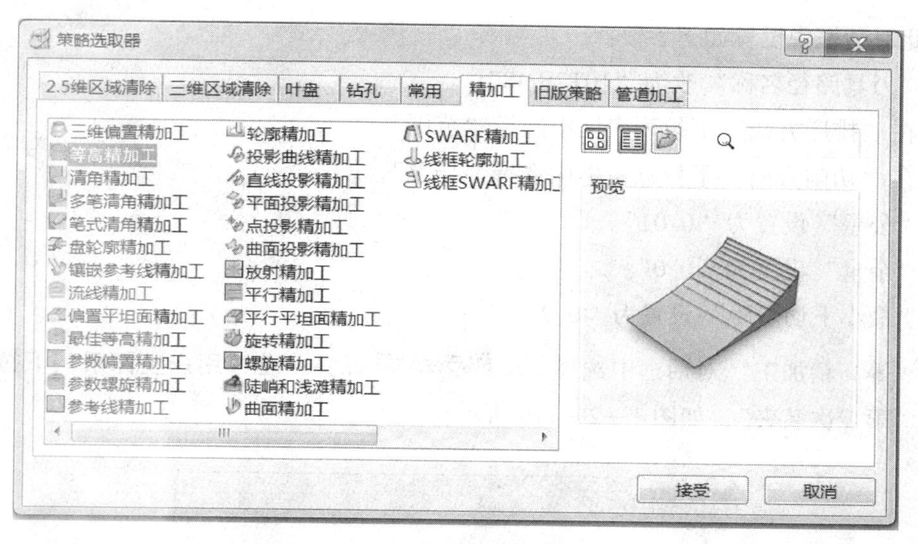

图 1—2—113 “策略选取器”对话框

图 1—2—114 “等高精加工”对话框

在此对话框中设置如下参数：

❑ “刀具路径名称”改为“10T7BM8”。

❑ 在“排序方式”下拉列表框中选择“范围”。

❑ 在“切削方向”下拉列表框中选择“任意”。

❑ “公差”设置为“0.01”。

❑ “余量”设置为“0.0”。

❑ “最小下切步距”设置为“0.2”。

在“等高精加工”对话框中选择 用户坐标系 标签，在“用户坐标系”下拉列表框中选择“第二次装夹”，如图 1—2—115 所示。

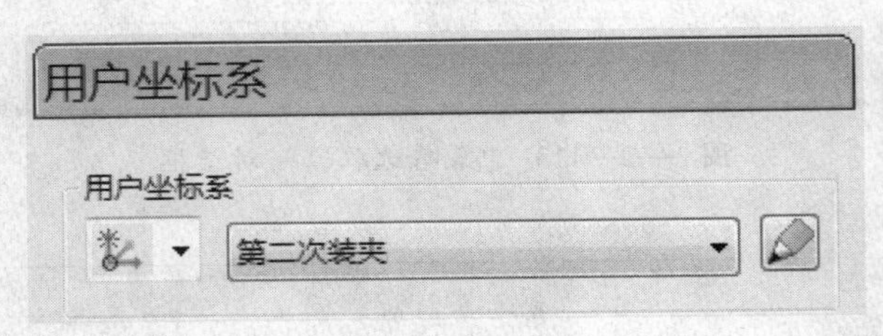

图 1—2—115 “用户坐标系”选择

选择 刀具 标签，在刀具选择选项卡的下拉列表框中选择刀具“T7-BM8”，如图 1—2—116 所示。

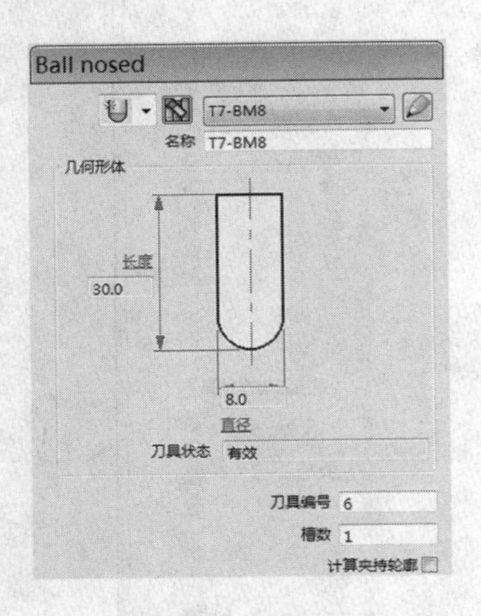

图 1—2—116 刀具选择

图 1—2—117 精加工“剪裁”边界选择

选择 剪裁 标签，在“剪裁”选项卡的“边界”下拉列表框中选择边界“T7BM8-01”，如图 1—2—117 所示。

选择 切入切出和连接 切入 标签中的“切入”标签。在“切入”和“切出”选项卡的“第一选择”下拉列表框中选择“延伸移动”，“距离”设置为“3.0”。在“连接”选项卡中设置如下参数：

❑ 在“短”下拉列表框中选择“圆形圆弧”。

❑ 在“长”下拉列表框中选择“相对”。

❑ 在“缺省”下拉列表框中选择“相对”。

选择结果如图 1—2—118 所示。

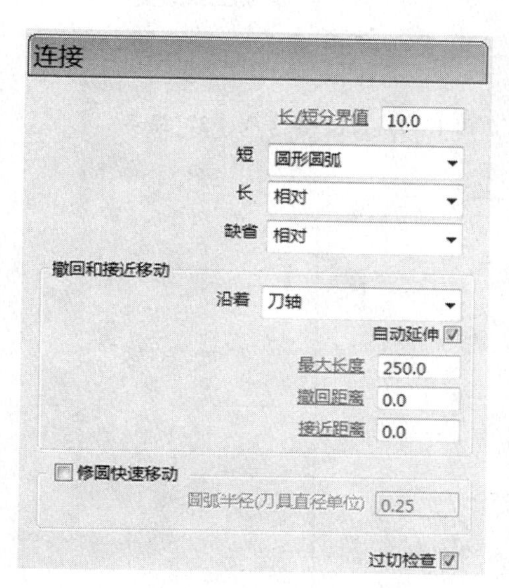

图 1—2—118　精加工“连接”选择

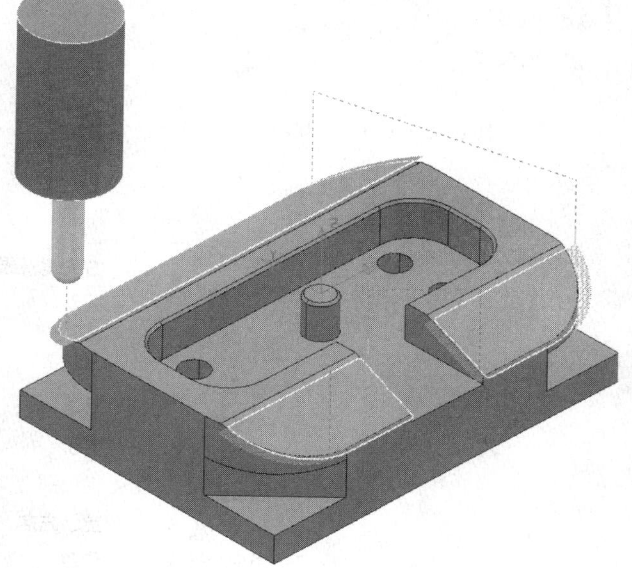

图 1—2—119　25°倾斜面刀具路径

“等高精加工”对话框的其余参数保持默认，设置完毕单击“计算”按钮。刀具路径生成后单击“取消”按钮，接着单击用户界面最右边“查看工具栏”中的“ISO1”按钮 ，用户界面产生如图 1—2—119 示的 25°倾斜面刀具路径。

8）建立第二次装夹 *C*0.8 mm 倒角刀具路径

①创建 *C*0.8 mm 倒角程序用参考线。在 PowerMILL 浏览器中右击“参考线”，在弹出的快捷菜单中选择“产生参考线”，如图 1—2—120 所示。这时系统即产生一个名称为“3”、内容空白的参考线，如图 1—2—121 所示。双击“参考线”，将它展开，右击参考线“3”，在弹出的快捷菜单中选择“曲线编辑器”，如图 1—2—122 所示。调出“曲线编辑器”工具栏，如图 1—2—123 所示。在“曲线编辑器”工具栏中单击“获取曲线”按

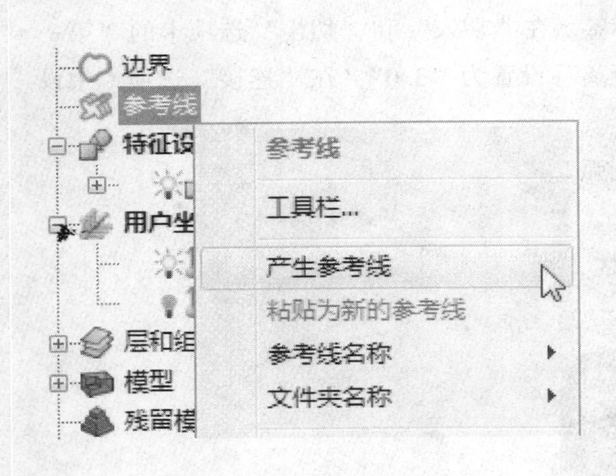

图 1—2—120 创建参考线

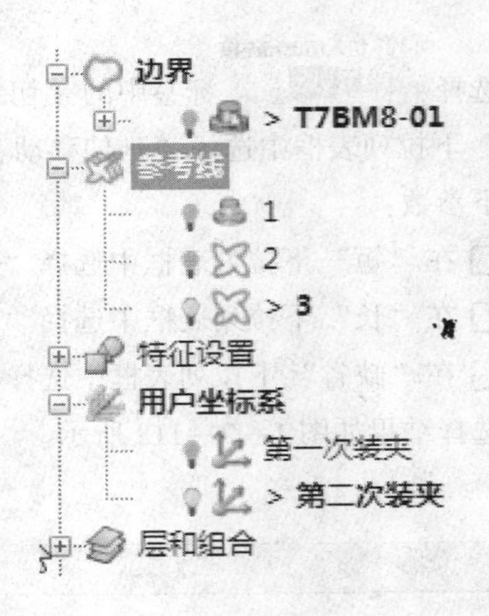

图 1—2—121 参考线“3”显示

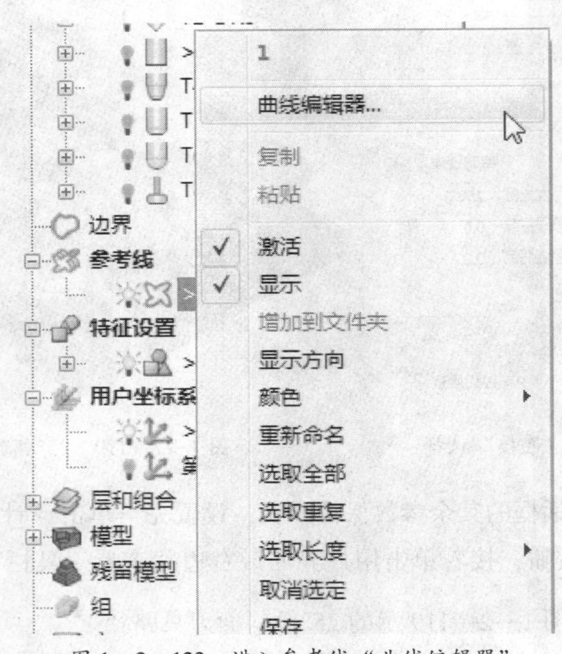

图 1—2—122 进入参考线“曲线编辑器”

钮，系统弹出“获取”工具栏，如图 1—2—124 所示。在绘图区选取图 1—2—125 中箭头所指平面。在“获取”工具栏中单击按钮，完成曲线获取。接着单击用户界面最右边“查看工具栏”中的“普通阴影”按钮，取消激活“普通阴影”显示，结果如图 1—2—126 所示。

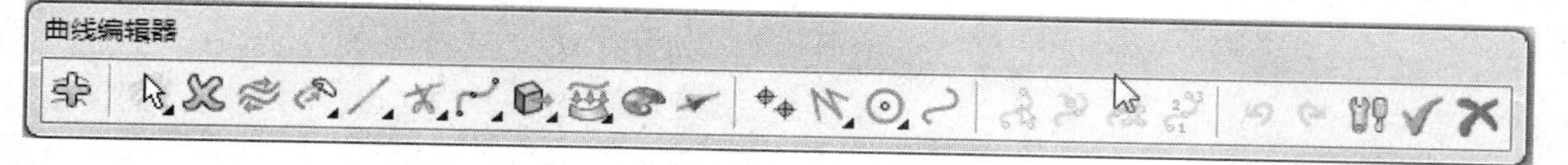

图 1—2—123 “曲线编辑器”工具栏

图 1—2—124 “获取”工具栏

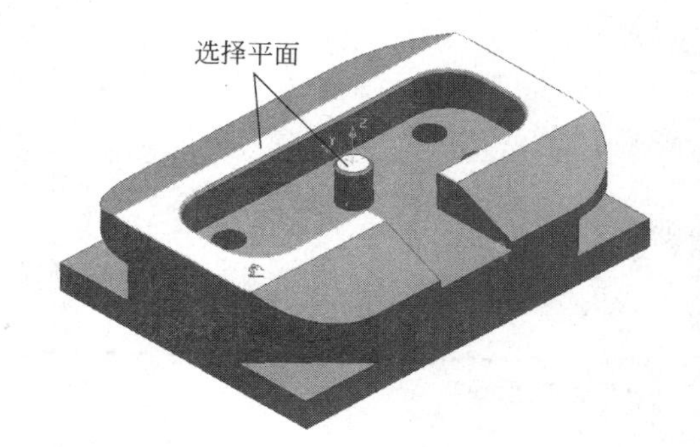

图 1—2—125 选择平面

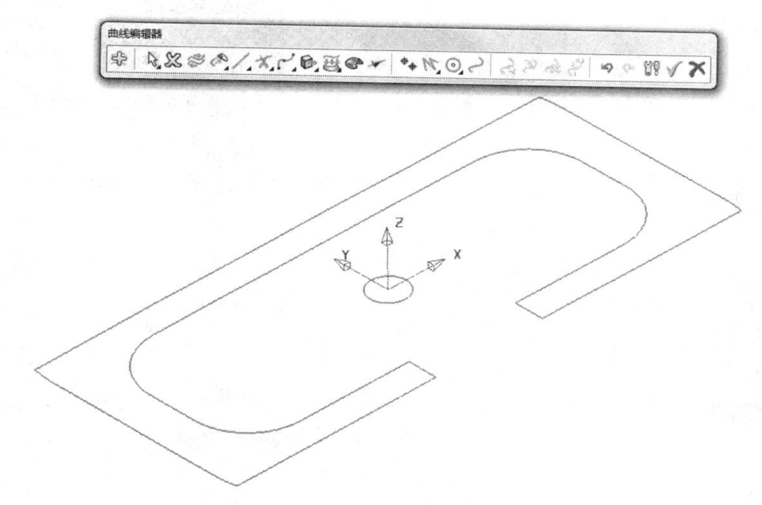

图 1—2—126 参考线建立结果

如图 1—2—127 所示，箭头所指向的曲线部位是不需要倒角的，因此应该删除这些曲线。首先选取曲线，单击“分离已选”按钮，如图 1—2—128 所示。按住键盘上的“Shift”键选择需要删除的曲线，单击“删除已选几何元素”按钮，如图 1—2—129 所示。选择之前分离的曲线，单击“合并已选”按钮，将曲线合并在一起，如图 1—2—130 所示。在“曲线编辑器”工具栏中，单击按钮，完成参考线“3”的创建，

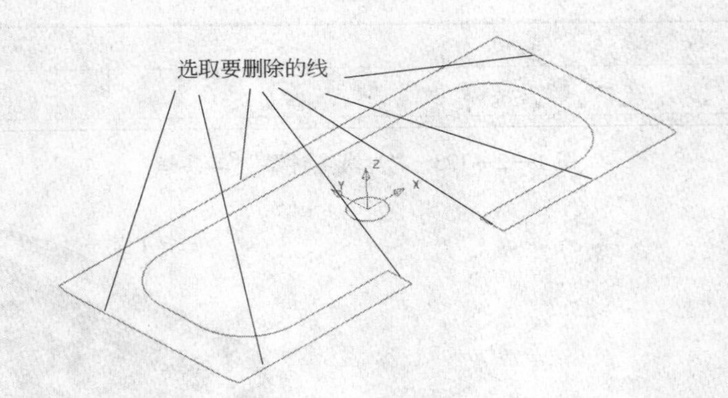

图 1—2—127 选取要删除的线

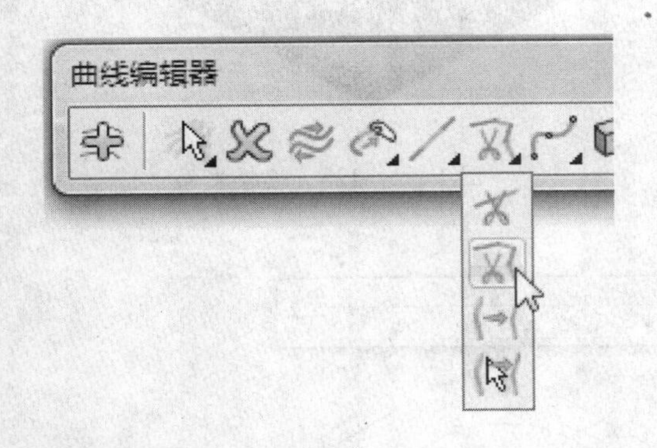

图 1—2—128 “分离已选”按钮

图 1—2—129 “删除已选几何元素”按钮

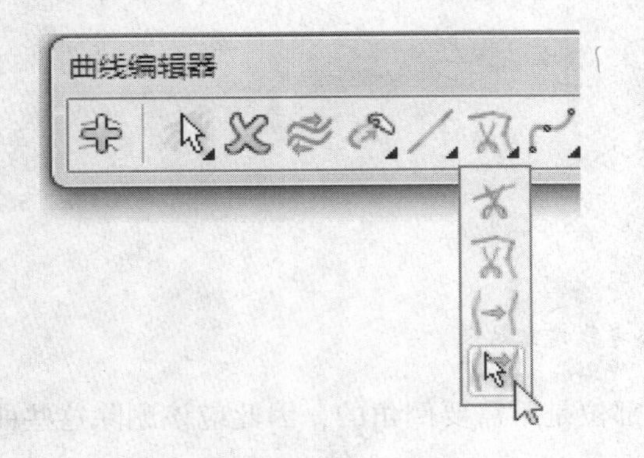

图 1—2—130 “合并已选”按钮

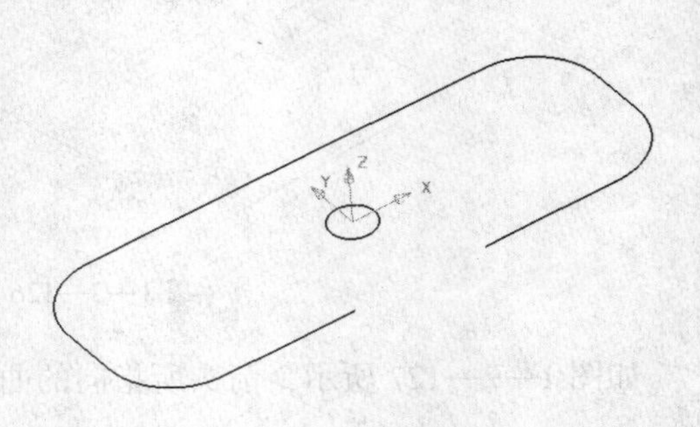

图 1—2—131 “3”参考线创建完毕后的结果

完成结果如图 1—2—131 所示。

在工作区将鼠标箭头放在参考线“3”上，然后右击，在弹出的快捷键菜单中选择“显示方向”，如图 1—2—132 所示。方向显示结果如图 1—2—133 所示，按照加工工艺要

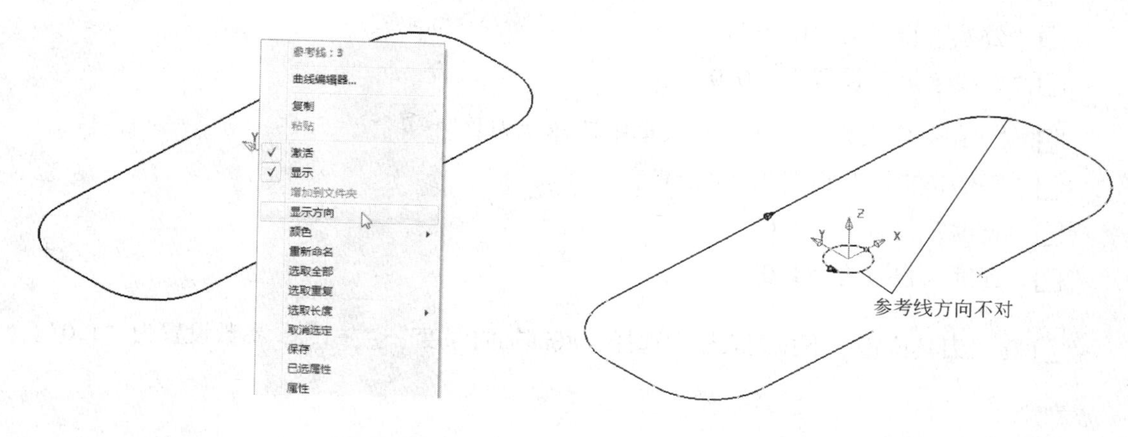

图 1—2—132　显示方向

图 1—2—133　方向显示结果

求顺铣方式，图中参考线箭头不符合加工工艺的要求，将鼠标箭头放在参考线“3”上，然后右击，在弹出的快捷菜单中选择“编辑”→“反向已选”选项，如图 1—2—134 所示。方向显示正确结果如图 1—2—135 所示。

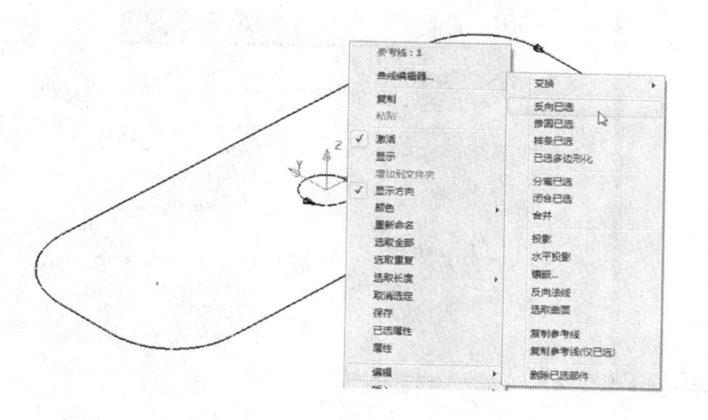

图 1—2—134　编辑反向已选

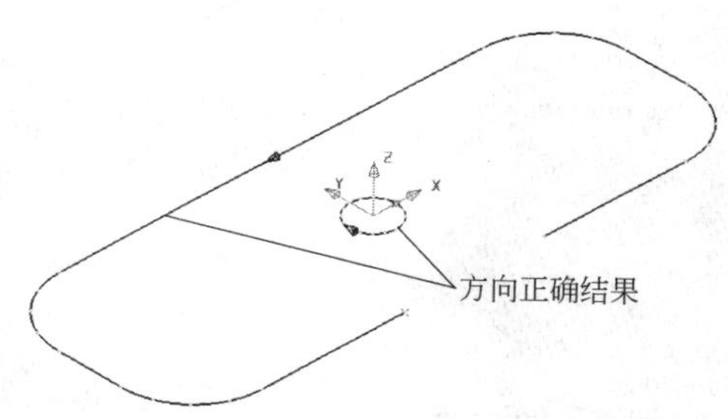

图 1—2—135　方向显示正确结果

②创建 $C0.8$ mm 倒角程序。单击用户界面上部“主工具栏”中的“刀具路径策略”按钮，弹出如图 1—2—59 所示的“策略选取器”对话框。单击“2.5 维区域清除”标签，然后选择“平倒角铣削”选项，如图 1—2—59 所示，单击“接受”按钮，将弹出如图 1—2—136 所示的“平倒角铣削”对话框。在此对话框中设置如下参数：

- “刀具路径名称”改为“11T4CHAM25_3_45”。
- 在“位置”下拉列表框中选择“顶部”。
- 在“曲线定义”下拉列表框中选择“3”。
- 在“切削方向”下拉列表框中选择“顺铣”。

❑“公差”设置为“0.01”。

❑“曲线余量”设置为“0.0”。

❑在“由…定义角度”下拉列表框中选择“刀具”。

❑“平倒角角度”设置为“45.0”。

❑“宽度”设置为“1.0”。

❑“深度”设置为“1.0”。

❑在“刀具位置”下拉列表框中选择“底部轴向深度”，参数设置为“1.0”。

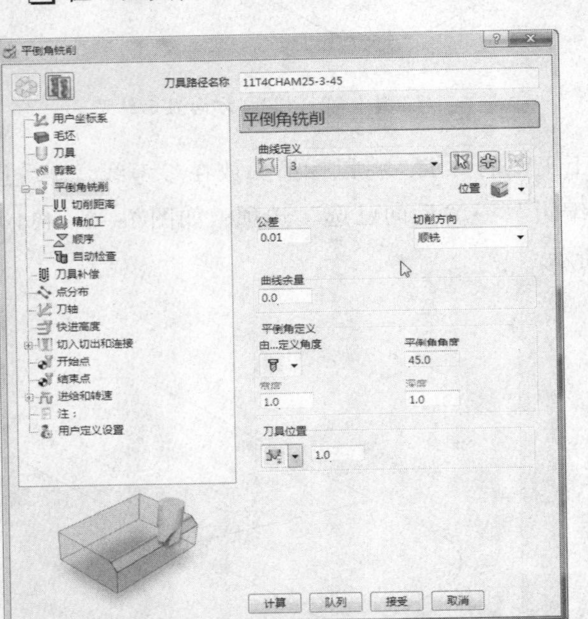

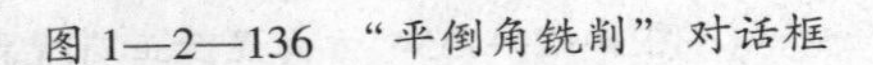
图 1—2—136 “平倒角铣削”对话框

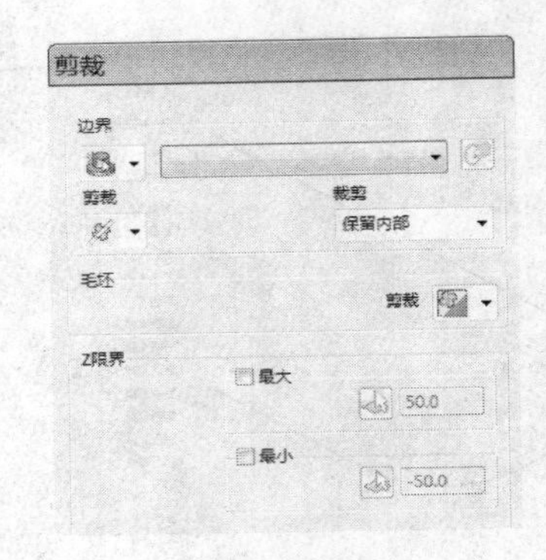

图 1—2—137 “剪裁”选项选择

在“平倒角铣削”对话框中打开 剪裁 标签，在“剪裁”选项卡中毛坯“剪裁”下拉列表框中选择“允许刀具中心在毛坯之外”选项，“边界”下拉列表框中选择“无”，如图 1—2—137 所示。

选择 用户坐标系 标签，在“用户坐标系”下拉列表框中选择“第二次装夹”用户坐标系，如图 1—2—138 所示。

选择 刀具 标签，在刀具选择下拉列表框中选择刀具“T4-CHAM25_3_45”，如图 1—2—139 所示。

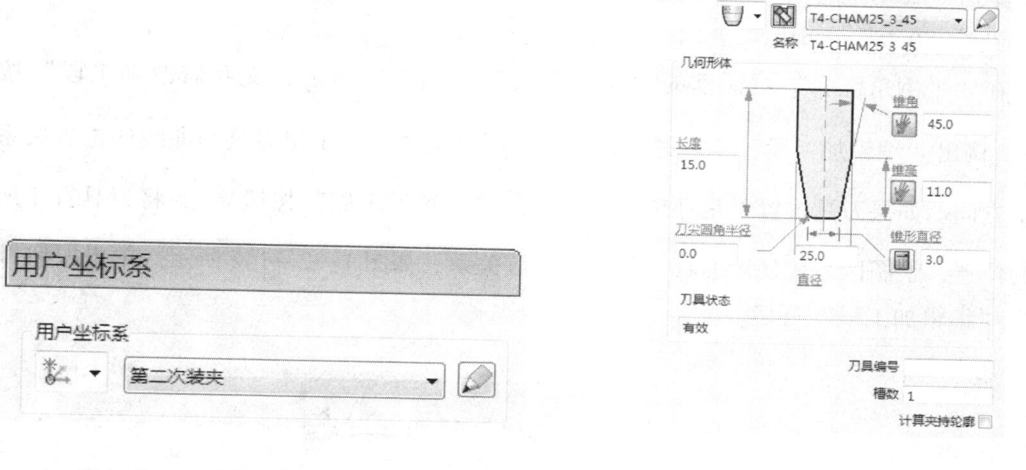

图 1—2—138 “用户坐标系”选择

图 1—2—139 刀具选择

单击 平倒角铣削 切削距离 标签下“切削距离”标签，打开“切削距离”选项卡，如图 1—2—140 所示，在此选项卡中设置如下参数：

❑ 在“垂直”选项组中的“范围”下拉列表框中选择“切削次数”。
❑“垂直”选项组中的“切削次数”设置为“1”。
❑“垂直”选项组中的“下切步距”设置为“1.0”。
❑ 在“水平”选项组中的“范围”下拉列表框中选择“切削次数”。
❑“水平”选项组中的“切削次数”设置为“1”。
❑“水平”选项组中的“行距”设置为“1.0”。

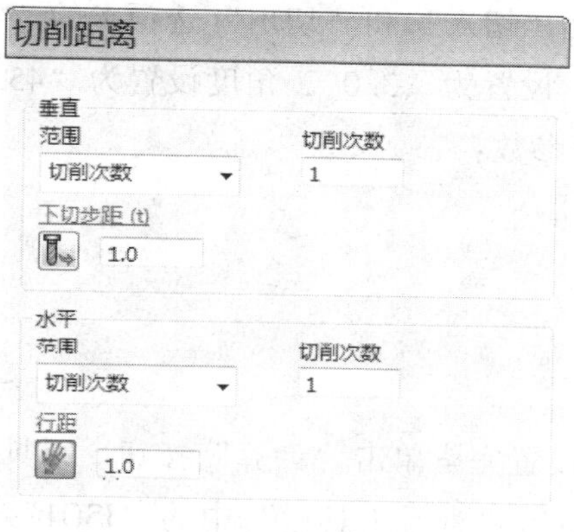

切削距离
垂直
范围 切削次数
切削次数 1
下切步距 (t) 1.0
水平
范围 切削次数
切削次数 1
行距 1.0

图 1—2—140 “切削距离”选项卡设置

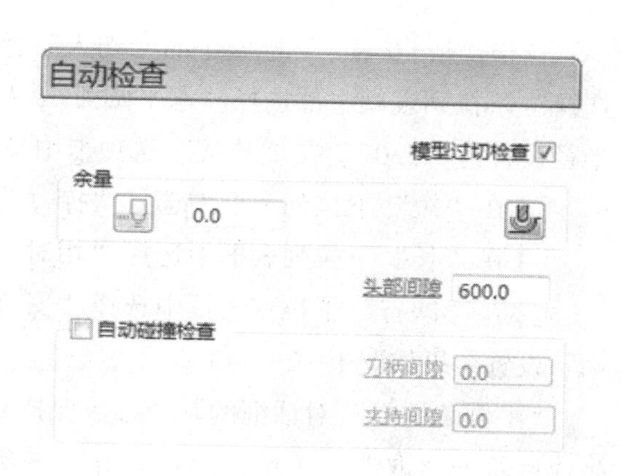

图 1—2—141 “自动检查”参数设置

单击“自动检查”，在“自动检查”选项卡中选中“模型过切检查”复选框，将“余量”设为“0.0”，如图1—2—141所示。

在“平倒角铣削”对话框的“曲线定义”选项组中单击“交互修改加工段”按钮，调出“编辑加工段”工具栏，同时在绘图区系统会显示出刀具与曲线的位置关系及铣削方向。如果刀具位置不是理想位置，单击“反转加工侧”按钮，将刀具置于所要求的位置，绘图区系统显示刀具与曲线的位置关系，如图1—2—142所示。单击按钮，退出“编辑加工段”环境。

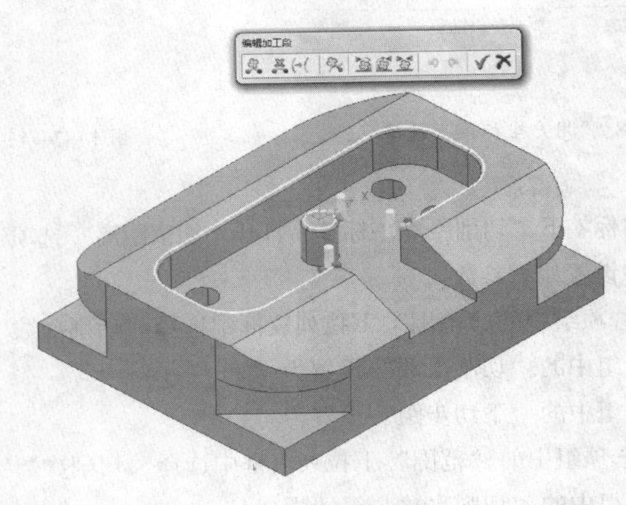

图1—2—142　正确的铣削方向

选择 切入切出和连接 切入 标签中的“切入”标签。在“切入”和“切出”选项卡的“第一选择”下拉列表框中都选择“水平圆弧”，“距离”设置为“3.0”，角度设置为“45.0”，半径设置为“5.0”。在“连接”选项卡中设置如下参数：

- 在“短”下拉列表框中选择“掠过”。
- 在“长”下拉列表框中选择“相对”。
- 在“缺省”下拉列表框中选择“安全高度”。

设置结果如图1—2—143所示。

“平倒角铣削”对话框的其余参数保持默认，设置完毕单击“计算”按钮。刀具路径生成后单击“取消”按钮，接着单击用户界面最右边“查看工具栏”中的“ISO1”按钮，用户界面产生如图1—2—144所示的“11T4CHAM25_3_45”刀具路径。

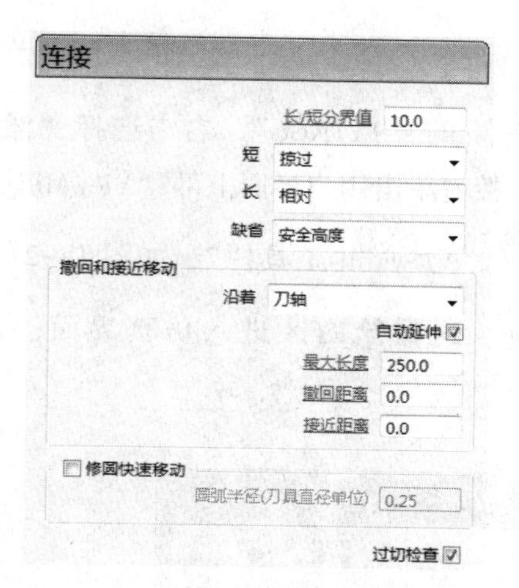

图 1—2—143 “连接”参数设置

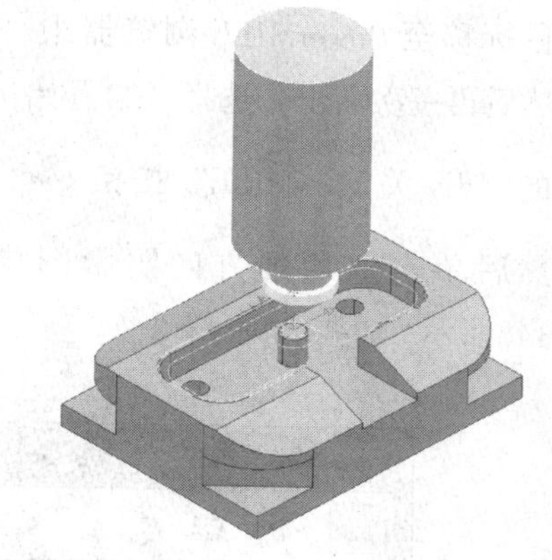

图 1—2—144 工件正面 $C1$ 倒角刀具路径

上述步骤就完成了所有刀具路径的生成。

三、刀具路径仿真

由于产生了 3 个刀具路径，因此刀具路径的仿真也分为 3 个步骤。

1. 仿真前的准备

如图 1—2—145 所示，单击下拉菜单“查看”→“工具栏”命令，分别选择“仿真”和“ViewMill”菜单。这时在用户界面中出现“仿真工具栏”和“ViewMill 工具栏”，如图 1—2—146 所示。

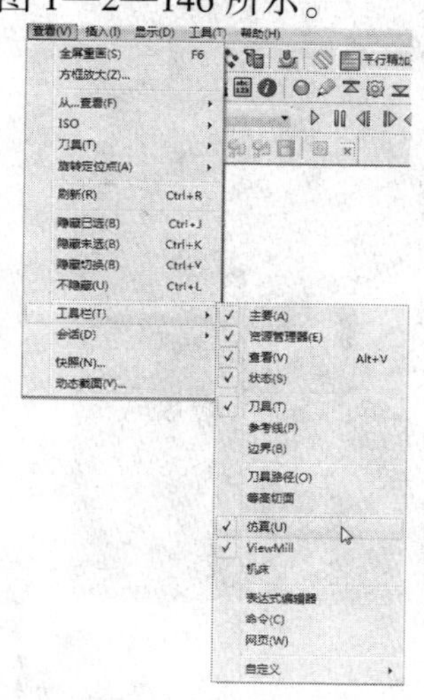

图 1—2—145 打开“仿真工具栏”和“ViewMill 工具栏”

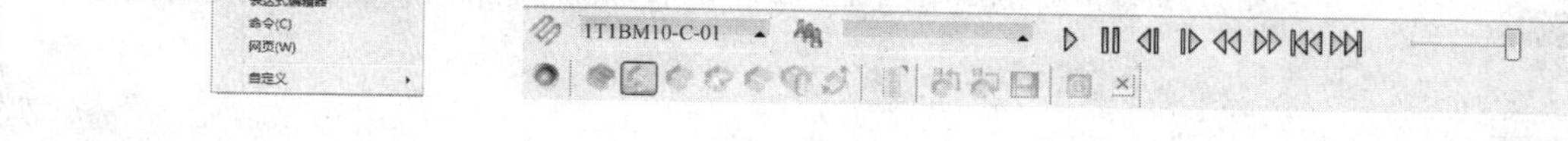

图 1—2—146 “仿真工具栏”和“ViewMill 工具栏”

2. 刀具路径仿真

将鼠标移至PowerMILL浏览器中“刀具路径”下的“1T1NC6”，右击选择“激活”选项，然后再一次右击，选择“自开始仿真”选项。接着单击用户界面上部“ViewMill工具栏”中的“开/关ViewMILL”按钮，此时将激活“ViewMill工具栏”，如图1—2—147所示。然后单击“切削方向阴影图像”按钮，这时绘图区进入仿真界面，如图1—2—148所示。

图1—2—147 “ViewMill工具栏”

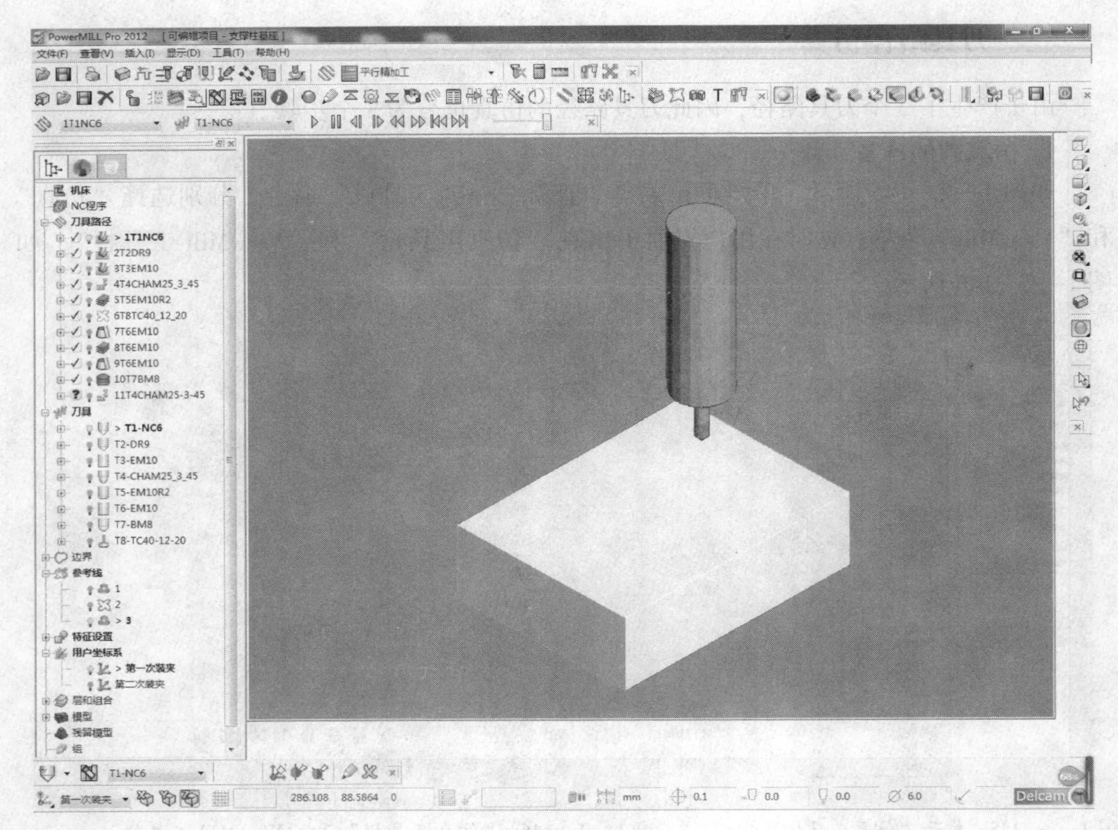

图1—2—148 仿真界面显示

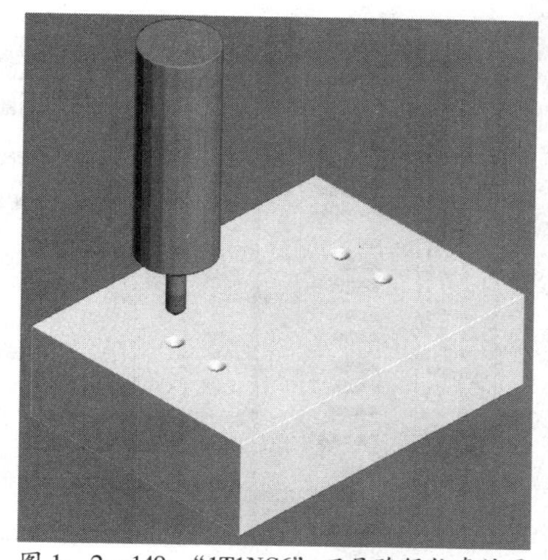
图 1—2—149 “1T1NC6”刀具路径仿真结果

单击“仿真工具栏”中的“运行”按钮，执行“1T1NC6”刀具路径仿真，仿真结果如图 1—2—149 所示。

继续按照上述方法将工件底部的加工刀具路径分别激活及仿真，工件底部最终仿真结果如图 1—2—150 所示。单击用户界面上部“ViewMill 工具栏”中的“退出 ViewMILL”按钮，此时将打开“PowerMILL 询问”对话框，如图 1—1—65 所示。然后单击“是（Y）”按钮，退出加工仿真。

参照第一次装夹工件的仿真步骤进行工件第二次装夹刀具路径的仿真，最终仿真结果如图 1—2—151 所示。最后退出加工仿真。

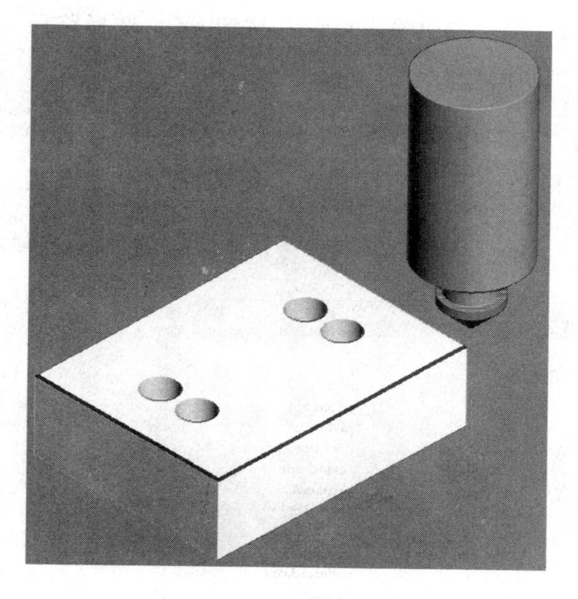
图 1—2—150 工件底部刀具路径仿真结果

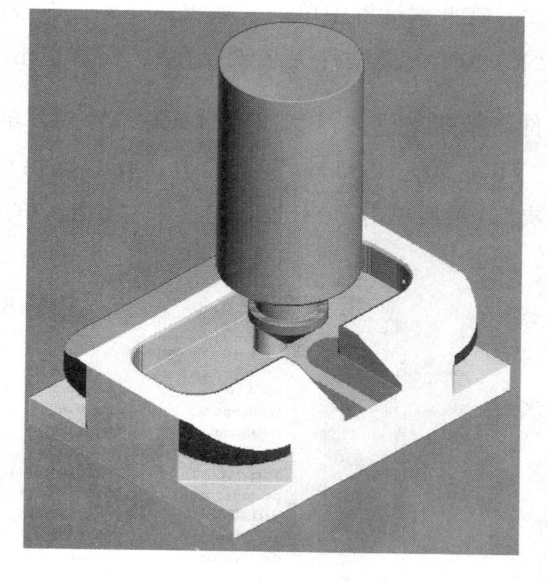
图 1—2—151 工件正面刀具路径仿真结果

四、NC 程序的产生

1. 产生第一次装夹程序

如图 1—2—152 所示，将鼠标移至 PowerMILL 浏览器中的“NC 程序”，然后右击，选择“参数选择”选项，将弹出如图 1—2—153 所示的“NC 参数选择”对话框。

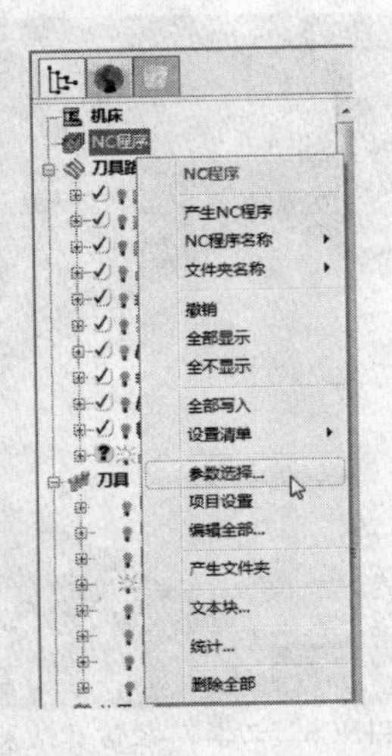

图 1—2—152　NC 程序参数选择

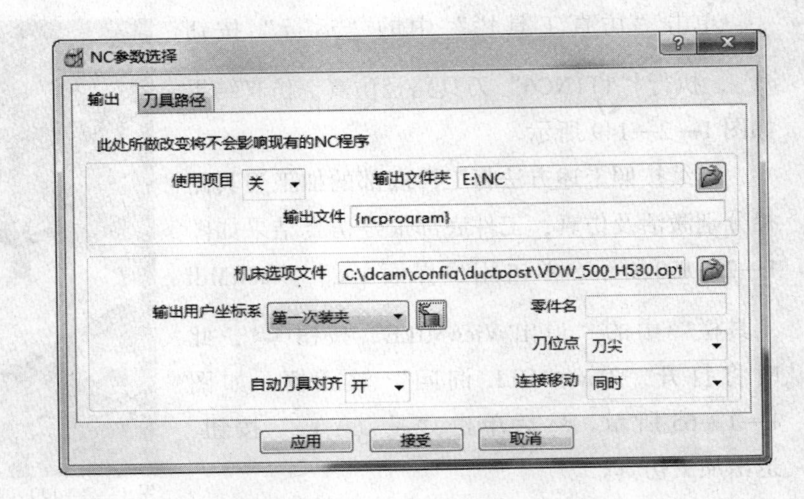

图 1—2—153　“NC 参数选择”对话框

在此对话框中单击“输出文件夹”右边的“浏览选取输出目录”按钮，选择路径“E:\NC”（此文件夹必须存在），接着单击“机床选项文件”右边的“浏览选取读取文件”按钮，将弹出如图 1—2—154 所示的“选取机床选项文件名”对话框，选择文件“VDW_500_H530. opt”并打开，在“输出用户坐标系”下拉列表框中选择“第一次装夹”。最后单击“NC 参数选择”对话框中的“应用”和“接受”按钮。

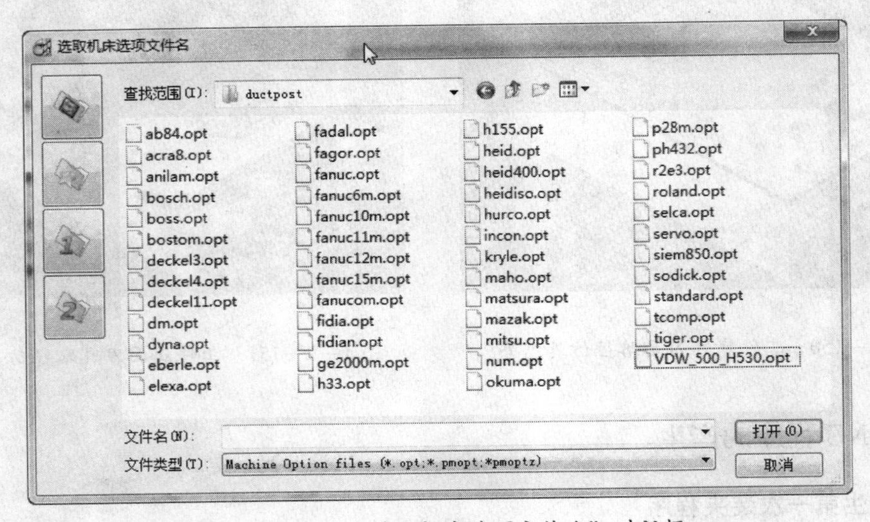

图 1—2—154　“选取机床选项文件名”对话框

接着将鼠标移至刀具路径“1T1NC6”，然后右击，选择“产生独立的 NC 程序”选项，如图 1—2—155 所示，然后分别对刀具路径“2T2DR9”“3T3EM10”和“4T4CHAM25_3_45”进行同样的操作。此时 PowerMILL 浏览器如图 1—2—156 所示。

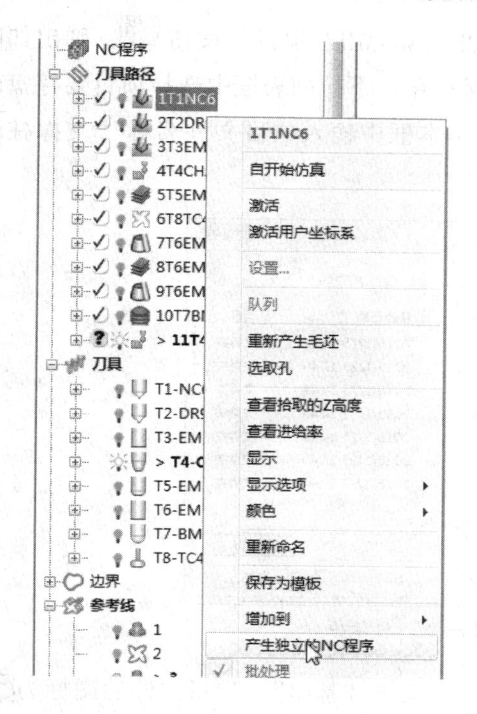

图 1—2—155 右击选择“产生独立的 NC 程序”

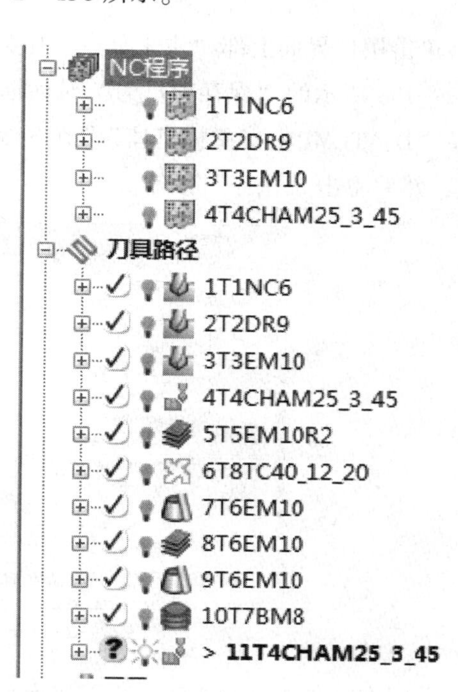

图 1—2—156 PowerMILL 浏览器——NC 程序浏览

最后将鼠标移至“NC 程序”，右击，选择“全部写入”选项，如图 1—2—157 所示，程序自动运行产生 NC 代码。然后在文件夹“E:\NC”下将产生 4 个 . tap 格式的文件，分别是 1T1NC6. tap、2T2DR9. tap、3T3EM10. tap 和 4T4CHAM25_3_45. tap。学生可以通过记事本方式打开这 4 个文件查看 NC 数控代码。

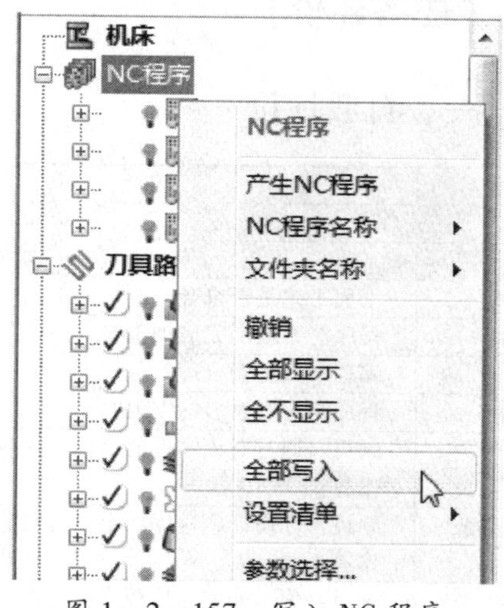

图 1—2—157 写入 NC 程序

2. 产生第二次装夹程序

参照第一次装夹 NC 程序产生的过程，在图 1—2—153 所示的“NC 参数选择”对话框的“输出用户坐标系”下拉列表框中选择“第二次装夹”。后面的步骤与第一次装夹 NC 程序产生的过程一样。最终结果在文件夹“E:\NC”下将产生第二次装夹 NC 程序。

五、保存加工项目

单击用户界面上部“主工具栏”中的“保存此 PowerMILL 项目”按钮，弹出如图1—2—158 所示的“保存项目为”对话框，在“保存在”下拉列表框中选择项目要存盘的路径“D:\TEMP\ 支撑柱基座”，在“文件名”文本框中输入项目文件名称“支撑柱基座”，然后单击“保存”按钮。

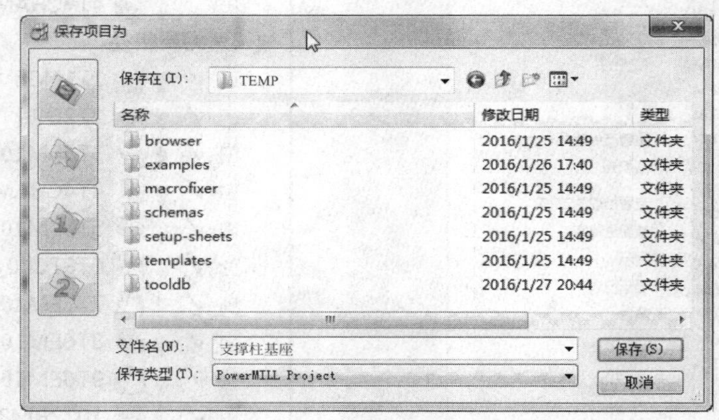

图 1—2—158 “保存项目为”对话框

此时在文件夹“D:\TEMP”下将保存项目文件“支撑柱基座”。项目文件的图标为，其功能类似于文件夹，在此项目的子路径中保存了这个项目的信息，包括毛坯信息、刀具信息和刀具路径信息等。

【任务评价】

一、自我评价

任务名称			课时				
任务自我评价成绩			任课教师				
类别	序号	自我评价项目	结果	A	B	C	D
编程	1	编程工艺是否符合基本加工工艺？					
	2	程序能否顺利完成加工？					
	3	编程参数是否合理？					
	4	程序是否有过多的空刀？					
	5	题目：通过对该零件的编程你的收获主要是什么？ 作答：					
	6	题目：你设计本程序的主要思路是什么？ 作答：					
	7	题目：你是如何完成程序的完善与修改的？ 作答：					

续表

类别	序号	自我评价项目	结果	A	B	C	D
工件与刀具安装	1	刀具安装是否正确？					
	2	工件安装是否正确？					
	3	刀具安装是否牢固？					
	4	工件安装是否牢固？					
	5	题目：安装刀具时需注意的事项主要有哪些？ 作答：					
	6	题目：安装工件时需注意的事项主要有哪些？ 作答：					
操作与加工	1	操作是否规范？					
	2	着装是否规范？					
	3	切削用量是否符合加工要求？					
	4	刀柄和刀片的选用是否合理？					
	5	题目：如何使加工和操作更好地符合批量生产的要求？你的体会是什么？ 作答：					
	6	题目：加工时需要注意的事项主要有哪些？ 作答：					
	7	题目：加工时经常出现的加工误差主要有哪些？ 作答：					
精度检测	1	是否了解测量本零件所需各种量具的原理及使用方法？					
	2	题目：本零件所使用的测量方法是否已经掌握？你认为难点是什么？ 作答：					
	3	题目：本零件精度检测的主要内容是什么？采用了哪种方法？ 作答：					
	4	题目：批量生产时，你将如何检测该零件的各项精度要求？ 作答：					
（本部分综合成绩）合计：							
自我总结							
学生签名： 年　月　日		指导教师签名： 年　月　日					

二、小组互评

序号	小组评价项目	评价情况			
		A	B	C	D
1	与其他同学口头交流学习内容是否顺畅？				
2	是否尊重他人？				
3	学习态度是否积极主动？				
4	是否服从教师教学安排和管理？				

续表

序号	小组评价项目	评价情况			
		A	B	C	D
5	着装是否符合标准？				
6	能否正确领会他人提出的学习问题？				
7	是否按照安全规范进行操作？				
8	能否辨别工作环境中哪些是危险因素？				
9	是否合理规范地使用工具和量具？				
10	能否保持学习环境的干净、整洁？				
11	是否遵守学习场所的规章制度？				
12	是否对工作岗位有责任心？				
13	能否达到全勤要求？				
14	能否正确地对待肯定与否定的意见？				
15	团队学习中主动与同学合作的情况如何？				

参与评价同学签名：

年　　月　　日

三、教师评价

教师总体评价：

教师签名：__________　　　　年　　月　　日

【习题】

一、思考题

1. 如何在 PowerMILL 软件中定义用户坐标系？
2. 如何在 PowerMILL 软件中使用已选曲面定义边界？
3. 如何在 PowerMILL 软件中创建圆角盘铣刀？
4. 如何在 PowerMILL 软件中创建 45°倒角刀具？
5. 简述在 PowerMILL 软件中生成参考线的过程。

二、练习图样

按图 1—2—159 所示图样完成加工程序的编写。

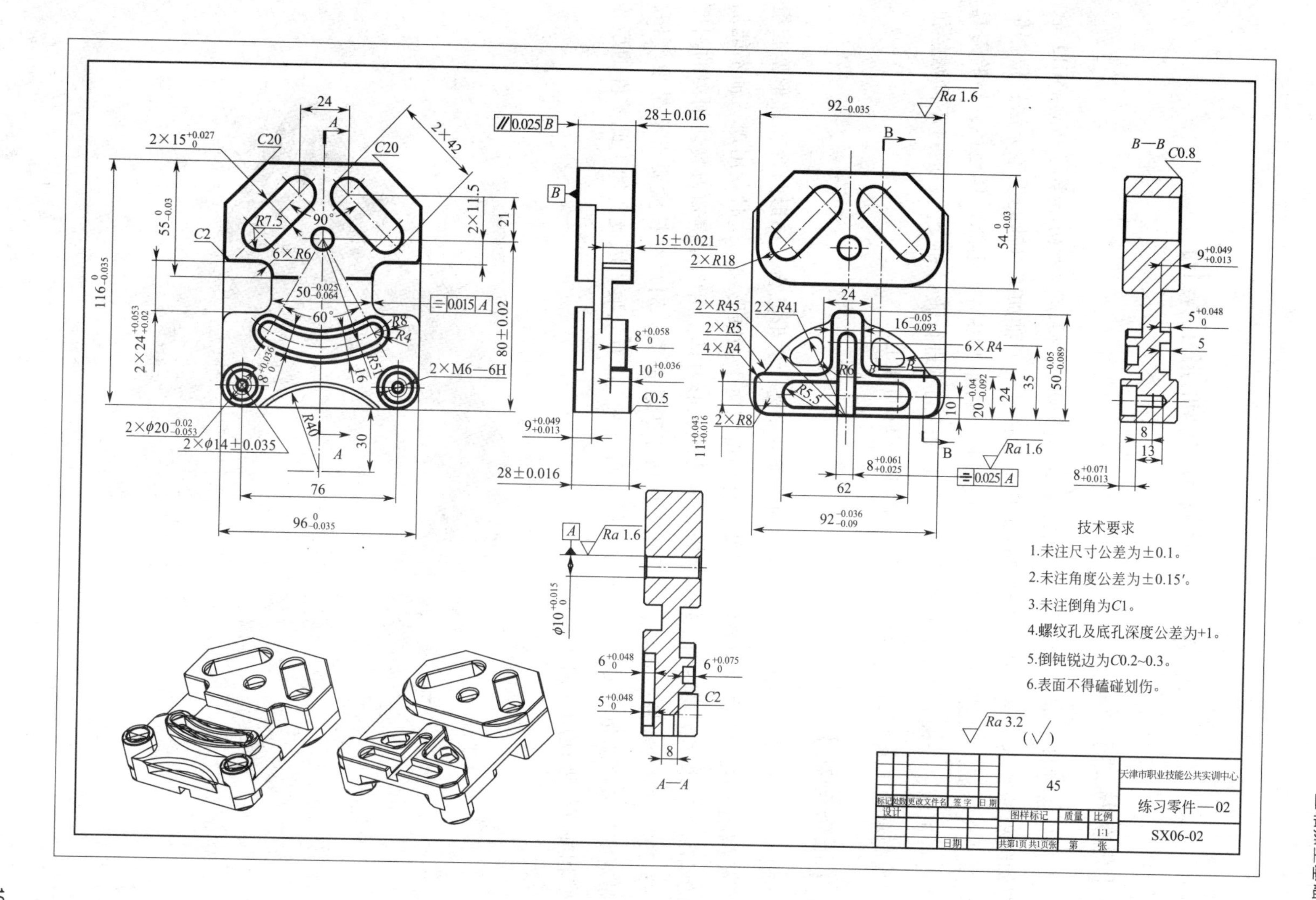

图 1—2—159　练习零件图样

任务 3　烟灰缸五轴加工案例

【任务描述】

本任务通过日常生活中常用的烟灰缸案例学习编程，要求读者初步学习 PowerMILL 软件五轴编程的基本步骤，基本了解 PowerMILL 软件针对五轴加工刀轴的设置方法，根据烟灰缸零件的特征，制定合理的工艺路线，设置必要的加工参数，生成刀具路径，检验刀具路径是否正确、合理，并对软件操作过程中出现的问题进行研讨和交流。通过不同数控机床的控制系统生成五轴加工程序，并进行实际零件的加工。

【任务分析】

图 1—3—1 所示为烟灰缸三维零件图。零件主要由方形凸台、梯形凸台和梯形型腔组成。根据图 1—3—2 中的相关信息可知，梯形型腔属于倒锥形状，这时就出现三轴不能加工的情况，如果确实要使用三轴加工就需要使用成形刀具，由图样得知刀具切削刃的斜度为 13.392°，属于非标准刀具。由于此零件属于工艺品类，对尺寸精度要求不是很严格，但是对零件表面质量有要求，要求加工后表面美观，没有划痕。因此，加工此零件的型腔侧壁和外部侧壁使用五轴加工方法。

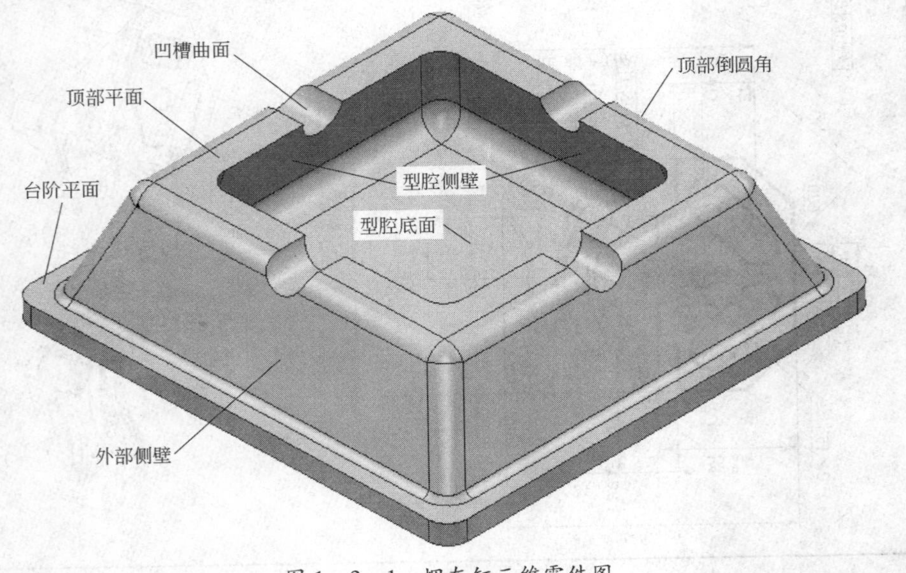

图 1—3—1　烟灰缸三维零件图

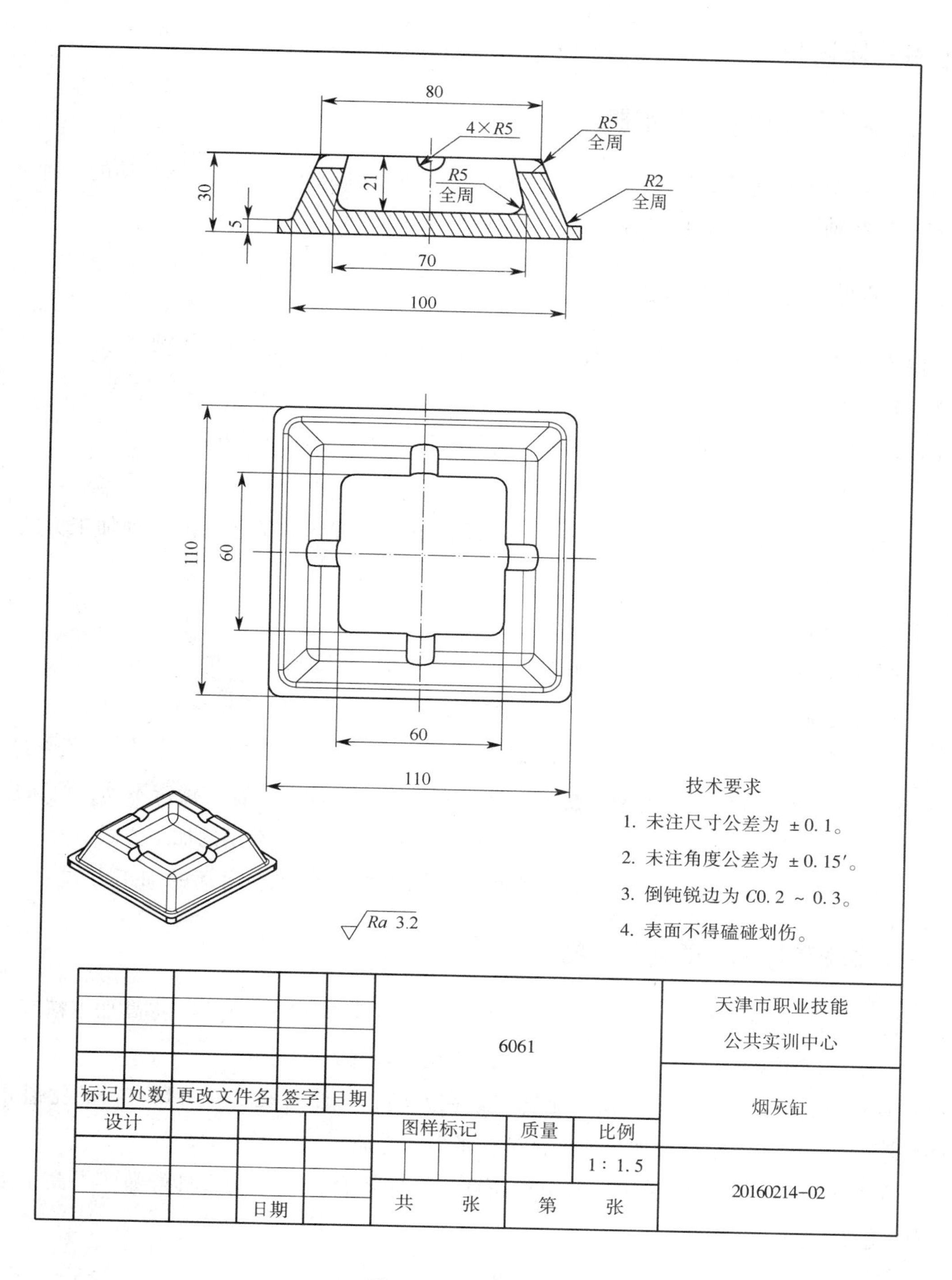
80
4×R5
R5
全周
R5
全周
R2
全周
30
21
5
70
100
110
60
60
110
技术要求
1. 未注尺寸公差为 ±0.1。
2. 未注角度公差为 ±0.15′。
3. 倒钝锐边为 C0.2 ~ 0.3。
4. 表面不得磕碰划伤。
Ra 3.2
标记
处数
更改文件名
签字
日期
设计
日期
6061
图样标记
质量
比例
1:1.5
共 张
第 张
天津市职业技能
公共实训中心
烟灰缸
20160214-02

图 1—3—2 烟灰缸图样

【相关知识】

一、多轴数控加工的基本概念

多轴数控加工是在具有三个或三个以上联动轴的机床上实现三个以上轴运动的一种加工方式，这些轴可以是全部联动的，也可以是部分联动的。

二、多轴数控加工的分类

根据机床联动轴配置方式的不同，可以将多轴数控加工分为以下几种类型：

1. 四轴联动

四轴联动是指在四轴机床上进行四个轴同时联合运动的一种加工方式。

2. 3+1 轴加工

3+1 轴加工是指在四轴机床上，三个轴联动，第四轴进行间歇运动的一种加工方式，即四轴定位加工。

3. 五轴联动

五轴联动是指在五轴机床上进行五个轴联合运动的加工方式。

4. 五轴定轴加工

五轴定轴加工分为 3+2 轴加工和 4+1 轴加工。

3+2 轴加工是指五轴机床的两个旋转轴摆动到某个指定加工位置后锁定不动，机床进行 X、Y、Z 三轴的线性运动。这种加工方式也是五轴加工中最为常用的加工方式。

4+1 轴加工是在五轴机床上实现四轴联动，第五轴进行间歇运动的加工方式。

三、多轴数控加工的功用及特点

1. 能够采用最少的工艺装备和工序加工零件，节省时间，降低成本，提高加工精度。

2. 几乎可以不使用特种刀具，简化刀具的应用，降低刀具成本。

3. 能充分地运用刀具最佳的长径比（刀具在刀柄中的伸出长度与刀具直径的比值），大大提高了刀具的加工刚度与加工速度，延长了刀具寿命。

4. 在加工过程中可以避免球头刀中心速度为零的场合，延长了刀具寿命，提高了工件表面质量，降低刀具成本。

5. 可以加工复杂叶轮曲面。

6. 多轴加工编程复杂、难度大，企业初期资金投入大。

【任务实施】

按零件图样加工要求，制定烟灰缸数控加工工艺；编制加工程序；完成加工仿真，根据不同机床的数控系统产生与其相对应的 NC 程序。

一、制定加工工艺

1. 零件结构分析

该零件的结构主要由方形凸台、梯形凸台、梯形型腔、圆角过渡等基本几何图素组成，其中梯形型腔为倒锥形。

2. 毛坯选用

选用铝合金 6061 毛坯，尺寸为 120 mm×120 mm×40 mm。

3. 制定加工工序卡

零件采用三轴和五轴加工方式，夹具采用精密平口钳，夹紧量为 5 mm。遵循先粗加工、后精加工的原则。刀具使用两把，分别是直径为 12 mm、刀尖圆角半径为 2 mm 的刀尖圆角端铣刀和直径为 10 mm 的球头刀。粗加工采用三轴“模型区域清除”加工策略。半精加工和精加工将采用“SWARF 精加工”策略加工型腔侧壁和零件的外侧壁，使用“等高切面区域清除”策略加工所有平面，使用“参考线精加工”策略加工 4 个凹槽，使用“流线精加工”策略加工顶部圆角等，相关的技术参数见表 1—3—1 所列的烟灰缸加工工序卡。

二、编制加工程序

1. 模型输入

单击下拉菜单“文件”→“输入模型”命令，弹出如图 1—3—3 所示的“输入模型”对话框，在此对话框内“文件类型（T）”的下拉列表框中选择“IGS(＊. ig＊)”文件格式，打开本书光盘中的模型文件“烟灰缸 . igs”。然后单击用户界面最右边“查看工具栏”中的“ISO1”按钮，接着单击“查看工具栏”中的“普通阴影”按钮，即产生如图 1—3—1 所示的烟灰缸数字模型。

2. 毛坯定义

单击用户界面上部“主工具栏”中的“毛坯”按钮，弹出如图 1—3—4 所示“毛坯”对话框。在图 1—3—4 的“由…定义”下拉列表框中选择“方框”，“坐标系”下拉列表框中选择“世界坐标系”。单击此对话框中的“计算”按钮，然后把“限界”中 X 和

表1—3—1

烟灰缸加工工序卡

五 轴 加 工 程 序 单　　页码：

零件号	20160214-02	编程员		图档路径		机床操作员		机床号	
客户名称		材料	6061	工序号	01	工序名称	烟灰缸加工	日期	年 月 日

序号	加工内容	程序名称	刀具号	刀具类型	刀具参数 (mm)	主轴转速 (r/min)	进给速度 (mm/min)	余量 (XY/Z) (mm)	装夹刀长 (mm)	加工时间 (h)	备注
1	整体粗加工	1T1EM12R2-C-01	T1	刀尖圆角端铣刀	$\phi12R2$	6 000	2 400	0.5/0.5	35		
2	外侧壁半精加工	2T1EM12R2-BJ-01	T1	刀尖圆角端铣刀	$\phi12R2$	6 000	2 400	0.2/0.2	35		
3	型腔侧壁半精加工	3T2BM10-BJ-01	T2	球头刀	$\phi10$	8 000	2 800	0.2/0.2	35		
4	型腔侧壁精加工	4T2BM10-J-01	T2	球头刀	$\phi10$	8 000	1 600	0/0	35		
5	型腔底面精加工	5T2BM10-J-01	T2	球头刀	$\phi10$	8 000	1 600	0/0	35		
6	凹槽精加工	6T2BM10-J-01	T2	球头刀	$\phi10$	8 000	1 600	0/0	35		
7	顶部倒圆角精加工	7T2BM10-J-01	T2	球头刀	$\phi10$	8 000	1 600	0/0	35		
8	外侧壁精加工	8T1EM12R2-J-01	T1	刀尖圆角端铣刀	$\phi12R2$	8 000	1 600	0/0	35		
9	顶部/台阶平面精加工	9T1EM12R2-J-01	T1	刀尖圆角端铣刀	$\phi12R2$	8 000	1 600	0/0	35		

工件装夹图

Z方向	毛坯上表面往下1 mm对零
XY方向	毛坯四周分中

毛坯尺寸	120 mm×120 mm×40 mm
装夹方式	精密平口钳，夹紧量5 mm

五轴加工中心操作确认

1	工件定位和程序对上了吗？	
2	工件夹紧了吗？找正了吗？	
3	分中检查了吗？寻边器、杠杆表好用吗？	
4	坐标系、输入数据确认了吗？	
5	对刀、刀号、输入数据确认了吗？	
6	刀具直径、长度、安全高度确认了吗？	
7	加工程序确认了吗？	
8	加工前使用VERICUT仿真加工了吗？	
9	加工前试切削了吗？	

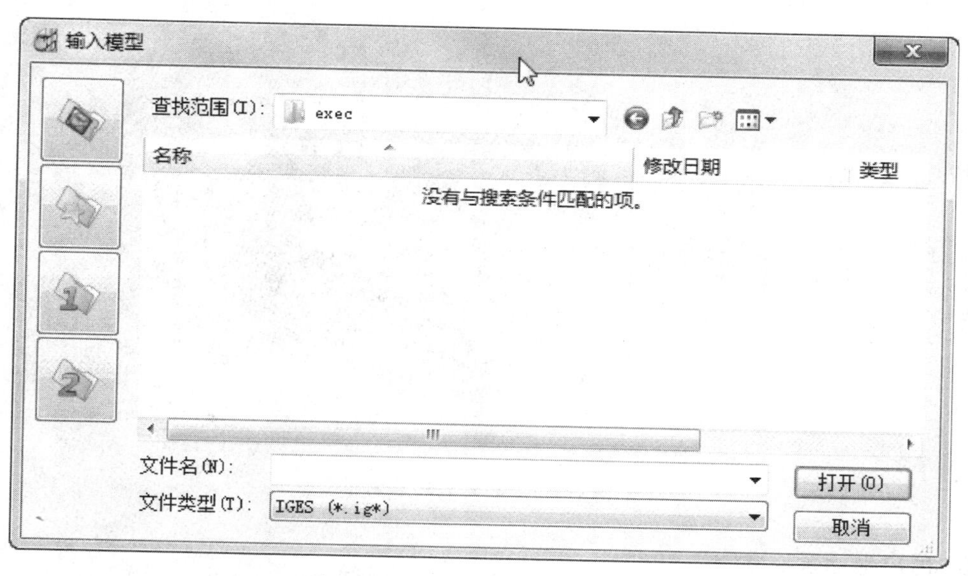

图 1—3—3 “输入模型”对话框

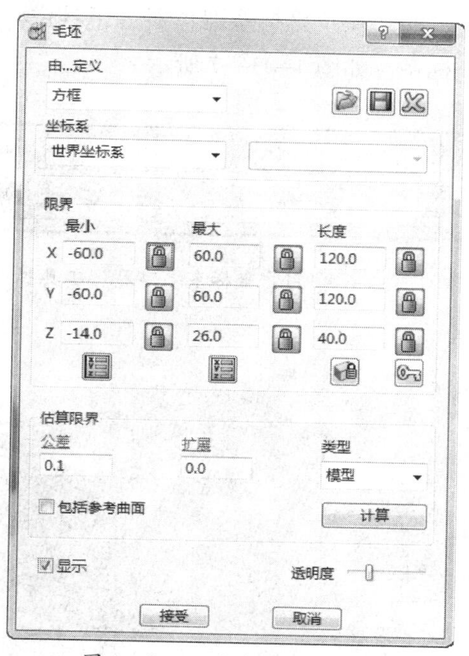

图 1—3—4 “毛坯”对话框

Y 的“长度”设置为“120.0”，锁住所有 *X* 和 *Y* 的数值。*Z* 值“最大”设置为“26.0”并锁住，*Z* 值“长度”设置为“40.0”并锁住。最后单击“接受”按钮，则绘图区如图 1—3—5 所示。

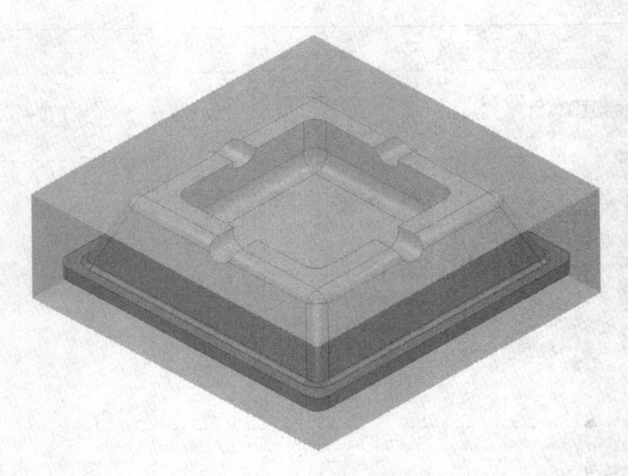

图 1—3—5　定义毛坯后的模型

3. 用户坐标系建立

右击用户界面左边 PowerMILL 浏览器中的“用户坐标系”，选择“产生用户坐标系”选项，弹出如图 1—3—6 所示的“用户坐标系编辑器”工具栏。同时在零件的底部及世界坐标系位置出现一个新的坐标系，如图 1—3—7 所示。

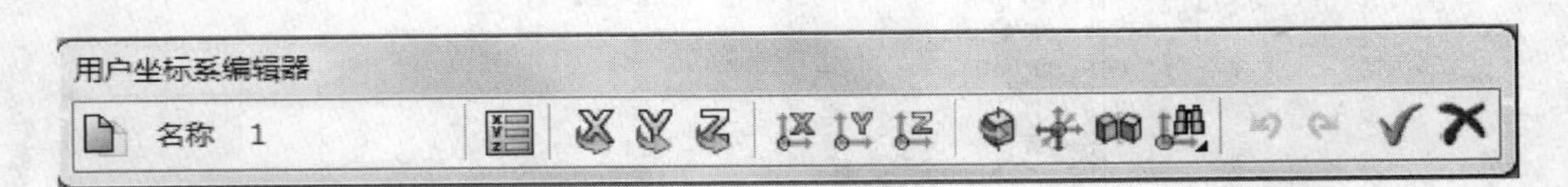

图 1—3—6 “用户坐标系编辑器”工具栏

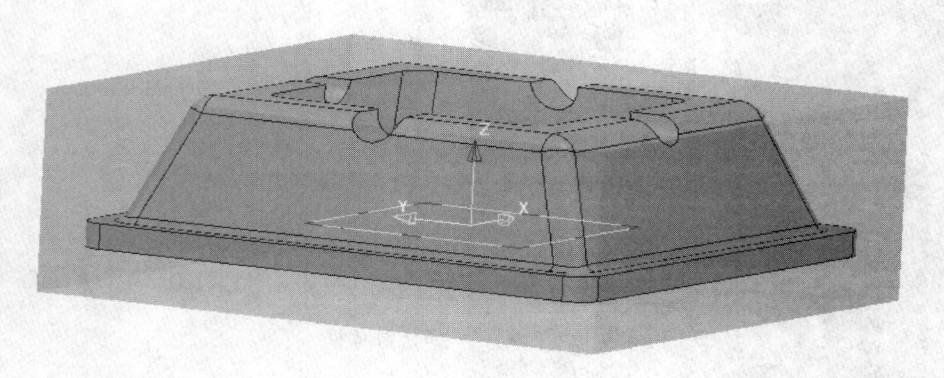

图 1—3—7　用户坐标系建立

在“用户坐标系编辑器”工具栏中把“名称”改为“G54”。单击“打开位置表格”

按钮，弹出“位置”对话框，如图1—3—8所示。在此对话框中输入如下参数：

❑ 在“用户坐标系”下拉列表框中选择“相对”。

❑ 在“当前平面”下拉列表框中选择“XY”。

❑ 在“X”设置为“0.0”。

❑ 在“Y”设置为“0.0”。

❑ 在“Z”设置为“25.0”。

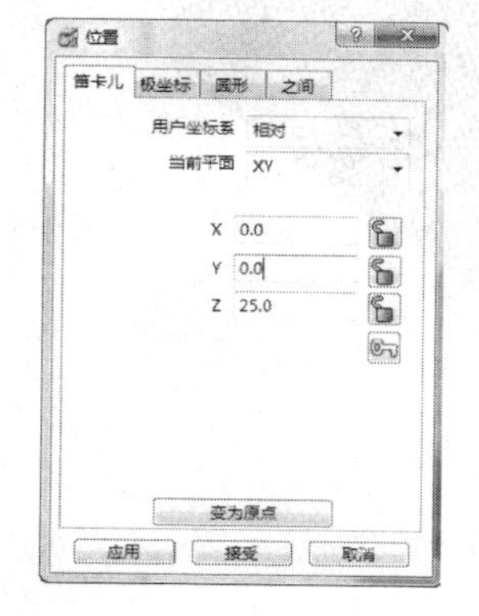

图1—3—8 用户坐标系“位置”对话框

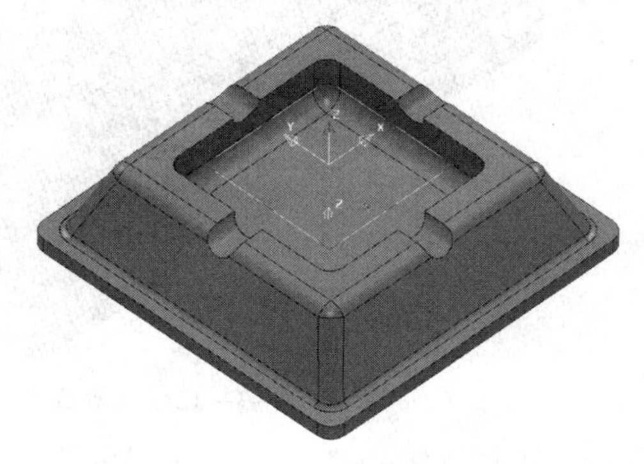

图1—3—9 “G54”用户坐标系创建完毕

设置完毕，单击“位置”对话框中的“应用”按钮，再单击“用户坐标系编辑器”工具栏中的“接受改变”按钮。用户坐标系创建完毕，如图1—3—9所示。将鼠标移至PowerMILL浏览器中“用户坐标系”下的“G54”，然后右击，选择“激活”选项，如图1—3—10所示。激活后“G54”用户坐标系的前面将产生一个“>”符号，指示灯变亮，如图1—3—11所示，同时用户界面中“G54”用户坐标系将以红颜色显示。单击用户界面最右边“查看工具栏”中的“ISO1”按钮，接着单击“查看工具栏”中的“普通阴影”按钮，即显示如图1—3—12所示。

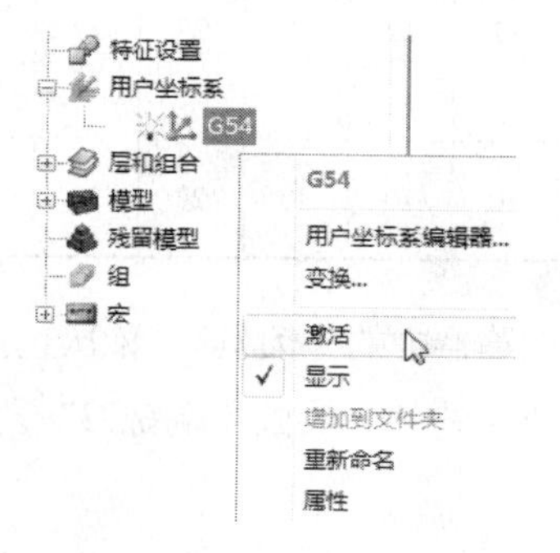

图1—3—10 激活用户坐标系

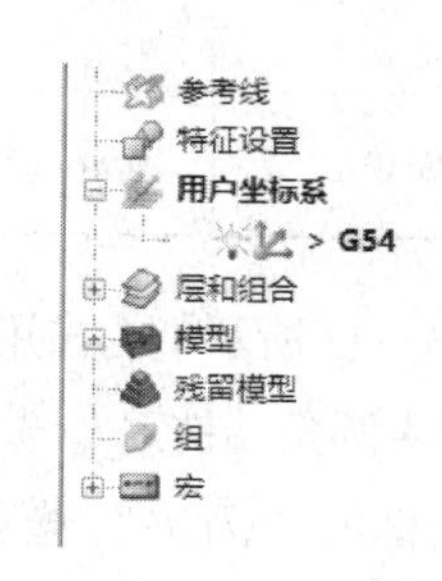

图1—3—11 PowerMILL浏览器

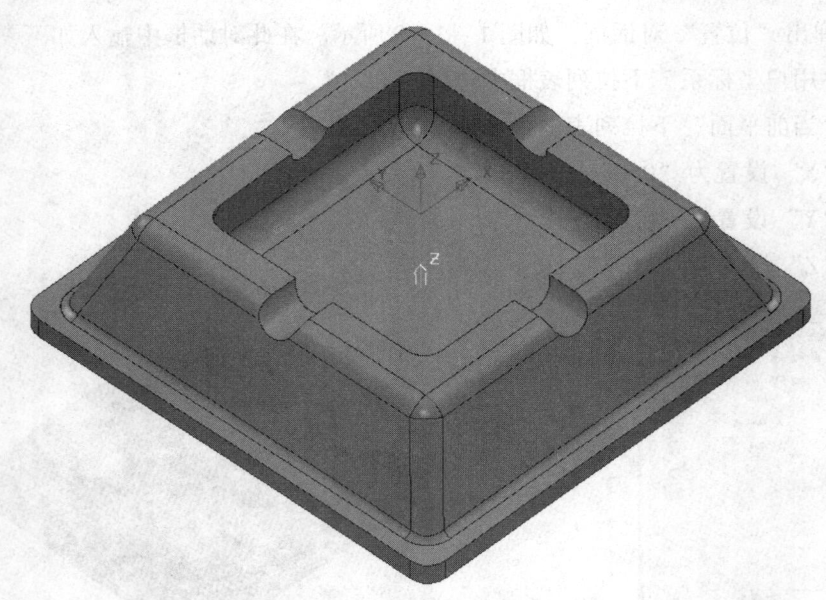

图 1—3—12　激活后的“G54”用户坐标系

4. 刀具定义

由表 1—3—1 可得，此模型的加工共需要两把刀具，分别是直径为 12 mm、刀尖圆角半径为 2 mm 的刀尖圆角端铣刀和直径为 10 mm 的球头刀。具体刀具几何参数见表 1—3—2。

表 1—3—2　　　刀具几何参数

序号	刀具类型	刀尖								刀柄			夹持			
		名称	编号	几何形状						尺寸			尺寸			伸出(mm)
				直径(mm)	长度(mm)	刀尖半径(mm)	锥角(°)	锥高(mm)	锥形直径(mm)	顶部直径(mm)	底部直径(mm)	长度(mm)	顶部直径(mm)	底部直径(mm)	长度(mm)	
1	刀尖圆角端铣刀	T1-EM12R2	1	12	35	2				12	12	40	27	27	80	40
2	球头刀	T2-BM10	2	10	35					10	10	40	27	27	80	40

如图 1—3—13 所示，右击用户界面左边 PowerMILL 浏览器中的“刀具”，依次选择“产生刀具”→“刀尖圆角端铣刀”选项，弹出如图 1—3—14 所示的“刀尖圆角端铣刀”对话框。

在此对话框的“刀尖”选项卡中设置如下参数：

❑“名称”改为“T1-EM12R2”。

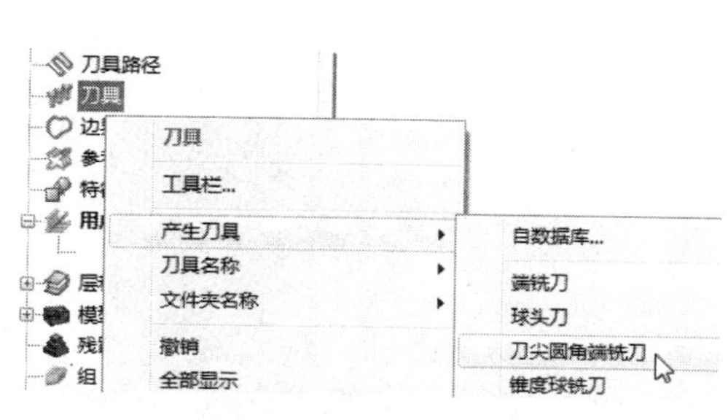

图 1—3—13　刀具选择

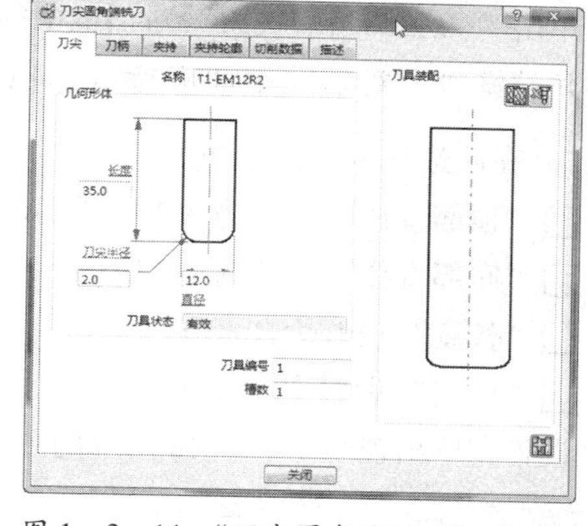

图 1—3—14　“刀尖圆角端铣刀”对话框

❑“刀尖半径”设置为“2.0”。

❑“直径”设置为“12.0”。

❑“长度”设置为“35.0”。

❑“刀具编号”设置为“1”。

设置完毕，单击“刀尖圆角端铣刀”对话框中的“刀柄”标签，弹出如图 1—3—15 所示的“刀尖圆角端铣刀”对话框中“刀柄”选项卡。单击此选项卡中的“增加刀柄部件”按钮，并在此对选项卡中置如下参数：

❑“顶部直径”设置为“12.0”。

❑“底部直径”设置为“12.0”。

❑“长度”设置为“40.0”。

设置完毕，出现图 1—3—16 所示的图形。

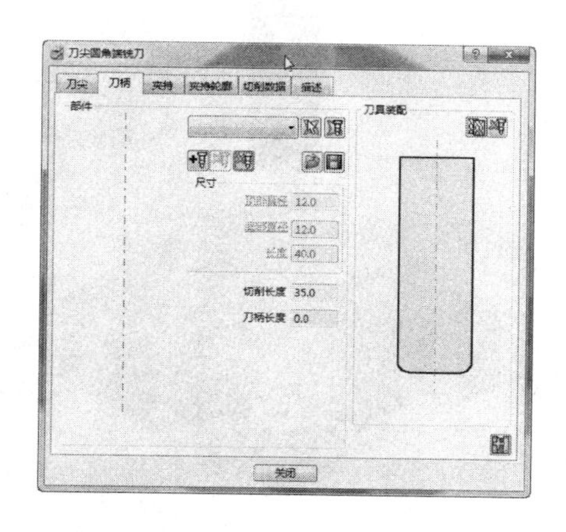

图 1—3—15　“刀尖圆角端铣刀”刀柄的选择

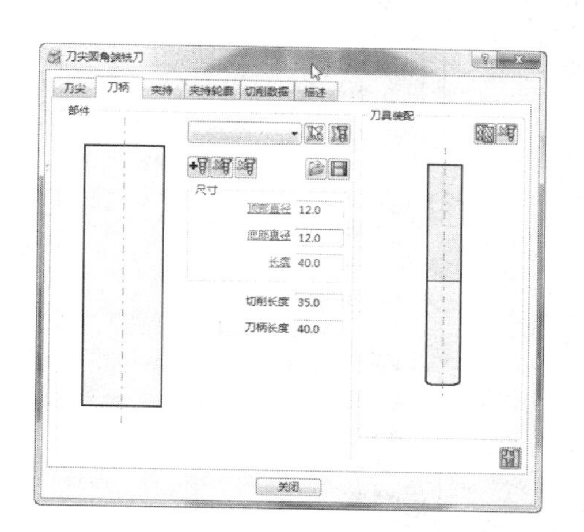

图 1—3—16　“刀尖圆角端铣刀”刀柄的设置

单击“刀尖圆角端铣刀”对话框中的“夹持”标签，弹出如图 1—3—17 所示的“刀尖圆角端铣刀”对话框中“夹持”选项卡。单击此选项卡中的“增加夹持部件”按钮，并在此选项卡中设置如下参数：

☐“顶部直径”设置为“27.0”。

☐“底部直径”设置为“27.0”。

☐“长度”设置为“80.0”。

☐“伸出”设置为“40.0”。

设置完毕出现图 1—3—18 所示的图形。

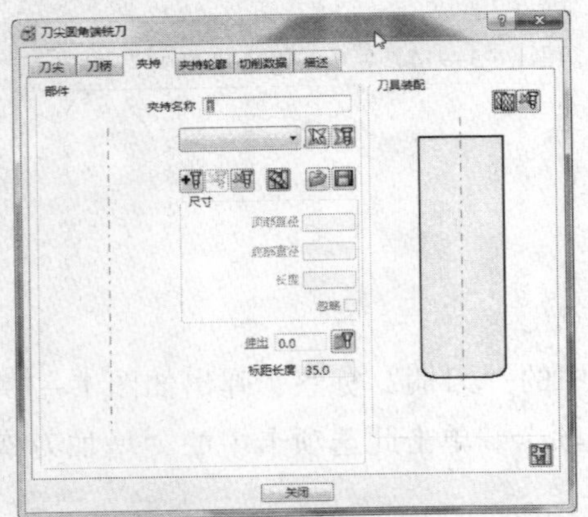

图 1—3—17 “刀尖圆角端铣刀”夹持的选择

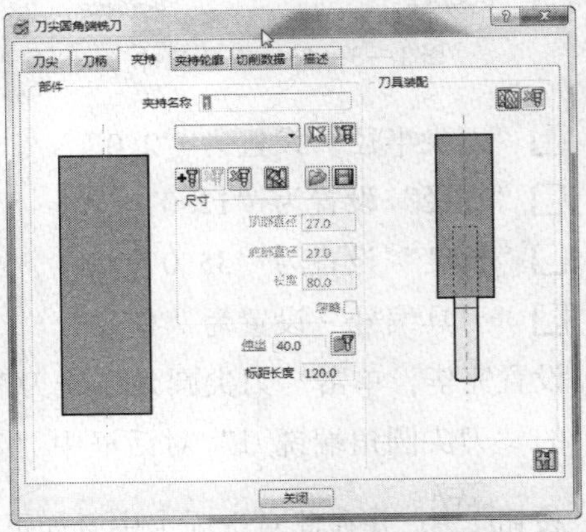

图 1—3—18 “刀尖圆角端铣刀”夹持的设置

单击“关闭”按钮。此时在用户界面左边的 PowerMILL 浏览器中将显示刚才设置的刀具“T1-EM12R2”，如图 1—3—19 所示。单击用户界面最右边“查看工具栏”中的“ISO1”按钮，用户工作区即显示如图 1—3—20 所示。

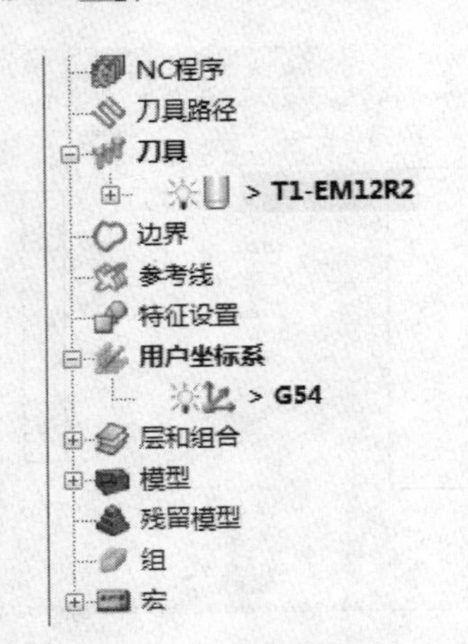

图 1—3—19 PowerMILL 浏览器

图 1—3—20 刀具建立完成后的显示

参照上述建立刀具的操作过程，按表 1—3—2 中的刀具几何参数创建直径为 10 mm 的球头刀。设置完毕的 PowerMILL 浏览器变为图 1—3—21 所示。

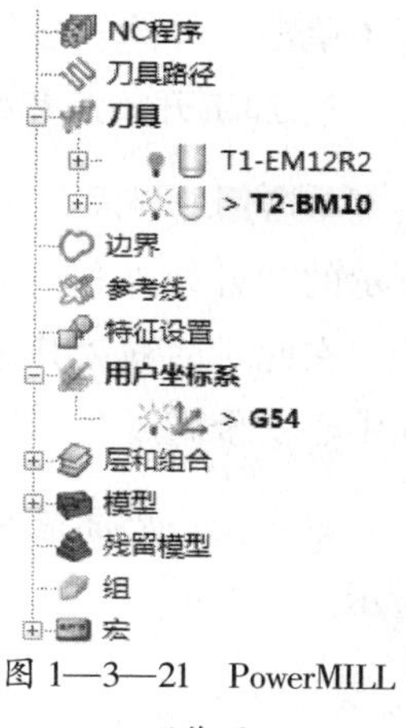

图 1—3—21 PowerMILL 浏览器

5. 进给率设置

如图 1—3—22 所示，右击用户界面左边 PowerMILL 浏览器中“刀具”标签内的“T1-EM12R2”，选择“激活”，使得在“T1-EM12R2”左边出现“>”符号，这表明“T1-EM12R2”刀具处于被激活状态。

单击用户界面上部“主工具栏”中的“进给率”按钮，弹出如图 1—3—23 所示的“进给和转速”对话框。

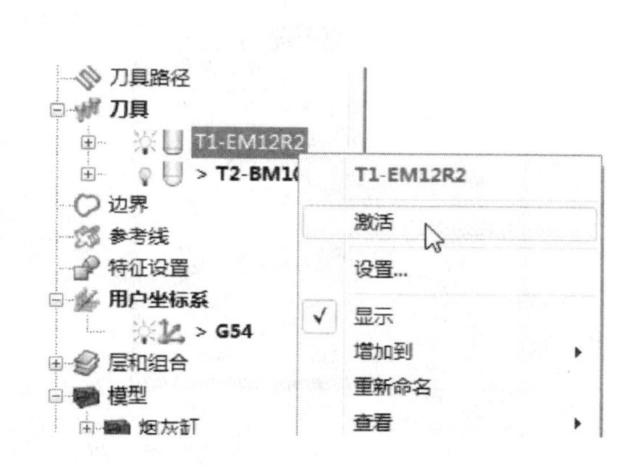

图 1—3—22 激活刀具

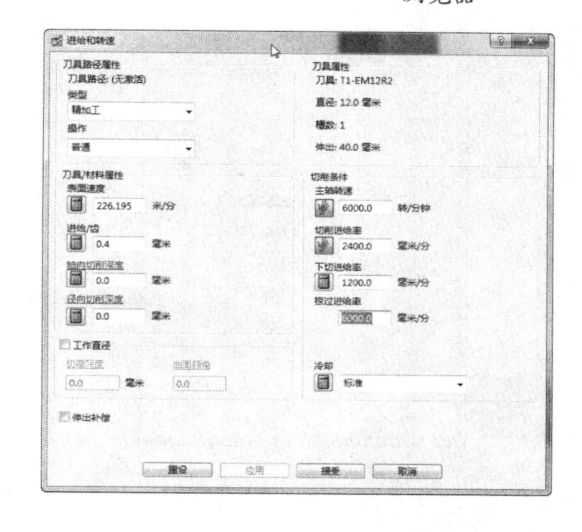

图 1—3—23 “进给和转速”对话框

在此对话框中按表 1—3—1 中的内容设置如下参数：

❑“主轴转速”设置为“6000. 0”。

❑“切削进给率”设置为“2400. 0”。

❑“下切进给率”设置为“1200. 0”。

❑“掠过进给率”设置为“6000. 0”。

设置完毕，单击“接受”按钮，完成“T1-EM12R2”刀具进给率的设置。使用同样的方法按表 1—3—1 中的参数设置“T2-BM10”刀具的进给率。

6. 快进高度设置

单击用户界面上部“主工具栏”中的“快进高度”按钮，弹出如图 1—3—24 所示的“快进高度”对话框，在“用户坐标系”下拉列表框中选择“G54”。然后在此对话框中单击“计算”按钮，最后再单击“接受”按钮，完成快进高度的设置。

7. 加工开始点和结束点的设置

单击用户界面上部“主工具栏”中的“开始点和结束点”按钮，弹出如图 1—3—25 所示的“开始点和结束点”对话框。

在此对话框“开始点”和“结束点”选项卡中的“使用”下拉列表框中都选择“毛坯中心安全高度”，最后单击“接受”按钮，完成加工开始点和结束点的设置。

单击用户界面最右边“查看工具栏”中的“ISO1”按钮，则模型变为图 1—3—20 所示。

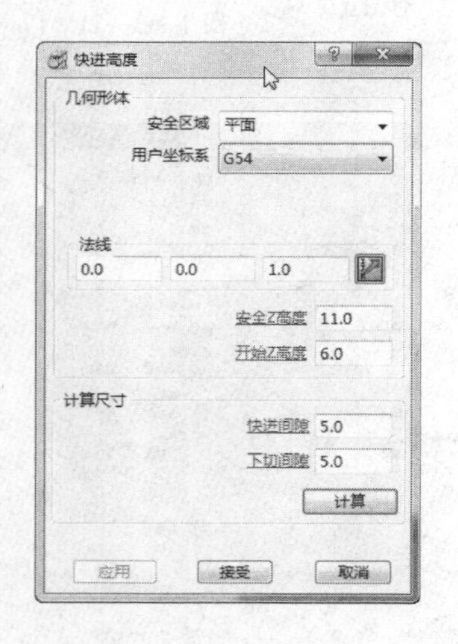

图 1—3—24 “快进高度”对话框

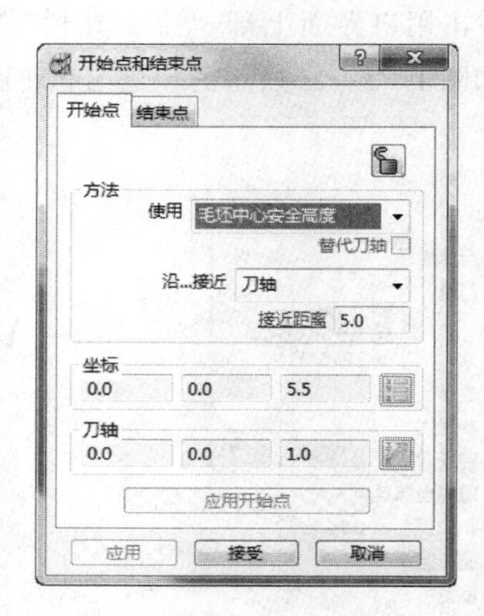

图 1—3—25 “开始点和结束点”对话框

8. 创建刀具路径

由于此模型的加工分为粗加工、半精加工和精加工 3 个步骤。为了防止刀具在切削过程中铣削到平口钳，在创建刀具路径前先建立一个安全平面。

（1）建立安全平面

如图 1—3—26 所示，右击用户界面左边 PowerMILL 浏览器中的“模型”，依次选择“产生平面”→“自毛坯”选项，弹出“输入平面的 Z 轴高度”对话框。在此对话框中输入“-33”，单击按钮，如图 1—3—27 所示，完成安全平面的创建。此时在用户界面左边 PowerMILL 浏览器的“模型”中将显示“Planes”，如图 1—3—28 所示。接着单击用户界面最右边“查看工具栏”中的“ISO1”按钮，用户界面产生图 1—3—29 所示的安全平面。

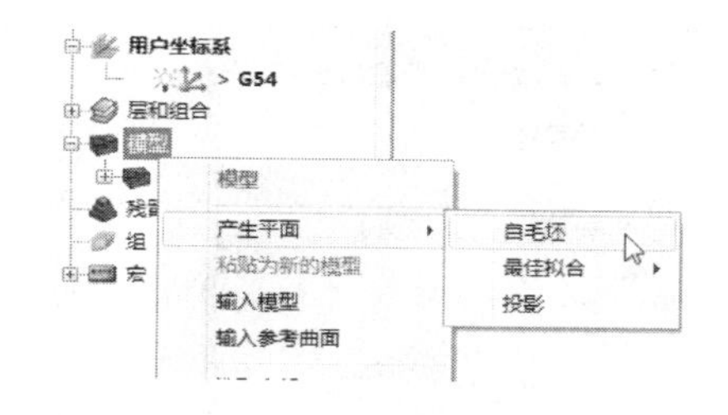

图 1—3—26 建立“安全平面”在浏览器中的操作

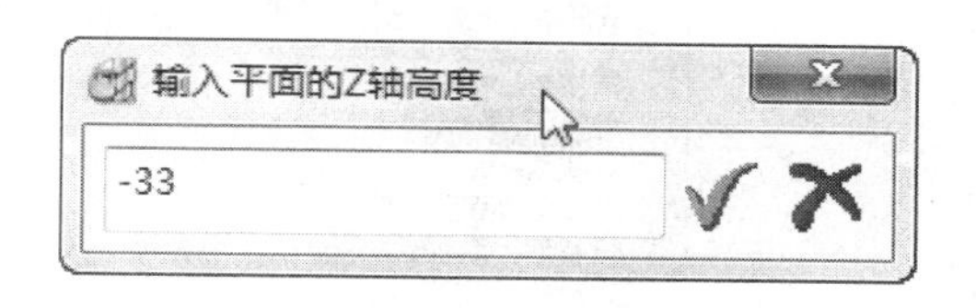

图 1—3—27 “输入平面的 Z 轴高度”对话框

图 1—3—28 PowerMILL 浏览器

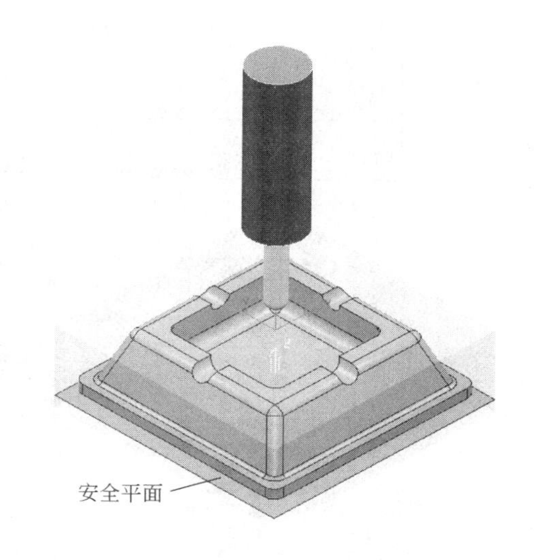

图 1—3—29 安全平面显示

（2）粗加工刀具路径的产生

如图 1—3—22 所示，右击用户界面左边 PowerMILL 浏览器中“刀具”标签内的“T1-EM12R2”，选择“激活”，使得“T1-EM12R2”刀具处于被激活状态。

单击用户界面上部“主工具栏”中的“刀具路径策略”按钮，弹出如图 1—3—30 所示的“策略选取器”对话框。

单击“三维区域清除”标签，然后选择“模型区域清除”选项，如图 1—3—30 所示，单击“接受”按钮，将弹出如图 1—3—31 所示的“模型区域清除”对话框。

在此对话框中设置如下参数：

❑“刀具路径名称”改为“1T1EM12R2-C-01”。

❑ 在“样式”下拉列表框中选择“偏置模型”。

❑ 在“切削方向”下拉列表框中全部选择“顺铣”。

❑“公差”设置为“0.1”。

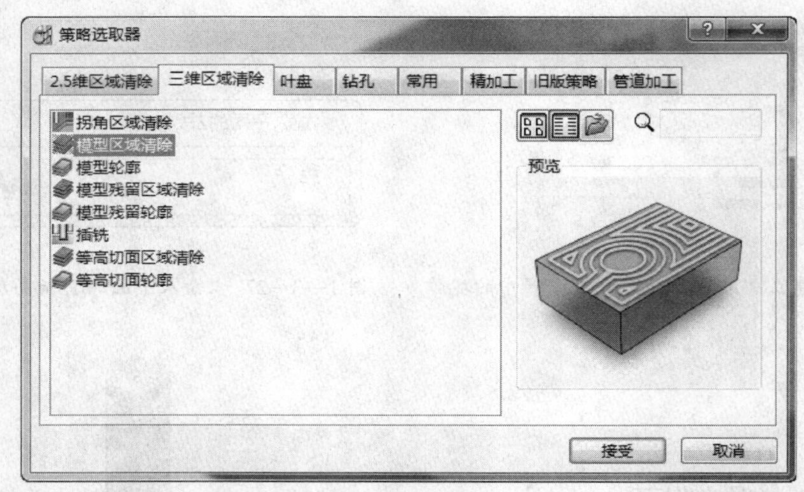

图 1—3—30 “策略选取器”对话框

图 1—3—31 “模型区域清除”对话框

❑“余量”设置为“0.5”。

❑“行距”设置为“8.0”。

❑在“下切步距”下拉列表框中选择“自动”，参数设置为“2.0”。

在“模型区域清除”对话框中选择用户坐标系标签，在“用户坐标系”下拉列表框中选择“G54”，如图1—3—32所示。

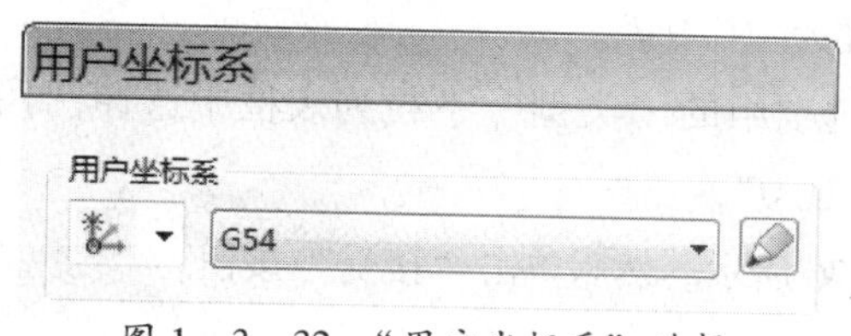

图1—3—32 “用户坐标系”选择

选择刀具标签，在刀具选择选项卡的下拉列表框中选择刀具“T1-EM12R2”，如图1—3—33所示。

选择剪裁标签，打开“剪裁”选项卡，在毛坯“剪裁”下拉列表框中选择“允许刀具中心在毛坯以外”，如图1—3—34所示。

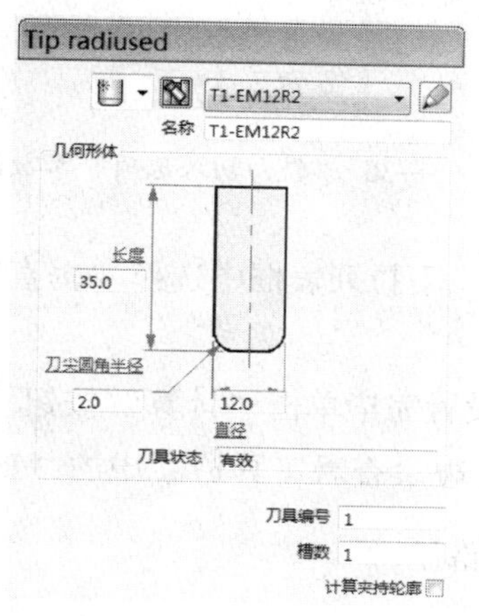

图1—3—33 刀具选择

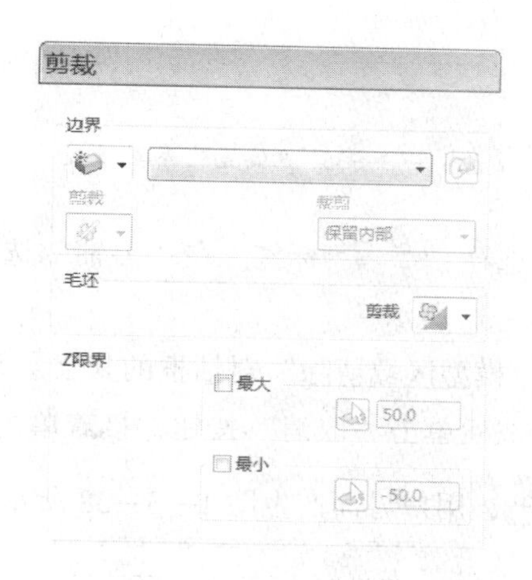

图1—3—34 “剪裁”选择

选择偏置标签，在“偏置”选项卡中设置如下参数：

❑ 在“高级偏置设置”中只选中“删除残留高度”复选框。

❑ 在“切削方向”下拉列表框中全部选择“顺铣”。

设置结果如图1—3—35所示。

选择切入切出和连接 切入标签中的“切入”标签。在“切入”选项卡中的“第一选择”下拉列表框中选择“斜向”。这时可以选择“斜向选项”按钮斜向选项...，弹出“斜向切入选项”对话框，在此对话框的“第一选择”选项卡中设置如下参数：

❑“最大左斜角”设置为“3.0”。

❑在“沿着”下拉列表框中选择“圆形”。

❑“圆圈直径”设置为“0.95”。

❑在“斜向高度”选项组的“类型”下拉列表框中选择“段增量”。

❑“高度”设置为“3.0”。

设置结果如图1—3—36所示。然后单击“接受”按钮。

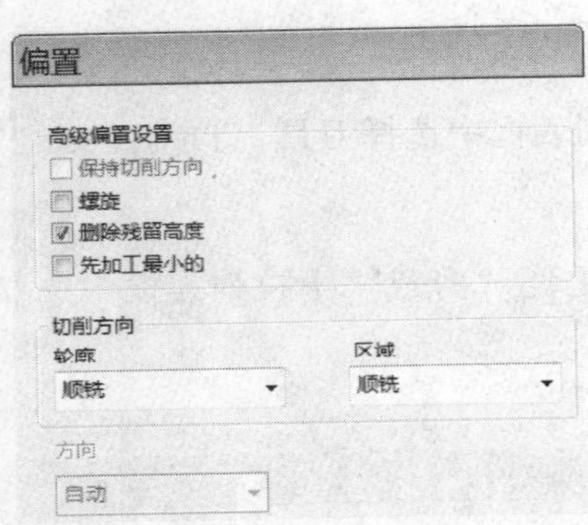
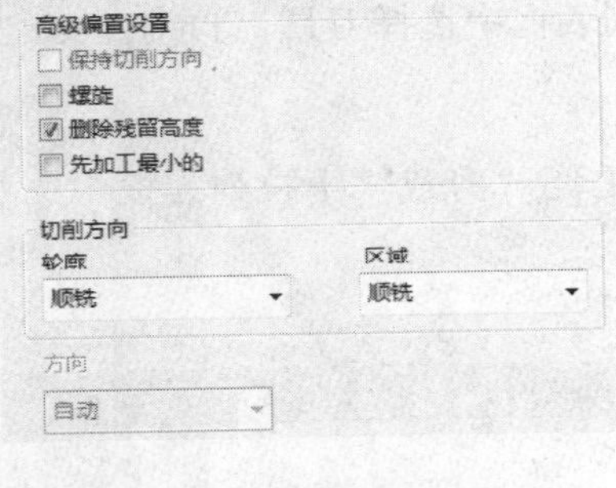

图1—3—35 “偏置”参数设置

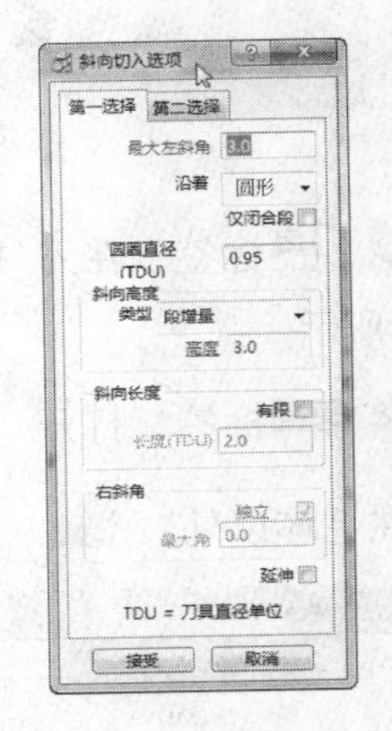

图1—3—36 “斜向切入选项”参数设置

选择 刀轴标签。在“刀轴”选项卡的“刀轴”下拉列表框中选择“垂直”，如图1—3—37所示。

“模型区域清除”对话框的其余参数保持默认，设置完毕单击“计算”按钮。刀具路径生成后单击“取消”按钮，接着单击用户界面最右边“查看工具栏”中的“ISO1”按钮，用户界面产生图1—3—38所示的粗加工刀具路径。

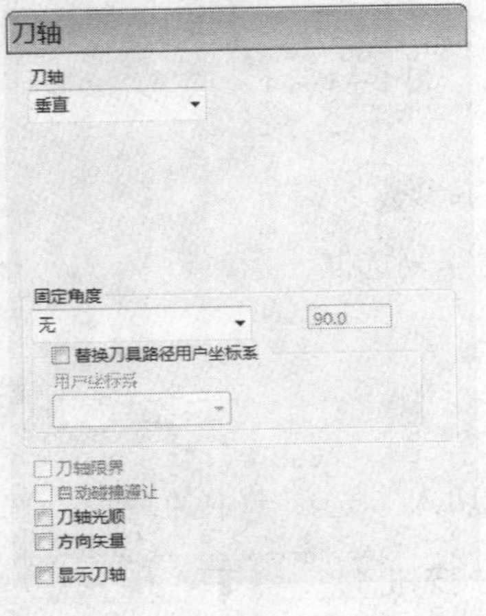

图1—3—37 “刀轴”选项卡

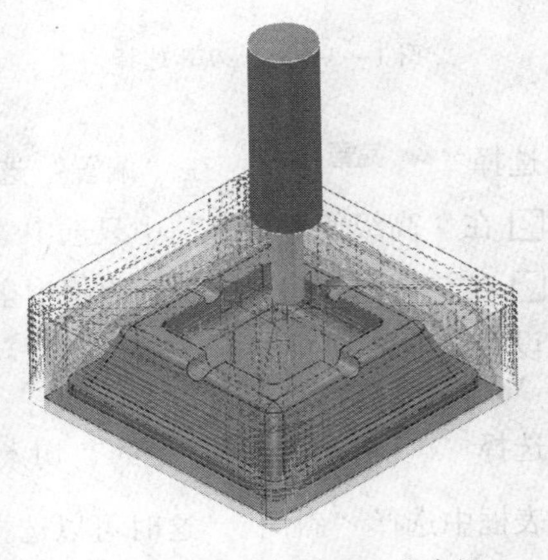

图1—3—38 粗加工刀具路径

（3）半精加工刀具路径的产生

1）建立外侧壁半精加工刀具路径。单击用户界面上部“主工具栏”中的“刀具路径策略”按钮，弹出如图1—3—39所示的“策略选取器”对话框。

图1—3—39 “策略选取器”对话框

单击“精加工”标签，然后选择“SWARF精加工”选项，如图1—3—39所示，单击“接受”按钮，将弹出如图1—3—40所示的“SWARF精加工”对话框。在此对话框中设置如下参数：

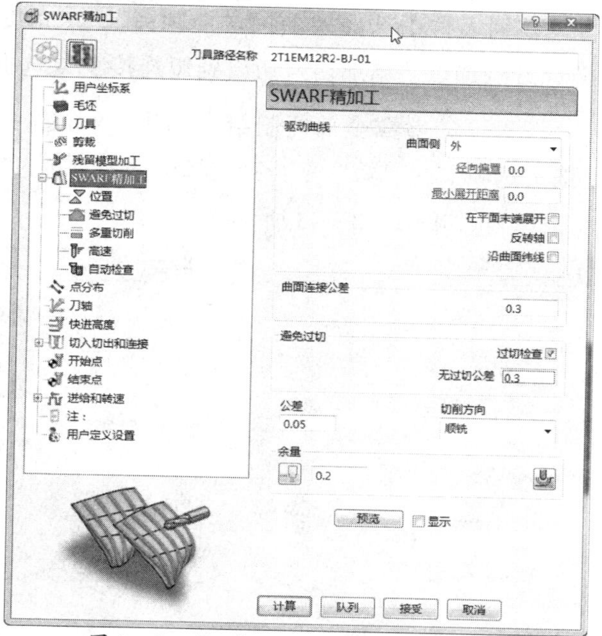

图1—3—40 “SWARF精加工”对话框

❑“刀具路径名称”改为“2T1EM12R2-BJ-01”。

❑ 在“曲面侧”下拉列表框中选择“外”。

❑ 在“切削方向”下拉列表框中选择“顺铣”。

❑“公差”设置为“0.05”。

❑“余量”设置为“0.2”。

在“SWARF 精加工”对话框中选择 用户坐标系 标签，在“用户坐标系”下拉列表框中选择“G54”。

选择 刀具 标签，在刀具选择选项卡的下拉列表框中选择刀具“T1-EM12R2”。

选择“SWARF 精加工”标签下的 多重切削 标签，在“多重切削”选项卡中设置如下参数：

❑ 在“方式”下拉列表框中选择“偏置向上”。

❑ 在“排序方式”下拉列表框中选择“范围”。

❑ 在“上限”下拉列表框中选择“顶部”。

❑“偏置”设置为“0.0”。

❑“最大下切步距”设置为“5.0”，如图 1—3—41 所示。

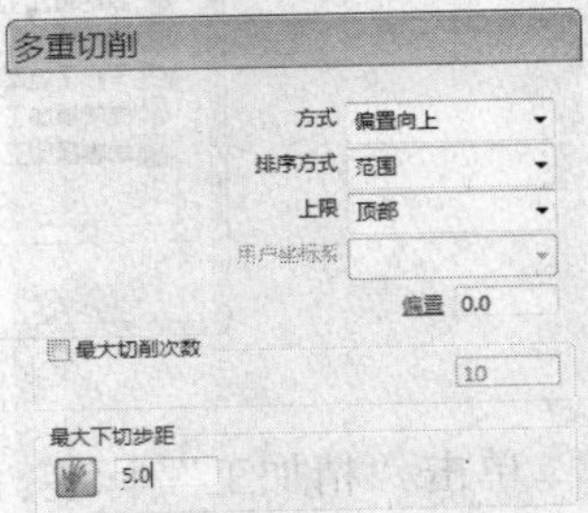

图 1—3—41 “多重切削”参数设置

选择 切入切出和连接 切入 标签中的“切入”标签。在“切入”选项卡的“第一选择”下拉列表框中选择“曲面法向圆弧”。“角度”设置为“90.0”，“半径”设置为“10.0”，并且选中“增加切入切出到短连接”复选框，单击“切出和切入相同”按钮，把“切入”的参数全部复制给“切出”，如图 1—3—42 所示。单击“连接”标签，在“连接”选项卡的“短”下拉列表框中选择“掠过”，“长”与“缺省”下拉列表框中都选择“相对”，如图 1—3—43 所示。

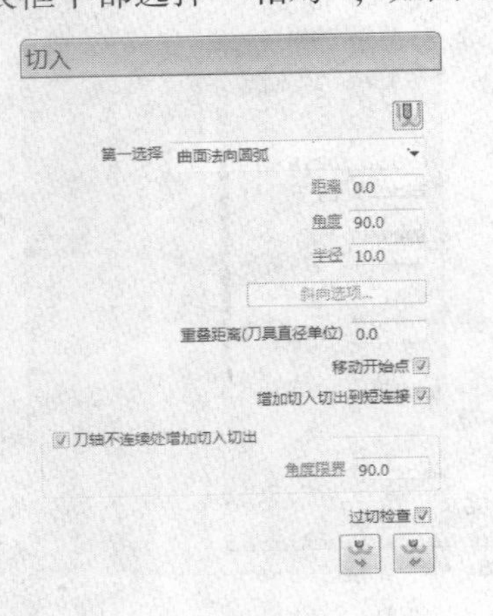

图 1—3—42 “切入”选项卡

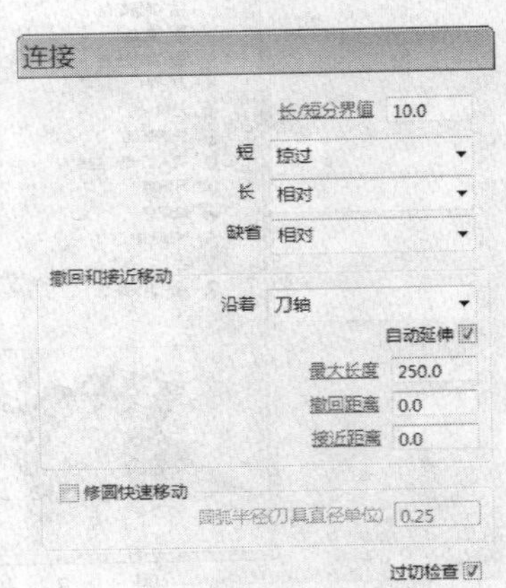

图 1—3—43 “连接”选项卡

选择 刀轴标签。在“刀轴”选项卡的“刀轴”下拉列表框中选择“自动”，选中“刀轴光顺”复选框，如图 1—3—44 所示。

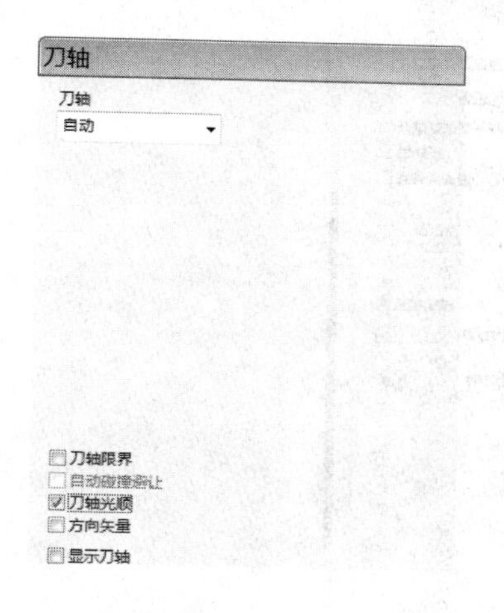

图 1—3—44 “刀轴”选项卡

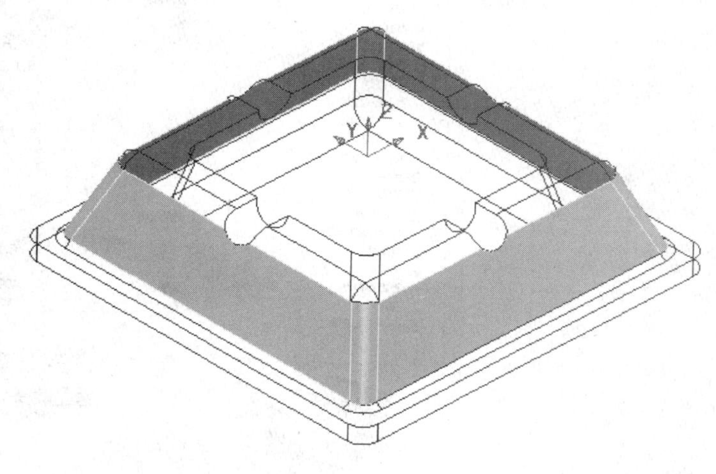

图 1—3—45 选取外侧壁曲面

按住键盘上的“Shift”键，在用户界面中分别选取图 1—3—45 所示的外侧壁曲面。

“SWARF 精加工”对话框的其余参数保持默认，设置完毕单击“计算”按钮。刀具路径生成后单击“取消”按钮，接着单击用户界面最右边“查看工具栏”中的“ISO1”按钮，用户界面产生如图 1—3—46 所示的外侧壁半精加工刀具路径。

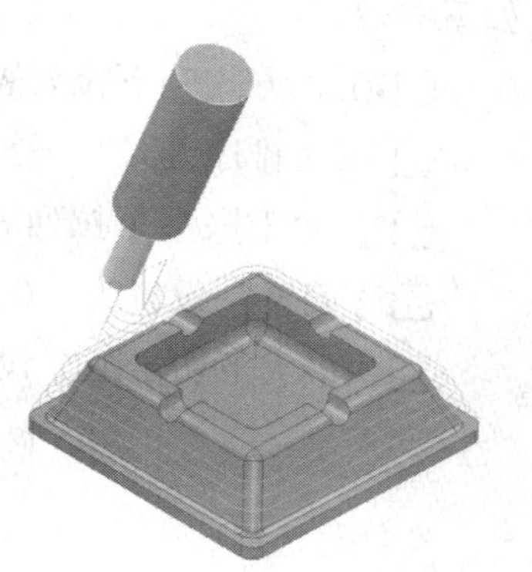

图 1—3—46 外侧壁半精加工刀具路径

2）建立型腔侧壁半精加工刀具路径。单击用户界面上部“主工具栏”中的“刀具路径策略”按钮，打开“策略选取器”对话框，选择“精加工”标签，在该标签中选择“SWARF 精加工”选项，单击“接受”按钮，打开“SWARF 精加工”对话框，“刀具路径名称”设为“3T2BM10-BJ-01”，在“曲面侧”下拉列表框中选择“外”，“切削方向”下拉列表框中选择“顺铣”，“公差”设置为“0. 05”，“余量”设置为“0. 2”，如图 1—3—47 所示。“用户坐标系”选择“G54”。刀具选择“T2-BM10”。单击“剪裁”，打开“剪裁”选项卡，在毛坯“剪裁”下拉列表框中选择“允许刀具中心在毛坯之外”按钮 。

选择“SWARF 精加工”标签下的 多重切削标签，在“多重切削”选项卡中设置

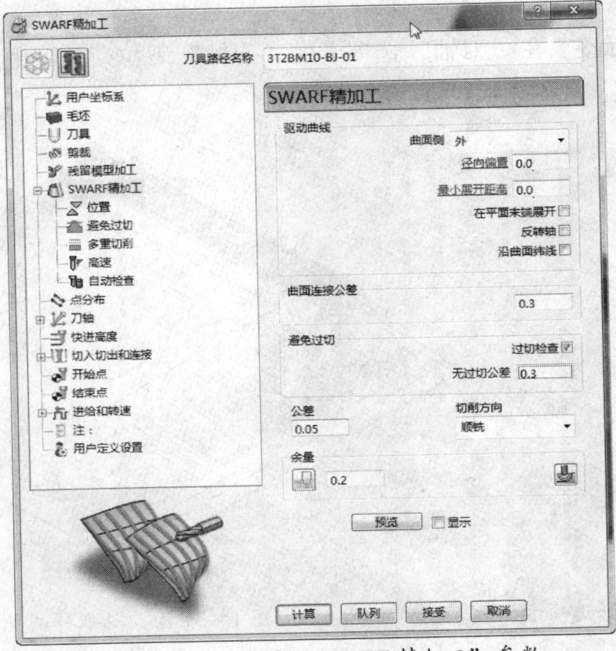

图 1—3—47 设置“SWARF 精加工”参数

如下参数：

- 在“方式”下拉列表框中选择“偏置向上”。
- 在“排序方式”下拉列表框中选择“范围”。
- 在“上限”下拉列表框中选择“顶部”。
- “偏置”设置为“0.0”。
- “最大下切步距”设置为“1.0”，如图 1—3—48 所示。

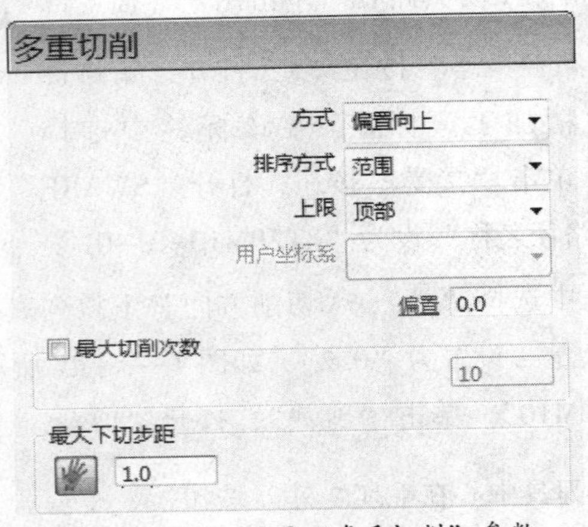

图 1—3—48 设置“多重切削”参数

选择 切入切出和连接 切入 标签中的“切入”标签。在“切入”选项卡的“第一选择”下拉列表框中选择“曲面法向圆弧”。“角度”设置为“45.0”，“半径”设置为“5.0”，并且选中“增加切入切出到短连接”复选框，单击“切出和切入相同”按钮，把“切入”的参数全部复制给“切出”，如图 1—3—49 所示。单击“连接”标签，在“连接”选项卡的“短”下拉列表框中选择“掠过”，“长”与“缺省”下拉列表框中都选择“相对”，如图 1—3—43 所示。

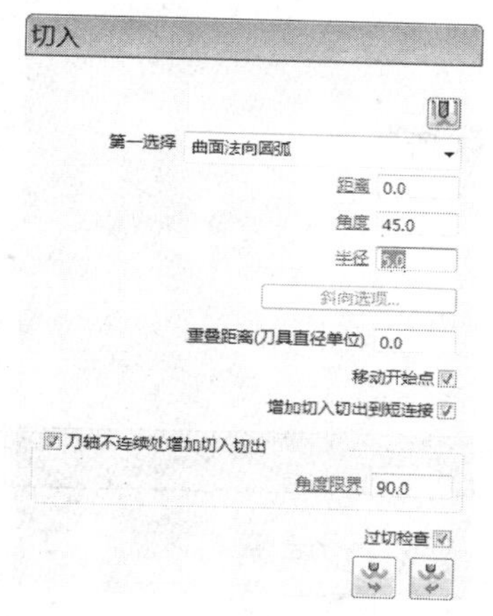

图 1—3—49 “切入”选项卡

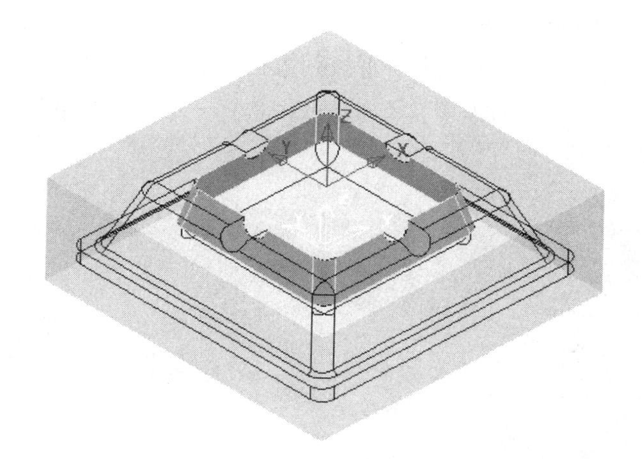

图 1—3—50 选择型腔侧壁曲面

按住键盘上的“Shift”键，在用户界面中分别选取图 1—3—50 所示的型腔侧壁曲面。

“SWARF 精加工”对话框的其余参数保持默认，设置完毕单击“计算”按钮。刀具路径生成后单击“取消”按钮，接着单击用户界面最右边“查看工具栏”中的“ISO1”按钮，用户界面产生如图 1—3—51 所示的型腔侧壁半精加工刀具路径。

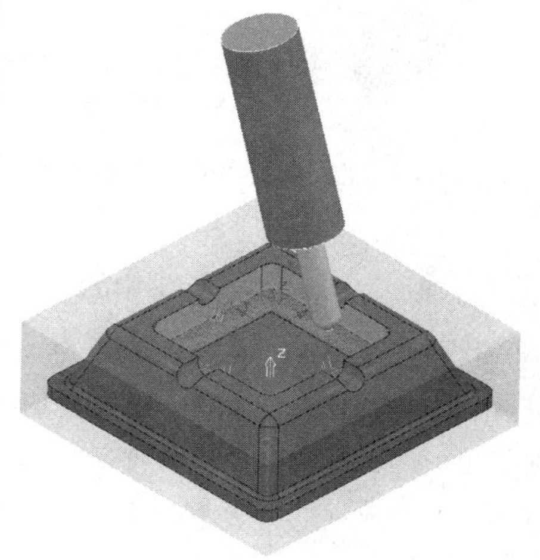

图 1—3—51 型腔侧壁半精加工刀具路径

（4）精加工刀具路径的产生

1）建立型腔侧壁精加工刀具路径。单击用户界面上部“主工具栏”中的“刀具路径策略”按钮，打开“策略选取器”对话框，选择“精加工”标签，在该标签中选择“SWARF 精加工”选项，单击“接受”按钮，打开“SWARF 精加工”对话框，“刀具路径名称”设为“4T2BM10-J-01”，在“曲面侧”下拉列表框中选择“外”，选中“在平面末端展开”复选框，“切削方向”下拉列表框中选择“顺铣”，“公差”设置为“0.02”，“余量”设置为“0.0”，如图 1—3—52 所示。

“用户坐标系”选择“G54”。刀具选择“T2-BM10”。单击“剪裁”，打开“剪裁”选项卡，在毛坯“剪裁”下拉列表框中选择“允许刀具中心在毛坯之外”按钮。

选择“SWARF 精加工”标签下的 多重切削 标签，在“多重切削”选项卡中设置如下参数：

- 在“方式”下拉列表框中选择“关”。
- 在“排序方式”下拉列表框中选择“范围”。
- 在“上限”下拉列表框中选择“顶部”，如图 1—3—53 所示。

图 1—3—52 设置“SWARF 精加工”参数

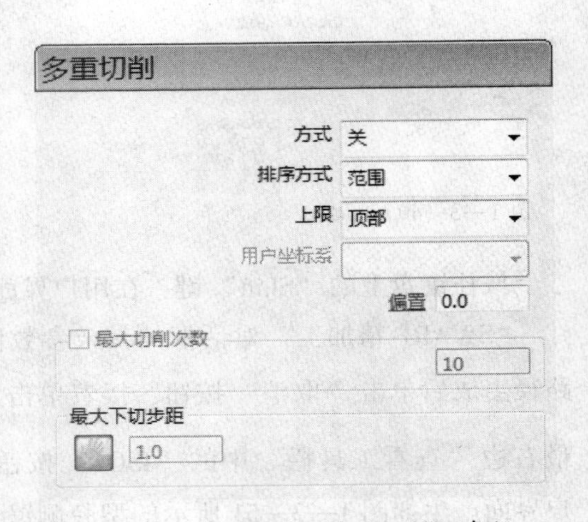

图 1—3—53 设置“多重切削”参数

选择 切入切出和连接 切入 标签中的“切入”标签。在“切入”选项卡的“第一选择”下拉列表框中选择“直”。“距离”设置为“10.0”，“角度”设置为“-15.0”，并且选中“增加切入切出到短连接”复选框，单击“切出和切入相同”按钮，把“切入”的参数全部复制给“切出”，如图 1—3—54 所示。单击“连接”标签，在“连接”选项卡的“短”下拉列表框中选择“掠过”，“长”与“缺省”下拉列表框中都选择“相对”，如图1—3—43所示。

按住键盘上的“Shift”键，在用户界面中分别选取图 1—3—50 所示的型腔侧壁曲面。

“SWARF 精加工”对话框的其余参数保持默认，设置完毕单击“计算”按钮。刀具

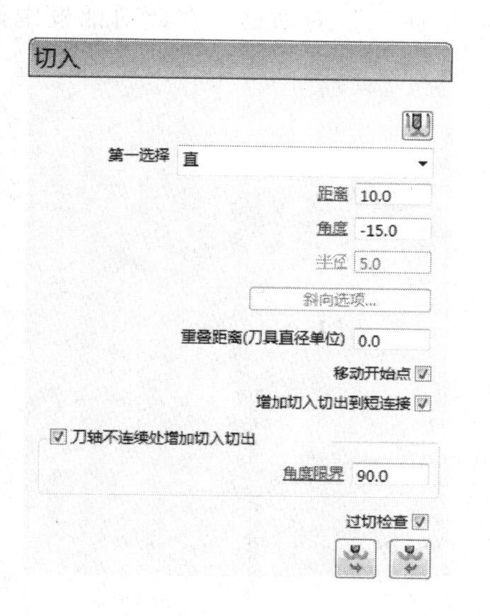

图 1—3—54 “切入”选项卡

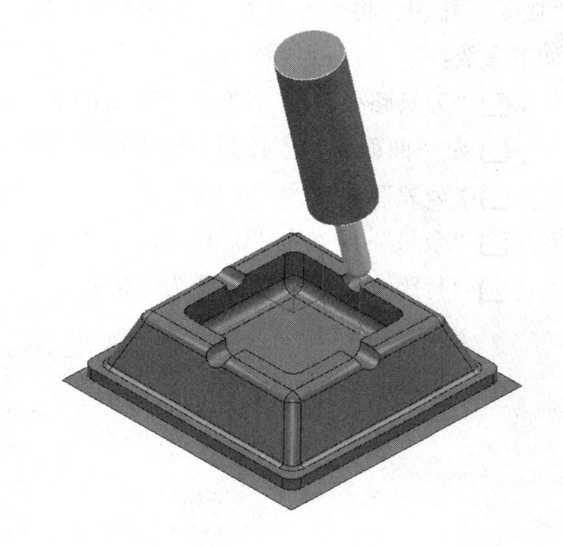

图 1—3—55 型腔侧壁精加工刀具路径

路径生成后单击“取消”按钮，接着单击用户界面最右边“查看工具栏”中的“ISO1”按钮，用户界面产生如图 1—3—55 所示的型腔侧壁精加工刀具路径。

2）建立型腔底面精加工刀具路径。单击用户界面上部“主工具栏”中的“刀具路径策略”按钮，弹出如图 1—3—56 所示的“策略选取器”对话框。

图 1—3—56 “策略选取器”对话框

单击“精加工”标签，然后选择“曲面精加工”选项，如图 1—3—56 所示，单击

“接受”按钮，将弹出如图1—3—57所示的“曲面精加工”对话框。在此对话框中设置如下参数：

❑“刀具路径名称”改为“5T2BM10-J-01”。

❑在“曲面侧”下拉列表框中选择“外”。

❑“公差”设置为“0.01”。

❑“余量”设置为“0.0”。

❑“行距（距离）”设置为“0.2”。

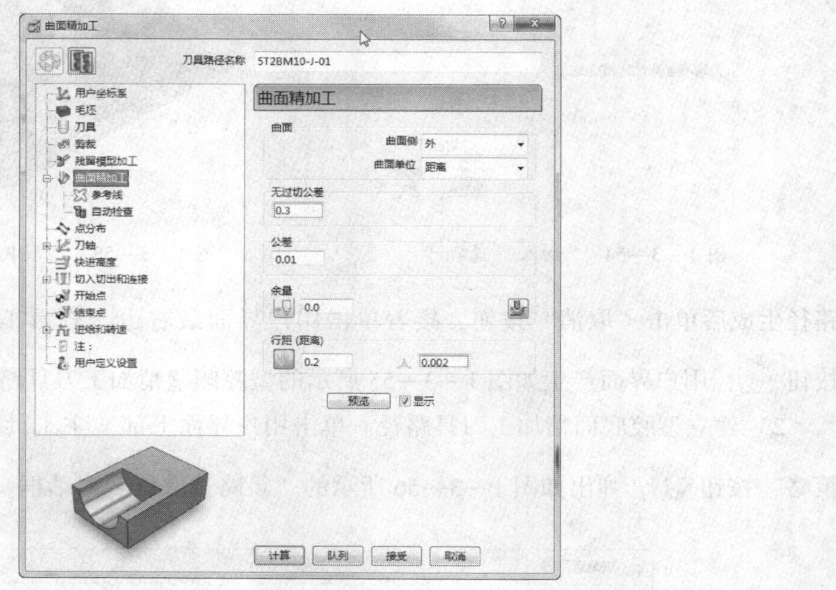

图1—3—57 “曲面精加工”对话框

“用户坐标系”选择“G54”。刀具选择“T2-BM10”。单击“剪裁”，打开“剪裁”选项卡，在毛坯“剪裁”下拉列表框中选择“允许刀具中心在毛坯之外”按钮 。

选择“曲面精加工”标签下的 参考线标签，在“参考线”选项卡中设置如下参数：

❑在“参考线方向”下拉列表框中选择“U”。

❑在“加工顺序”下拉列表框中选择“双向”。

❑在“开始角”下拉列表框中选择“最小U最小V”。

❑在“顺序”下拉列表框中选择“无”，如图1—3—58所示。

选择 刀轴标签。在“刀轴”选项卡的“刀轴”下拉列表框中选择“自点”，“点”设置为“0.0”“0.0”和“100.0”，选中“刀轴光顺”复选框，如图1—3—59

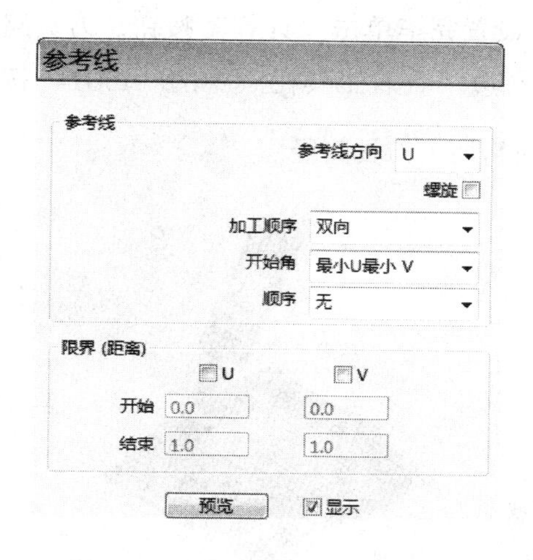

图 1—3—58 “参考线”参数设置

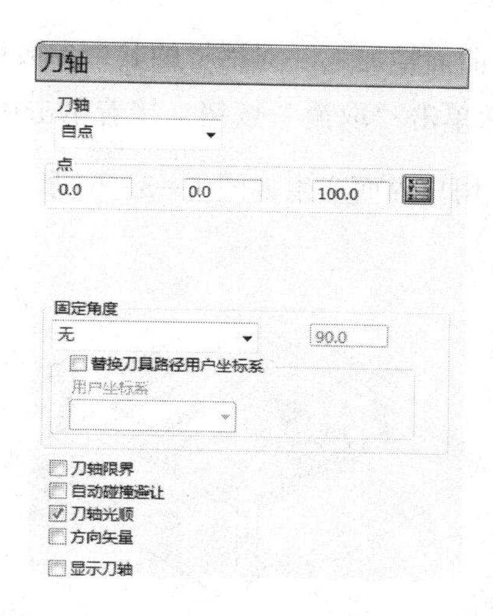

图 1—3—59 “刀轴”选项卡

所示。

选择 切入切出和连接 切入 标签中的“切入”标签。在“切入”选项卡的“第一选择”下拉列表框中选择“无”，选中“增加切入切出到短连接”复选框，单击“切出和切入相同”按钮，把“切入”的参数全部复制给“切出”，如图 1—3—60 所示。单击“连接”标签，在“连接”选项卡的“短”下拉列表框中选择“曲面上”，“长”下拉列表框中选择“相对”，“缺省”下拉列表框中选择“安全高度”，如图 1—3—61 所示。

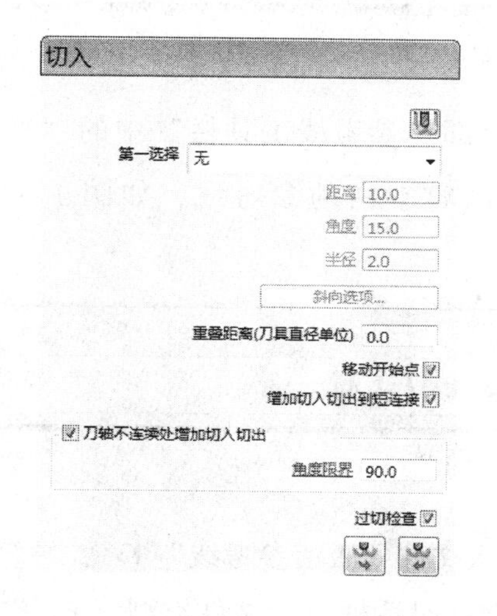

图 1—3—60 “切入”选项卡

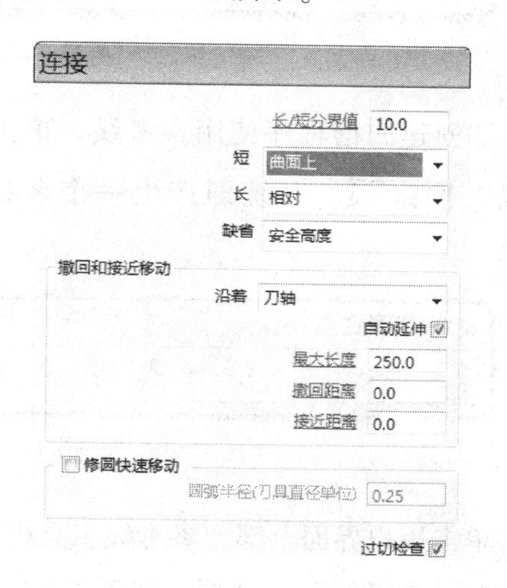

图 1—3—61 “连接”选项卡

在用户界面中选取图 1—3—62 所示的型腔底面。

“曲面精加工”对话框的其余参数保持默认，设置完毕单击“计算”按钮。刀具路径生成后单击“取消”按钮，接着单击用户界面最右边“查看工具栏”中的“ISO1”按钮，用户界面产生如图1—3—63所示的型腔底面精加工刀具路径。

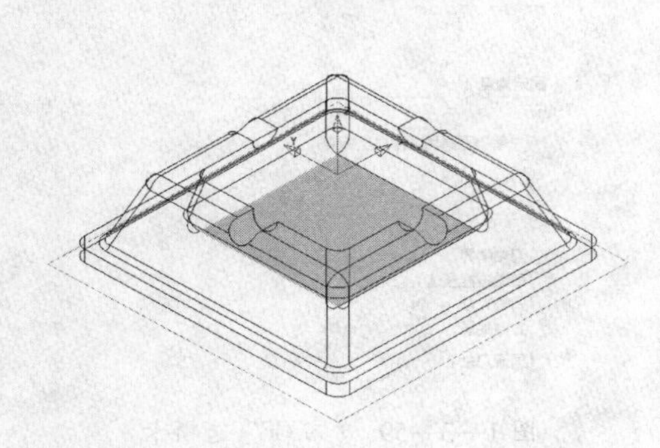

图1—3—62　选取型腔底面

图1—3—63　型腔底面精加工刀具路径

3）建立凹槽精加工刀具路径

①单击下拉菜单“查看”→“工具栏”→“参考线”命令。打开“参考线工具栏”，如图1—3—64所示。

图1—3—64　“参考线工具栏”

②创建凹槽程序使用参考线。单击用户界面上部“参考线工具栏”中的“产生参考线”按钮，系统即产生一个名称为“1”、内容空白的参考线，如图1—3—65所示。

图1—3—65　参考线“1”

单击用户界面上部“参考线工具栏”中的“插入文件到激活参考线”，系统将弹出“打开参考线”对话框，如图1—3—66所示。在此对话框内“文件类型（T）”的下拉列表框中选择“＊.dgk”文件格式，并打开本书光盘中的模型文件“烟灰缸——参考线.dgk”。

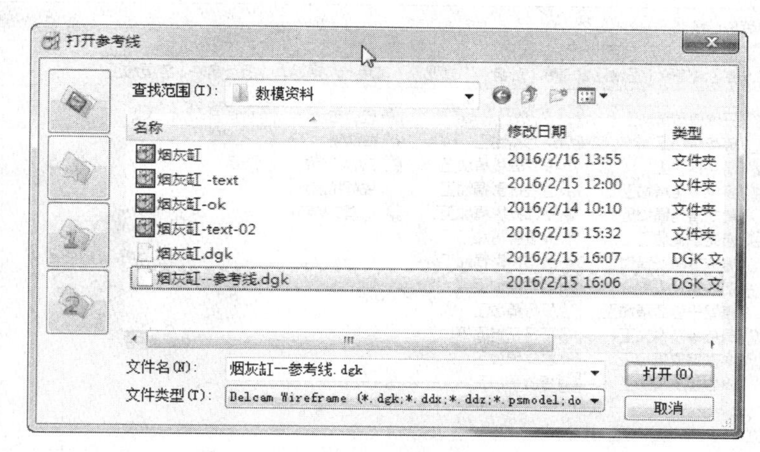

图 1—3—66 “打开参考线”对话框

接着单击用户界面最右边“查看工具栏”中的“ISO1”按钮，用户界面中将出现4条直线段，即为参考线“1”，如图 1—3—67 所示。

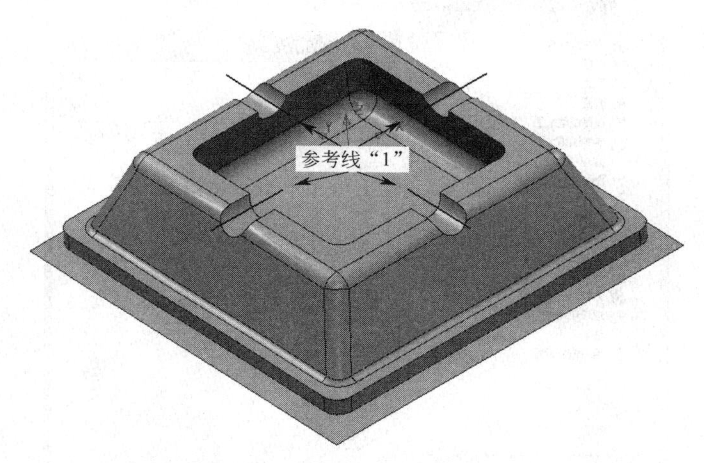

图 1—3—67 参考线“1”

③创建凹槽程序。单击用户界面上部“主工具栏”中的“刀具路径策略”按钮，弹出如图 1—3—68 所示的“策略选取器”对话框。

单击“精加工”标签，然后选择“参考线精加工”选项，如图 1—3—68 所示，单击“接受”按钮，将弹出如图 1—3—69 所示的“参考线精加工”对话框。在此对话框中设置如下参数：

❑“刀具路径名称”改为“6T2BM10-J-01”。

❑在“产生新参考线”下拉列表框中选择“1”。

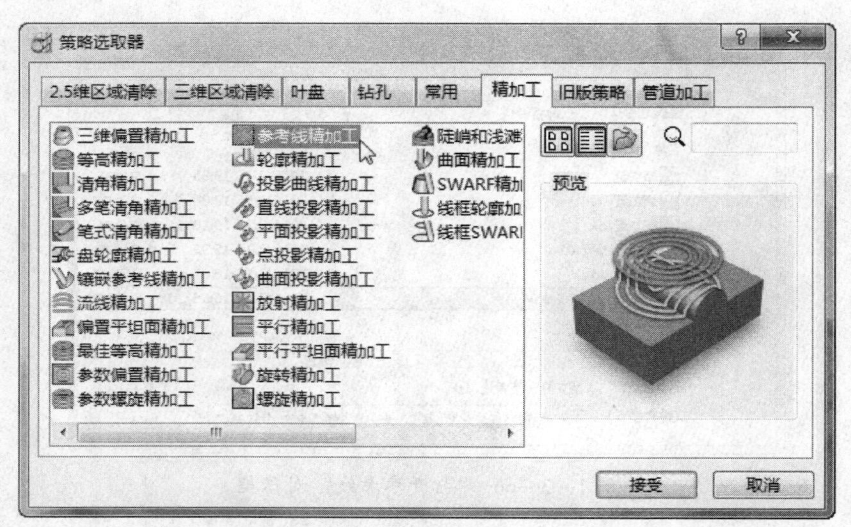

图 1—3—68 “策略选取器”对话框

图 1—3—69 “参考线精加工”对话框

❑ 在“底部位置”下拉列表框中选择“驱动曲线”。

❑ “轴向偏置”设置为“-5.0”。

❑ “公差”设置为“0.01”。

❑ “余量”设置为“0.0”。

“用户坐标系”选择“G54”。刀具选择“T2-BM10”。单击“剪裁”，打开“剪裁”选项卡，在毛坯“剪裁”下拉列表框中选择“允许刀具中心在毛坯之外”按钮。

选择“参考线精加工”标签下的 多重切削 标签，在“多重切削”选项卡中设置如下参数：

❑ 在“方式”下拉列表框中选择“偏置向下”。

❑ 在“排序方式”下拉列表框中选择“范围”。

❑ “最大切削次数”设置为“6”。

❑ “上限”设置为“0.0”。

❑ “最大下切步距”设置为“1.0”，如图 1—3—70 所示。

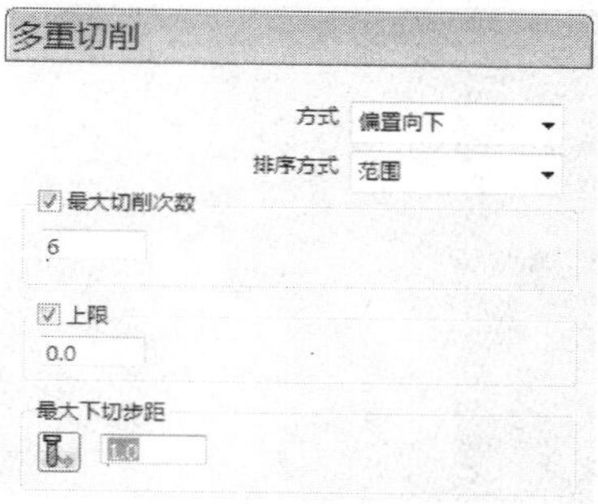

图 1—3—70 “多重切削”选项卡

选择 刀轴 标签。在“刀轴”选项卡的“刀轴”下拉列表框中选择“垂直”。

选择 切入切出和连接 切入 标签中的“切入”标签。在“切入”选项卡的“第一选择”下拉列表框中选择“无”，选中“增加切入切出到短连接”复选框，单击“切出和切入相同”按钮，把“切入”的参数全部复制给“切出”，如图 1—3—71 所示。单击“连接”标签，在“连接”选项卡的“短”下拉列表框中选择“直”，“长”下拉列表框中选择“相对”，“缺省”下拉列表框中选择“安全高度”，如图 1—3—72 所示。

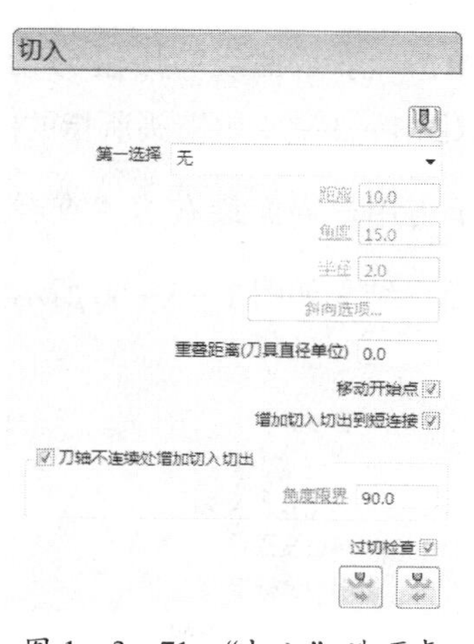

图 1—3—71 “切入”选项卡

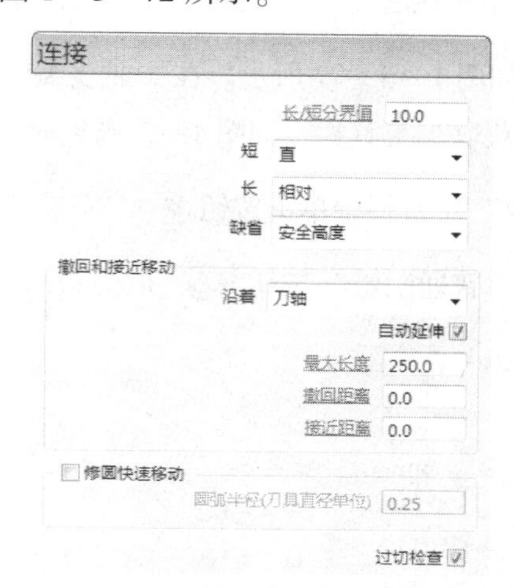

图 1—3—72 “连接”选项卡

“参考线精加工”对话框的其余参数保持默认，设置完毕单击“计算”按钮。刀具路径生成后单击“取消”按钮，接着单击用户界面最右边“查看工具栏”中的“ISO1”按钮，用户界面产生如图 1—3—73 所示的凹槽精加工刀具路径。

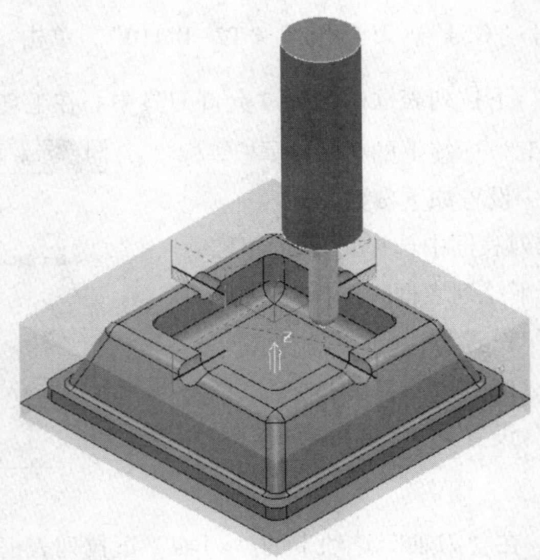

图 1—3—73　凹槽精加工刀具路径

4）建立顶部倒圆角精加工刀具路径

①建立顶部倒圆角加工用参考线。在 PowerMILL 浏览器中右击“参考线”，在弹出的快捷菜单中选择“产生参考线”，如图 1—3—74 所示。这时系统即产生一个名称为“2”、内容空白的参考线，如图 1—3—75 所示。双击“参考线”，将它展开。右击参考线“2”，在弹出的快捷菜单中选择“曲线编辑器”，如图 1—3—76 所示。调出“曲线编辑器”工具栏，如图 1—3—77 所示。在“曲线编辑器”工具栏中单击“获取曲线”按钮，系统弹出“获取”工具栏，如图 1—3—78 所示。在绘图区选取图 1—3—79 中箭头所指的曲面。在“获取”工具栏中单击按钮，完成曲线获取。接着单击用户界面最右边“查看工具栏”中的“普通阴影”按钮，取消激活“普通阴影”显示，结果如图 1—3—80 所示。

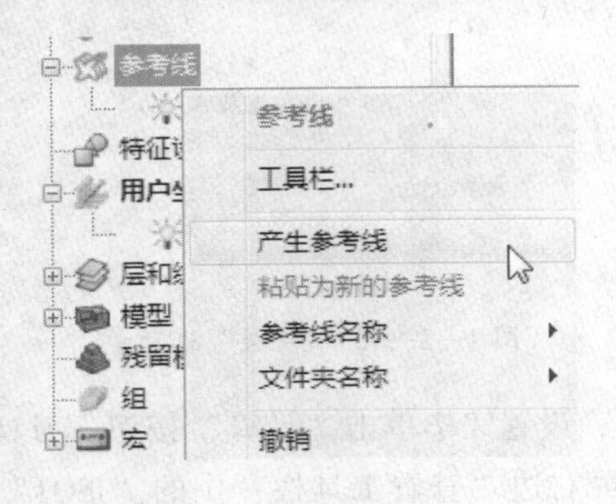

图 1—3—74　创建参考线

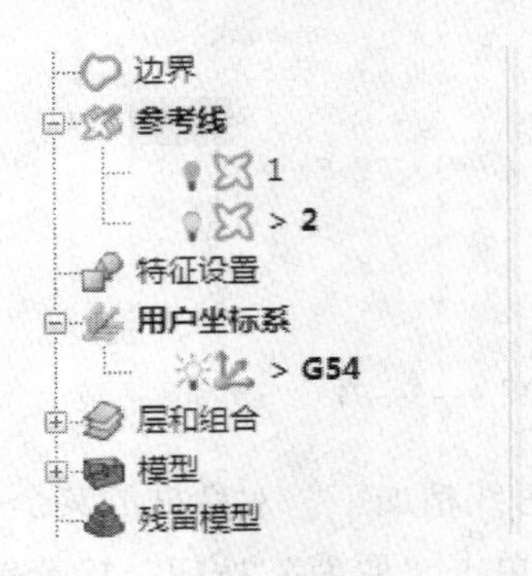

图 1—3—75　参考线显示

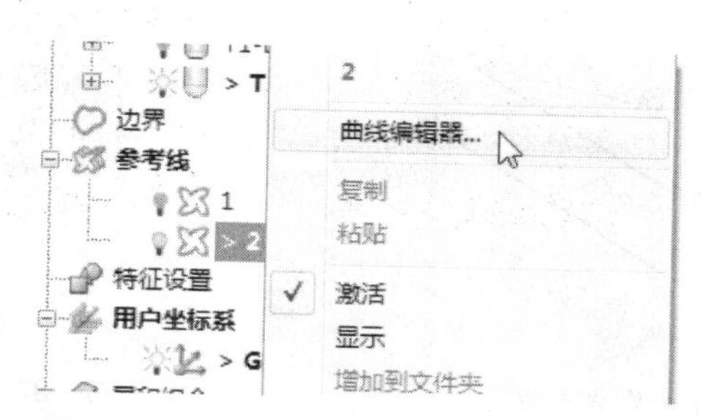

图 1—3—76　进入参考线“曲线编辑器”

图 1—3—77　“曲线编辑器”工具栏

图 1—3—78　“获取”工具栏

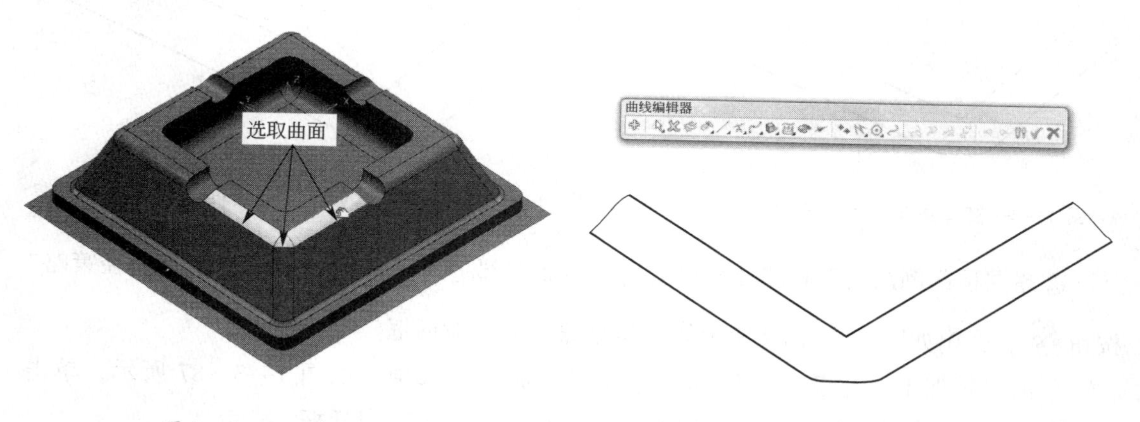

图 1—3—79　选取曲面

图 1—3—80　参考线建立结果

在图 1—3—81 中，箭头所指向的曲线部位需要打断参考线，使其分为 4 段。首先选取曲线，单击“分离已选”按钮，如图 1—3—82 所示，接着再使用鼠标分别单击图 1—3—83 和图 1—3—84 所示的关键点。然后再一次选取曲线，单击“分离已选”按钮，接着再使用鼠标分别单击图 1—3—85 和图 1—3—86 所示的关键点。最后在“曲线编辑器”工具栏中单击按钮，完成参考线“2”的创建。

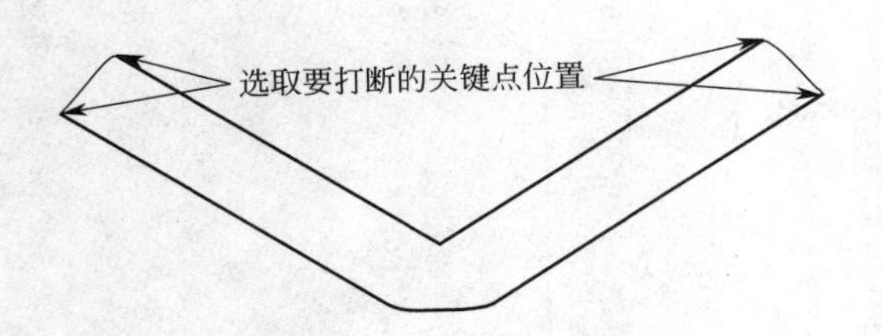

图 1—3—81　选取要打断的关键点位置

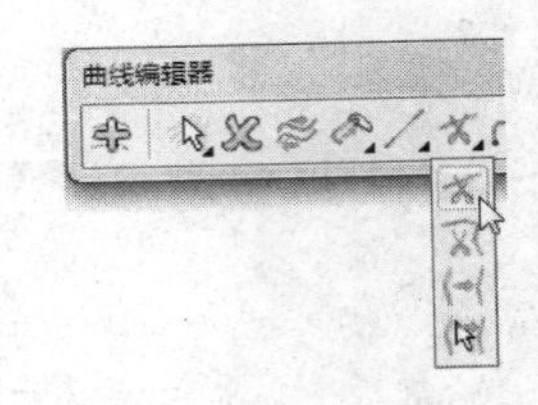

图 1—3—82　“分离已选”按钮

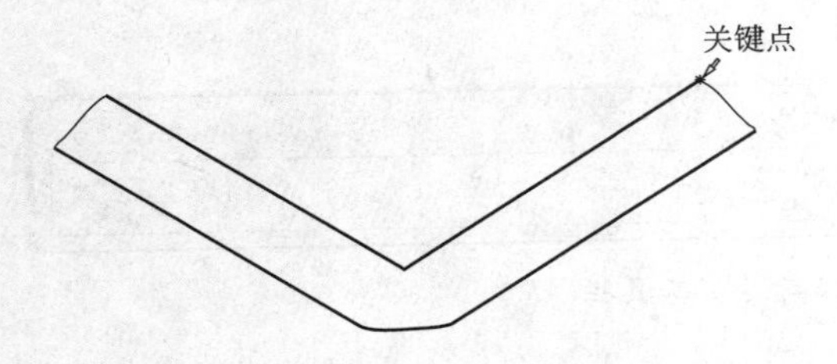

图 1—3—83　第一个关键点位置

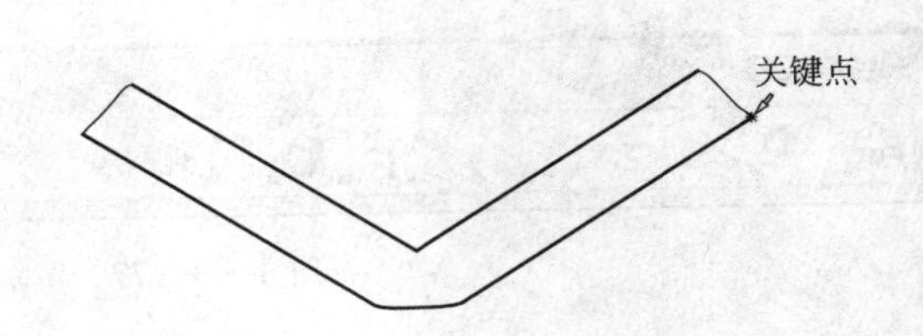

图 1—3—84　第二个关键点位置

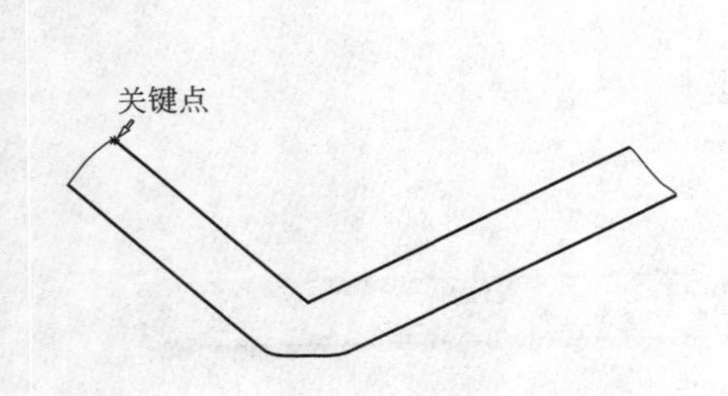

图 1—3—85　第三个关键点位置

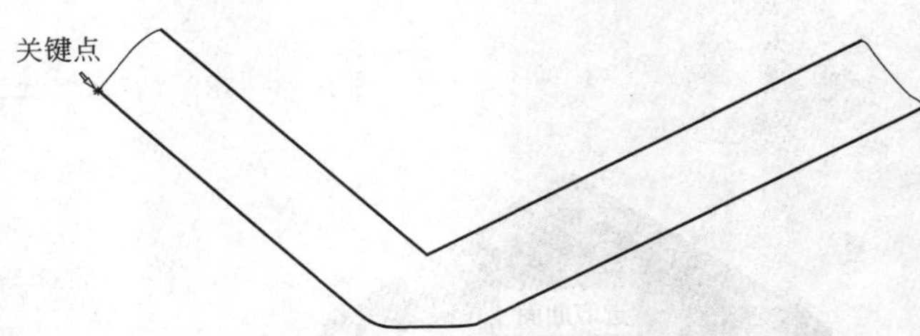

图 1—3—86　第四个关键点位置

②建立顶部倒圆角刀具路径。单击用户界面上部“主工具栏”中的“刀具路径策略”按钮，弹出如图 1—3—87 所示的“策略选取器”对话框。

单击“精加工”标签，然后选择“流线精加工”选项，如图 1—3—87 所示，单击“接受”按钮，将弹出如图 1—3—88 所示的“流线精加工”对话框。

在此对话框中设置如下参数：

❑“刀具路径名称”改为“7T2BM10-J-01”。

❑在“顺序”下拉列表框中选择“无”。

❑在“加工顺序”下拉列表框中选择“双向”。

❑“公差”设置为“0.01”。

❑“余量”设置为“0.0”。

❑“行距”设置为“0.2”。

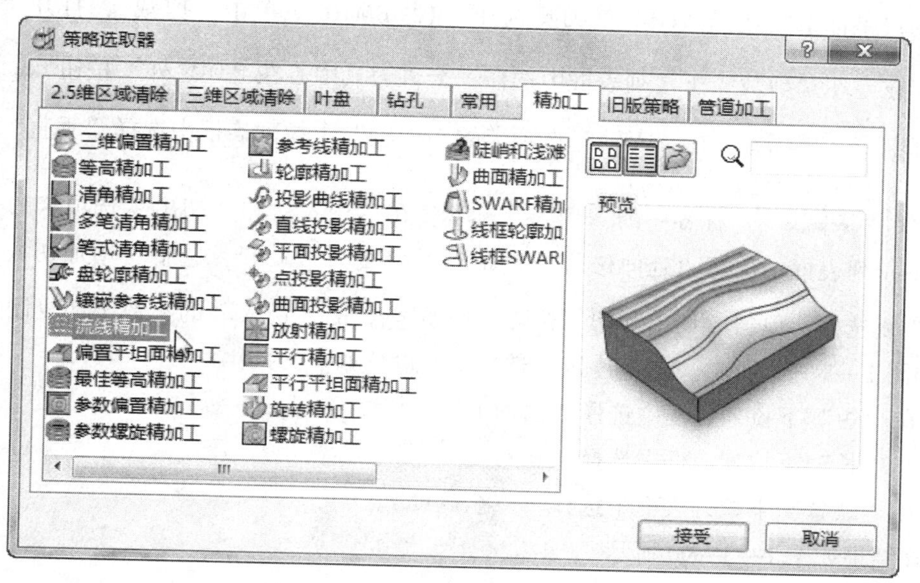

图 1—3—87 “策略选取器”对话框

图 1—3—88 “流线精加工”对话框

“用户坐标系”选择“G54”。刀具选择“T2-BM10”。单击“剪裁”，打开“剪裁”选项卡，在毛坯“剪裁”下拉列表框中选择“允许刀具中心在毛坯之外”按钮。

选择 刀轴标签。在“刀轴”选项卡的“刀轴”下拉列表框中选择“垂直”。

选择 切入切出和连接 切入 标签中的“切入”标签。在“切入”和“切出”选项卡的“第一选择”下拉列表框中选择“延伸移动”，“距离”设置为“3.0”，选中“增加切入切出到短连接”复选框，单击“切出和切入相同”按钮，把“切入”的参数全部复制给“切出”，如图 1—3—89 所示。在“连接”选项卡中设置如下参数：

❑ 在“短”下拉列表框中选择“曲面上”。

❑ 在“长”下拉列表框中选择“相对”。

❑ 在“缺省”下拉列表框中选择“安全高度”。

选择结果如图 1—3—90 所示。

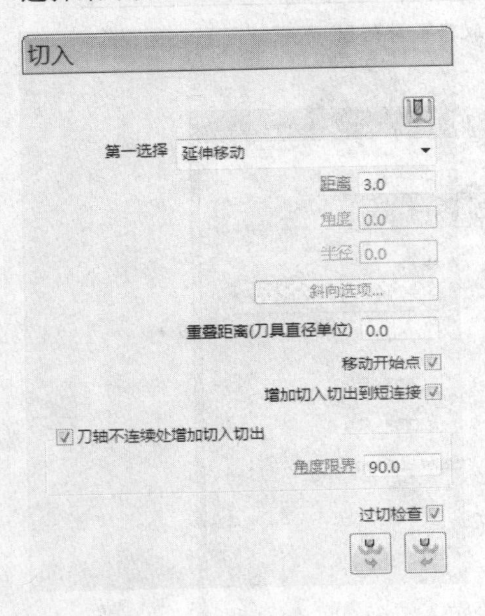

图 1—3—89 “切入”选项卡

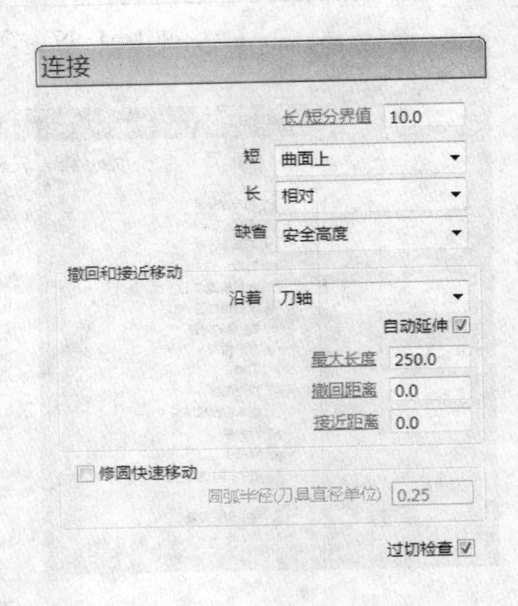

图 1—3—90 “连接”选项卡

“流线精加工”对话框的其余参数保持默认，设置完毕单击“计算”按钮。刀具路径生成后单击“取消”按钮，接着单击用户界面最右边“查看工具栏”中的“ISO1”按钮，用户界面产生如图 1—3—91 所示的顶部圆角曲面刀具路径。

单击下拉菜单“查看”→“工具栏”→“刀具路径”命令。打开“刀具路径工具栏”，如图 1—3—92 所示。

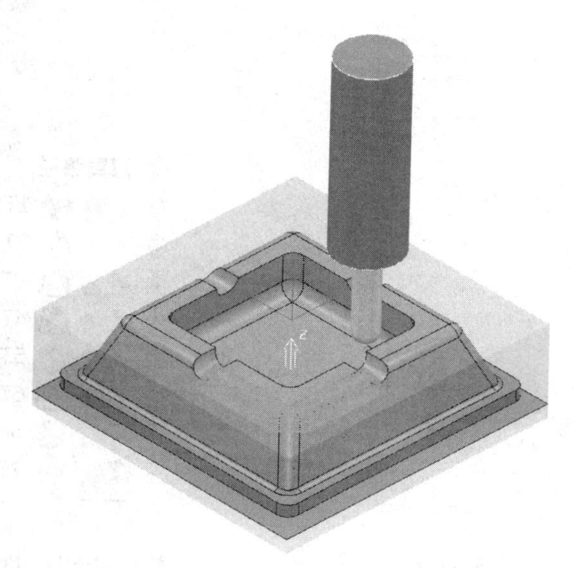

图 1—3—91　顶部圆角曲面刀具路径

图 1—3—92　“刀具路径工具栏”

单击用户界面上部“刀具路径工具栏”中的“变换刀具路径”按钮，系统将弹出“刀具路径变换”工具栏，如图 1—3—93 所示。接着再单击“刀具路径变换”工具栏中的“多重变换”按钮，弹出“多重变换”对话框，选择此对话框中的“圆形”标签，在“圆形”选项卡中将“数值”设置为“4”，如图 1—3—94 所示。依次单击“接受”和“刀具路径变换”工具栏中的“接受改变”按钮。此时在用户界面左边 PowerMILL 浏览器的“刀具路径”下增加一个刀具路径“7T2BM10-J-01_1”，如图 1—3—95 所示。激活刀具路径“7T2BM10-J-01_1”。最后单击用户界面最右边“查看工具栏”中的“ISO1”按钮，用户界面产生如图 1—3—96 所示的顶部倒圆角精加工刀具路径。

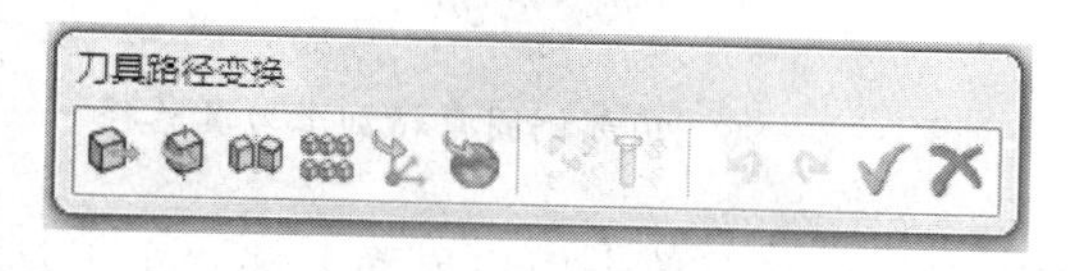

图 1—3—93　“刀具路径变换”工具栏

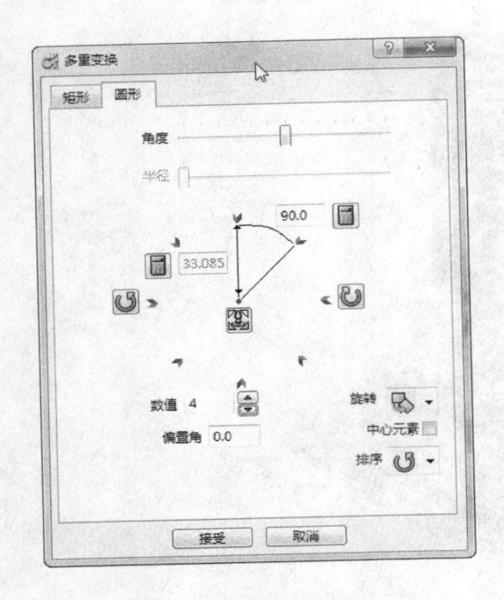

图 1—3—94 “多重变换”对话框

图 1—3—95 PowerMILL 浏览器

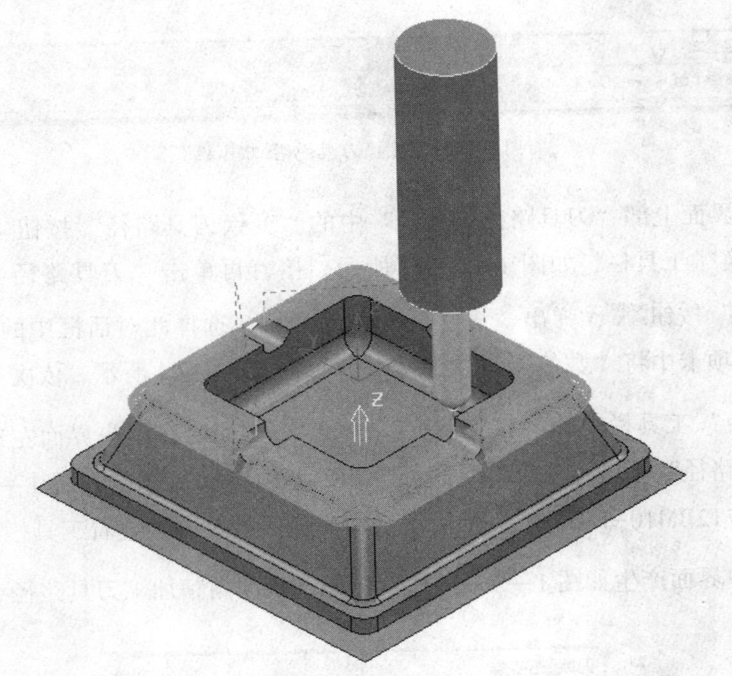

图 1—3—96 顶部倒圆角精加工刀具路径

5）建立外侧壁精加工刀具路径。单击用户界面上部“主工具栏”中的“刀具路径策略”按钮，打开“策略选取器”对话框，选择“精加工”标签，在该标签中选择

“SWARF精加工”，单击“接受”按钮，打开“SWARF精加工”对话框，“刀具路径名称”设为“8T1EM12R2-J-01”，“曲面侧”下拉列表框中选择“外”，“切削方向”下拉列表框中选择“顺铣”，“公差”设置为“0.01”，“余量”设置为“0.0”，如图1—3—97所示。

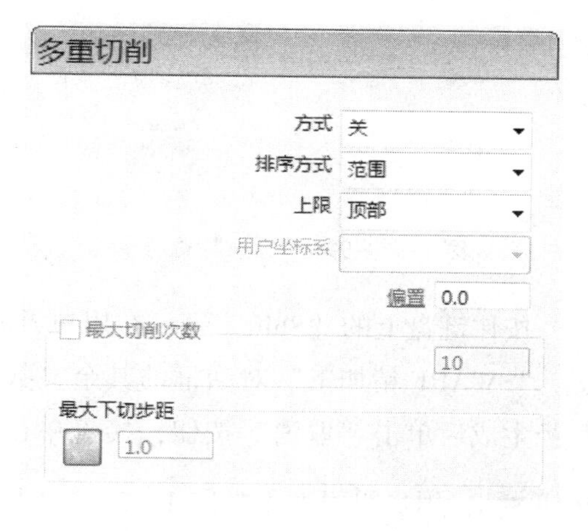

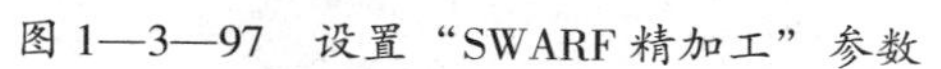

图1—3—97 设置“SWARF精加工”参数

图1—3—98 设置“多重切削”参数

“用户坐标系”选择“G54”。刀具选择“T1-EM12R2”。单击“剪裁”，打开“剪裁”选项卡，在毛坯“剪裁”下拉列表框中选择“允许刀具中心在毛坯之外”按钮 。

选择“SWARF精加工”标签下的 多重切削 标签，在“多重切削”选项卡中设置如下参数：

❑ 在“方式”下拉列表框中选择“关”。

❑ 在“排序方式”下拉列表框中选择“范围”。

❑ 在“上限”下拉列表框中选择“顶部”，如图1—3—98所示。

选择 切入切出和连接 切入 标签中的“切入”标签。在“切入”选项卡的“第一选择”下拉列表框中选择“曲面法向圆弧”。“角度”设置为“90.0”，“半径”设置为“10.0”，选中“增加切入切出到短连接”复选框，单击“切出和切入相同”按钮 ，把“切入”的参数全部复制给“切出”，如图1—3—99所示。单击“连接”标签，在“连接”选项卡的“短”下拉列表框中选择“掠过”，“长”下拉列表框中选择“相对”，“缺省”下拉列表框中选择“安全高度”，如图1—3—100所示。

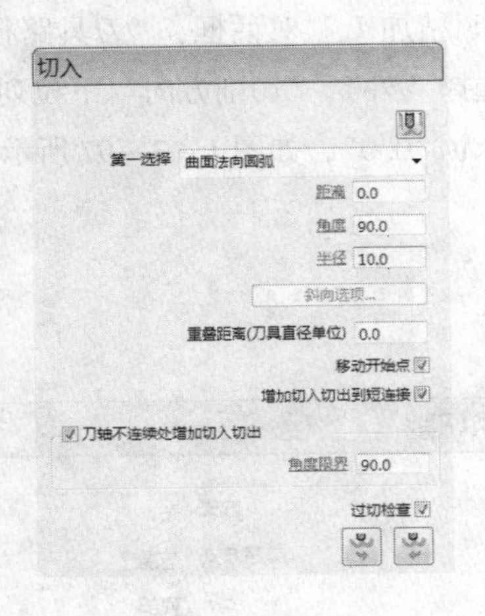

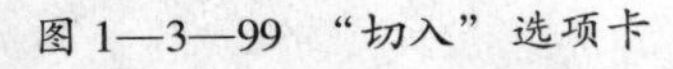
图 1—3—99 “切入”选项卡

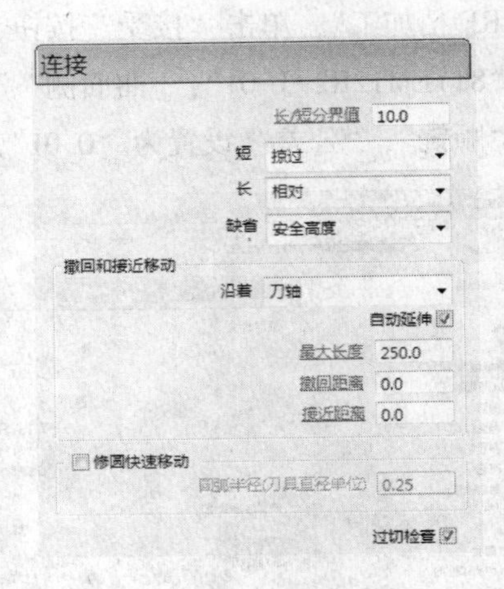

图 1—3—100 “连接”选项卡

按住键盘上的“Shift”键，在用户界面中分别选取图 1—3—45 所示的外侧壁曲面。

“SWARF 精加工”对话框的其余参数保持默认，设置完毕单击“计算”按钮。刀具路径生成后单击“取消”按钮，接着单击用户界面最右边“查看工具栏”中的“ISO1”按钮，用户界面产生如图 1—3—101 所示的外侧壁精加工刀具路径。

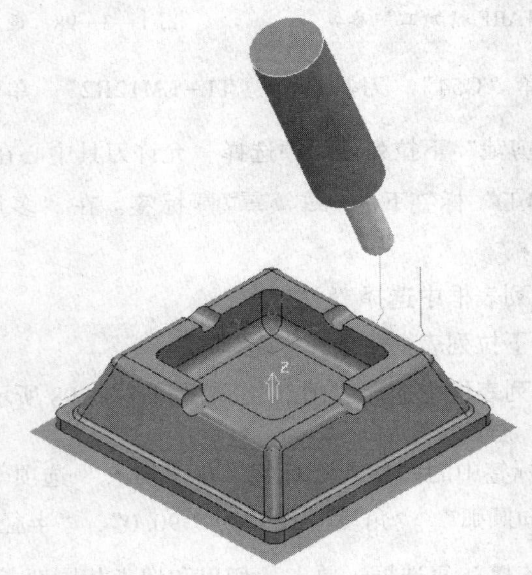

图 1—3—101 外侧壁精加工刀具路径

6）建立顶部/台阶平面精加工刀具路径。单击用户界面上部“主工具栏”中的“刀具路径策略”按钮，打开“策略选取器”对话框，选择“三维区域清除”标签，在该标签中选择“等高切面区域清除”选项，单击“接受”按钮，打开“等高切面区域清除”对话框，如图 1—3—102 所示，在此对话框中设置如下参数：

图 1—3—102 “等高切面区域清除”对话框

❑“刀具路径名称”改为“9T1EM12R2-J-01”。

❑ 在“样式”选项组“等高切面”下拉列表框中选择“平坦面”和“偏置模型”。

❑“切削方向”下拉列表框中全部选择“顺铣”。

❑“公差”设置为“0. 1”。

❑“余量”设置为“0. 0”。

❑“行距”设置为“8. 0”。

“用户坐标系”选择“G54”。刀具选择“T1-EM12R2”。

单击“等高切面区域清除”标签下的“平坦面加工”标签，如图 1—3—103 所示，打开“平坦面加工”选项卡，如图 1—3—104 所示，激活“多重切削”选项，激活状态为在其左边打上“√”。在此选项卡中设置如下参数：

❑“切削次数”设置为“2”。

❑“下切步距”设置为“2. 0”。

❑“最后下切”设置为“0. 2”。

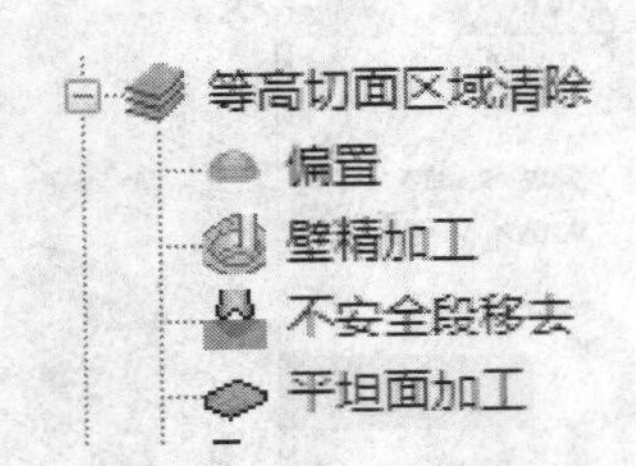

图 1—3—103　选择“平坦面加工”

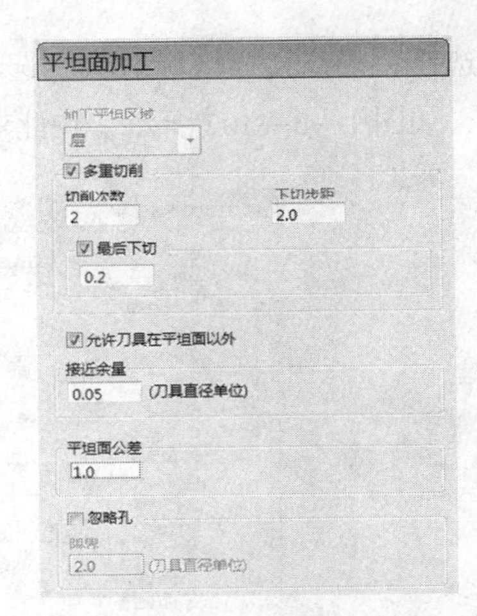

图 1—3—104　“平坦面加工”参数设置

选择 切入切出和连接 切入 标签中的“切入”标签。在“切入”选项卡的“第一选择”下拉列表框中选择“斜向”。这时可以单击“斜向选项”按钮 斜向选项... ，弹出“斜向切入选项”对话框，在此对话框的“第一选择”选项卡中设置如下参数：

- “最大左斜角”设置为“3.0”。
- 在“沿着”下拉列表框中选择“圆形”。
- “圆圈直径”设置为“0.95”。
- 在“斜向高度”选项组的“类型”下拉列表框中选择“段增量”。
- “高度”设置为“3.0”。

设置结果如图 1—3—105 所示。然后单击“接受”按钮。在“切出”选项卡的“第一选择”下拉列表框中选择“无”。在“连接”选项卡的“短”下拉列表框中选择“掠过”，“长”与“缺省”下拉列表框中都选择“相对”。

单击“计算”按钮，系统开始计算“9T1EM12R2-J-01”刀具路径。单击“取消”按钮，关闭“等高切面区域清除”对话框。用户界面产生如图 1—3—106 所示的顶部/台阶平面精加工刀具路径。

三、刀具路径仿真

1. 仿真前的准备

如图 1—3—107 所示，单击下拉菜单“查看”→“工具栏”命令，分别选择“仿真”和“ViewMill”菜单。这时在用户界面中出现“仿真工具栏”和“ViewMill 工具栏”，如图 1—3—108 所示。

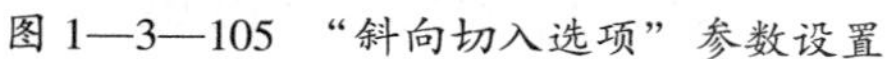
图 1—3—105 “斜向切入选项”参数设置

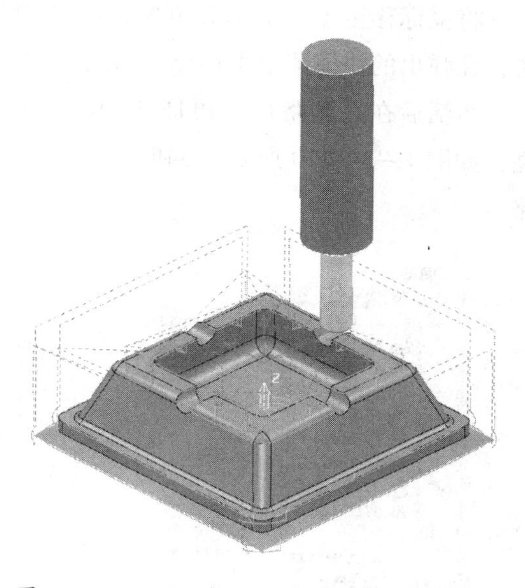

图 1—3—106 顶部/台阶平面精加工刀具路径

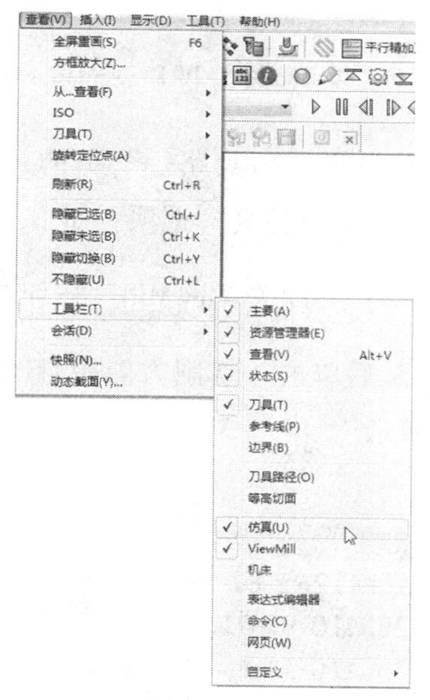

图 1—3—107 打开“仿真工具栏”和“ViewMill 工具栏”

图 1—3—108 “仿真工具栏”和“ViewMill 工具栏”

2. 刀具路径的仿真

将鼠标移至 PowerMILL 浏览器中“刀具路径”下的“1T1EM12R2-C-01”，然后右击，在弹出的快捷菜单中选择“激活”选项，如图 1—3—109 所示。

激活后在刀具路径“1T1EM12R2-C-01”的前面将产生一个“>”符号，指示灯变亮，如图 1—3—110 所示，同时用户界面将再次显示如图 1—3—38 所示的模型和刀具路径。

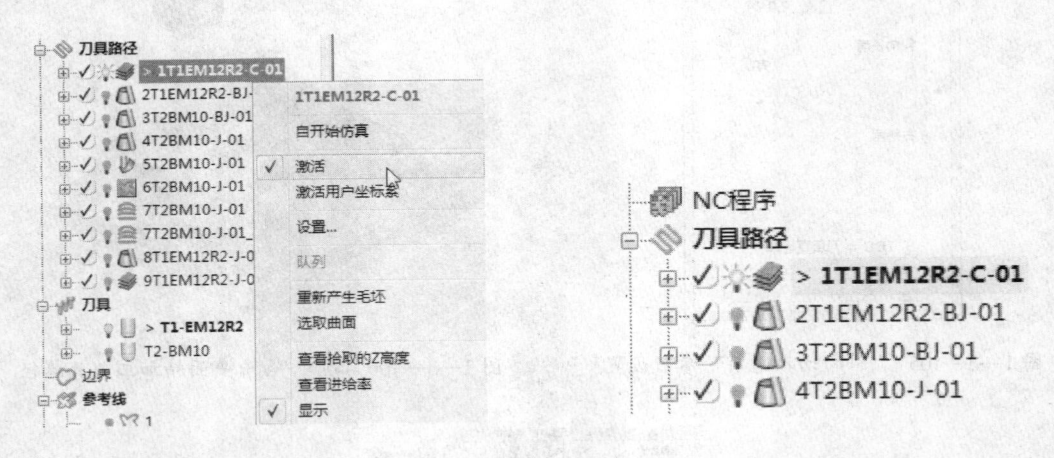

图 1—3—109 激活“1T1EM12R2-C-01”刀具路径　　图 1—3—110 激活后的刀具路径“1T1EM12R2-C-01”

将鼠标移至 PowerMILL 浏览器中“刀具路径”下的“1T1EM12R2-C-01”，然后右击，在弹出的快捷菜单中选择“自开始仿真”选项，如图 1—3—111 所示。接着单击用户界面上部“ViewMill 工具栏”中的“开/关 ViewMill”按钮，此时将激活“ViewMill 工具栏”，如图 1—3—112 所示。然后单击“切削方向阴影图像”按钮，这时绘图区进入仿真界面，如图 1—3—113 所示。

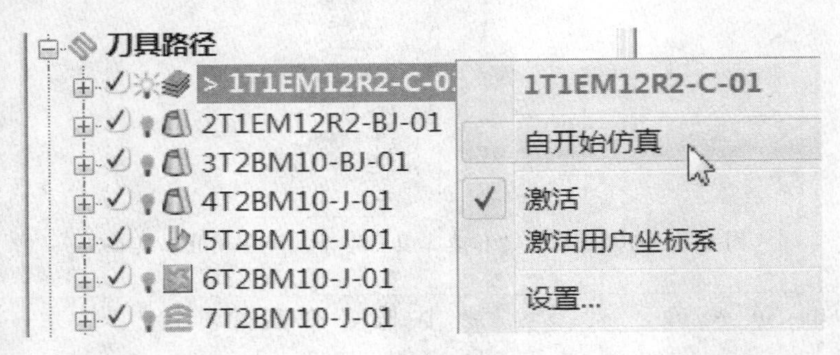

图 1—3—111 “1T1EM12R2-C-01”刀具路径仿真

图 1—3—112 “ViewMill 工具栏”

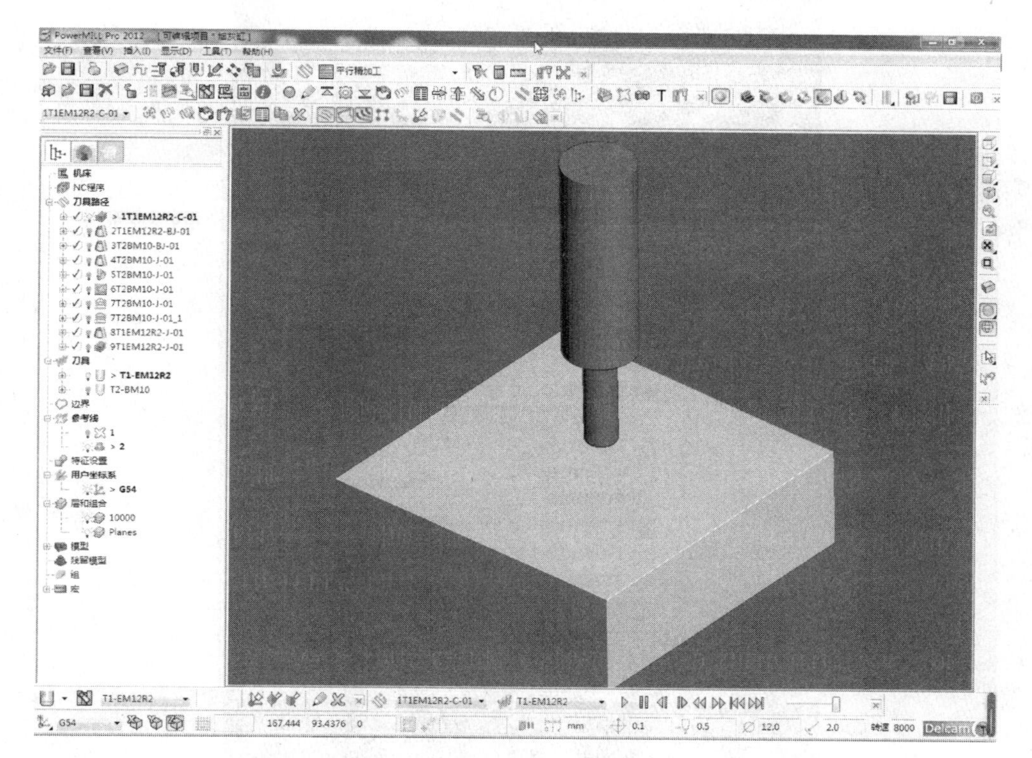

图 1—3—113 仿真界面显示

单击“仿真工具栏”中的“运行”按钮，如图 1—3—114 所示，执行粗加工刀具路径的仿真，仿真结果如图 1—3—115 所示。

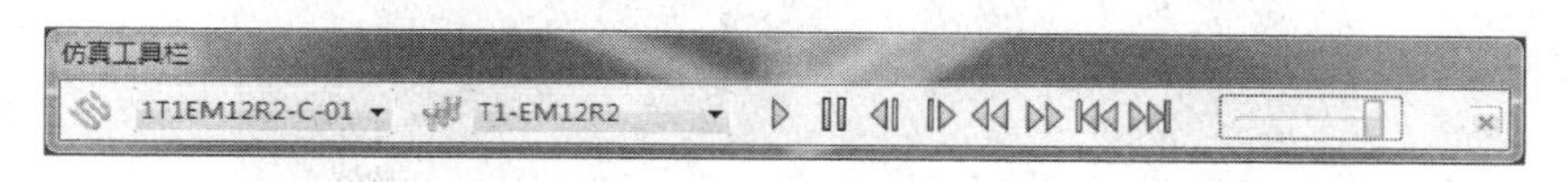

图 1—3—114 “仿真工具栏”

将刀具路径“2T1EM12R2-BJ-01”激活。将鼠标移至 PowerMILL 浏览器中“刀具路径”下的“2T1EM12R2-BJ-01”，然后右击，在弹出的快捷菜单中选择“自开始仿真”选项，如图 1—3—116 所示。单击“仿真工具栏”中的“运行”按钮，执行半精加工刀具路径的仿真，仿真结果如图 1—3—117 所示。

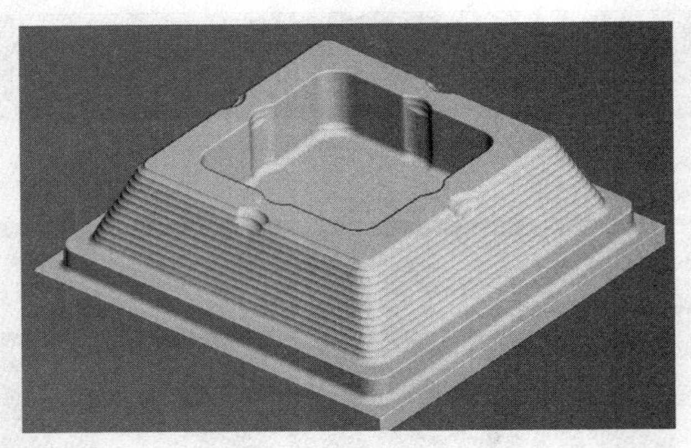

图 1—3—115 “1T1EM12R2-C-01”刀具路径仿真结果

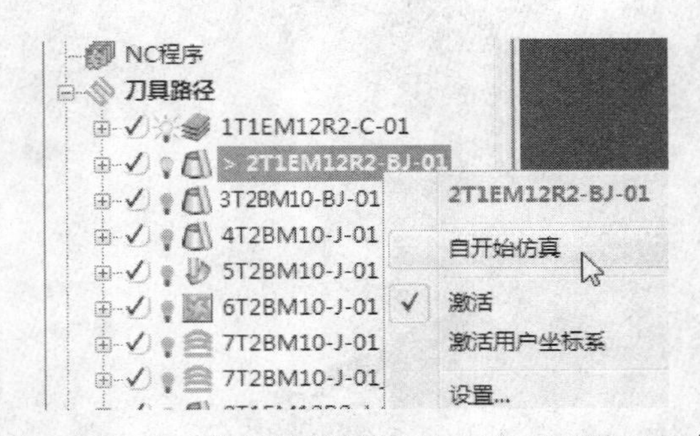

图 1—3—116 “2T1EM12R2-BJ-01”刀具路径仿真

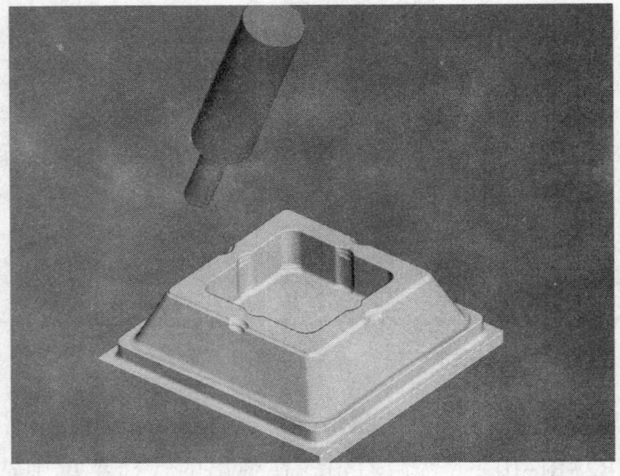

图 1—3—117 “2T1EM12R2-BJ-01”刀具路径仿真结果

将刀具路径“3T2BM10-BJ-01”激活。将鼠标移至 PowerMILL 浏览器中“刀具路径”下的“3T2BM10-BJ-01”，然后右击，在弹出的快捷菜单中选择“自开始仿真”选项，如

图 1—3—118 所示。单击“仿真工具栏”中的“运行”按钮▷，执行半精加工刀具路径的仿真，仿真结果如图 1—3—119 所示。

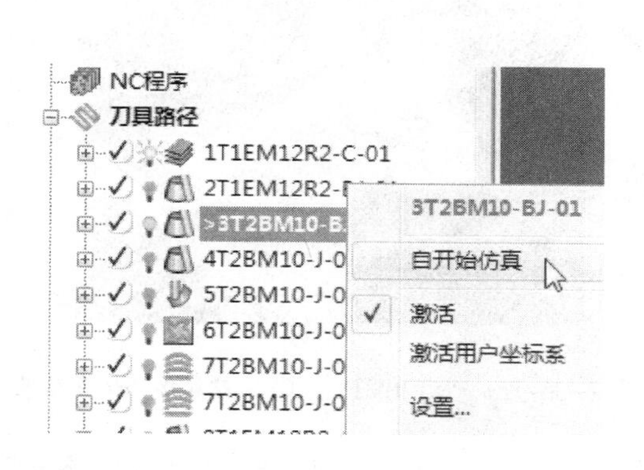

图 1—3—118 “3T2BM10-BJ-01”刀具路径仿真

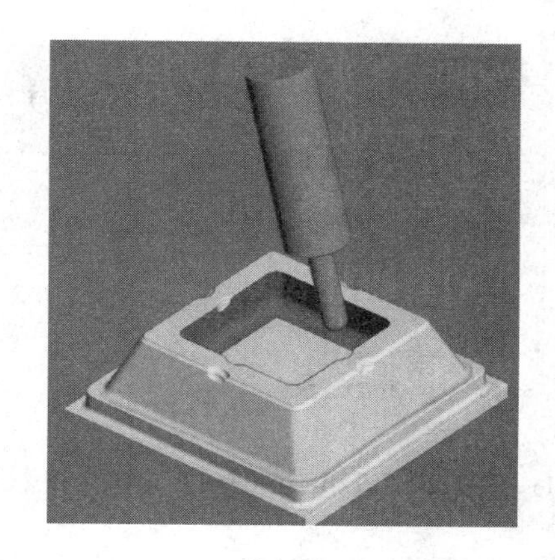

图 1—3—119 “3T2BM10-BJ-01”刀具路径仿真结果

将刀具路径“4T2BM10-J-01”激活。将鼠标移至 PowerMILL 浏览器中“刀具路径”下的“4T2BM10-J-01”，然后右击，在弹出的快捷菜单中选择“自开始仿真”选项，如图 1—3—120 所示。单击“仿真工具栏”中的“运行”按钮▷，执行精加工刀具路径的仿真，仿真结果如图 1—3—121 所示。

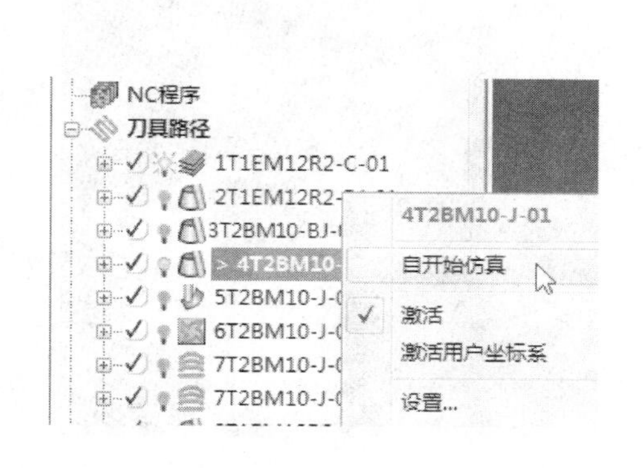

图 1—3—120 “4T2BM10-J-01”刀具路径仿真

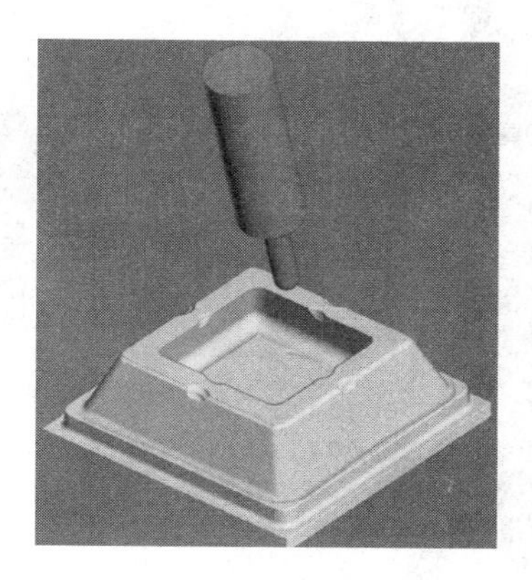

图 1—3—121 “4T2BM10-J-01”刀具路径仿真结果

将刀具路径“5T2BM10-J-01”激活。将鼠标移至 PowerMILL 浏览器中“刀具路径”下的“5T2BM10-J-01”，然后右击，在弹出的快捷菜单中选择“自开始仿真”选项，如图 1—3—122 所示。单击“仿真工具栏”中的“运行”按钮▷，执行精加工刀具路径的仿真，仿真结果如图 1—3—123 所示。

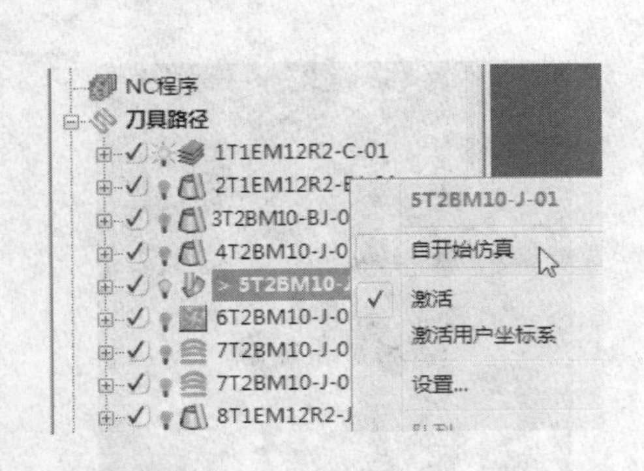

图 1—3—122 “5T2BM10-J-01”刀具路径仿真

图 1—3—123 “5T2BM10-J-01”刀具路径仿真结果

将刀具路径“6T2BM10-J-01”激活。将鼠标移至 PowerMILL 浏览器中“刀具路径”下的“6T2BM10-J-01”，然后右击，在弹出的快捷菜单中选择“自开始仿真”选项，如图 1—3—124 所示。单击“仿真工具栏”中的“运行”按钮▷，执行精加工刀具路径的仿真，仿真结果如图 1—3—125 所示。

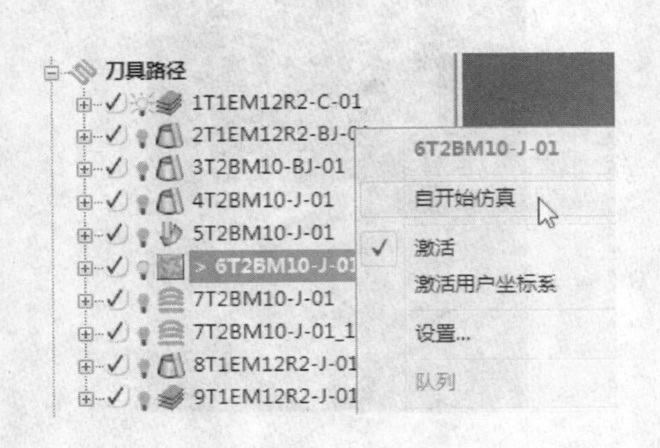

图 1—3—124 “6T2BM10-J-01”刀具路径仿真

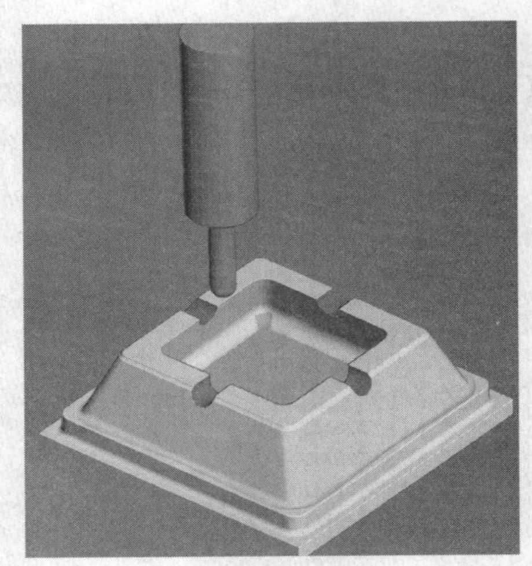

图 1—3—125 “6T2BM10-J-01”刀具路径仿真结果

将刀具路径“7T2BM10-J-01_1”激活。将鼠标移至 PowerMILL 浏览器中“刀具路径”下的“7T2BM10-J-01_1”，然后右击，在弹出的快捷菜单中选择“自开始仿真”选项，如图 1—3—126 所示。单击“仿真工具栏”中的“运行”按钮▷，执行精加工刀具路径的仿真，仿真结果如图 1—3—127 所示。

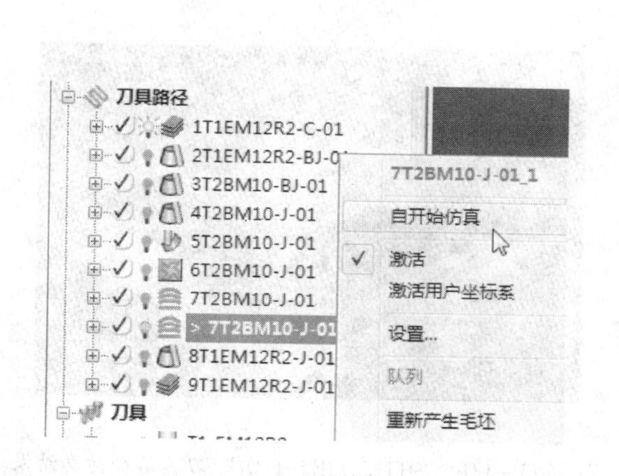

图 1—3—126 “7T2BM10-J-01_1” 刀具路径仿真

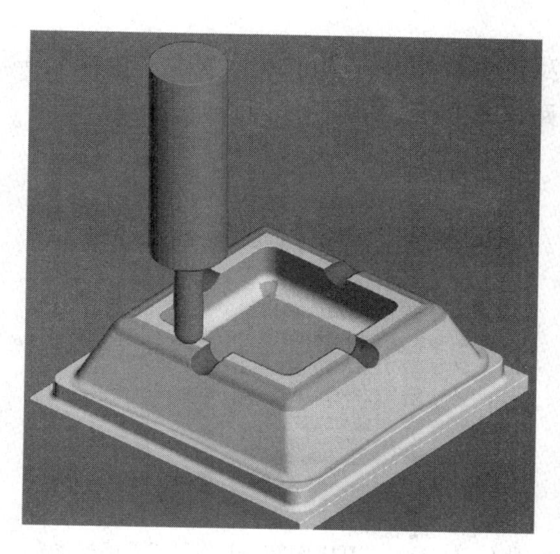

图 1—3—127 “7T2BM10-J-01_1” 刀具路径仿真结果

将刀具路径“8T1EM12R2-J-01”激活。将鼠标移至 PowerMILL 浏览器中“刀具路径”下的“8T1EM12R2-J-01”，然后右击，在弹出的快捷菜单中选择“自开始仿真”选项，如图 1—3—128 所示。单击“仿真工具栏”中的“运行”按钮，执行精加工刀具路径的仿真，仿真结果如图 1—3—129 所示。

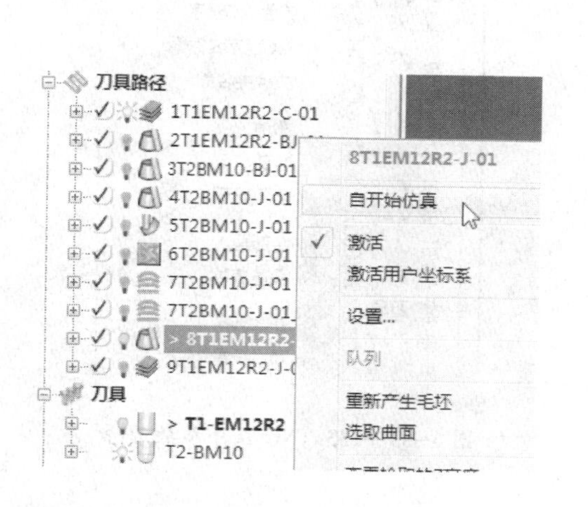

图 1—3—128 “8T1EM12R2-J-01” 刀具路径仿真

图 1—3—129 “8T1EM12R2-J-01” 刀具路径仿真结果

将刀具路径“9T1EM12R2-J-01”激活。将鼠标移至 PowerMILL 浏览器中“刀具路径”下的“9T1EM12R2-J-01”，然后右击，在弹出的快捷菜单中选择“自开始仿真”选项，如图 1—3—130 所示。单击“仿真工具栏”中的“运行”按钮，执行精加工刀具路径的仿真，仿真结果如图 1—3—131 所示。

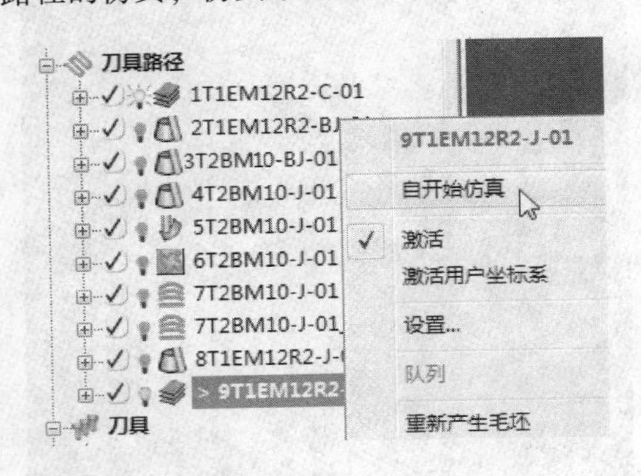

图 1—3—130 “9T1EM12R2-J-01”刀具路径仿真

图 1—3—131 “9T1EM12R2-J-01”刀具路径仿真结果

3. 退出仿真

单击用户界面“ViewMill 工具栏”中的“退出 ViewMill”按钮，此时将打开“PowerMILL 询问”对话框，如图 1—3—132 所示。然后单击“是（Y）”按钮，退出加工仿真。

图 1—3—132 退出加工仿真

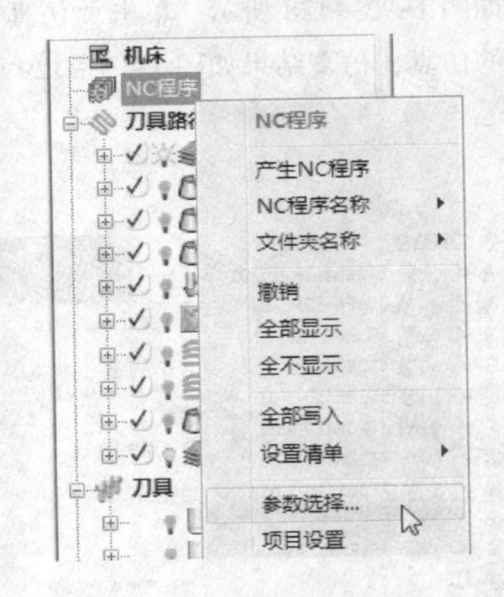

图 1—3—133 NC 程序参数选择

四、NC 程序的产生

如图 1—3—133 所示，将鼠标移至 PowerMILL 浏览器中的“NC 程序”右击，在弹出的快捷菜单中选择“参数选择”选项，将弹出如图 1—3—134 所示的“NC 参数选择”对

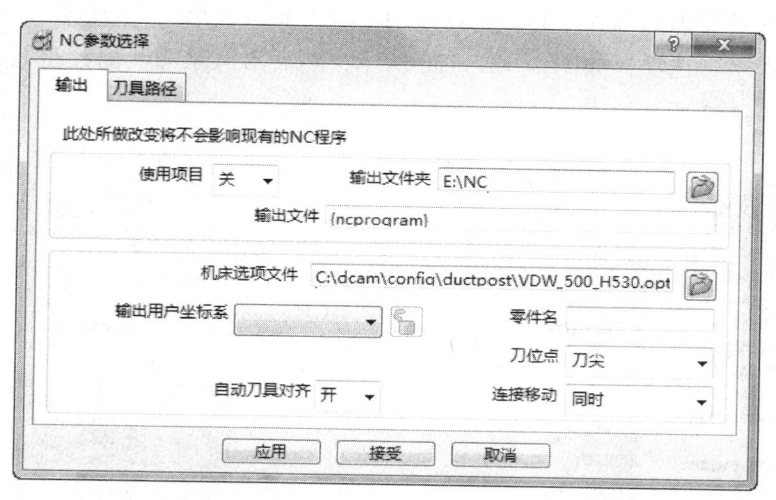

图 1—3—134 “NC 参数选择”对话框

话框。

在此对话框中单击“输出文件夹”右边的“浏览选取输出目录”按钮，选择路径“E:\NC”（此文件夹必须存在），接着单击“机床选项文件”右边的“浏览选取读取文件”按钮，将弹出如图 1—3—135 所示的“选取机床选项文件名”对话框，选择“VDW_500_H530. opt”文件并打开。最后单击“NC 参数选择”对话框中的“应用”和“接受”按钮。

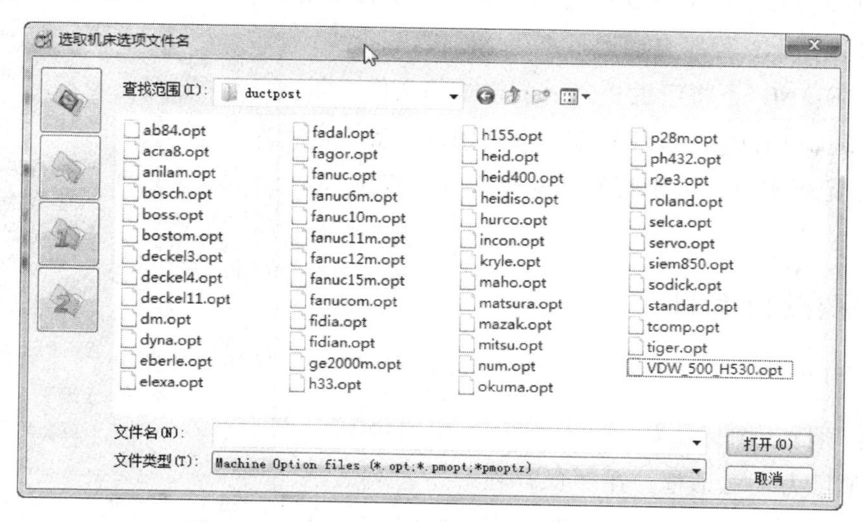

图 1—3—135 “选取机床选项文件名”对话框

接着将鼠标移至刀具路径“1T1EM12R2-C-01”右击，在弹出的快捷菜单中选择“产生独立的 NC 程序”选项，如图 1—3—136 所示，然后对其余刀具路径进行同样的操作。结果如图 1—3—137 所示。

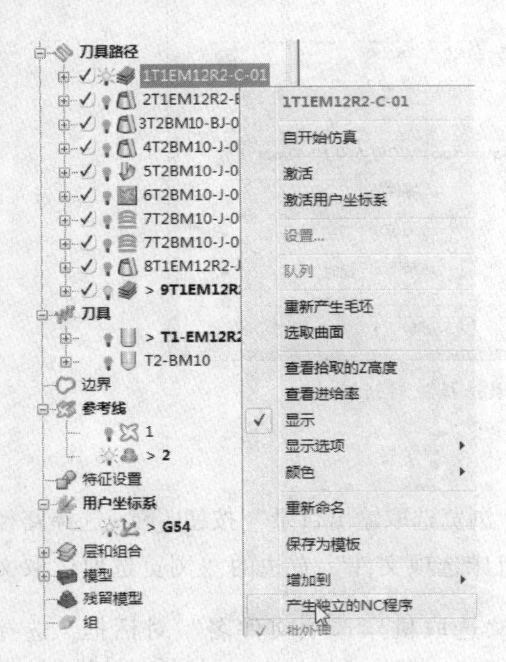

图 1—3—136　右击选择“产生独立的 NC 程序”

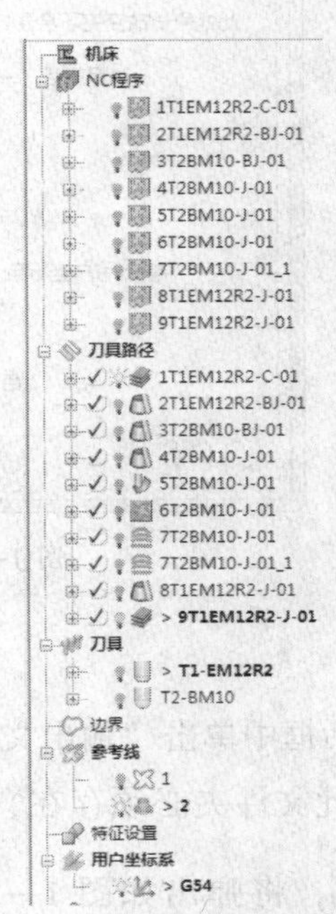

图 1—3—137　PowerMILL 浏览器——NC 程序浏览

最后将鼠标移至“NC 程序”右击，在弹出的快捷菜单中选择“全部写入”选项，如图 1—3—138 所示，程序自动运行产生 NC 代码。然后在文件夹“E:\NC”下将产生 9 个 . tap 格式的文件，即 1T1EM12R2-C-01. tap、2T1EM12R2-BJ-01. tap 等。学生可以通过记事本方式分别打开这 9 个文件，查看 NC 数控代码。

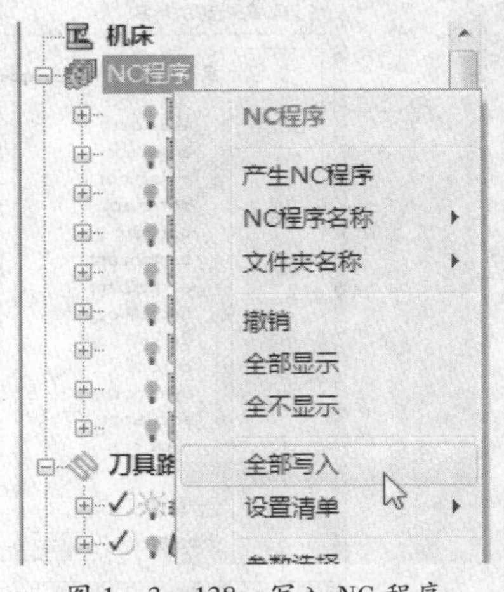

图 1—3—138　写入 NC 程序

五、保存加工项目

单击用户界面上部“主工具栏”中的“保存此 PowerMILL 项目”图标，弹出如图 1—3—139 所示的“保存项目为”对话框，在“保存在”下拉列表框中选择项目要存盘的路径“D:\TEMP\烟灰缸”，在“文件名”文本框中输入项目文件名称“烟灰缸”，然后单击“保存”按钮。

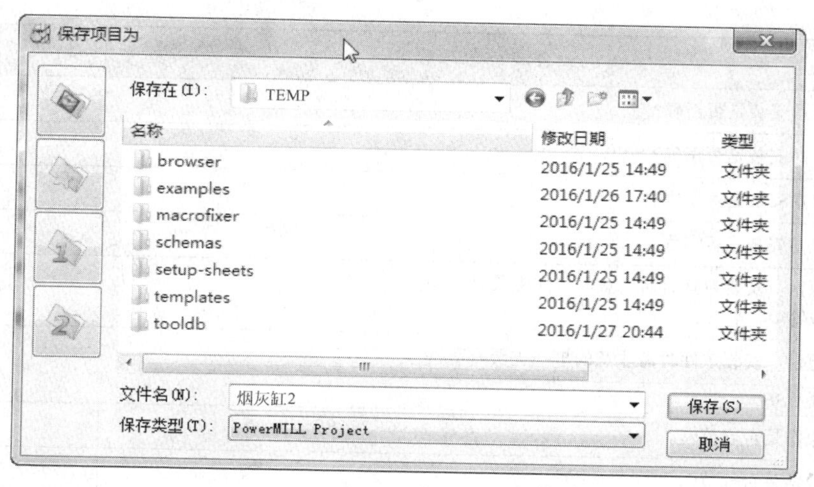

图 1—3—139 “保存项目为”对话框

此时在文件夹“D:\TEMP”下将存有项目文件“烟灰缸”。项目文件的图标为，其功能类似于文件夹，在此项目的子路径中保存了这个项目的信息，包括毛坯信息、刀具信息和刀具路径信息等。

【任务评价】

一、自我评价

任务名称			课时				
任务自我评价成绩			任课教师				
类别	序号	自我评价项目	结果	A	B	C	D
编程	1	编程工艺是否符合基本加工工艺?					
	2	程序能否顺利完成加工?					
	3	编程参数是否合理?					
	4	程序是否有过多的空刀?					
	5	题目:通过对该零件的编程你的收获主要是什么? 作答:					
	6	题目:你设计本程序的主要思路是什么? 作答:					
	7	题目:你是如何完成程序的完善与修改的? 作答:					

续表

类别	序号	自我评价项目	结果	A	B	C	D
工件与刀具安装	1	刀具安装是否正确？					
	2	工件安装是否正确？					
	3	刀具安装是否牢固？					
	4	工件安装是否牢固？					
	5	题目：安装刀具时需注意的事项主要有哪些？ 作答：					
	6	题目：安装工件时需注意的事项主要有哪些？ 作答：					
操作与加工	1	操作是否规范？					
	2	着装是否规范？					
	3	切削用量是否符合加工要求？					
	4	刀柄和刀片的选用是否合理？					
	5	题目：如何使加工和操作更好地符合批量生产的要求？你的体会是什么？ 作答：					
	6	题目：加工时需要注意的事项主要有哪些？ 作答：					
	7	题目：加工时经常出现的加工误差主要有哪些？ 作答：					
精度检测	1	是否了解测量本零件所需各种量具的原理及使用方法？					
	2	题目：本零件所使用的测量方法是否已经掌握？你认为难点是什么？ 作答：					
	3	题目：本零件精度检测的主要内容是什么？采用了哪种方法？ 作答：					
	4	题目：批量生产时，你将如何检测该零件的各项精度要求？ 作答：					
（本部分综合成绩）合计：							
自我总结							
学生签名： 年 月 日		指导教师签名： 年 月 日					

二、小组互评

序号	小组评价项目	评价情况			
		A	B	C	D
1	与其他同学口头交流学习内容是否顺畅？				
2	是否尊重他人？				
3	学习态度是否积极主动？				
4	是否服从教师教学安排和管理？				
5	着装是否符合标准？				
6	能否正确领会他人提出的学习问题？				
7	是否按照安全规范进行操作？				
8	能否辨别工作环境中哪些是危险因素？				
9	是否合理规范地使用工具和量具？				
10	能否保持学习环境的干净、整洁？				
11	是否遵守学习场所的规章制度？				
12	是否对工作岗位有责任心？				
13	能否达到全勤要求？				
14	能否正确地对待肯定与否定的意见？				
15	团队学习中主动与同学合作的情况如何？				

参与评价同学签名：

年　　月　　日

三、教师评价

教师总体评价：

教师签名：__________　　　年　　月　　日

【习题】

一、思考题

1. 如何定义数控多轴加工？
2. 简述数控多轴加工的分类。

3. 简述数控多轴加工的特点。

4. 简述在 PowerMILL 软件中生成“流线精加工”刀具轨迹的过程。

5. 在烟灰缸实例中使用了哪些方法控制刀具轴线？

二、练习图样

按图 1—3—140 所示图样完成圆形烟灰缸加工程序的编写。

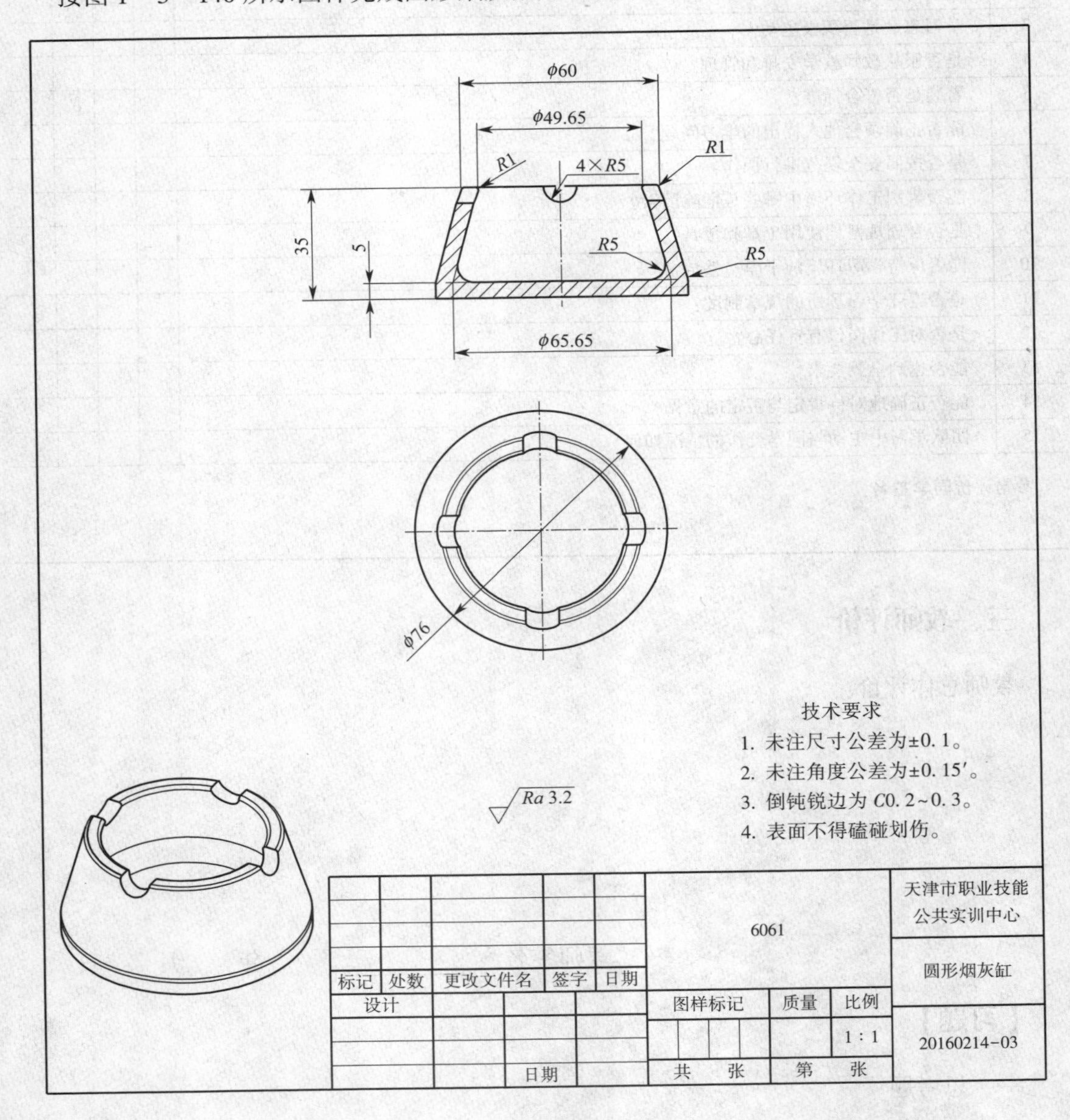

图 1—3—140　练习件图样——圆形烟灰缸

项目二

五轴定位加工实例

任务 1 基座 3+2 定位加工

【任务描述】

本任务通过基座加工案例的学习，要求学生学习 PowerMILL 软件五轴编程中 3+2 轴加工方式，掌握 PowerMILL 软件 3+2 轴加工方式的设置方法，用户坐标系在 3+2 轴加工方式中的作用，3+2 轴的粗、精加工方法。同时要求学生根据基座零件的特征制定合理的工艺路线，设置必要的加工参数，生成刀具路径，检验刀具路径是否正确、合理，并对软件操作过程中出现的问题进行研讨和交流。通过不同数控机床的控制系统生成五轴加工程序，并进行实际零件加工。

【任务分析】

图 2—1—1 所示为基座三维零件，基座图样如图 2—1—2 所示。零件外形主要由圆柱形、六棱锥台及其与圆柱面过渡的直纹曲面组成。该零件加工的关键在于六棱锥台侧壁的圆形凸台、台阶孔和凹槽，加工这些特征需要 3+2 轴加工方式。零件的其他部分特征可以通过三轴加工方式得到。

【相关知识】

五轴加工技术是现代制造技术中的高端技术，在复杂的高精度零件加工中占有极其重要的地位。随着现代制造技术的不断发展，五轴技术因其高加工效率缩短加工周期，

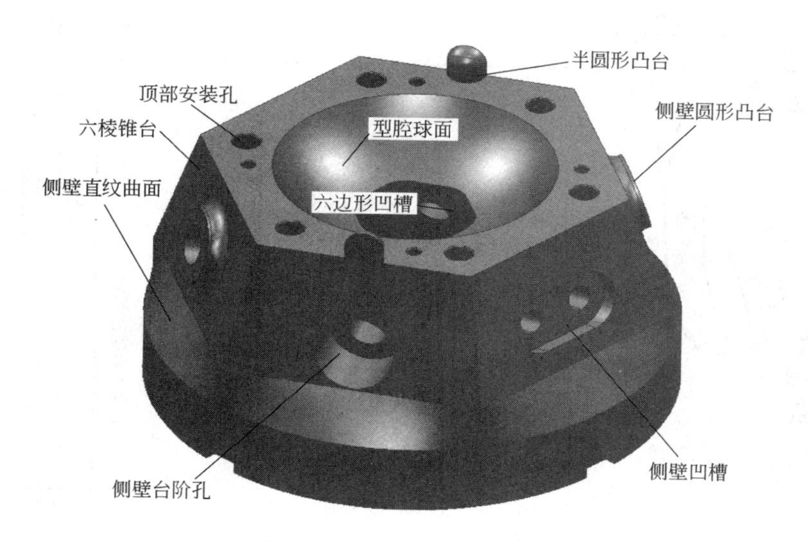

图 2—1—1 基座三维零件

降低工艺装备成本，越来越成为在机械、航天、汽车零件加工领域的首选加工技术。目前五轴加工技术从联动轴数量的角度来说，大体可分为五轴联动加工和五轴定位加工两种。

五轴定位加工技术又称五轴定轴加工，通常分为 3+2 轴加工和 4+1 轴加工。3+2 轴加工是指在五轴机床（如 *X*、*Y*、*Z*、*B*、*C* 五个联动轴）上进行 *X*、*Y*、*Z* 三轴联动，另外两个轴（如 *B*、*C* 轴）固定在某一角度的加工。优点是切削稳定，与传统的三轴联动控制方法相同，粗加工余量容易计算且易控制，只有三轴联动，加工速度快，同时减少了联动轴数，提高了加工稳定性。多用于箱体类零件和模具加工。这种方式编程简单，机床损耗小（旋转轴的使用寿命相对直线轴短，所以尽量少转动）。缺点是即使精度很高的机床，3+2 轴加工方式也能看到两个向量之间的加工界限（视觉上看到，用手可能摸不出来，测量更是没有问题），但是如果精度稍低的机床，3+2 轴加工就可能做出“台阶”来，而五轴联动不会（注：表面光滑不代表精度就高）。3+2 轴加工方式在零件加工中占有很重要的地位。4+1 轴加工是指在五轴机床上实现四个轴同时联动，另外一个轴做间歇运动的加工方式。

在 PowerMILL 软件中对于 3+2 轴加工方式的实现主要有两种方法：一种是通过建立用户坐标系的方式实现，本任务就是使用此方式；另一种是固定刀轴方向，也就是定义刀轴矢量为一个固定的朝向，在加工过程中刀轴矢量始终保持这个方向不变。可用使用矢量值 *I*、*J*、*K* 来定义刀轴矢量的固定朝向，通过调整矢量值 *I*、*J*、*K*，能够很容易地通过调整刀轴来切削倒锥型面。固定方向刀轴指向如图 2—1—3 所示，当刀

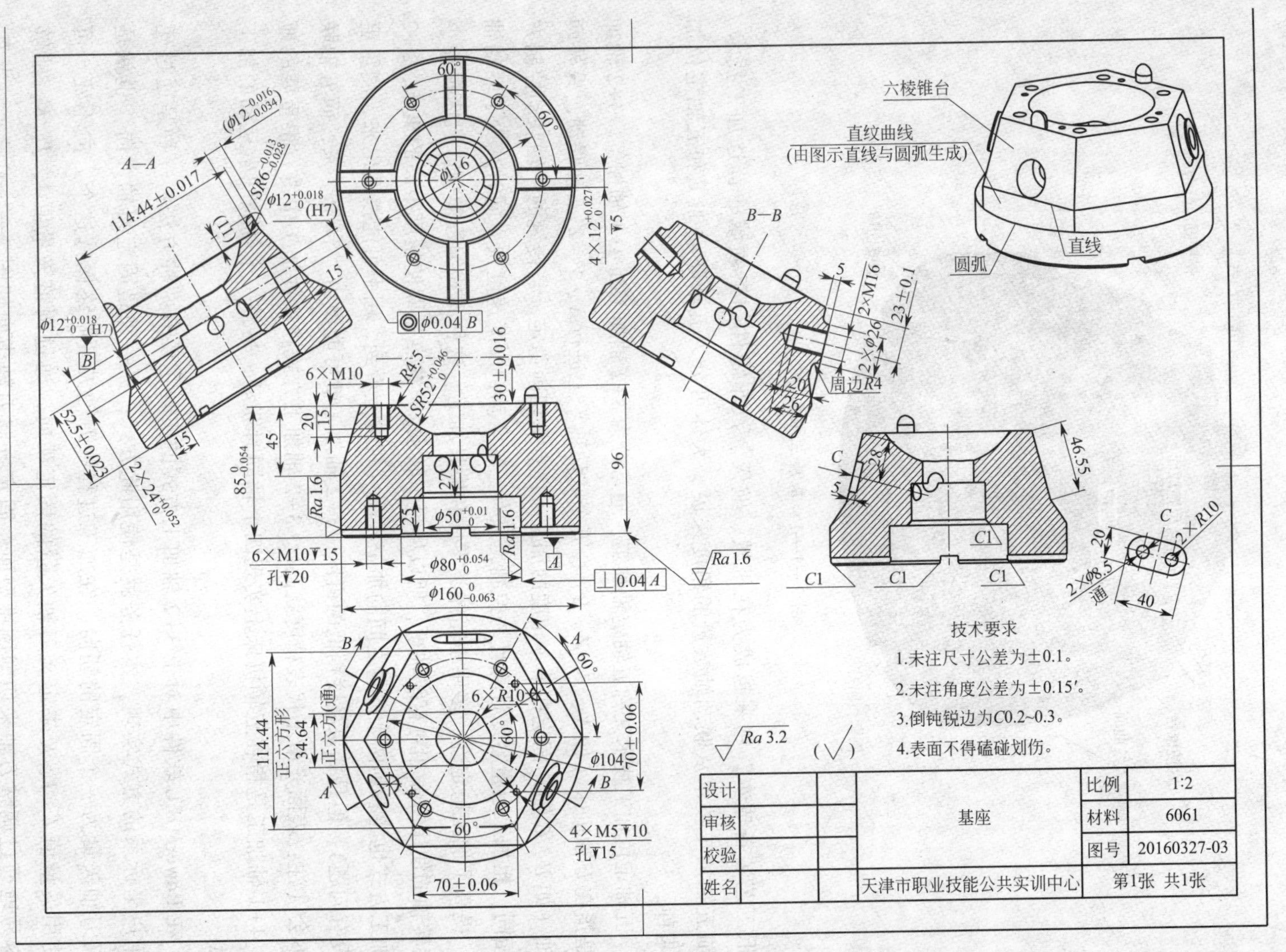
六棱锥台
直纹曲线
(由图示直线与圆弧生成)
直线
圆弧
A—A
B—B
技术要求
1.未注尺寸公差为±0.1。
2.未注角度公差为±0.15′。
3.倒钝锐边为C0.2~0.3。
4.表面不得磕碰划伤。
设计
审核
校验
姓名
基座
天津市职业技能公共实训中心
比例
1:2
材料
6061
图号
20160327-03
第1张 共1张

图2—1—2 基座图样

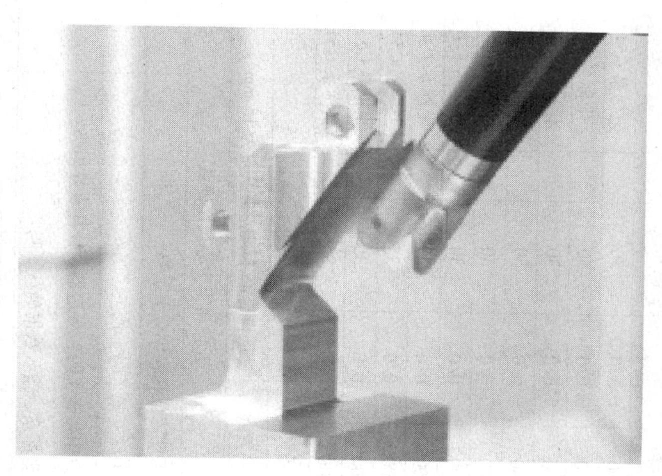

图 2—1—3　固定方向刀轴

轴矢量固定在一个倾斜方向时，机床实现的是 3+2 轴加工方式。换言之，使用固定方向刀轴矢量控制方法可以编制出 3+2 轴加工刀具路径。

【任务实施】

按零件图样的加工要求制定基座零件数控加工工艺；编制加工程序；完成加工仿真，根据不同机床的数控系统产生与其相对应的 NC 程序。

一、制定加工工艺

1. 零件结构分析

该零件的结构主要由圆形结构和六棱锥台及它们之间的过渡直纹曲面构成，在六棱锥台侧壁分别有圆形凸台、台阶孔和凹槽，在加工这些侧面特征时需要 3+2 轴加工方式才能完成。

2. 毛坯选用

选用铝合金 6061 毛坯，尺寸为 $\phi160$ mm×96 mm。零件外形尺寸为 $\phi160$ mm×96 mm，底部 4 个 $12^{+0.027}_{0}$ mm 槽、6 个 M10 螺纹孔及 $\phi80^{+0.054}_{0}$ mm×25 mm 和 $\phi50^{+0.1}_{0}$ mm×27 mm 台阶孔已经加工完成。毛坯形状见表 2—1—1 中工件装夹图。

3. 制定加工工序卡

零件采用三轴和五轴加工结合的方式，采用三爪自定心卡盘装夹工件，夹紧量为 15 mm。遵循先粗加工后精加工的原则。使用九把刀具，刀具几何参数见表 2—1—2。整体粗加工采用三轴“模型区域清除”加工策略。六棱锥侧壁及顶部平面的半精加工和精加

表 2—1—1　　基座加工工序卡

五 轴 加 工 程 序 单　　页码：1/3

零件号	20160327-03	编程员		图档路径		机床操作员		机床号	
客户名称		材料	6061	工序号	01	工序名称	基座加工	日期	年 月 日

序号	加工内容	程序名称	刀具号	刀具类型	刀具参数 (mm)	主轴转速 (r/min)	进给速度 (mm/min)	余量 (XY/Z) (mm)	装夹刀长 (mm)	加工时间 (h)	备注
1	整体粗加工	1T1EM20-C-01	T1	刀尖圆角端铣刀	$\phi 20R0.8$	8 000	3 000	0.5/0.2	50		坐标系 G54
2	六棱锥侧壁精加工	2T1EM20-J-01	T1	刀尖圆角端铣刀	$\phi 20R0.8$	8 000	3 000	0/0	50		坐标系 1
3	六棱锥侧壁精加工	3T1EM20-J-01	T1	刀尖圆角端铣刀	$\phi 20R0.8$	8 000	3 000	0/0	30		坐标系 1_2
4	六棱锥侧壁精加工	4T1EM20-J-01	T1	刀尖圆角端铣刀	$\phi 20R0.8$	8 000	3 000	0/0	50		坐标系 1_3
5	六棱锥侧壁精加工	5T1EM20-J-01	T1	刀尖圆角端铣刀	$\phi 20R0.8$	8 000	3 000	0/0	50		坐标系 1_5
6	六棱锥侧壁精加工	6T10EM6-J-01	T10	端铣刀	$\phi 6$	8 000	3 000	0/0	30		坐标系 1_1
7	六棱锥侧壁精加工	7T10EM6-J-01	T10	端铣刀	$\phi 6$	8 000	3 000	0/0	50		坐标系 1_4
8	六边形凹槽精加工	8T2EM12-J-01	T2	端铣刀	$\phi 12$	6 000	2 000	0/0	35		坐标系 G54
9	顶部凸台精加工	9T2EM12-J-01	T2	端铣刀	$\phi 12$	6 000	2 000	0/0	35		坐标系 G54
10	顶部平面精加工	10T2EM12-J-01	T2	端铣刀	$\phi 12$	6 000	2 000	0/0	35		坐标系 G54

工件装夹图

Y Z X

Z X 96

Y X φ160

Z 方向	毛坯上表面对零
XY 方向	毛坯分中

毛坯尺寸	$\phi 160$ mm×96 mm
装夹方式	三爪自定心卡盘，夹紧量为 15 mm

五轴加工中心操作确认

序号	内容	
1	工件定位和程序对上了吗？	
2	工件夹紧了吗？找正了吗？	
3	分中检查了吗？寻边器、杠杆表好用吗？	
4	坐标系、输入数据确认了吗？	
5	对刀、刀号、输入数据确认了吗？	
6	刀具直径、长度、安全高度确认了吗？	
7	加工程序确认了吗？	
8	加工前使用 VERICUT 仿真加工了吗？	
9	加工前试切削了吗？	

续表

五 轴 加 工 程 序 单

页码：2/3

零件号	20160327-03	编程员		图档路径		机床操作员		机床号	
客户名称		材料	6061	工序号	01	工序名称	基座加工	日期	年 月 日

序号	加工内容	程序名称	刀具号	刀具类型	刀具参数（mm）	主轴转速（r/min）	进给速度（mm/min）	余量（XY/Z）（mm）	装夹刀长（mm）	加工时间（h）	备注
11	侧壁凹槽精加工	11T2EM12-J-01	T2	端铣刀	ϕ12	6 000	2 000	0/0	35		坐标系 1_3
12	侧壁台阶孔精加工	12T2EM12-J-01	T2	端铣刀	ϕ12	6 000	2 000	0/0	35		坐标系 G54
13	顶部定位孔	13T3NC6-01	T3	90°定心钻	ϕ6	1 500	1 200	0/0	25		坐标系 G54
14	顶部 M10 底孔	14T5DR8_5-01	T5	钻头	ϕ8.5	1 500	1 200	0/0	25		坐标系 G54
15	顶部 M5 底孔	15T4DR4_2-01	T4	钻头	ϕ4.2	8 000	3 000	0/0	35		坐标系 G54
16	侧壁定位孔	16T3NC6-01	T3	90°定心钻	ϕ6	8 000	1 600	0/0	35		坐标系 G54
17	侧壁凹槽 ϕ8.5 mm 孔	17T5DR8_5-01	T5	钻头	ϕ8.5	8 000	1 600	0/0	35		坐标系 G54
18	侧壁 M16 底孔	18T6DR14-01	T6	钻头	ϕ14	8 000	1 600	0/0	35		坐标系 G54
19	侧壁 ϕ12 mm 底孔	19T7DR11_8-01	T7	钻头	ϕ11.8	8 000	1 600	0/0	35		坐标系 G54
20	铰孔 ϕ12H7	20T8RM12-01	T8	铰刀	ϕ12	400	60	0/0	35		坐标系 G54

工件装夹图

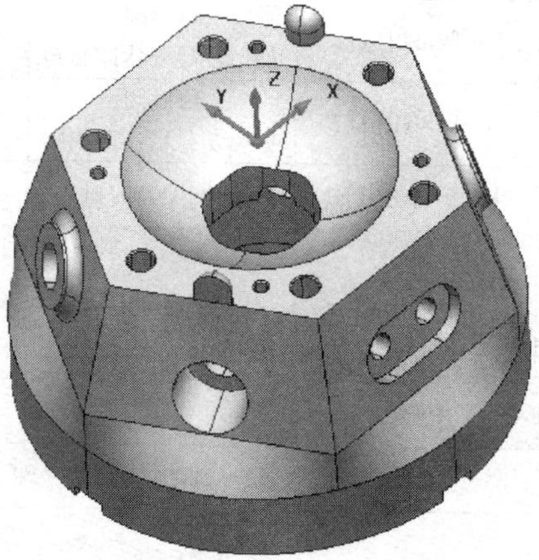

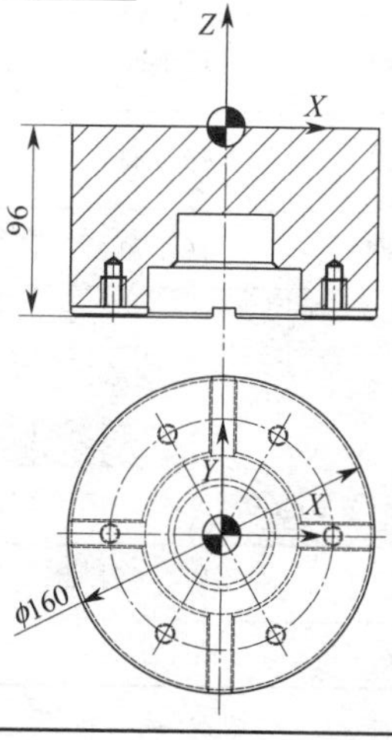

Z方向	毛坯上表面对零
XY方向	毛坯分中

毛坯尺寸	ϕ160 mm×96 mm	
装夹方式	三爪自定心卡盘，夹紧量为 15 mm	
五轴加工中心操作确认		
1	工件定位和程序对上了吗？	
2	工件夹紧了吗？找正了吗？	
3	分中检查了吗？寻边器、杠杆表好用吗？	
4	坐标系、输入数据确认了吗？	
5	对刀、刀号、输入数据确认了吗？	
6	刀具直径、长度、安全高度确认了吗？	
7	加工程序确认了吗？	
8	加工前使用 VERICUT 仿真加工了吗？	
9	加工前试切削了吗？	

续表

五 轴 加 工 程 序 单　　页码：3/3

零件号	20160327-03	编程员		图档路径		机床操作员		机床号			
客户名称		材料	6061	工序号	01	工序名称	基座加工	日期	年 月 日		
序号	加工内容	程序名称	刀具号	刀具类型	刀具参数（mm）	主轴转速（r/min）	进给速度（mm/min）	余量（XY/Z）（mm）	装夹刀长（mm）	加工时间（h）	备注
21	顶部球面凹槽	21T9BM8-J-01	T9	球头刀	$\phi8$	8 000	1 600	0/0	35		坐标系 G54
22	侧壁圆形凸台 $R4$ mm 倒圆角	22T9BM8-J-01	T9	球头刀	$\phi8$	8 000	1 600	0/0	35		坐标系 1_1
23	侧壁圆形凸台 $R4$ mm 倒圆角	23T9BM8-J-01	T9	球头刀	$\phi8$	8 000	1 600	0/0	35		坐标系 1_4
24	侧壁过渡直纹曲面	24T9BM8-J-01	T9	球头刀	$\phi8$	8 000	1 600	0/0	35		坐标系 G54
25	顶部凸台球面	25T9BM8-J-01	T9	球头刀	$\phi8$	8 000	1 600	0/0	35		坐标系 G54

工件装夹图

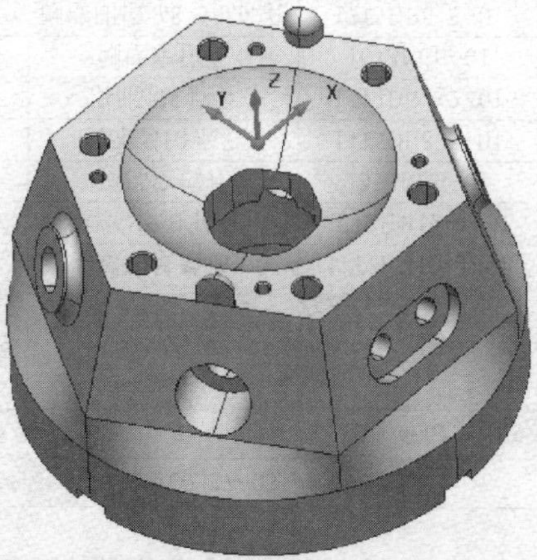

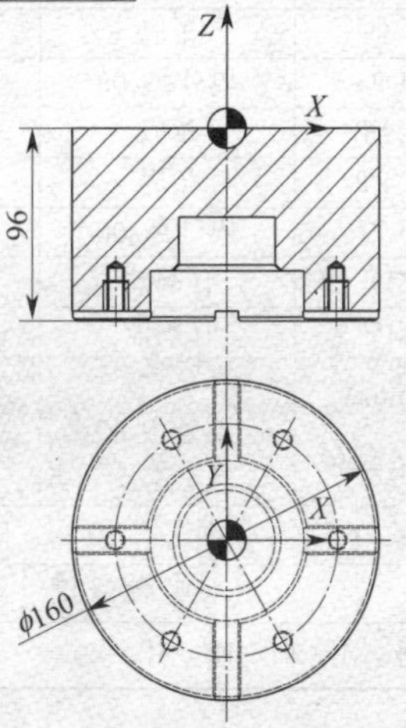

Z X 96

XY $\phi160$

方向	对零方式
Z方向	毛坯上表面对零
XY方向	毛坯分中

毛坯尺寸	$\phi160$ mm×96 mm
装夹方式	三爪自定心卡盘，夹紧量为 15 mm

五轴加工中心操作确认

序号	项目	
1	工件定位和程序对上了吗？	
2	工件夹紧了吗？找正了吗？	
3	分中检查了吗？寻边器、杠杆表好用吗？	
4	坐标系、输入数据确认了吗？	
5	对刀、刀号、输入数据确认了吗？	
6	刀具直径、长度、安全高度确认了吗？	
7	加工程序确认了吗？	
8	加工前使用 VERICUT 仿真加工了吗？	
9	加工前试切削了吗？	

工将采用 3+2 轴加工方式，使用“等高切面区域清除”策略，零件顶部半圆形凸台采用“SWARF 精加工”和“等高精加工”策略。型腔球面采用“三维偏置精加工”策略。侧壁圆形凸台 *R*4 mm 倒圆角采用“笔式清角精加工”策略。对于螺纹孔的加工工艺，采用先钻定位孔后钻孔、攻螺纹的方式。加工 ϕ12H7 孔时，先钻定位孔，后钻底孔，最后铰孔。过渡直纹曲面采用固定轴加工方式，使用“流线精加工”策略，先创建一个刀具路径，再通过刀具路径多重变换中的旋转方式来产生全部六个过渡直纹曲面的刀具路径。相关的技术参数见表 2—1—1 所列的基座加工工序卡。

二、编制加工程序

1. 模型输入

单击下拉菜单“文件”→“输入模型”命令，弹出如图 2—1—4 所示的“输入模型”对话框，在此对话框内“文件类型（T）”的下拉列表框中选择“Delcam Models（*.dgk）”文件格式，并打开本书光盘中的模型文件“基座.dgk”。然后单击用户界面最右边“查看工具栏”中的“ISO1”按钮，接着单击“查看工具栏”中的“普通阴影”按钮，即产生如图 2—1—1 所示基座数字模型。

图 2—1—4 “输入模型”对话框

2. 毛坯定义

单击用户界面上部“主工具栏”中的“毛坯”按钮，弹出如图2—1—5所示“毛坯”对话框，在此对话框的“由…定义”下拉列表中选择“三角形”。接着单击“从文件装载毛坯”按钮，弹出“通过三角形模型打开毛坯”对话框，如图2—1—6所示，在此对话框中打开本书光盘中的毛坯模型文件“基座毛坯.stl”。最后单击“毛坯”对话框中“接受”按钮，则绘图区变为图2—1—7所示。

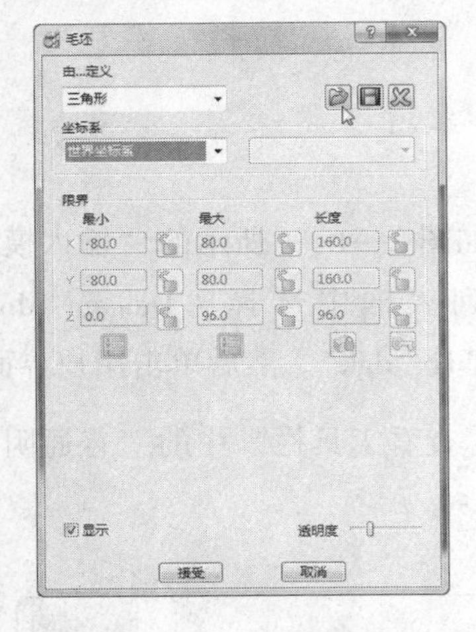

图2—1—5 “毛坯”对话框

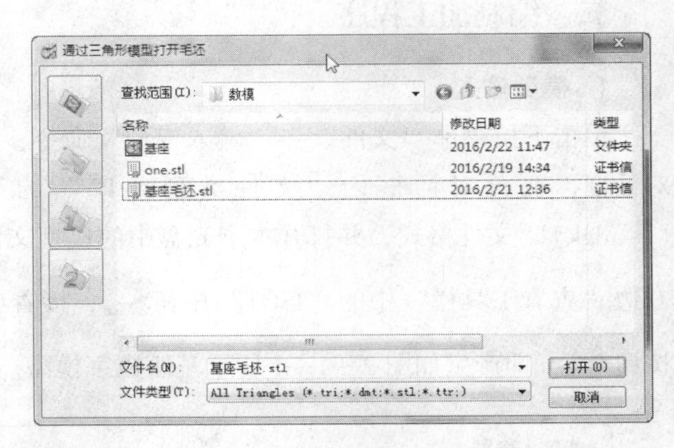

图2—1—6 “通过三角形模型打开毛坯”对话框

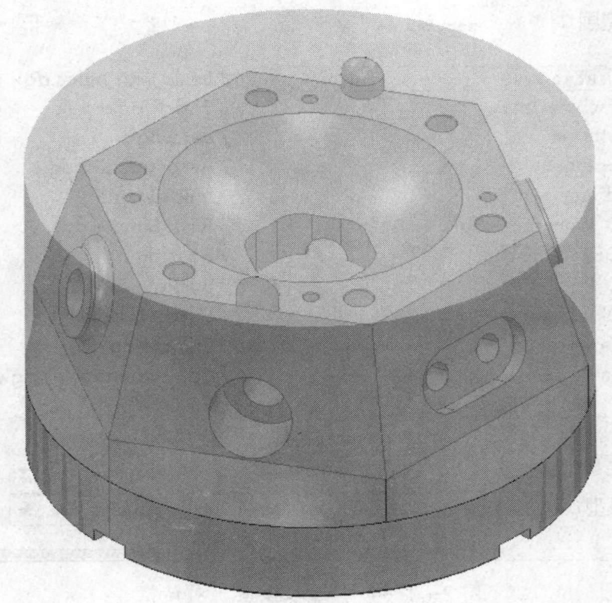

图2—1—7 定义毛坯后的模型

3. 用户坐标系的建立

（1）建立用户坐标系“G54”

右击用户界面左边 PowerMILL 浏览器中的“用户坐标系”，选择“产生用户坐标系”选项，弹出如图 2—1—8 所示的“用户坐标系编辑器”工具栏。同时在零件的底部及世界坐标系位置出现一个新的坐标系，如图 2—1—9 所示。

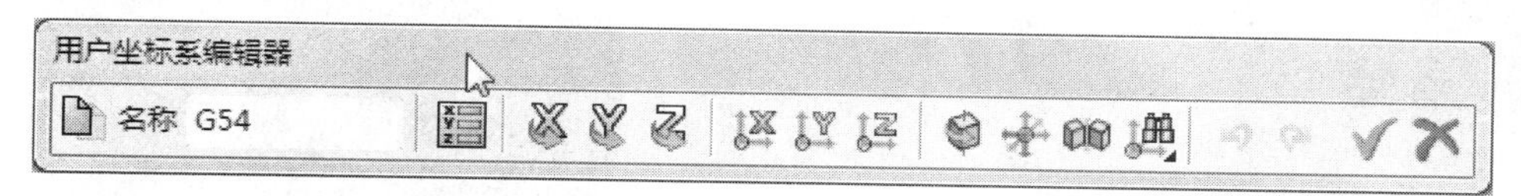

图 2—1—8 “用户坐标系编辑器”工具栏

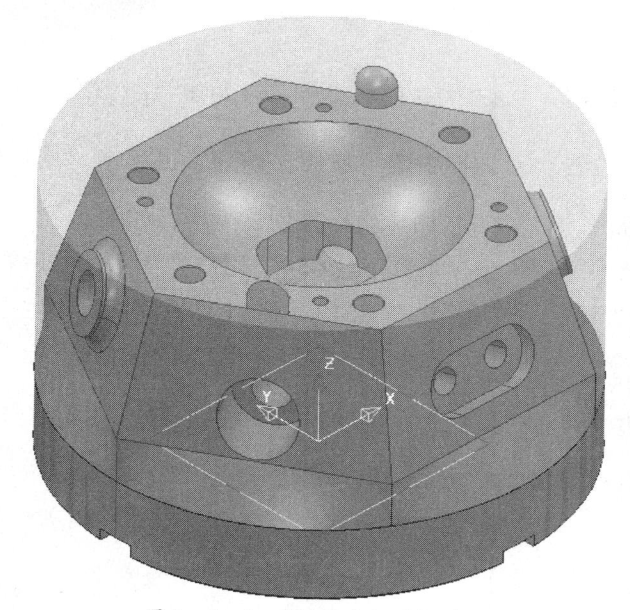

图 2—1—9 “用户坐标系”建立

在“用户坐标系编辑器”工具栏中把“名称”改为“G54”。单击“打开位置表格”按钮，弹出用户坐标系“位置”对话框，如图 2—1—10 所示。在此对话框中输入如下参数：

- ❑ 在“用户坐标系”下拉列表框中选择“相对”。
- ❑ 在“当前平面”下拉列表框中选择“XY”。
- ❑ “X”设置为“0. 0”。
- ❑ “Y”设置为“0. 0”。
- ❑ “Z”设置为“96. 0”。

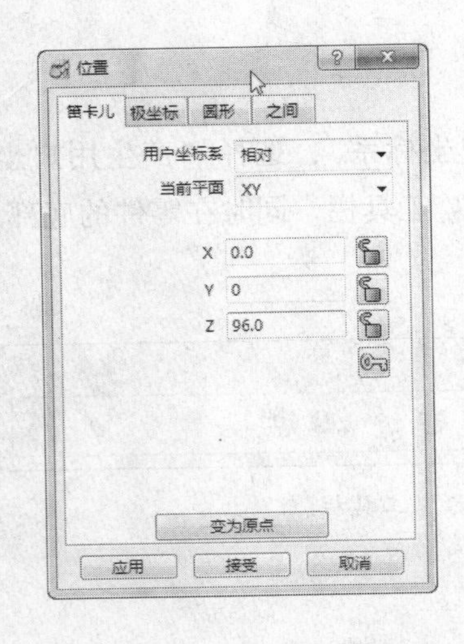

图 2—1—10 用户坐标系“位置”对话框

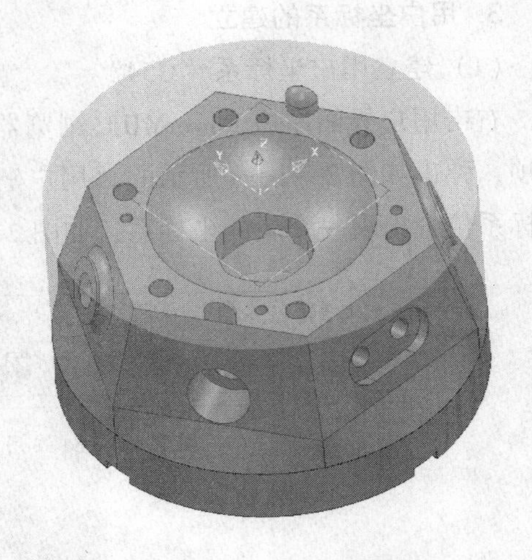

图 2—1—11 “G54”用户坐标系创建完毕

设置完毕单击“位置”对话框中的“应用”按钮，再单击“用户坐标系编辑器”中的“接受改变”按钮。“G54”用户坐标系创建完毕，如图 2—1—11 所示。将鼠标移至 PowerMILL 浏览器中“用户坐标系”下“G54”用户坐标系，然后右击，选择“激活”选项，如图 2—1—12 所示。激活后的“G54”用户坐标系前面将产生一个“>”符号，指示灯变亮，如图 2—1—13 所示，同时用户界面中“G54”用户坐标系将以红颜色显示。单击用户界面最右边“查看工具栏”中的“ISO1”按钮，接着单击“查看工具栏”中的“普通阴影”按钮，即显示如图 2—1—14 所示。

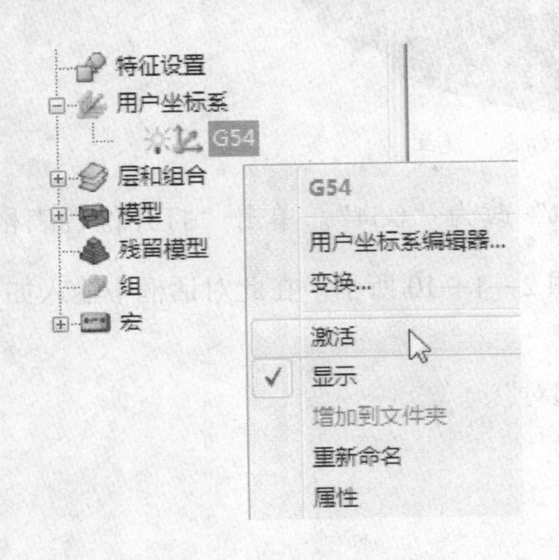

图 2—1—12 激活用户坐标系

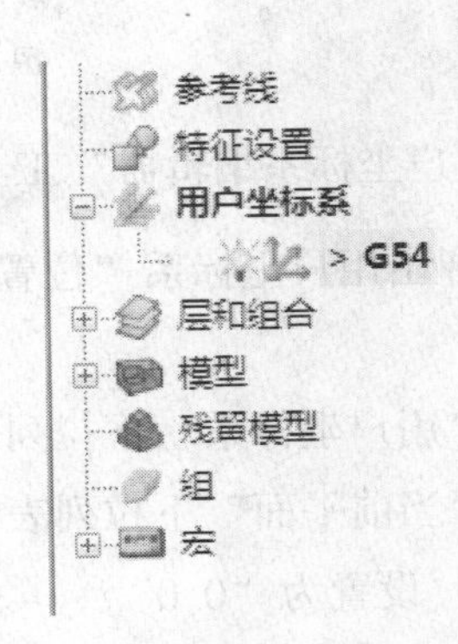

图 2—1—13 PowerMILL 浏览器

（2）建立3+2轴加工使用坐标系

1）建立其中一个六棱锥面坐标系。选择图2—1—15中箭头所指的平面，然后右击用户界面左边PowerMILL浏览器中的“用户坐标系”→“产生并定向用户坐标系”→“用户坐标系在选项中央”选项，如图2—1—16所示。同时在零件所选择平面的中间位置出现一个新的坐标系，如图2—1—17所示，此坐标系即PowerMILL浏览器中“用户坐标系”下的用户坐标系“1”。

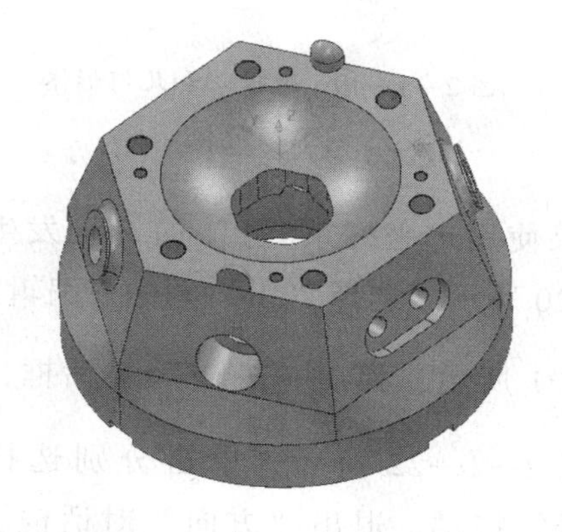

图2—1—14　激活后的“G54”用户坐标系

图2—1—15　选择平面

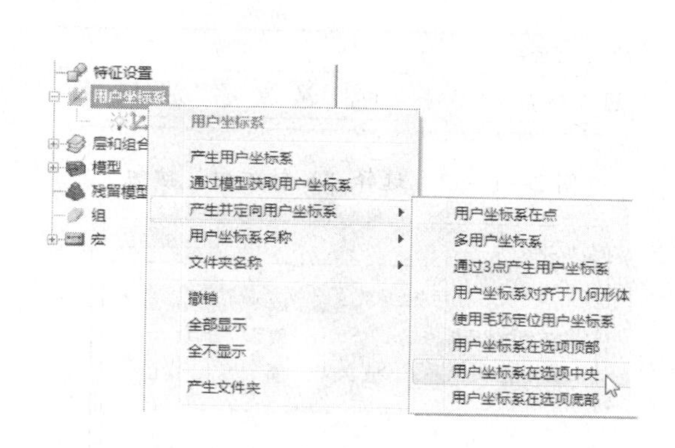

图2—1—16　用户坐标系建立过程

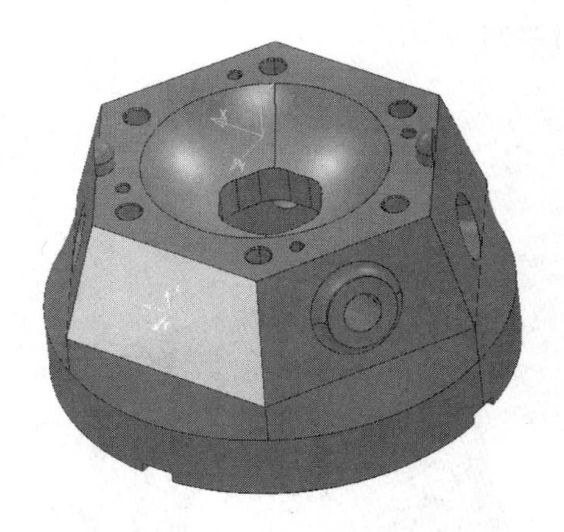

图2—1—17　用户坐标系显示

将鼠标移至PowerMILL浏览器中“用户坐标系”下的“1”用户坐标系，然后右击，在弹出的快捷菜单中选择“用户坐标系编辑器”选项，如图2—1—18所示。弹出如图2—1—8所示的“用户坐标系编辑器”工具栏。选择此工具栏中的“和几何形体对齐”按钮，如图2—1—19所示。

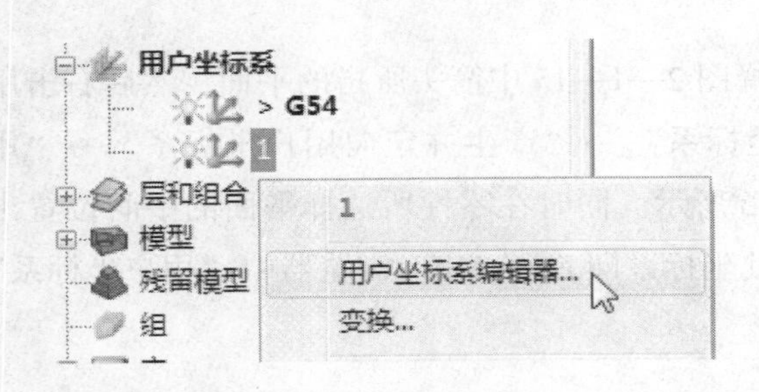

图 2—1—18 打开“用户坐标系编辑器”选项

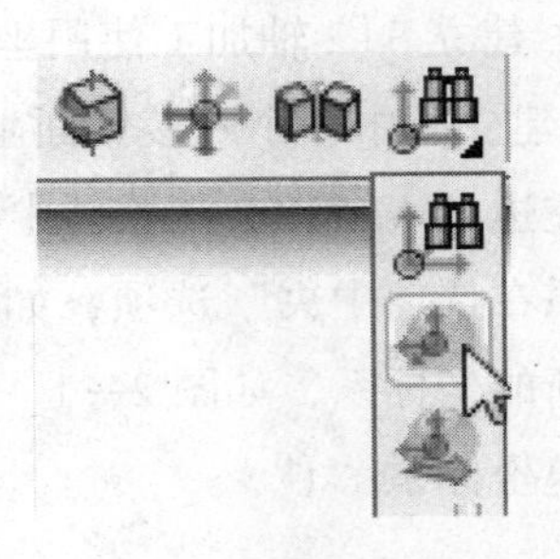

图 2—1—19 选择“和几何形体对齐”按钮

接着用鼠标点选图 2—1—17 中的平面，结果使用户坐标系“1”的 Z 轴发生改变，Z 轴垂直前面选择的平面，结果如图 2—1—20 所示。选择“用户坐标系编辑器”工具栏中的“Y 轴方向”按钮，如图 2—1—21 所示，弹出“方向”对话框，选择此对话框中的“对齐直线”按钮，如图 2—1—22 所示。单击分别选择图 2—1—23中箭头所指的两个关键点，单击“接受”按键，退出“方向”对话框。单击“用户坐标系编辑器”中的“接受改变”按钮。最终的用户坐标系“1”如图 2—1—24 所示。

图 2—1—21 选择“Y 轴方向”按钮

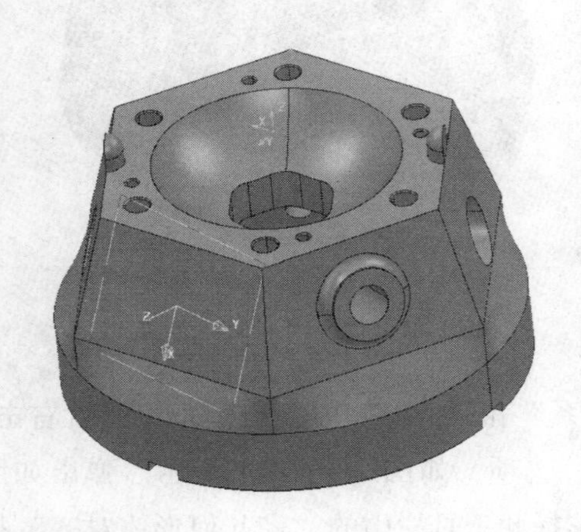

图 2—1—20 “和几何形体对齐”后的坐标系

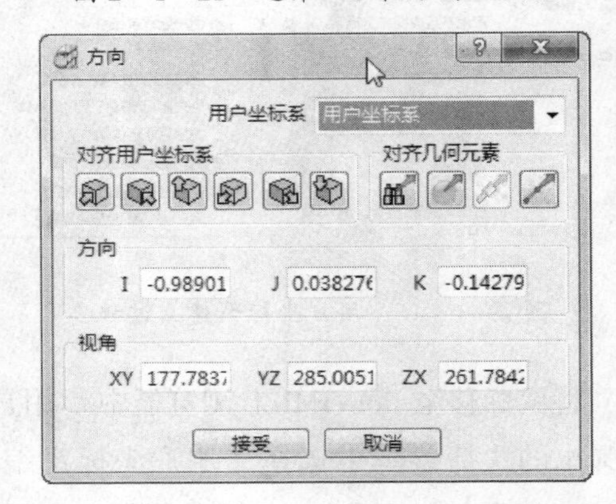

图 2—1—22 “方向”对话框

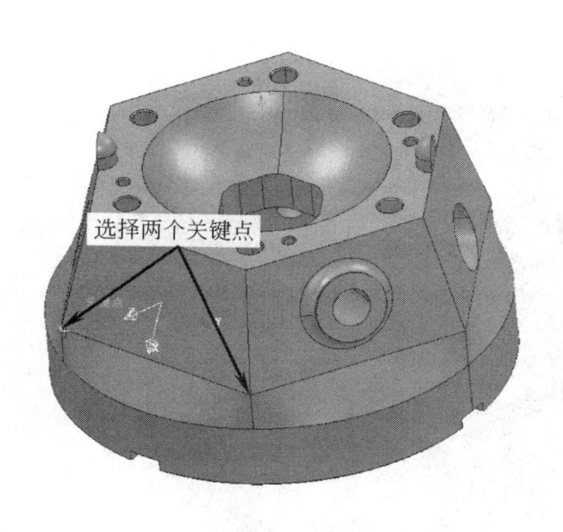

图 2—1—23 分别选择两个关键点

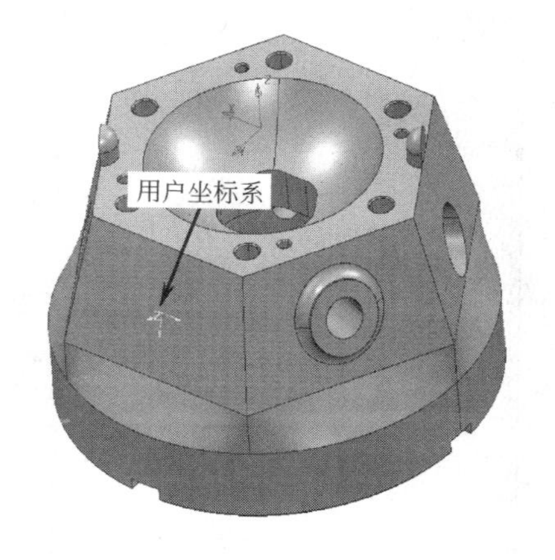

图 2—1—24 用户坐标系“1”

2）建立余下五个六棱锥面坐标系。将鼠标移至 PowerMILL 浏览器中“用户坐标系”下的“1”用户坐标系，然后右击，在弹出的快捷菜单中选择“变换”选项，如图 2—1—25所示，弹出“用户坐标系变换”工具栏，如图 2—1—26 所示。

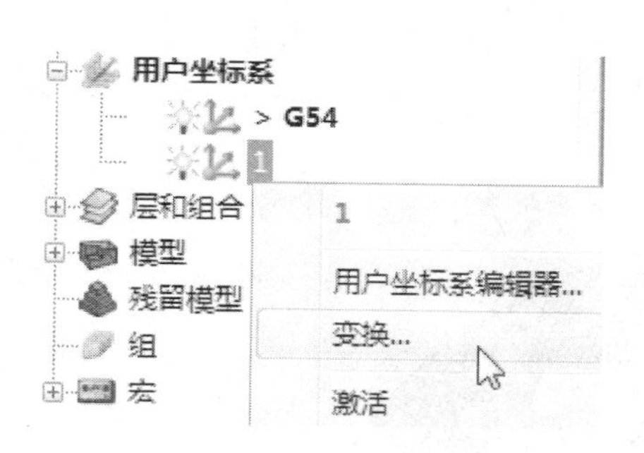

图 2—1—25 用户坐标系“变换”

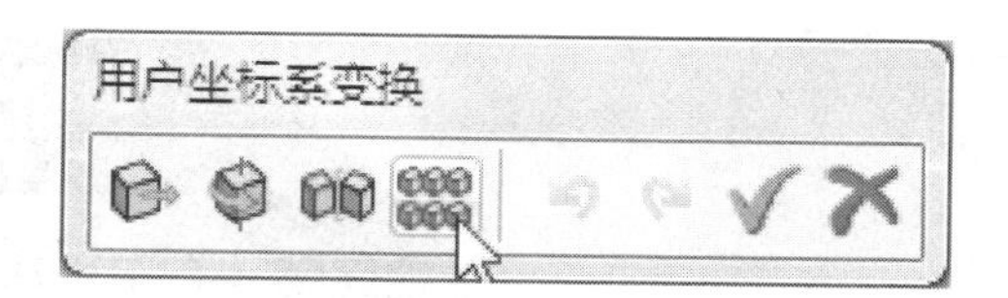

图 2—1—26 “用户坐标系变换”工具栏

接着单击“用户坐标系变换”工具栏中的“多重变换”按钮，然后出现“多重变换”对话框，选择此对话框中的“圆形”标签，在“圆形”选项卡中将“数值”设置为“6”，如图 2—1—27 所示。依次单击“接受”和“用户坐标系变换”工具栏中的“接受改变”按钮。此时在用户界面左边的 PowerMILL 浏览器中“用户坐标系”下增加 5 个用户坐标系，分别是“1_1”“1_2”“1_3”“1_4”和“1_5”，如图 2—1—28 所示。分别将坐标系左边的指示灯点亮。最后单击用户界面最右边“查看工具栏”中的“从上查看（Z）”按钮，用户界面产生如图 2—1—29 所示的全部 3+2 轴加工用户坐标系。

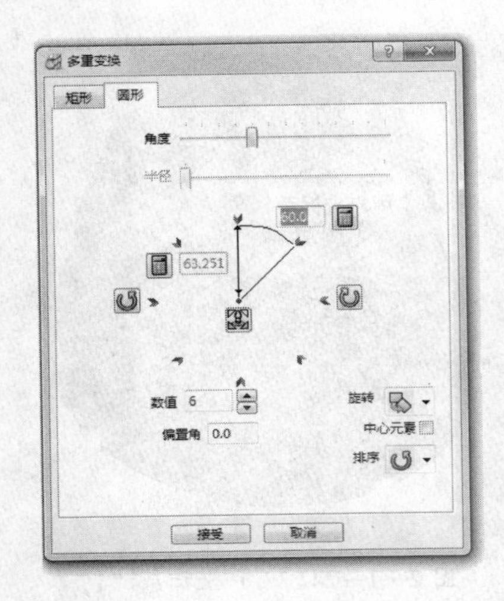

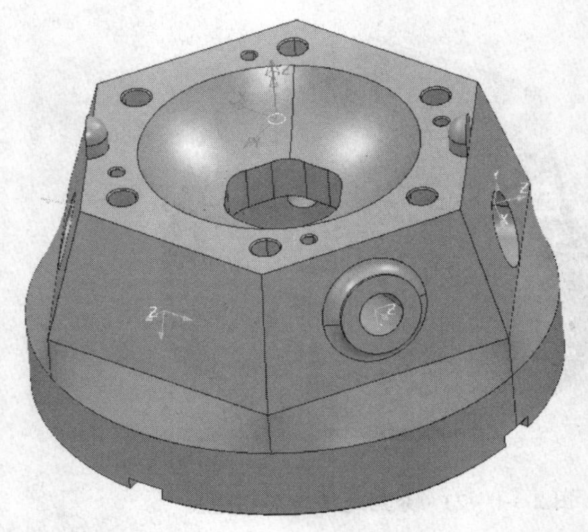

图 2—1—27　用户坐标系多重变换

用户坐标系
> G54
1
1_1
1_2
1_3
1_4
1_5
层和组合

图 2—1—28　增加 5 个用户坐标系

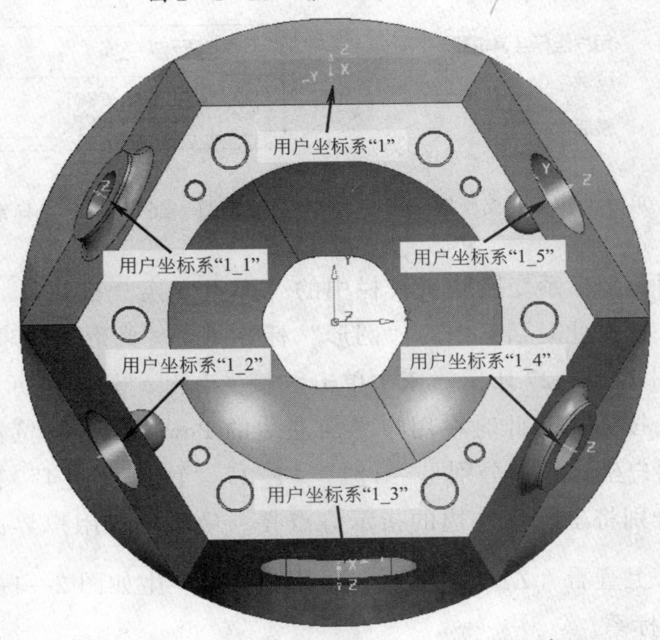

图 2—1—29　全部 3+2 轴加工用户坐标系

4. 刀具定义

由表 2—1—1 基座加工工序卡中得知，此基座模型加工共需要 10 把刀具，具体刀具几何参数见表 2—1—2。

表 2—1—2　　　　刀具几何参数

序号	刀具类型	刀尖								刀柄		夹持				
		名称	编号	几何形状						尺寸		尺寸				伸出(mm)
				直径(mm)	长度(mm)	刀尖半径(mm)	锥角(°)	锥高(mm)	锥形直径(mm)	顶部直径(mm)	底部直径(mm)	长度(mm)	顶部直径(mm)	底部直径(mm)	长度(mm)	
1	刀尖圆角端铣刀	T1-EM20R0. 8	1	20	35	0. 8				20	20	80	42	42	80	50
2	端铣刀	T2-EM12	2	12	30					12	12	40	27	27	80	35
3	钻头	T3-NC6	3	6	10		60			6	6	50	27	27	80	35
4	钻头	T4-DR4. 2	4	4. 2	30		60			4. 2	4. 2	25	27	27	80	35
5	钻头	T5-DR8. 5	5	8. 5	50		60			8. 5	8. 5	30	27	27	80	60
6	钻头	T6-DR14	6	14	50		60			14	14	30	27	27	80	65
7	钻头	T7-DR11. 8	7	11. 8	50		60			11. 8	11. 8	30	27	27	80	65
8	铰刀	T8-RM12	8	12	50					12	12	30	27	27	80	60
9	球头刀	T9-BM8	9	8	30					8	8	40	27	27	80	35
10	端铣刀	T10-EM6	10	6	25					6	6	40	27	27	80	30

如图 2—1—30 所示，右击用户界面左边 PowerMILL 浏览器中的“刀具”，依次选择“产生刀具”→“刀尖圆角端铣刀”选项，弹出如图 2—1—31 所示的“刀尖圆角端铣刀”对话框。

在此对话框的“刀尖”选项卡中设置如下参数：

❑“名称”改为“T1-EM20R0. 8”。

❑“刀尖半径”设置为“0. 8”。

❑“直径”设置为“20. 0”。

❑“长度”设置为“35. 0”。

❑“刀具编号”设置为“1”。

设置完毕单击“刀尖圆角端铣刀”对话框中的“刀柄”标签，弹出如图 2—1—32 所示的“刀柄”选项卡。单击此选项卡中的“增加刀柄部件”按钮，并在此选项卡中设

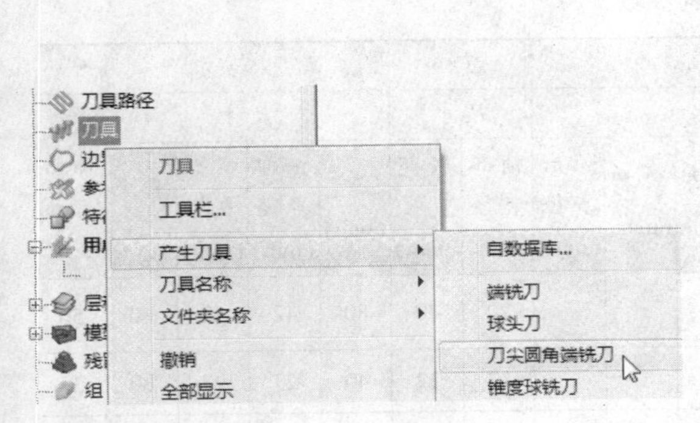

图 2—1—30　刀具选择

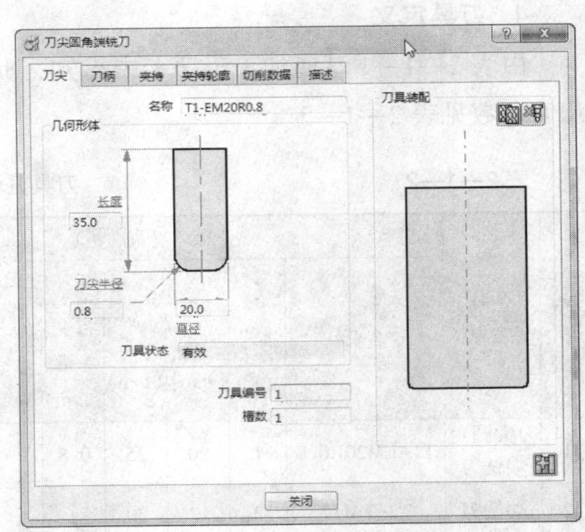

图 2—1—31　“刀尖圆角端铣刀”对话框

置如下参数：

☐“顶部直径”设置为“20.0”。

☐“底部直径”设置为“20.0”。

☐“长度”设置为“80.0”。

设置完毕出现图 2—1—33 所示的图形。

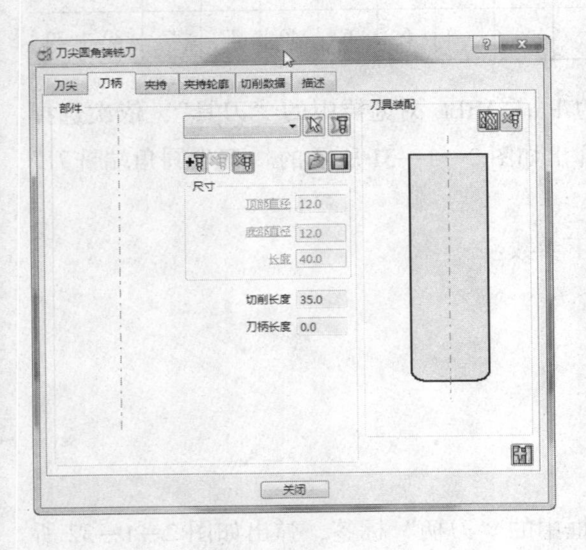

图 2—1—32　“刀柄”的选择

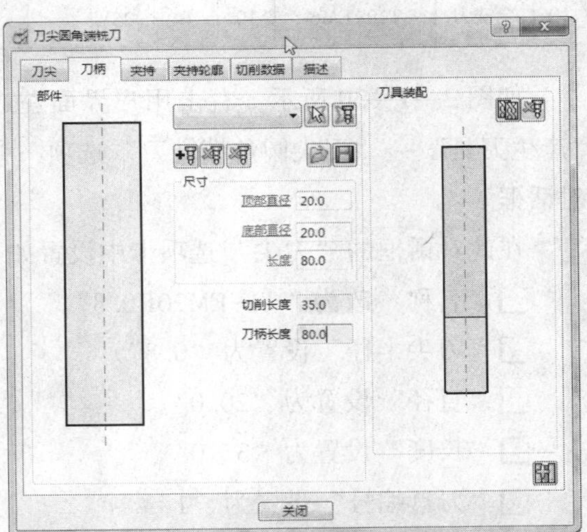

图 2—1—33　“刀柄”的设置

单击“刀尖圆角端铣刀”对话框中的“夹持”标签，弹出如图 2—1—34 所示的“夹持”选项卡。单击此选项卡中的“增加夹持部件”按钮，并在此选项卡中设置如下参数：

- ❑“顶部直径”设置为“42.0”。
- ❑“底部直径”设置为“42.0”。
- ❑“长度”设置为“80.0”。
- ❑“伸出”设置为“50.0”。

设置完毕出现图 2—1—35 所示的图形。

图 2—1—34 “夹持”的选择

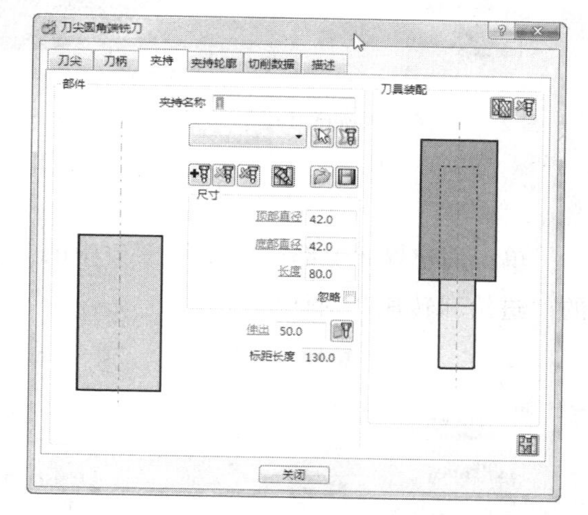

图 2—1—35 “夹持”的设置

单击“关闭”按钮。此时在用户界面左边的 PowerMILL 浏览器中将显示刚才设置的刀具“T1-EM20R0.8”，如图 2—1—36 所示。单击用户界面最右边“查看工具栏”中的“ISO1”按钮，用户工作区即显示如图 2—1—37 所示。

参照上述建立刀具的操作过程，按表 2—1—2 中的刀具几何参数创建剩余的刀具。设置完毕的 PowerMILL 浏览器变为图 2—1—38 所示（注：在建立铰刀“T8-RM12”时可以使用端铣刀）。

5. 进给率设置

如图 2—1—39 所示，右击用户界面左边 PowerMILL 浏览器中“刀具”标签内的“T1-EM20R0.8”，选择“激活”，使得在“T1-EM20R0.8”左边出现“>”符号，这表明“T1-EM20R0.8”刀具处于被激活状态。

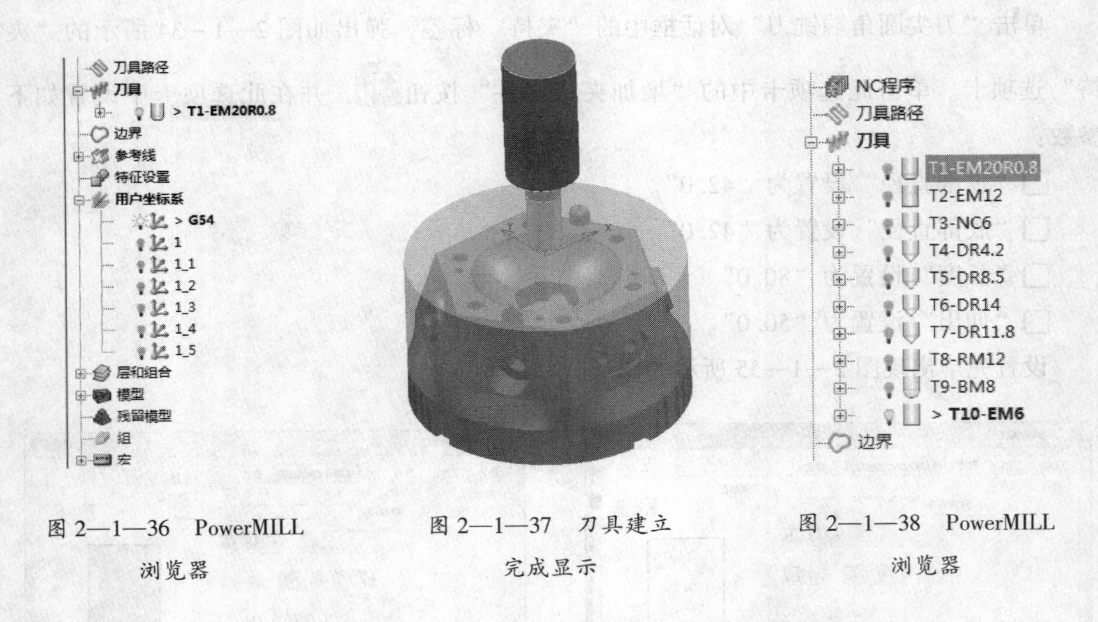

图 2—1—36　PowerMILL 浏览器

图 2—1—37　刀具建立完成显示

图 2—1—38　PowerMILL 浏览器

单击用户界面上部“主工具栏”中的“进给率”按钮，弹出如图 2—1—40 所示的“进给和转速”对话框。

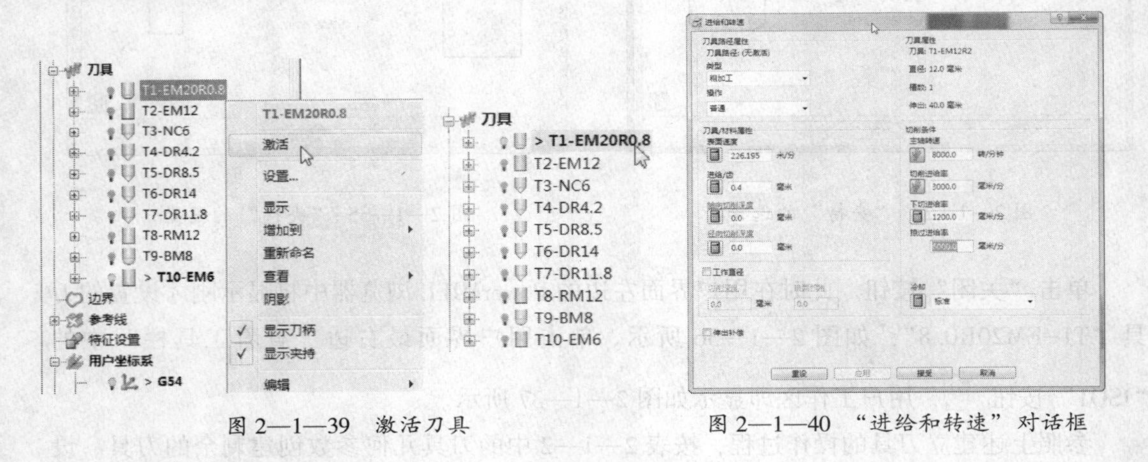

图 2—1—39　激活刀具

图 2—1—40　“进给和转速”对话框

在此对话框中按表 2—1—1 中的内容设置如下参数：

☐“主轴转速”设置为“8000.0”。

☐“切削进给率”设置为“3000.0”。

☐“下切进给率”设置为“1200.0”。

☐“掠过进给率”设置为“6000.0”。

设置完毕单击“接受”按钮，完成“T1-EM20R0.8”刀具进给率的设置。使用同样方法按表 2—1—1 中的参数设置剩下刀具的进给率。

6. 快进高度设置

单击用户界面上部“主工具栏”中的“快进高度”按钮，弹出如图 2—1—41 所示的“快进高度”对话框，在“用户坐标系”下拉列表框中选择“G54”。然后在此对话框中单击“计算”按钮，最后再单击“接受”按钮，完成快进高度的设置。

7. 加工开始点和结束点的设置

单击用户界面上部“主工具栏”中的“开始点和结束点”按钮，弹出如图 2—1—42 所示的“开始点和结束点”对话框。

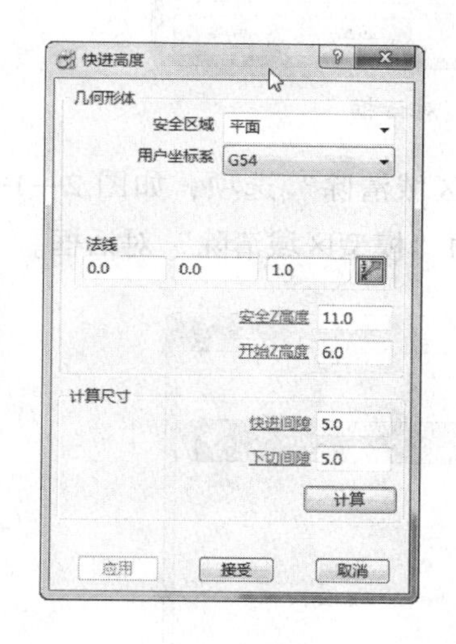

图 2—1—41 “快进高度”对话框

图 2—1—42 “开始点和结束点”对话框

在此对话框“开始点”和“结束点”选项卡的“使用”下拉列表框中都选择“毛坯中心安全高度”，最后单击“接受”按钮，完成加工开始点和结束点的设置。

单击用户界面最右边“查看工具栏”中的“ISO1”按钮，则模型变为如图 2—1—37 所示。

8. 创建刀具路径

（1）粗加工刀具路径的产生

如图 2—1—39 所示，右击用户界面左边 PowerMILL 浏览器中“刀具”标签内的“T1-EM20R0. 8”，选择“激活”，使得“T1-EM20R0. 8”刀具处于被激活状态。

单击用户界面上部“主工具栏”中的“刀具路径策略”按钮，弹出如图 2—1—43 所示的“策略选取器”对话框。

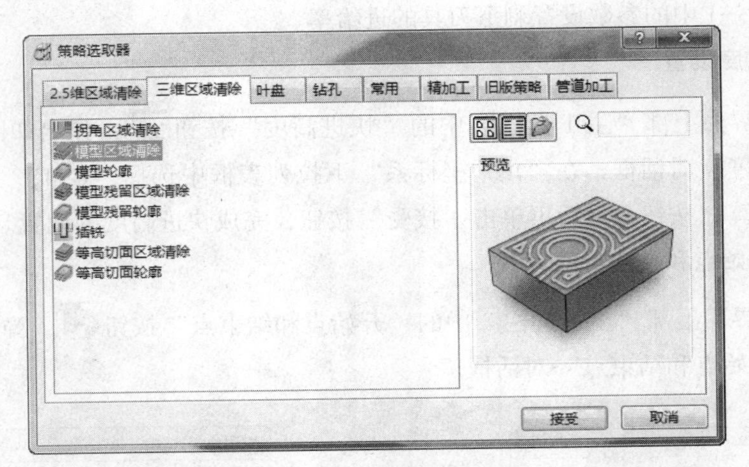

图 2—1—43 “策略选取器”对话框

单击“三维区域清除”标签，然后选择“模型区域清除”选项，如图 2—1—43 所示，单击“接受”按钮，将弹出如图 2—1—44 所示的“模型区域清除”对话框。

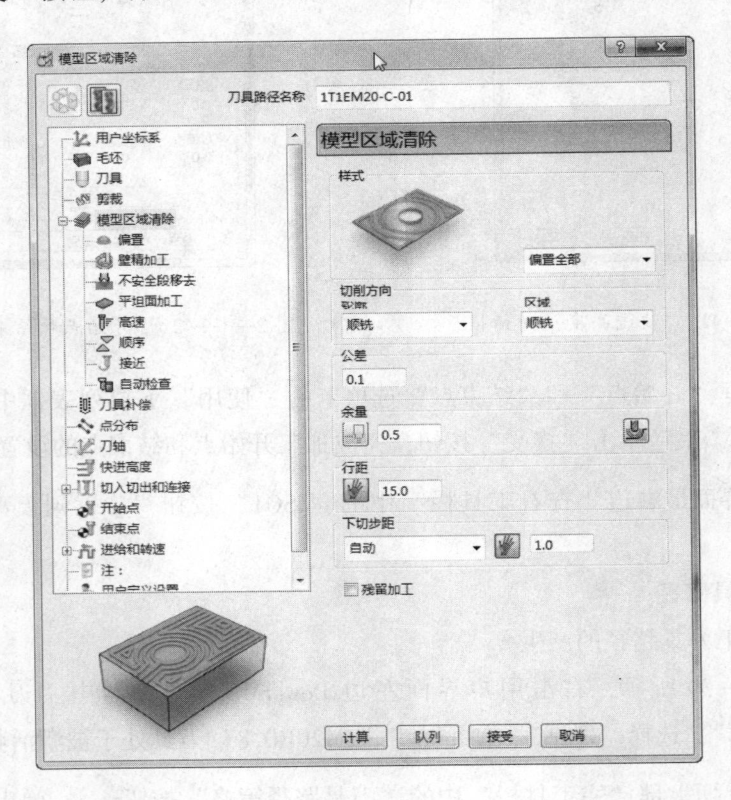

图 2—1—44 “模型区域清除”对话框

在此对话框中设置如下参数：

❑ “刀具路径名称”改为“1T1EM20-C-01”。

❑ 在“样式”下拉列表框中选择“偏置全部”。

❑ 在“切削方向”下拉列表框中全部选择“顺铣”。

❑ “公差”设置为“0.1”。

❑ “余量”设置为“0.5”。

❑ “行距”设置为“15.0”。

❑ 在“下切步距”下拉列表框中选择“自动”，参数设置为“1.0”。

在“模型区域清除”对话框中选择 用户坐标系 标签，打开“用户坐标系”选项卡，在“用户坐标系”下拉列表框中选择“G54”，如图2—1—45所示。

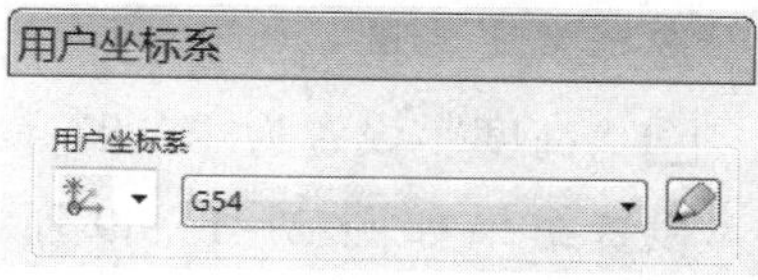

图2—1—45 用户坐标系选择

选择 刀具 标签，在刀具选择下拉列表框中选择刀具“T1-EM20R0.8”，如图2—1—46所示。

选择 剪裁 标签，在“剪裁”选项卡的毛坯“剪裁”下拉列表框中选择“允许刀具中心在毛坯以外”，如图2—1—47所示。

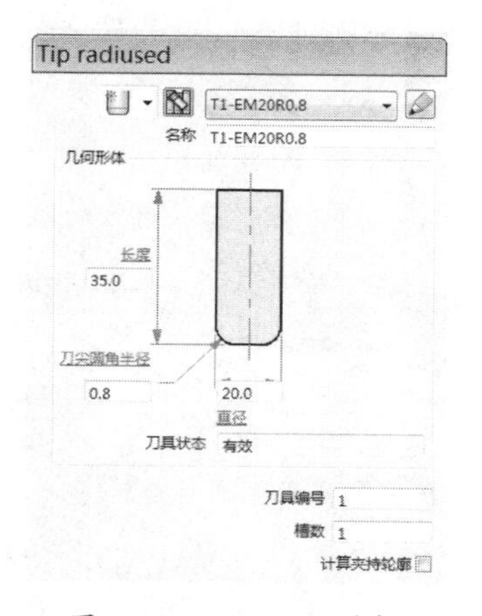

图2—1—46 刀具选择

图2—1—47 “剪裁”选择

选择 偏置 标签，在“偏置”选项卡中设置如下参数：

❑ 在“高级偏置设置”中选中“删除残留高度”复选框。

❑ 在“切削方向”下拉列表框中全部选择“顺铣”。

❑ 在“方向”下拉列表框中选择“由外向内”。

设置结果如图 2—1—48 所示。

选择 切入切出和连接 切入 标签中的“切入”标签。在“切入”选项卡的“第一选择”下拉列表框中选择“斜向”。这时可以选择“斜向选项”按钮 斜向选项... ，弹出“斜向切入选项”对话框，在此对话框中的“第一选择”选项卡中设置如下参数：

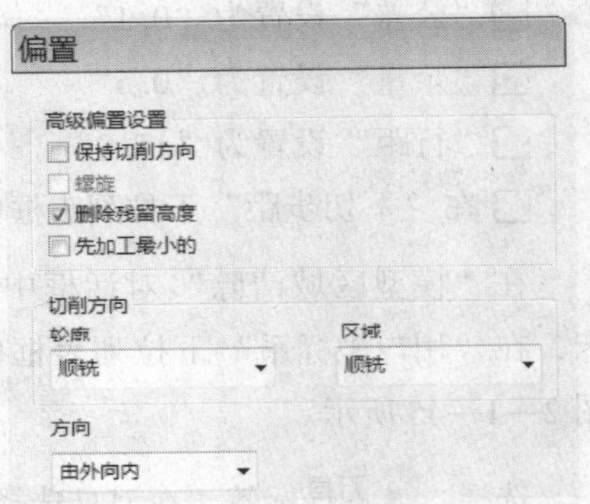

图 2—1—48 “偏置”参数设置

- “最大左斜角”设置为“3.0”。
- 在“沿着”下拉列表框中选择“刀具路径”。
- “圆圈直径”设置为“0.95”。
- 在“斜向高度”选项组的“类型”下拉列表框中选择“段增量”。
- “高度”设置为“3.0”。

设置结果如图 2—1—49 所示，然后单击“接受”按钮。

选择 刀轴标签。在“刀轴”选项卡的“刀轴”下拉列表框中选择“垂直”，如图 2—1—50 所示。

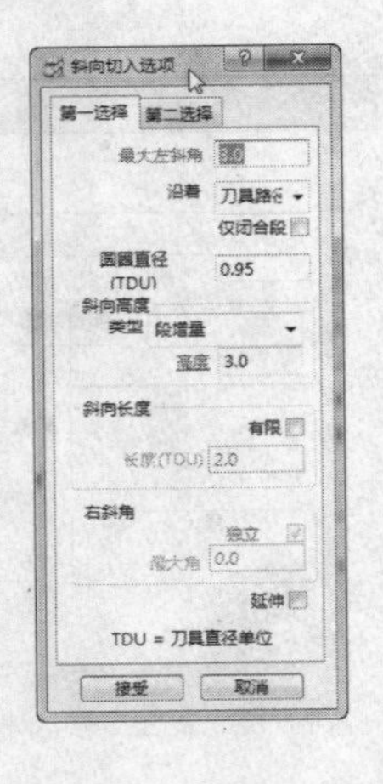

图 2—1—49 “斜向切入选项”参数设置

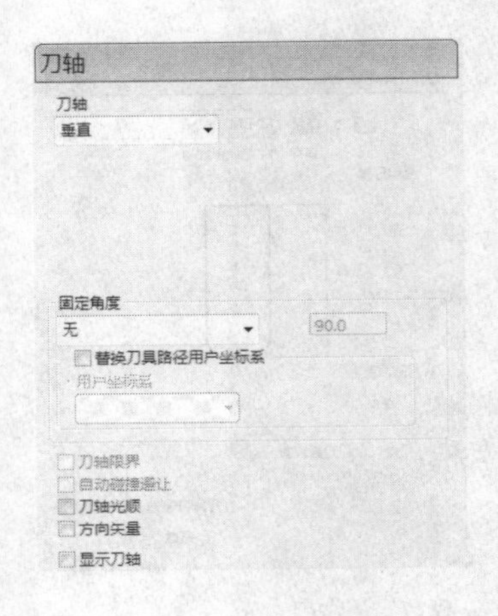

图 2—1—50 “刀轴”选项卡

“模型区域清除”对话框的其余参数保持默认，设置完毕单击“计算”按钮。刀具路径生成后单击“取消”按钮，接着单击用户界面最右边“查看工具栏”中的“ISO1”按钮，用户界面产生如图 2—1—51 所示的粗加工刀具路径。

（2）精加工刀具路径的产生

图 2—1—51　粗加工刀具路径

1）建立六棱锥侧壁精加工刀具路径。单击用户界面上部“主工具栏”中的“刀具路径策略”按钮，弹出如图 2—1—52 所示的“策略选取器”对话框。

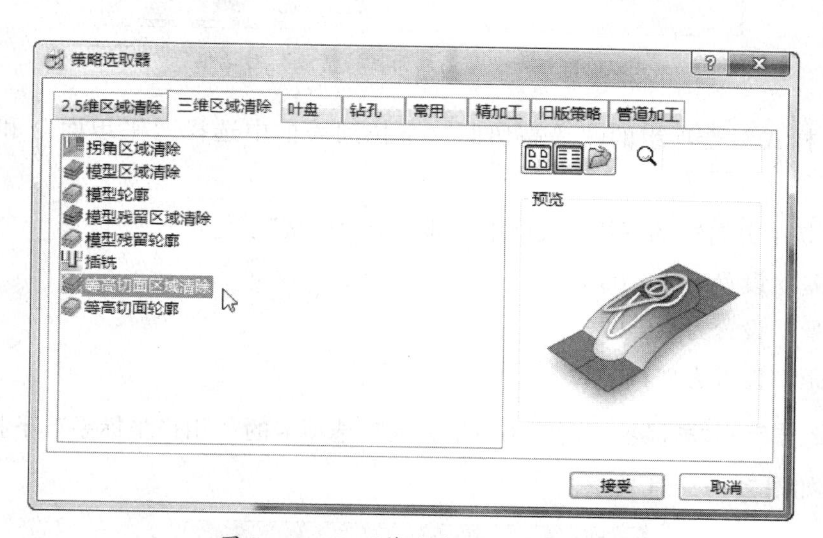

图 2—1—52　“策略选取器”对话框

单击“三维区域清除”标签，然后选择“等高切面区域清除”选项，如图 2—1—52 所示，单击“接受”按钮，将弹出如图 2—1—53 所示的“等高切面区域清除”对话框。在此对话框中设置如下参数：

❑“刀具路径名称”改为“2T1EM20-J-01”。

图 2—1—53 “等高切面区域清除”对话框

❑ 在“样式”选项组的“等高切面”下拉列表框中选择“平坦面”和“偏置模型”。

❑ 在“切削方向”的下拉列表框中全部选择“顺铣”。

❑“公差”设置为“0.03”。

❑“余量”设置为“0.0”。

❑“行距”设置为“11.0”。

选择 用户坐标系 标签，在“用户坐标系”选项卡的“用户坐标系”下拉列表框中选择“1”，如图 2—1—54 所示。

图 2—1—54 “用户坐标系”选择

打开 剪裁标签，在“剪裁”选项卡的毛坯“剪裁”下拉列表框中选择“允许刀具中心在毛坯之外”选项，如图2—1—55所示。

选择 刀具标签，在刀具选择下拉列表框中选择刀具“T1-EM20R0.8”。

选择 偏置标签，在“偏置”选项卡中设置如下参数：

- 在“高级偏置设置”中选中“删除残留高度”复选框。
- 在“切削方向”下拉列表框中全部选择“顺铣”。

设置结果如图2—1—56所示。

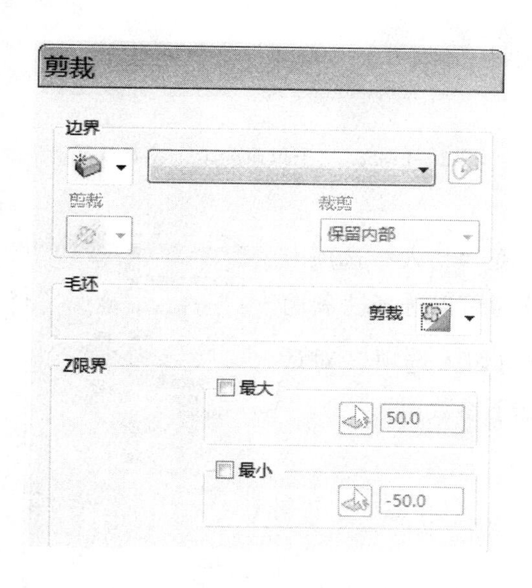

图2—1—55 “剪裁”选项选择

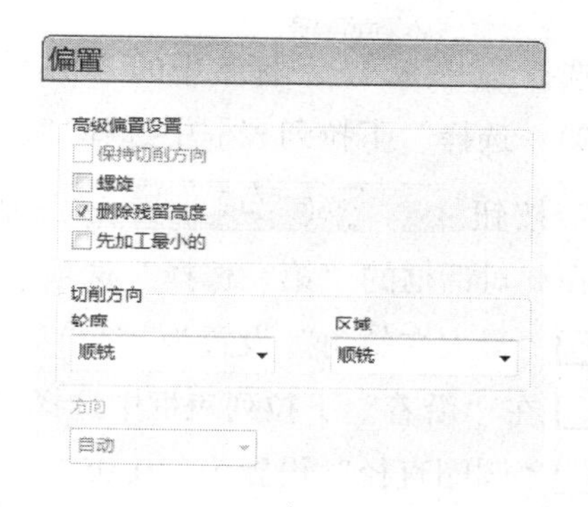

图2—1—56 “偏置”参数设置

单击“等高切面区域清除”标签下的“平坦面加工”标签，如图2—1—57所示，打开“平坦面加工”选项卡，如图2—1—58所示，激活“多重切削”选项，激活状态为在其左边打上“✓”。在此选项卡中设置如下参数：

- “切削次数”设置为“2”。
- “下切步距”设置为“0.2”。
- “最后下切”设置为“0.2”。
- “限界”设置为“2.0”。

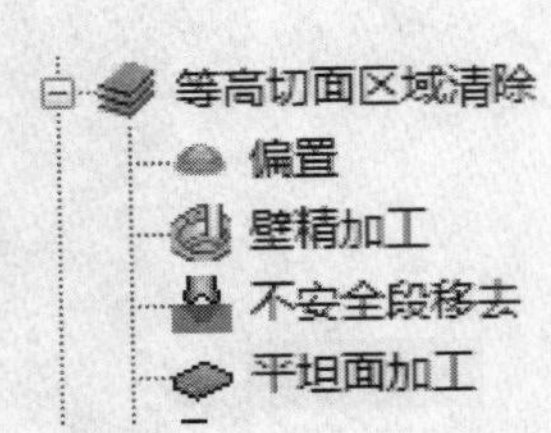

图 2—1—57　选择“平坦面加工”

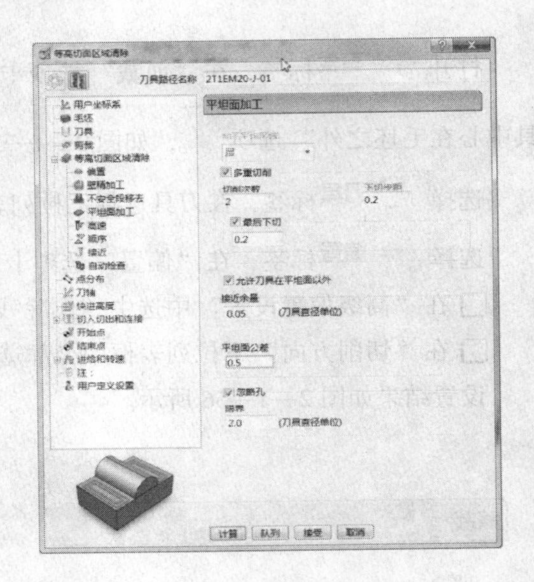

图 2—1—58　“平坦面加工”参数设置

选择 切入切出和连接 切入 标签中的“切入”标签。在“切入”选项卡的“第一选择”下拉列表框中选择“斜向”。这时可以选择“斜向选项”按钮 斜向选项... ，弹出“斜向切入选项”对话框，在此对话框的“第一选择”选项卡中设置如下参数：

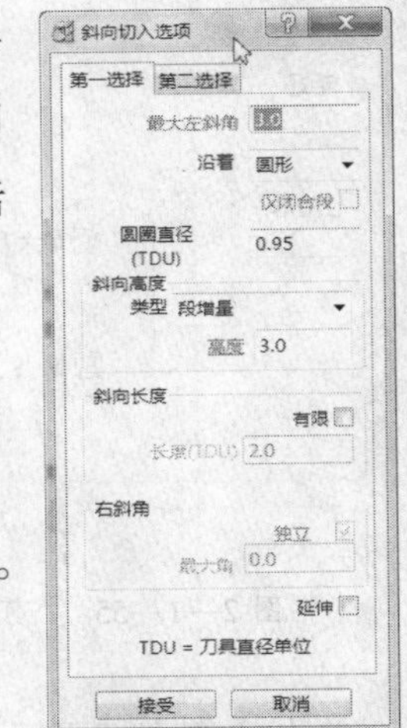

图 2—1—59　“斜向切入选项”参数设置

- “最大左斜角”设置为“3.0”。
- 在“沿着”下拉列表框中选择“圆形”。
- “圆圈直径”设置为“0.95”。
- 在“斜向高度”选项组的“类型”下拉列表框中选择“段增量”。
- “高度”设置为“3.0”。

设置结果如图 2—1—59 所示，然后单击“接受”按钮。

选择 刀轴标签。在“刀轴”选项卡的“刀轴”下拉列表框中选择“垂直”，如见图2—1—60所示。

选择 快进高度标签，在“快进高度”选项卡中设置如下参数：

- 在“安全区域”下拉列表框中选择“平面”。
- 在“用户坐标系”下拉列表框中选择“1”。
- “安全 Z 高度”设置为“50.0”。
- “开始 Z 高度”设置为“20.0”。

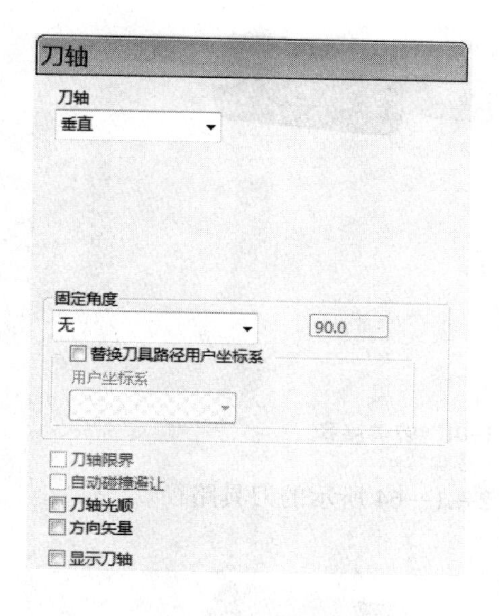

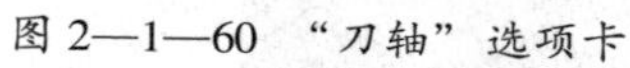
图 2—1—60 “刀轴”选项卡

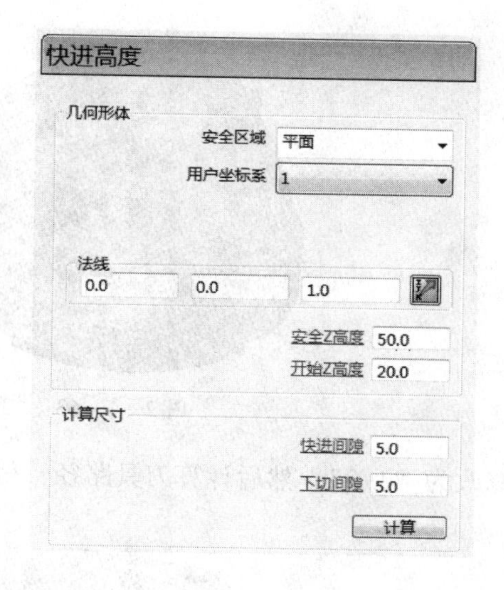

图 2—1—61 “快进高度”参数设置

设置结果如图 2—1—61 所示。

“等高切面区域清除”对话框的其余参数保持默认，设置完毕单击“计算”按钮。刀具路径生成后单击“取消”按钮，接着单击用户界面最右边“查看工具栏”中的“ISO1”按钮，用户界面产生如图 2—1—62 所示的刀具路径。

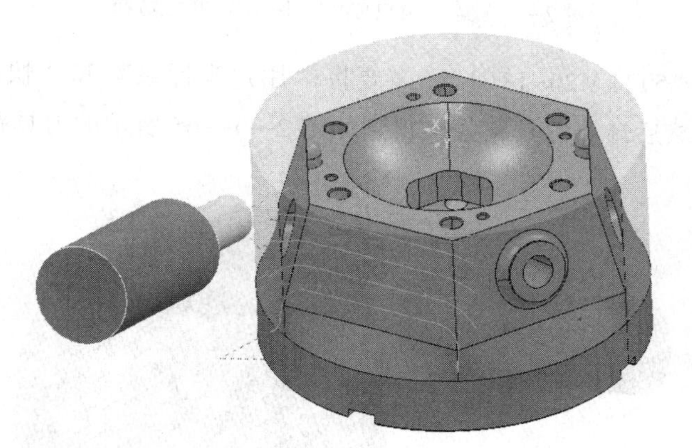

图 2—1—62 “2T1EM20-J-01”刀具路径

按照上述方法建立刀具路径“3T1EM20-J-01”，需要将“用户坐标系”和“快进高度”中的坐标系修改为“1_2”，然后计算刀具路径，得到如图 2—1—63 所示的刀具路径。

建立刀具路径“4T1EM20-J-01”，需要将“用户坐标系”和“快进高度”中的坐标

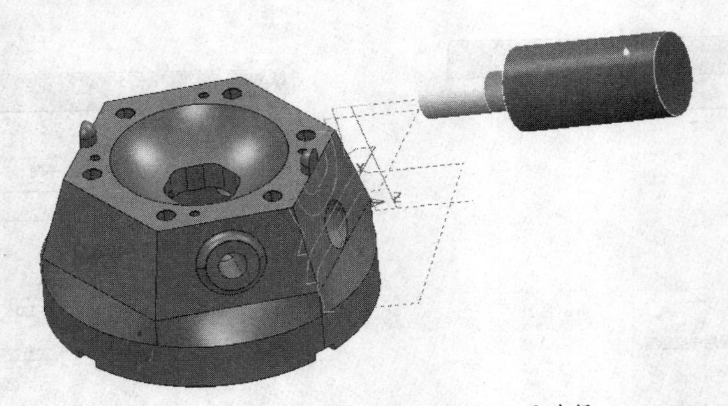

图 2—1—63 “3T1EM20-J-01” 刀具路径

系修改为“1_3”，然后计算刀具路径，得到如图 2—1—64 所示的刀具路径。

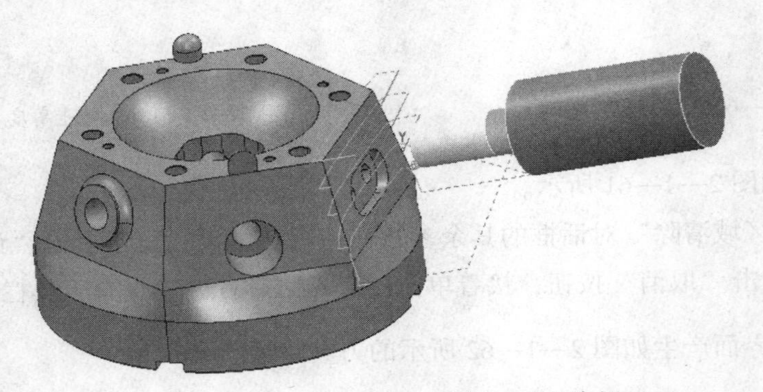

图 2—1—64 “4T1EM20-J-01” 刀具路径

建立刀具路径“5T1EM20-J-01”，需要将“用户坐标系”和“快进高度”中的坐标系修改为“1_5”，然后计算刀具路径，得到如图 2—1—65 所示的刀具路径。

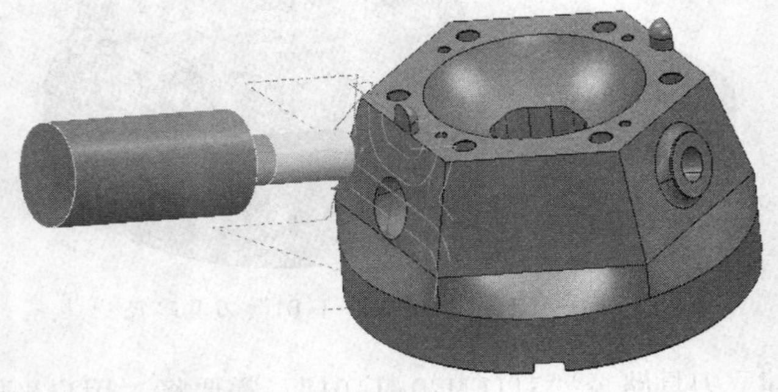

图 2—1—65 “5T1EM20-J-01” 刀具路径

建立刀具路径“6T10EM6-J-01”，需要将“用户坐标系”和“快进高度”中的坐标系修改为“1_1”，刀具选择“T10-EM6”，“等高切面区域清除”对话框中的“行距”设置为“4.0”，然后计算刀具路径，得到如图 2—1—66 所示的刀具路径。

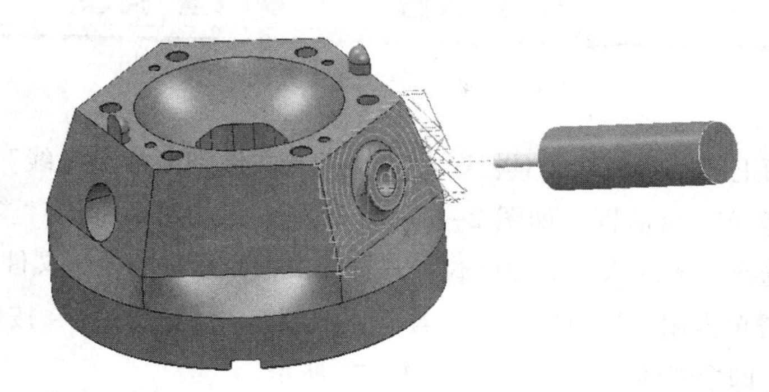

图 2—1—66 “6T10EM6-J-01”刀具路径

建立刀具路径“7T10EM6-J-01”，需要将“用户坐标系”和“快进高度”中的坐标系修改为“1_4”，刀具选择“T10-EM6”，“等高切面区域清除”对话框中的“行距”设置为“4.0”，然后计算刀具路径，得到如图 2—1—67 所示的刀具路径。

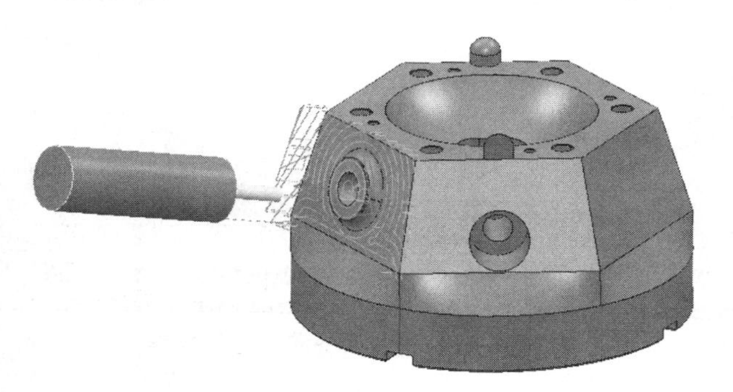

图 2—1—67 “7T10EM6-J-01”刀具路径

2）建立六边形凹槽精加工刀具路径

①单击下拉菜单“查看”→“工具栏”→“参考线”命令，打开“参考线工具栏”，如图 2—1—68 所示。

图 2—1—68 “参考线工具栏”

②创建凹槽程序使用参考线。单击用户界面上部“参考线工具栏”中的“产生参考线”按钮，系统即产生一个名称为“1”、内容空白的参考线，如图 2—1—69 所示。

图 2—1—69　产生参考线“1”

单击用户界面上部“参考线工具栏”中的“插入文件到激活参考线”图标，系统将弹出“打开参考线”对话框，如图 2—1—70 所示。在此对话框内“文件类型（T）”的下拉列表框中选择“＊. dgk”文件格式，并打开本书光盘中的模型文件“基座——参考线-01. dgk”。接着单击用户界面最右边“查看工具栏”中的“ISO1”按钮，用户界面中将出现六边形，即参考线“1”，如图 2—1—71 所示。

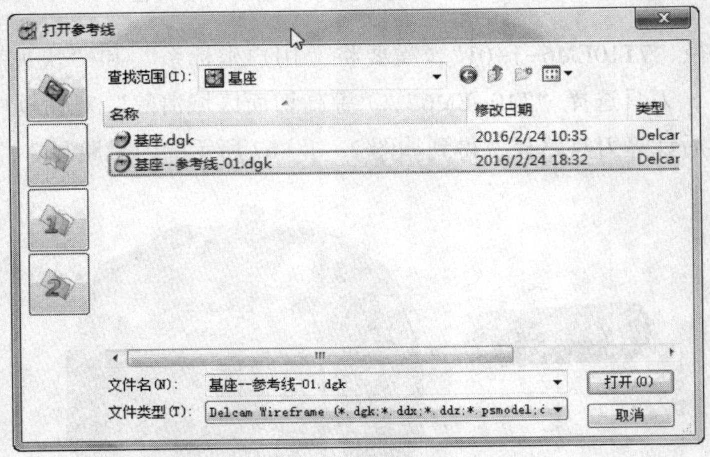

图 2—1—70　“打开参考线”对话框

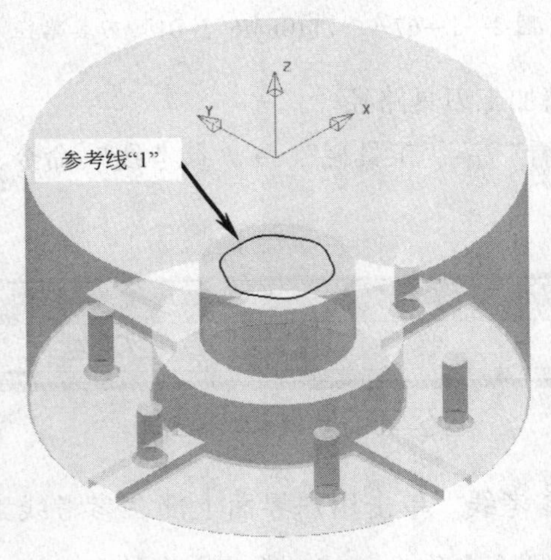

图 2—1—71　参考线“1”

③ 创建凹槽程序。单击用户界面上部“主工具栏”中的“刀具路径策略”按钮，弹出如图 2—1—72 所示的“策略选取器”对话框。

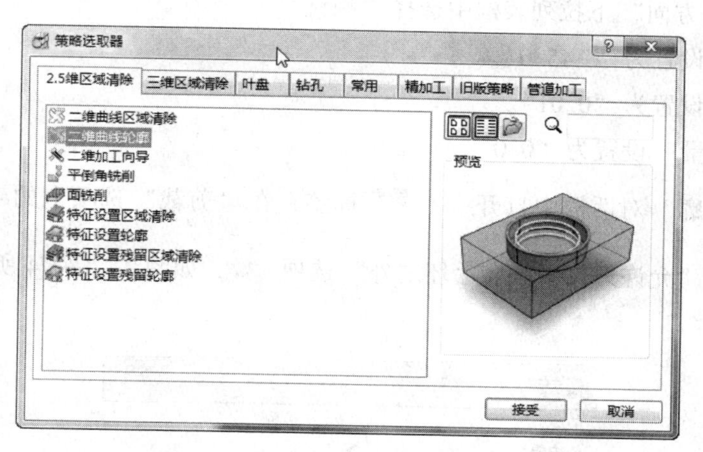

图 2—1—72 “策略选取器”对话框

单击“2. 5 维区域清除”标签，然后选择“二维曲线轮廓”选项，如图 2—1—72 所示，单击“接受”按钮，将弹出如图 2—1—73 所示的“曲线轮廓”对话框。在此对话框中设置如下参数：

图 2—1—73 “曲线轮廓”对话框

- ❑“刀具路径名称”改为“8T2EM12-J-01”。
- ❑在“曲线定义”下拉列表框中选择“1”。
- ❑在“切削方向”下拉列表框中选择“顺铣”。
- ❑“下限”设置为“-45.0”。
- ❑“公差”设置为“0.01”。
- ❑“曲线余量”设置为“0.0”。

在“曲线轮廓”对话框中打开 剪裁 标签，在“剪裁”选项卡的毛坯“剪裁”下拉列表框中选择“允许刀具中心在毛坯之外”选项，如图 2—1—74 所示。

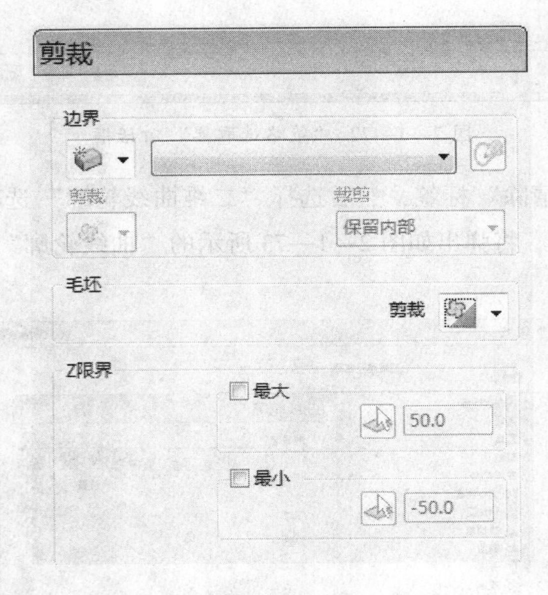

图 2—1—74 “剪裁”选项选择

选择 用户坐标系 标签，在“用户坐标系”选项卡的“用户坐标系”下拉列表框中选择“G54”，如图 2—1—75 所示。

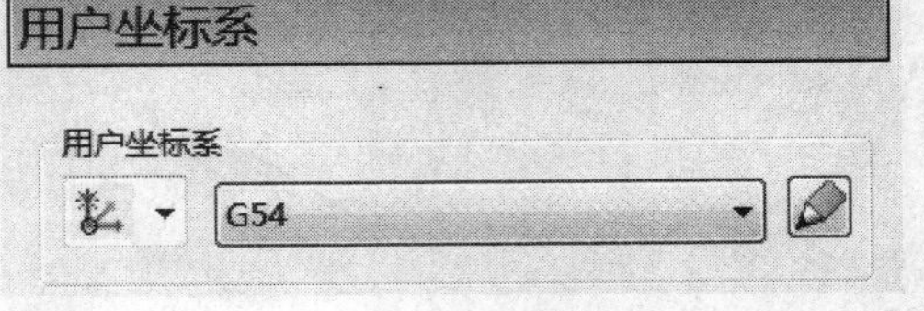

图 2—1—75 “用户坐标系”选择

选择 刀具 标签，在刀具选择下拉列表框中选择刀具“T2-EM12”，如图 2—1—76 所示。

单击 曲线轮廓 切削距离 标签中的“切削距离”标签，打开“切削距离”选项卡，如图 2—1—77 所示，在此选项卡中设置如下参数：

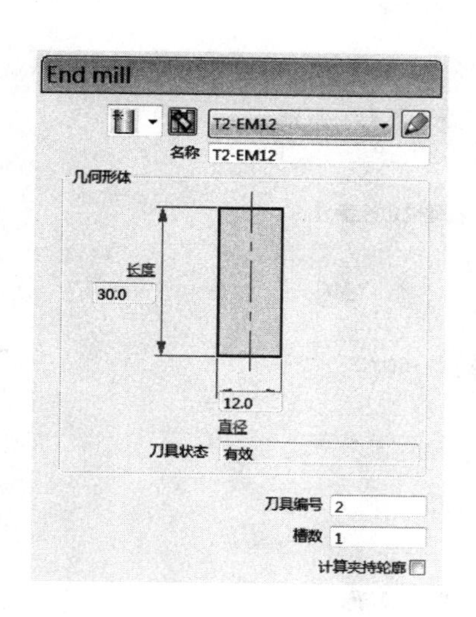

图 2—1—76　刀具选择

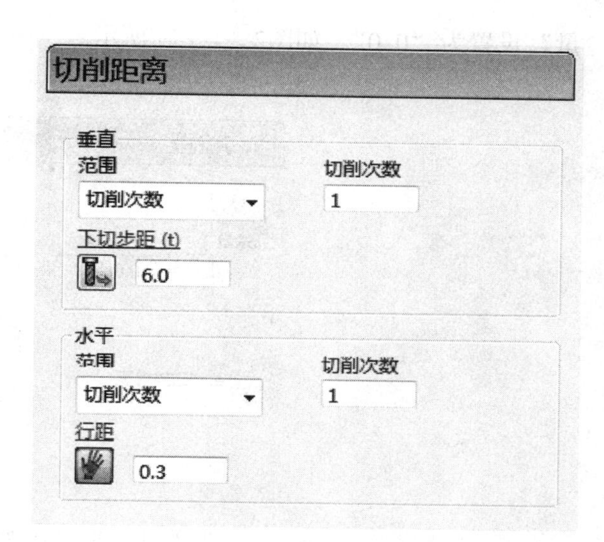

图 2—1—77　“切削距离”参数设置

❑ 在“垂直”选项组的“范围”下拉列表框中选择“切削次数”。

❑ “垂直”选项组的“切削次数”设置为“1”。

❑ “垂直”选项组的“下切步距”设置为“6.0”。

❑ 在“水平”选项组的“范围”下拉列表框中选择“切削次数”。

❑ “水平”选项组的“切削次数”设置为“1”。

❑ “水平”选项组的“行距”设置为“0.3”。

单击“曲线轮廓”标签下的“精加工”标签 精加工，打开“精加工”选项卡，参数设置如图2—1—78 所示。

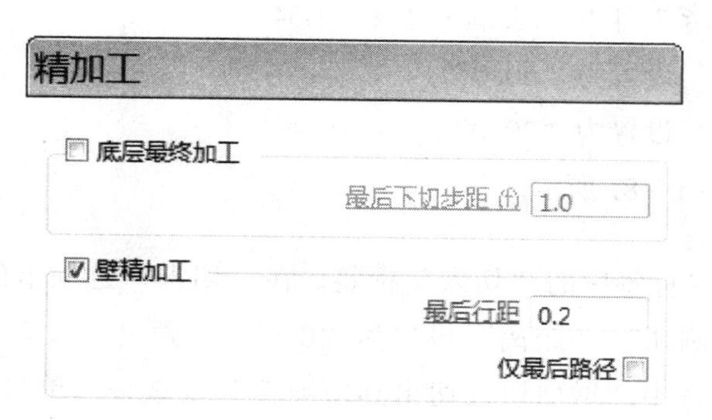

图 2—1—78　“精加工”参数设置

单击“曲线轮廓”标签下的“自动检查”标签，打开“自动检查”选项卡，将“余量”设置为“0.0”，如图2—1—79 所示。

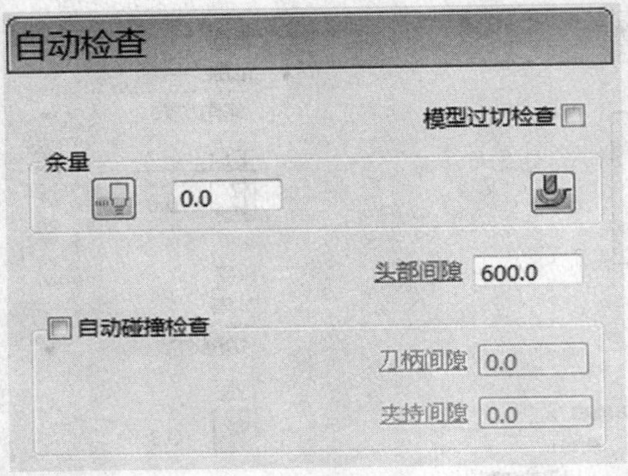

图 2—1—79 “自动检查”参数设置

在“曲线轮廓”对话框的“曲线定义”选项组单击“交互修改加工段”按钮，调出“编辑加工段”工具栏，同时在绘图区系统会显示出刀具与曲线的位置关系及铣削方向，如图 2—1—80 所示。如果刀具位于曲线的外侧，单击“反转加工侧”按钮，将刀具置于曲线内侧图 2—1—80 所示的位置。单击“接受改变完成编辑”按钮，退出“编辑加工段”环境。

选择 刀轴标签。在“刀轴”选项卡的“刀轴”下拉列表框中选择“垂直”。

选择 快进高度标签，在“快进高度”选项卡中设置如下参数：

- 在“安全区域”下拉列表框中选择“平面”。
- 在“用户坐标系”下拉列表框中选择“G54”。
- “安全 Z 高度”设置为“50.0”。
- “开始 Z 高度”设置为“20.0”。

设置结果如图 2—1—81 所示。

选择 切入切出和连接 切入 标签中的“切入”标签。在“切入”选项卡的“第一选择”下拉列表框中选择“水平圆弧”，“距离”设置为“0.0”，“角度”设置为“90.0”，“半径”设置为“5.0”，并且选中“增加切入切出到短连接”复选框。单击“切出和切入相同”按钮，把“切入”的参数全部复制给“切出”，如图 2—1—82 所示。单击“连接”标签，在“连接”选项卡的“短”和“长”下拉列表框中都选择“掠过”，“缺省”下拉

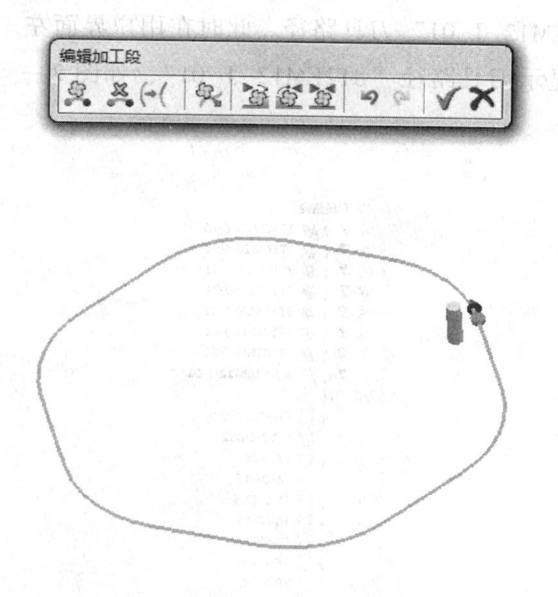

图 2—1—80　正确的铣削方向

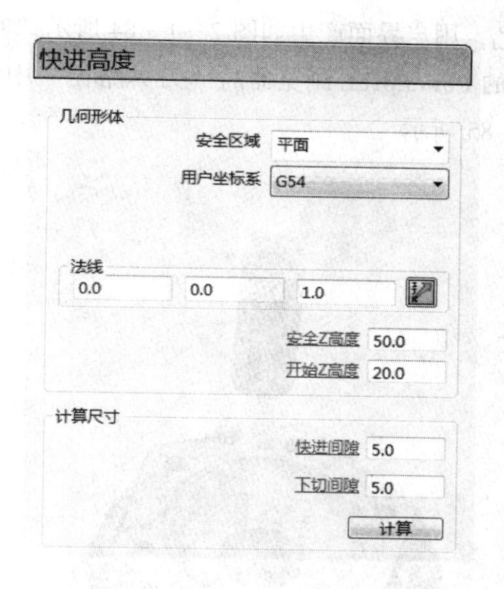

图 2—1—81　“快进高度”参数设置

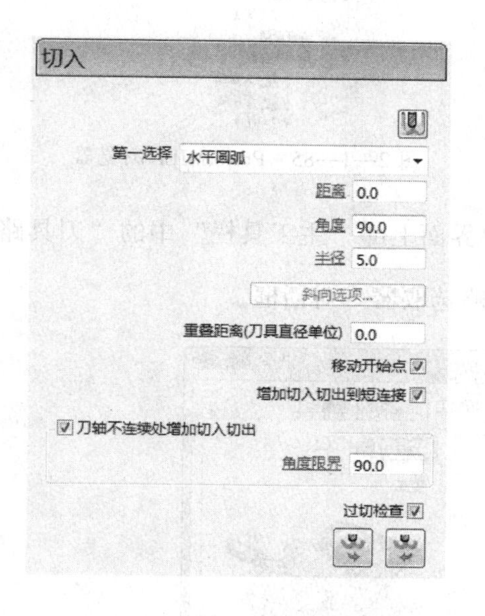

图 2—1—82　“切入”选项卡

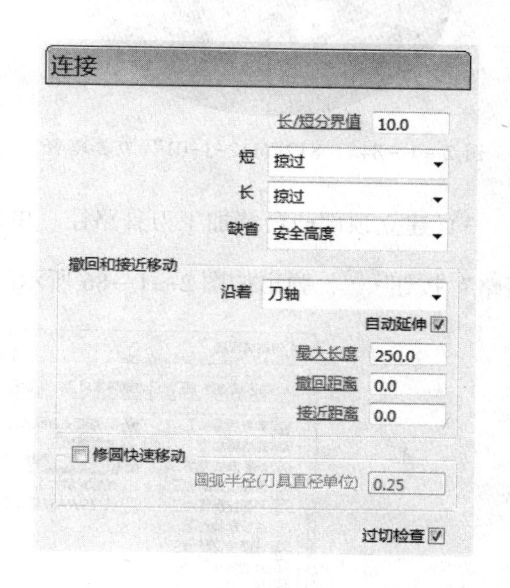

图 2—1—83　“连接”选项卡

列表框中选择“安全高度”，如图 2—1—83 所示。

“曲线轮廓”对话框的其余参数保持默认，设置完毕单击“计算”按钮。刀具路径生成后单击“取消”按钮，接着单击用户界面最右边“查看工具栏”中的“ISO1”按钮，用户界面产生如图 2—1—84 所示“8T2EM12-J-01”刀具路径。此时在用户界面左边的 PowerMILL 浏览器的“刀具路径”中将显示刀具路径“8T2EM12-J-01”，如图 2—1—85 所示。

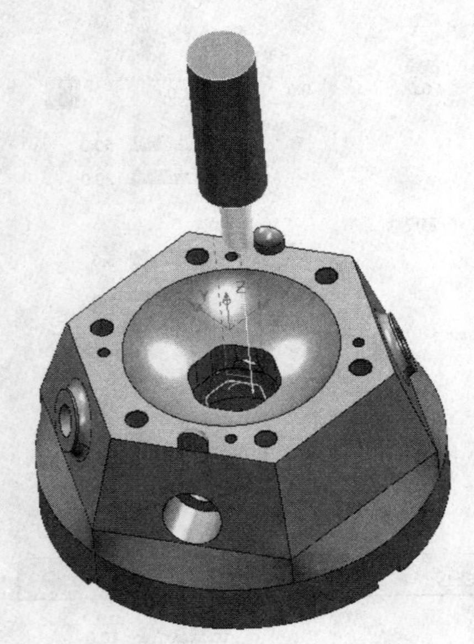

图 2—1—84 “8T2EM12-J-01”刀具路径

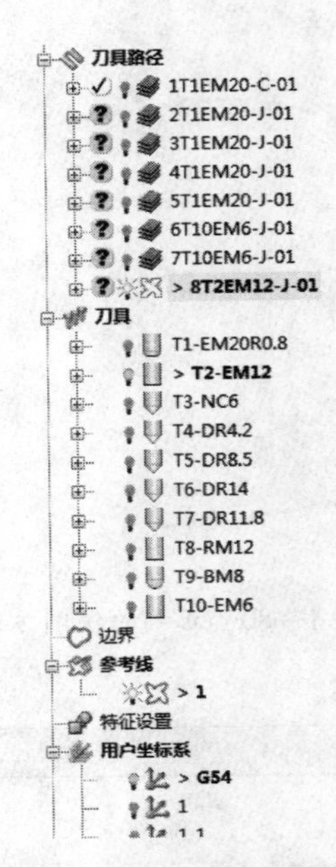

图 2—1—85 PowerMILL 浏览器

3）建立顶部凸台精加工刀具路径。单击用户界面上部“主工具栏”中的“刀具路径策略”按钮，弹出如图 2—1—86 所示的“策略选取器”对话框。

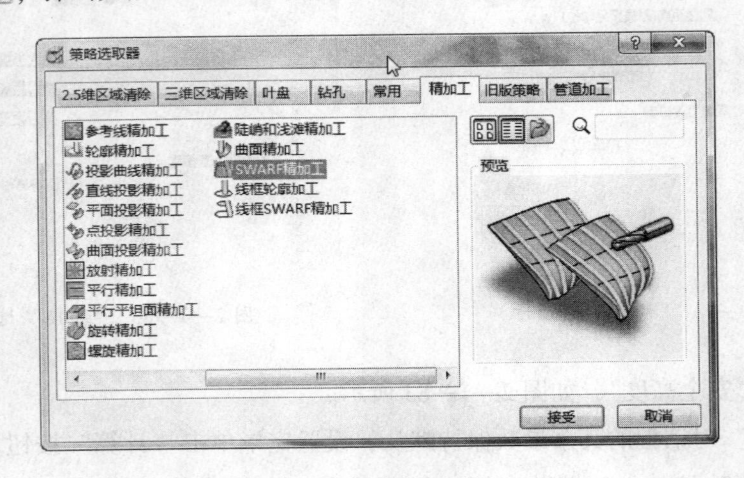

图 2—1—86 “策略选取器”对话框

单击“精加工”标签，然后选择“SWARF 精加工”选项，如图 2—1—86 所示，单击“接受”按钮，将弹出如图 2—1—87 所示的“SWARF 精加工”对话框。在此对话框中设置如下参数：

❑“刀具路径名称”改为“9T2EM12-J-01”。

❑ 在“曲面侧”下拉列表框中选择“外”。

❑ 在“切削方向”下拉列表框中选择“顺铣”。

❑“公差”设置为“0. 01”。

❑“余量”设置为“0. 0”。

图 2—1—87 “SWARF 精加工”对话框

在“SWARF 精加工”对话框中，选择 用户坐标系 标签，在“用户坐标系”选项卡的“用户坐标系”下拉列表框中选择“G54”。

选择 刀具 标签，在刀具选择下拉列表框中选择刀具“T2-EM12”。

选择“SWARF 精加工”标签下的 多重切削 标签，在“多重切削”选项卡中设置如下参数：

❑ 在“方式”下拉列表框中选择“关”。

❑ 在“排序方式”下拉列表框中选择“范围”。

❑ 在“上限”下拉列表框中选择“顶部”。

❑“偏置”设置为“0.0”，如图 2—1—88 所示。

选择 切入切出和连接 切入 标签中的“切入”标签。在“切入”选项卡的“第一选择”下拉列表框中选择“水平圆弧”。“角度”设置为“90.0”，“半径”设置为“5.0”，并且选中“增加切入切出到短连接”复选框，单击“切出和切入相同”按钮，把“切入”的参数全部复制给“切出”，如图 2—1—89 所示。单击“连接”标签，在“连接”选项卡的“短”下拉列表框中选择“掠过”，“长”与“缺省”下拉列表框中都选择“相对”，如图 2—1—90 所示。

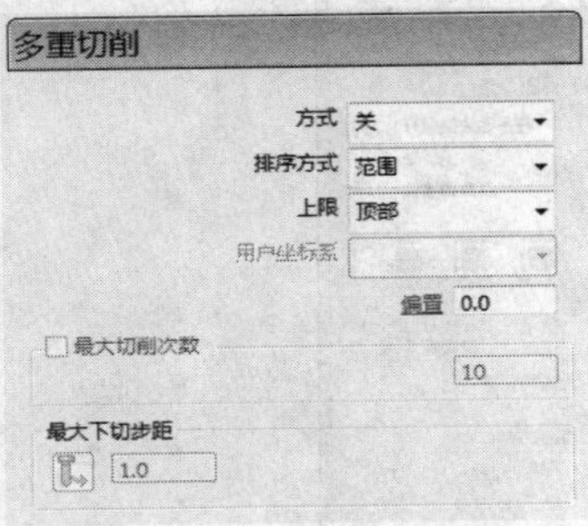

图 2—1—88 “多重切削”参数设置

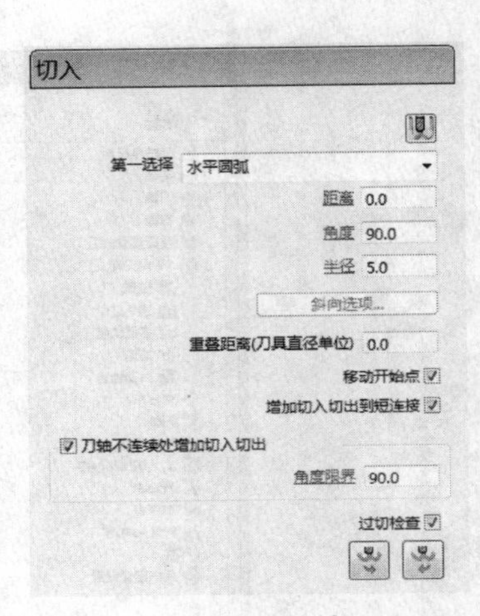

图 2—1—89 “切入”选项卡

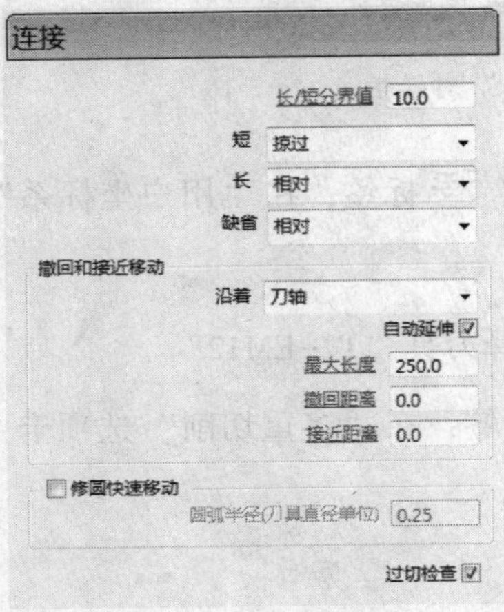

图 2—1—90 “连接”选项卡

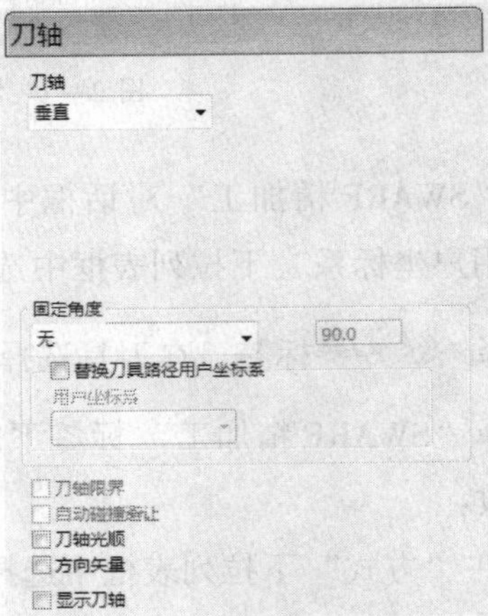

图 2—1—91 “刀轴”选项卡

选择 刀轴标签，在“刀轴”选项卡的“刀轴”下拉列表框中选择“垂直”，如图2—1—91 所示。

按住键盘上的“Shift”键，在用户界面中分别选取图 2—1—92 所示的顶部凸台上的 4 个曲面（每个凸台 2 个曲面）。

“SWARF 精加工”对话框的其余参数保持默认，设置完毕单击“计算”按钮。刀具路径生成后单击“取消”按钮，接着单击用户界面最右边“查看工具栏”中的“ISO1”按钮，用户界面产生如图 2—1—93 所示的顶部凸台精加工刀具路径。

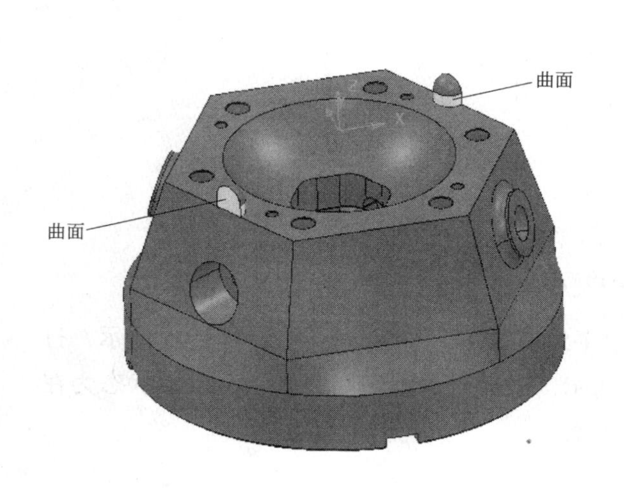

图 2—1—92　选取顶部凸台上的 4 个曲面

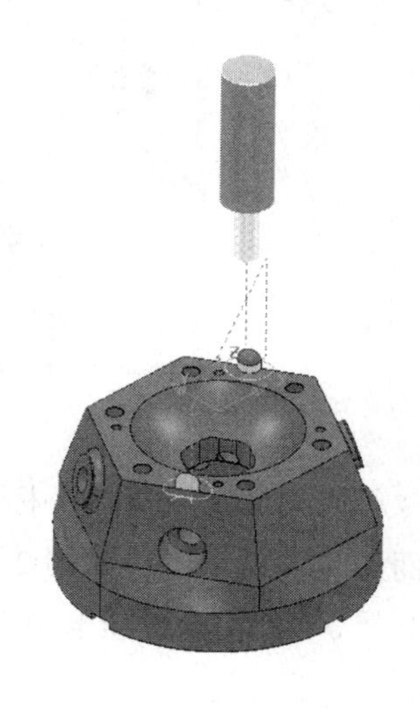

图 2—1—93　“9T2EM12-J-01”刀具路径

4）建立顶部平面精加工刀具路径。单击用户界面上部“主工具栏”中的“刀具路径策略”按钮，打开“策略选取器”对话框，选择“三维区域清除”标签，在该标签中选择“等高切面区域清除”选项，单击“接受”按钮，打开“等高切面区域清除”对话框，如图 2—1—94 所示，在此对话框中设置如下参数：

❑“刀具路径名称”改为“10T2EM12-J-01”。

❑ 在“等高切面”下拉列表框中选择“平坦面”和“偏置全部”。

❑ 在“切削方向”下拉列表框中全部选择“顺铣”。

❑“公差”设置为“0. 05”。

❑“余量”设置为“0. 0”。

❑“行距”设置为“8. 0”。

“用户坐标系”选择“G54”。刀具选择“T2-EM12”。

图 2—1—94 “等高切面区域清除”对话框

单击“等高切面区域清除”标签下的“平坦面加工”标签，如图 2—1—95 所示，打开“平坦面加工”选项卡，如图 2—1—96 所示，激活“多重切削”选项，激活状态为在其左边打上“✓”。在此选项卡中设置如下参数：

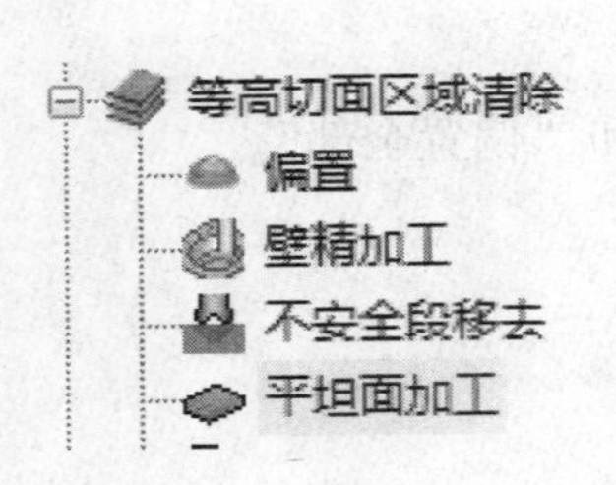

图 2—1—95 选择“平坦面加工”

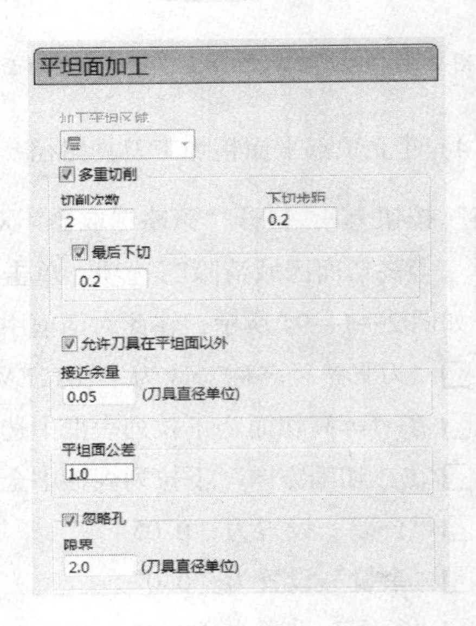

图 2—1—96 “平坦面加工”参数设置

❑“切削次数”设置为“2”。

❑“下切步距”设置为“0.2”。

❑“最后下切”设置为“0.2”。

“快进高度”中的坐标系选择“G54”。

选择 切入切出和连接 切入 标签中的“切入”标签。在“切入”和“切出”的“第一选择”下拉列表框中都选择“无”。在“连接”选项卡的“短”下拉列表框中选择“掠过”，“长”与“缺省”下拉列表框中都选择“相对”。

单击“计算”按钮，系统开始计算“10T2EM12-J-01”刀具路径。单击“取消”按钮，关闭“等高切面区域清除”对话框。用户界面产生如图2—1—97所示的顶部平面精加工刀具路径。

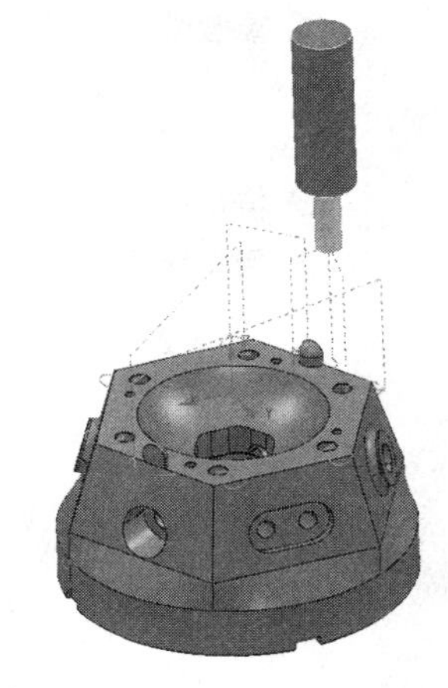

图2—1—97 “10T2EM12-J-01”刀具路径

5）创建侧壁凹槽精加工刀具路径

①建立侧壁凹槽加工用参考线。在PowerMILL浏览器中右击“参考线”，在弹出的快捷菜单中选择“产生参考线”，如图2—1—98所示。这时系统即产生一个名称为“2”、内容空白的参考线，如图2—1—99所示。双击“参考线”，将它展开。右击参考线“2”，在弹出的快捷菜单中选择“曲线编辑器”，如图2—1—100所示。调出“曲线编辑器”工具栏，如图2—1—101所示。在“曲线编辑器”工具栏中单击“获取曲线”按钮，系统弹出“获取”工具栏，如图2—1—102所示。在绘图区选取图2—1—103所示箭头所指的平面。在“获取”工具栏中单击按钮，完成曲线获取。接着单击用户界面最右边

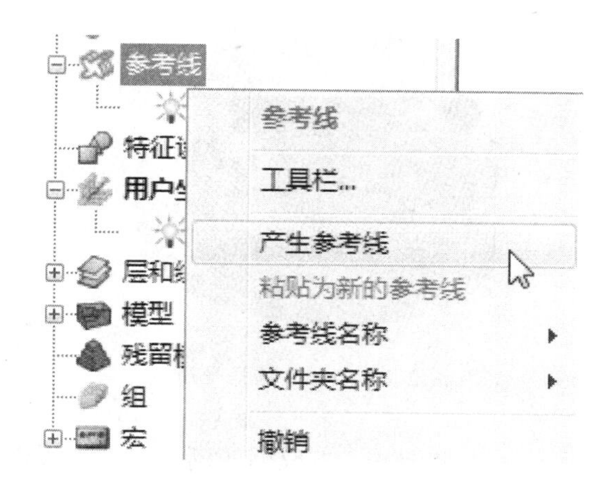

图2—1—98 创建参考线

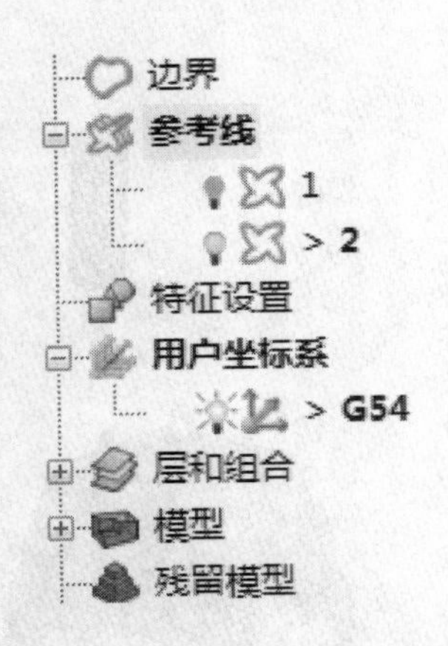

图 2—1—99 参考线显示

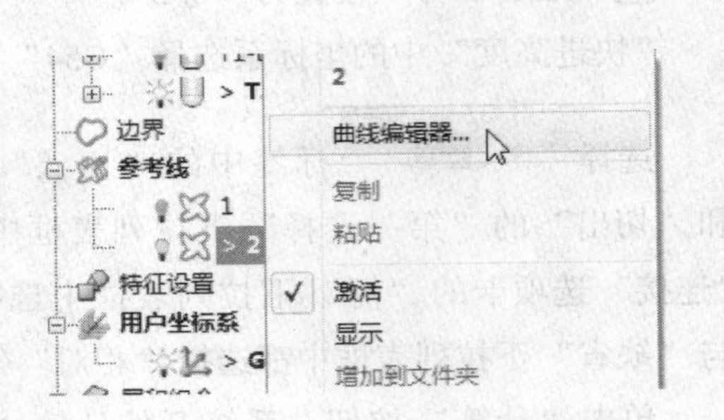

图 2—1—100 进入参考线“曲线编辑器”

图 2—1—101 “曲线编辑器”工具栏

图 2—1—102 “获取”工具栏

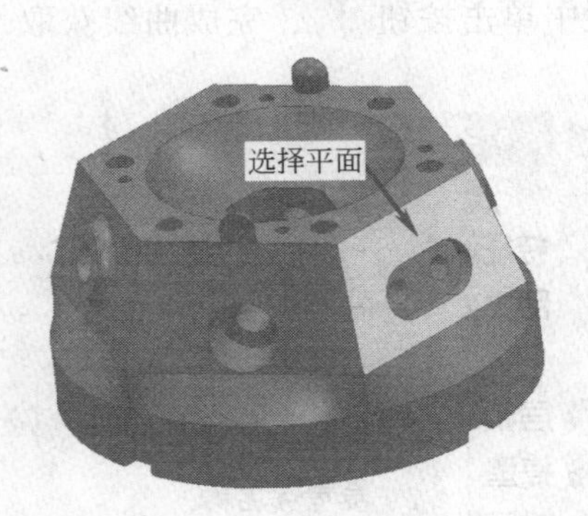

图 2—1—103 选择平面

“查看工具栏”中的“普通阴影”按钮，取消激活“普通阴影”显示，结果如图 2—1—104 所示。

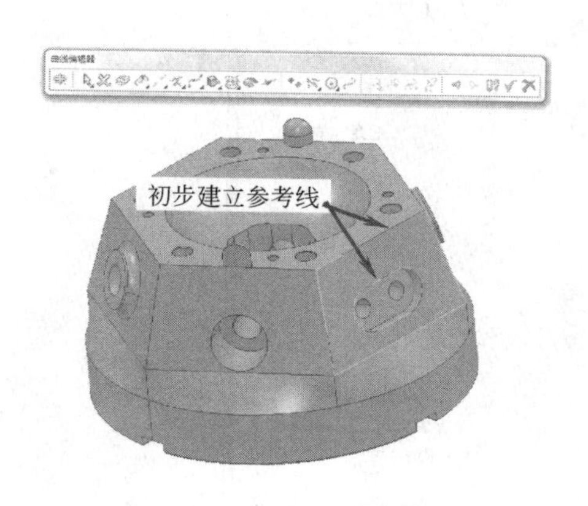

图 2—1—104　初步建立参考线

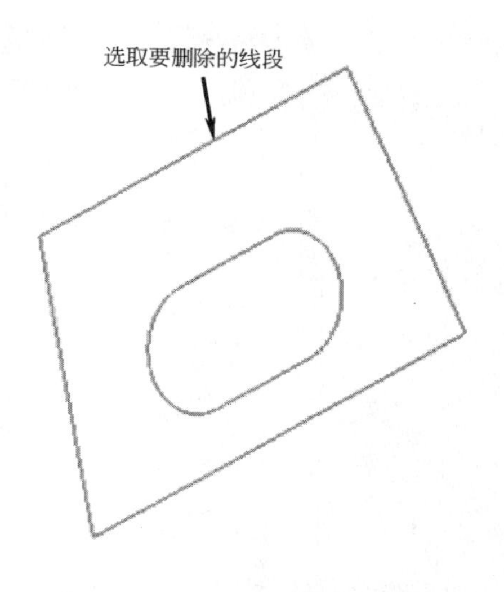

图 2—1—105　选取要删除的线段

在图 2—1—105 中，箭头所指的线段需要删除。在绘图区中使用鼠标左键选择它，然后在“曲线编辑器”工具栏中单击“删除已选几何元素”按钮将其删除。在“曲线编辑器”工具栏中单击按钮，完成参考线“2”的创建。

②建立侧壁凹槽精加工刀具路径。单击用户界面上部“主工具栏”中的“刀具路径策略”按钮，弹出如图 2—1—106 所示的“策略选取器”对话框。

单击“2.5 维区域清除”标签，然后选择“二维曲线区域清除”选项，如图 2—1—106 所示，单击“接受”按钮，将弹出如图 2—1—107 所示的“曲线区域清除”对话框。

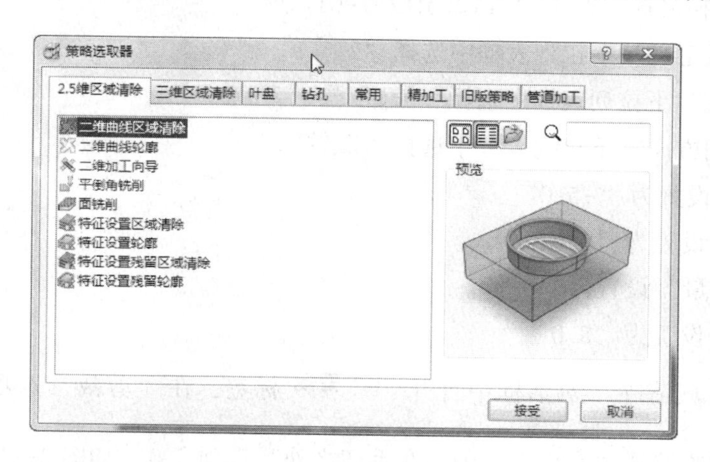

图 2—1—106　“策略选取器”对话框

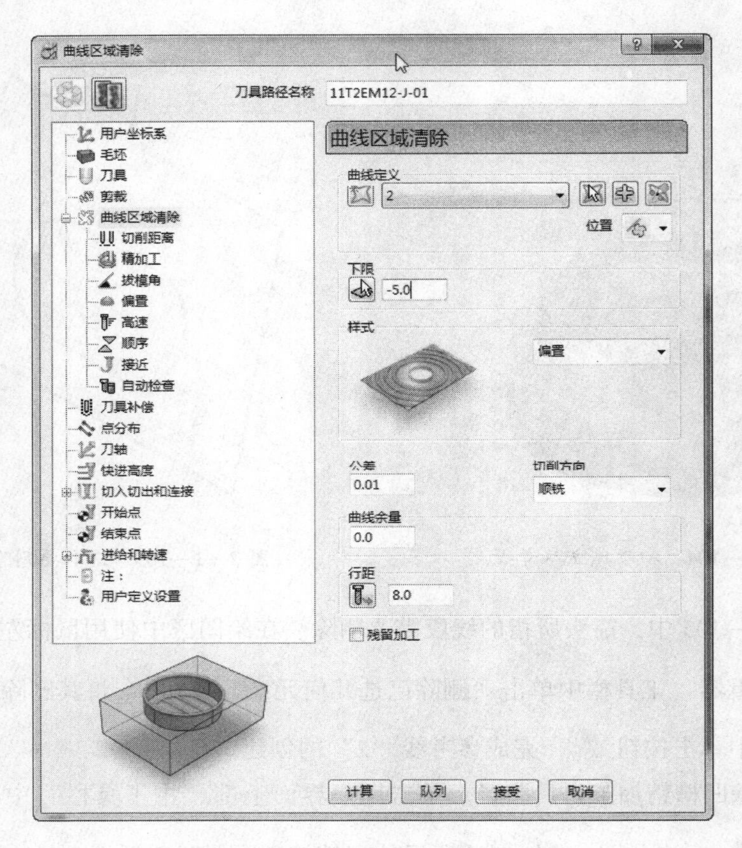

图 2—1—107 “曲线区域清除” 对话框

在此对话框中设置如下参数：

☐ “刀具路径名称” 改为 “11T2EM12-J-01”。

☐ 在 “曲线定义” 下拉列表框中选择 “2”。

☐ 在 “样式” 下拉列表框中选择 “偏置”。

☐ 在 “切削方向” 下拉列表框中选择 “顺铣”。

☐ “下限” 设置为 “-5.0”。

☐ “公差” 设置为 “0.01”。

☐ “曲线余量” 设置为 “0.0”。

☐ “行距” 设置为 “8.0”。

在 “曲线区域清除” 对话框中打开 剪裁 标签，在 “剪裁” 选项卡的毛坯 “剪裁” 下拉列表框中选择 “允许刀具中心在毛坯之外” 选项，如图 2—1—108 所示。

选择 用户坐标系 标签，在 “用户坐标系” 选项卡的 “用户坐标系” 下拉列表框中

图 2—1—108 “剪裁”选项选择

选择“1_3”，如图 2—1—109 所示。

选择 刀具标签，在刀具选择下拉列表框中选择刀具“T2-EM12”。

单击 曲线轮廓 切削距离标签中的“切削距离”标签，打开“切削距离”选项卡，如图 2—1—110 所示。在此选项卡中设置如下参数：

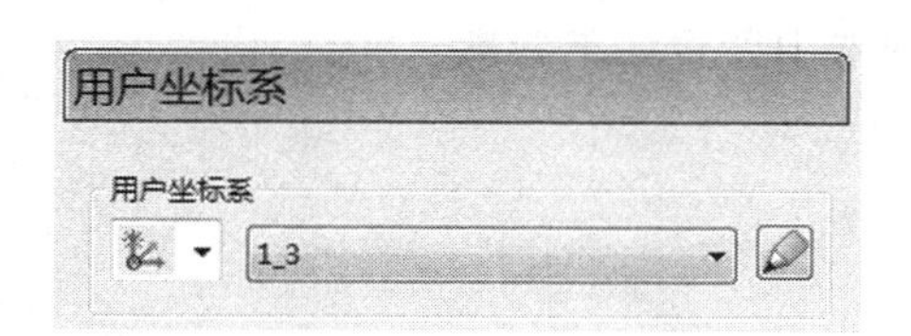

图 2—1—109 “用户坐标系”选择

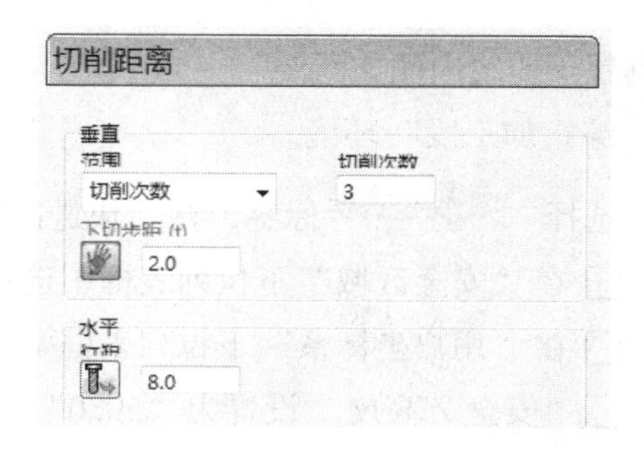

图 2—1—110 “切削距离”参数设置

❑ 在“垂直”选项组的“范围”下拉列表框中选择“切削次数”。

❑“垂直”选项组的“切削次数”设置为“3”。

❑“垂直”选项组的“下切步距”设置为“2.0”。

❑“水平”选项组的“行距”设置为“8.0”。

单击“曲线区域清除”标签下的“精加工”标签 精加工，打开“精加工”选项卡，如图 2—1—111 所示，按图中内容设置参数。

单击“曲线区域清除”标签下的“自动检查”标签，在“自动检查”选项卡中选中“模型过切检查”复选框，将“余量”设置为“0.0”，如图 2—1—112 所示。

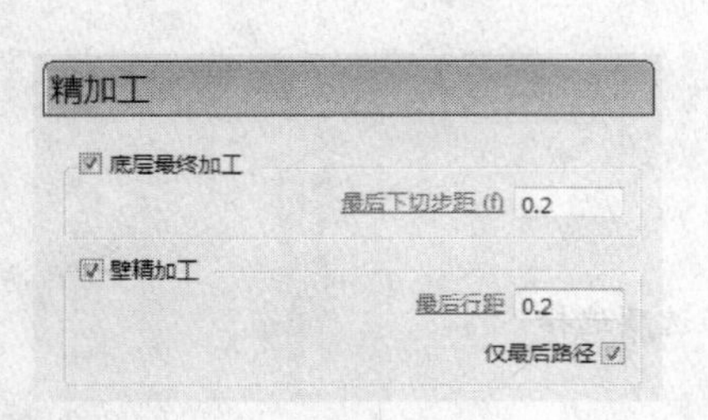

图 2—1—111 “精加工”参数设置

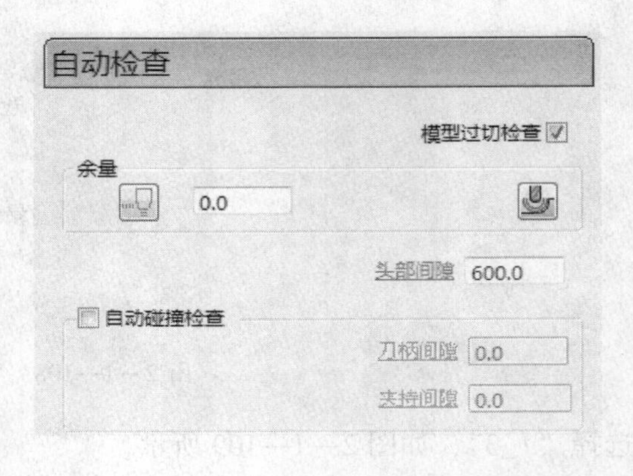

图 2—1—112 “自动检查”参数设置

在“曲线轮廓”对话框的“曲线定义”选项组单击“交互修改加工段”按钮，调出“编辑加工段”工具栏，同时在绘图区系统会显示出刀具与曲线的位置关系及铣削方向，如图 2—1—113 所示。如果刀具位于曲线的外侧，单击“反转加工侧”按钮，将刀具置于曲线内侧如图 2—1—113 所示的位置。单击“接受改变完成编辑”按钮，退出“编辑加工段”环境。

选择 快进高度标签，在“快进高度”选项卡中设置如下参数：

❑ 在“安全区域”下拉列表框中选择“平面”。

❑ 在“用户坐标系”下拉列表框中选择“1_3”。

❑“安全 Z 高度”设置为“50.0”。

❑“开始 Z 高度”设置为“20.0”。

设置结果如图 2—1—114 所示。

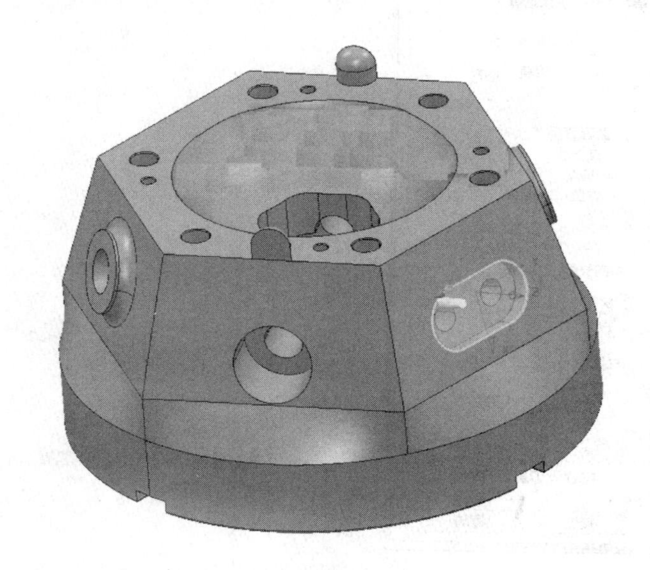

图 2—1—113　正确的铣削方向

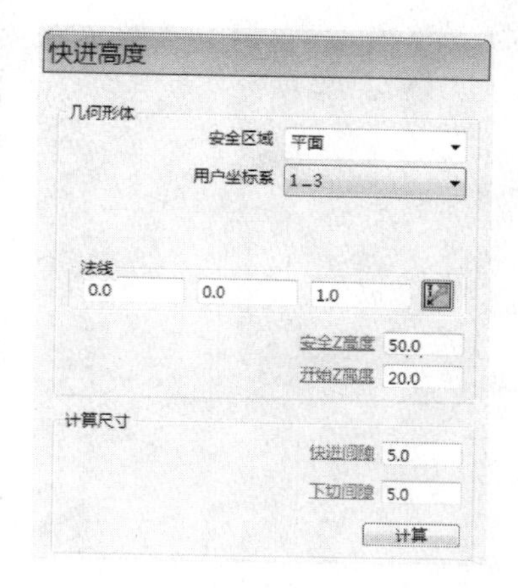

图 2—1—114　“快进高度”参数设置

选择 刀轴标签。在“刀轴”选项卡的“刀轴”下拉列表框中选择“垂直”。

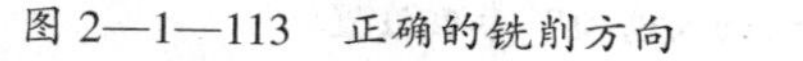

选择 标签中的“切入”标签。在“切入”选项卡的“第一选择”下拉列表框中选择“斜向”。这时可以选择“斜向选项”按钮 斜向选项... ，弹出“斜向切入选项”对话框，在此对话框的“第一选择”选项卡中设置如下参数：

❑“最大左斜角”设置为“3. 0”。

❑ 在“沿着”下拉列表框中选择“圆形”。

❑“圆圈直径”设置为“0. 95”。

❑ 在“斜向高度”选项组的“类型”下拉列表框中选择“段增量”。

❑“高度”设置为“2. 0”。

设置结果如图 2—1—115 所示。然后单击“接受”按钮。在“切出”选项卡的“第一选择”下拉列表框中选择“无”。在“连接”选项卡的“短”下拉列表框中选择“掠过”，“长”下拉列表框中选择“相对”，“缺省”下拉列表框中选择“安全高度”，如图 2—1—116 所示。

“曲线区域清除”对话框的其余参数保持默认，设置完毕单击“计算”按钮。刀具路径生成后单击“取消”按钮，接着单击用户界面最右边“查看工具栏”中的“ISO1”按

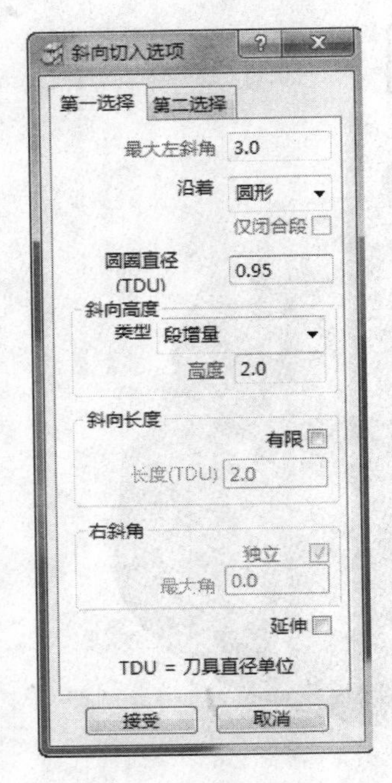

图 2—1—115 “斜向切入选项”参数设置

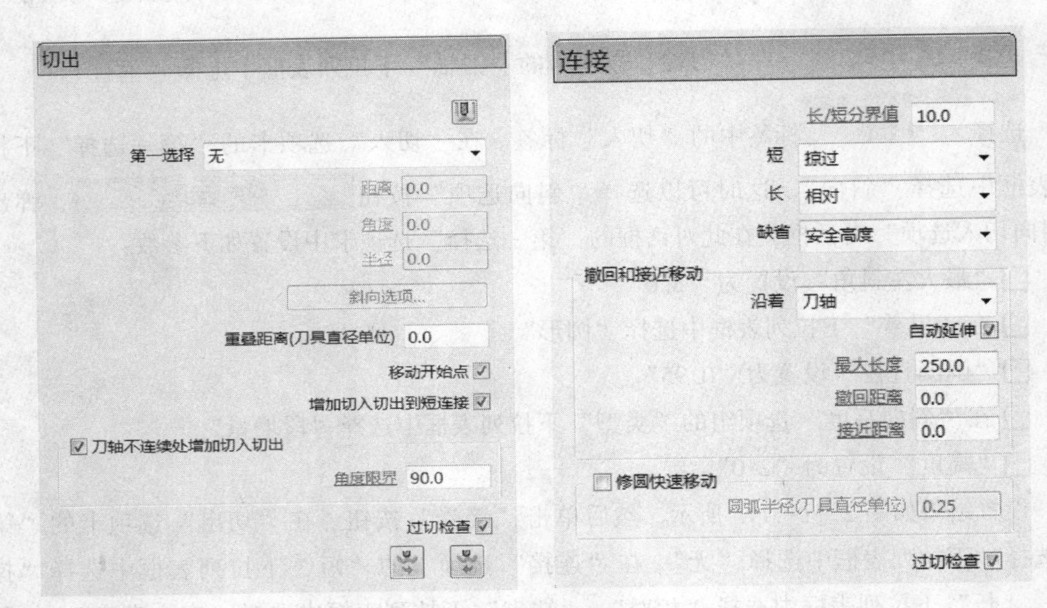

图 2—1—116 “切出”和“连接”参数设置

钮，用户界面产生如图 2—1—117 所示的“11T2EM12”刀具路径。

6）创建此零件所有孔系刀具路径

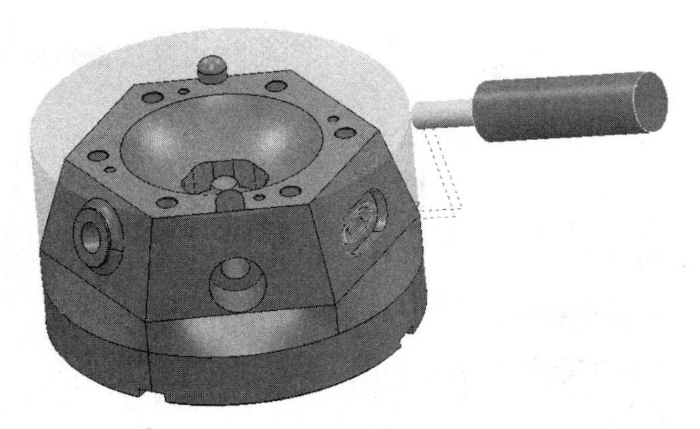

图 2—1—117 “11T2EM12” 刀具路径

①建立零件顶部孔系特征。在 PowerMILL 软件中进行孔的加工前必须先建立孔的特征。按住键盘上的“Shift”键，在绘图区中使用鼠标左键分别选取顶部 10 个孔的侧壁曲面，如图 2—1—118 所示。在 PowerMILL 浏览器中右击“特征设置”，在弹出的快捷菜单中选择“识别模型中的孔”，如图 2—1—119 所示。这时将打开“特征”对话框。按图 2—1—120 所示设置参数，单击“应用”→“关闭”按钮。此时在用户界面左边的 PowerMILL 浏览器中将显示刚才设置的孔特征，如图 2—1—121 所示。单击用户界面最右边“查看工具栏”中的“普通阴影”按钮，取消工件图形的“普通阴影”显示和毛坯显示。此时用户工作区显示如图 2—1—122 所示。特征“1”此时被激活，完成孔特征的建立。

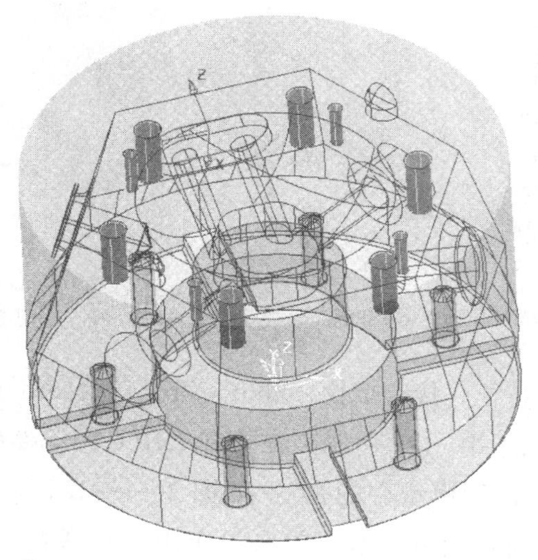

图 2—1—118 选择顶部 10 个孔的侧壁曲面

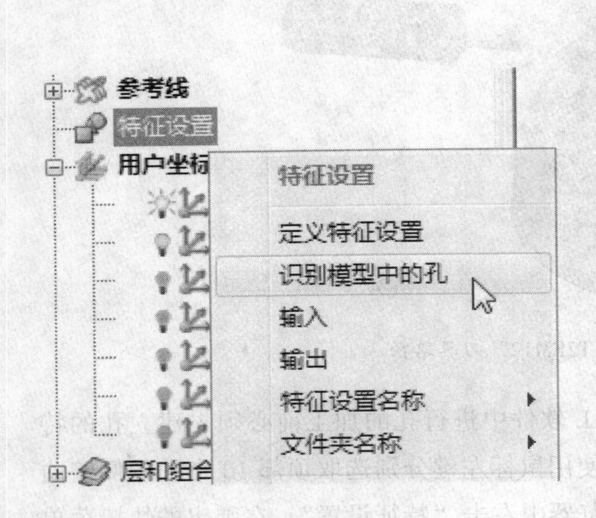

图 2—1—119 识别模型中的孔

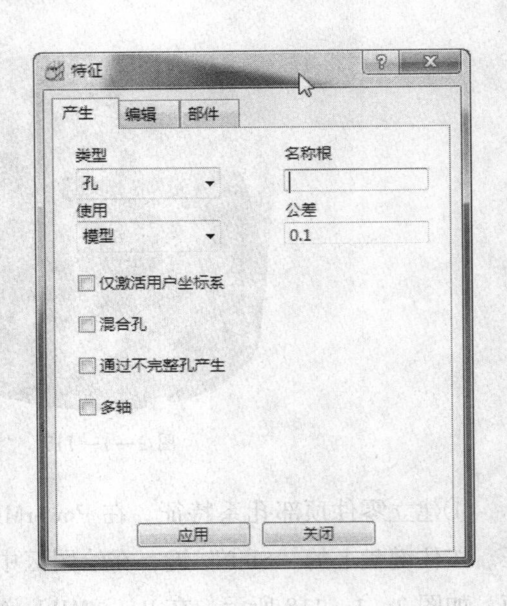

图 2—1—120 “特征”对话框

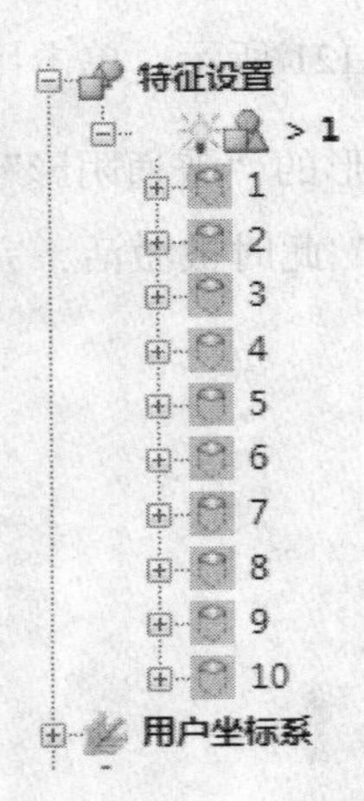

图 2—1—121 PowerMILL 浏览器

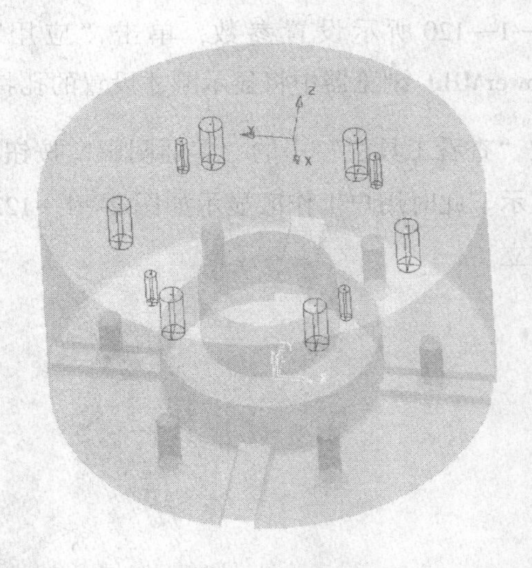

图 2—1—122 顶部孔系特征建立完成后的显示

②建立零件侧壁孔系特征。接着按住“Shift”键，在绘图区中使用鼠标左键分别选取 8 个孔的侧壁曲面，如图 2—1—123 所示。在 PowerMILL 浏览器中右击“特征设置”，在弹出的快捷菜单中选择“识别模型中的孔”，如图 2—1—124 所示。这时将打开“特征”对话框。按图 2—1—125 所示设置参数，单击“应用”→“关闭”按钮。此时在用户界面左边的 PowerMILL 浏览器中将显示刚才设置的孔特征，如图 2—1—126 所示。单击用户界

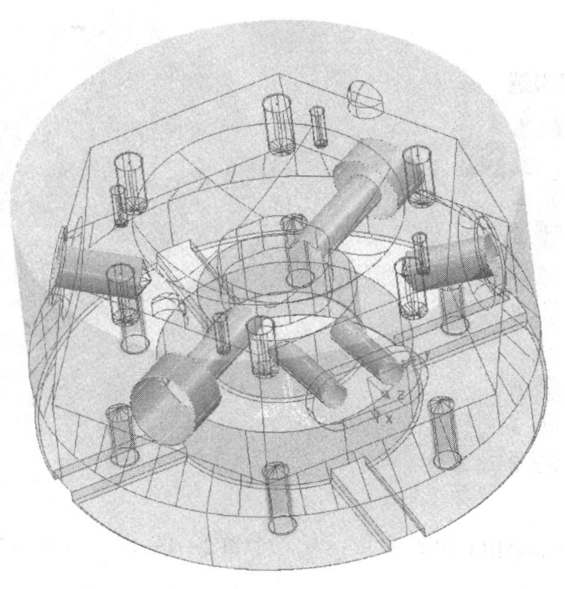

图 2—1—123　选择 8 个孔的侧壁曲面

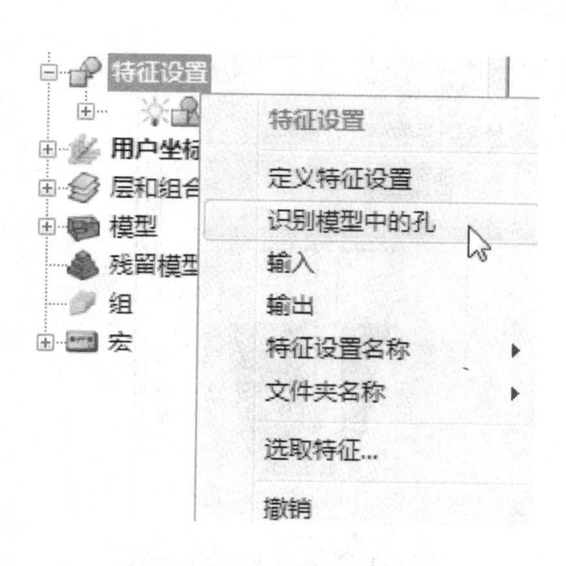

图 2—1—124　识别模型中的孔

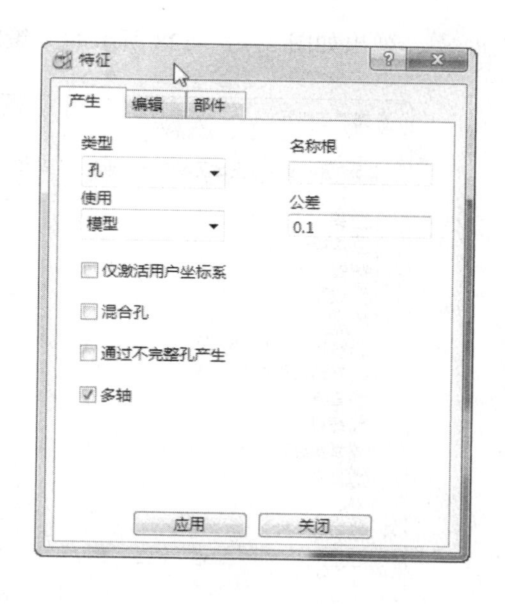

图 2—1—125　“特征”对话框

面最右边“查看工具栏”中的“普通阴影”按钮，取消工件图形的“普通阴影”显示和毛坯显示。此时用户工作区显示如图 2—1—127 所示。特征“2”此时被激活，完成孔特征的建立。

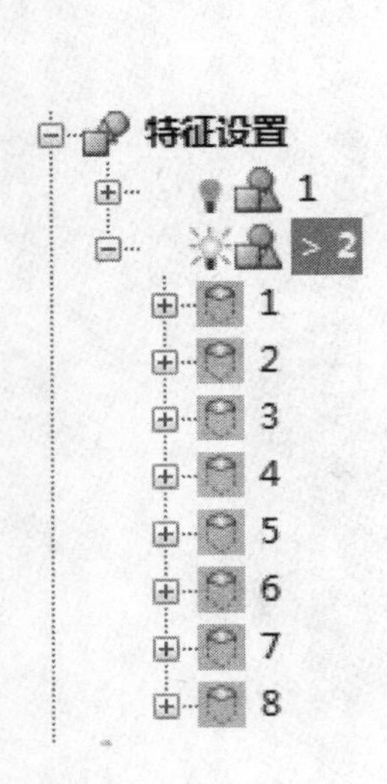

图 2—1—126　PowerMILL 浏览器

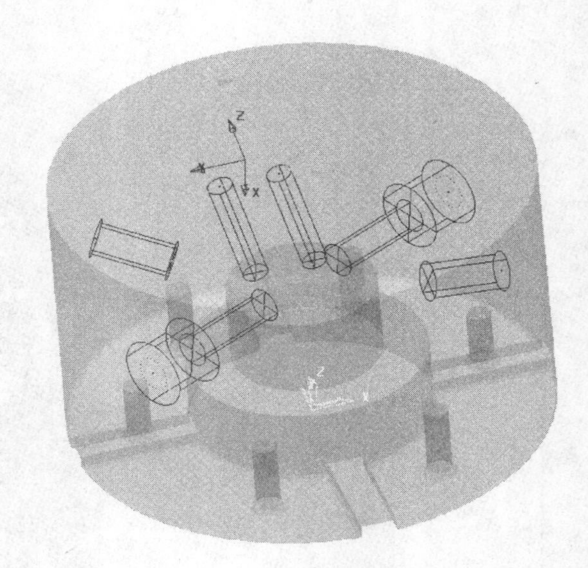

图 2—1—127　侧壁孔系特征创建完毕后的显示

③创建侧壁台阶孔刀具路径。单击用户界面上部“主工具栏”中的“刀具路径策略”按钮，弹出如图 2—1—128 所示的“策略选取器”对话框。

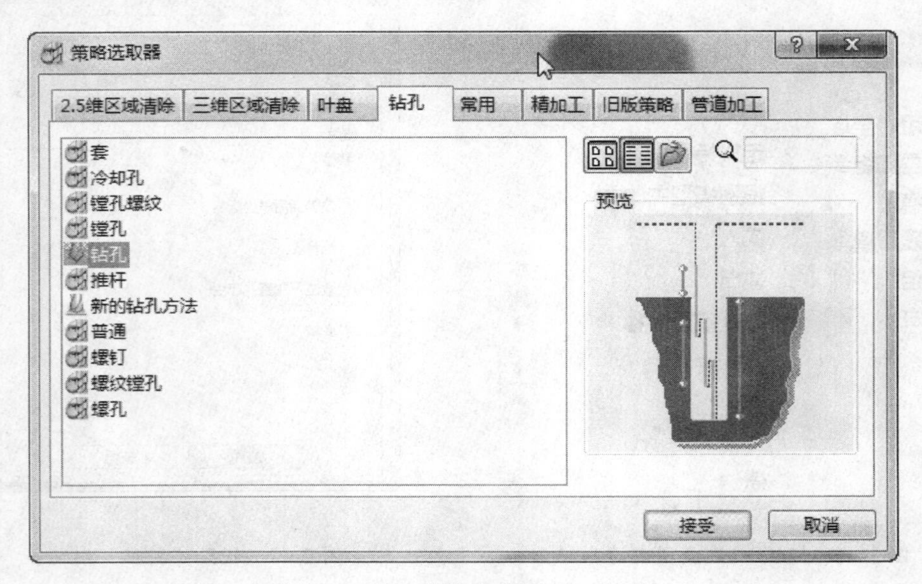

图 2—1—128　“策略选取器”对话框

单击“钻孔”标签，然后选择“钻孔”选项，如图 2—1—128 所示，单击“接受”按钮，将弹出如图 2—1—129 所示的“钻孔”对话框。

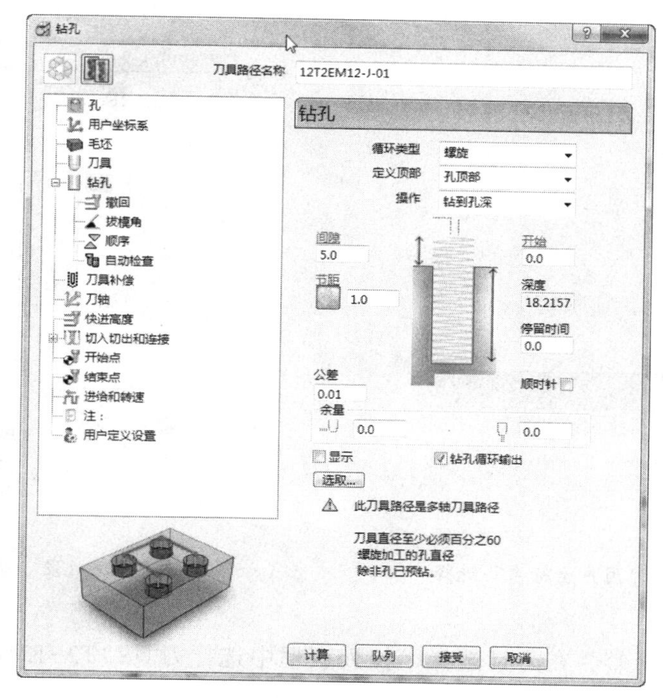

图 2—1—129 “钻孔”对话框

在此对话框中设置如下参数：

❑ “刀具路径名称”改为“12T2EM12-J-01”。

❑ 在“循环类型”下拉列表框中选择“螺旋”。

❑ 在“定义顶部”下拉列表框中选择“孔顶部”。

❑ 在“操作”下拉列表框中选择“钻到孔深”。

❑ “间隙”设置为“5. 0”。

❑ “节距”设置为“1. 0”。

❑ “公差”设置为“0. 01”。

❑ “余量”设置为“0. 0”。

在“钻孔”对话框中选择 孔 标签，在孔选择选项卡“特征设置”的下拉列表框中选择“2”，如图 2—1—130 所示。

选择 用户坐标系 标签，在“用户坐标系”选项卡的“用户坐标系”下拉列表框中选择“G54”，如图 2—1—131 所示。

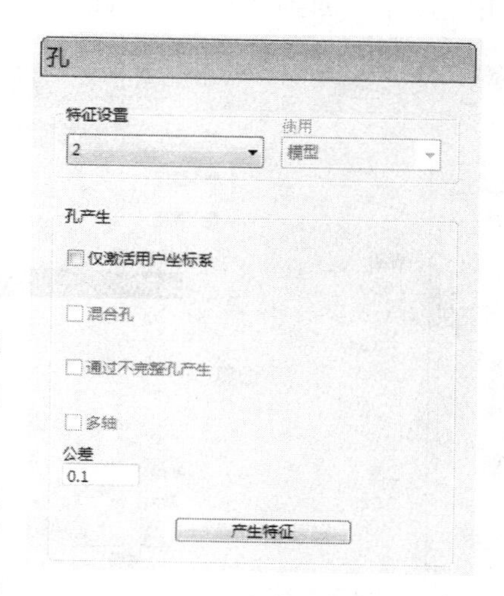

图 2—1—130 孔特征选择

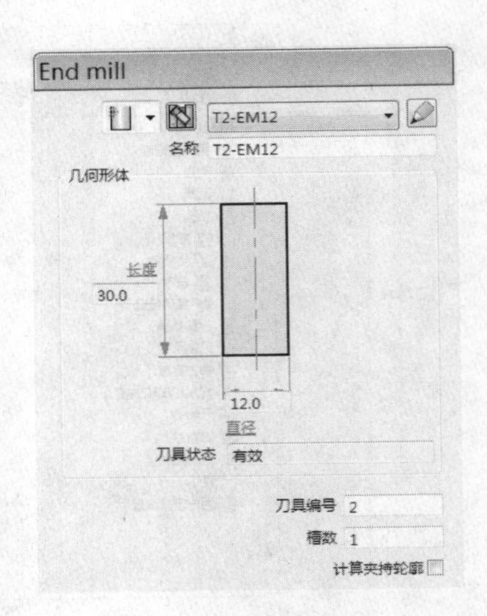

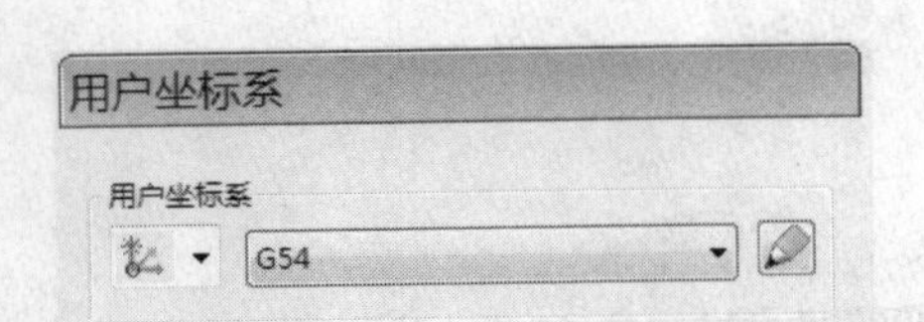

图 2—1—131 “用户坐标系”选择

图 2—1—132 刀具选择

选择 刀具标签，在刀具选择下拉列表框中选择刀具“T2-EM12”，如图 2—1—132 所示。

选择 钻孔标签，在“钻孔”对话框中单击按钮 选取... ，弹出如图 2—1—133 所示的“特征选项”对话框。在此对话框中选择“直径”列表框内的“24.00”后再单击按钮 > →“选取”按钮，完成直径为 24 mm 孔的选择，如图 2—1—134 所示。单击“关闭”按钮，回到“钻孔”对话框。

图 2—1—133 “特征选项”对话框

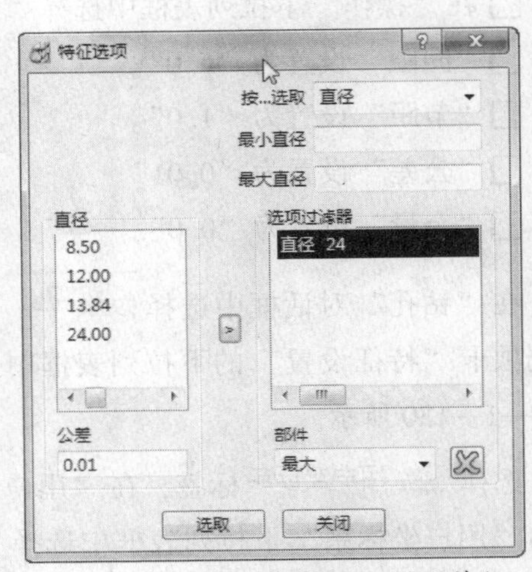

图 2—1—134 选择直径 24 的孔特征

选择 快进高度 标签，在“快进高度”选项卡中设置如下参数：

❑ 在“安全区域”下拉列表框中选择“圆柱体”。

❑ 在“用户坐标系”下拉列表框中选择“G54”。

❑“位置”设置为“0.0”“0.0”“0.0”。

❑“方向”设置为“0.0”“0.0”“1.0”。

❑“半径”设置为“100.0”。

❑“下切半径”设置为“80.0”。

设置结果如图 2—1—135 所示。

选择 切入切出和连接 连接 标签中的“连接”标签。在“连接”选项卡中设置如下参数：

❑ 在“短”“长”“缺省”下拉列表框中都选择“安全高度”。

❑ 在“沿着”下拉列表框中选择“刀轴”。

设置结果如图 2—1—136 所示。

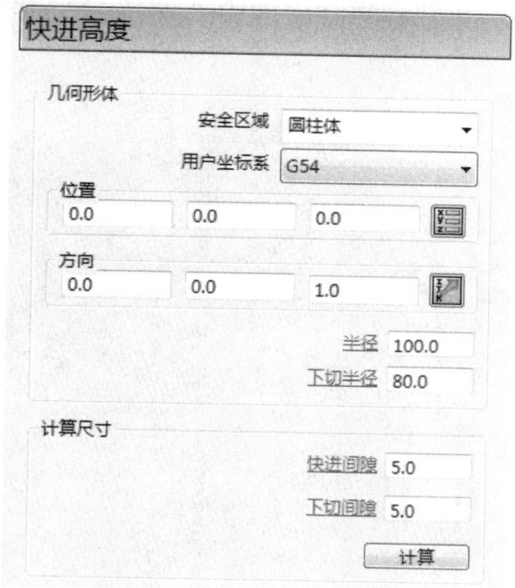

快进高度
几何形体
安全区域 圆柱体
用户坐标系 G54
位置 0.0 0.0 0.0
方向 0.0 0.0 1.0
半径 100.0
下切半径 80.0
计算尺寸
快进间隙 5.0
下切间隙 5.0
计算

图 2—1—135 “偏置”参数设置

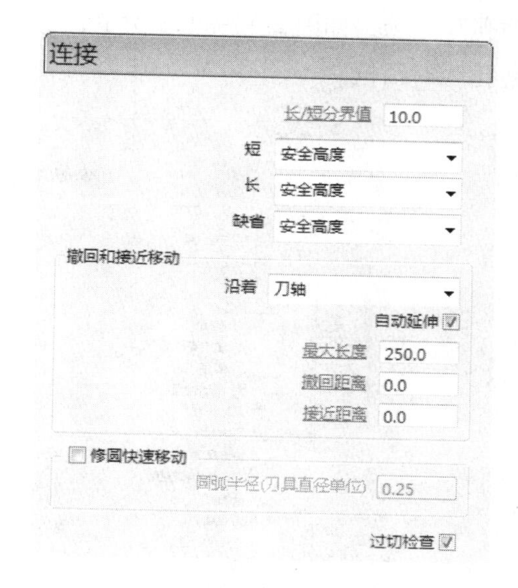

图 2—1—136 钻孔“连接”参数设置

分别在“开始点”和“结束点”选项卡的“使用”下拉列表框中选择“第一点安全高度”和“最后一点安全高度”。

“钻孔”对话框的其余参数保持默认，设置完毕单击“计算”按钮。刀具路径生成后单击“取消”按钮，接着单击用户界面最右边“查看工具栏”中的“ISO1”按钮，用户界面产生如图 2—1—137 所示的“12T2EM12-J-01”刀具路径。

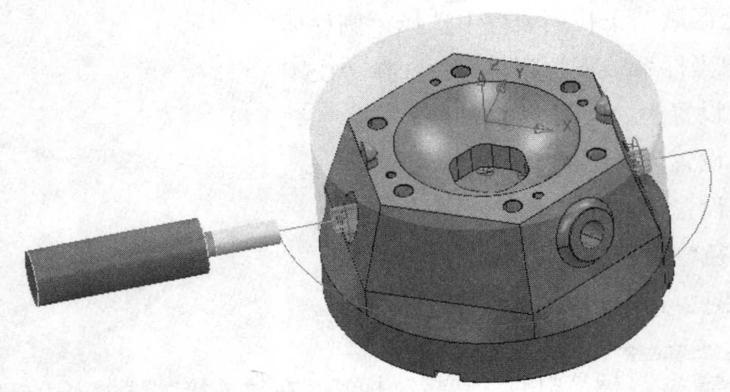

图 2—1—137 “12T2EM12-J-01”刀具路径

④ 创建顶部定位孔。单击用户界面上部“主工具栏”中的“刀具路径策略”按钮，弹出如图 2—1—128 所示的“策略选取器”对话框。单击“钻孔”标签，然后选择“钻孔”选项，如图 2—1—128 所示，单击“接受”按钮，将弹出如图 2—1—138 所示的“钻孔”对话框。

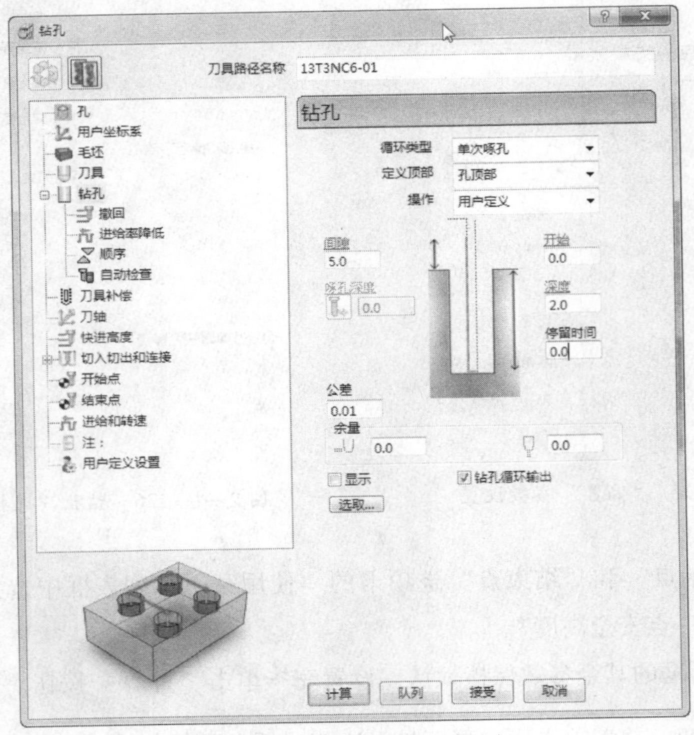

图 2—1—138 “钻孔”对话框

在此对话框中设置如下参数：

❑ “刀具路径名称”改为“13T3NC6-01”。

❑ 在“循环类型”下拉列表框中选择“单次啄孔”。

❑ 在“定义顶部”下拉列表框中选择“孔顶部”。

❑ 在“操作”下拉列表框中选择“用户定义”。

❑ “间隙”设置为“5.0”。

❑ “深度”设置为“2.0”。

❑ “公差”设置为“0.01”。

❑ “余量”设置为“0.0”。

在“钻孔”对话框中选择 孔 标签，在“孔”选项卡的“特征设置”下拉列表框中选择“1”，如图 2—1—139 所示。

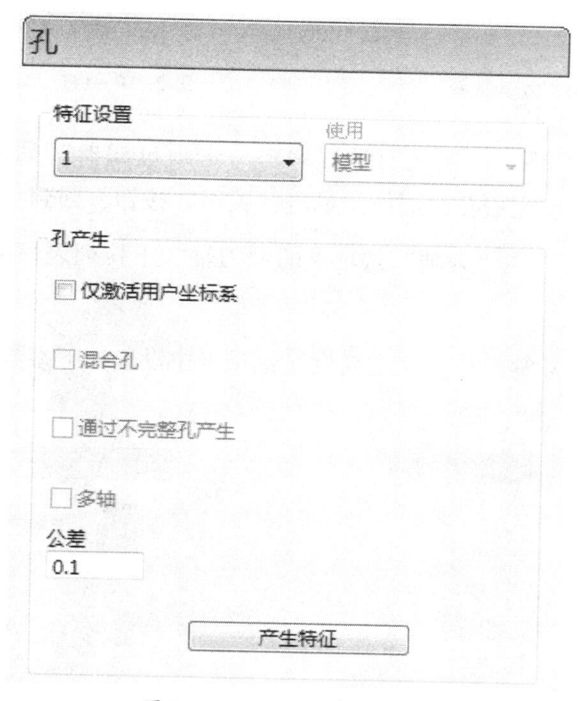

图 2—1—139　孔特征选择

选择 用户坐标系 标签，在“用户坐标系”下拉列表框中选择“G54”。

选择 刀具 标签，在刀具选择下拉列表框中选择刀具“T3-NC6”，如图 2—1—140 所示。

选择 钻孔 标签，在“钻孔”对话框中单击按钮 选取... ，弹出如图 2—1—141

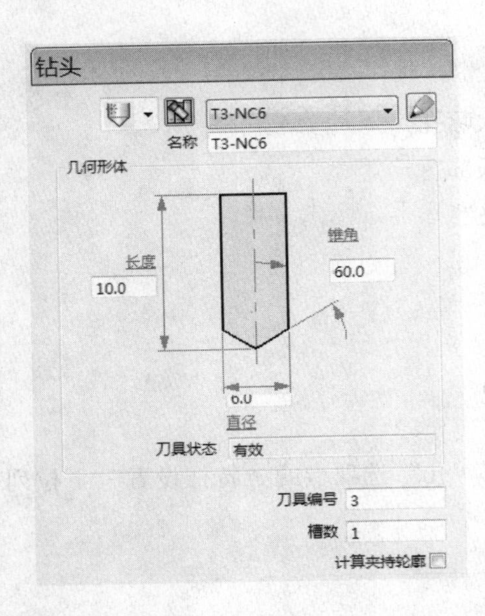

图 2—1—140　刀具选择

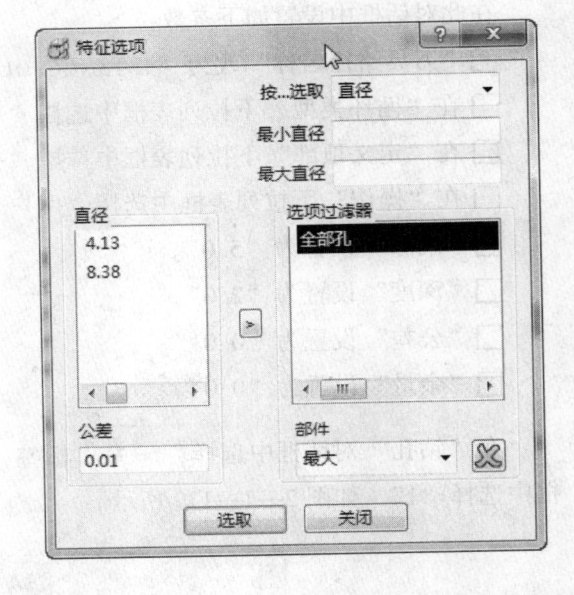

图 2—1—141　“特征选项”对话框

所示的“特征选项”对话框。在此对话框中将“选项过滤器”列表框内设置为“全部孔”。单击“选取”按钮完成孔的选择，单击“关闭”按钮，回到“钻孔”对话框。

选择刀轴标签。在“刀轴”选项卡的“刀轴”下拉列表框中选择“垂直”，如图 2—1—142 所示。

选择快进高度标签，在“快进高度”选项卡中设置如下参数：

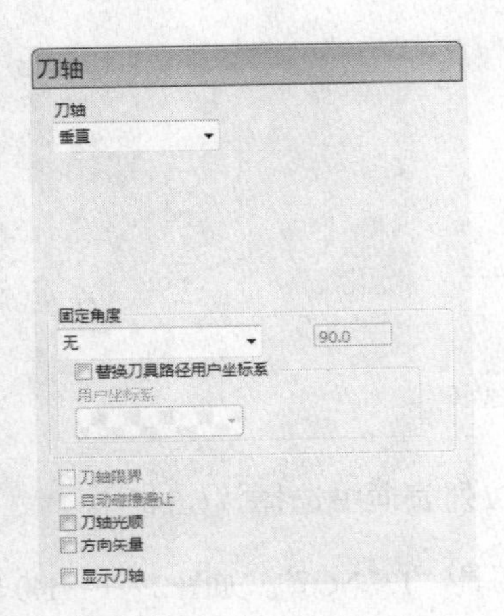

图 2—1—142　“刀轴”选项卡

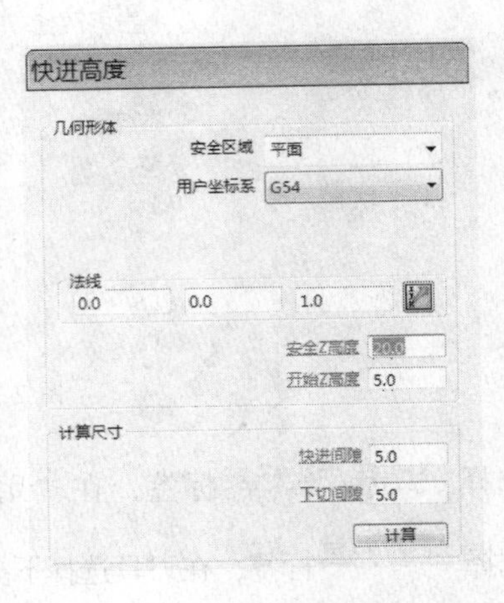

图 2—1—143　“快进高度”参数设置

❑ 在“安全区域”下拉列表框中选择“平面”。

❑ 在“用户坐标系”下拉列表框中选择“G54”。

❑ “安全 Z 高度”设置为“20. 0”。

❑ “开始 Z 高度”设置为“5. 0”。

设置结果如图 2—1—143 所示。

选择 切入切出和连接 连接 标签中的“连接”标签。在“连接”选项卡中设置如下参数：

❑ 在“短”下拉列表框中选择“掠过”。

❑ 在“长”下拉列表框中选择“相对”。

❑ 在“缺省”下拉列表框中选择“安全高度”。

❑ 在“沿着”下拉列表框中选择“刀轴”。

设置结果如图 2—1—144 所示。

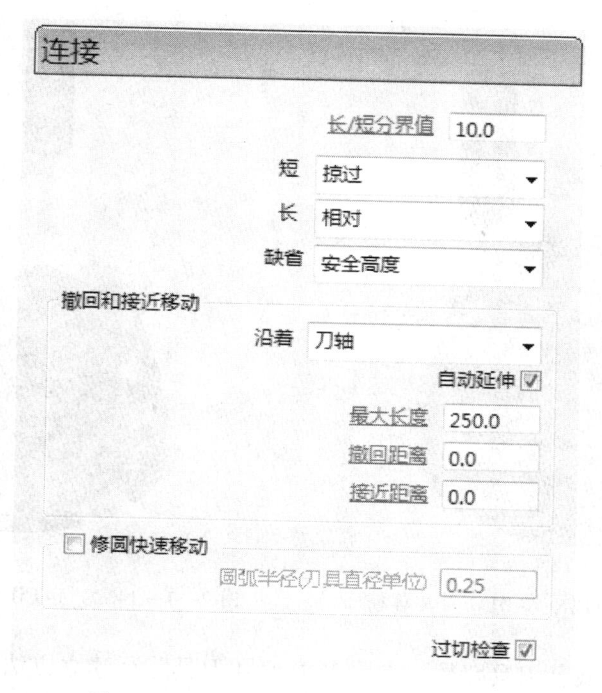

图 2—1—144 钻孔“连接”参数设置

“钻孔”对话框的其余参数保持默认，设置完毕单击“计算”按钮。刀具路径生成后单击“取消”按钮，接着单击用户界面最右边“查看工具栏”中的“ISO1”按钮，用户界面产生如图 2—1—145 所示的“13T3NC6-01”刀具路径。

⑤创建顶部 M10 底孔刀具路径。参照“13T3NC6-01”刀具路径建立方法，在图 2—1—138 所示的“钻孔”对话框中设置如下参数：

❑“刀具路径名称”设置为“14T5DR8_5-01”。

❑在“刀具”下拉列表框中选择“T5-DR8.5”。

❑在“钻孔”对话框的“循环类型”下拉列表框中选择“深钻”，“操作”下拉列表框中选择“全直径”，“间隙”设置为“5.0”，“啄孔深度”设置为“3.0”，“公差”设置为“0.01”，再单击“选取”按钮 选取... ，在“特征选项”对话框中选择直径为 8.38 mm 的孔特征，如图 2—1—141 所示。

最后单击“计算”按钮→“取消”按钮，接着单击用户界面最右边“查看工具栏”中的“ISO1”按钮 ，用户界面产生如图 2—1—146 所示的“14T5DR8_5-01”刀具路径。

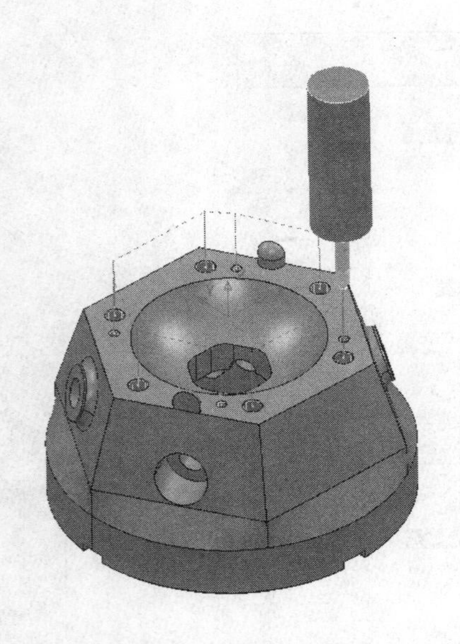

图 2—1—145 “13T3NC6-01”刀具路径

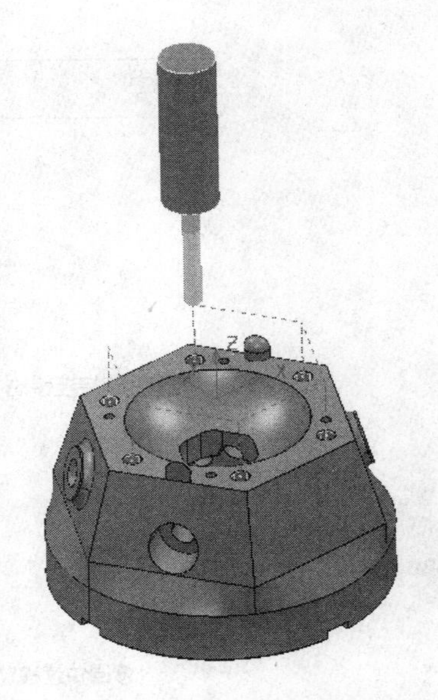

图 2—1—146 “14T5DR8_5-01”刀具路径

⑥创建顶部 M5 底孔刀具路径。参照 M10 底孔刀具路径建立方法，在图 2—1—138 所示的“钻孔”对话框中设置如下参数：

❑“刀具路径名称”设置为“15T4DR4_2-01”。

❑在“刀具”下拉列表框中选择“T4-DR4.2”。

❑在“钻孔”对话框的“循环类型”下拉列表框中选择“深钻”，“操作”下拉列表框中选择“全直径”，“间隙”设置为“5.0”，“深度”设置为“啄孔 2.0”，“公差”设置为“0.01”，再单击“选取”按钮，在“特征选项”对话框中选择直径为4.13 mm的孔特征，如图2—1—141所示。

最后单击“计算”按钮→“取消”按钮，接着单击用户界面最右边“查看工具栏”中的“ISO1”按钮，用户界面产生如图2—1—147所示的“15T4DR4_2-01”刀具路径。

⑦创建侧壁定位孔。单击用户界面上部“主工具栏”中的“刀具路径策略”按钮，弹出如图2—1—128所示的“策略选取器”对话框。单击“钻孔”标签，然后选择“钻孔”选项，如图2—1—128所示，单击“接受”按钮，将弹出如图2—1—148所示的“钻孔”对话框。

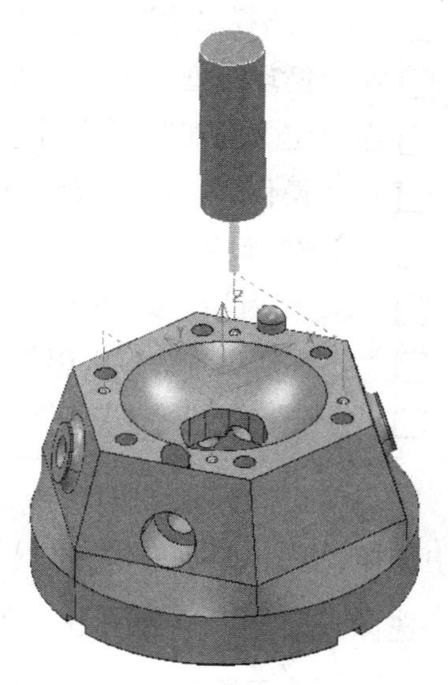

图2—1—147 “15T4DR4_2-01”刀具路径

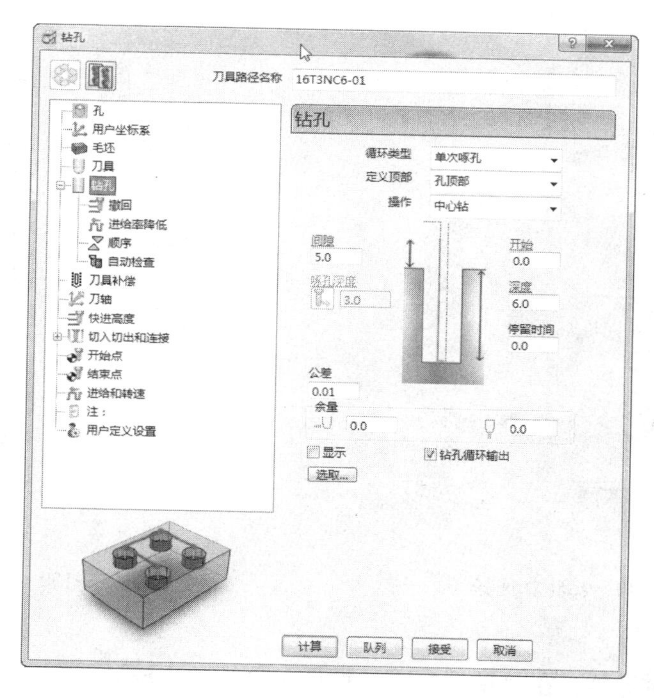

图2—1—148 “钻孔”对话框

在此对话框中设置如下参数：

☐“刀具路径名称”改为“16T3NC6-01”。

☐在“循环类型”下拉列表框中选择“单次啄孔”。

☐在“定义顶部”下拉列表框中选择“孔顶部”。

☐在“操作”下拉列表框中选择“中心钻”。

☐“间隙”设置为“5.0”。

☐“深度”设置为“6.0”。

☐“公差”设置为“0.01”。

☐“余量”设置为“0.0”。

在“钻孔”对话框中选择 孔 标签，在“孔”选项卡的“特征设置”下拉列表框中选择“2”，如图2—1—149所示。

选择 用户坐标系 标签，在“用户坐标系”下拉列表框中选择“G54”。

选择 刀具 标签，在刀具选择下拉列表框中选择刀具“T3-NC6”，如图2—1—150所示。

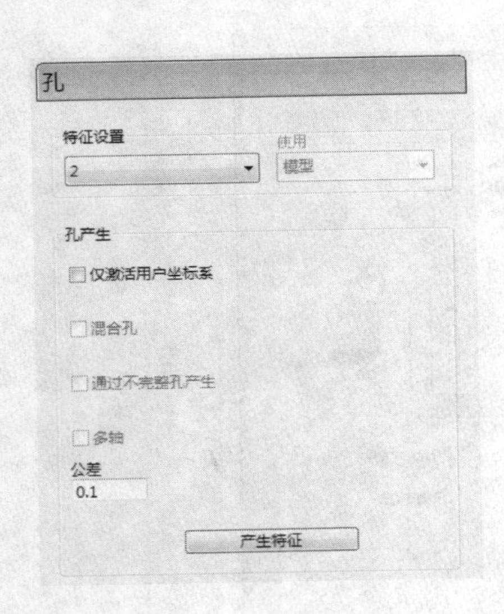

图2—1—149　孔特征选择

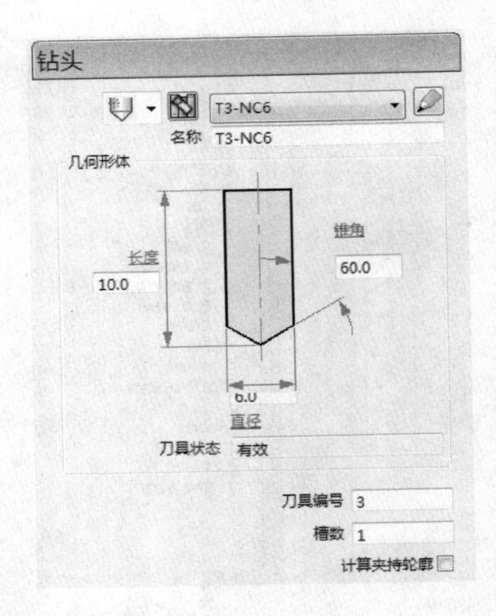

图2—1—150　刀具选择

选择 钻孔 标签，在“钻孔”对话框中单击按钮 选取... ，弹出如图2—1—151所示的“特征选项”对话框。在此对话框中分别选择“直径”列表框内的“8.50”“12.00”“13.84”后再单击按钮 > →“选取”按钮，完成3类孔的选择，如图2—1—152

图 2—1—151 “特征选项”对话框

图 2—1—152 筛选孔特征

所示。单击“关闭”按钮，回到“钻孔”对话框。

选择刀轴标签。在“刀轴”选项卡的“刀轴”下拉列表框中选择“垂直”，如图2—1—153所示。

选择快进高度标签，在“快进高度”选项卡中设置如下参数：

- 在“安全区域”下拉列表框中选择“圆柱体”。
- 在“用户坐标系”下拉列表框中选择“G54”。
- “位置”设置为“0. 0”“0. 0”“0. 0”。
- “方向”设置为“0. 0”“0. 0”“1. 0”。
- “半径”设置为“100. 0”。
- “下切半径”设置为“80. 0”。

设置结果如图 2—1—154 所示。

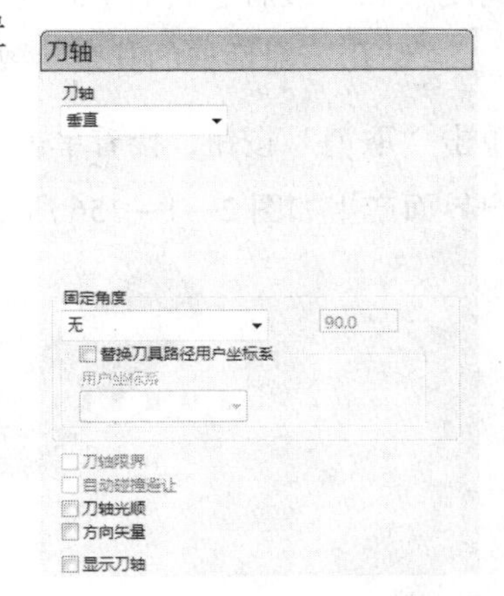

图 2—1—153 “刀轴”选项卡

选择切入切出和连接标签中的“连接”标签。在“连接”选项卡中设置如下参数：

- 在“短”“长”“缺省”下拉列表框中都选择“安全高度”。
- 在“沿着”下拉列表框中选择“刀轴”。

设置结果如图 2—1—155 所示。

分别在“开始点”和“结束点”选项卡的“使用”下拉列表框中选择“第一点安全

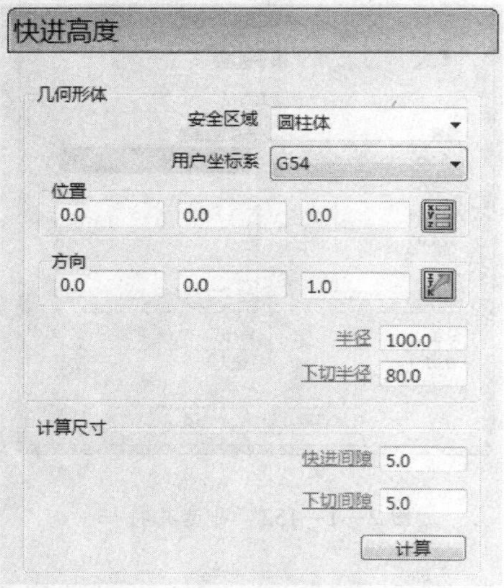

快进高度
几何形体
安全区域 圆柱体
用户坐标系 G54
位置
0.0 0.0 0.0
方向
0.0 0.0 1.0
半径 100.0
下切半径 80.0
计算尺寸
快进间隙 5.0
下切间隙 5.0
计算

图 2—1—154 “快进高度”参数设置

连接
长/短分界值 10.0
短 安全高度
长 安全高度
缺省 安全高度
撤回和接近移动
沿着 刀轴
自动延伸
最大长度 250.0
撤回距离 0.0
接近距离 0.0
修圆快速移动
圆弧半径(刀具直径单位) 0.25
过切检查

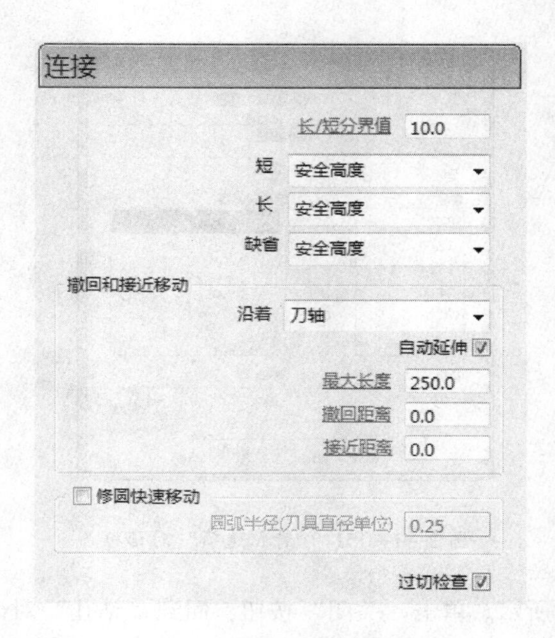

图 2—1—155 钻孔“连接”参数设置

高度”和“最后一点安全高度”。

“钻孔”对话框的其余参数保持默认，设置完毕单击“计算”按钮。刀具路径生成后单击“取消”按钮，接着单击用户界面最右边“查看工具栏”中的“ISO1”按钮，用户界面产生如图 2—1—156 所示的“16T3NC6-01”刀具路径。

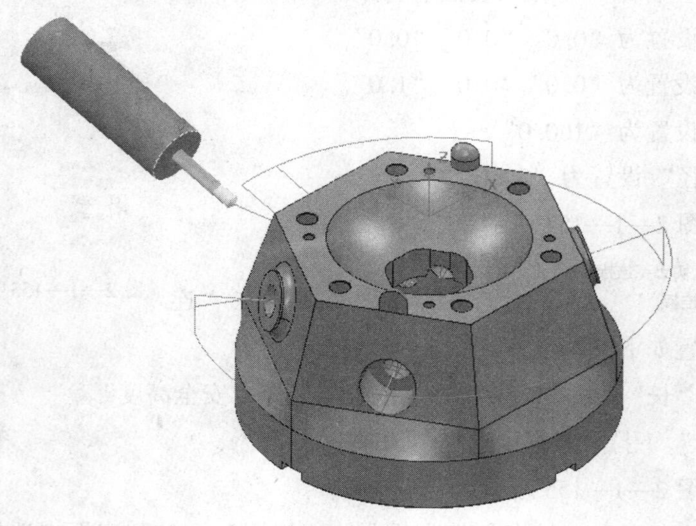

图 2—1—156 “16T3NC6-01”刀具路径

⑧创建侧壁凹槽 ϕ8.5 mm 孔刀具路径。参照侧壁定位孔刀具路径建立方法，在图 2—1—148 所示的“钻孔”对话框中设置如下参数：

❑“刀具路径名称”设置为“17T5DR8_5-01”。

❑在“刀具”下拉列表框中选择“T5-DR8.5”。

❑在“钻孔”对话框的“循环类型”下拉列表框中选择“深钻”，“操作”下拉列表框中选择“全直径”，“间隙”设置为“5.0”，“啄孔深度”设置为“2.0”，“公差”设置为“0.01”，再单击按钮 选取... ，在“特征选项”对话框中选择直径为 8.5 mm 的孔特征，如图 2—1—151 所示。

最后单击“计算”按钮→“取消”按钮，接着单击用户界面最右边“查看工具栏”中的“ISO1”按钮，用户界面产生如图 2—1—157 所示的“17T5DR8_5-01”刀具路径。

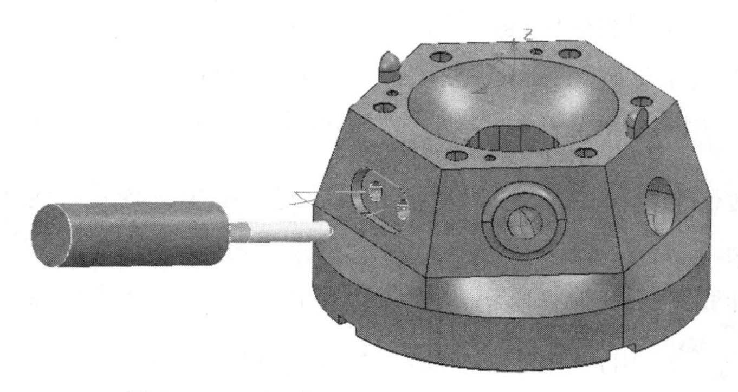

图 2—1—157 “17T5DR8_5-01”刀具路径

⑨创建侧壁 M16 底孔刀具路径。参照侧壁定位孔刀具路径建立方法，在图 2—1—148 所示的“钻孔”对话框中设置如下参数：

❑“刀具路径名称”设置为“18T6DR14-01”。

❑在“刀具”下拉列表框中选择“T6-DR14”。

❑在“钻孔”对话框的“循环类型”下拉列表框中选择“深钻”，“操作”下拉列表框中选择“全直径”，“间隙”设置为“5.0”，“啄孔深度”设置为“3.0”，“公差”设置为“0.01”，再单击按钮 选取... ，在“特征选项”对话框中选择直径为 13.84 mm 的孔特征，如图 2—1—151 所示。

最后单击“计算”按钮，“取消”按钮，接着单击用户界面最右边“查看工具栏”中的“ISO1”按钮，用户界面产生如图 2—1—158 所示的“18T6DR14-01”刀具路径。

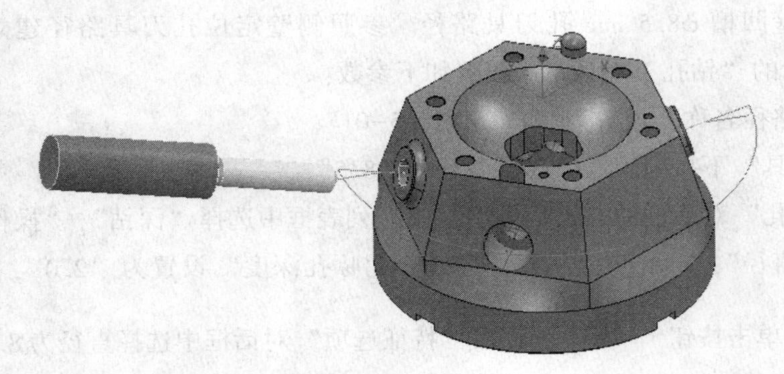

图 2—1—158 “18T6DR14-01” 刀具路径

⑩创建侧壁 ϕ12 mm 底孔刀具路径。参照侧壁定位孔刀具路径建立方法，在图 2—1—148 所示的“钻孔”对话框中设置如下参数：

❑“刀具路径名称”设置为“19T7DR11_8-01”。

❑ 在“刀具”下拉列表框中选择“T7-DR11. 8”。

❑ 在“钻孔”对话框的“循环类型”下拉列表框中选择“深钻”，“操作”下拉列表框中选择“通孔”，“间隙”设置为“5. 0”，“啄孔深度”设置为“3. 0”，“公差”设置为“0. 01”，再单击按钮 选取... ，在“特征选项”对话框中选择直径为 12 mm 的孔特征，如图2—1—151所示。

最后单击“计算”按钮→“取消”按钮，接着单击用户界面最右边“查看工具栏”中的“ISO1”按钮，用户界面产生如图 2—1—159 所示的“19T7DR11_8-01”刀具路径。

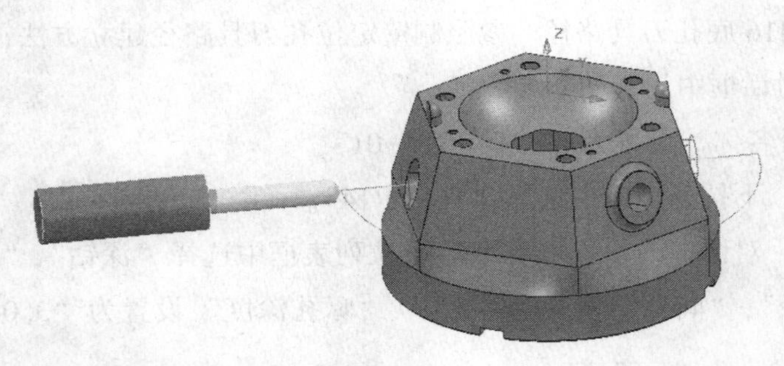

图 2—1—159 “19T7DR11_8-01” 刀具路径

⑪创建侧壁 ϕ12 mm 铰孔刀具路径。参照侧壁定位孔刀具路径建立方法，在图 2—1—148 所示的“钻孔”对话框中设置如下参数：

❑“刀具路径名称”设置为“20T8RM12-01”。

❑ 在“刀具”下拉列表框中选择“T8-RM12”。

❑ 在“钻孔”对话框的“循环类型”下拉列表框中选择“单次啄孔”，“操作”下拉列表框中选择“通孔”，“间隙”设置为“5.0”，“公差”设置为“0.01”，再单击按钮 选取... ，在“特征选项”对话框中选择直径为 12 mm 的孔特征，如图 2—1—151 所示。

最后单击“计算”按钮→“取消”按钮，接着单击用户界面最右边“查看工具栏”中的“ISO1”按钮，用户界面产生如图 2—1—160 所示的“20T8RM12 - 01”刀具路径。

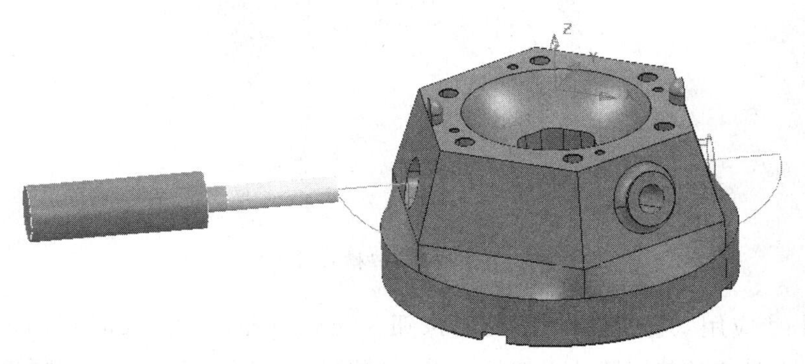

图 2—1—160 “20T8RM12-01”刀具路径

7）创建顶部球面凹槽刀具路径

①建立倾斜面加工边界。如图 2—1—161 所示，右击用户界面左边 PowerMILL 浏览器中的“边界”，依次选择“定义边界”→“已选曲面”选项，弹出如图 2—1—162 所示的“已选曲面边界”对话框。在此对话框中设置如下参数：

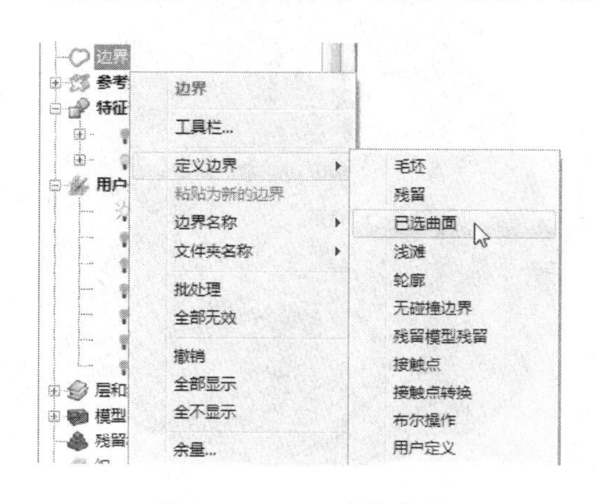

图 2—1—161 边界建立

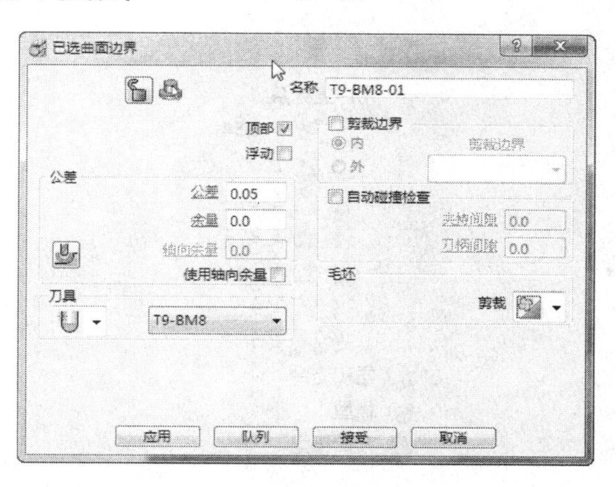

图 2—1—162 “已选曲面边界”对话框

❑“名称”设置为“T9-BM8-01”。

❑“公差”设置为“0.05”。

❑“余量”设置为“0.0”。

❑在“刀具”下拉列表框中选择“T9-BM8”。

然后在绘图区使用鼠标左键选择零件球面凹槽曲面，选择结果如图 2—1—163 所示。

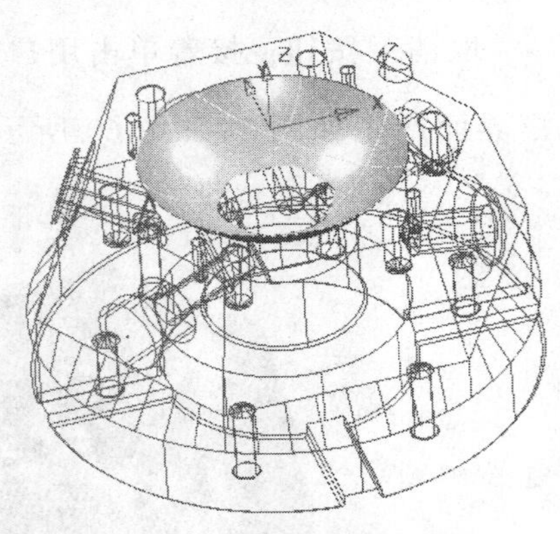

图 2—1—163 球面凹槽曲面选择结果

最后单击“应用”按钮→“接受”按钮，完成边界设置。此时在用户界面左边的 PowerMILL 浏览器中将显示刚才设置的边界，如图 2—1—164 所示。这时在绘图区出现两个封闭的边界线，如图 2—1—165 所示。

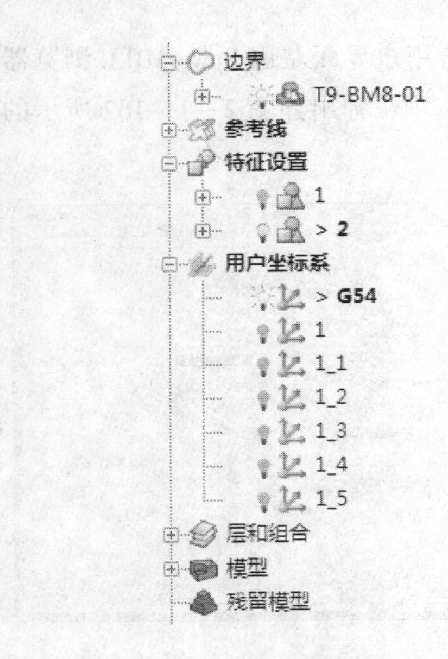

图 2—1—164 PowerMILL 浏览器

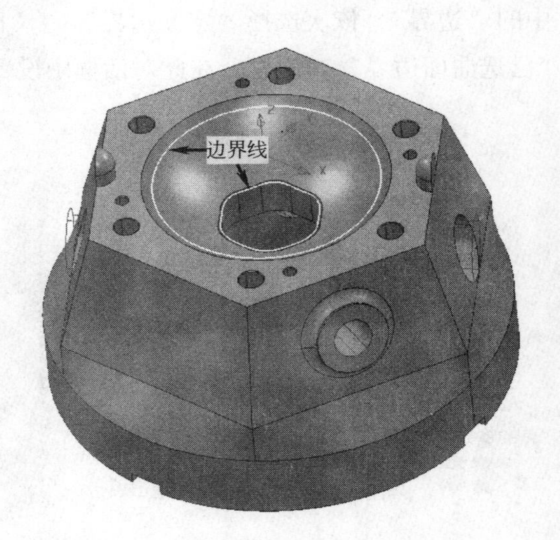

图 2—1—165 球面凹槽加工边界

②建立加工用的参考线。在 PowerMILL 浏览器中右击“参考线”，在弹出的快捷菜单中选择“产生参考线”，如图 2—1—166 所示。这时系统即产生一个名称为“3”、内容空白的参考线，如图 2—1—167 所示。双击“参考线”将它展开，右击参考线“3”，在弹出的快捷菜单中选择“曲线编辑器”，如图 2—1—168 所示。调出“曲线编辑器”工具栏，如图 2—1—169 所示。在“曲线编辑器”工具栏中单击“获取曲线”按钮，系统弹出“获取”工具栏，如图 2—1—170 所示。在绘图区选取图 2—1—171 所示箭头所指曲线。在“获取”工具栏中单击按钮，完成曲线获取。在“曲线编辑器”工具栏中单击按钮，完成参考线“3”的创建。

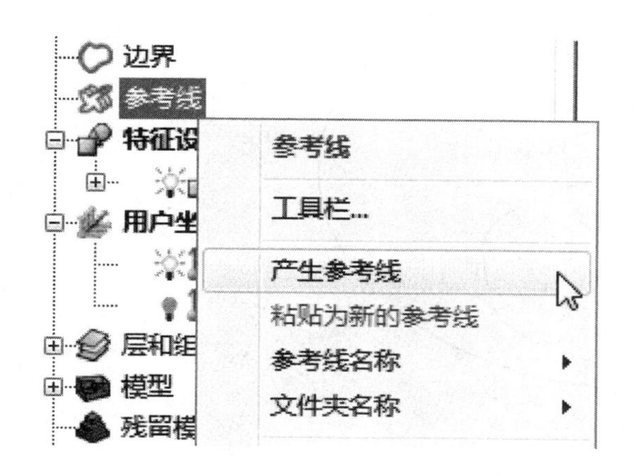

图 2—1—166　创建参考线

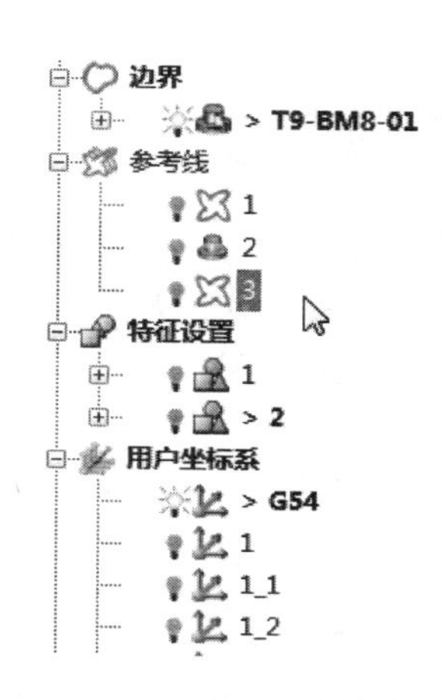

图 2—1—167　参考线显示

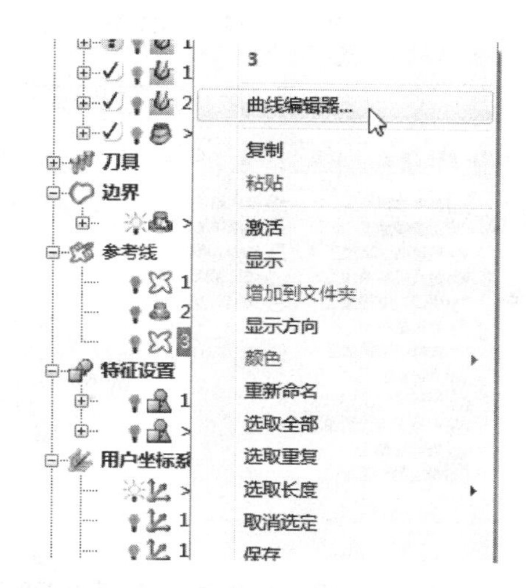

图 2—1—168　进入参考线“曲线编辑器”

图 2—1—169 “曲线编辑器”工具栏

图 2—1—170 “获取”工具栏

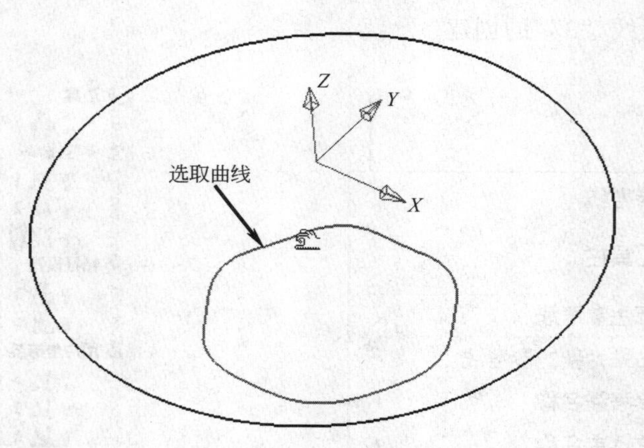

图 2—1—171 选取曲线

③创建顶部球面凹槽刀具路径。单击用户界面上部“主工具栏”中的“刀具路径策略”按钮，弹出如图 2—1—172 所示的“策略选取器”对话框。

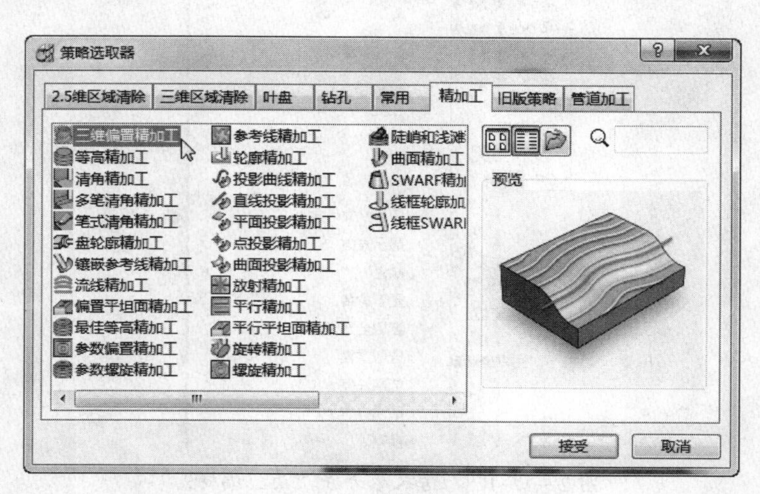

图 2—1—172 “策略选取器”对话框

单击“精加工”标签，然后选择“三维偏置精加工”选项，如图 2—1—172 所示，单击“接受”按钮，将弹出如图 2—1—173 所示的“三维偏置精加工”对话框。

图 2—1—173 “三维偏置精加工”对话框

在此对话框中设置如下参数：

❑“名称”改为“21T9BM8-J-01”。

❑ 在“参考线”下拉列表框中选择“3”。

❑ 选中“由参考线开始”复选框。

❑ 在“切削方向”下拉列表框中选择“顺铣”。

❑“公差”设置为“0.05”。

❑“余量”设置为“0.0”。

❑“行距”设置为“0.2”。

选择 用户坐标系标签，在“用户坐标系”下拉列表框中选择“G54”。

选择 刀具标签，在刀具选择下拉列表框中选择刀具“T9-BM8”，如图 2—1—174 所示。

选择 剪裁标签，在“剪裁”选项卡的“边界”下拉列表框中选择边界“T9-BM8-

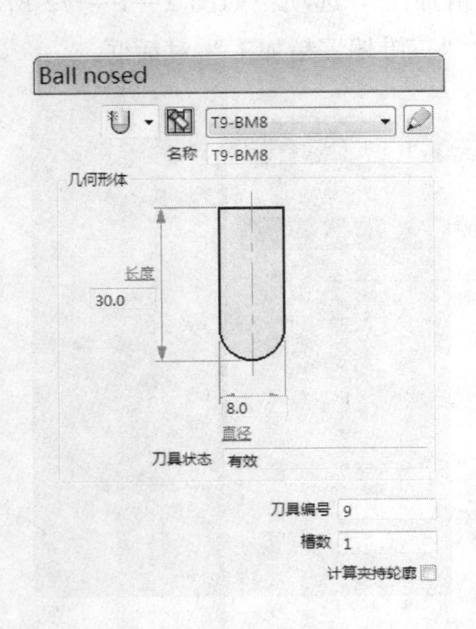

图 2—1—174　刀具选择

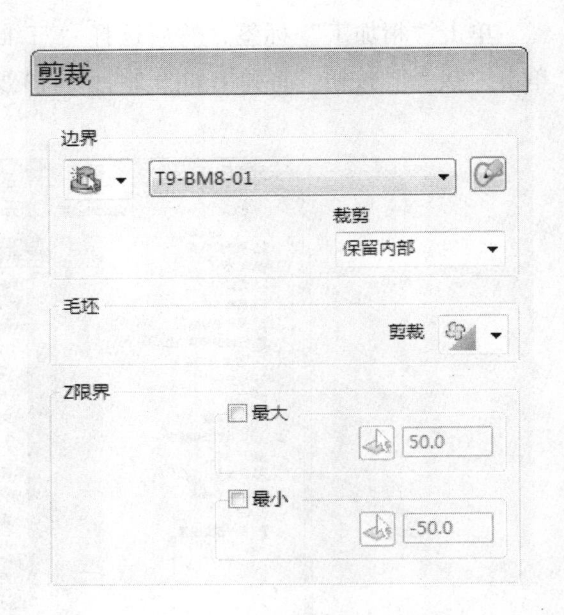

图 2—1—175　“剪裁”边界选择

01”，如图 2—1—175 所示。

选择 快进高度 标签，在“快进高度”选项卡中设置如下参数：

- 在“安全区域”下拉列表框中选择“平面”。
- 在“用户坐标系”下拉列表框中选择“G54”。
- “安全 Z 高度”设置为“20. 0”。
- “开始 Z 高度”设置为“5. 0”。

设置结果如图 2—1—143 所示。

选择 刀轴 标签。在“刀轴”选项卡的“刀轴”下拉列表框中选择“垂直”，如图 2—1—142 所示。

选择 切入切出和连接 切入 标签中的“切入”标签。在“切入”选项卡的“第一选择”下拉列表框中选择“曲面法向圆弧”，并且选中“增加切入切出到短连接”复选框，单击“切出和切入相同”按钮，把“切入”的参数全部复制给“切出”，如图 2—1—176 所示。单击“连接”标签，在“连接”选项卡的“短”下拉列表框中选择“曲面上”，“长”与“缺省”下拉列表框中都选择“相对”，如图 2—1—177 所示。

“三维偏置精加工”对话框的其余参数保持默认，设置完毕单击“计算”按钮。刀具路径生成后单击“取消”按钮，接着单击用户界面最右边“查看工具栏”中的“ISO1”

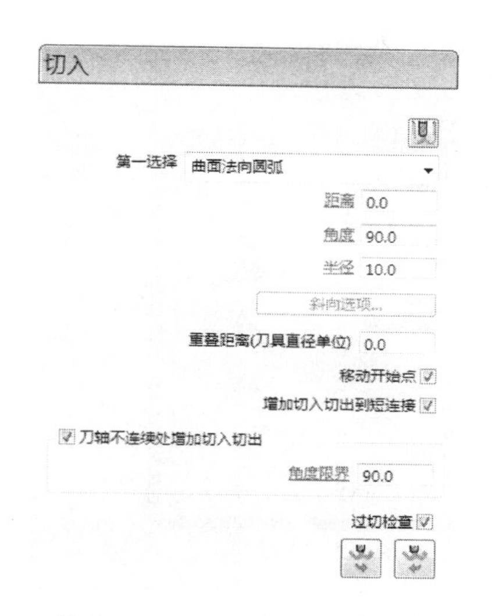

图 2—1—176 “切入”选项卡

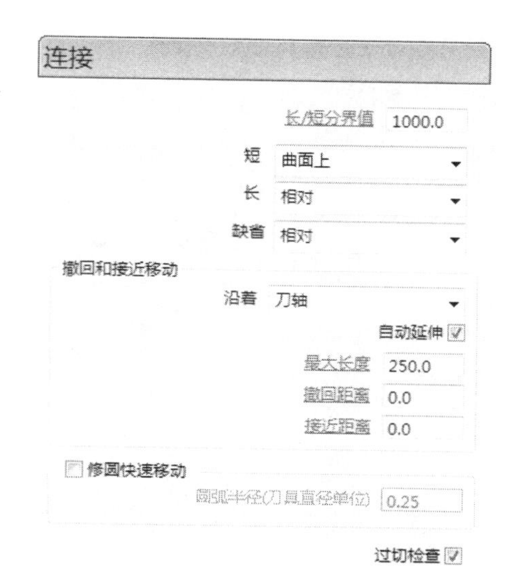

图 2—1—177 “连接”选项卡

按钮，用户界面产生如图 2—1—178 所示的“21T9BM8-J-01”刀具路径。

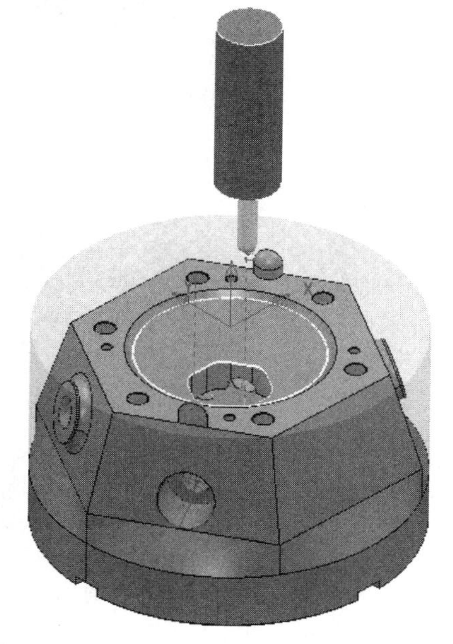

图 2—1—178 “21T9BM8-J-01”刀具路径

8）创建侧壁圆形凸台 *R*4 mm 倒圆角刀具路径

①创建第一个侧壁圆形凸台 *R*4 mm 倒圆角刀具路径。单击用户界面上部“主工具栏”中的“刀具路径策略”按钮，弹出如图 2—1—179 所示的“策略选取器”对话框。

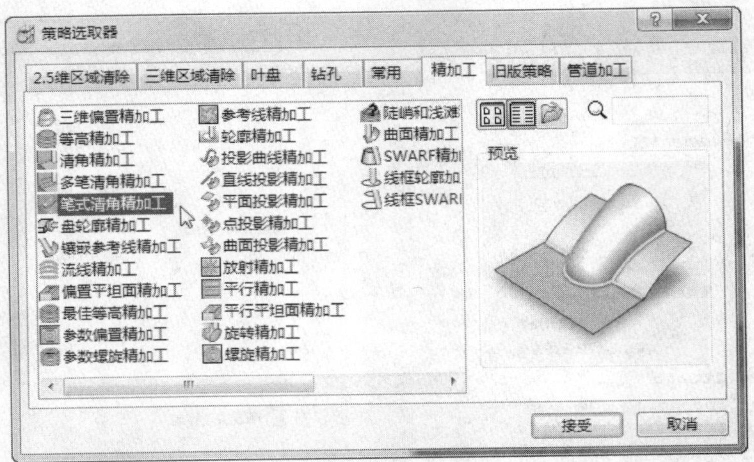

图 2—1—179 “策略选取器”对话框

单击“精加工”标签，然后选择“笔式清角精加工”选项，如图 2—1—179 所示，单击“接受”按钮，将弹出如图 2—1—180 所示的“笔试清角精加工”对话框。

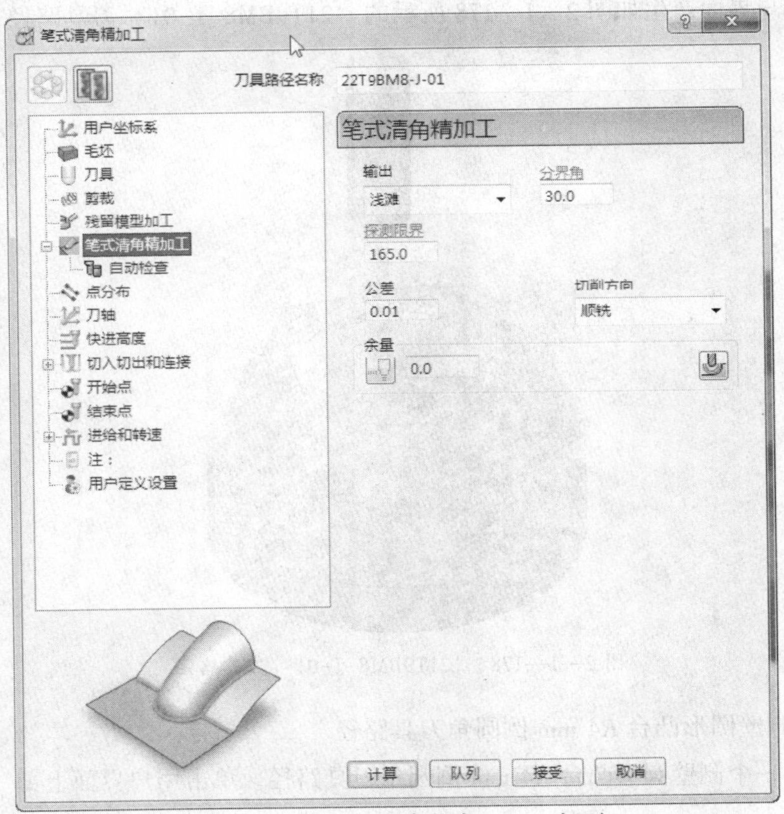

图 2—1—180 “笔式清角精加工”对话框

在此对话框中设置如下参数：

❑“刀具路径名称”改为“22T9BM8-J-01”。

❑在“输出”下拉列表框中选择“浅滩”。

❑“分界角”设置为“30.0”。

❑“探测限界”设置为“165.0”。

❑在“切削方向”下拉列表框中选择“顺铣”。

❑“公差”设置为“0.01”。

❑“余量”设置为“0.0”。

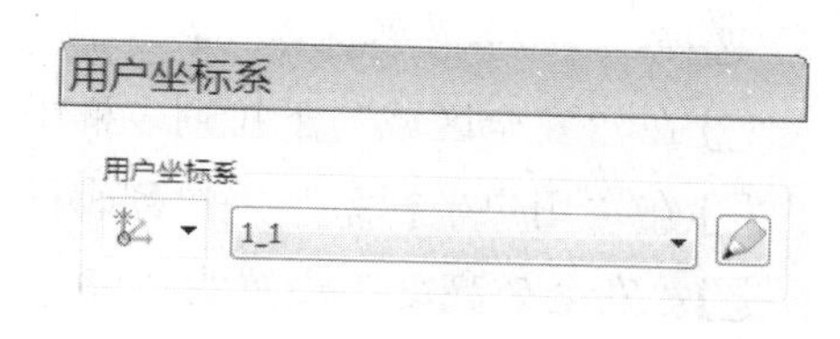

图 2—1—181 “用户坐标系”选择

选择 用户坐标系标签，在“用户坐标系”下拉列表框中选择“1_1”，如图 2—1—181 所示。

选择 刀具标签，在刀具选择下拉列表框中选择刀具“T9-BM8”，如图 2—1—182 所示。

选择 剪裁标签，打开“剪裁”选项卡，在毛坯“剪裁”下拉列表框中选择“允许刀具中心在毛坯之外”按钮，将“Z 限界”中的“最小”选项激活，设置为“-0.1”，如图 2—1—183 所示。

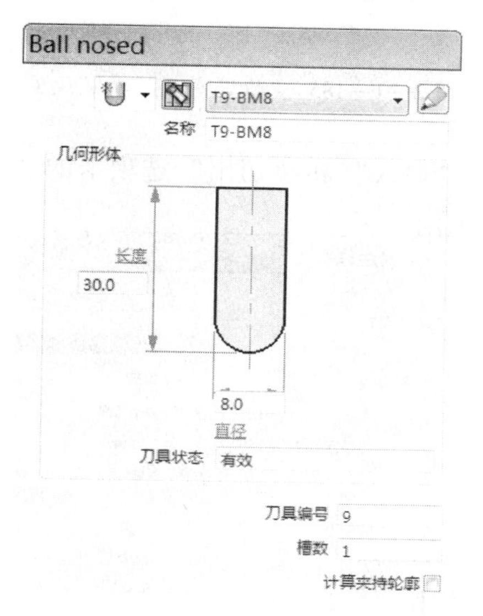

图 2—1—182 刀具选择

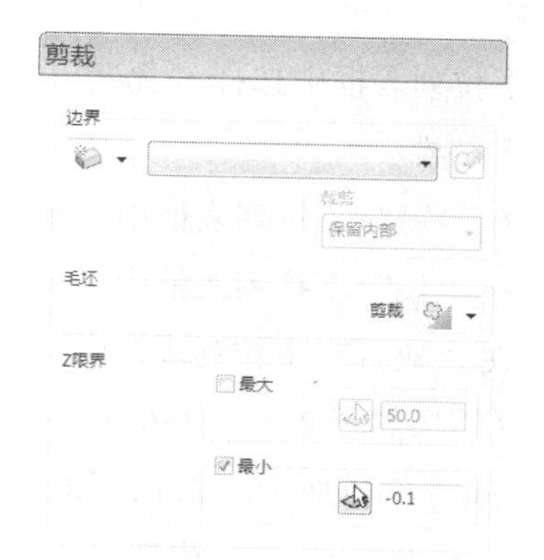

图 2—1—183 剪裁“Z 限界”设置

选择 刀轴标签。在“刀轴”选项卡的“刀轴”下拉列表框中选择“垂直”，如图 2—1—184 所示。

选择 快进高度 标签，在“快进高度”选项卡中设置如下参数：

❑ 在“安全区域”下拉列表框中选择“平面”。

❑ 在“用户坐标系”下拉列表框中选择“1_1”。

❑“安全 Z 高度”设置为“50. 0”。

❑“开始 Z 高度”设置为“20. 0”。

设置结果如图 2—1—185 所示。

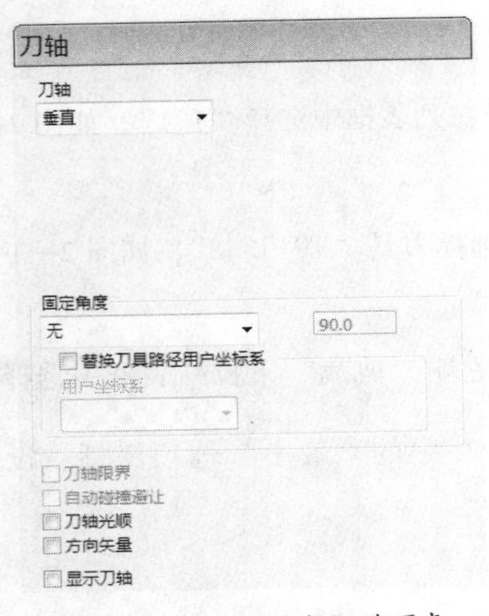

图 2—1—184 “刀轴”选项卡

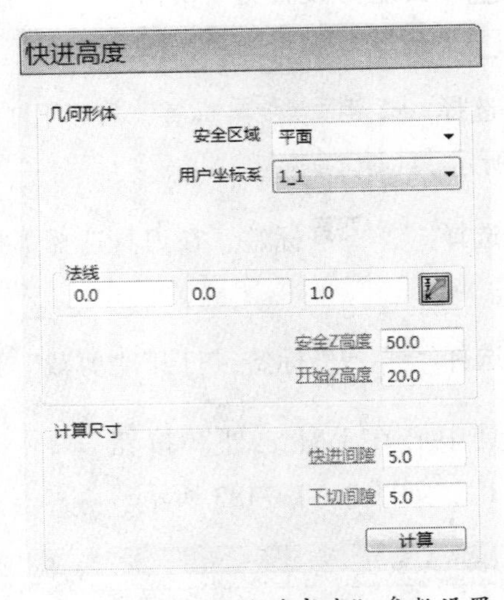

图 2—1—185 “快进高度”参数设置

选择 切入切出和连接 切入 标签中的“切入”标签。在“切入”和“切出”选项卡的“第一选择”下拉列表框中选择“无”。在“连接”选项卡中设置如下参数：

❑ 在“短”下拉列表框中选择“掠过”。

❑ 在“长”下拉列表框中选择“相对”。

❑ 在“缺省”下拉列表框中选择“安全高度”。

选择结果如图 2—1—186 所示。

“笔式清角精加工”对话框的其余参数保持默认，设置完毕单击“计算”按钮。刀具路径生成后单击“取消”按钮，接着单击用户界面最右边“查看工具栏”中的“ISO1”按钮，用户界面产生如图 2—1—187 所示的“22T9BM8-J-01”刀具路径。

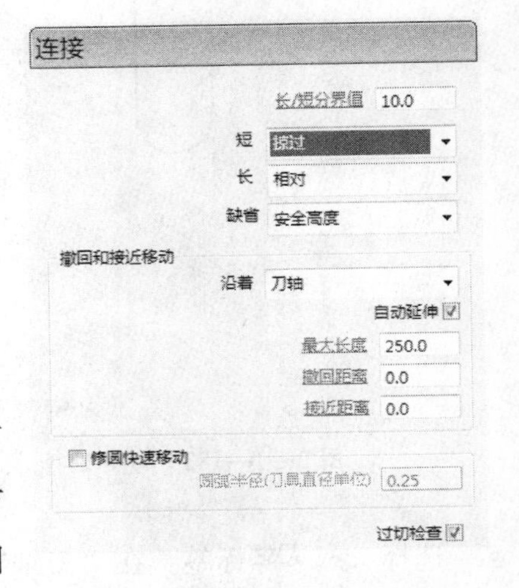

图 2—1—186 “连接”选项卡

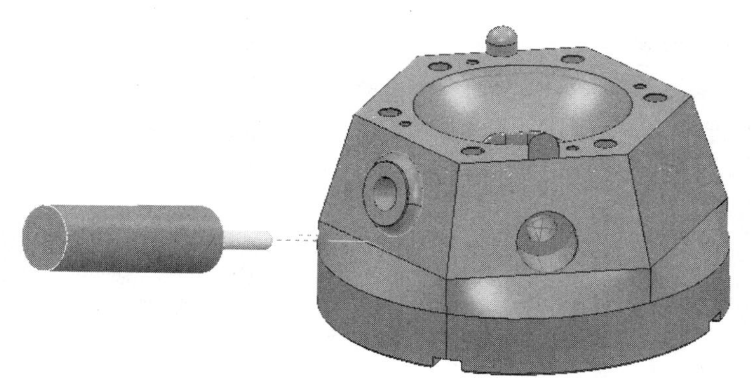

图 2—1—187 “22T9BM8-J-01” 刀具路径

②创建第二个侧壁圆形凸台 $R4$ mm 倒圆角刀具路径。按照“22T9BM8-J-01”刀具路径建立方法，创建“23T9BM8-J-01”刀具路径，需要将“用户坐标系”和“快进高度”中的坐标系修改为“1_4”，然后计算刀具路径，得到如图 2—1—188 所示的刀具路径。

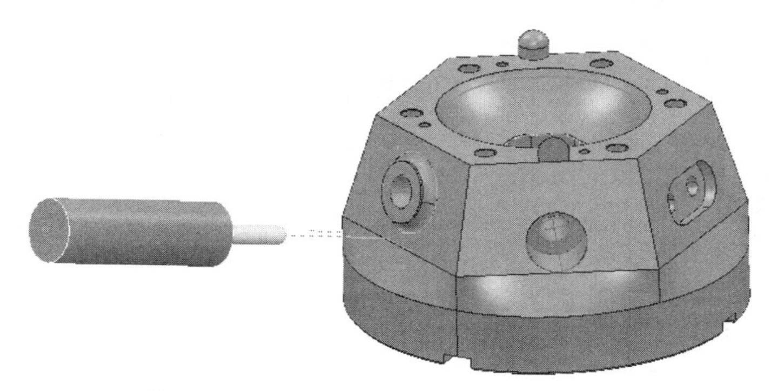

图 2—1—188 “23T9BM8-J-01” 刀具路径

9）创建侧壁过渡直纹曲面刀具路径

①创建一个过渡直纹曲面刀具路径。单击用户界面上部“主工具栏”中的“刀具路径策略”按钮，弹出如图 2—1—189 所示的“策略选取器”对话框。

单击“精加工”标签，然后选择“曲面精加工”选项，如图 2—1—189 所示，单击“接受”按钮，将弹出如图 2—1—190 所示的“曲面精加工”对话框。在此对话框中设置如下参数：

❑“刀具路径名称”改为“1”。

❑“曲面侧”下拉列表框中选择“外”。

❑“公差”设置为“0.01”。

❑“余量”设置为“0.0”。

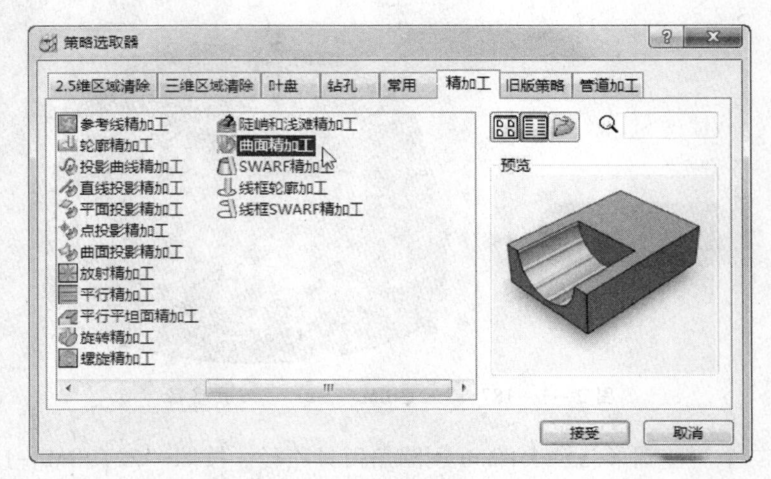

图 2—1—189 “策略选取器”对话框

图 2—1—190 “曲面精加工”对话框

❑“行距（距离）”设置为“0.2”。

“用户坐标系”选择“G54”。刀具选择“T9-BM8”。单击“剪裁”标签，打开“剪裁”选项卡，在毛坯“剪裁”下拉列表框中选择“允许刀具中心在毛坯之外”按钮，同时取消选中“Z 限界”中的“最小”选项。

选择“曲面精加工”标签下的 参考线 标签，在“参考线”选项卡中设置如下参数：

❑ 在“参考线方向”下拉列表框中选择“V”。

❑ 在“加工顺序”下拉列表框中选择“双向”。

❑ 在“开始角”下拉列表框中选择“最小 U 最小 V”。

❑ 在“顺序”下拉列表框中选择“无”，如图 2—1—191 所示。

选择 刀轴标签。在“刀轴”选项卡的“刀轴”下拉列表框中选择“固定方向”，“方向”设置为“0. 0”“-0. 5”“0. 5”，选中“刀轴光顺”复选框，如图 2—1—192 所示。

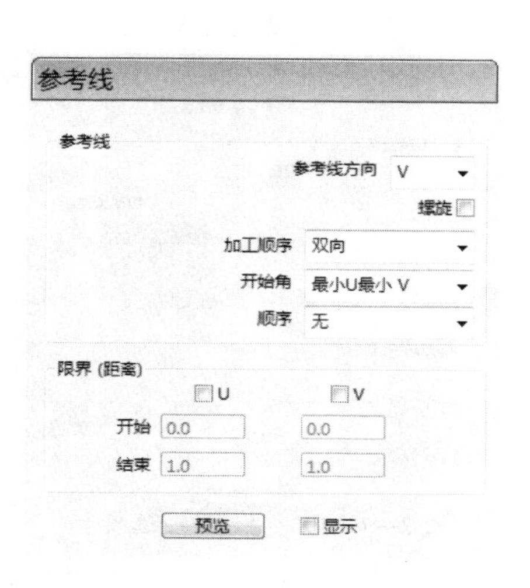

图 2—1—191 “参考线”参数设置

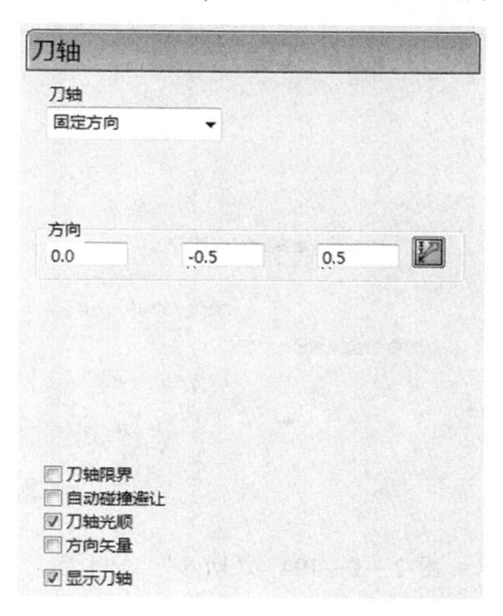

图 2—1—192 “刀轴”选项卡

选择 快进高度标签，在“快进高度”选项卡中设置如下参数：

❑ 在“安全区域”下拉列表框中选择“圆柱体”。

❑ 在“用户坐标系”下拉列表框中选择“G54”。

❑ “位置”设置为“0. 0”“0. 0”“0. 0”。

❑ “方向”设置为“0. 0”“0. 0”“1. 0”。

❑ “半径”设置为“100. 0”。

❑ “下切半径”设置为“85. 0”。

设置结果如图 2—1—193 所示。

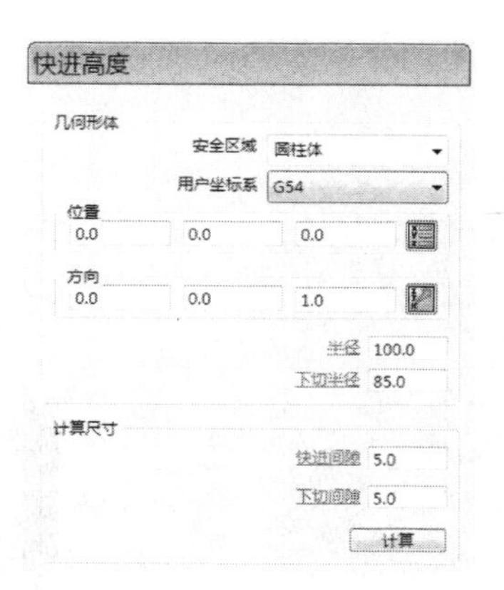

图 2—1—193 “快进高度”参数设置

选择 切入切出和连接 切入 标签中的“切入”标签。在“切入”

选项卡的“第一选择”下拉列表框中选择“延伸移动”，“距离”设置为“3.0”，并且选中“增加切入切出到短连接”复选框，单击“切出和切入相同”按钮，把“切入”的参数全部复制给“切出”，如图 2—1—194 所示。单击“连接”标签，将“连接”选项卡中的“长/短分界值”设置为“500.0”，在“短”下拉列表框中选择“圆形圆弧”，“长”下拉列表框中选择“相对”，“缺省”下拉列表框中选择“安全高度”，如图 2—1—195 所示。

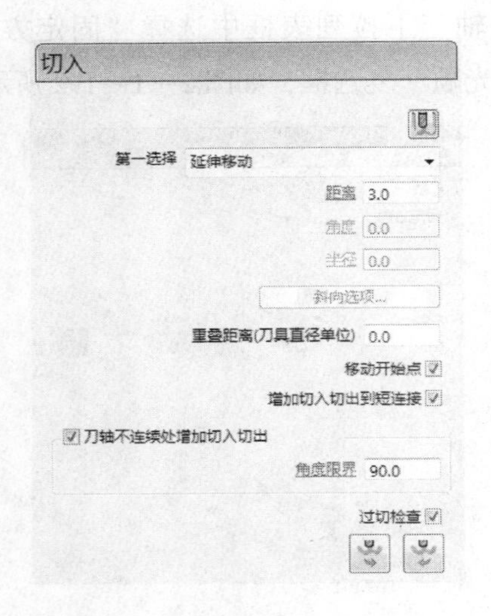

图 2—1—194 “切入”选项卡

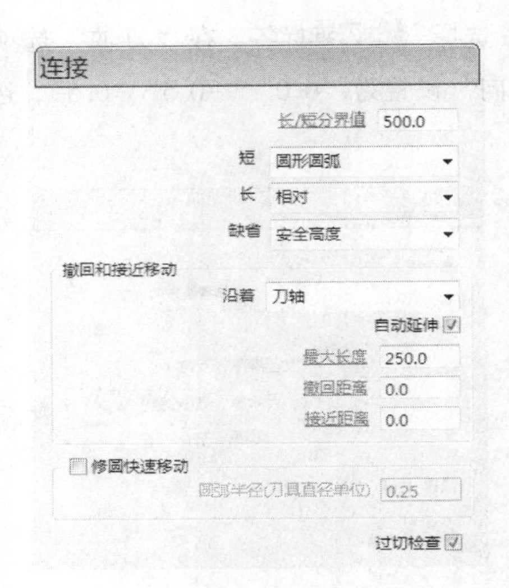

图 2—1—195 “连接”选项卡

在用户界面中选取如图 2—1—196 所示的曲面。

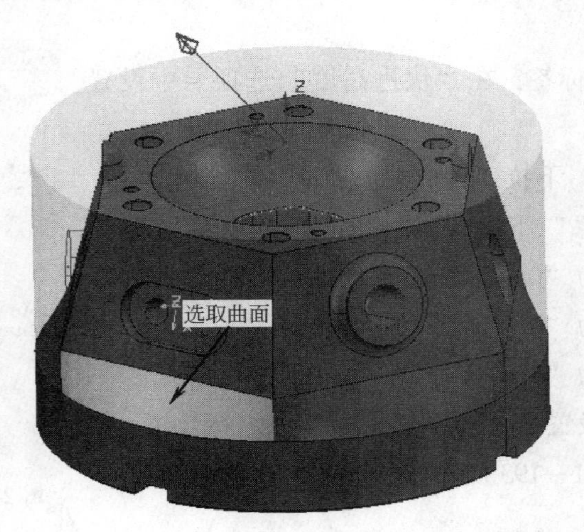

图 2—1—196 选取曲面

“曲面精加工”对话框的其余参数保持默认，设置完毕单击“计算”按钮。刀具路径生成后单击“取消”按钮，接着单击用户界面最右边“查看工具栏”中的“ISO1”按钮，用户界面产生如图2—1—197所示的一个过渡直纹曲面刀具路径。

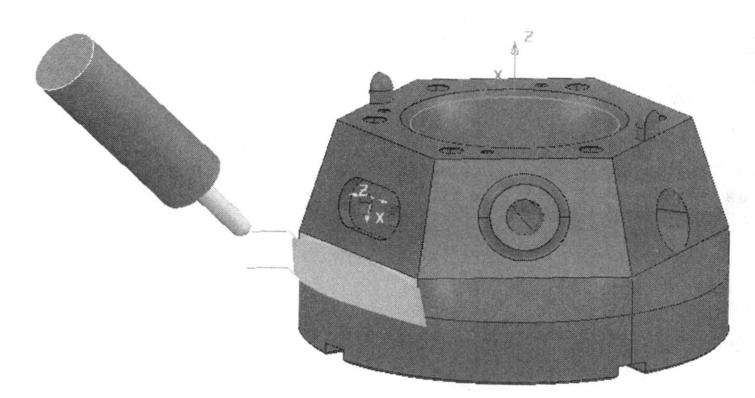

图2—1—197 一个过渡直纹曲面刀具路径

②创建全部过渡直纹曲面刀具路径。单击下拉菜单“查看”→“工具栏”→“刀具路径”命令。打开“刀具路径工具栏”，如图2—1—198所示。

图2—1—198 “刀具路径工具栏”

单击用户界面上部“刀具路径工具栏”中的“变换刀具路径”按钮，系统将弹出“刀具路径变换”工具栏，如图2—1—199所示。接着再单击“刀具路径变换”工具栏中的“多重变换”按钮，然后出现“多重变换”对话框，选择此对话框中的“圆形”标签，在“圆形”选项卡中将“数值”设置为“6”，如图2—1—200所示。依次单击“接受”按钮和“刀具路径变换”工具栏中的“接受改变”按钮。此时在用户界面左边的PowerMILL浏览器中刀具路径下增加一个刀具路径“1_1”，如图2—1—201所示。激活刀具路径“1_1”，修改其名称为“24T9BM8-J-01”。最后单击用户界面最右边“查看工具栏”中的“ISO1”按钮，用户界面产生如图2—1—202所示的全部过渡直纹曲面刀具路径。

图2—1—199 “刀具路径变换”工具栏

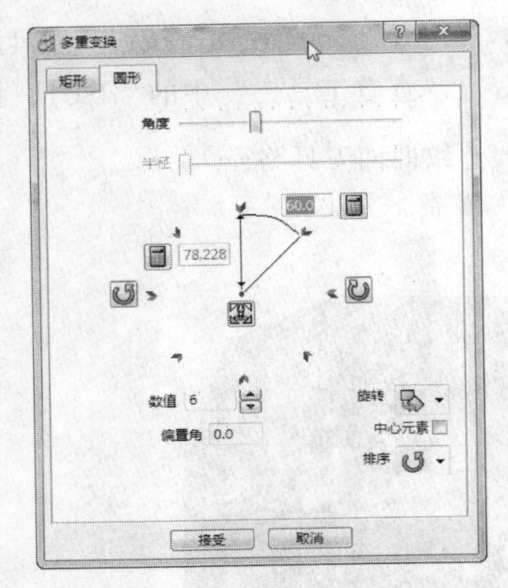

图 2—1—200 “多重变换”对话框

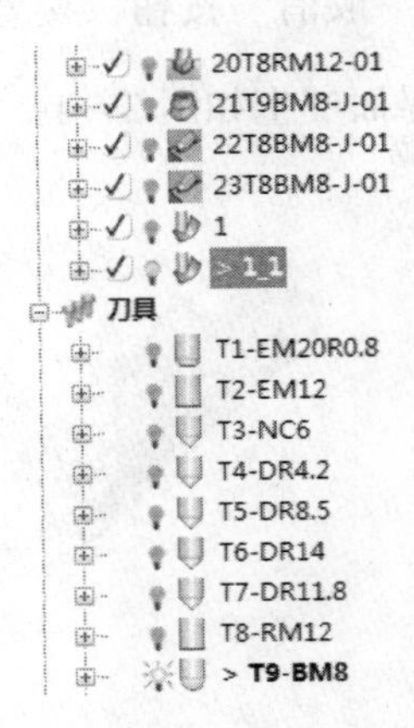

图 2—1—201 PowerMILL 浏览器

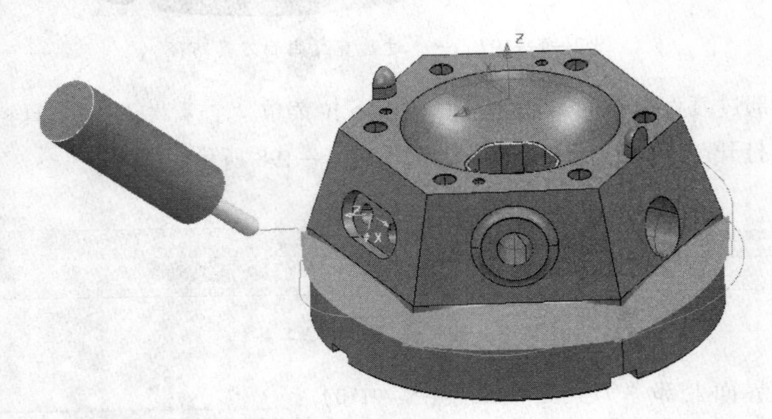

图 2—1—202 全部过渡直纹曲面刀具路径

10）创建顶部凸台球面刀具路径

①建立顶部凸台球面加工边界。如图 2—1—203 所示，右击用户界面左边 PowerMILL 浏览器中的“边界”，依次选择“定义边界”→“已选曲面”选项，弹出如图 2—1—204 所示的“已选曲面边界”对话框。在此对话框中设置如下参数：

❑“名称”设置为“T9-BM8-02”。

❑“公差”设置为“0.01”。

❑“余量”设置为“0.0”。

❑在“刀具”下拉列表框中选择“T9-BM8”。

然后在绘图区使用鼠标左键加键盘上的“Shift”键依次选择零件顶部凸台球面，选择结果如图 2—1—205 所示。

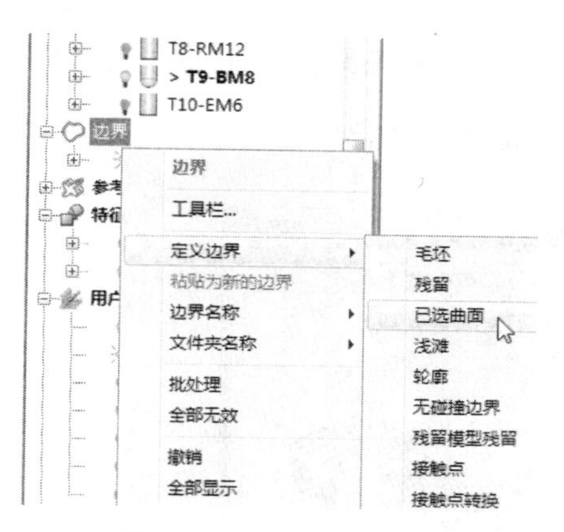

图 2—1—203　边界建立

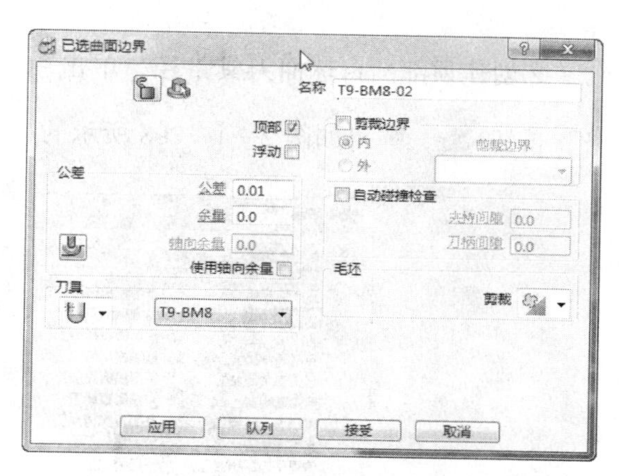

图 2—1—204　“已选曲面边界”对话框

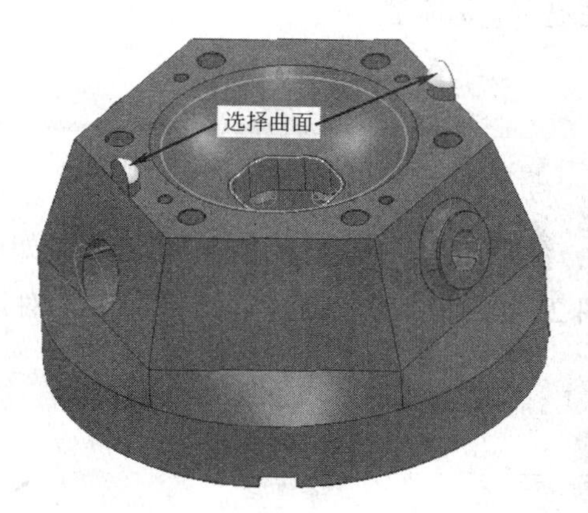

图 2—1—205　凸台球面选择结果

最后单击“应用”按钮→“接受”按钮，完成凸台球面使用边界设置。此时在用户界面左边的 PowerMILL 浏览器中将显示刚才设置的边界，如图 2—1—206 所示。这时在绘图区出现两个封闭的边界线，如图 2—1—207 所示。

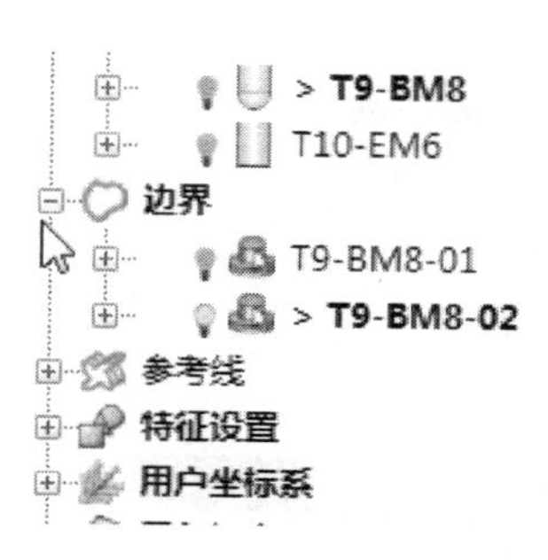

图 2—1—206　PowerMILL 浏览器

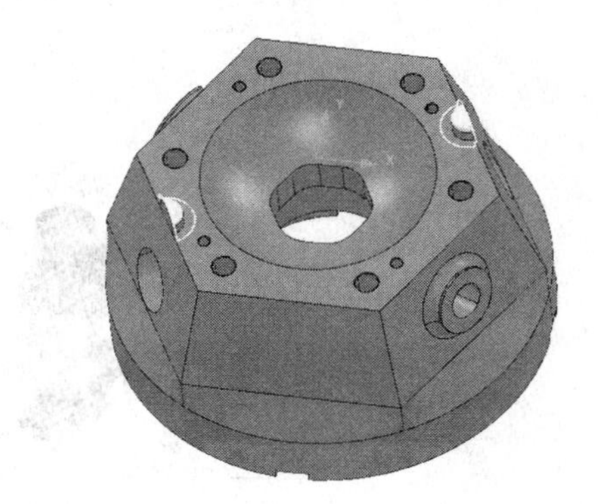
图 2—1—207　“T9-BM8-02”边界

②创建顶部凸台球面刀具路径。单击用户界面上部“主工具栏”中的“刀具路径策略”按钮，弹出如图 2—1—208 所示的“策略选取器”对话框。

图 2—1—208 “策略选取器”对话框

单击“精加工”标签，然后选择“等高精加工”选项，如图 2—1—208 所示，单击“接受”按钮，将弹出如图 2—1—209 所示的“等高精加工”对话框。

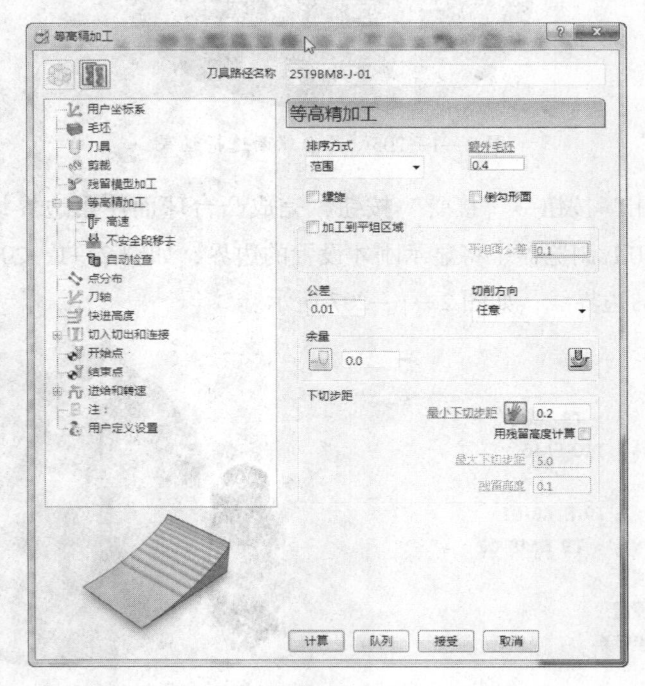

图 2—1—209 “等高精加工”对话框

在此对话框中设置如下参数：

❑“刀具路径名称”改为“25T9BM8-J-01”。

❑在“排序方式”下拉列表框中选择“范围”。

❑在“切削方向”下拉列表框中选择“任意”。

❑“公差”设置为“0.01”。

❑“余量”设置为“0.0”。

❑“最小下切步距”设置为“0.2”。

在“等高精加工”对话框中选择 用户坐标系 标签，在“用户坐标系”选项卡的“用户坐标系”下拉列表框中选择“G54”。

选择 刀具 标签，在刀具选择下拉列表框中选择刀具“T9-BM8”。

选择 剪裁 标签，在“剪裁”选项卡的“边界”下拉列表框中选择边界“T9-BM8-02”，如图2—1—210所示。

选择 切入切出和连接 切入 标签中的“切入”标签。在“切入”和“切出”选项卡的“第一选择”下拉列表框中选择“延伸移动”，“距离”设置为“3.0”。单击“连接”标签，将“连接”选项卡的“长/短分界值”设置为“10.0”，在“短”下拉列表框中选择“圆形圆弧”，“长”下拉列表框中选择“相对”，“缺省”下拉列表框中选择“安全高度”，选择结果如图2—1—211所示。

图2—1—210　精加工“剪裁”边界选择

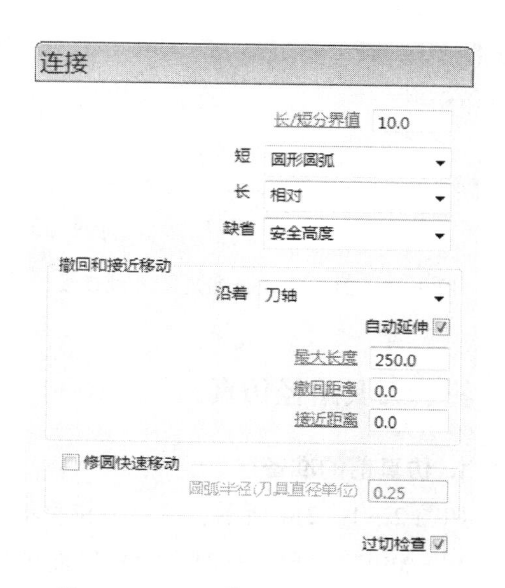

图2—1—211　精加工“连接”选择

选择 刀轴标签。在“刀轴”选项卡的“刀轴”下拉列表框中选择“垂直”。

选择 快进高度标签，在“快进高度”选项卡中设置如下参数：

❑ 在“安全区域”下拉列表框中选择“平面”。

❑ 在“用户坐标系”下拉列表框中选择“G54”。

❑“安全 Z 高度”设置为“50. 0”。

❑“开始 Z 高度”设置为“20. 0”。

设置结果如图 2—1—212 所示。

“等高精加工”对话框的其余参数保持默认，设置完毕单击“计算”按钮。刀具路径生成后单击“取消”按钮，接着单击用户界面最右边“查看工具栏”中的“ISO1”按钮，用户界面产生如图 2—1—213 所示的“25T9BM8-J-01”刀具路径。

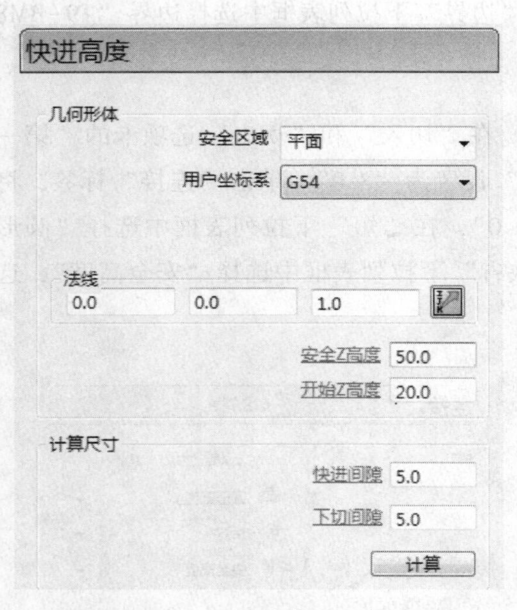

图 2—1—212 “快进高度”参数设置

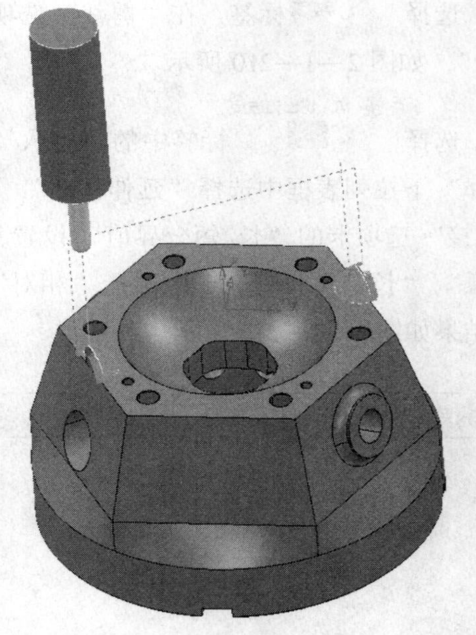

图 2—1—213 “25T9BM8-J-01”刀具路径

三、刀具路径仿真

1. 仿真前的准备

如图 2—1—214 所示，单击下拉菜单“查看”→“工具栏”命令，分别选择“仿真”和“ViewMill”菜单。这时在用户界面中出现“仿真工具栏”和“ViewMill 工具栏”，如图 2—1—215 所示。

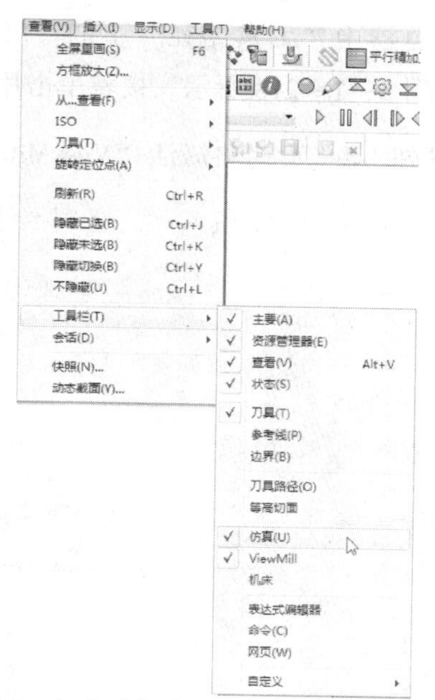

图 2—1—214　打开“仿真工具栏”和“ViewMill 工具栏”

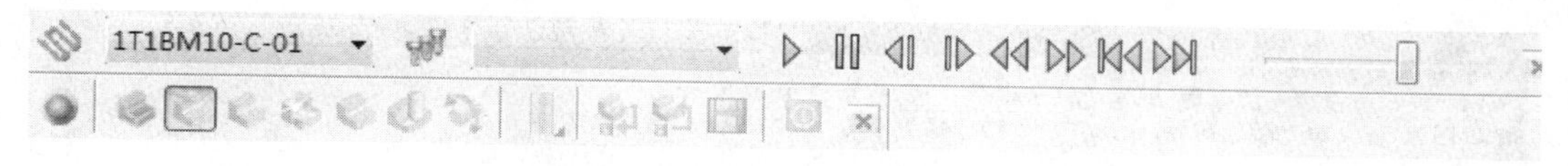

图 2—1—215　“仿真工具栏”和“ViewMill 工具栏”

2. 刀具路径的仿真

将鼠标移至 PowerMILL 浏览器中“刀具路径”下的“1T1EM20-C-01”，然后右击，选择“激活”选项，如图 2—1—216 所示。

激活后的刀具路径“1T1EM20-C-01”前面将产生一个“>”符号，指示灯变亮，如图 2—1—217 所示，同时用户界面将再次显示如图 2—1—51 所示的模型和刀具路径。

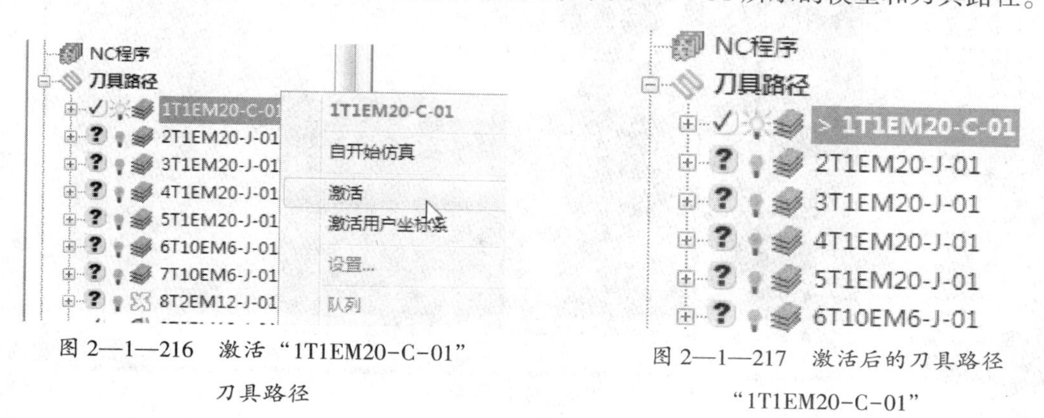

图 2—1—216　激活“1T1EM20-C-01”刀具路径

图 2—1—217　激活后的刀具路径“1T1EM20-C-01”

将鼠标移至 PowerMILL 浏览器中“刀具路径”下的“1T1EM20-C-01”，然后右击，选择“自开始仿真”选项，如图 2—1—218 所示。接着单击用户界面上部“ViewMill 工具栏”中的“开/关 ViewMill”按钮，此时将激活“ViewMill 工具栏”，如图2—1—219所示。然后单击“切削方向阴影图像”按钮，这时绘图区进入仿真界面，如图2—1—220所示。

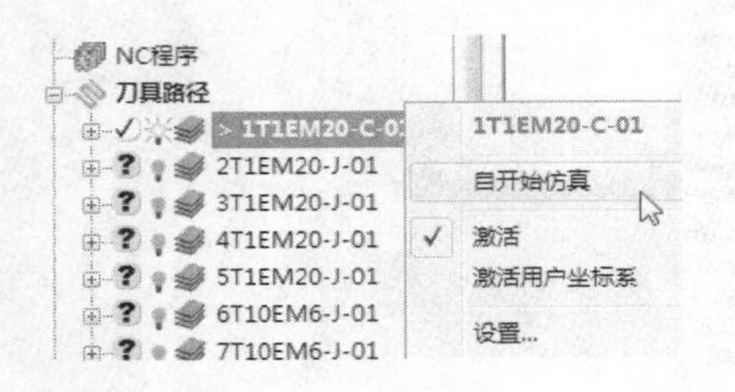

图 2—1—218 “1T1EM20-C-01”刀具路径仿真

图 2—1—219 “ViewMill 工具栏”

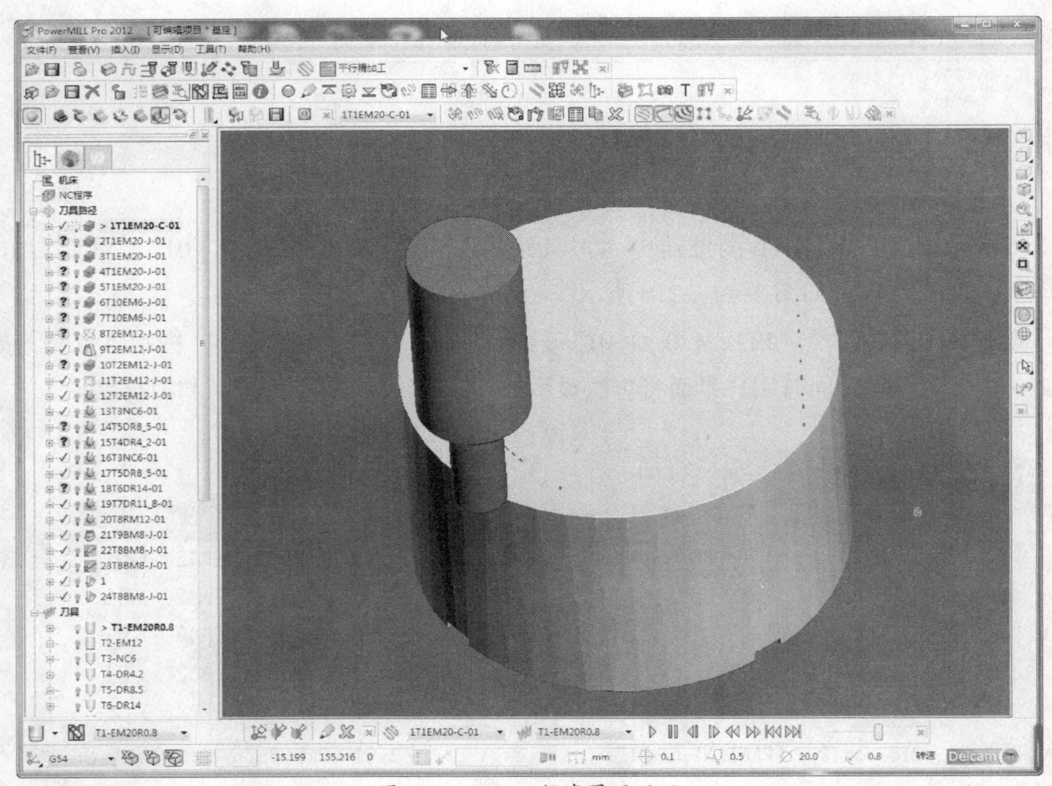

图 2—1—220 仿真界面显示

单击“仿真工具栏”中的“运行”按钮▷，如图 2—1—221 所示，执行粗加工刀具路径的仿真，仿真结果如图 2—1—222 所示。

图 2—1—221 “仿真工具栏”

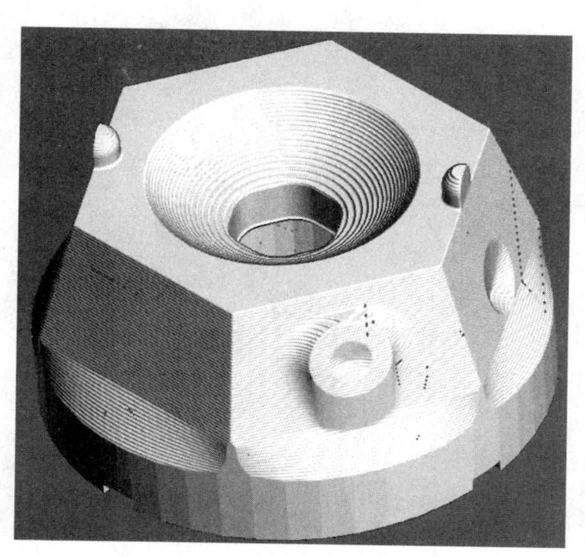

图 2—1—222 刀具路径“1T1EM20-C-01”仿真结果

将刀具路径“2T1EM20-J-01”激活。鼠标移至 PowerMILL 浏览器中“刀具路径”下的“2T1EM20-J-01”，然后右击，选择“自开始仿真”选项，如图 2—1—223 所示。单击“仿真工具栏”中的“运行”按钮▷，执行精加工刀具路径的仿真，仿真结果如图2—1—224 所示。

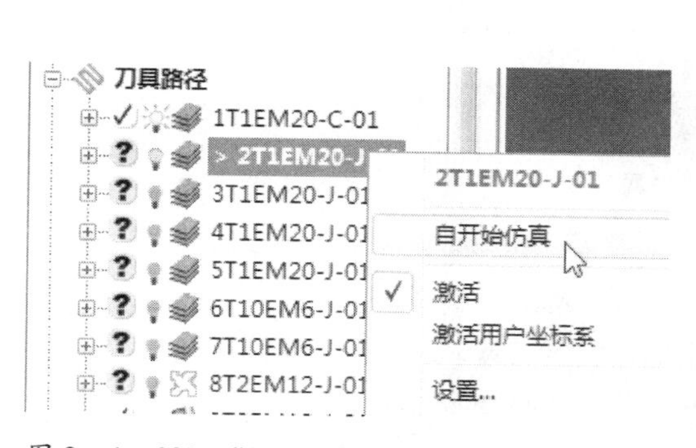

图 2—1—223 “2T1EM20-J-01”刀具路径仿真

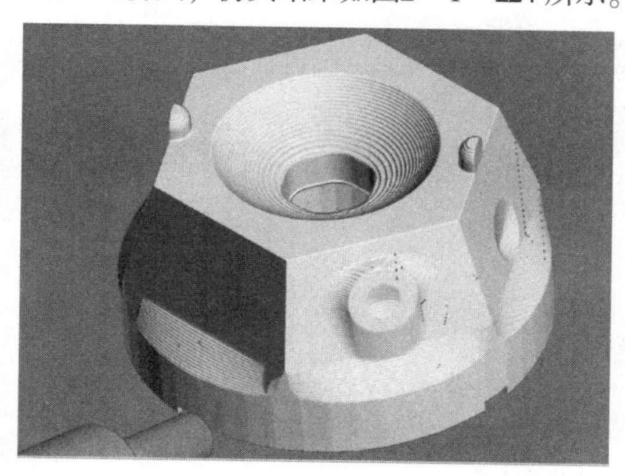

图 2—1—224 “2T1EM20-J-01”刀具路径仿真结果

参照“2T1EM20-J-01”刀具路径仿真步骤依次仿真剩余的刀具路径，结果如图 2—1—225 所示。

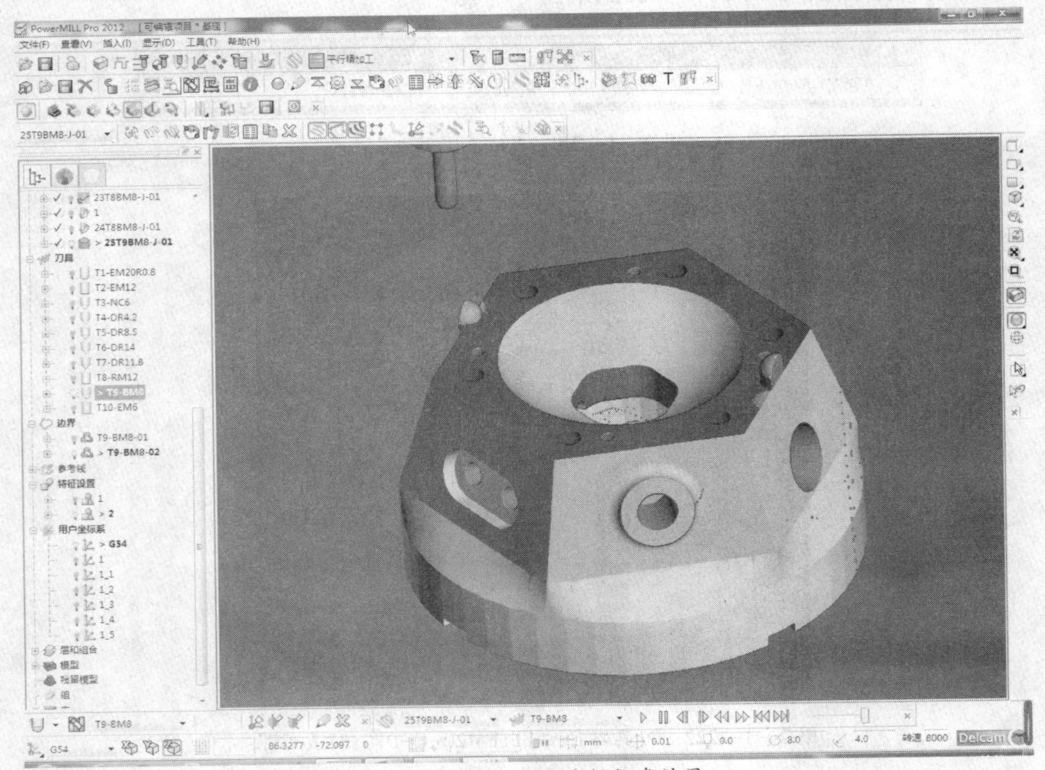

图 2—1—225　刀具路径仿真结果

3. 退出仿真

单击用户界面“ViewMill 工具栏”中的“退出 ViewMill”按钮，此时将打开“PowerMILL 询问”对话框，如图 2—1—226 所示。然后单击“是（Y）”按钮，退出加工仿真。

图 2—1—226　退出加工仿真

四、NC 程序的产生

如图 2—1—227 所示，将鼠标移至 PowerMILL 浏览器中的“NC 程序”，然后右击，选择“参数选择”选项，将弹出如图 2—1—228 所示的“NC 参数选择”对话框。

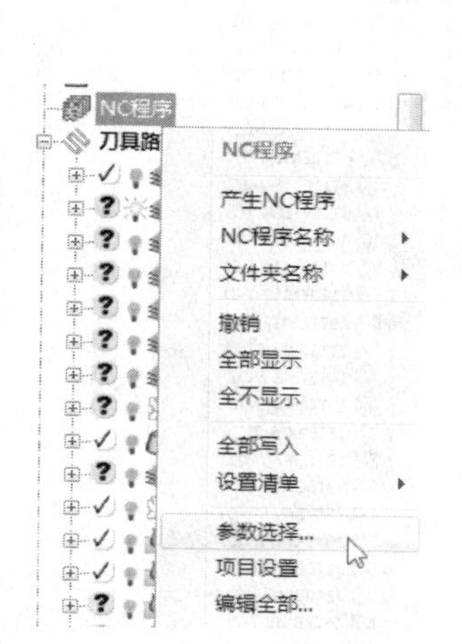

图 2—1—227　NC 程序参数选择

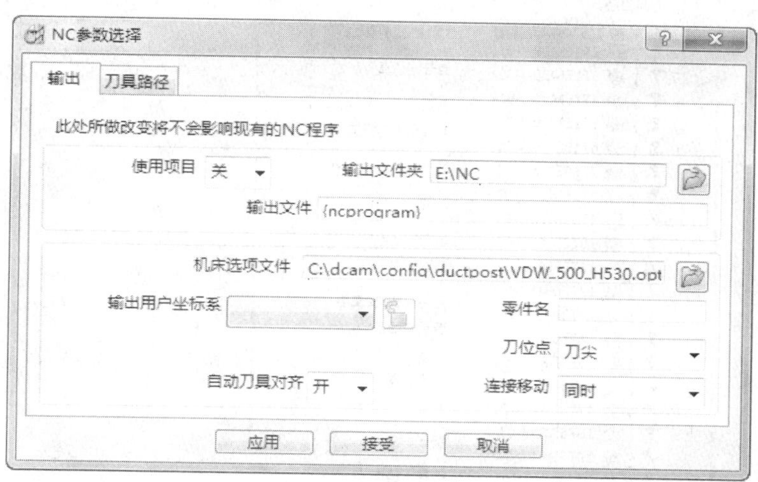

图 2—1—228　“NC 参数选择”对话框

在此对话框中单击“输出文件夹”右边的“浏览选取输出目录”按钮，选择路径“E：\NC”（此文件夹必须存在），接着单击“机床选项文件”右边的“浏览选取读取文件”按钮，将弹出如图 2—1—229 所示的“选取机床选项文件名”对话框，选择“VDW_500_H530. opt”文件并打开。最后单击“NC 参数选择”对话框中的“应用”和“接受”按钮。

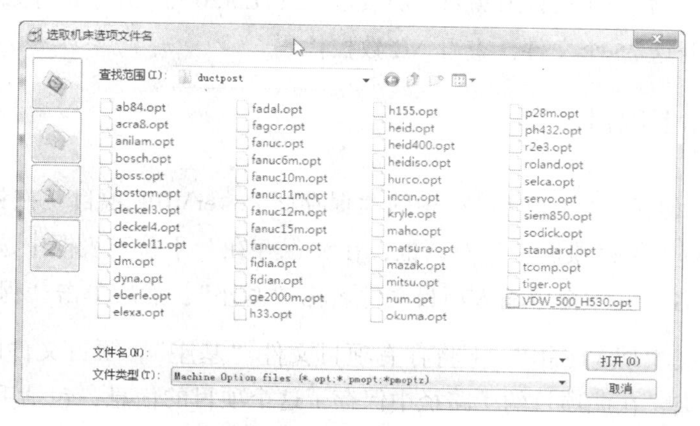

图 2—1—229　“选取机床选项文件名”对话框

接着将鼠标移至刀具路径“1T1EM20-C-01”，然后右击，选择“产生独立的 NC 程序”选项，如图 2—1—230 所示，然后对其余刀具路径进行同样的操作，结果如图 2—1—231所示。

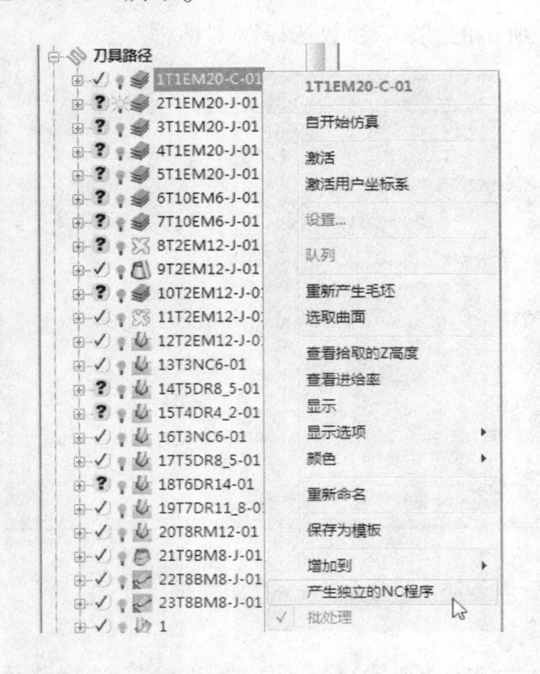

图 2—1—230　右击选择“产生独立的 NC 程序”

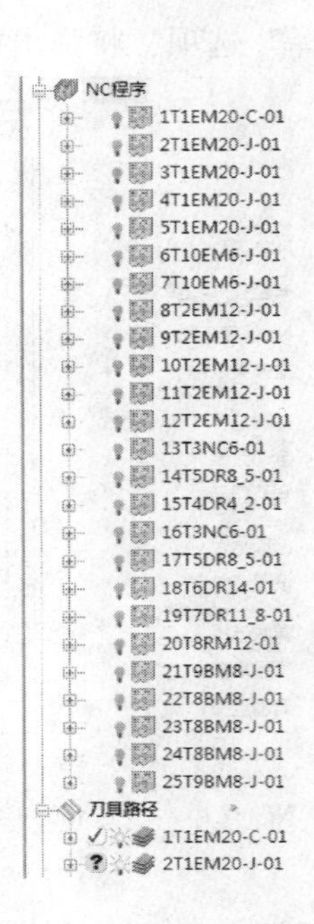

图 2—1—231　PowerMILL 浏览器——NC 程序浏览

最后将鼠标移至 PowelMILL 浏览器中的“NC 程序”，右击，选择“全部写入”选项，如图 2—1—232所示，程序自动运行产生 NC 代码。然后在文件夹“E:\NC”下将产生 25 个 . tap格式的文件，即 1T1EM20-C-01. tap、2T1EM20-J-01. tap 等。学生可以通过记事本方式分别打开这 25 个文件，查看 NC 数控代码。

五、保存加工项目

单击用户界面上部“主工具栏”中的“保存此 PowerMILL 项目”按钮，弹出如图 2—1—233 所示的“保存项目为”对话框，在“保存在”下拉列表框中选择项目要存盘的路径，在“文件名”文本框中输入项目文件名称“基座”，然后单击“保存”按钮。

此时在文件夹“D:\TEMP”下将存有项目文件“基座”。项目文件的图标为，其功能类似于文件夹，在此项目的子路径中保存了这个项目的信息，包括毛坯信息、刀具信息和刀具路径信息等。

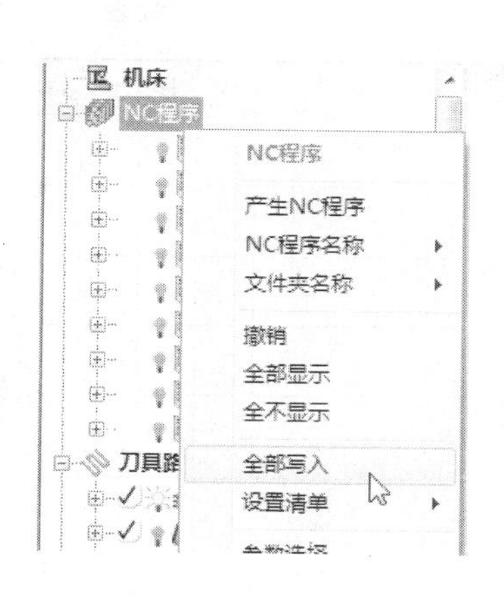

图 2—1—232　写入 NC 程序

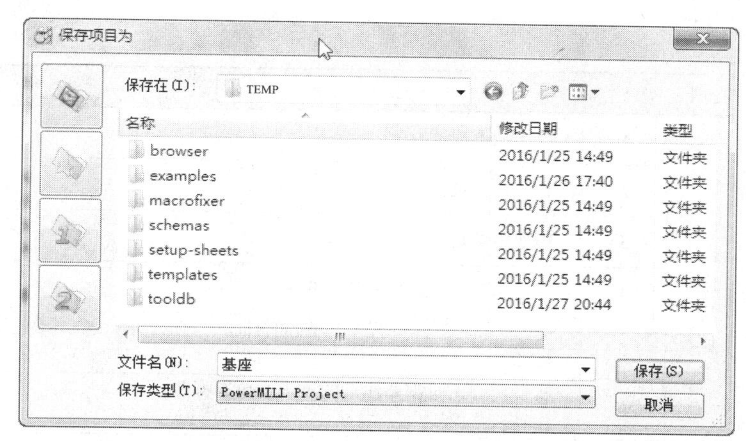

图 2—1—233　“保存项目为”对话框

【任务评价】

一、自我评价

任务名称			课时				
任务自我评价成绩			任课教师				
类别	序号	自我评价项目	结果	A	B	C	D
编程	1	编程工艺是否符合基本加工工艺?					
	2	程序能否顺利完成加工?					
	3	编程参数是否合理?					
	4	程序是否有过多的空刀?					
	5	题目：通过对该零件的编程你的收获主要是什么? 作答：					
	6	题目：你设计本程序的主要思路是什么? 作答：					
	7	题目：你是如何完成程序的完善与修改的? 作答：					
工件与刀具安装	1	刀具安装是否正确?					
	2	工件安装是否正确?					
	3	刀具安装是否牢固?					
	4	工件安装是否牢固?					
	5	题目：安装刀具时需注意的事项主要有哪些? 作答：					
	6	题目：安装工件时需注意的事项主要有哪些? 作答：					

续表

类别	序号	自我评价项目	结果	A	B	C	D
操作与加工	1	操作是否规范？					
	2	着装是否规范？					
	3	切削用量是否符合加工要求？					
	4	刀柄和刀片的选用是否合理？					
	5	题目：如何使加工和操作更好地符合批量生产的要求？你的体会是什么？ 作答：					
	6	题目：加工时需要注意的事项主要有哪些？ 作答：					
	7	题目：加工时经常出现的加工误差主要有哪些？ 作答：					
精度检测	1	是否了解测量本零件所需各种量具的原理及使用方法？					
	2	题目：本零件所使用的测量方法是否已经掌握？你认为难点是什么？ 作答：					
	3	题目：本零件精度检测的主要内容是什么？采用了哪种方法？ 作答：					
	4	题目：批量生产时，你将如何检测该零件的各项精度要求？ 作答：					
（本部分综合成绩）合计：							
自我总结							
学生签名： 年　月　日			指导教师签名： 年　月　日				

二、小组互评

序号	小组评价项目	评价情况			
		A	B	C	D
1	与其他同学口头交流学习内容是否顺畅？				
2	是否尊重他人？				
3	学习态度是否积极主动？				
4	是否服从教师教学安排和管理？				
5	着装是否符合标准？				
6	能否正确领会他人提出的学习问题？				
7	是否按照安全规范进行操作？				
8	能否辨别工作环境中哪些是危险因素？				

续表

序号	小组评价项目	评价情况			
		A	B	C	D
9	是否合理规范地使用工具和量具？				
10	能否保持学习环境的干净、整洁？				
11	是否遵守学习场所的规章制度？				
12	是否对工作岗位有责任心？				
13	能否达到全勤要求？				
14	能否正确地对待肯定与否定的意见？				
15	团队学习中主动与同学合作的情况如何？				
参与评价同学签名： 年　月　日					

三、教师评价

教师总体评价：

教师签名：__________　　年　月　日

【习题】

一、思考题

1. 多轴数控加工中的定位加工通常分为哪几种类型？
2. 简述定位加工的特点。
3. 在 PowerMILL 软件中生成 3+2 轴加工方式有哪几种控制刀轴的方式？
4. 在本任务基座的加工实例中使用了哪些方法控制刀具轴线？

二、练习图样

按图 2—1—234 所示图样完成刀头架的数控编辑。

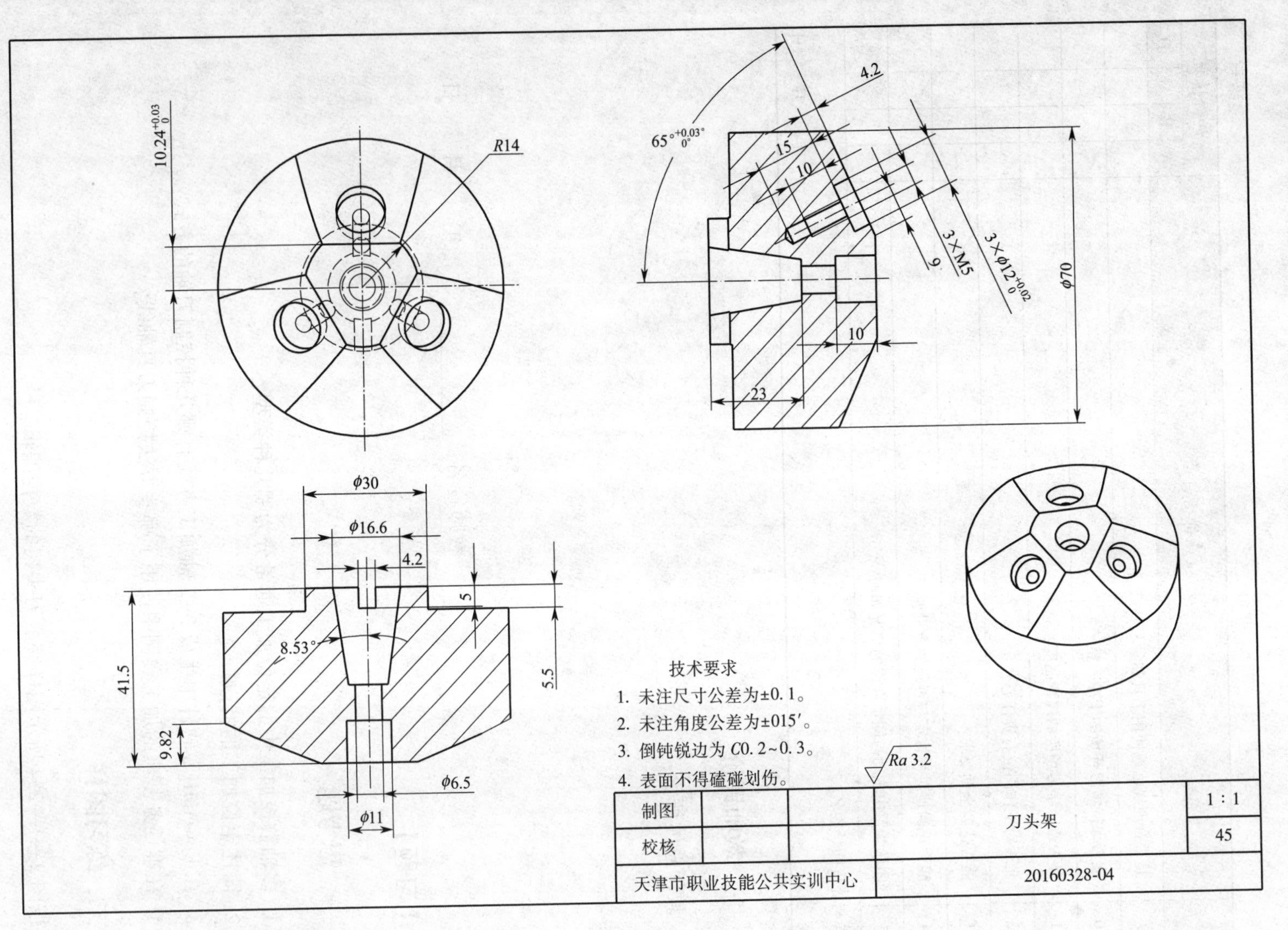

图2—1—234 练习件图样——刀头架

任务 2　成像壳体五轴钻孔加工

【任务描述】

五轴钻孔是机械零件加工中常见的一类加工方法，究其根本它还是五轴加工中 3+2 模式的加工方式。本任务要求学生通过学习五轴钻孔编程的基本步骤，掌握 PowerMILL 软件对孔加工的操作。学会建立孔加工需要的特征，掌握五轴球形安全面的使用方法，掌握工件回转中心编程以及工件回转中心与工作台回转中心不重合情况下编程的不同。设置必要的加工参数、刀具路径轨迹，并通过仿真检验刀具路径是否合理，同时对操作过程中可能存在的问题进行研讨和交流，通过相应的后置处理文件生成数控加工程序，并运用机床加工零件。

【任务分析】

如图 2—2—1 所示为成像壳体三维零件图。根据图 2—2—2 所示的相关信息，这类零件的特点是结构比较简单，零件的整体外形为半球形，球面上按规定的角度一共均布了 31 个 M5 螺纹孔，每个孔的轴线都经过球体中心，要求加工孔时刀具轴线延长线也必须经过球中心。

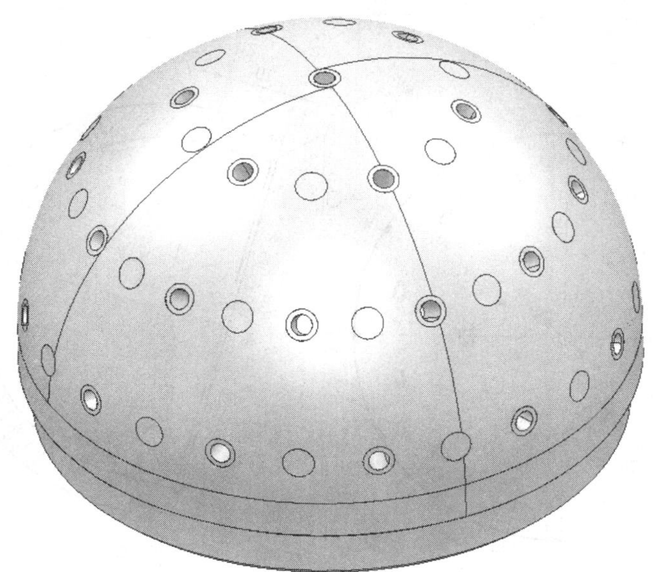

图 2—2—1　成像壳体三维零件图

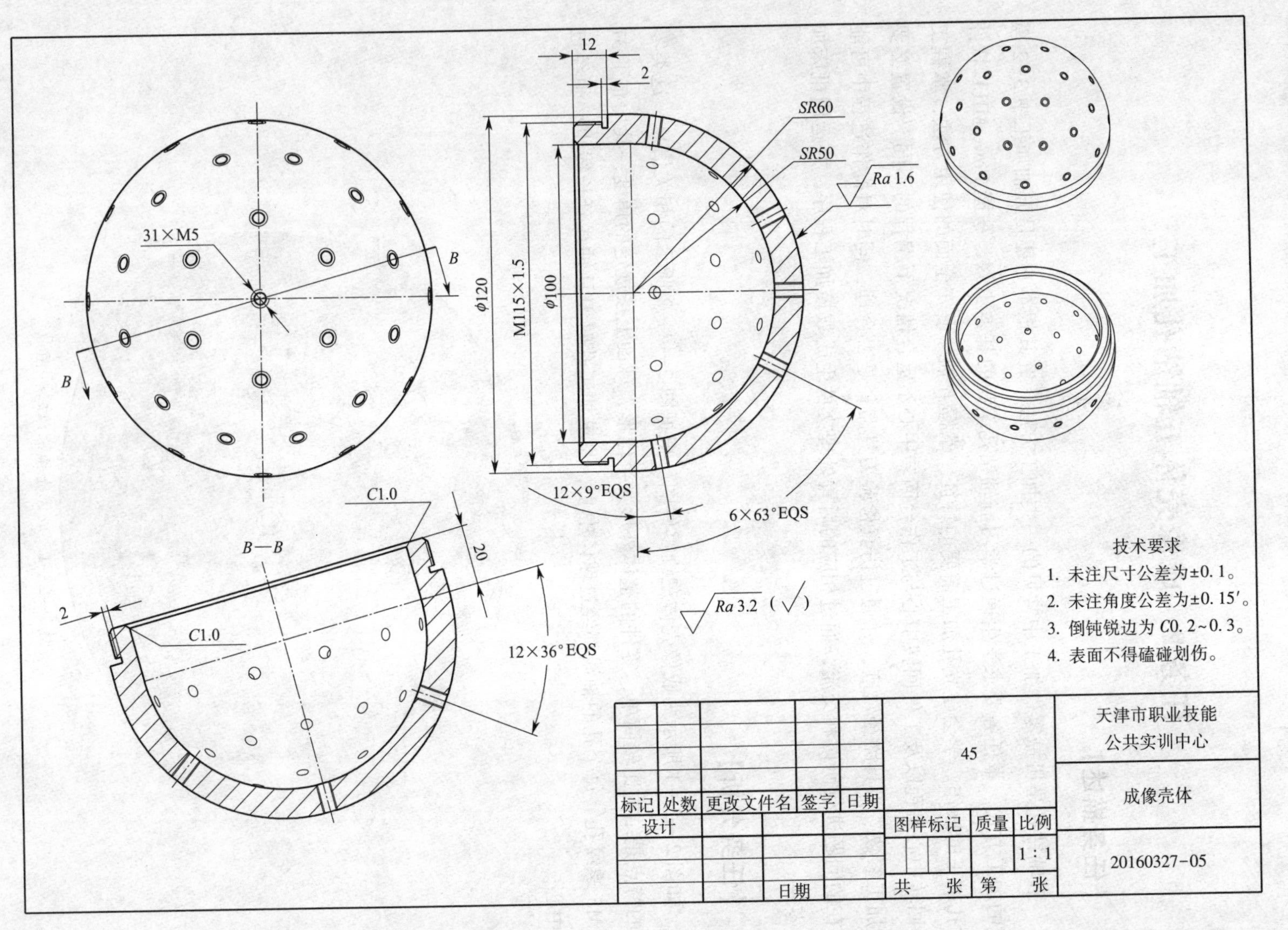
31×M5
B
B
12
2
SR60
SR50
Ra 1.6
ϕ120
M115×1.5
ϕ100
12×9°EQS
6×63°EQS
C1.0
B—B
20
2
C1.0
12×36°EQS
Ra 3.2 (√)
技术要求
1. 未注尺寸公差为±0.1。
2. 未注角度公差为±0.15′。
3. 倒钝锐边为C0.2~0.3。
4. 表面不得磕碰划伤。
45
天津市职业技能
公共实训中心
成像壳体
20160327-05
标记 处数 更改文件名 签字 日期
设计
日期
图样标记 质量 比例
1∶1
共 张 第 张

图2—2—2 成像壳体图样

【相关知识】

五轴钻孔要求机床主轴应与孔的加工起始面垂直，因为在斜面或曲面上钻孔时，钻头的切削用量是不同的，进而会导致钻头发生抖动，其结果会造成工件或刀具的损坏。故在钻床或三轴机床上对斜孔进行加工就会费时、费力，在五轴机床上，通过控制刀轴的指向可以确保刀轴与孔的加工起始面垂直，从而实现一次装夹加工出工件上除了安装面以外的其他面的全部孔。

刀轴“朝向点”和刀轴“自点”是指刀轴矢量将保持通过编程员设定的一个固定点，刀具的轴线及其延长线将保持指向该固定点。在加工过程中，刀轴的角度是连续变化的，如图 2—2—3 所示。

“朝向点”刀轴矢量控制方法如图 2—2—3a 所示，适用于凸模型的加工，特别是带有陡峭凸壁、倒锥面特征零件的加工，而零件上倒锥面特征的精加工往往会使用“投影精加工”策略来计算刀具路径，因此，多数情况下“朝向点”选项是配合“点投影精加工”策略一起使用的。

“自点”（见图 2—2—3b）英文表述是“From Point”，是来自于某个点的简称。这个选项同“朝向点”刀轴矢量控制方法类似，都是使刀轴通过一个由编程人员设定的空间固定点。不同之处在于，刀具的刀尖点保持背离设定的固定点，适用于凹模型的加工。

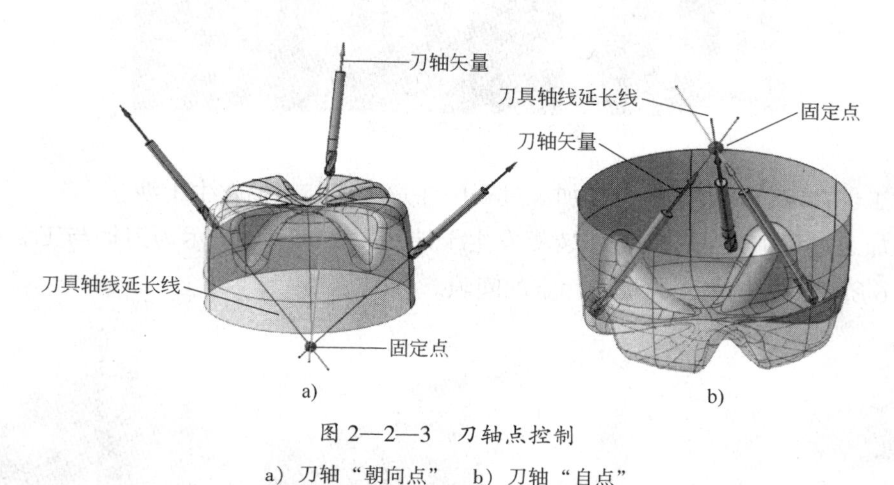

图 2—2—3　刀轴点控制

a）刀轴“朝向点”　b）刀轴“自点”

【任务实施】

按零件图样加工要求，制定成像壳体数控加工工艺；编制成像壳体加工程序；完成加工仿真，根据不同机床的数控系统产生与其相对应的 NC 程序。

一、制定加工工艺

1. 零件结构分析

该零件的结构主要由球体、孔和螺纹特征图素组成。

2. 毛坯选用

毛坯选用 45 钢半球，尺寸为 *SR*60 mm。在数控加工前已经完成所有球体尺寸的加工。

3. 制定加工工序卡

在装夹零件时有多种方式可以选择，可以选择四爪单动卡盘的外爪进行装夹，也可以使用底板方式进行定位和夹紧。在这里分析用工装板进行定位，实际装夹方式如图 2—2—4 所示。在进行多轴钻孔时要考虑工件在机床夹具上的装夹方式，具体要注意以下几点：

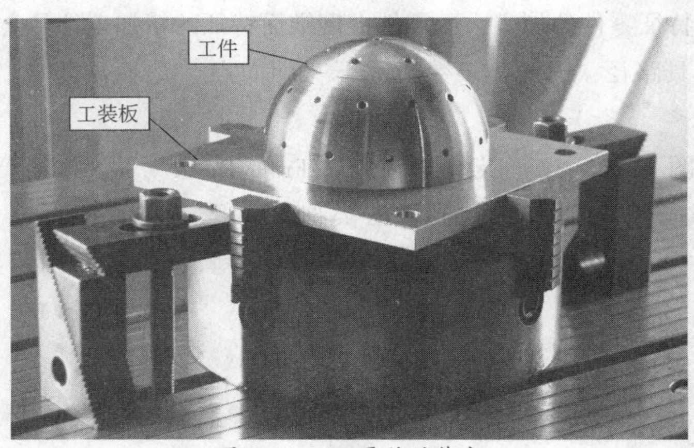

图 2—2—4 零件的装夹

（1）工件在定位和夹紧后，在加工过程中注意不能与刀柄发生干涉。

（2）加工过程中刀柄不能与工装板发生干涉。图 2—2—5 所示为刀柄与工装板干涉，图 2—2—6 所示为刀柄与工装板有一定的间隙。

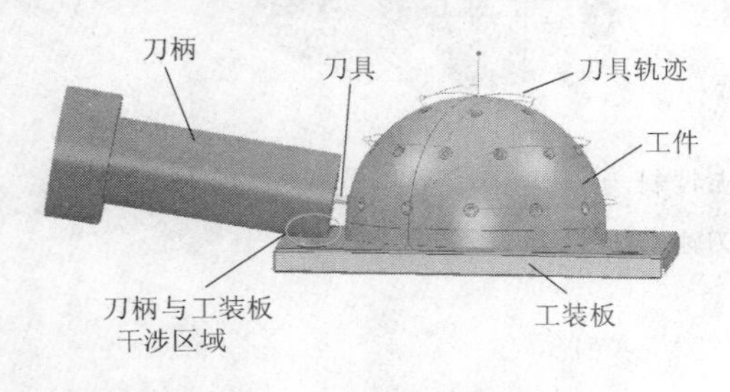

图 2—2—5 刀柄与工装板干涉

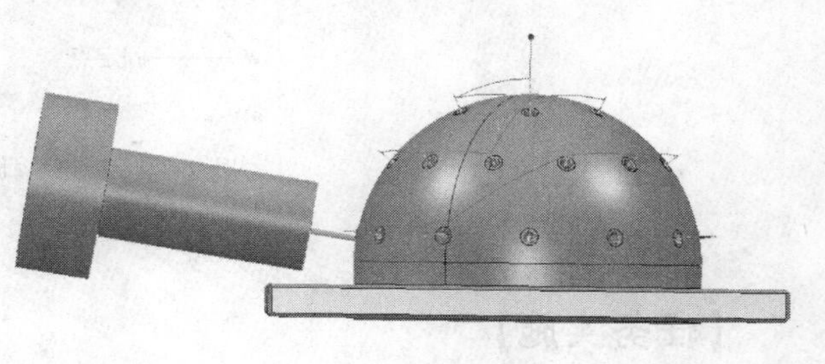

图 2—2—6 刀柄与工装板不涉

（3）刀柄不能与夹具发生干涉。

（4）在加工过程中要注意机床主轴与夹具不发生干涉。

（5）在钻孔前要先钻定位孔，以方便钻孔。

（6）找正时要注意先使用百分表找正工装板上表面水平，最后再用百分表找正直径为 120 mm 的球心。成像壳体加工工序卡见表 2—2—1。

二、编制加工程序

1. 模型输入

单击下拉菜单“文件”→“输入模型”命令，弹出如图 2—2—7 所示的“输入模型”对话框，在此对话框内选择并打开本书光盘中的模型文件“成像壳体 . dgk”。然后单击用户界面最右边“查看工具栏”中的“ISO1”按钮，接着单击“查看工具栏”中的“普通阴影”按钮，即产生如图 2—2—1 所示的成像壳体数字模型。

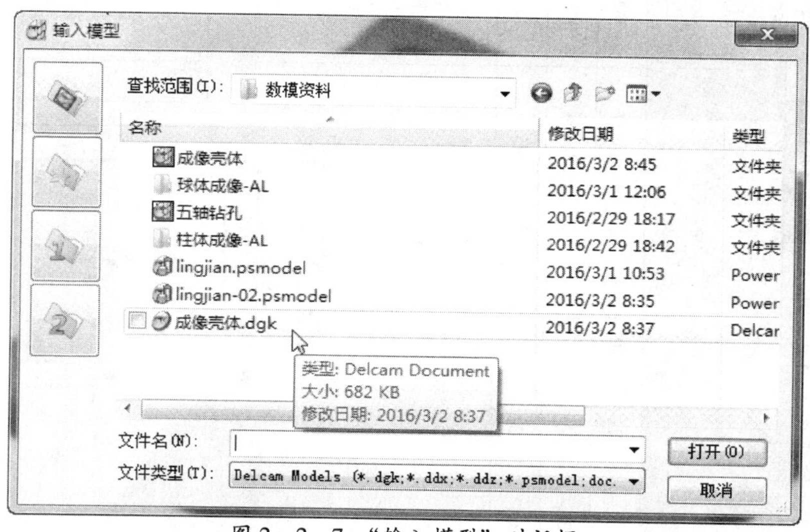

图 2—2—7 “输入模型”对话框

2. 毛坯定义

单击用户界面上部“主工具栏”中“毛坯”按钮，弹出如图 2—2—8 所示的“毛坯”对话框，在此对话框的“由…定义”下拉列表中选择“三角形”。接着单击“从文件装载毛坯”按钮，弹出“通过三角形模型打开毛坯”对话框，如图 2—2—9 所示，在此对话框中打开本书光盘中的毛坯模型文件“成像壳体毛坯 . stl”。最后单击“毛坯”对话框中“接受”按钮，则绘图区变为如图 2—2—10 所示。

表 2—2—1 成像壳体加工工序卡

五轴加工程序单　　页码：

零件号	20160327-05	编程员		图档路径		机床操作员		机床号	
客户名称		材料	45	工序号	01	工序名称	成像壳体孔加工	日期	年 月 日

序号	加工内容	程序名称	刀具号	刀具类型	刀具参数	主轴转速 (r/min)	进给速度 (mm/min)	余量 (XY/Z) (mm)	装夹刀长 (mm)	加工时间 (h)	备注
1	铣孔的工艺平面	1T1NC6	T1	90°定心钻	ϕ6(mm)	2 000	30	0/0	25		
2	钻 M5 底孔	2T2DR4_2	T2	钻头	ϕ4.2(mm)	800	80	0/0	35		
3	M5 攻螺纹	3T3TAP-C-M5	T3	丝锥	M5	300	240	0/0	35		

工件装夹图

Z 方向	工装板上面 8mm
XY 方向	毛坯四周分中

毛坯尺寸	SR60 mm 半球
装夹方式	四爪单动卡盘+工装板

五轴加工中心操作确认

序号	确认项目	
1	工件定位和程序对上了吗？	
2	工件夹紧了吗？找正了吗？	
3	分中检查了吗？寻边器、杠杆表好用吗？	
4	坐标系、输入数据确认了吗？	
5	对刀、刀号、输入数据确认了吗？	
6	刀具直径、长度、安全高度确认了吗？	
7	加工程序确认了吗？	
8	加工前使用 VERICUT 仿真加工了吗？	
9	加工前试切削了吗？	

图 2—2—8 “毛坯”对话框

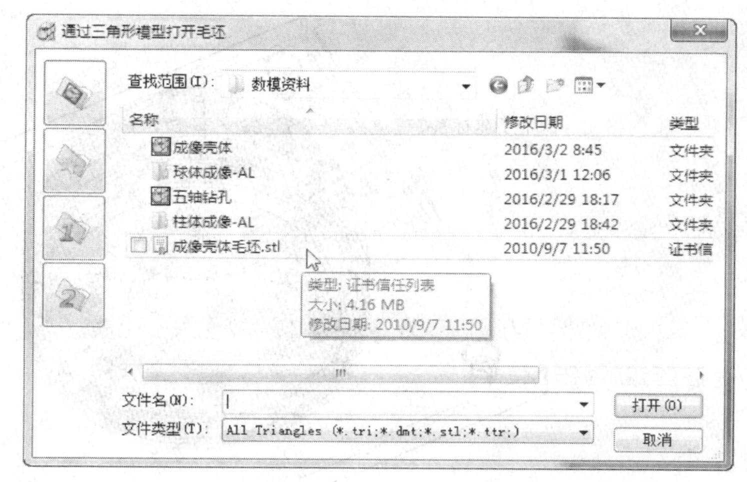

图 2—2—9 “通过三角形模型打开毛坯”对话框

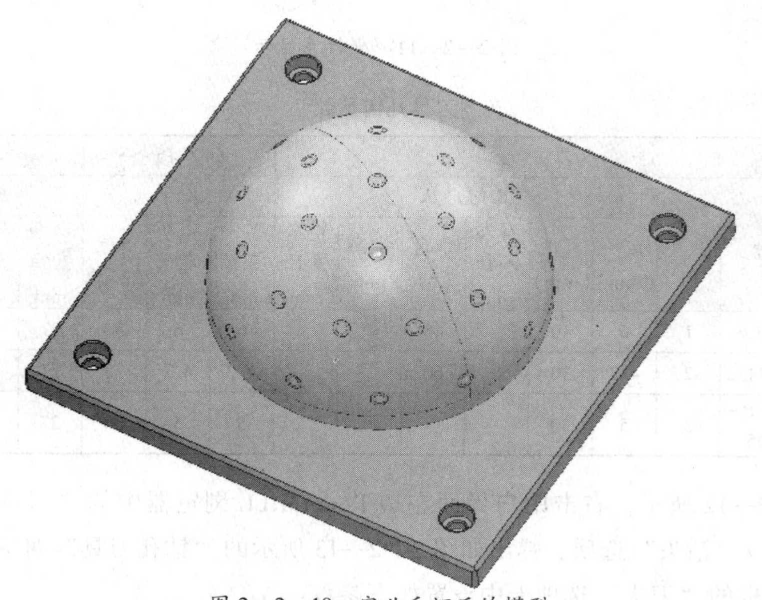

图 2—2—10 定义毛坯后的模型

3. 用户坐标系建立

本任务默认软件的世界坐标系为编程坐标系，如图 2—2—11 所示。

4. 刀具定义

由表 2—2—1 成像壳体加工工序卡中得知，此成像壳体加工共需要 3 把刀具，具体刀具几何参数见表 2—2—2。

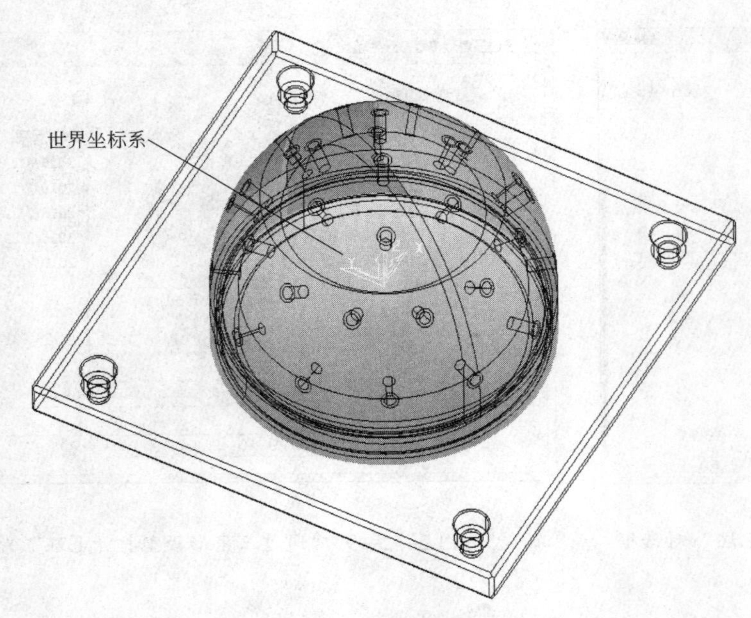

图 2—2—11　坐标系显示

表 2—2—2　　刀具几何参数

序号	刀具类型	刀尖								刀柄			夹持			
		名称	编号	几何形状						尺寸			尺寸			伸出(mm)
				直径(mm)	长度(mm)	刀尖半径(mm)	锥角(°)	锥高(mm)	锥形直径(mm)	顶部直径(mm)	底部直径(mm)	长度(mm)	顶部直径(mm)	底部直径(mm)	长度(mm)	
1	钻头	T1-NC6	1	6	10		45			6	6	50	27	27	80	25
2	钻头	T2-DR4.2	2	4.2	30		60			4.2	4.2	25	27	27	80	35
3	丝锥	T3-TAP-C-M5	3	5	30					5	5	30	27	27	80	35

如图 2—2—12 所示，右击用户界面左边 PowerMILL 浏览器中的“刀具”，依次选择“产生刀具”→“钻头”选项，弹出如图 2—2—13 所示的“钻孔刀具”对话框。

在此对话框的“刀尖”选项卡中设置如下参数：

❑“名称”改为“T1-NC6”。

❑“锥角”设置为“45.0”。

❑“直径”设置为“6.0”。

❑“长度”设置为“10.0”。

❑“刀具编号”设置为“1”。

设置完毕单击“钻孔刀具”对话框中的“刀柄”标签，弹出如图 2—2—14 所示的

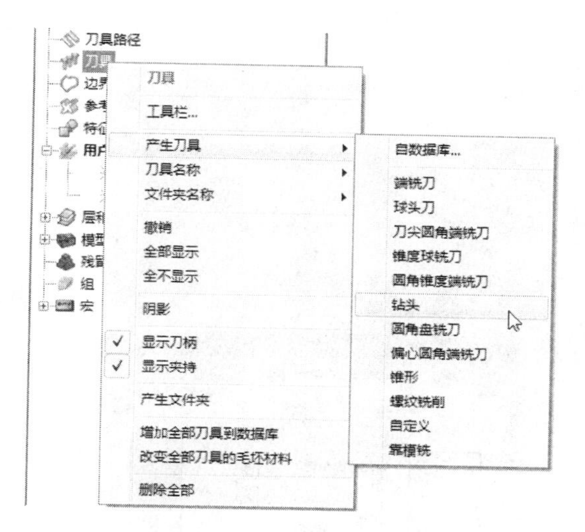

图 2—2—12 “钻头”的选择

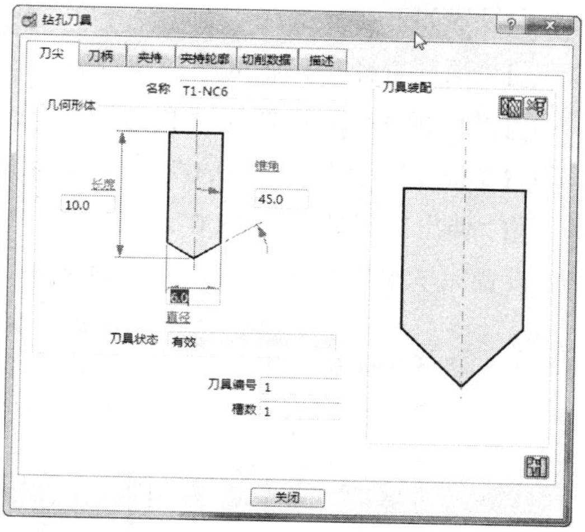

图 2—2—13 “钻孔刀具”对话框

“钻孔刀具”对话框的“刀柄”选项卡。单击此选项卡中的“增加刀柄部件”按钮，并在此选项卡中设置如下参数：

- ❑“顶部直径”设置为“6.0”。
- ❑“底部直径”设置为“6.0”。
- ❑“长度”设置为“50.0”。

设置完毕出现图 2—2—15 所示的图形。

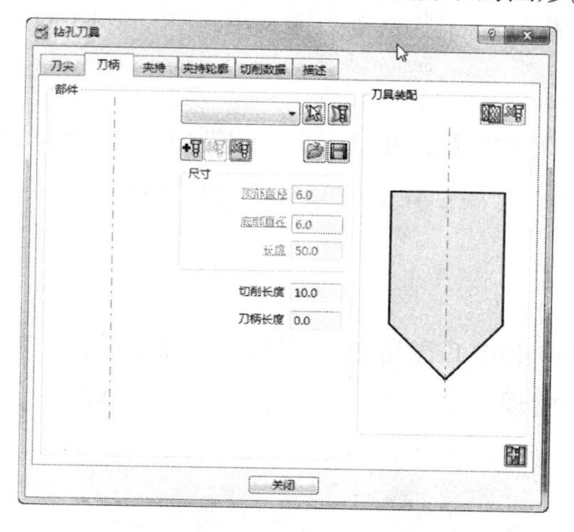

图 2—2—14 钻头刀柄的选择

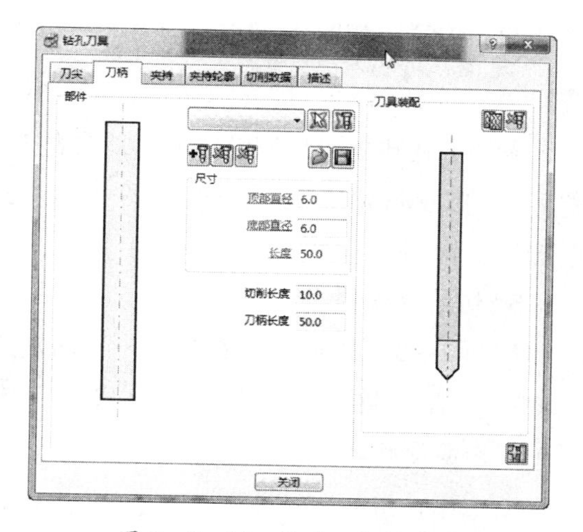

图 2—2—15 钻头刀柄的设置

单击“钻孔刀具”对话框中的“夹持”标签，弹出如图 2—2—16 所示的“钻孔刀具”对话框的“夹持”选项卡。单击此选项卡中的“增加夹持部件”按钮，并在此选项卡中设置如下参数：

❑“顶部直径”设置为“27.0”。

❑“底部直径”设置为“27.0”。

❑“长度”设置为“80.0”。

❑“伸出”设置为“25.0”。

设置完毕出现图 2—2—17 所示的图形。

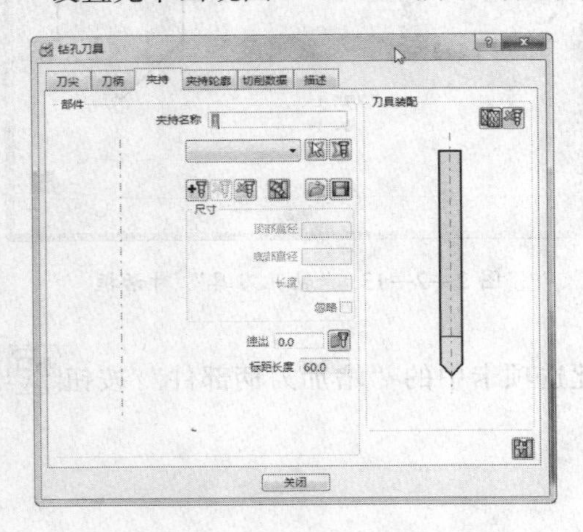

图 2—2—16　钻头夹持的选择

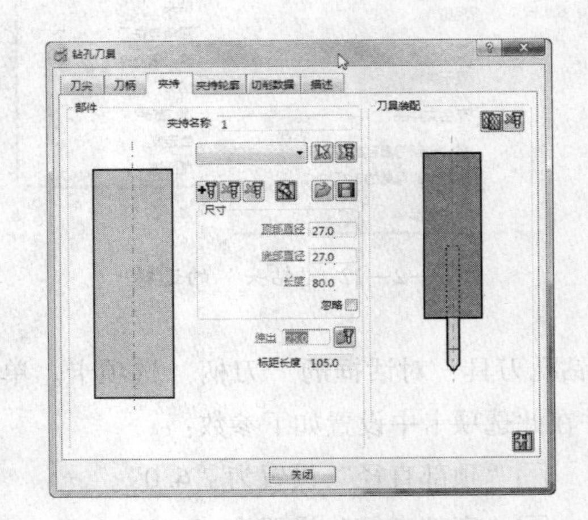

图 2—2—17　钻头夹持的设置

单击“关闭”按钮。此时在用户界面左边的 PowerMILL 浏览器中将显示刚才设置的刀具“T1-NC6”，如图 2—2—18 所示。单击用户界面最右边“查看工具栏”中的“ISO1”按钮，用户工作区即显示如图 2—2—19 所示。

参照上述建立刀具的操作过程，按表 2—2—2 中的刀具几何参数创建剩余的刀具。设置完毕的 PowerMILL 浏览器变为图 2—2—20 所示（注：在建立丝锥“T3-TAP-C-M5”时选择“锥形”）。

5. 进给率设置

如图 2—2—21 所示，右击用户界面左边 PowerMILL 浏览器“刀具”标签内的“T1-NC6”，选择“激活”，使得在“T1-NC6”左边出现“>”符号，这表明“T1-NC6”刀具处于被激活状态。

单击用户界面上部“主工具栏”中的“进给率”按钮，弹出如图 2—2—22 所示的“进给和转速”对话框。

在此对话框中按表 2—2—1 中的内容设置如下参数：

❑“主轴转速”设置为“2000.0”。

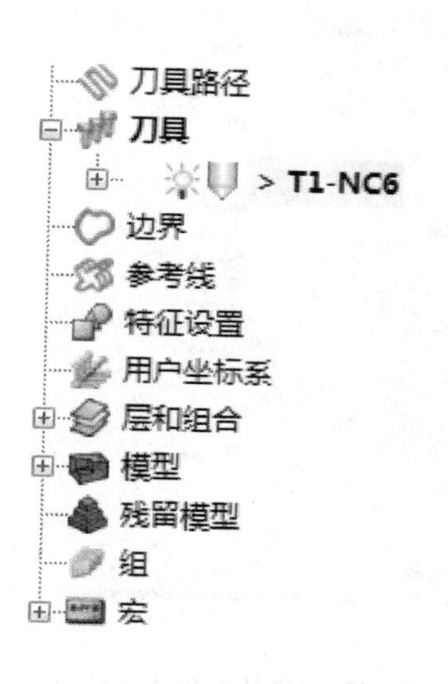

图 2—2—18 PowerMILL 浏览器

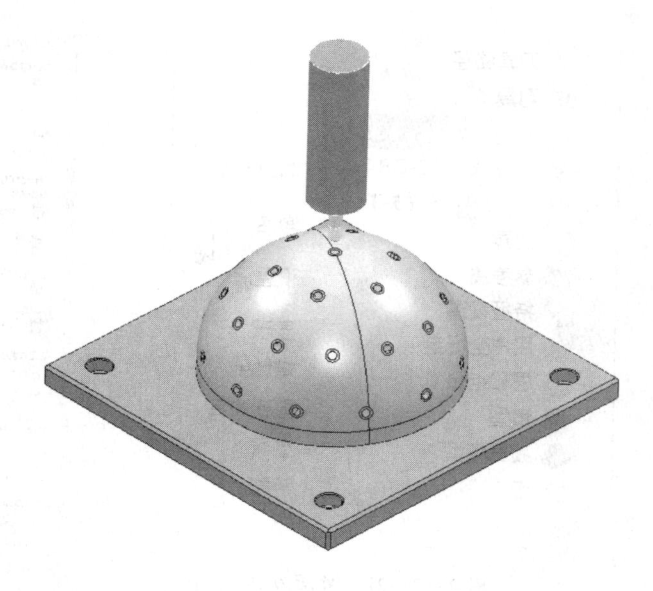

图 2—2—19 90°定心钻建立完成后的显示

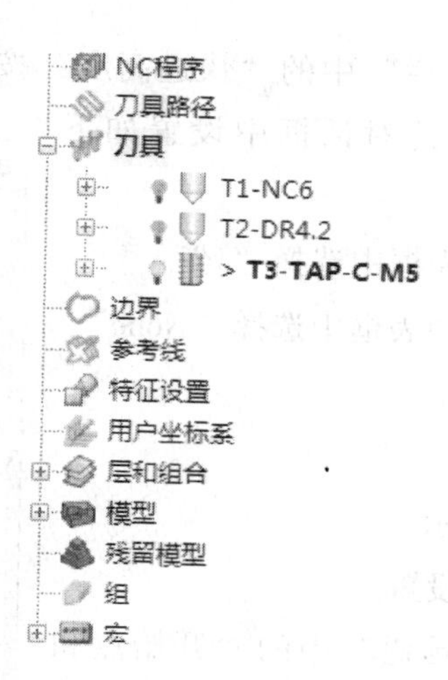

图 2—2—20 PowerMILL 浏览器

❑“切削进给率”设置为“30.0”。

❑“下切进给率”设置为“1000.0”。

❑“掠过进给率”设置为“8000.0”。

设置完毕，单击“接受”按钮，完成“T1-NC6”刀具进给率的设置。使用同样的方法按表 2—2—1 中的参数设置其余刀具的进给率。

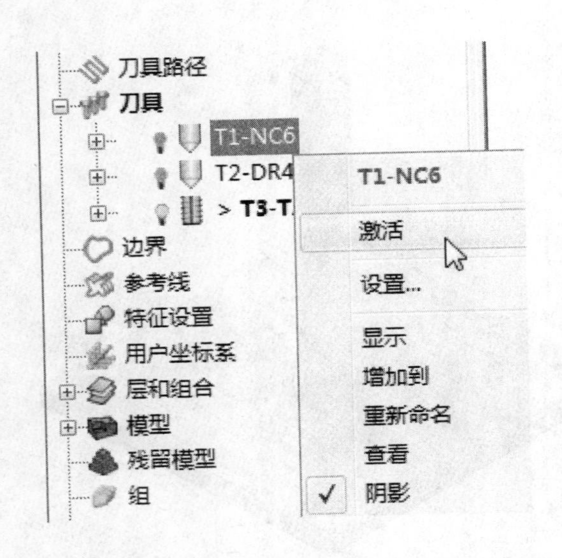

图 2—2—21　激活刀具

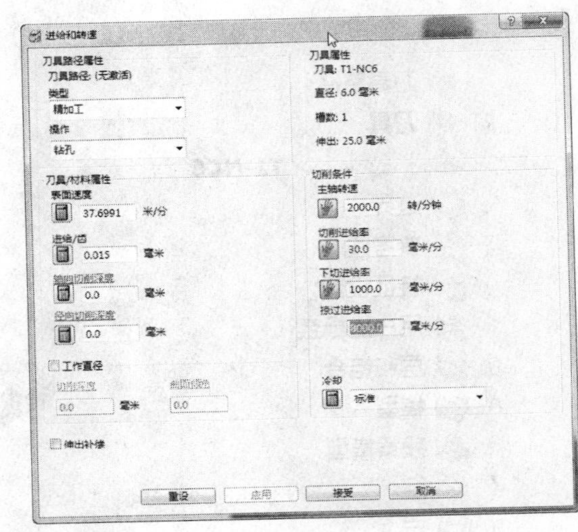

图 2—2—22　“进给和转速”选项卡

6. 快进高度设置

单击用户界面上部“主工具栏”中的“快进高度”按钮，弹出如图 2—2—23 所示的“快进高度”对话框，在此对话框中设置如下参数：

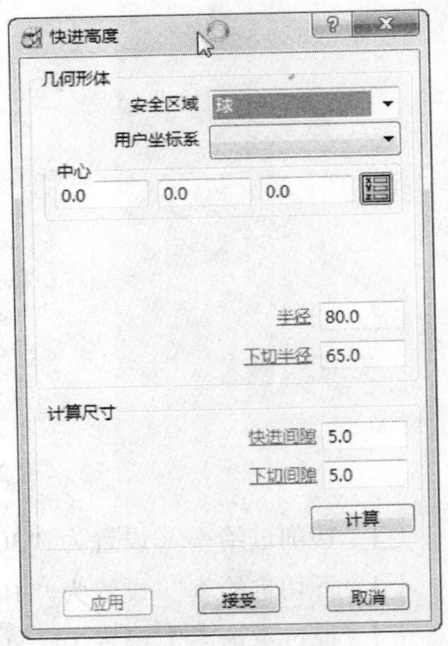

图 2—2—23　“快进高度”参数设置

- ☐ 在“安全区域”下拉列表框中选择“球”。
- ☐ 在“用户坐标系”下拉列表框中选择“None”。
- ☐ “半径”设置为“80.0”。
- ☐ “下切半径”设置为“65.0”。

设置结果如图 2—2—23 所示。

7. 加工开始点和结束点的设置

单击用户界面上部“主工具栏”中的“开始点和结束点”按钮，弹出如图 2—2—24 所示的“开始点和结束点”对话框。在此对话框“开始点”选项卡的“使用”下拉列表框中选择“第一点安全高度”，“结束点”选项卡中的“使用”下拉列表框中选择“最后一点安全高度”，如图 2—2—25 所示，最后单击“接受”按钮，完成加工开始点和结束点的设置。

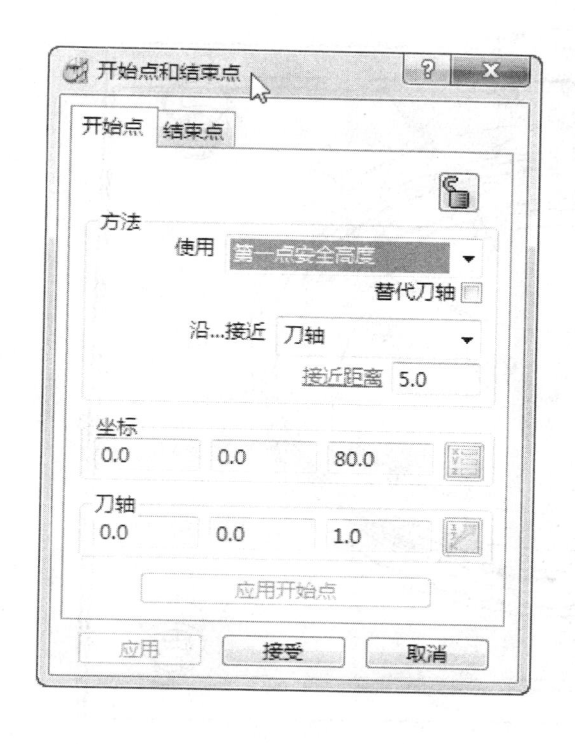

图 2—2—24 “开始点” 选项卡

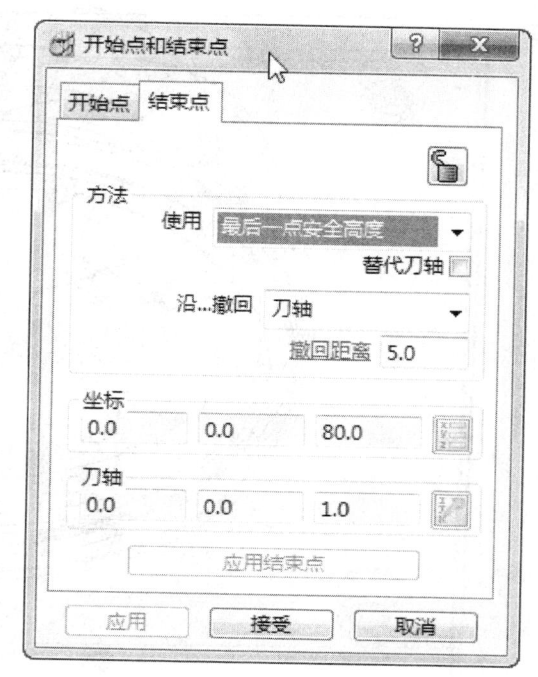

图 2—2—25 “结束点” 选项卡

单击用户界面最右边“查看工具栏”中的“ISO1”按钮，则模型变为如图 2—2—19所示。

8. 创建刀具路径

（1）建立孔的特征

在 PowerMILL 软件中要进行孔的加工首先必须建立孔的特征。按住“Shift”键，在绘图区使用鼠标左键分别选取 31 个孔的侧面，如图 2—2—26 所示。在 PowerMILL 浏览器中右击“特征设置”，在弹出的快捷菜单中选择“识别模型中的孔”选项，如图 2—2—27 所示。这时将打开“特征”对话框，按图 2—2—28 所示设置参数。单击“应用”→“关闭”按钮。此时在用户界面左边的 PowerMILL 浏览器中将显示刚才设置的孔特征，如图 2—2—29 所示。单击用户界面最右边“查看工具栏”中的“普通阴影”按钮，取消工件图形的“普通阴影”显示和毛坯显示。此时用户工作区显示如图 2—2—30 所示，特征“1”此时被激活，完成孔系特征的建立。

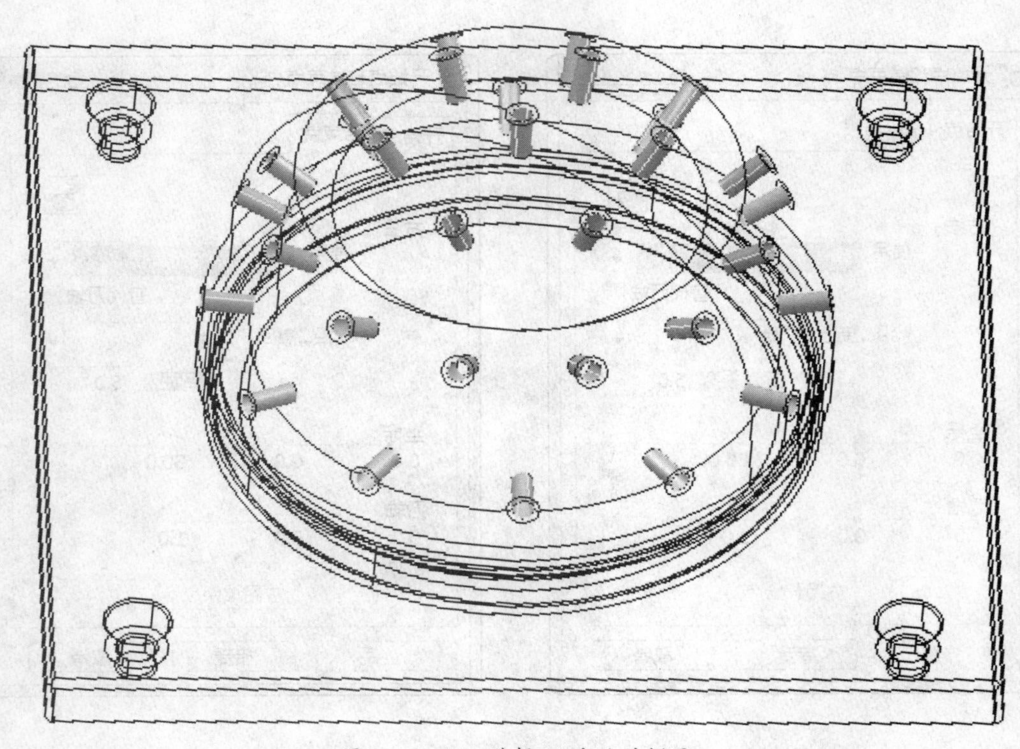

图 2—2—26 选择 31 个孔的侧面

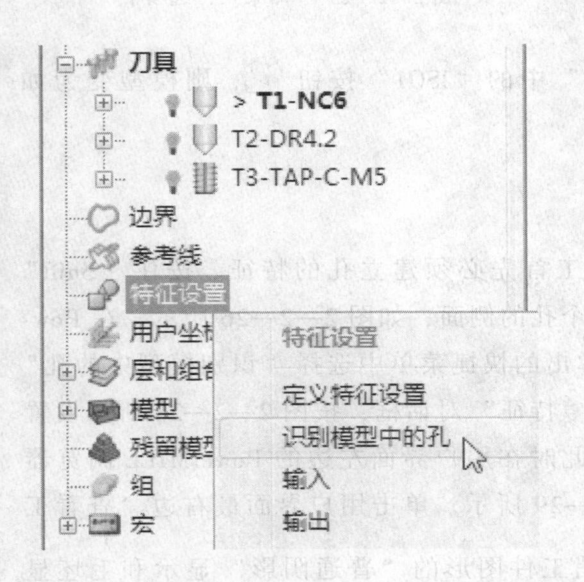

图 2—2—27 识别模型中的孔

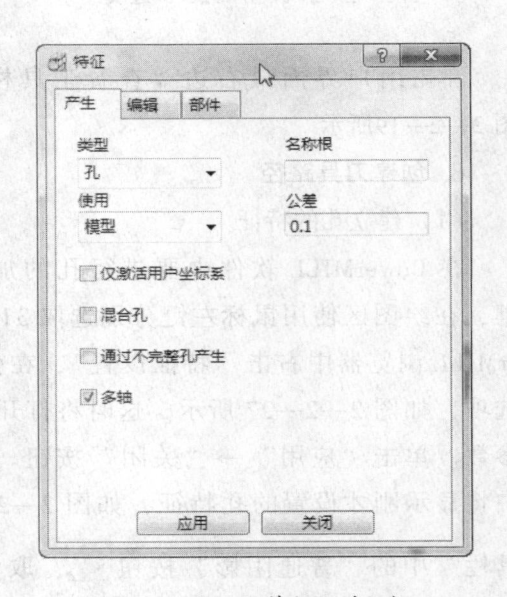

图 2—2—28 “特征”对话框

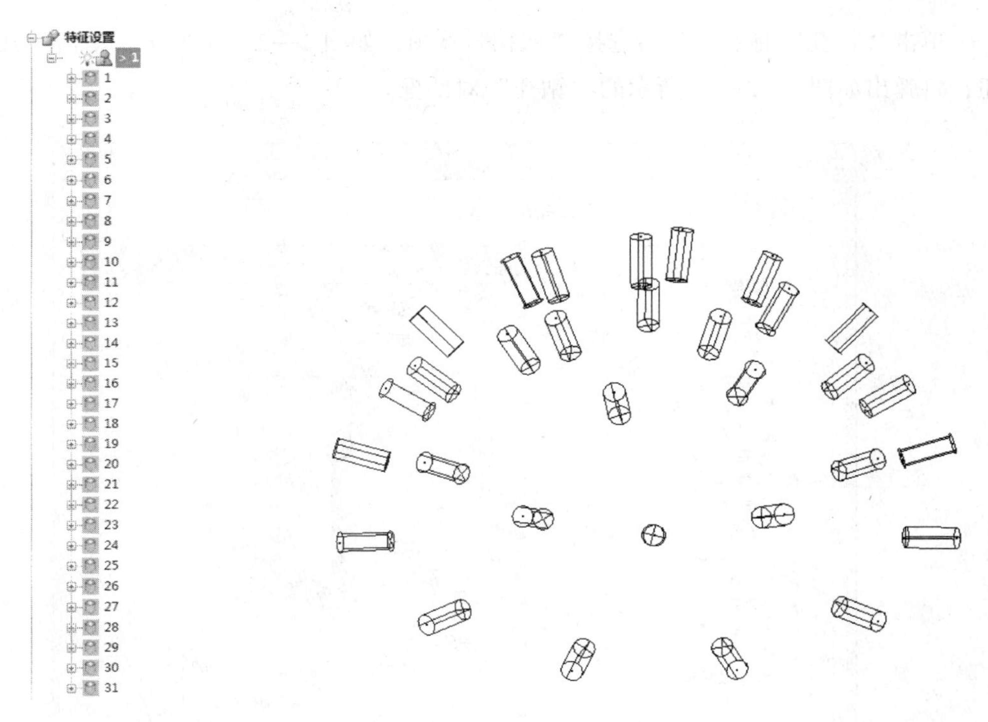

图 2—2—29 PowerMILL 浏览器　　图 2—2—30 孔系特征建立完成后的显示

（2）建立 90°定心钻程序

单击用户界面上部“主工具栏”中的“刀具路径策略”按钮，弹出如图 2—2—31 所示的“策略选取器”对话框。

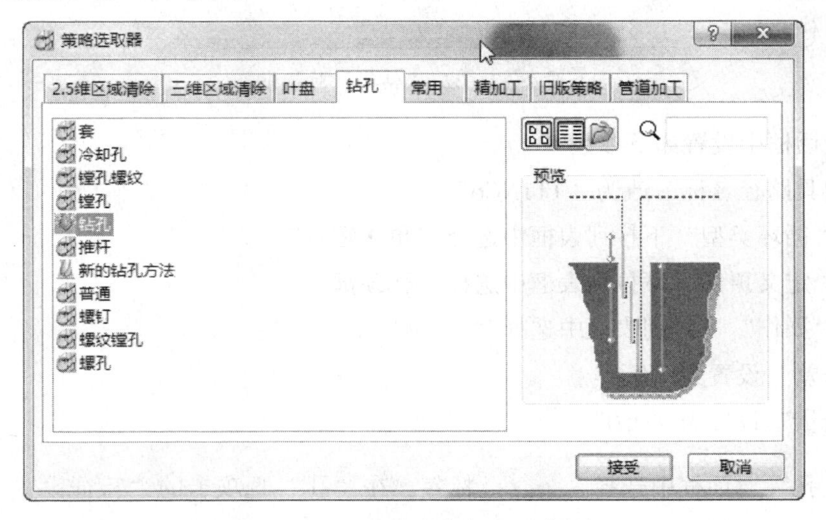

图 2—2—31 “策略选取器”对话框

单击“钻孔”标签，然后选择“钻孔”选项，如图 2—2—31 所示，单击“接受”按钮，将弹出如图 2—2—32 所示的“钻孔”对话框。

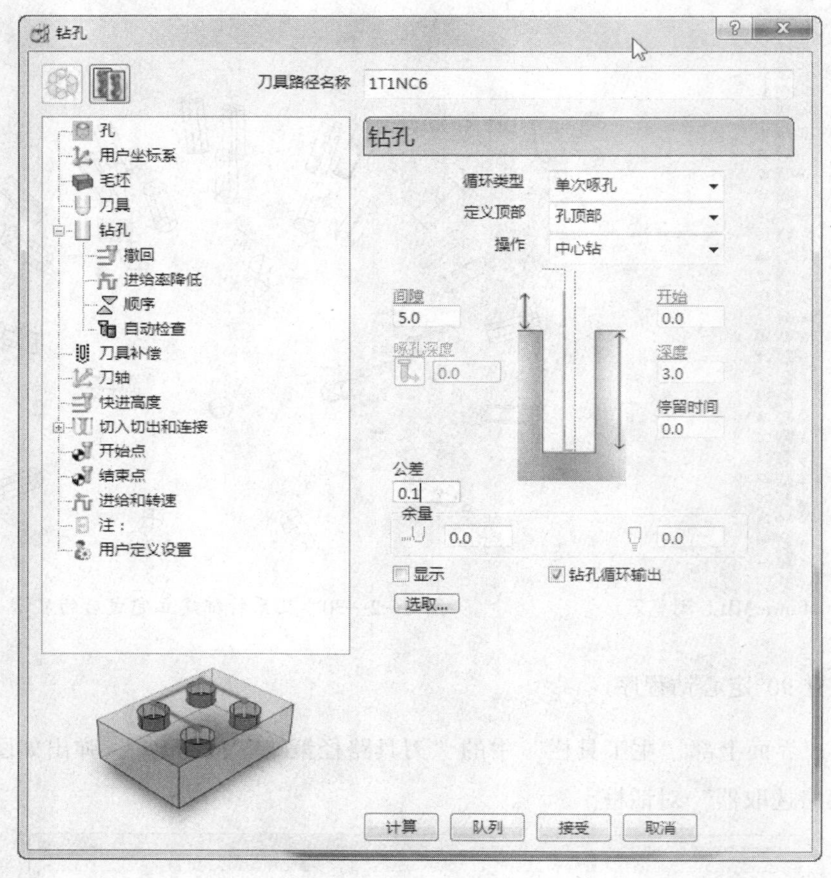

图 2—2—32 “钻孔”对话框

在此对话框中设置如下参数：

❑ “刀具路径名称”改为“1T1NC6”。

❑ 在“循环类型”下拉列表框中选择“单次啄孔”。

❑ 在“定义顶部”下拉列表框中选择“孔顶部”。

❑ 在“操作”下拉列表框中选择“中心钻”。

❑ “公差”设置为“0. 1”。

❑ “余量”设置为“0. 0”。

在“钻孔”对话框中选择 孔 标签，在“孔”选项卡的“特征设置”下拉列表框中选择“1”，如图 2—2—33 所示。

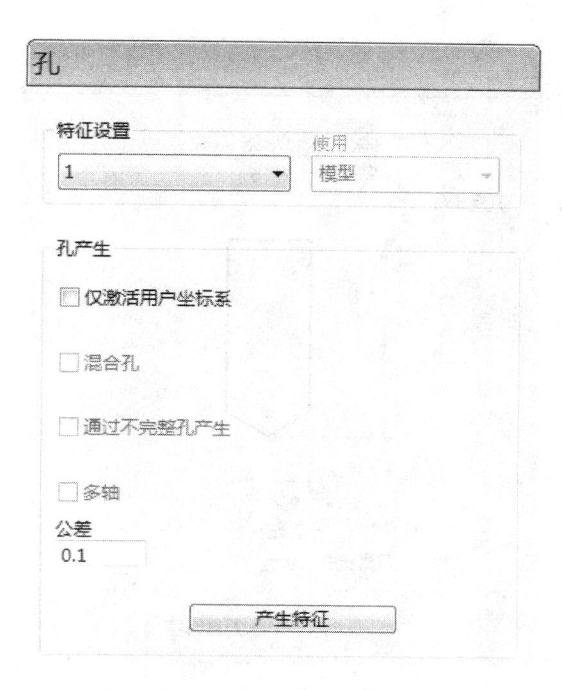

图 2—2—33　孔特征选择

选择 用户坐标系 标签，在“用户坐标系”下拉列表框中选择“None”，如图 2—2—34 所示。

图 2—2—34　“用户坐标系”选择

选择 刀具 标签，在刀具选择下拉列表框中选择刀具“T1-NC6”，如图 2—2—35 所示。

选择 钻孔 标签，在“钻孔”对话框中单击按钮 选取... ，弹出图 2—2—36 所示的“特征选项”对话框。在此对话框中选择“直径”列表框内的“4. 13”后再单击 > 按钮→“选取”按钮，完成直径为 4. 13 mm 孔的选择，如图 2—2—37 所示。单击“关闭”按钮，回到“钻孔”对话框。

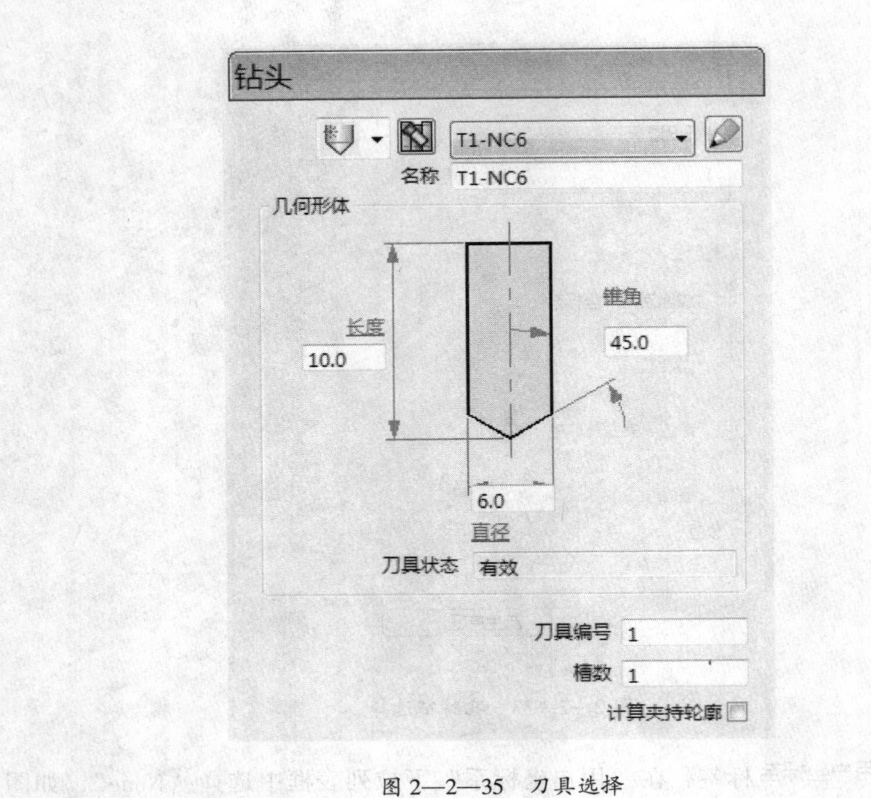

图 2—2—35 刀具选择

图 2—2—36 “特征选项”对话框

图 2—2—37 选择直径为 4.13 的孔特征

在“钻孔”标签下选择顺序标签，弹出“顺序”选项卡。在此选项卡的“排序”下拉列表框中选择“同心圆”按钮，如图2—2—38所示。

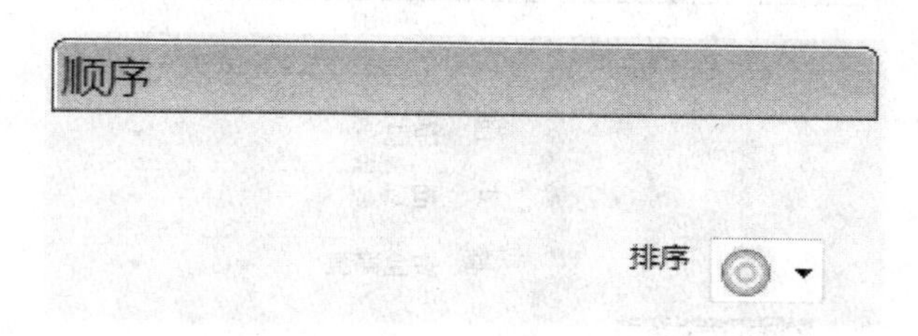

图2—2—38 “顺序”选项卡

选择刀轴标签。在“刀轴”选项卡的“刀轴”下拉列表框中选择“自动”，如图2—2—39所示。

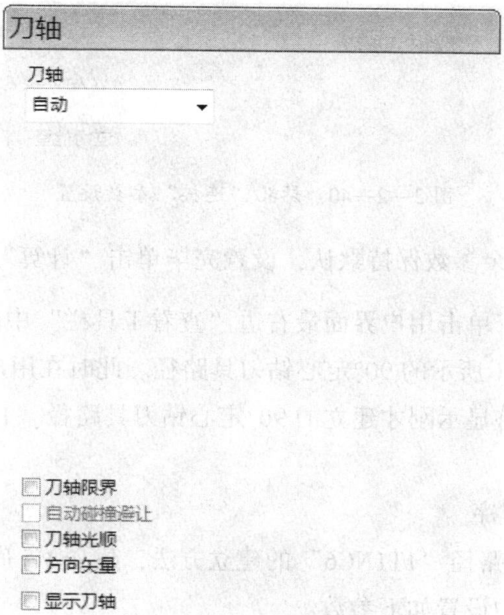

刀轴
刀轴
自动
刀轴限界
自动碰撞避让
刀轴光顺
方向矢量
显示刀轴

图2—2—39 “刀轴”选项卡

选择切入切出和连接 / 连接标签中的“连接”标签。在“连接”选项卡中设置如下参数：

- ❑ 在“短”下拉列表框中选择“掠过”。
- ❑ 在“长”下拉列表框中选择“相对”。
- ❑ 在“缺省”下拉列表框中选择“安全高度”。
- ❑ 在“沿着”下拉列表框中选择“刀轴”。

设置结果如图 2—2—40 所示。

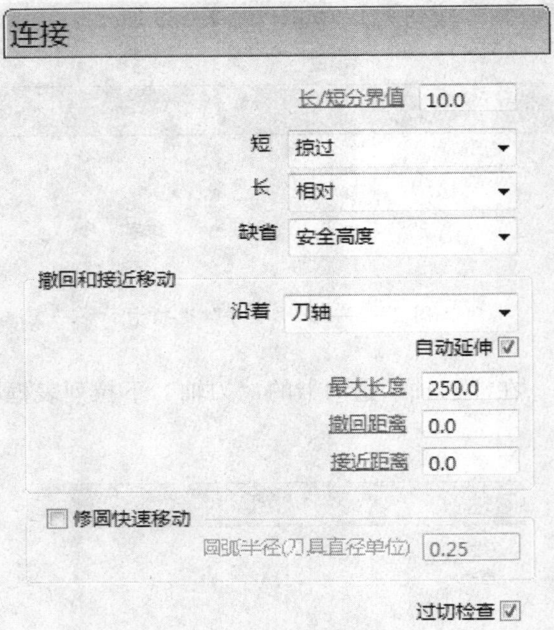

图 2—2—40　钻孔“连接”参数设置

“钻孔”对话框的其余参数保持默认，设置完毕单击“计算”按钮。刀具路径生成后单击“取消”按钮，接着单击用户界面最右边“查看工具栏”中的“ISO1”按钮，用户界面产生如图 2—2—41 所示的 90°定心钻刀具路径。此时在用户界面左边 PowerMILL 浏览器的“刀具路径”中将显示刚才建立的 90°定心钻刀具路径“1T1NC6”，如图 2—2—42 所示。

（3）建立 M5 底孔程序

参照 90°定心钻刀具路径“1T1NC6”的建立方法，建立 M5 底孔程序。在图 2—2—32 所示的“钻孔”对话框中设置如下参数：

□“刀具路径名称”设置为“2T2DR4_2”。

□ 在“刀具”下拉列表框中选择“T2-DR4.2”。

□ 在“钻孔”对话框“循环类型”下拉列表框中选择“深钻”，“操作”下拉列表框中选择“通孔”，“间隙”设置为“5.0”，“啄孔深度”设置为“2.0”，“公差”设置为“0.1”，再单击按钮 选取... ，在“特征选项”对话框中选择直径为 4.13 mm 的孔特征，如图 2—2—37 所示。

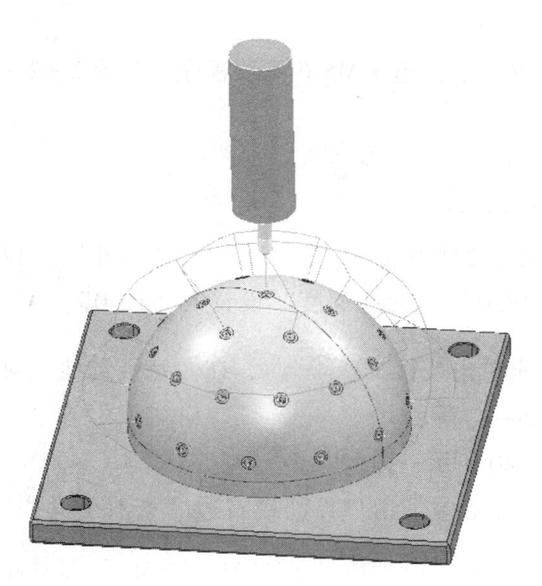

图 2—2—41　90°定心钻刀具路径

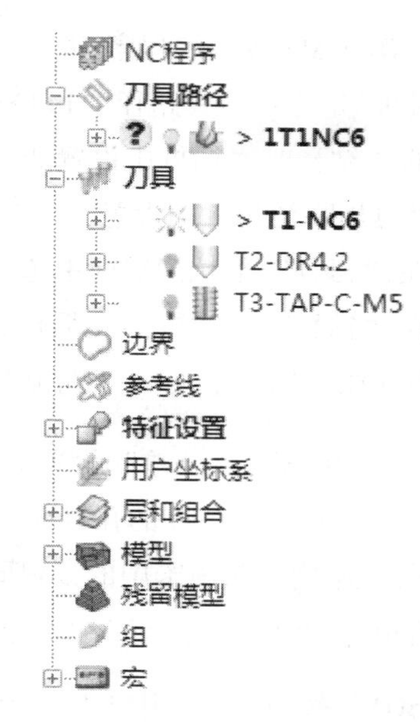

图 2—2—42　PowerMILL 浏览器

❑ 在“连接”选项卡中的设置同图 2—2—40 所示一样。

最后单击“计算”按钮→“取消”按钮，接着单击用户界面最右边“查看工具栏”中的“ISO1”按钮，用户界面产生如图 2—2—43 所示的“2T2DR4_2”刀具路径。此时在用户界面左边 PowerMILL 浏览器的“刀具路径”中也将显示刀具路径“2T2DR4_2”，如图 2—2—44 所示。

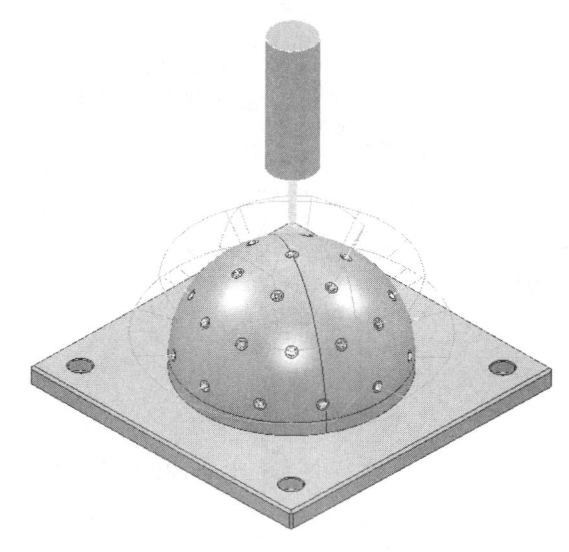

图 2—2—43　M5 底孔刀具路径

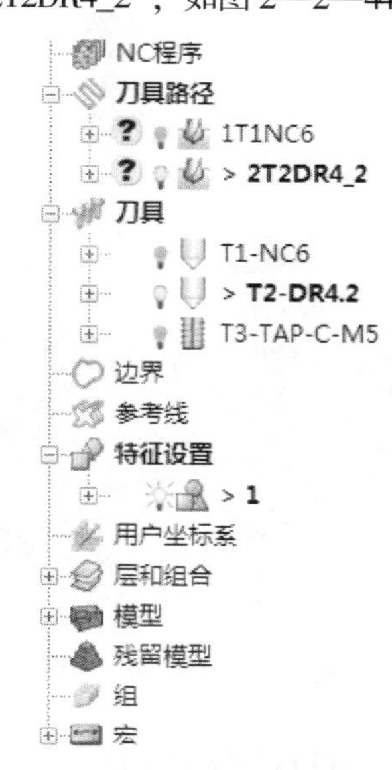

图 2—2—44　PowerMILL 浏览器

（4）建立 M5 攻螺纹程序

参照 90°定心钻刀具路径“1T1NC6”的建立方法，建立 M5 攻螺纹程序。在图 2—2—32 所示的“钻孔”对话框中设置如下参数：

❑“刀具路径名称”设置为“3T3TAP-C-M5”。

❑在“刀具”下拉列表框中选择“T3-TAP-C-M5”。

❑在“钻孔”对话框的“循环类型”下拉列表框中选择“刚性攻丝”，“操作”下拉列表框中选择“用户定义”，“间隙”设置为“5.0”，“啄孔深度”设置为“12.0”，“节距”设置为“0.8”，“公差”设置为“0.1”，再单击按钮 选取... ，在“特征选项”对话中选择直径为 4.13 mm 的孔特征，如图 2—2—37 所示。

❑在“连接”选项卡中的设置同图 2—2—40 所示一样。

最后单击“计算”按钮→“取消”按钮，接着单击用户界面最右边“查看工具栏”中的“ISO1”按钮，用户界面产生如图 2—2—45 所示的“3T3TAP-C-M5”刀具路径。此时在用户界面左边 PowerMILL 浏览器的“刀具路径”中也将显示刀具路径“3T3TAP-C-M5”，如图 2—2—46 所示。

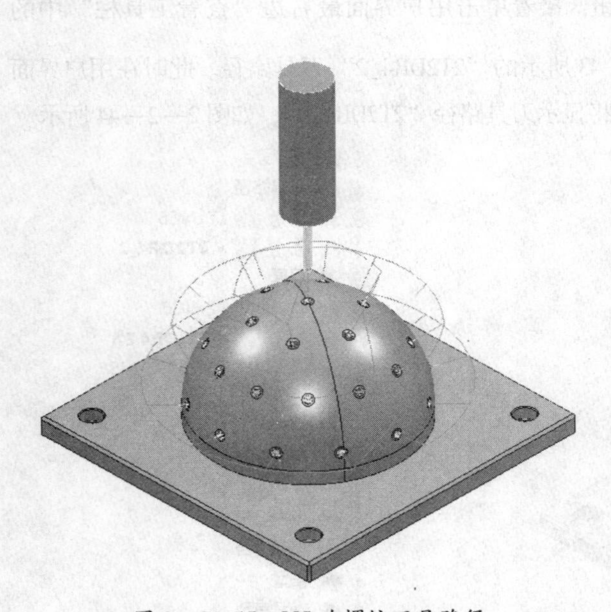

图 2—2—45　M5 攻螺纹刀具路径

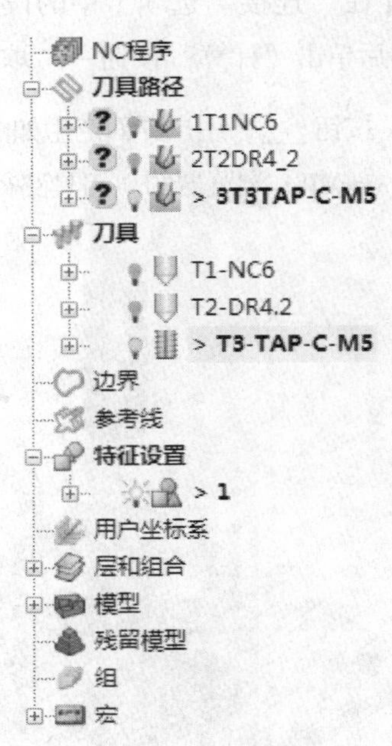

图 2—2—46　PowerMILL 浏览器

三、刀具路径仿真

由于产生了 3 个刀具路径，因此刀具路径的仿真也分为 3 个步骤。

1. 仿真前的准备

如图 2—2—47 所示，单击下拉菜单“查看”→“工具栏”命令，分别选择“仿真”和“ViewMill”菜单。这时在用户界面中出现“仿真工具栏”和“ViewMill 工具栏”，如图 2—2—48 所示。

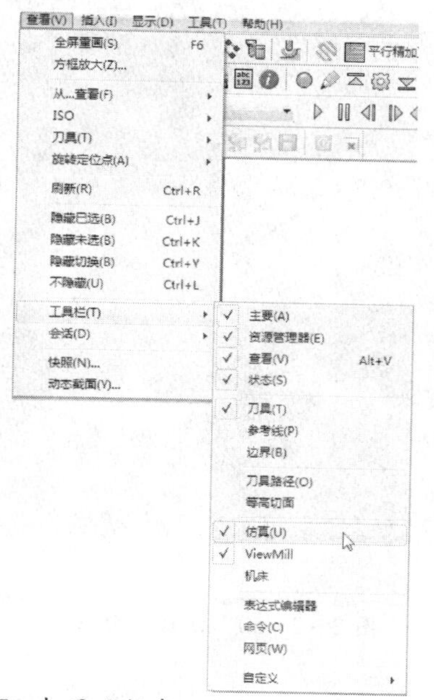

图 2—2—47 打开“仿真工具栏”和“ViewMill 工具栏”

图 2—2—48 “仿真工具栏”和“ViewMill 工具栏”

2. 刀具路径的仿真

将鼠标移至 PowerMILL 浏览器中“刀具路径”下的“1T1NC6”，右击，选择“激活”选项，然后再一次右击，选择“自开始仿真”选项。接着单击用户界面上部“ViewMill 工具栏”中的“开/关 ViewMill”按钮，此时将激活“ViewMill 工具栏”，如图 2—2—49 所示，然后单击“切削方向阴影图像”按钮，这时绘图区进入仿真界面，如图 2—2—50 所示。

图 2—2—49 “ViewMill 工具栏”

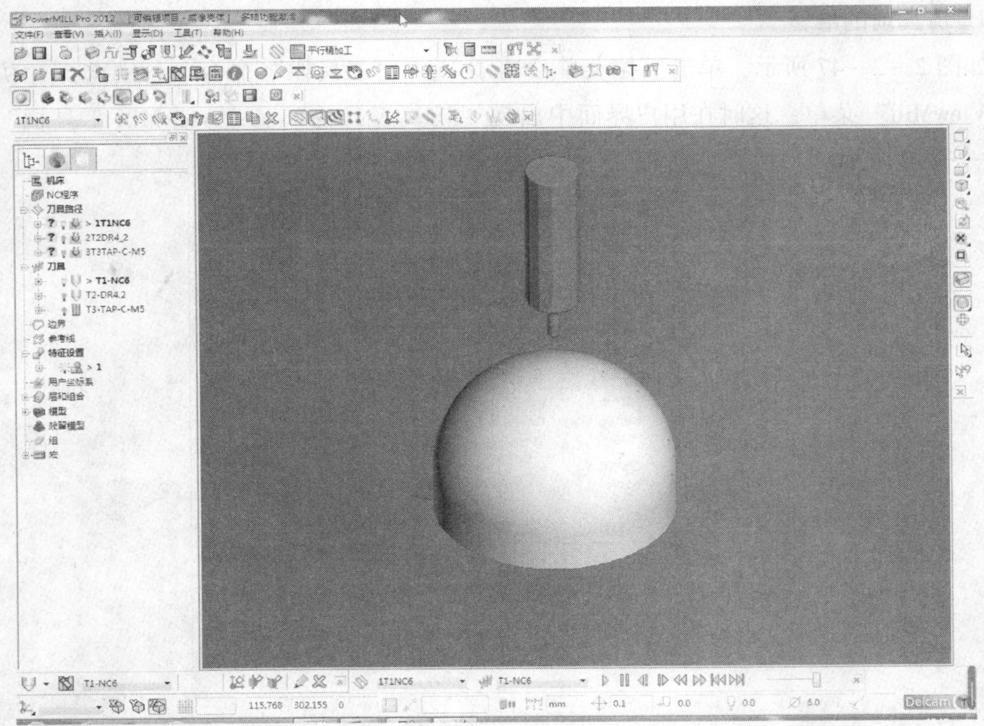

图 2—2—50　仿真界面显示

单击“仿真工具栏”中的“运行”按钮▷，执行“1T1NC6”刀具路径仿真，仿真结果如图 2—2—51 所示。

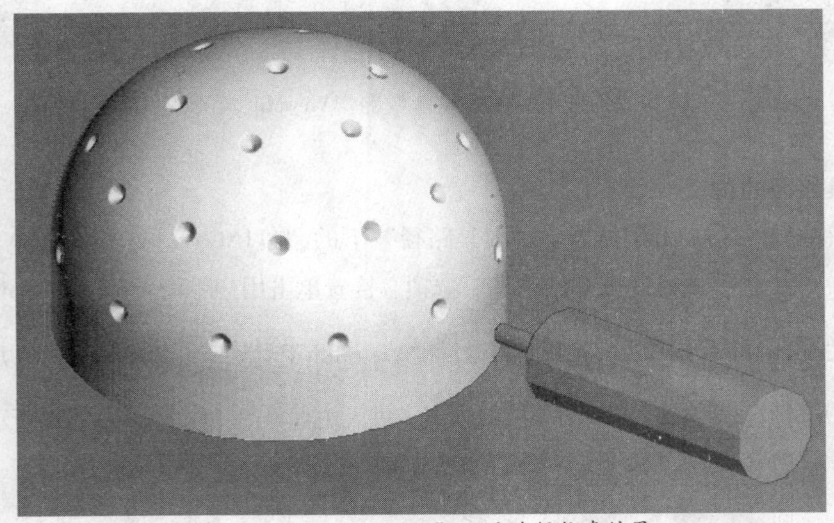

图 2—2—51　“1T1NC6”刀具路径仿真结果

继续按照上述方法将刀具路径“2T2DR4_2”激活，然后右击，选择“自开始仿真”选项，单击“仿真工具栏”中的“运行”按钮▷，进行刀具路径的仿真。“2T2DR4_2”刀具路径仿真结果如图 2—2—52 所示。

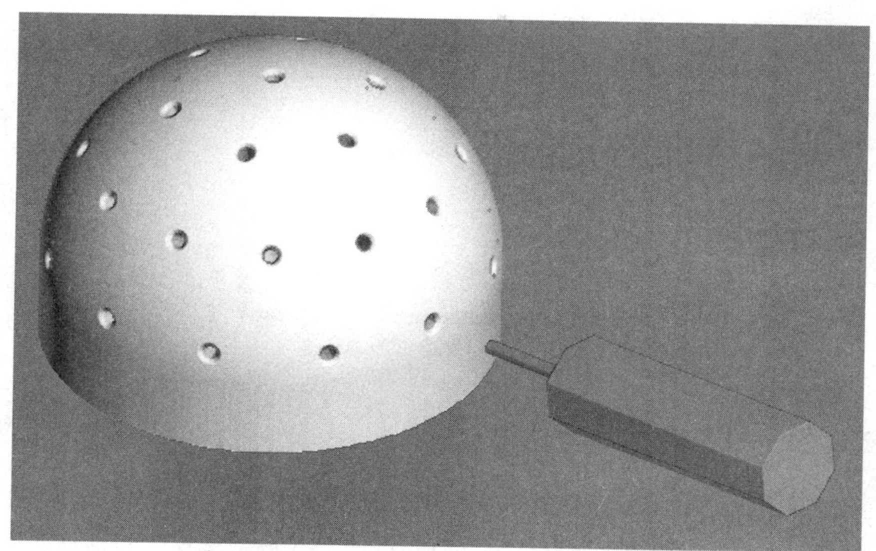

图 2—2—52 “2T2DR4_2”刀具路径仿真结果

将刀具路径“3T3TAP-C-M5”激活，然后右击，选择“自开始仿真”选项，单击“仿真工具栏”中的“运行”按钮▷，进行刀具路径的仿真。“3T3TAP-C-M5”刀具路径仿真结果如图 2—2—53 所示。

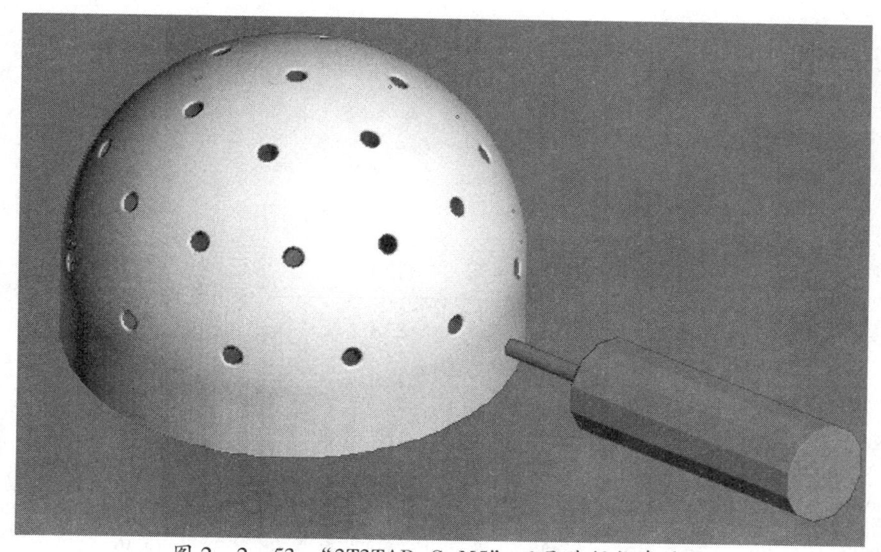

图 2—2—53 “3T3TAP-C-M5”刀具路径仿真结果

3. 退出仿真

单击用户界面“ViewMill 工具栏”中的“退出 ViewMill”按钮，此时将打开“PowerMILL 询问”对话框，如图 2—2—54 所示，然后单击“是（Y）”按钮，退出加工仿真。

图 2—2—54　退出加工仿真

四、NC 程序的产生

如图 2—2—55 所示，将鼠标移至 PowerMILL 浏览器中的“NC 程序”，然后右击，选择“参数选择”选项，将弹出如图 2—2—56 所示的“NC 参数选择”对话框。

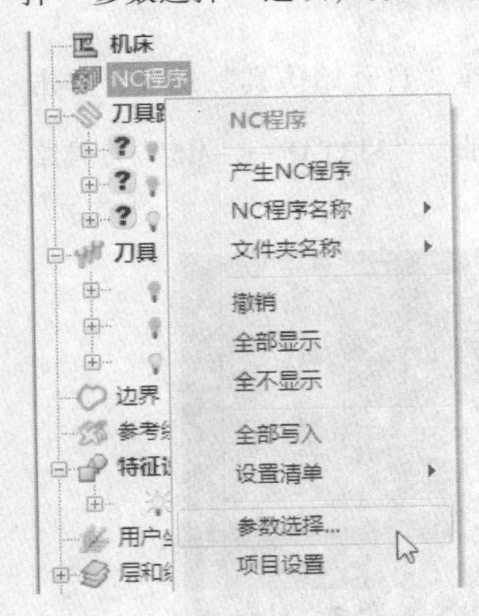

图 2—2—55　NC 程序参数选择

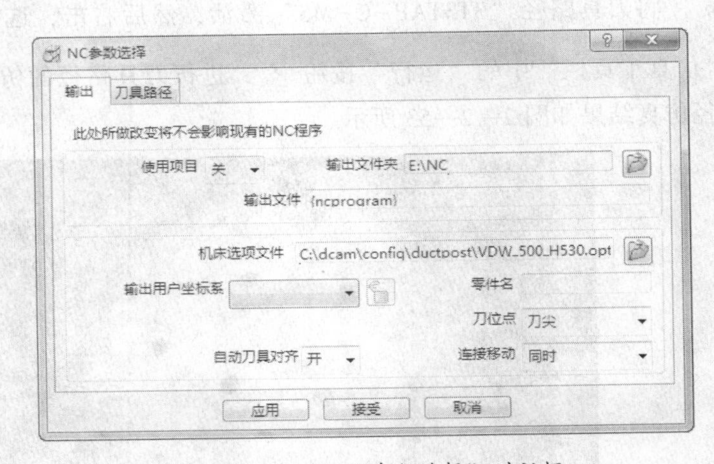

图 2—2—56　“NC 参数选择”对话框

在此对话框中单击“输出文件夹”右边的“浏览选取输出目录”按钮，选择路径“E:\NC”（此文件夹必须存在），接着单击“机床选项文件”右边的“浏览选取读取文件”按钮，将弹出如图 2—2—57 所示的“选取机床选项文件名”对话框，选择“VDW_

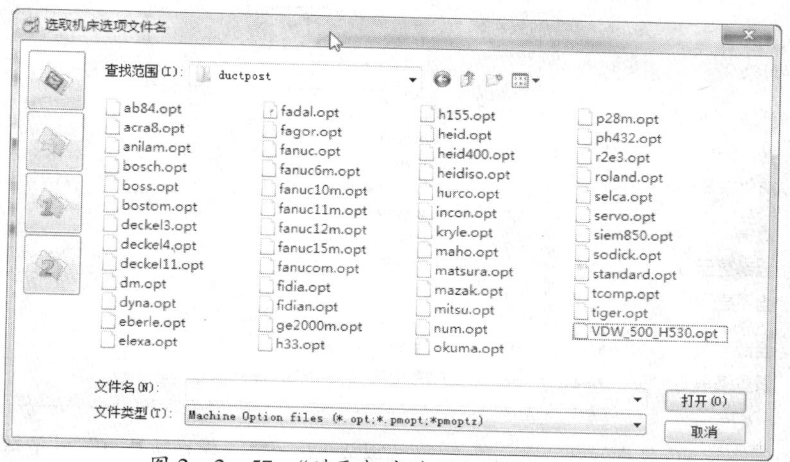

图 2—2—57 “选取机床选项文件名”对话框

500_ H530. opt” 文件并打开。最后单击“NC 参数选择”对话框中的“应用”和“接受”按钮。

接着将鼠标移至刀具路径“1T1NC6”，右击，选择“产生独立的 NC 程序”选项，如图 2—2—58 所示，然后对其余刀具路径进行同样的操作，结果如图 2—2—59 所示。

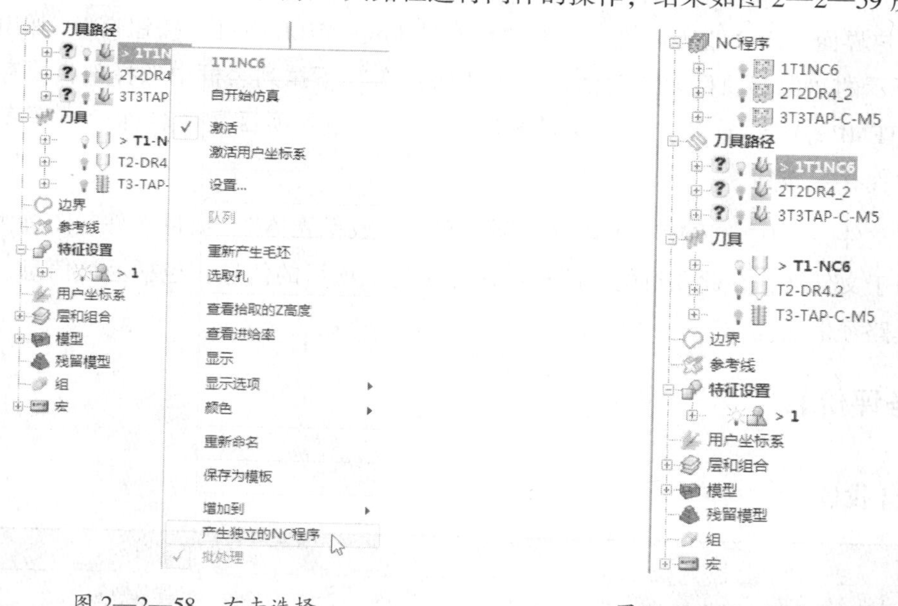

图 2—2—58 右击选择“产生独立的 NC 程序”

图 2—2—59 PowerMILL 浏览器——NC 程序浏览

最后将鼠标移至“NC 程序”，右击，选择“全部写入”选项，如图 2—2—60 所示，程序自动运行产生 NC 代码。然后在文件夹“E:\NC”下将产生 3 个 . tap 格式的文件，即 1T1NC6. tap、2T2DR4_2. tap 和 3T3TAP—C—M5. tap。学生可以通过记事本方式分别打开

图 2—2—60　写入 NC 程序　　　　图 2—2—61　“保存项目为”对话框

这 3 个文件，查看 NC 数控代码。

五、保存加工项目

单击用户界面上部“主工具栏”中的“保存此 PowerMILL 项目”按钮，弹出如图 2—2—61 所示的“保存项目为”对话框，在“保存在”下拉列表框中选择项目要存盘的路径“D:\TEMP\成像壳体”，在“文件名”文本框中输入项目文件名称“成像壳体”，然后单击“保存”按钮。

此时在文件夹“D:\TEMP”下将存有项目文件“成像壳体”。项目文件的图标为，其功能类似于文件夹，在此项目的子路径中保存了这个项目的信息，包括毛坯信息、刀具信息和刀具路径信息等。

【任务评价】

一、自我评价

任务名称			课时				
任务自我评价成绩			任课教师				
类别	序号	自我评价项目	结果	A	B	C	D
编程	1	编程工艺是否符合基本加工工艺？					
	2	程序能否顺利完成加工？					
	3	编程参数是否合理？					
	4	程序是否有过多的空刀？					

续表

类别	序号	自我评价项目	结果	A	B	C	D
编程	5	题目：通过对该零件的编程你的收获主要是什么？ 作答：					
	6	题目：你设计本程序的主要思路是什么？ 作答：					
	7	题目：你是如何完成程序的完善与修改的？ 作答：					
工件与刀具安装	1	刀具安装是否正确？					
	2	工件安装是否正确？					
	3	刀具安装是否牢固？					
	4	工件安装是否牢固？					
	5	题目：安装刀具时需注意的事项主要有哪些？ 作答：					
	6	题目：安装工件时需注意的事项主要有哪些？ 作答：					
操作与加工	1	操作是否规范？					
	2	着装是否规范？ 切削用量是否符合加工要求？					
	3	切削用量是否符合加工要求？					
	4	刀柄和刀片的选用是否合理？					
	5	题目：如何使加工和操作更好地符合批量生产的要求？你的体会是什么？ 作答：					
	6	题目：加工时需要注意的事项主要有哪些？ 作答：					
	7	题目：加工时经常出现的加工误差主要有哪些？ 作答：					
精度检测	1	是否了解测量本零件所需各种量具的原理及使用方法？					
	2	题目：本零件所使用的测量方法是否已经掌握？你认为难点是什么？ 作答：					
	3	题目：本零件精度检测的主要内容是什么？采用了哪种方法？ 作答：					
	4	题目：批量生产时，你将如何检测该零件的各项精度要求？ 作答：					
（本部分综合成绩）合计：							
自我总结							
学生签名： 年 月 日			指导教师签名： 年 月 日				

二、小组互评

序号	小组评价项目	评价情况			
		A	B	C	D
1	与其他同学口头交流学习内容是否顺畅？				
2	是否尊重他人？				
3	学习态度是否积极主动？				

续表

序号	小组评价项目	评价情况			
		A	B	C	D
4	是否服从教师教学安排和管理？				
5	着装是否符合标准？				
6	能否正确领会他人提出的学习问题？				
7	是否按照安全规范进行操作？				
8	能否辨别工作环境中哪些是危险因素？				
9	是否合理规范地使用工具和量具？				
10	能否保持学习环境的干净、整洁？				
11	是否遵守学习场所的规章制度？				
12	是否对工作岗位有责任心？				
13	能否达到全勤要求？				
14	能否正确地对待肯定与否定的意见？				
15	团队学习中主动与同学合作的情况如何？				

参与评价同学签名：

年　月　日

三、教师评价

教师总体评价：

教师签名：________　　年　月　日

【习题】

一、思考题

1. 如何在 PowerMILL 软件中定义多轴孔特征？
2. 如何在 PowerMILL 软件中创建丝锥？
3. 简述在 PowerMILL 软件中生成多轴钻孔程序的过程。

二、练习图样

按图 2—2—62 所示图样完成柱体成像零件加工程序的编写。

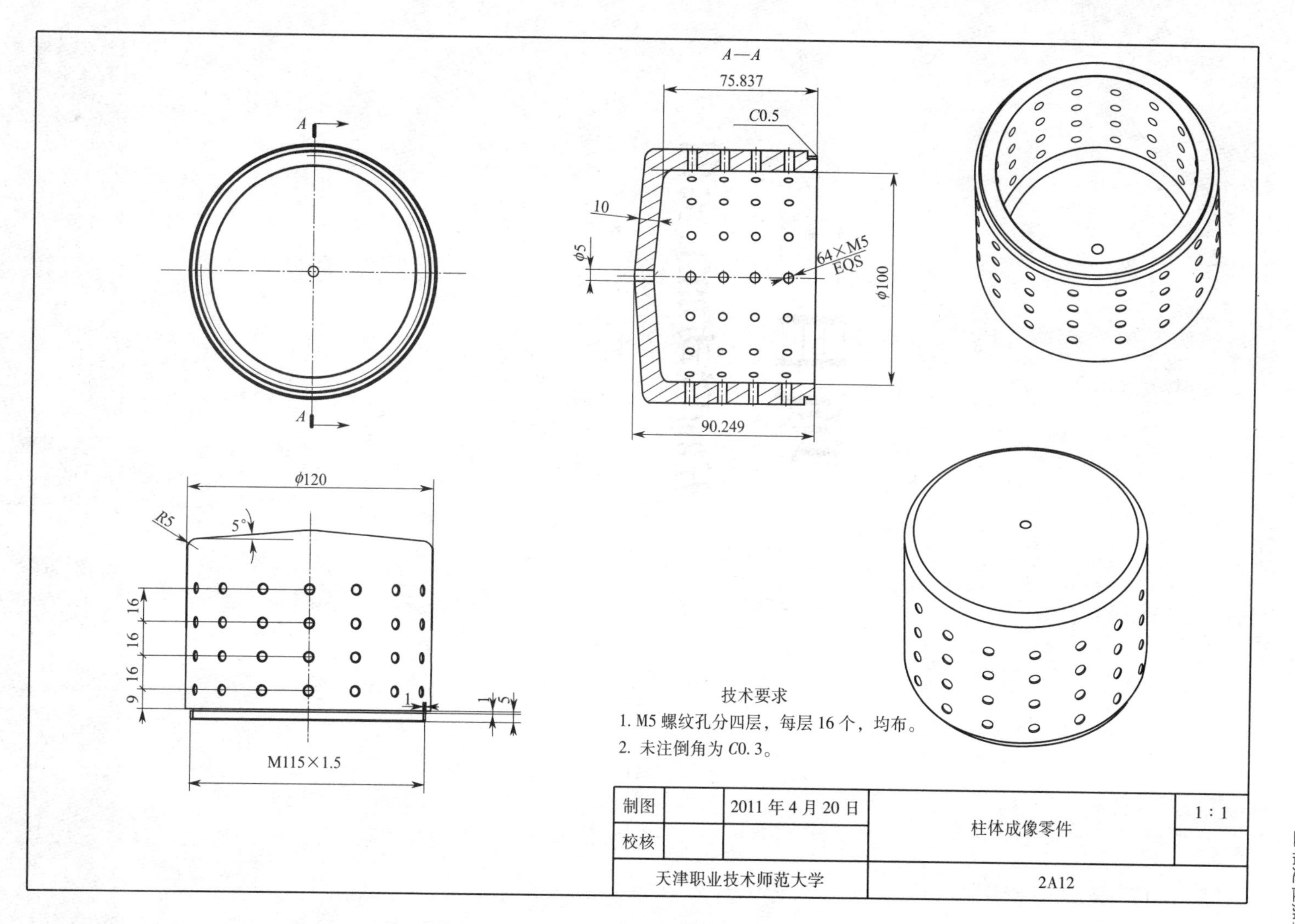

图 2—2—62　柱体成像零件图样

项目三

五轴联动加工实例

任务1 奖杯加工

【任务描述】

本任务主要介绍 PowerMILL 软件中利用曲面控制刀轴矢量方式对类似于柱状类零件进行五轴联动加工，本任务的难点主要是如何设置参考曲面来控制刀具的矢量，重点介绍 PowerMILL 软件中建立参考曲面，设置参考曲面控制刀具矢量，加工过程中如何忽略参考曲面，同时为了提高加工效率粗加工时使用 3+2 模式。精加工介绍“曲面投影精加工”策略基本的编程步骤，如输入模型，设置坐标系，建立毛坯和刀具，设置进给率和转速、快进高度、开始点和结束点、切入/切出和连接等，要求学生掌握“曲面投影精加工”策略在五轴联动加工中的应用。

【任务分析】

图 3—1—1 所示为奖杯模型三维图。根据图中相关信息，分析该零件的主要加工要素是曲面，对该图样中奖杯模型进行编程，粗加工采用“模型区域清除”的策略，半精加工和精加工采用“曲面投影精加工”的策略。

【相关知识】

五轴加工仅需一次装夹即能完成复杂形体零件的全部加工要素，可以节省大量的加工时间。PowerMILL 软件提供了五轴联动加工的功能，允许运用多种加工策略和全系列的切削刀具，在复杂曲面、实体模型和三角形模型上产生连续的五轴刀具路径，而且全部刀具路径会经过过切检查和机床仿真，有效防止出现过切或刀轴干涉现象，从而保证人员及设备的安全。

五轴加工是高科技加工的重要体现，在软件技术、机床技术、刀具技术快速发展的今天，设备价格大幅下降，五轴技术逐步进入企业。PowerMILL 软件新增的自动避免碰撞功能使五轴自动编程成为现实，PowerMILL 软件可以按照编程人员设定的碰撞间隙自动调整刀轴，在三轴加工不到的部位自动避让刀轴，在不会产生碰撞的部位又自动恢复三轴加工状态，这样可以保证用长度较短的刀具进行加工，不但提高了加工的刚度，而且增大了加工范围。PowerMILL 软件提供了丰富的粗加工和精加工策略，本任务主要介绍 3+2 定向摆轴粗加工和“曲面投影精加工”策略。

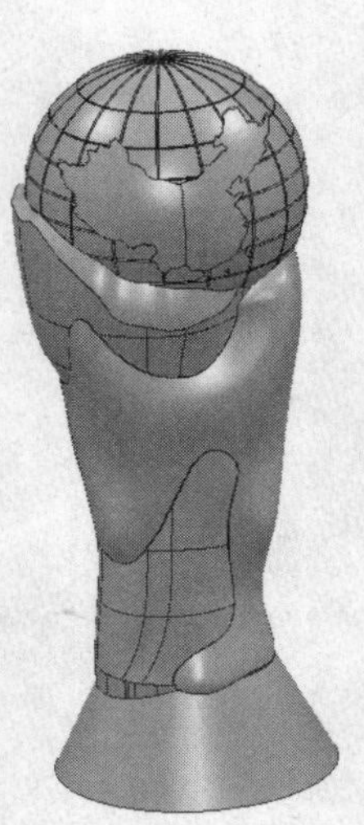

图 3—1—1　奖杯模型三维图

刀轴的前倾和侧倾是指刀轴相对于生成的刀具轨迹，与刀具轨迹的方向有关，并与刀具轨迹上该点处的曲面法线方向成固定角度。如图 3—1—2 所示为前倾，图 3—1—3 所示为侧倾。

前倾角是指沿着刀具轨迹前进的方向定义一个刀轴倾斜角度。图 3—1—2 所示为刀轴前倾 30°的情况，它从刀具路径前进方向的垂直线开始测量。

一般情况下，刀轴前倾用于避免球头刀在切削浅滩表面区域时刀具的切削点发生在球头刀的刀尖点（即线速度为零的点，又称静点）。通常将前倾角设置为 15°。

侧倾角是指在刀具路径前进方向的垂直方向定义一个刀轴倾斜角。图 3—1—3 所示为刀轴侧倾 30°的情况，它也是从刀具路径前进方向的垂直线开始测量，侧倾角为 0°时刀轴处于垂直状态。

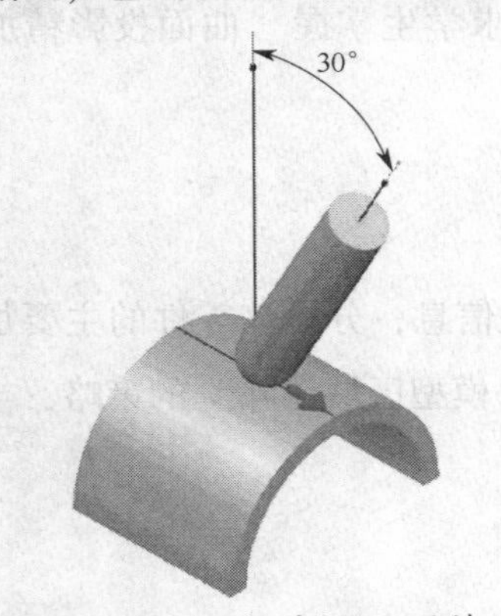

图 3—1—2　刀轴前倾 30°的情况

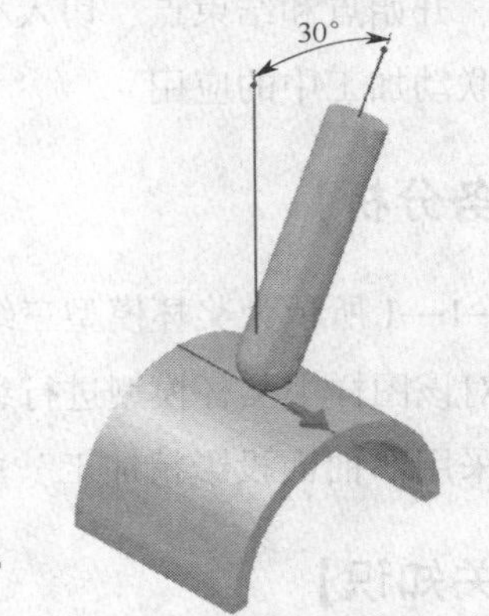

图 3—1—3　刀轴侧倾 30°的情况

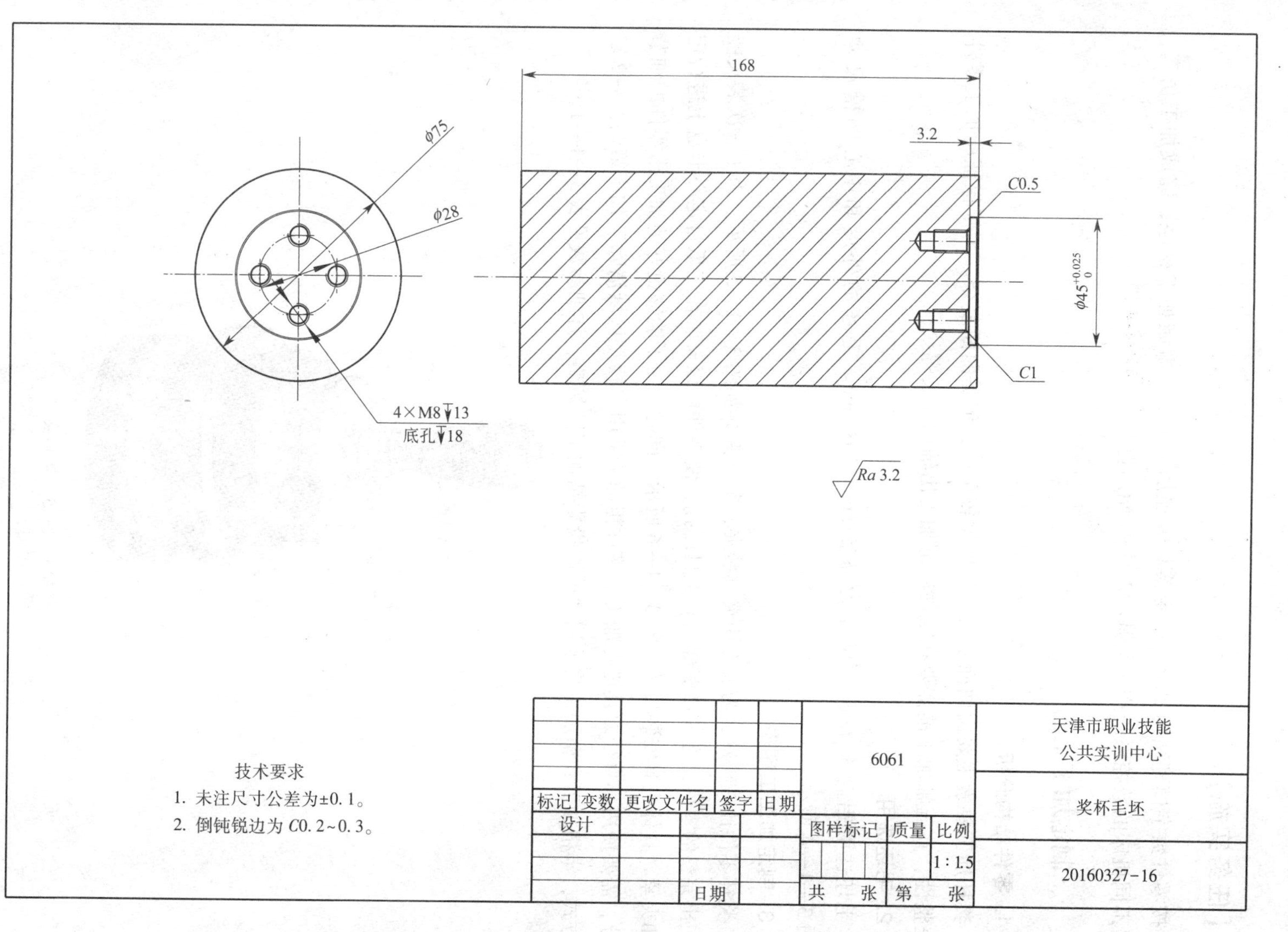
168
φ75
3.2
φ28
C0.5
φ45+0.025 0
C1
4×M8↧13
底孔↧18
Ra 3.2
技术要求
1. 未注尺寸公差为±0.1。
2. 倒钝锐边为C0.2~0.3。
6061
天津市职业技能
公共实训中心
标记
变数
更改文件名
签字
日期
奖杯毛坯
设计
图样标记
质量
比例
1∶1.5
20160327-16
日期
共　张
第　张

图3—1—4　奖杯毛坯图样

【任务实施】

按零件数字模型结构要求，制定奖杯数控加工工艺；编制加工程序；完成加工仿真，根据不同机床的数控系统产生与其相对应的 NC 程序。

一、制定加工工艺

1. 零件结构分析

奖杯加工要素主要由曲面组成，虽然比较单一，但是曲面复杂。为了保证所加工零件的完整性，在五轴加工前需要在零件底部加工出辅助安装螺纹孔。

2. 毛坯选用

毛坯选用铝合金 6061，尺寸为 $\phi75$ mm×168 mm。毛坯的外形和中心凹槽尺寸如图 3—1—4 所示。

3. 制定加工工序卡

奖杯零件比较特殊，需要专用夹具装夹，奖杯夹具如图 3—1—5 所示。为了一次装夹能加工出完整的零件，在零件底部安装夹具底托，使零件可以安装在三爪自定心卡盘上进行定位和夹紧。具体夹具安装尺寸如图 3—1—6 所示。同时，为了能够更好地加工出零件的细节部分，需要使用小直径刀具进行加工。零件粗加工采用“模型区域清除”加工策略，3+2 定位方式，半精加工和精加工将采用“曲面投影精加工”策略，详细参数见表 3—1—1。

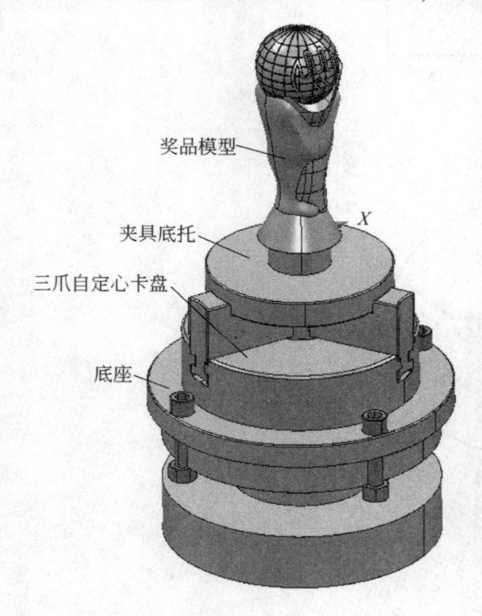

图 3—1—5　奖杯夹具

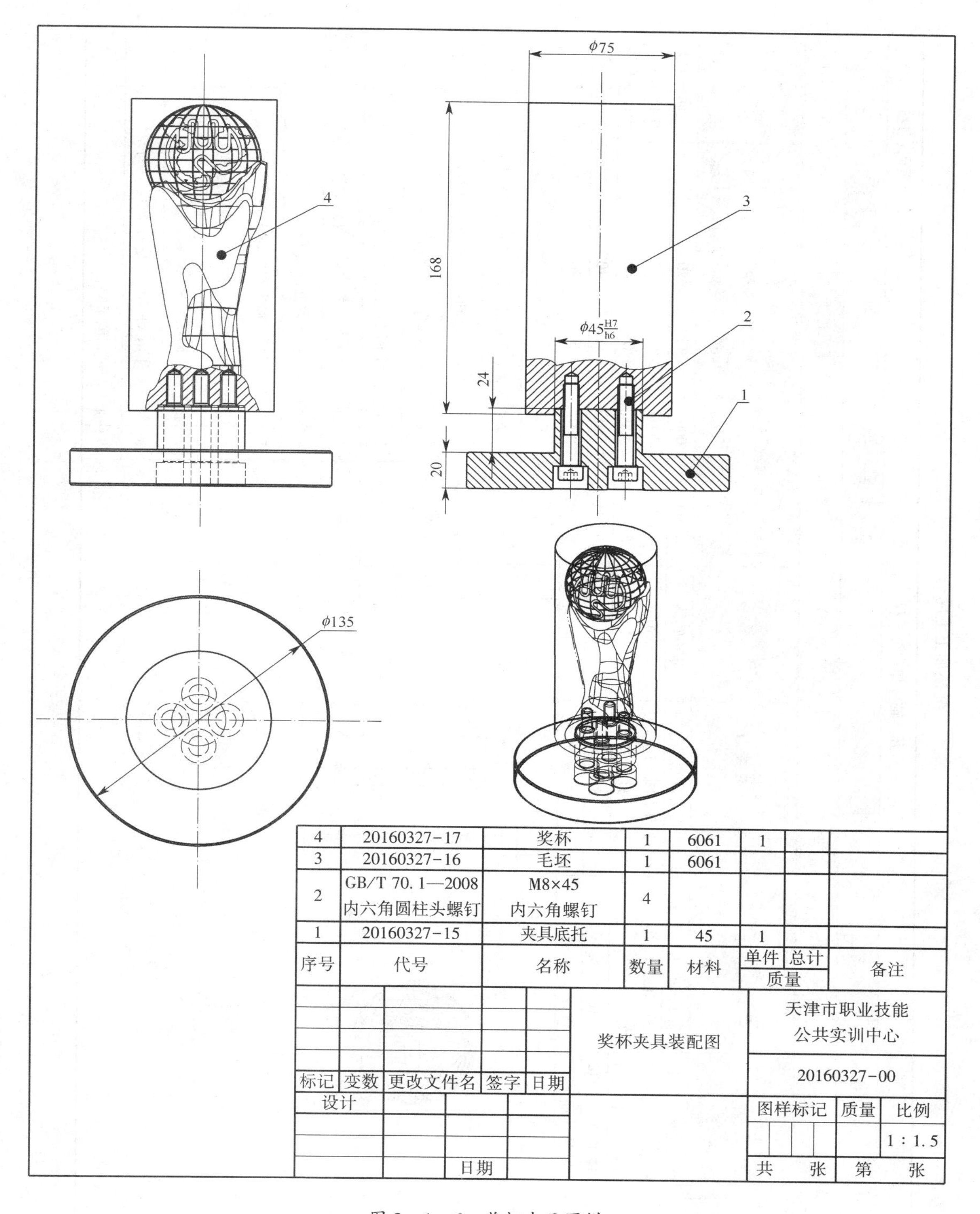
φ75
168
φ45 H7/h6
24
20
φ135
4
3
2
1
4 | 20160327-17 | 奖杯 | 1 | 6061 | 1
3 | 20160327-16 | 毛坯 | 1 | 6061
2 | GB/T 70.1—2008 内六角圆柱头螺钉 | M8×45 内六角螺钉 | 4
1 | 20160327-15 | 夹具底托 | 1 | 45 | 1
序号 | 代号 | 名称 | 数量 | 材料 | 单件 | 总计 | 质量 | 备注
标记 | 变数 | 更改文件名 | 签字 | 日期
设计
日期
奖杯夹具装配图
天津市职业技能
公共实训中心
20160327-00
图样标记 | 质量 | 比例
1∶1.5
共 张 | 第 张

图 3—1—6 奖杯夹具图样

表 3—1—1　　奖杯加工工序卡

五 轴 加 工 程 序 单　　页码：1/1

零件号	20160327-17	编程员		图档路径		机床操作员		机床号	
客户名称		材料	6061	工序号	01	工序名称	奖杯加工	日期	年 月 日

序号	加工内容	程序名称	刀具号	刀具类型	刀具参数 (mm)	主轴转速 (r/min)	进给速度 (mm/min)	余量 (XY/Z) (mm)	装夹刀长 (mm)	加工时间 (h)	备注
1	整体粗加工-01	1T1EM20-C-01	T1	刀尖圆角端铣刀	$\phi 20R0.8$	8 000	3 000	0.5/0.5	70		坐标系 1_1
2	整体粗加工-02	2T1EM20-C-01	T1	刀尖圆角端铣刀	$\phi 20R0.8$	8 000	3 000	0.5/0.5	40		坐标系 1_2
3	整体半精加工-01	3T2BM10-BJ-01	T2	球头刀	$\phi 10$	6 000	2 400	0.3/0.3	40		坐标系 G54
4	整体半精加工-02	4T3BM6-BJ-01	T3	球头刀	$\phi 6$	6 000	1 600	0.1/0.1	40		坐标系 G54
5	整体精加工	5T4BM3-J-01	T4	球头刀	$\phi 3$	6 000	1 600	0/0	40		坐标系 G54

工件装夹图

168
奖杯毛坯
夹具底托
φ75

方向	对零
Z 方向	毛坯上表面往下 168 mm 对零
XY 方向	毛坯圆心

毛坯尺寸	φ75 mm×168 mm
装夹方式	专用夹具+三爪自定心卡盘

五轴加工中心操作确认

序号	项目	
1	工件定位和程序对上了吗？	
2	工件夹紧了吗？找正了吗？	
3	分中检查了吗？寻边器、杠杆表好用吗？	
4	坐标系、输入数据确认了吗？	
5	对刀、刀号、输入数据确认了吗？	
6	刀具直径、长度、安全高度确认了吗？	
7	加工程序确认了吗？	
8	加工前使用 VERICUT 仿真加工了吗？	
9	加工前试切削了吗？	

二、编制加工程序

1. 模型输入

单击下拉菜单“文件”→“输入模型”命令，弹出如图3—1—7所示的“输入模型”对话框，在此对话框内“文件类型（T）”的下拉列表框中选择“Delcam Models（*.dgk）”文件格式，并分别打开本书光盘中的模型文件“奖杯数模.dgk”“奖杯数模—夹具底托.dgk”和“奖杯数模—三爪卡盘夹具体.dgk”。然后单击用户界面最右边“查看工具栏”中的“ISO1”按钮，接着单击“查看工具栏”中的“普通阴影”按钮，即产生如图3—1—5所示的奖杯数模和夹具体的数字模型。在用户界面左边PowerMILL浏览器中“用户坐标系”有“G54”和“机床坐标系”两个用户坐标系，“层和组合”中有“奖杯数模”“夹具底托”和“三爪卡盘夹具体”三个用户层。“模型”中有“奖杯数模”“奖杯数模—夹具底托”和“奖杯数模—三爪卡盘夹具体”三个数字模型，如图3—1—8所示。

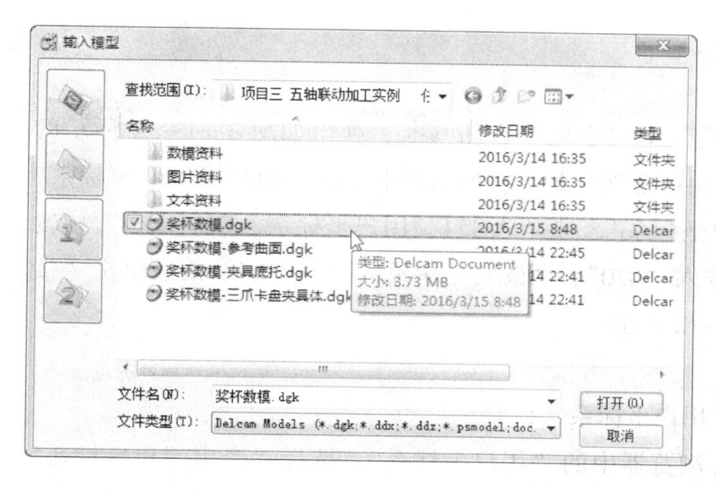

图3—1—7 “输入模型”对话框

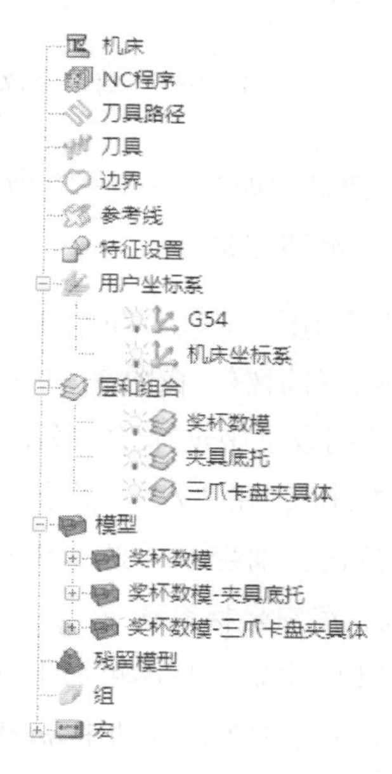

图3—1—8 PowerMILL浏览器

将鼠标移至PowerMILL浏览器中“用户坐标系”下“G54”，然后右击，选择“激活”选项，如图3—1—9所示。激活后的“G54”用户坐标系前面将产生一个“>”符号，指示灯变亮，同时用户界面中“G54”用户坐标系将以红颜色显示。单击用户界面最右边“查看工具栏”中的“ISO1”按钮，接着单击“查看工具栏”中的“普通阴影”按钮

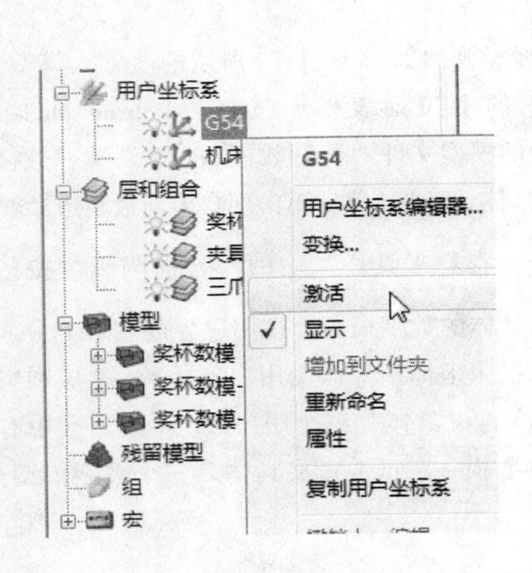

图 3—1—9　坐标系激活

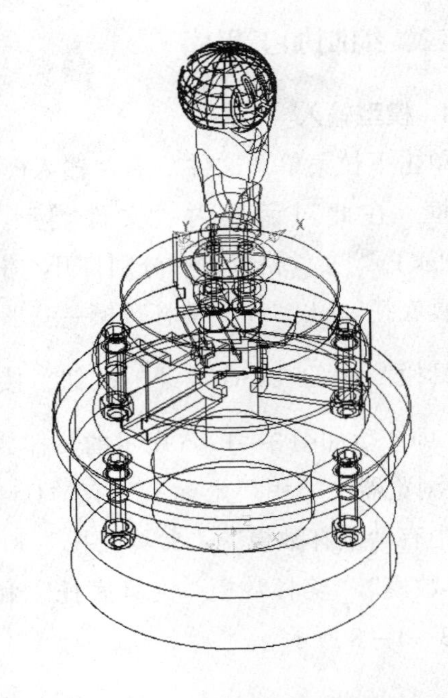

图 3—1—10　坐标系激活后的模型显示

，即显示如图 3—1—10 所示。

2. 毛坯定义

单击用户界面上部“主工具栏”中“毛坯”按钮，弹出如图 3—1—11 所示的“毛坯”对话框。在图 3—1—11“由…定义”的下拉列表框中选择“圆柱体”，“坐标系”的下拉列表框中选择“命名的用户坐标系”，选择“G54”用户坐标系，在“直径”中输入“75. 0”，在“Z”“最小”中输入“0. 0”，“最大”中输入“168. 0”。最后单击“接受”按钮，则绘图区变为图 3—1—12 所示。

3. 用户坐标系建立

（1）建立“整体粗加工-01”用户坐标系“1_1”

右击用户界面左边 PowerMILL 浏览器中的“用户坐标系”，选择“产生用户坐标系”选项，弹出如图 3—1—13 所示的“用户坐标系编辑器”工具栏。同时在零件的底部及世界坐标系位置出现一个新的坐标系，如图 3—1—14 所示。

在“用户坐标系编辑器”对话框中把“名称”改为“1_1”。单击“绕 Y 轴旋转”按钮，弹出“旋转”对话框，如图 3—1—15 所示。在此对话框“角度”文本框中输入“90. 0”，单击“接受”按钮。

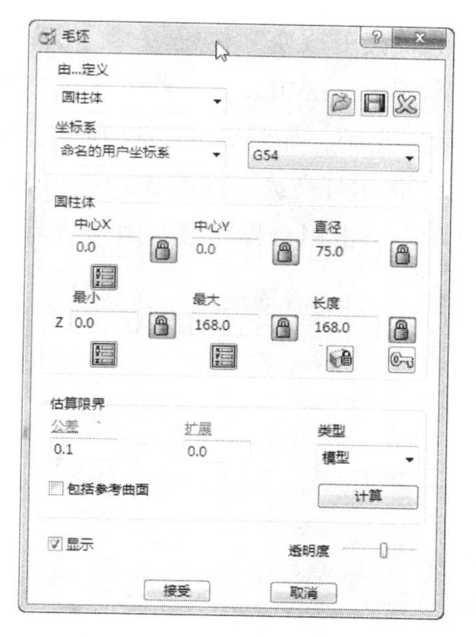

图 3—1—11 “毛坯”对话框

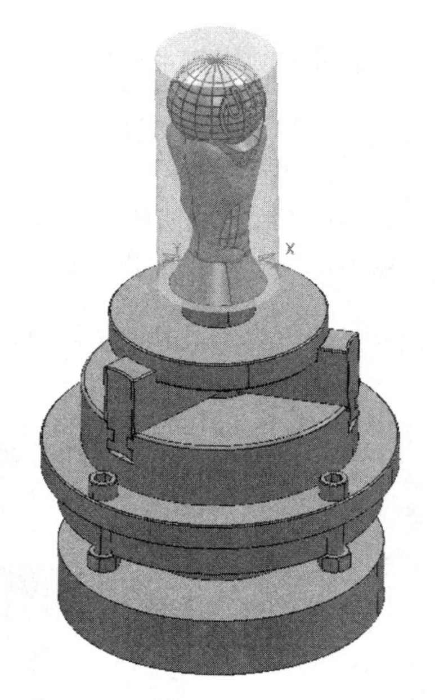

图 3—1—12 定义毛坯后的模型

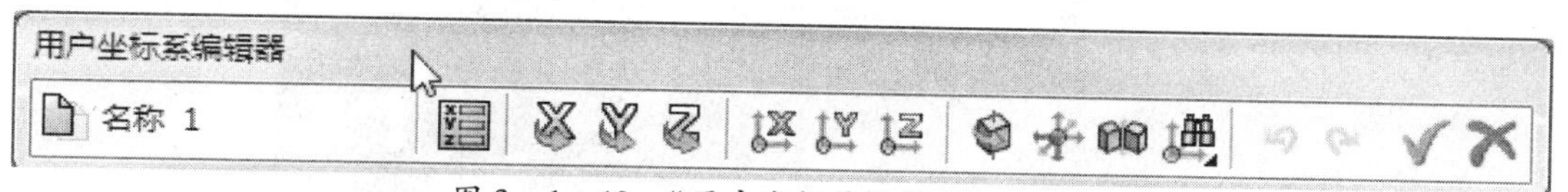

图 3—1—13 “用户坐标系编辑器”工具栏

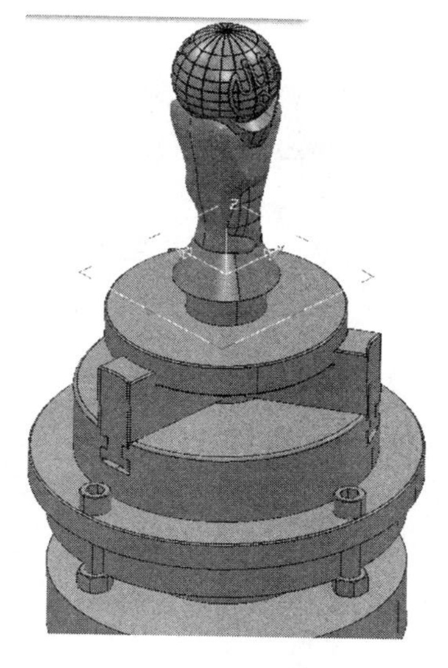

图 3—1—14 用户坐标系建立

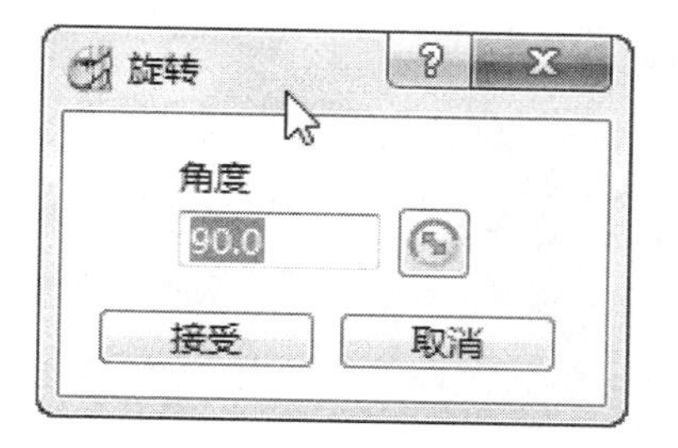

图 3—1—15 用户坐标系“旋转”对话框

设置完毕单击“用户坐标系编辑器”工具栏中的“接受改变”按钮 。用户坐标系“1_1”创建完成，如图 3—1—16 所示。将鼠标移至 PowerMILL 浏览器中“用户坐标系”下“1_1”用户坐标系，然后右击，选择“激活”选项，如图 3—1—17 所示。激活后的“1_1”用户坐标系前面将产生一个“>”符号，指示灯变亮，如图 3—1—18 所示，同时用户界面中“1_1”用户坐标系将以红颜色显示。单击用户界面最右边“查看工具栏”中的“ISO1”按钮，接着单击“查看工具栏”中的“普通阴影”按钮，即显示如图 3—1—19 所示。

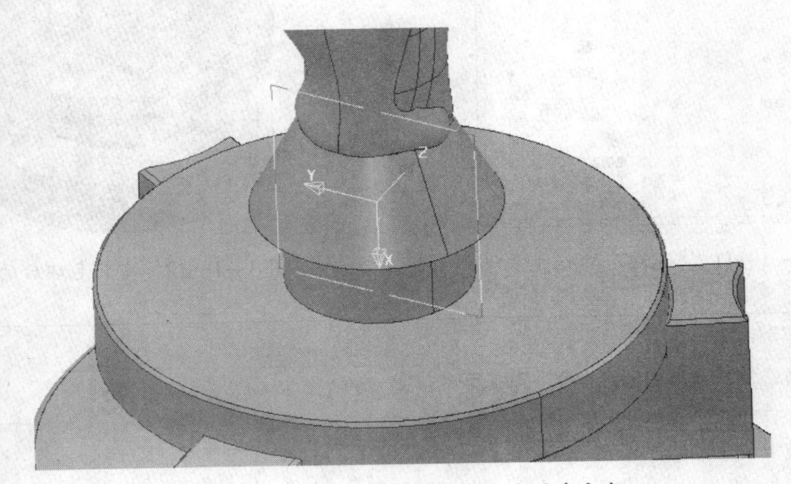

图 3—1—16 “1_1”用户坐标系创建完成

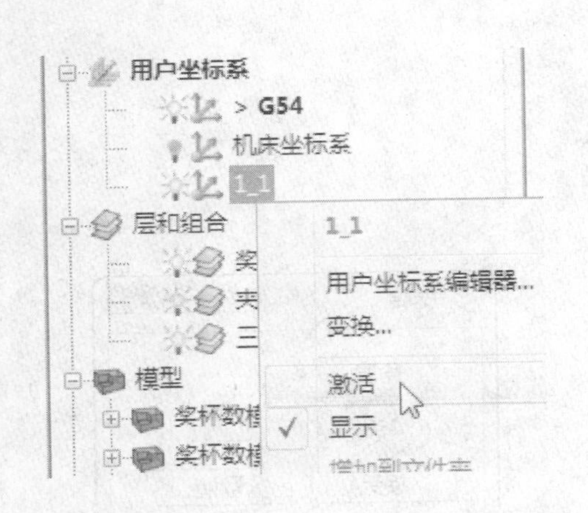

图 3—1—17 激活“1_1”用户坐标系

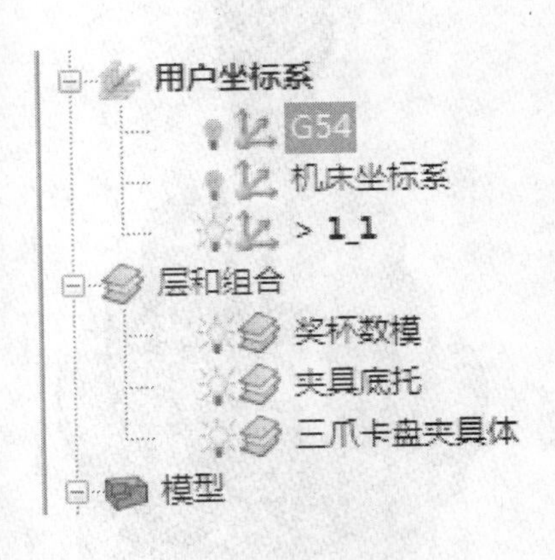

图 3—1—18 PowerMILL 浏览器

（2）建立“整体粗加工—02”用户坐标系“1_2”

将鼠标移至 PowerMILL 浏览器中“用户坐标系”下“G54”，然后右击，选择“激

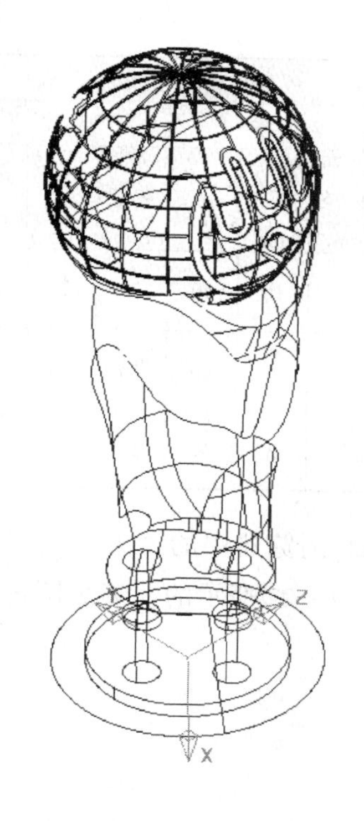

图 3—1—19 激活后“1_1”用户坐标系

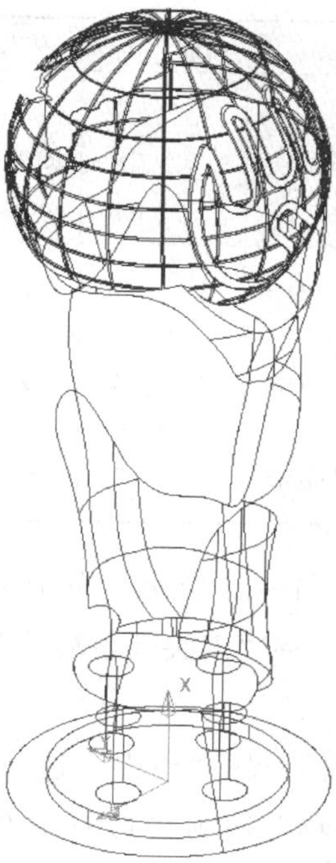

图 3—1—20 激活后“1_2”用户坐标系

活”选项，激活“G54”用户坐标系。

按照建立“1_1”用户坐标系的方法建立“1_2”用户坐标系，在其建立过程中只是将“旋转”对话框的“角度”文本框中的输入改为“270.0”，结果如图 3—1—20 所示。

4. 刀具定义

由表 3—1—1 奖杯加工工序卡中得知，此奖杯模型的加工共需要 4 把刀具，具体刀具几何参数见表 3—1—2。

表 3—1—2　　刀具几何参数

序号	刀具类型	刀尖								刀柄			夹持			
		名称	编号	几何形状						尺寸			尺寸			伸出(mm)
				直径(mm)	长度(mm)	刀尖半径(mm)	锥角(°)	锥高(mm)	锥形直径(mm)	顶部直径(mm)	底部直径(mm)	长度(mm)	顶部直径(mm)	底部直径(mm)	长度(mm)	
1	刀尖圆角端铣刀	T1-EM20 R0.8	1	20	35	0.8				20	20	80	42	42	80	50

续表

序号	刀具类型	刀尖								刀柄			夹持			
				几何形状						尺寸			尺寸			伸出（mm）
		名称	编号	直径（mm）	长度（mm）	刀尖半径（mm）	锥角（°）	锥高（mm）	锥形直径（mm）	顶部直径（mm）	底部直径（mm）	长度（mm）	顶部直径（mm）	底部直径（mm）	长度（mm）	
2	球头刀	T2-BM10	2	10	30					10	10	40	27	27	80	35
3	球头刀	T3-BM6	3	6	30					6	6	40	16	16	80	35
4	球头刀	T4-BM3	4	3	6					3	3	40	16	16	80	20

如图 3—1—21 所示，右击用户界面左边 PowerMILL 浏览器中的“刀具”，依次选择“产生刀具”→“刀尖圆角端铣刀”选项，弹出如图 3—1—22 所示的“刀尖圆角端铣刀”对话框。

在此对话框的“刀尖”选项卡中设置如下参数：

☐“名称”改为“T1-EM20R0. 8”。

☐“刀尖半径”设置为“0. 8”。

☐“直径”设置为“20. 0”。

☐“长度”设置为“35. 0”。

☐“刀具编号”设置为“1”。

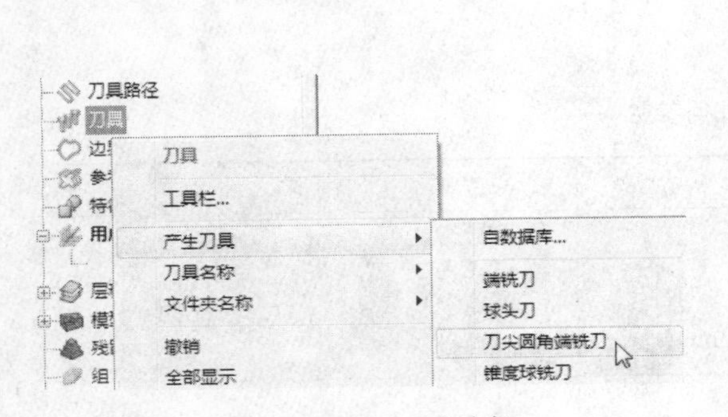

图 3—1—21　刀具选择

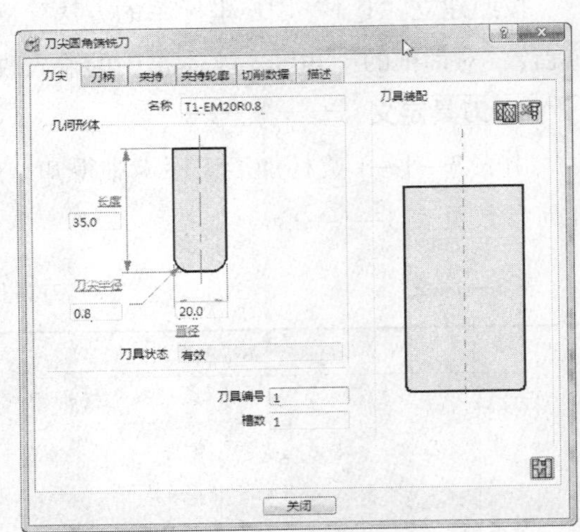

图 3—1—22　“刀尖圆角端铣刀”对话框

设置完毕单击“刀尖圆角端铣刀”对话框中的“刀柄”标签，弹出如图 3—1—23 所

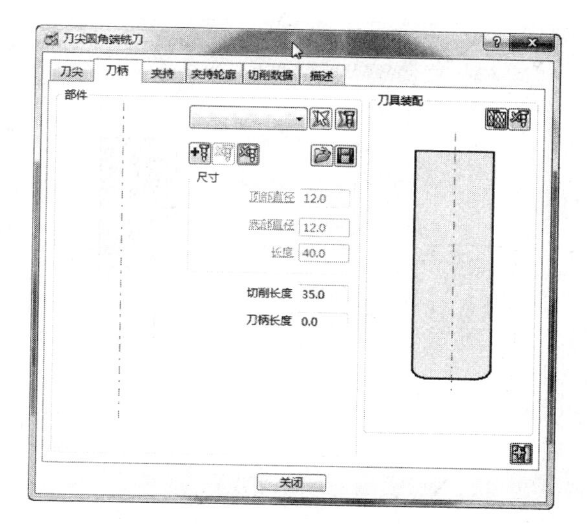

图 3—1—23 “刀尖圆角端铣刀”刀柄的选择

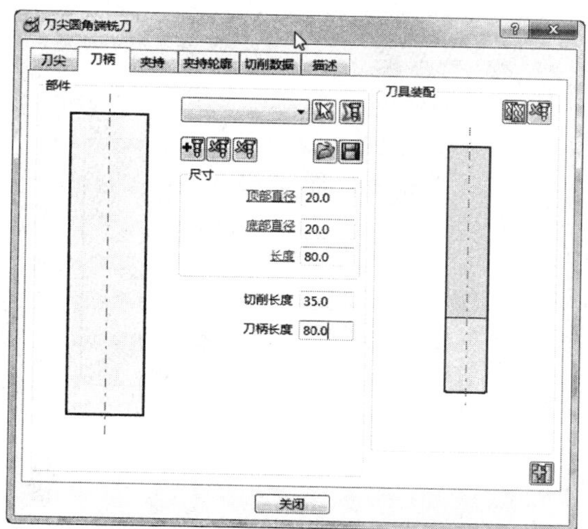

图 3—1—24 “刀尖圆角端铣刀”刀柄的设置

示的“刀尖圆角端铣刀”对话框中的“刀柄”选项卡。单击此选项卡中的“增加刀柄部件”按钮，并在此选项卡中设置如下参数：

❑“顶部直径”设置为“20. 0”。

❑“底部直径”设置为“20. 0”。

❑“长度”设置为“80. 0”。

设置完毕出现如图 3—1—24 所示的图形。

单击“刀尖圆角端铣刀”对话框中的“夹持”标签，弹出如图 3—1—25 所示的“刀尖圆角端铣刀”对话框中“夹持”选项卡。单击此选项卡中的“增加夹持部件”按钮，并在此选项卡中设置如下参数：

❑“顶部直径”设置为“42. 0”。

❑“底部直径”设置为“42. 0”。

❑“长度”设置为“80. 0”。

❑“伸出”设置为“50. 0”。

设置完毕出现如图 3—1—26 所示的图形。

单击“关闭”按钮。此时在用户界面左边的 PowerMILL 浏览器中将显示刚才设置的刀具“T1-EM20R0. 8”，如图 3—1—27 所示。单击用户界面最右边“查看工具栏”中的“ISO1”按钮，用户工作区即显示如图 3—1—28 所示。

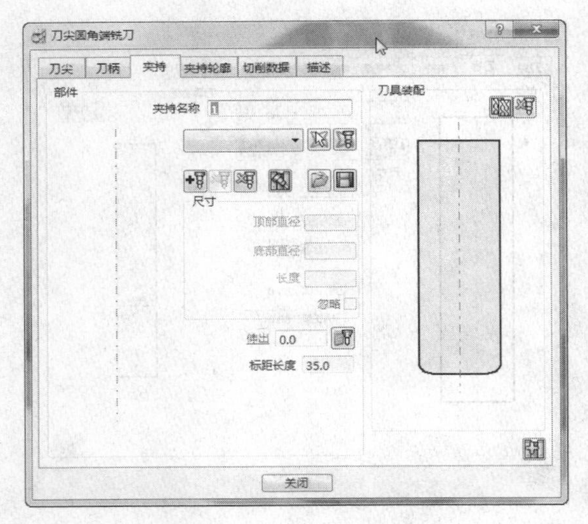

图 3—1—25 “刀尖圆角端铣刀”夹持的选择

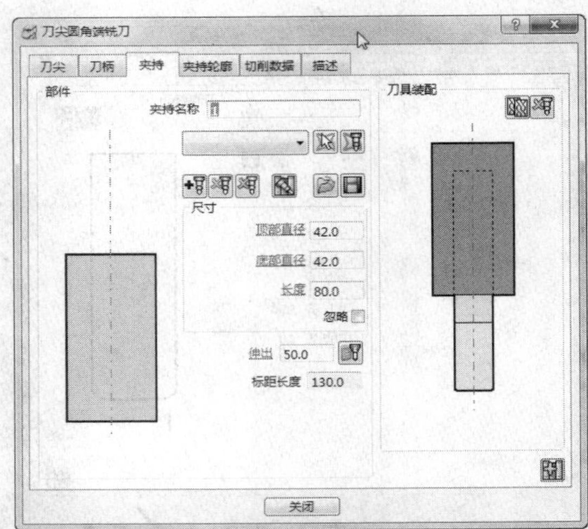

图 3—1—26 “刀尖圆角端铣刀”夹持的设置

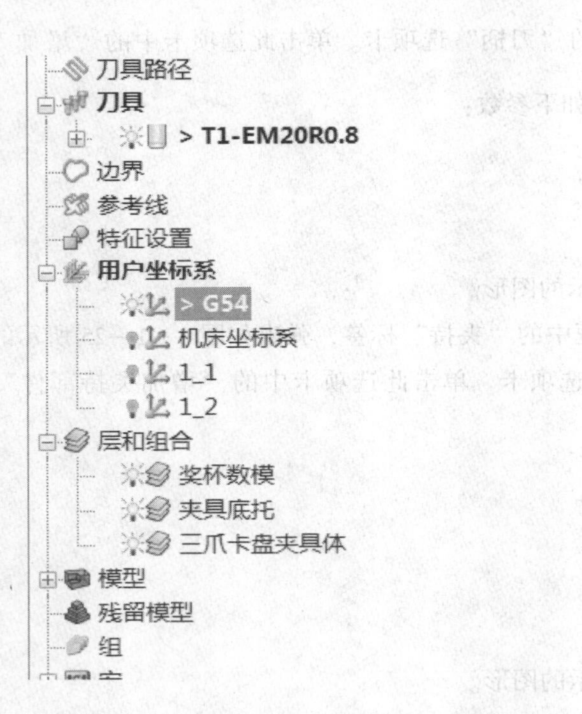

图 3—1—27 PowerMILL 浏览器

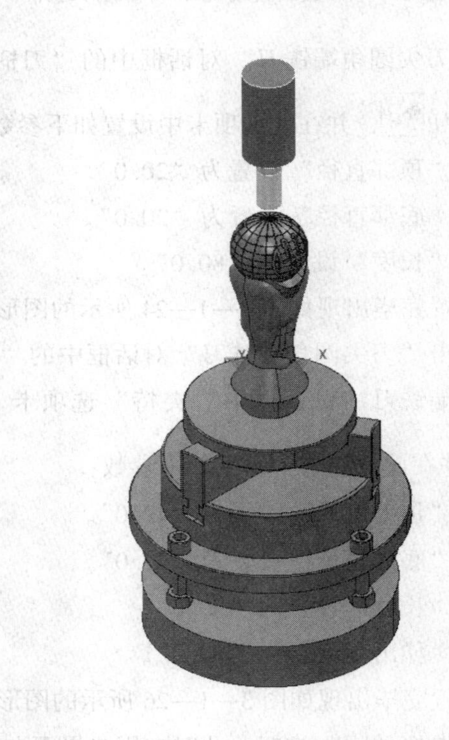

图 3—1—28 刀具建立完成后的显示

参照上述建立刀具的操作过程，按表 3—1—2 中的刀具几何参数创建直径为 10 mm、6 mm 和 3 mm 的球头刀。设置完毕的 PowerMILL 浏览器变为图 3—1—29 所示。

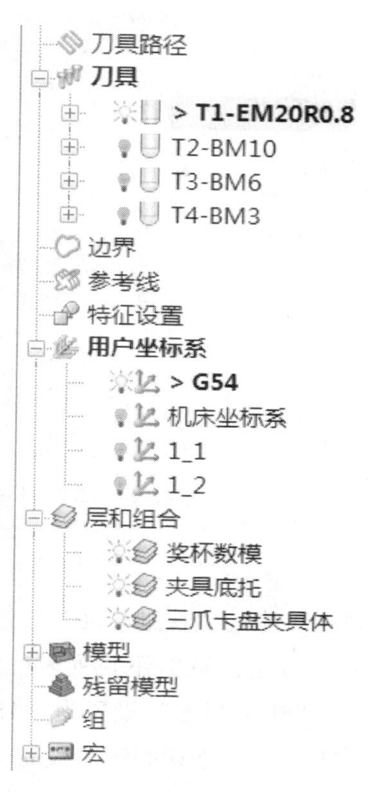

图 3—1—29 PowerMILL 浏览器

5. 进给率设置

如图 3—1—30 所示，右击用户界面左边 PowerMILL 浏览器中“刀具”标签内的“T1-EM20R0. 8”，选择“激活”，使得在“T1-EM20R0. 8”左边出现“>”符号，这表明“T1-EM20R0. 8”刀具处于被激活状态。

单击用户界面上部“主工具栏”中的“进给率”按钮，弹出如图 3—1—31 所示的“进给和转速”对话框。

在此对话框中按表 3—1—1 中的内容设置如下参数：

❑“主轴转速”设置为“8000. 0”。

❑“切削进给率”设置为“3000. 0”。

❑“下切进给率”设置为“1500. 0”。

❑“掠过进给率”设置为“6000. 0”。

设置完毕单击“接受”按钮，完成“T1-EM20R0. 8”刀具进给率的设置。使用同样方法按表 3—1—1 中的参数设置剩余刀具的进给率。

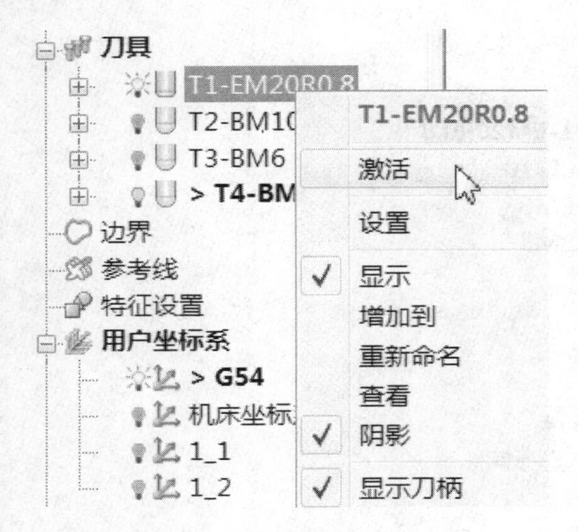

图 3—1—30　激活刀具

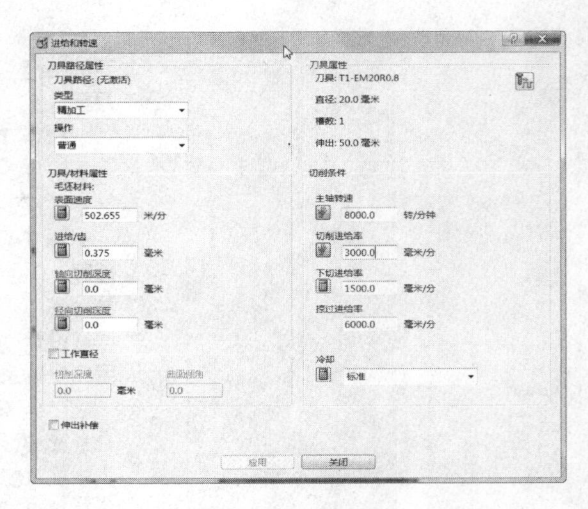

图 3—1—31　“进给和转速”对话框

6. 快进高度设置

单击用户界面上部“主工具栏”中的“快进高度”按钮“ ”，弹出如图 3—1—32 所示的“快进高度”对话框，在“安全区域”下拉列表框中选择“平面”，“用户坐标系”下拉列表框中选择“G54”，“快进高度”设置为“180.0”，“下切高度”设置为“170.0”，“快进间隙”设置为“5.0”，“下切间隙”设置为“0.5”。然后在此对话框中单击“接受”按钮，完成快进高度的设置。

7. 加工开始点和结束点的设置

单击用户界面上部“主工具栏”中的“开始点和结束点”按钮，弹出如图 3—1—33 所示的“开始点和结束点”对话框。

在此对话框“开始点”选项卡的“使用”下拉列表框中选择“第一点安全高度”，“结束点”选项卡的“使用”下拉列表框中选择“最后一点安全高度”，最后单击“接受”按钮，完成加工开始点和结束点的设置。

8. 创建刀具路径

（1）粗加工刀具路径的产生

1）建立“整体粗加工-01”刀具路径。如图 3—1—30 所示，右击用户界面左边 PowerMILL 浏览器中“刀具”标签内的“T1 - EM20R0.8”，选择“激活”，使得“T1 - EM20R0.8”刀具处于被激活状态。

单击用户界面上部“主工具栏”中的“刀具路径策略”按钮，弹出如图 3—1—34 所示的“策略选取器”对话框。

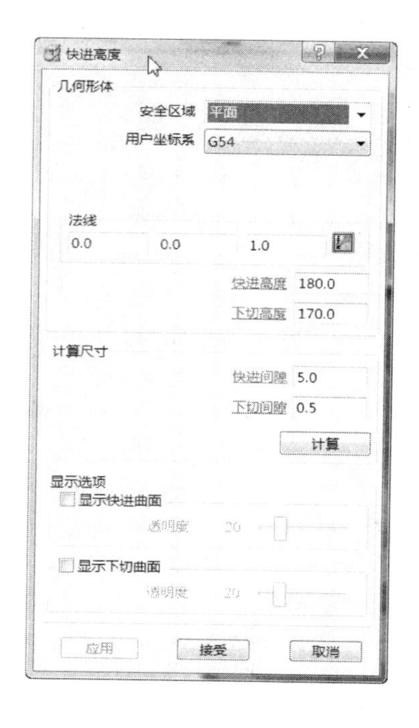

图 3—1—32 “快进高度”对话框

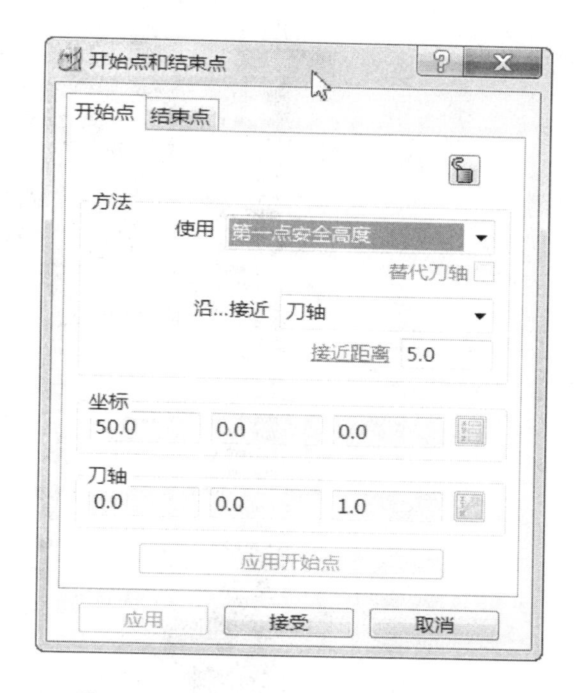

图 3—1—33 “开始点和结束点”对话框

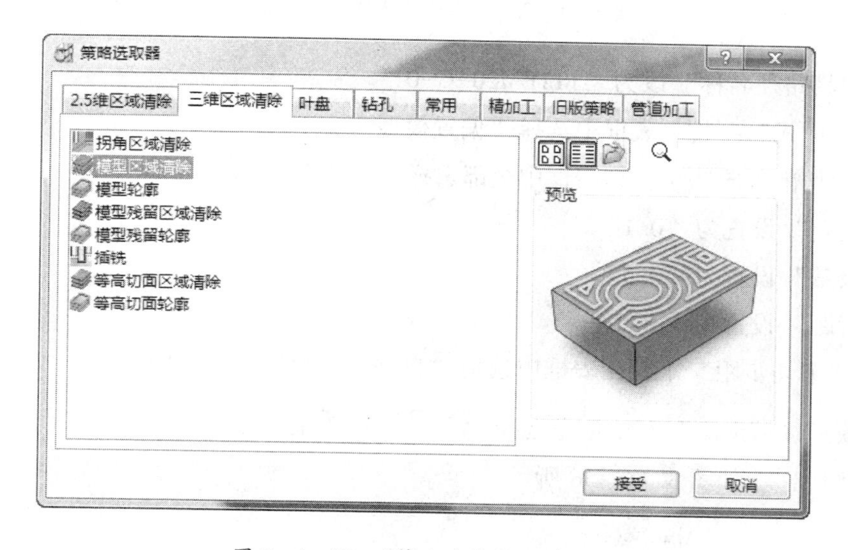

图 3—1—34 “策略选取器”对话框

单击“三维区域清除”标签，然后选择“模型区域清除”选项，如图 3—1—34 所示，单击“接受”按钮，将弹出如图 3—1—35 所示的“模型区域清除”对话框。

在此对话框中设置如下参数：

图 3—1—35 “模型区域清除”对话框

❑“刀具路径名称”改为“1T1EM20-C-01”。

❑在“样式”下拉列表框中选择“偏置模型”。

❑在“切削方向”下拉列表框中全部选择“顺铣”。

❑“公差”设置为“0.1”。

❑“余量”设置为“0.5”。

❑“行距”设置为“16.0”。

❑在“下切步距”下拉列表框中选择“自动”，参数设置为“1.0”。

在“模型区域清除”对话框中选择 用户坐标系 标签，在“用户坐标系”下拉列表框中选择“1_1”，如图 3—1—36 所示。

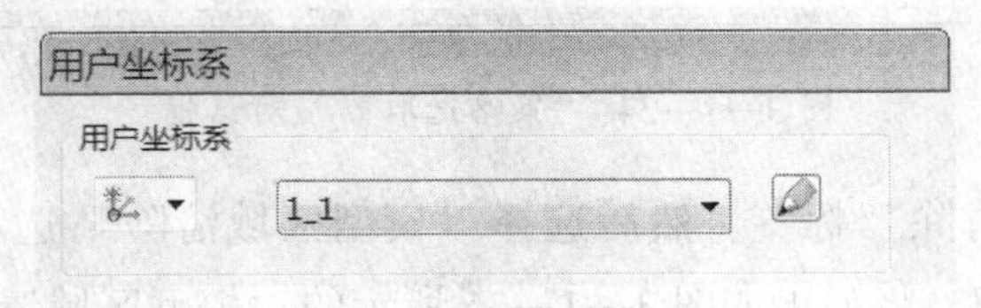

图 3—1—36 “用户坐标系”选择

选择 刀具标签，在刀具选择下拉列表框中选择刀具“T1－EM20R0.8”，如图3—1—37所示。

选择 剪裁标签，在“剪裁”选项卡的毛坯“剪裁”下拉列表框中选择“允许刀具中心在毛坯以外”，“Z 限界”中激活“最小”，设置为“－1.0”，如图3—1—38所示。

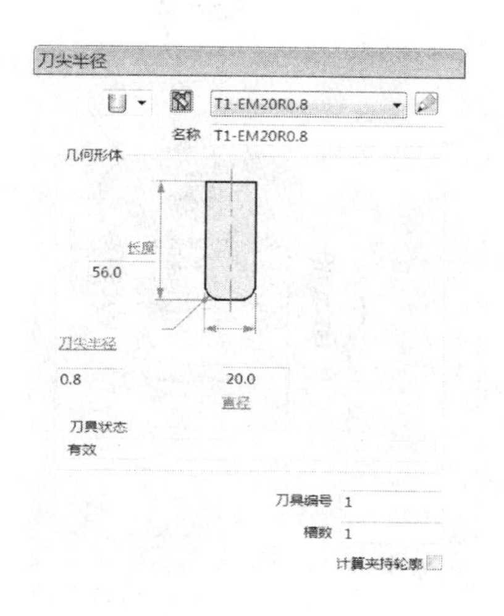

图 3—1—37　刀具选择

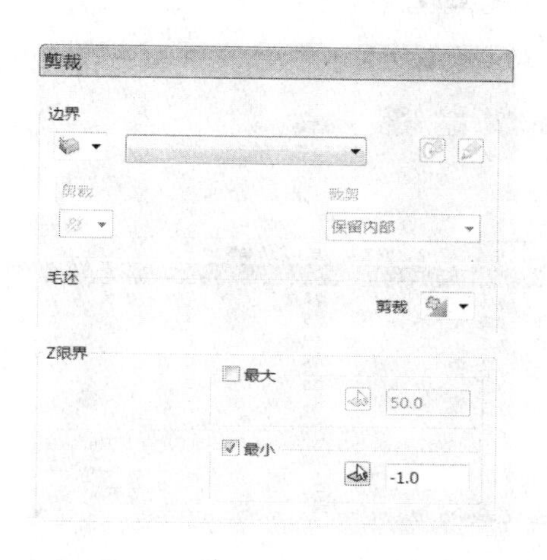

图 3—1—38　“剪裁”选择

选择 偏置标签，在“偏置”选项卡中设置如下参数：

- 在“高级偏置设置”中选中“删除残留高度”复选框。
- 在“切削方向”下拉列表框中全部选择“顺铣”。

设置结果如图3—1—39所示。

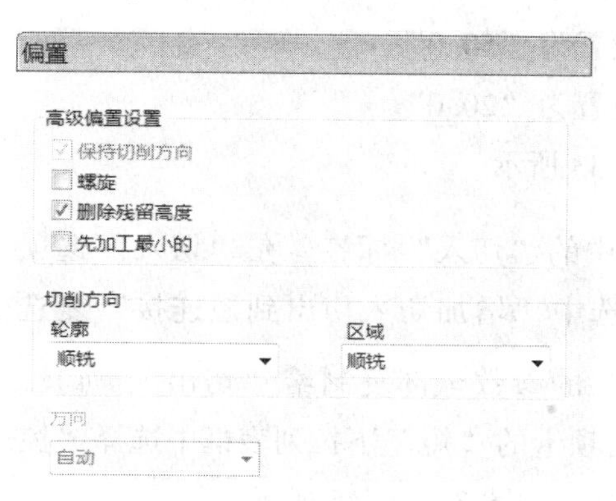

图 3—1—39　“偏置”参数设置

在“模型区域清除”对话框中单击“部件余量”按钮，系统弹出“部件余量”对话框，如图 3—1—40 所示。接着在用户界面中选择图 3—1—41 中所指曲面后再选择“部件余量”对话框中的“获取部件”按钮，在“余量”中设置“3.0”。单击“应用”按钮回到“模型区域清除”对话框。

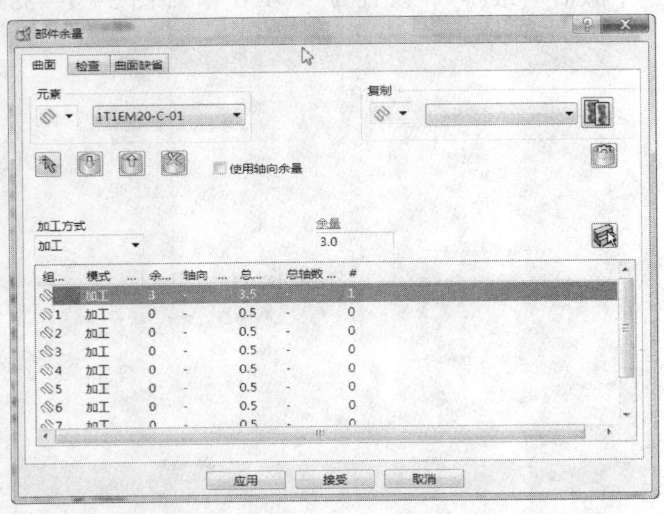

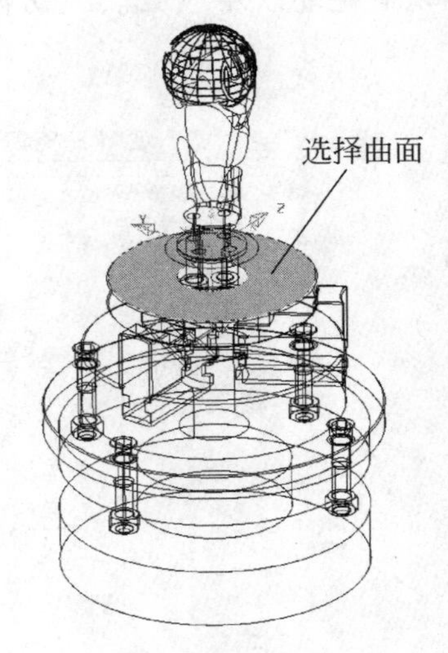

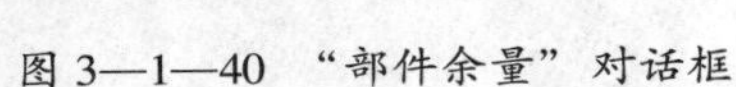

图 3—1—40 “部件余量”对话框

图 3—1—41 选择曲面

选择刀轴标签。在“刀轴”选项卡的“刀轴”下拉列表框中选择“垂直”，如图 3—1—42 所示。

选择快进高度标签，在“快进高度”选项卡中设置如下参数：

❑ 在“安全区域”下拉列表框中选择“平面”。

❑ 在“用户坐标系”下拉列表框中选择“1_1”。

❑ “安全 Z 高度”设置为“50.0”。

❑ “开始 Z 高度”设置为“20.0”。

设置结果如图 3—1—43 所示。

选择 切入切出和连接 切入 标签中的“切入”标签。在“切入”选项卡的“第一选择”下拉列表框中选择“无”，并且选中“增加切入切出到短连接”复选框，单击“切出和切入相同”按钮，把“切入”的参数全部复制给“切出”，如图 3—1—44 所示。单击“连接”标签，在“连接”选项卡的“短”下拉列表框中选择“掠过”，“长”与“缺省”下拉列表框中都选择“相对”，如图 3—1—45 所示。

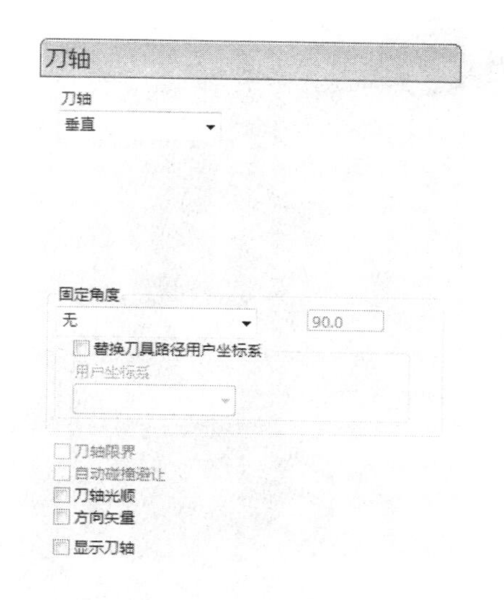

图 3—1—42 “刀轴”选项卡

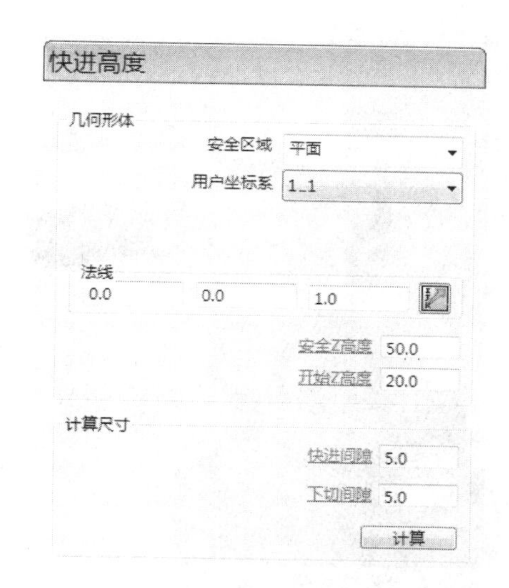

图 3—1—43 “快进高度”参数设置

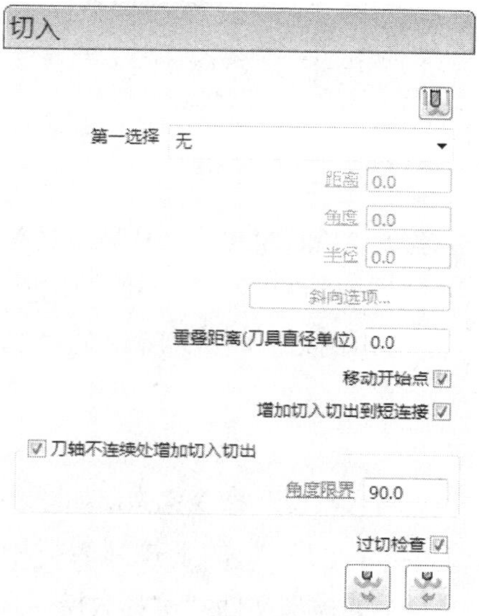

图 3—1—44 “切入”选项卡

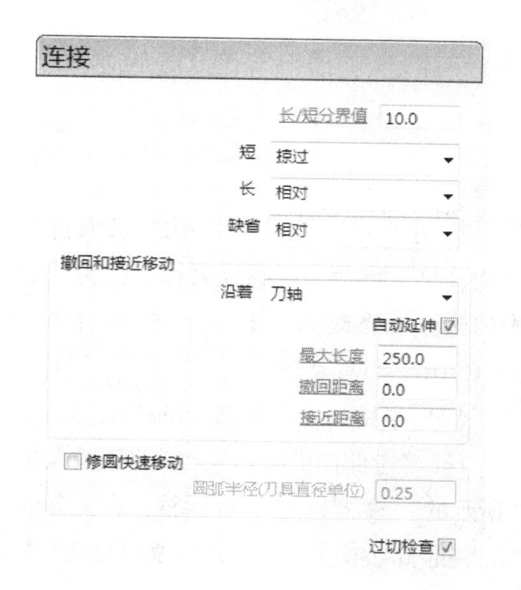

图 3—1—45 “连接”选项卡

“模型区域清除”对话框的其余参数保持默认，设置完毕单击“计算”按钮。刀具路径生成后单击“取消”按钮，接着单击用户界面最右边“查看工具栏”中的“ISO1”按钮，用户界面产生如图 3—1—46 所示的“1T1EM20-C-01”粗加工刀

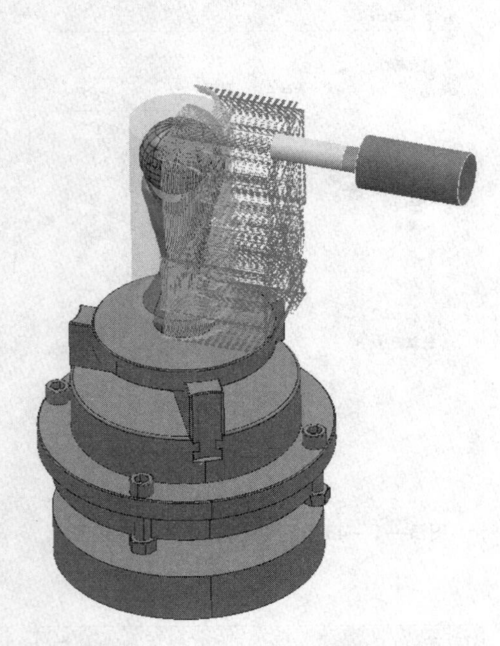

图 3—1—46 “1T1EM20-C-01”
粗加工刀具路径

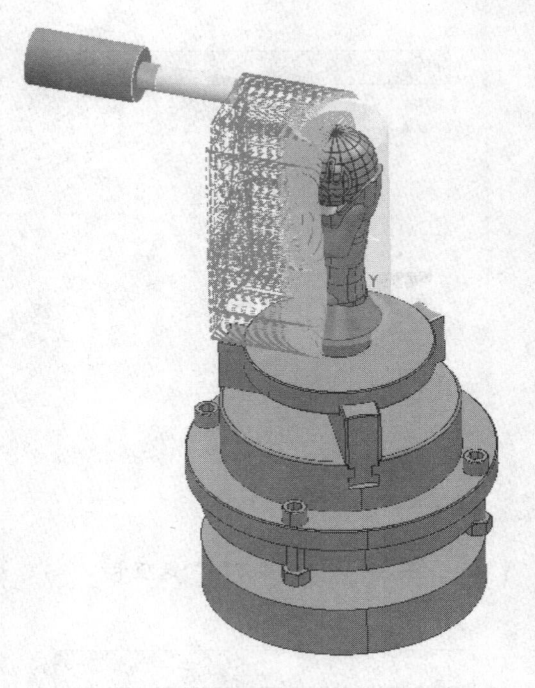

图 3—1—47 “2T1EM20-C-01”
刀具路径

具路径。

2）建立“整体粗加工-02”刀具路径。按照上述建立“1T1EM20-C-01”刀具路径的方法，只是将“刀具路径名称”改为“2T1EM20-C-01”，“用户坐标系”和“快进高度”中的坐标系修改为“1_2”。然后计算刀具路径，得到如图 3—1—47 所示的“2T1EM20-C-01”刀具路径。

（2）半精加工刀具路径的产生

1）参考曲面模型输入。单击下拉菜单“文件”→“输入模型”命令，弹出如图 3—1—7 所示的“输入模型”对话框，在此对话框内“文件类型（T）”的下拉列表框中选择“Delcam Models（*.dgk）”文件格式，并打开本书光盘中的模型文件“奖杯数模—参考曲面.dgk”。然后单击用户界面最右边“查看工具栏”中的“ISO1”按钮，接着单击“查看工具栏”中的“普通阴影”按钮，即产生如图 3—1—48 所示模型。在用户界面左边 PowerMILL 浏览器“层和组合”中增加“参考曲面”用户层，如图 3—1—49 所示。

2）创建“整体半精加工-01”刀具路径。单击用户界面上部“主工具栏”中的“刀具路径策略”按钮，弹出如图 3—1—50 所示的“策略选取器”对话框。

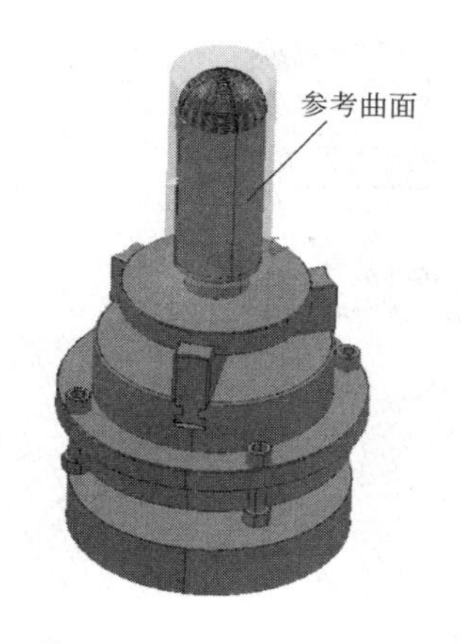

图 3—1—48　参考曲面模型

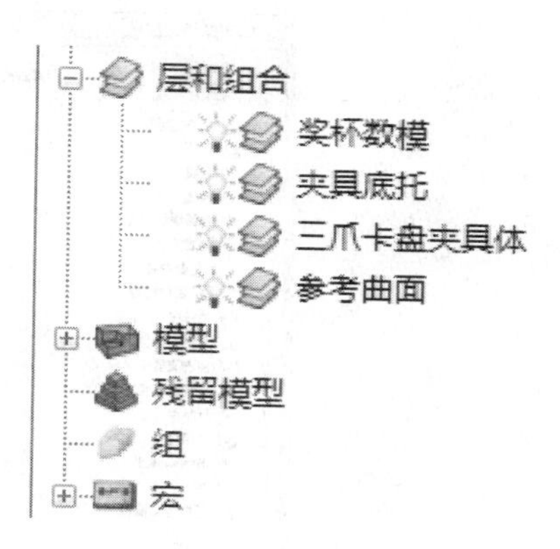

图 3—1—49　PowerMILL 浏览器

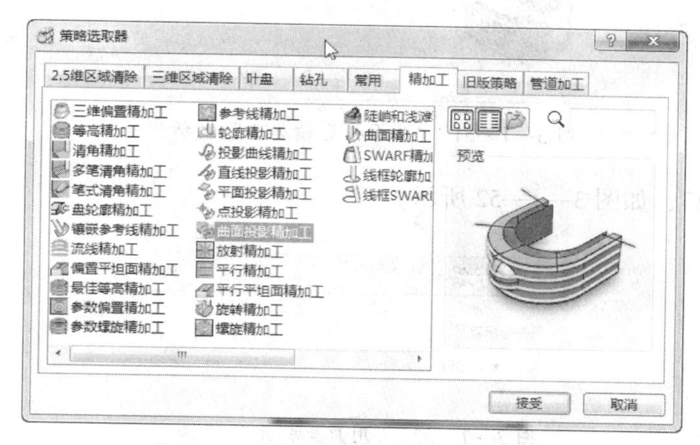

图 3—1—50　“策略选取器”对话框

单击“精加工”标签，然后选择“曲面投影精加工”选项，如图 3—1—50 所示，单击“接受”按钮，将弹出如图 3—1—51 所示的“曲面投影精加工”对话框。

在此对话框中设置如下参数：

❑“刀具路径名称”改为“3T2BM10-BJ-01”。

❑ 在“曲面单位”下拉列表框中选择“距离”。

❑ 在“投影”的“方向”下拉列表框中选择“向内”。

❑“公差”设置为“0.1”。

❑“余量”设置为“0.3”。

❑“行距（距离）”设置为“1.0”。

在“曲面投影精加工”对话框中选择 用户坐标系 标签，在“用户坐标系”下拉列

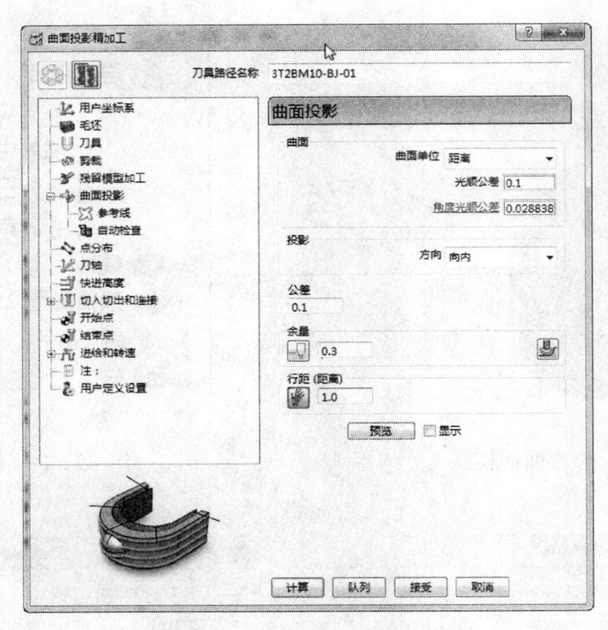

图 3—1—51 “曲面投影精加工”对话框

表框中选择“G54”，如图 3—1—52 所示。

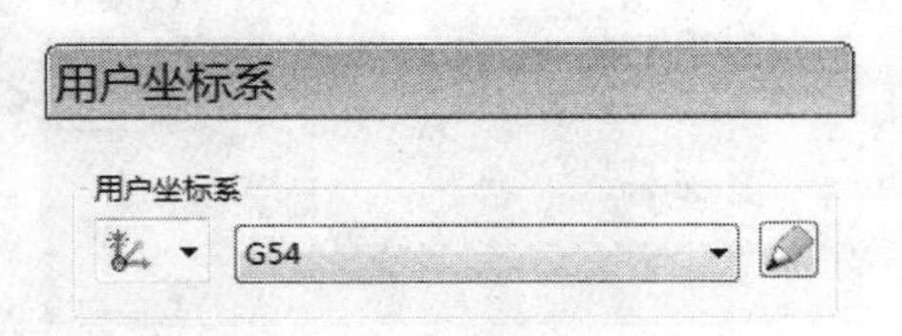

图 3—1—52 “用户坐标系”选择

选择 刀具标签，在刀具选择下拉列表框中选择刀具“T2-BM10”，如图 3—1—53 所示。

选择 剪裁标签，在“剪裁”选项卡的毛坯“剪裁”下拉列表框中选择“允许刀具中心在毛坯以外”，取消所有“Z 限界”激活，如图 3—1—54 所示。

选择“曲面投影”标签下的 参考线标签，在“参考线”选项卡中设置如下参数：

- 在“参考线方向”下拉列表框中选择“U”。
- 选中“螺旋”复选框。
- 在“开始角”下拉列表框中选择“最小 U 最小 V”。
- 在“顺序”下拉列表框中选择“无”。

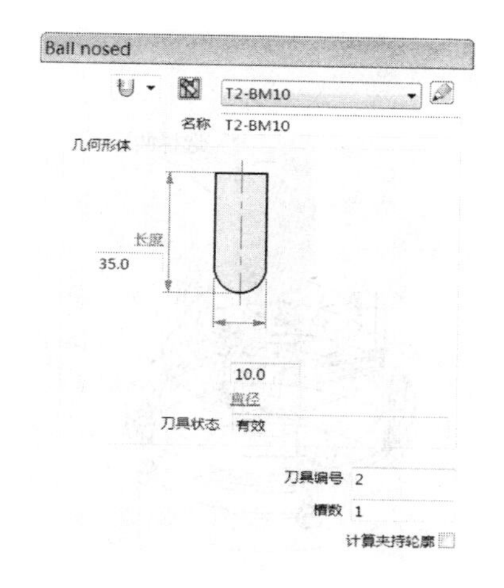

图 3—1—53　刀具选择

图 3—1—54　“剪裁”选择

设置结果如图 3—1—55 所示。

选择“曲面投影”标签下的参考线标签，将“自动检查”选项卡中的“头部间隙”设置为“600. 0”，如图 3—1—56 所示。

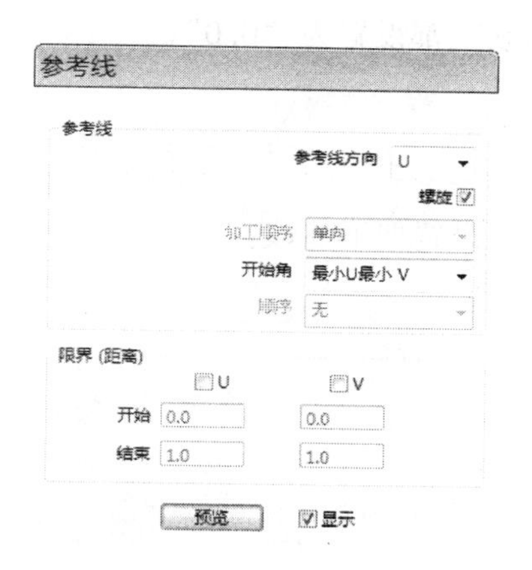

图 3—1—55　“参考线”参数设置

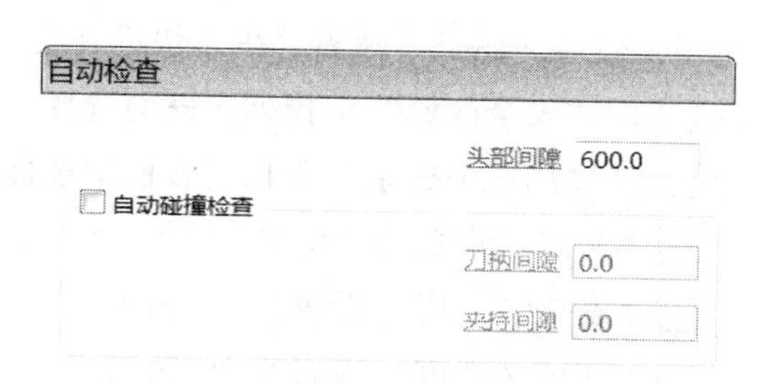

图 3—1—56　“自动检查”参数选择

在“曲面投影精加工”对话框中单击“部件余量”按钮，系统弹出“部件余量”对话框，如图 3—1—57 所示。接着在用户界面中选择图 3—1—58 中所指曲面后再选择“部件余量”对话框中的“获取部件”按钮，在“加工方式”下拉列表框中选择“忽略”，“余量”设置为“0. 0”。单击“应用”按钮→“接受”按钮回到“曲面投影精加工”对话框。

图 3—1—57 “部件余量”对话框

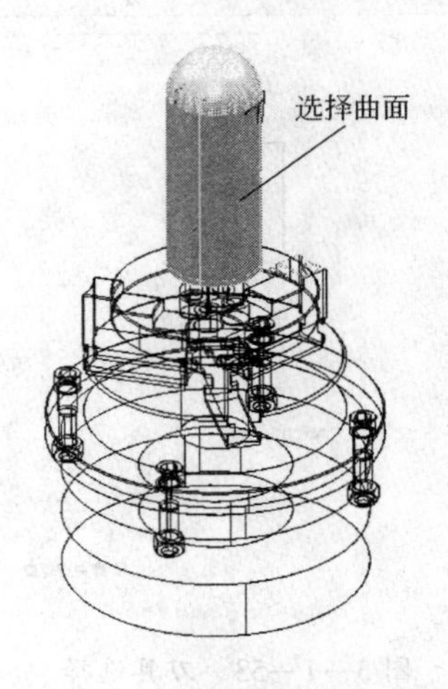

图 3—1—58 选择曲面

选择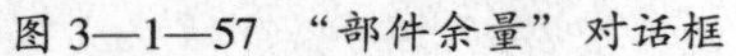标签。在“刀轴”选项卡中设置如下参数：

□ 在“刀轴”下拉列表框中选择“前倾/侧倾”。

□“前倾/侧倾角”选项组中的“前倾”和“侧倾”都设置为“0.0”。

□ 在“固定角度”下拉列表框中选择“无”。

选择结果如图 3—1—59 所示。

选择 快进高度 标签。在“快进高度”选项卡中设置如下参数：

□ 在“安全区域”下拉列表框中选择“平面”。

□ 在“用户坐标系”下拉列表框中选择“G54”。

□“法线”设置为“0.0”“0.0”“1.0”。

□“安全 Z 高度”设置为“180.0”。

□“开始 Z 高度”设置为“150.0”。

选择结果如图 3—1—60 所示。

选择 切入切出和连接 切入 标签中的“切入”标签。在“切入”选项卡的“第一选择”下拉列表框中选择“曲面法向圆弧”，“距离”设置为“0.0”，“角度”设置为“90.0”，“半径”设置为“10.0”，并且选中“增加切入切出到短连接”复选框。单击“切出和切入相同”按钮，把“切入”的参数全部复制给“切出”，如图 3—1—61 所示。单击“连接”标签，在“连接”选项卡的“短”下拉列表框中选择“掠过”，“长”下拉列表框中选择“相对”，“缺省”下拉列表框中选择“安全高度”，如图 3—1—62 所示。

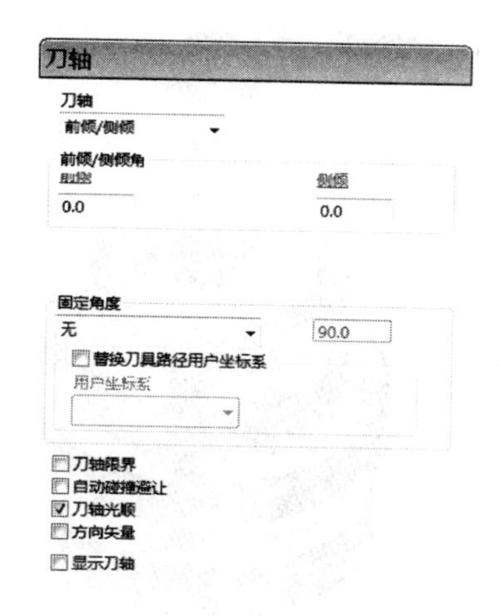

图 3—1—59 “刀轴”选项卡

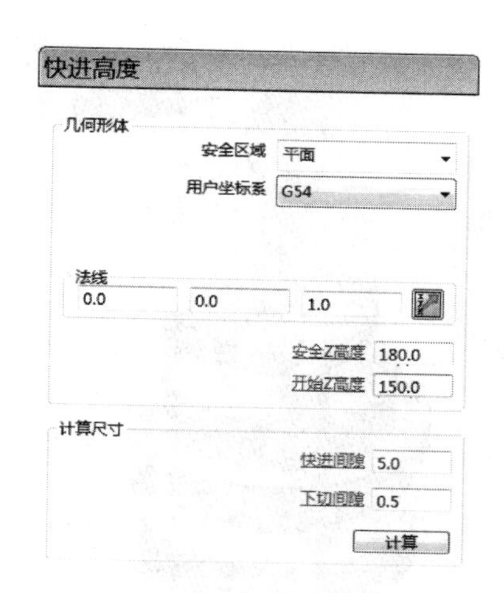

图 3—1—60 “快进高度”选项卡

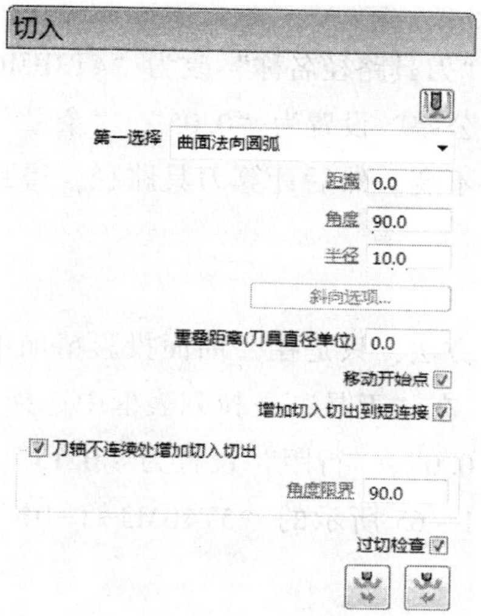

图 3—1—61 “切入”选项卡

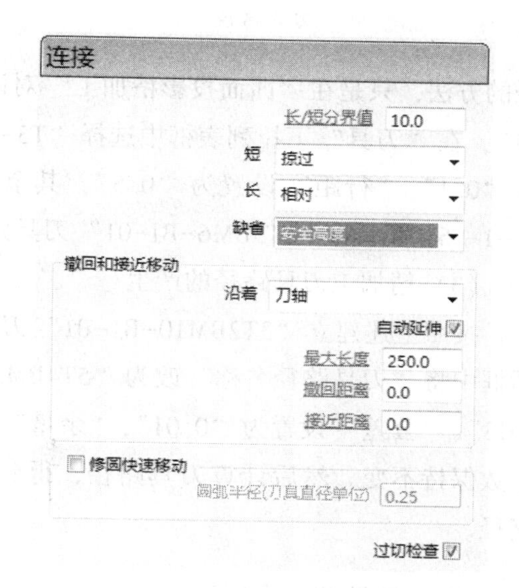

图 3—1—62 “连接”选项卡

在用户界面中再一次选取图 3—1—58 所示的参考曲面。

“曲面投影精加工”对话框的其余参数保持默认，设置完毕单击“计算”按钮。刀具路径生成后单击“取消”按钮，接着单击用户界面最右边“查看工具栏”中的“ISO1”按钮，用户界面产生如图 3—1—63 所示的“3T2BM10-BJ-01”刀具路径。

3）创建“整体半精加工-02”刀具路径。按照上述建立“3T2BM10-BJ-01”刀具路

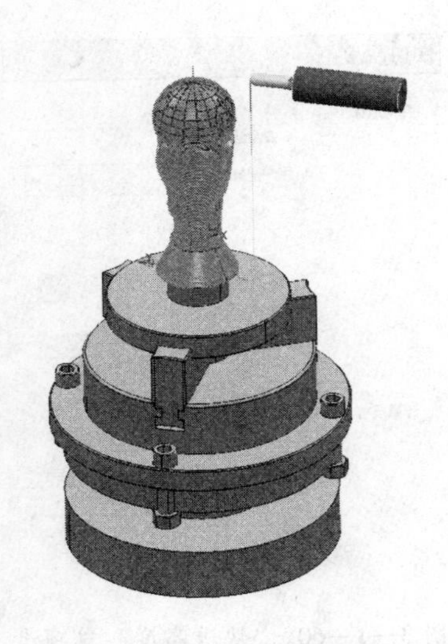
图 3—1—63 “3T2BM10-BJ-01”
刀具路径

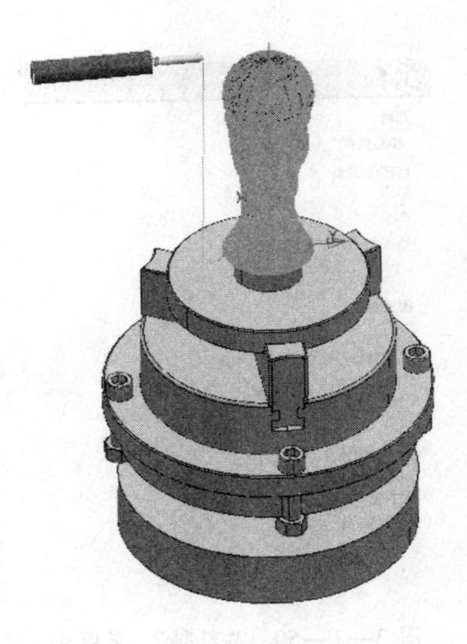
图 3—1—64 “4T3BM6-BJ-01”
刀具路径

径的方法，只是在“曲面投影精加工”对话框中将“刀具路径名称”改为“4T3BM6-BJ-01”，在“刀具”下拉列表框中选择“T3-BM6”，“公差”设置为“0.05”，“余量”设置为“0.1”，“行距”设置为“0.5”，其余参数保持不变。然后计算刀具路径，得到如图 3—1—64 所示的“4T3BM6-BJ-01”刀具路径。

（3）精加工刀具路径的产生

按照上述建立“3T2BM10-BJ-01”刀具路径的方法，只是在“曲面投影精加工”对话框中将“刀具路径名称”改为“5T4BM3-J-01”，在“刀具”下拉列表框中选择“T4-BM3”，“公差”设置为“0.01”，“余量”设置为“0.0”，“行距”设置为“0.15”，其余参数保持不变。然后计算刀具路径，得到如图 3—1—65 所示的“5T4BM3-J-01”刀具路径。

三、刀具路径仿真

1. 仿真前的准备

如图 3—1—66 所示，单击下拉菜单“查看”→“工具栏”命令，分别选择“仿真”和“ViewMill”菜单。这时在用户界面中出现“仿真工具栏”和“ViewMill 工具栏”，如图 3—1—67 所示。

2. 刀具路径的仿真

将鼠标移至 PowerMILL 浏览器中“刀具路径”下的“1T1EM20-C-01”，然后右击，

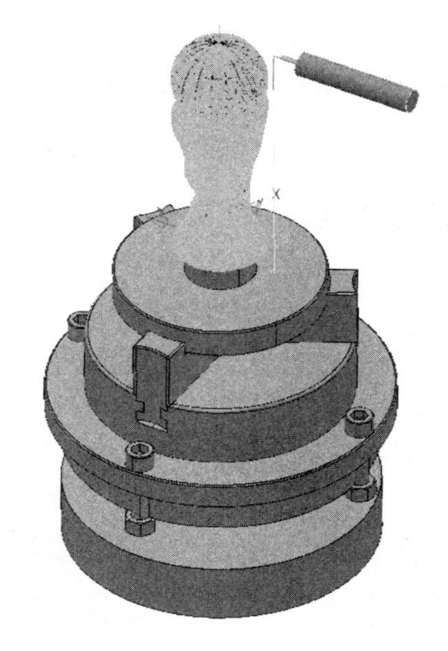

图 3—1—65 “5T4BM3-J-01” 刀具路径

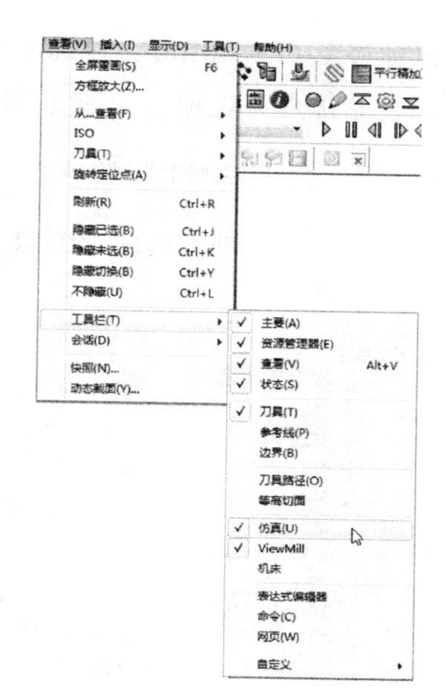

图 3—1—66 打开“仿真工具栏”和“ViewMill 工具栏”

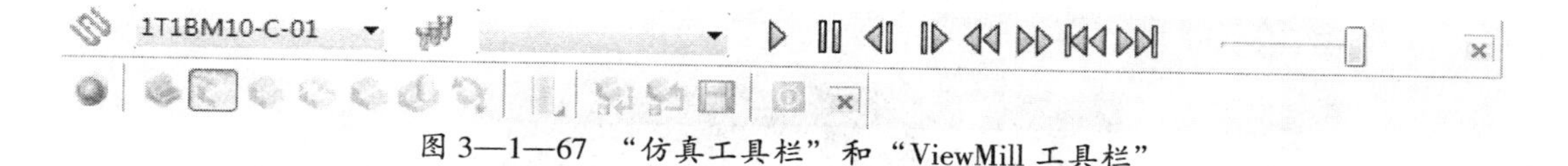

图 3—1—67 “仿真工具栏”和“ViewMill 工具栏”

选择“激活”选项，如图 3—1—68 所示。

激活后的刀具路径“1T1EM20-C-01”前面将产生一个“>”符号，指示灯变亮，如图 3—1—69 所示，同时用户界面将再次显示图 3—1—46 所示的模型和刀具路径。

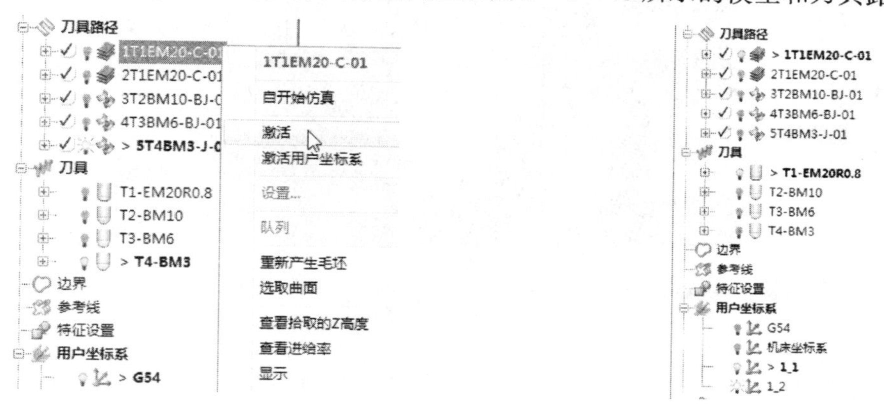

图 3—1—68 激活“1T1EM20-C-01”刀具路径

图 3—1—69 激活后的刀具路径“1T1EM20-C-01”

将鼠标移至 PowerMILL 浏览器中“刀具路径”下的“1T1EM20-C-01”，然后右击，选择“自开始仿真”选项，如图 3—1—70 所示。接着单击用户界面上部“ViewMill 工具栏”中的“开/关 ViewMill”按钮，此时将激活“ViewMill 工具栏”，如图 3—1—71 所示。然后单击“切削方向阴影图像”按钮，这时绘图区进入仿真界面，如图 3—1—72 所示。

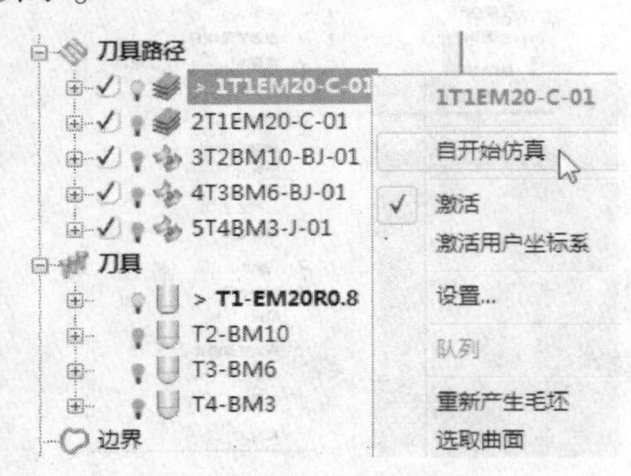

图 3—1—70 PowerMILL 浏览器

图3—1—71 “ViewMill 工具栏”

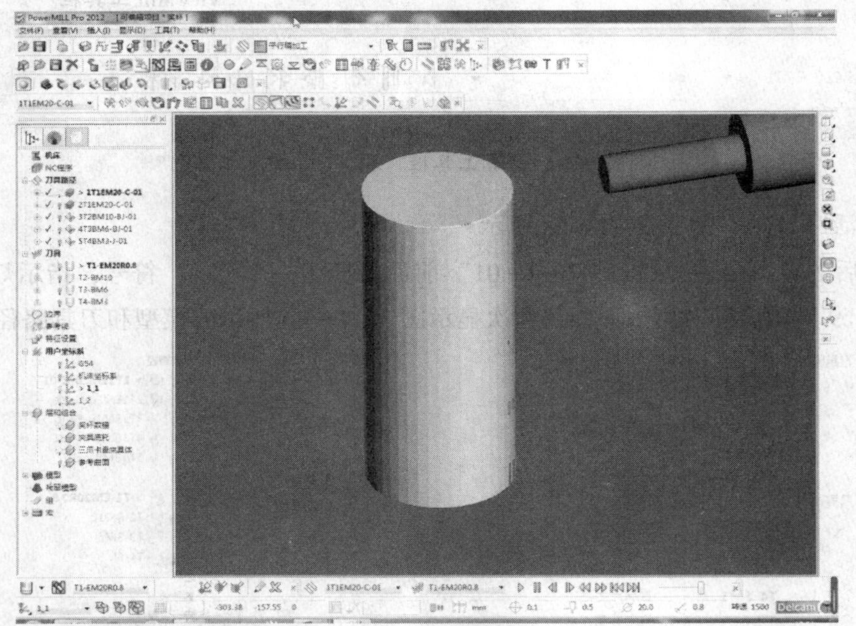

图 3—1—72 仿真界面显示

单击“仿真工具栏”中的“运行”按钮，如图 3—1—73 所示，执行“1T1EM20-C-01”刀具路径的仿真，仿真结果如图 3—1—74 所示。

将刀具路径“2T1EM20-C-01”激活。鼠标移至 PowerMILL 浏览器中“刀具路径”下的

图 3—1—73 “仿真工具栏”

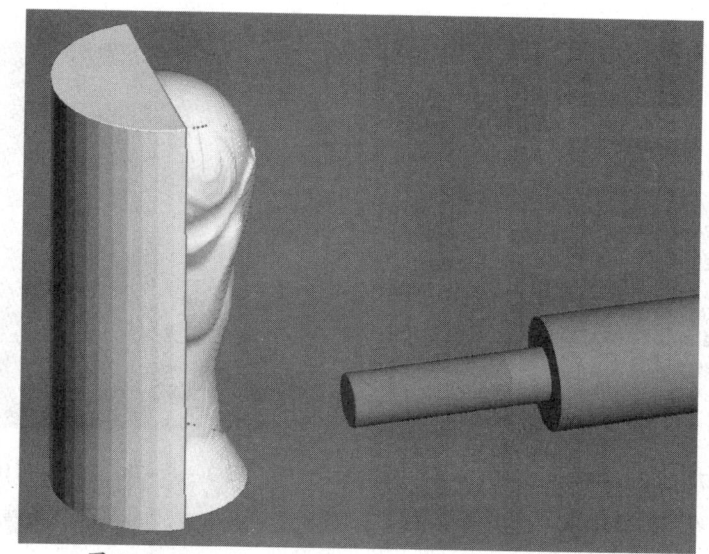

图 3—1—74 “1T1EM20-C-01”刀具路径仿真结果

“2T1EM20-C-01”，然后右击，选择“自开始仿真”选项，如图 3—1—75 所示。单击“仿真工具栏”中的“运行”按钮，执行粗加工刀具路径的仿真，仿真结果如图 3—1—76 所示。

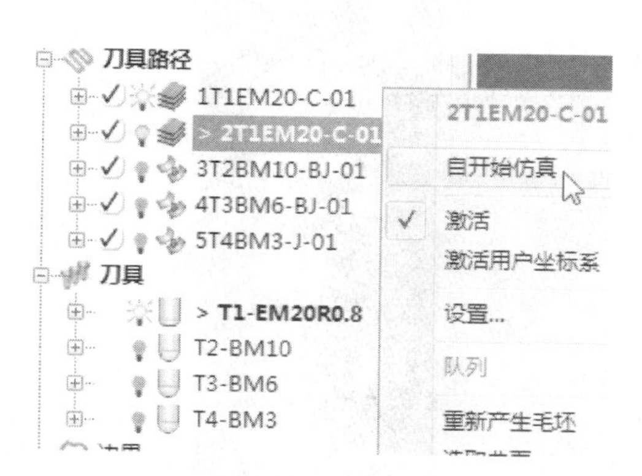

图 3—1—75 “2T1EM20-C-01”刀具路径仿真

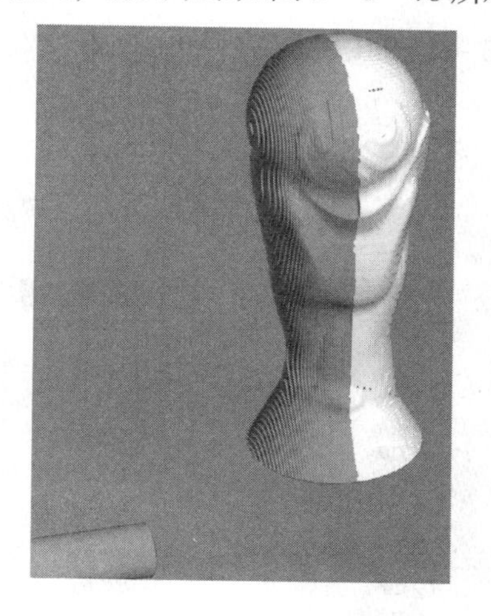

图 3—1—76 “2T1EM20-C-01”刀具路径仿真结果

将刀具路径“3T2BM10-BJ-01”激活。鼠标移至 PowerMILL 浏览器中“刀具路径”

下的“3T2BM10-BJ-01”，然后右击，选择“自开始仿真”选项，如图 3—1—77 所示。单击“仿真工具栏”中的“运行”按钮▷，执行半精加工刀具路径的仿真，仿真结果如图 3—1—78 所示。

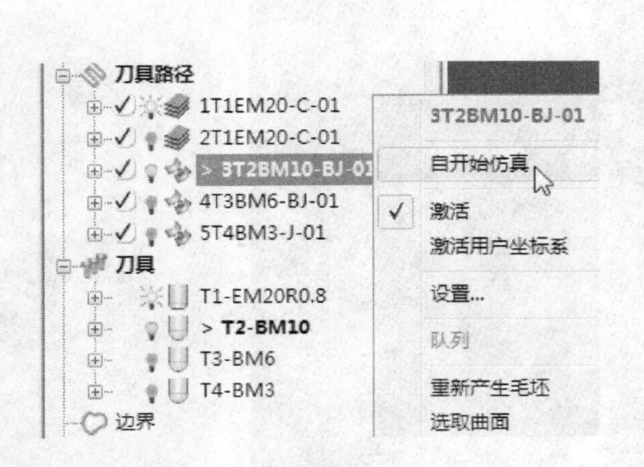

图 3—1—77 “3T2BM10-BJ-01” 刀具路径仿真

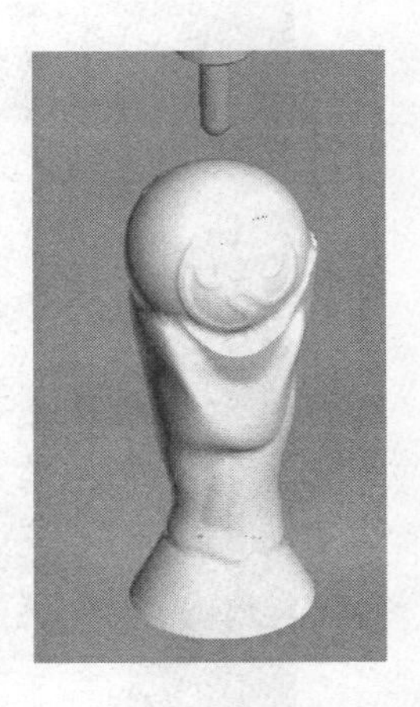

图 3—1—78 “3T2BM10-BJ-01” 刀具路径仿真结果

将刀具路径“4T3BM6-BJ-01”激活。鼠标移至 PowerMILL 浏览器中“刀具路径”下的“4T3BM6-BJ-01”，然后右击，选择“自开始仿真”选项，如图 3—1—79 所示。单击“仿真工具栏”中的“运行”按钮▷，执行半精加工刀具路径的仿真，仿真结果如图 3—1—80 所示。

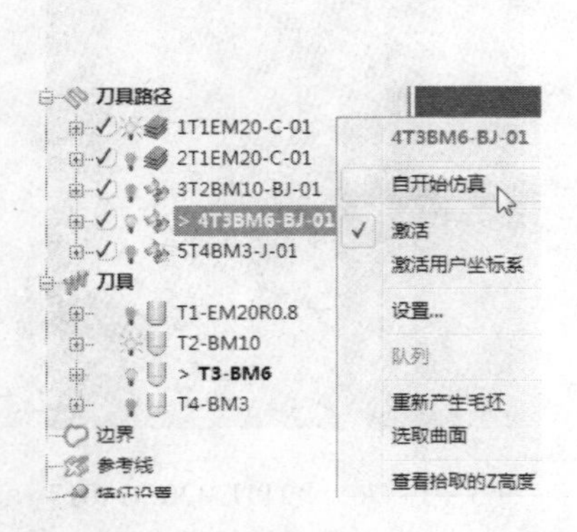

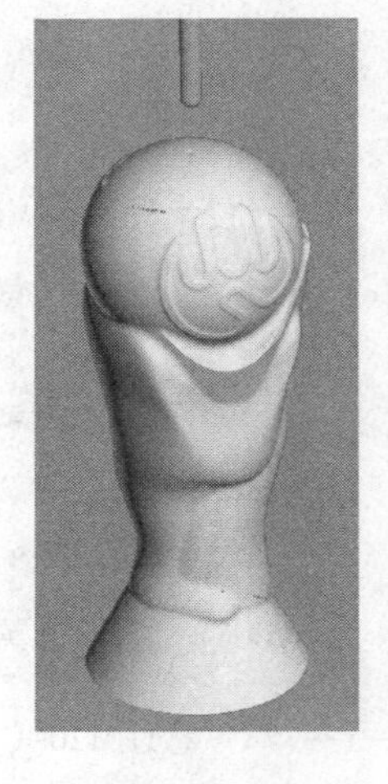

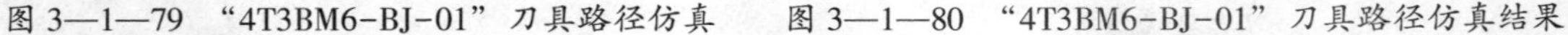

图 3—1—79 “4T3BM6-BJ-01” 刀具路径仿真　　图 3—1—80 “4T3BM6-BJ-01” 刀具路径仿真结果

将刀具路径“5T4BM3-J-01”激活。鼠标移至 PowerMILL 浏览器中“刀具路径”

下的“5T4BM3-J-01”，然后右击，选择“自开始仿真”选项，如图3—1—81所示。单击“仿真工具栏”中的“运行”按钮，执行精加工刀具路径的仿真，仿真结果如图3—1—82所示。

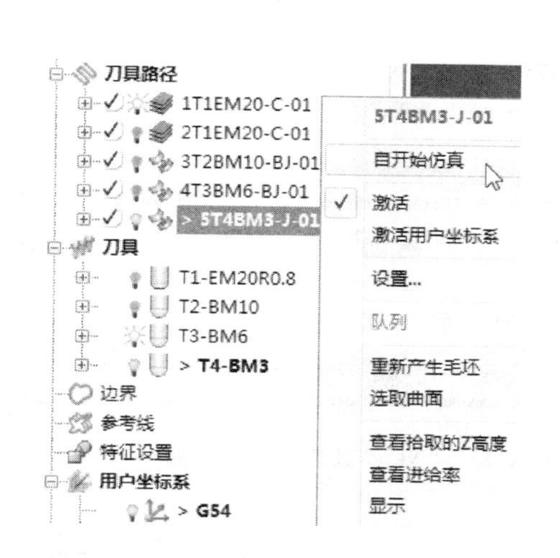

图3—1—81 “5T4BM3-J-01”刀具路径仿真

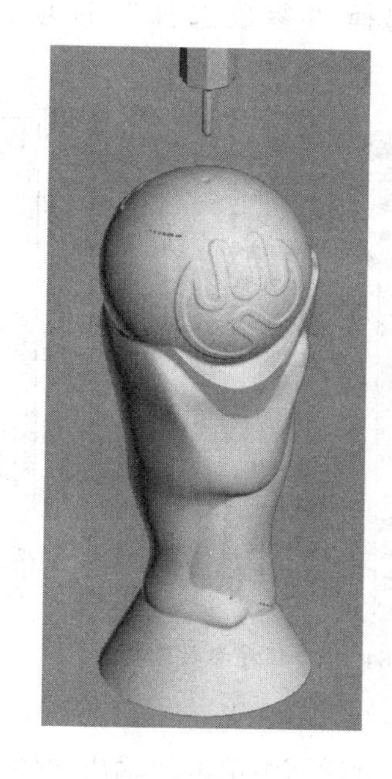

图3—1—82 “5T4BM3-J-01”刀具路径仿真结果

3. 退出仿真

单击用户界面“ViewMill工具栏”中的“退出ViewMill”按钮，此时将打开“PowerMILL询问”对话框，如图3—1—83所示，然后单击“是（Y）”按钮，退出加工仿真。

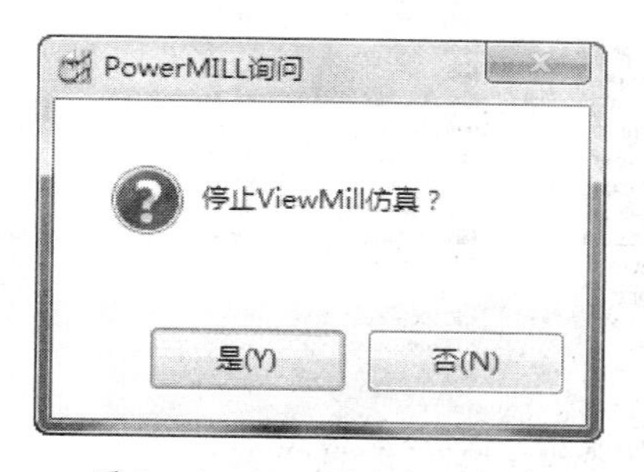

图3—1—83 退出加工仿真

四、NC程序的产生

如图3—1—84所示，将鼠标移至PowerMILL浏览器中的“NC程序”，然后右击，选择“参数选择”选项，将弹出如图3—1—85所示的“NC参数选择”对话框。

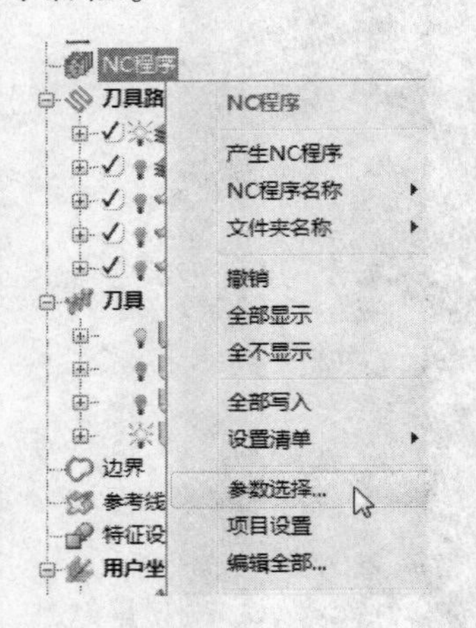

图3—1—84　NC程序参数选择

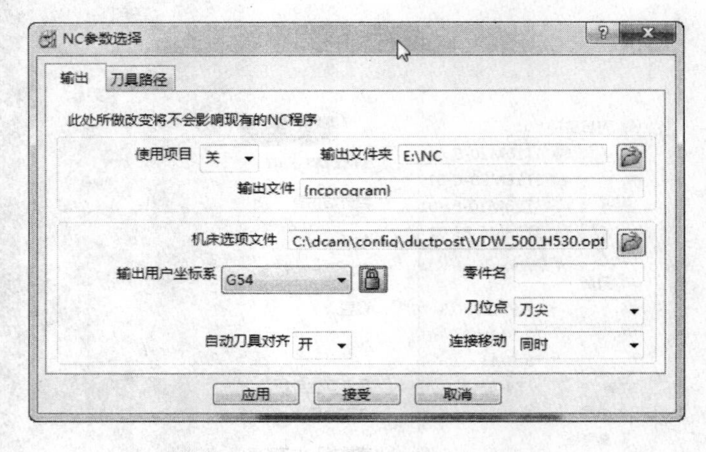

图3—1—85　“NC参数选择”对话框

在此对话框中单击“输出文件夹”右边的“浏览选取输出目录”按钮，选择路径“E:\NC”（此文件夹必须存在），接着单击“机床选项文件”右边的“浏览选取读取文件”按钮，将弹出如图3—1—86所示的“选取机床选项文件名”对话框，选择“VDW_500_H530. opt”文件并打开，在“输出用户坐标系”下拉列表框中选择“G54”用户坐标系。最后单击“NC参数选择”对话框中的“应用”和“接受”按钮。

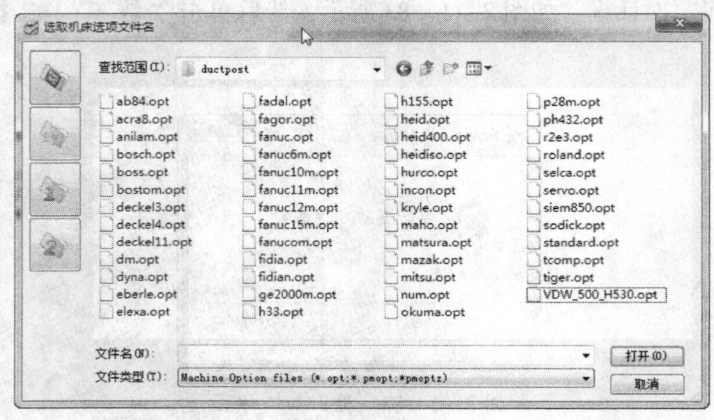

图3—1—86　“选取机床选项文件名”对话框

接着将鼠标移至刀具路径“1T1EM20-C-01”并右击，选择“产生独立的 NC 程序”选项，如图 3—1—87 所示，然后对其余刀具路径进行同样的操作。结果如图 3—1—88 所示。

最后将鼠标移至“NC 程序”右击，选择“全部写入”选项，如图 3—1—89 所示，程序自动运行产生 NC 代码。然后在文件夹“E：\ NC”下将产生 5 个 . tap 格式的文件，即 1T1EM20-C-01. tap、2T1EM20-C-01. tap 等。学生可以通过记事本分别打开这 5 个文件，查看 NC 数控代码。

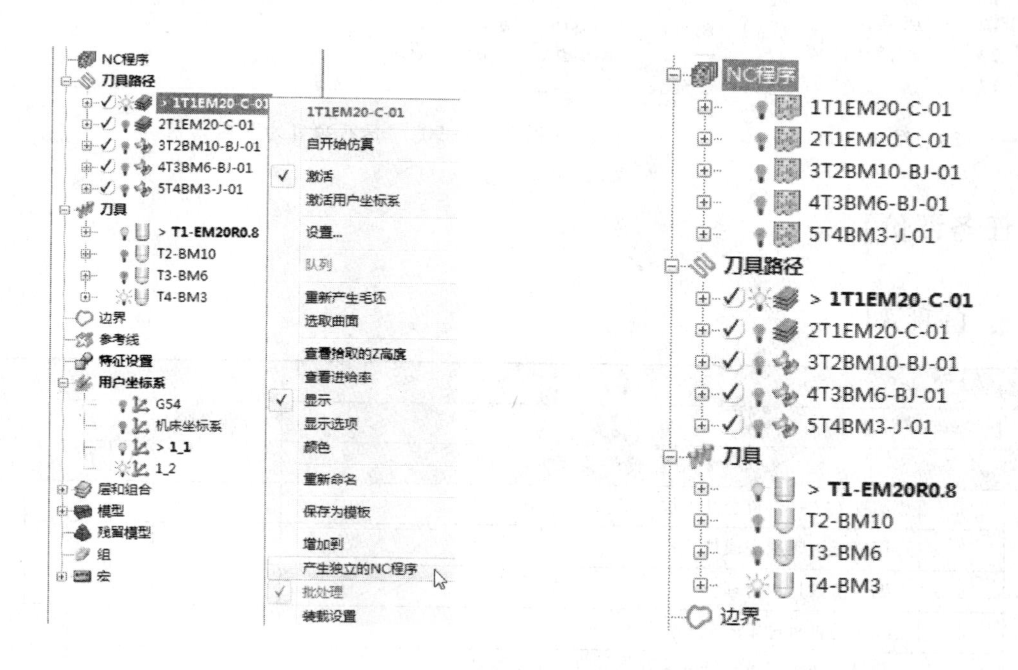

图 3—1—87　右击选择“产生独立的 NC 程序”　　图 3—1—88　PowerMILL 浏览器——NC 程序浏览

五、保存加工项目

单击用户界面上部“主工具栏”中的“保存此 PowerMILL 项目”按钮，弹出如图 3—1—90 所示的“保存项目为”对话框，在“保存在”下拉列表框中选择项目要存盘的路径“D:\TEMP\奖杯”，在“文件名”文本框中输入项目文件名称“奖杯”，然后单击“保存”按钮。

此时在文件夹“D:\TEMP”下将存有项目文件“奖杯”。项目文件的图标为，其功能类似于文件夹，在此项目的子路径中保存了这个项目的信息，包括毛坯信息、刀具信息和刀具路径信息等。

图 3—1—89　写入 NC 程序

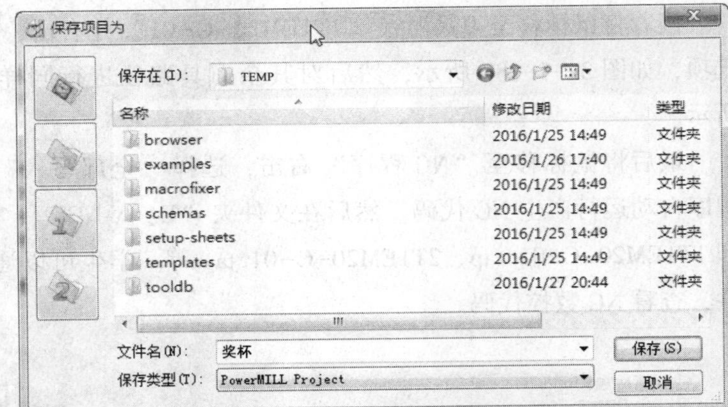

图 3—1—90　“保存项目为”对话框

【任务评价】

一、自我评价

任务名称			课时				
任务自我评价成绩			任课教师				
类别	序号	自我评价项目	结果	A	B	C	D
编程	1	编程工艺是否符合基本加工工艺？					
	2	程序能否顺利完成加工？					
	3	编程参数是否合理？					
	4	程序是否有过多的空刀？					
	5	题目：通过对该零件的编程你的收获主要是什么？ 作答：					
	6	题目：你设计本程序的主要思路是什么？ 作答：					
	7	题目：你是如何完成程序的完善与修改的？ 作答：					
工件与刀具安装	1	刀具安装是否正确？					
	2	工件安装是否正确？					
	3	刀具安装是否牢固？					
	4	工件安装是否牢固？					
	5	题目：安装刀具时需注意的事项主要有哪些？ 作答：					
	6	题目：安装工件时需注意的事项主要有哪些？ 作答：					

续表

类别	序号	自我评价项目	结果	A	B	C	D
操作与加工	1	操作是否规范？					
	2	着装是否规范？					
	3	切削用量是否符合加工要求？					
	4	刀柄和刀片的选用是否合理？					
	5	题目：如何使加工和操作更好地符合批量生产的要求？你的体会是什么？ 作答：					
	6	题目：加工时需要注意的事项主要有哪些？ 作答：					
	7	题目：加工时经常出现的加工误差主要有哪些？ 作答：					
精度检测	1	是否了解测量本零件所需各种量具的原理及使用方法？					
	2	题目：本零件所使用的测量方法是否已经掌握？你认为难点是什么？ 作答：					
	3	题目：本零件精度检测的主要内容是什么？采用了哪种方法？ 作答：					
	4	题目：批量生产时，你将如何检测该零件的各项精度要求？ 作答：					

（本部分综合成绩）合计：	
自我总结	
学生签名： 年 月 日	指导教师签名： 年 月 日

二、小组互评

序号	小组评价项目	评价情况			
		A	B	C	D
1	与其他同学口头交流学习内容是否顺畅？				
2	是否尊重他人？				
3	学习态度是否积极主动？				
4	是否服从教师教学安排和管理？				
5	着装是否符合标准？				
6	能否正确领会他人提出的学习问题？				

续表

序号	小组评价项目	评价情况			
		A	B	C	D
7	是否按照安全规范进行操作?				
8	能否辨别工作环境中哪些是危险因素?				
9	是否合理规范地使用工具和量具?				
10	能否保持学习环境的干净、整洁?				
11	是否遵守学习场所的规章制度?				
12	是否对工作岗位有责任心?				
13	能否达到全勤要求?				
14	能否正确地对待肯定与否定的意见?				
15	团队学习中主动与同学合作的情况如何?				

参与评价同学签名:

年　　月　　日

三、教师评价

教师总体评价:

教师签名: ________　　年　　月　　日

【习题】

一、思考题

1. 在 PowerMILL 软件中怎样实施“曲面投影精加工”策略?

2. 在 PowerMILL 软件编程中，切入点和切出点的设置需要注意什么?

二、练习图样

完成图 3—1—91 所示世界杯加工程序的编写（文件为随书光盘中的“世界杯.dgk”）。

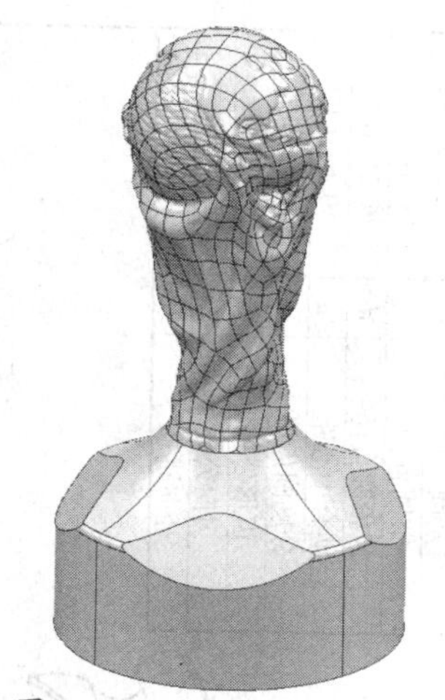

图 3—1—91　世界杯三维图

任务2　螺旋转子加工

【任务描述】

螺旋转子加工是四轴联动加工中一种典型零件的加工。本任务通过螺旋转子案例学习用五轴机床实现四轴编程与加工，要求学生掌握 PowerMILL 软件四轴编程的基本步骤，基本了解 PowerMILL 软件针对四轴加工刀轴的设置方法，根据增压器螺旋转子的特征，制定合理的工艺路线，设置必要的加工参数，生成刀具路径，检验刀具路径是否正确、合理，并对软件操作过程中出现的问题进行研讨和交流。通过不同数控机床的控制系统生成四轴加工程序，并进行实际零件加工。

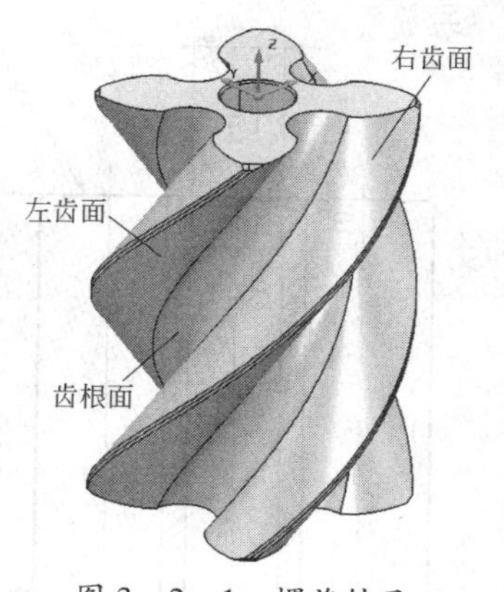

图 3—2—1　螺旋转子三维零件图

【任务分析】

图 3—2—1 所示为螺旋转子三维零件图。螺旋转子是转子流量仪表中的关键零部件，其端面轮廓线主要由直线、圆弧、渐开线、外摆线及内摆线等构成。根据流量计的规格和用途，螺旋转子的截面形状和导程都有所不同。使用四轴加工方式，可以使加工精度大大提高，齿厚、齿形符合技术要求，表面粗糙度值大大降低，零件可以不用修配直接用于计量泵的装配，左、右螺旋转子能灵活对滚，而且加工效率也大大提高。分析图 3—2—2 所示图样，此螺旋转子由 4 个齿组成。

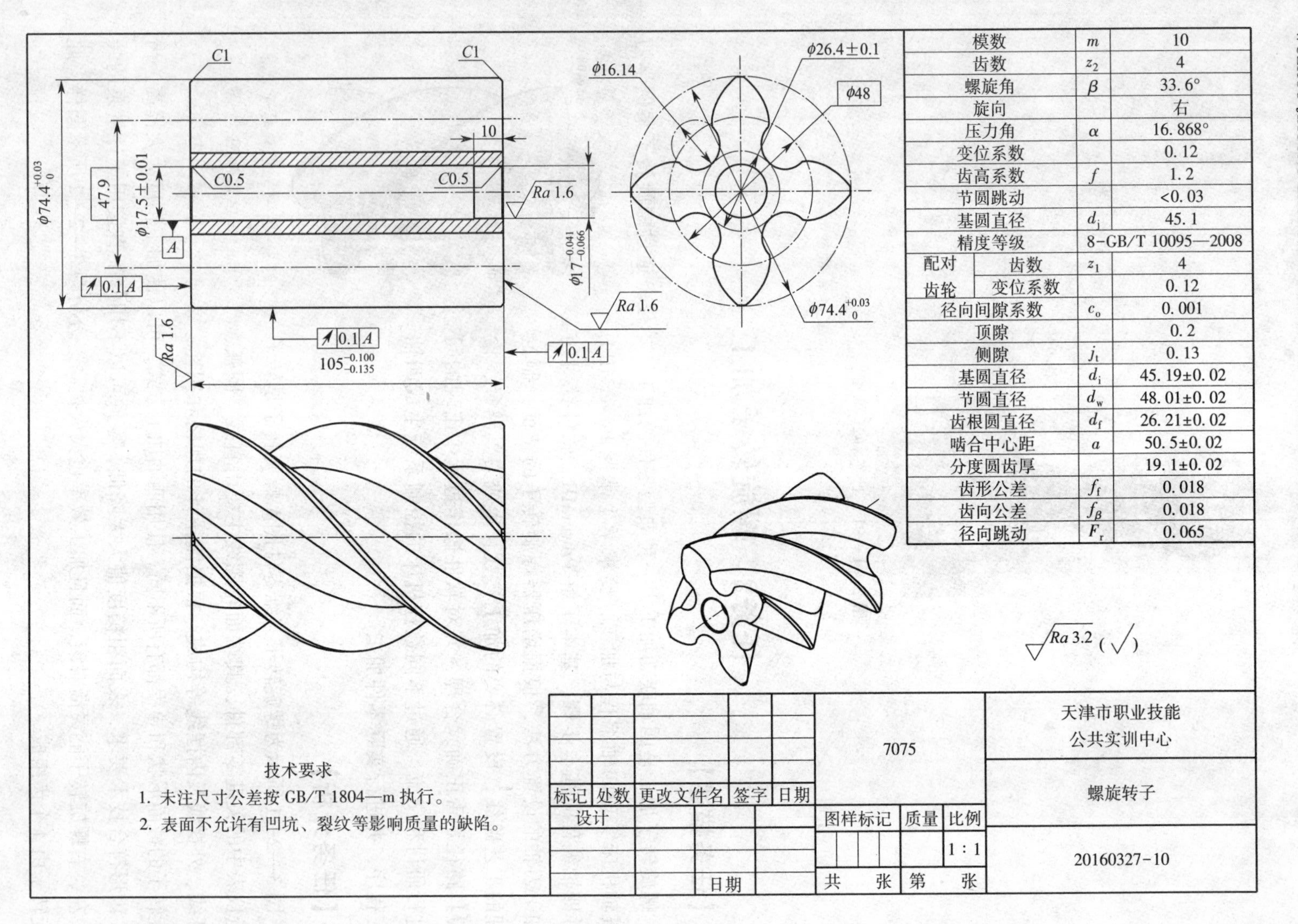

名称		符号	数值
模数		m	10
齿数		z_2	4
螺旋角		β	33.6°
旋向			右
压力角		α	16.868°
变位系数			0.12
齿高系数		f	1.2
节圆跳动			<0.03
基圆直径		d_j	45.1
精度等级		8-GB/T 10095—2008	
配对齿轮	齿数	z_1	4
	变位系数		0.12
径向间隙系数		c_o	0.001
顶隙			0.2
侧隙		j_t	0.13
基圆直径		d_i	45.19±0.02
节圆直径		d_w	48.01±0.02
齿根圆直径		d_f	26.21±0.02
啮合中心距		a	50.5±0.02
分度圆齿厚			19.1±0.02
齿形公差		f_f	0.018
齿向公差		f_β	0.018
径向跳动		F_r	0.065

技术要求

1. 未注尺寸公差按 GB/T 1804—m 执行。
2. 表面不允许有凹坑、裂纹等影响质量的缺陷。

图 3—2—2　螺旋转子图样

【相关知识】

"朝向直线"刀轴矢量控制方法与"朝向点"刀轴矢量控制方法相类似，不同之处在于刀轴指向的不是一个固定点，而是使刀轴保持朝向由编程人员自定义的一条空间直线。刀具刀尖部分始终指向所设定的直线，如图 3—2—3 所示。

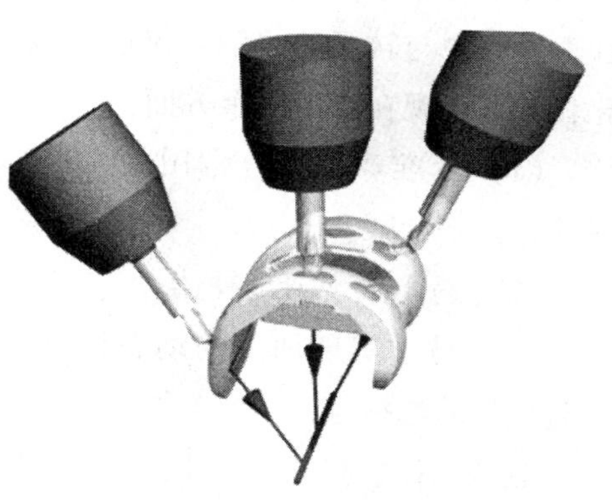

图 3—2—3　朝向直线

"朝向曲线"是指刀轴指向一条编程人员定义的曲线。这条曲线用参考线来定义，并且这条参考线只能由一段线条构成。因此，在使用这个选项前应创建出合适的参考线。一般情况下，可以用 CAD 软件较容易地绘制出这条曲线，然后再导入 PowerMILL 系统中，将它转为参考线。当然，也可以使用 PowerMILL 参考线创建和编辑功能来制作这条特定的曲线，如图 3—2—4 所示。

"自曲线"同"朝向曲线"相类似，是指刀轴矢量通过一条编程人员定义的曲线。用于控制刀轴矢量的曲线需要预先使用参考线工具创建出来，如图 3—2—5 所示。

【任务实施】

按零件图样加工要求制定螺旋转子数控加工工艺；编制加工程序；完成加工仿真，根据不同机床的数控系统产生与其相对应的 NC 程序。

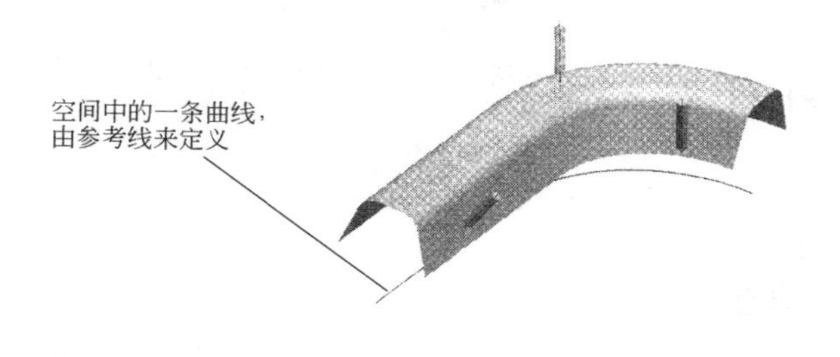

图 3—2—4　刀轴朝向曲线

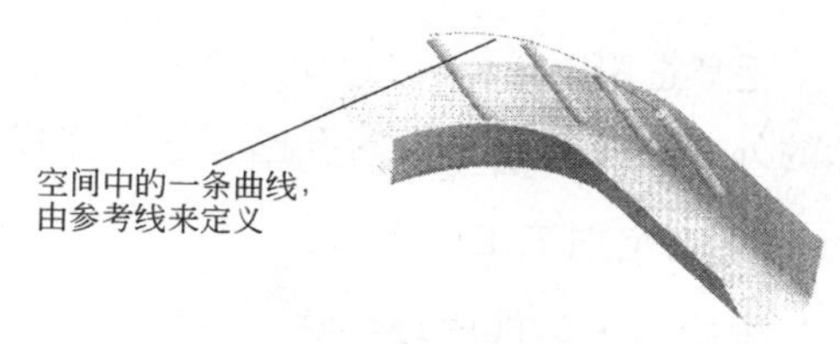

图 3—2—5　刀轴自曲线

一、制定加工工艺

1. 零件结构分析

螺旋转子的截面形状是由渐开线和圆弧组成的，截面绕着轴线旋转 90°。转子的 4 个轮齿均匀分布在圆上。如果用成形铣刀在带数控分度头的数控铣床上加工，只需编制一个非常简单的加工程序即可。但成形铣刀设计及制造比较困难，且刀具磨损后很难进行刀具补偿，一种型号的产品须配备一种型号的成形铣刀，不能满足单件、小批量生产模式。在我国，由于进口成形铣刀的价格很高，而国产成形铣刀受精度和材料的限制，使得螺旋转子的加工变得十分困难，且制造成本很高。如果采用标准球头刀进行切削加工，球头刀在加工过程中与转子的接触点是随时变化的。与成形铣刀相比，标准球头刀有良好的性价比，具体表现在以下几个方面：

（1）标准球头刀是常用的刀具，设计及制造技术成熟，价格低廉。

（2）易于实现刀具补偿。

（3）易于实现加工的动态仿真、刀具干涉检验和工艺参数的选择等。

但是，在数控机床上用标准球头刀加工齿轮轮廓前，必须先求出加工轮廓轨迹线或进行造型后才能自动生成数控代码。为此，此次任务考虑在数控机床上采用标准球头刀代替成形铣刀加工螺旋转子。

根据螺旋转子的特征，把它分成4个区域，每个区域分别由左齿面、右齿面和齿根面组成，如图3—2—1所示。只要先创建一个区域的刀具路径，然后通过阵列方法即可完成全部齿形刀具路径。

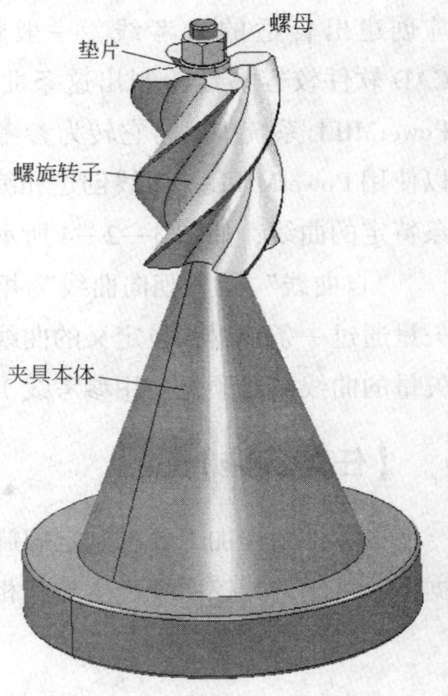

图3—2—6　螺旋转子夹具

2. 毛坯选用

毛坯选用铝合金7075，尺寸为ϕ74.4 mm×105 mm。零件的外形尺寸和中心台阶孔已经加工完成。

3. 制定加工工序卡

螺旋转子零件比较特殊，需要用专用夹具装夹，如图3—2—6所示。遵循先粗加工后精加工的原则。粗加工使用直径12 mm的球头刀、“线框SWARF精加工”策略先粗铣螺旋槽，去除大部分多余材料，然后再使用直径10 mm的球头刀、“曲面精加工”策略去除齿面上多余的材料，粗加工留1 mm余量。半精加工也采用“曲面精加工”策略，分别加工左、右齿面和齿根面，给精加工留0.2 mm余量。精加工同样采用“曲面精加工”策略，分别加工左、右齿面和齿根面，去除所留余量。相关的技术参数见表3—2—1的加工工序卡。

表 3—2—1

螺旋转子加工工序卡

五 轴 加 工 程 序 单　　页码：

零件号	20160327-10	编程员		图档路径		机床操作员		机床号	
客户名称		材料	7075	工序号	01	工序名称	螺旋转子加工	日期	年 月 日

序号	加工内容	程序名称	刀具号	刀具类型	刀具参数 (mm)	主轴转速 (r/min)	进给速度 (mm/min)	余量 (XY/Z) (mm)	装夹刀长 (mm)	加工时间 (h)	备注
1	整体粗加工	1T1BM12-C-01	T1	球头刀	ϕ12	5 000	2 000	0/0	40		
2	右齿面粗加工	2T2BM10-C-01	T2	球头刀	ϕ10	6 000	2 400	1/1	40		
3	左齿面粗加工	3T2BM10-C-01	T2	球头刀	ϕ10	6 000	2 400	1/1	40		
4	右齿面半精加工	4T2BM10-BJ-01	T2	球头刀	ϕ10	6 000	1 600	0.2/0.2	40		
5	左齿面半精加工	5T2BM10-BJ-01	T2	球头刀	ϕ10	6 000	1 600	0.2/0.2	40		
6	齿根面半精加工	6T2BM10-BJ-01	T2	球头刀	ϕ10	6 000	1 600	0.2/0.2	40		
7	右齿面精加工	7T3BM10-J-01	T3	球头刀	ϕ10	6 000	1 200	0/0	40		
8	左齿面精加工	8T3BM10-J-01	T3	球头刀	ϕ10	6 000	1 200	0/0	40		
9	齿根面精加工	9T3BM10-J-01	T3	球头刀	ϕ10	6 000	1 200	0/0	40		

工件装夹图

Z方向	毛坯上表面对零
XY方向	毛坯圆心

毛坯尺寸	ϕ74.4 mm×105 mm
装夹方式	专用夹具

五轴加工中心操作确认		
1	工件定位和程序对上了吗？	
2	工件夹紧了吗？找正了吗？	
3	分中检查了吗？寻边器、杠杆表好用吗？	
4	坐标系、输入数据确认了吗？	
5	对刀、刀号、输入数据确认了吗？	
6	刀具直径、长度、安全高度确认了吗？	
7	加工程序确认了吗？	
8	加工前使用 VERICUT 仿真加工了吗？	
9	加工前试切削了吗？	

二、编制加工程序

1. 模型输入

单击下拉菜单“文件”→“输入模型”命令，弹出如图3—2—7所示的“输入模型”对话框，在此对话框内“文件类型（T）”的下拉列表框中选择“Delcam Models（*.dgk）”文件格式，并打开本书光盘中的模型文件“螺旋转子.dgk”。然后单击用户界面最右边“查看工具栏”中的“ISO1”按钮，接着单击“查看工具栏”中的“普通阴影”按钮，即产生如图3—2—8所示的螺旋转子和夹具体数字模型。

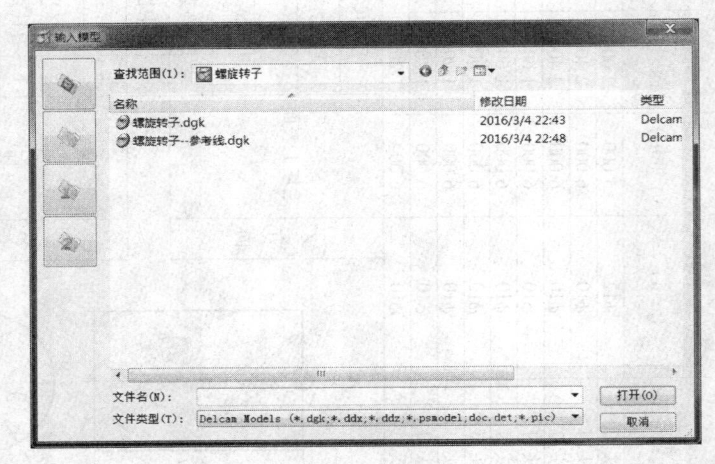

图3—2—7 “输入模型”对话框

图3—2—8 螺旋转子和夹具体数字模型

将鼠标移至 PowerMILL 浏览器中“用户坐标系”下“G54_Axis System”用户坐标系，然后右击，选择“激活”选项，如图 3—2—9 所示。激活后的“G54_Axis System”用户坐标系前面将产生一个“>”符号，指示灯变亮，同时用户界面中“G54_Axis System”用户坐标系将以红颜色显示。单击用户界面最右边“查看工具栏”中的“ISO1”按钮，接着单击“查看工具栏”中的“普通阴影”按钮，即显示如图 3—2—10 所示。

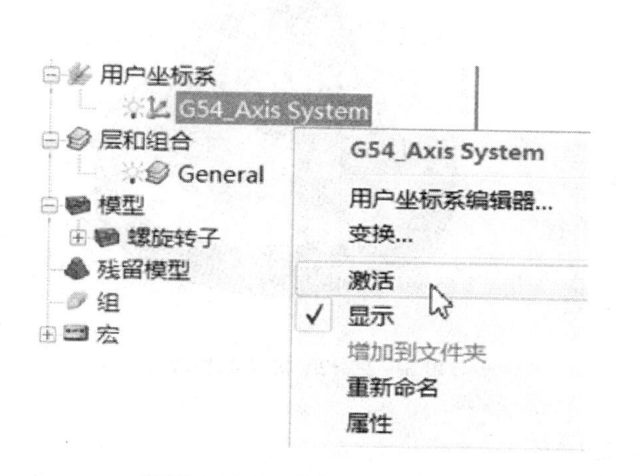

图 3—2—9　坐标系激活

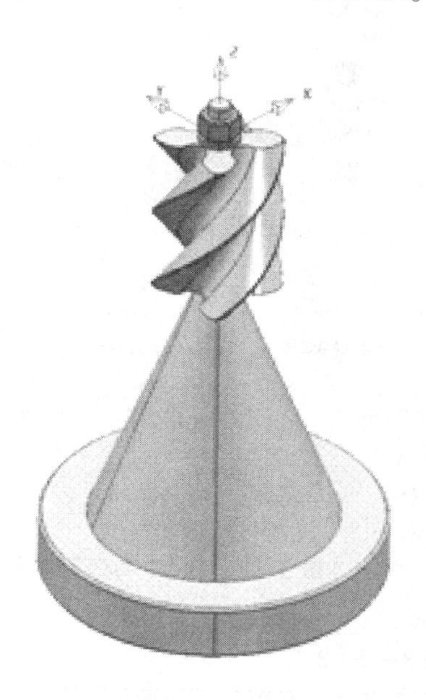

图 3—2—10　坐标系激活后的模型显示

2. 毛坯定义

单击用户界面上部“主工具栏”中的“毛坯”按钮，弹出如图 3—2—11 所示的“毛坯”对话框。在图 3—2—11“由…定义”下拉列表框中选择“圆柱体”，“坐标系”下拉列表框中选择“命名的用户坐标系”，选择“G54_Axis System”用户坐标系，在“直径”中输入“74.4”，在“Z”“最小”中输入“-105.0”，“最大”中输入“0.0”。最后单击“接受”按钮，则绘图区变为图 3—2—12 所示。

3. 用户坐标系建立

用户坐标系直接使用“G54_Axis System”。

4. 刀具定义

由表 3—2—1 可知，此模型的加工共需要 3 把刀具，具体刀具几何参数见表 3—2—2。

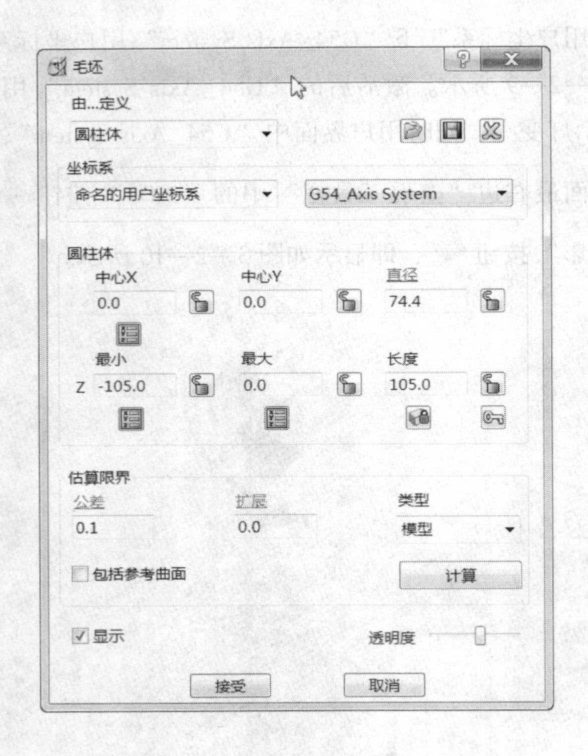

图 3—2—11 “毛坯”对话框

图 3—2—12 定义毛坯后的模型

表 3—2—2 刀具几何参数

序号	刀具类型	刀尖								刀柄			夹持			
		名称	编号	几何形状						尺寸			尺寸			伸出(mm)
				直径(mm)	长度(mm)	刀尖半径(mm)	锥角(°)	锥高(mm)	锥形直径(mm)	顶部直径(mm)	底部直径(mm)	长度(mm)	顶部直径(mm)	底部直径(mm)	长度(mm)	
1	球头刀	T1-BM12	1	12	35					12	12	40	27	27	80	40
2	球头刀	T2-BM10	2	10	35					10	10	40	27	27	80	40
3	球头刀	T3-BM10	3	10	35					10	10	40	27	27	80	40

如图 3—2—13 所示，右击用户界面左边 PowerMILL 浏览器中的“刀具”，依次选择“产生刀具”→“球头刀”选项，弹出如图 3—2—14 所示的“球头刀”对话框。

在此对话框的“刀尖”选项卡中设置如下参数：

❑“名称”改为“T1-BM12”。

❑“直径”设置为“12. 0”。

❑“长度”设置为“35. 0”。

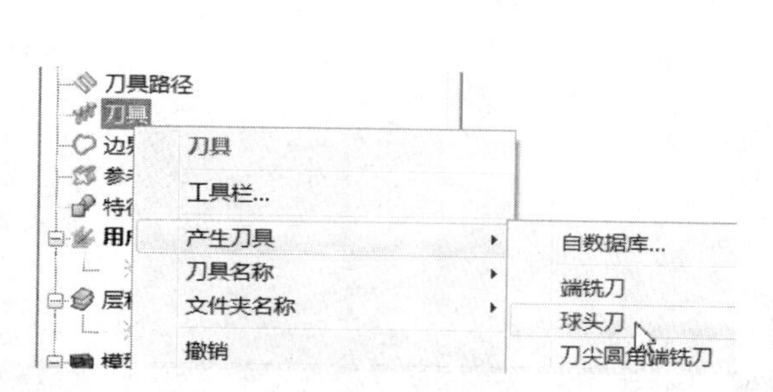

图 3—2—13 刀具选择

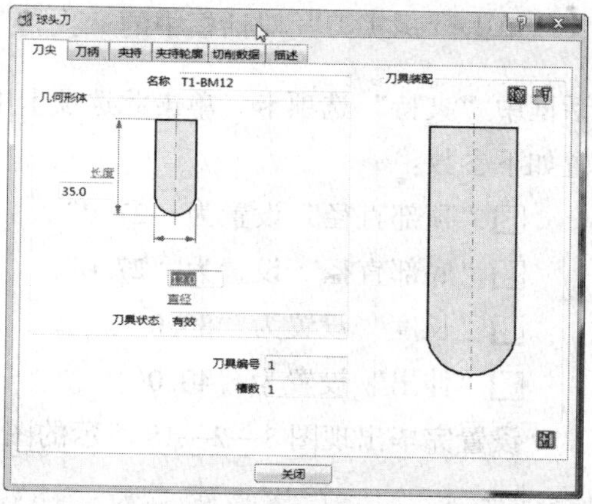

图 3—2—14 “球头刀”对话框

❑“刀具编号”设置为“1”。

设置完毕单击“球头刀”对话框中的“刀柄”标签，弹出如图 3—2—15 所示的“球头刀”对话框中“刀柄”选项卡。单击此选项卡中“增加刀柄部件”按钮，并在此选项卡中设置如下参数：

❑“顶部直径”设置为“12.0”。

❑“底部直径”设置为“12.0”。

❑“长度”设置为“40.0”。

设置完毕出现图 3—2—16 所示的图形。

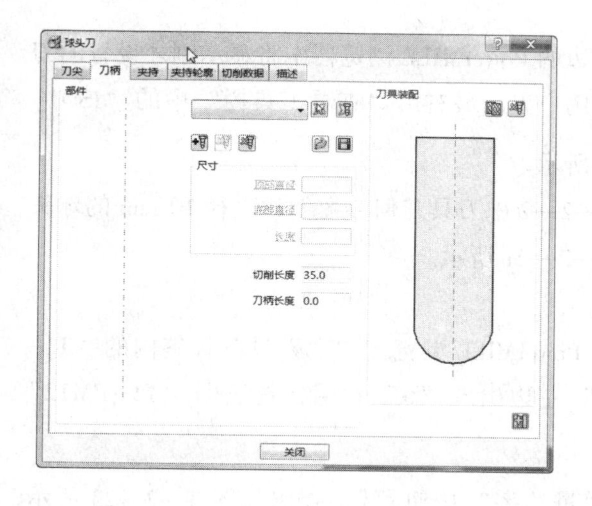

图 3—2—15 “球头刀”刀柄的选择

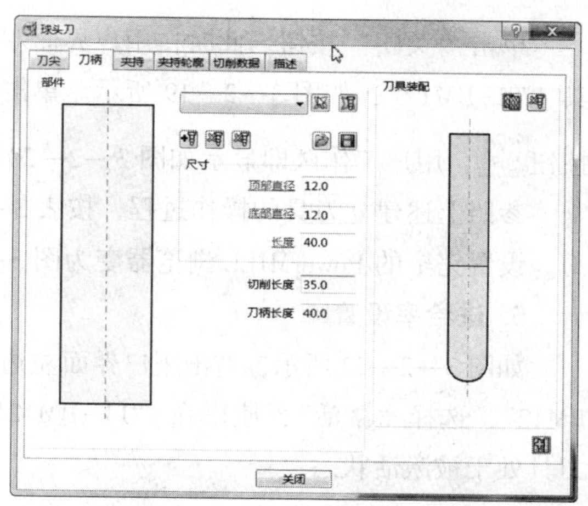

图 3—2—16 “球头刀”刀柄的设置

单击“球头刀”对话框中的“夹持”标签，弹出如图 3—2—17 所示的“球头刀”对话框中“夹持”选项卡。单击此选项卡中“增加夹持部件”按钮，并在此选项卡中设置如下参数：

❑“顶部直径”设置为“27.0”。

❑“底部直径”设置为“27.0”。

❑“长度”设置为“80.0”。

❑“伸出”设置为“40.0”。

设置完毕出现图 3—2—18 所示的图形。

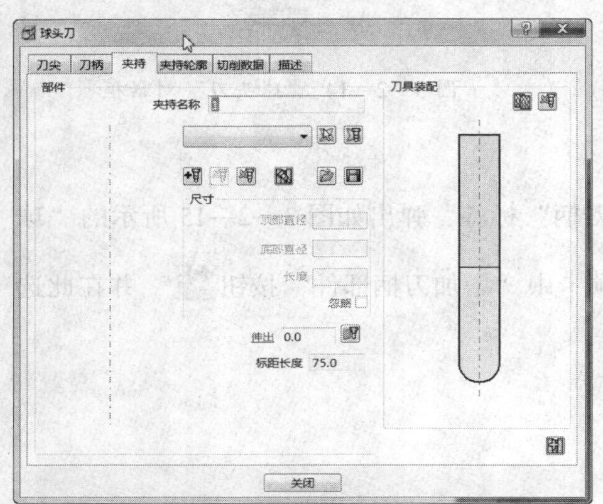

图 3—2—17 “球头刀”夹持的选择

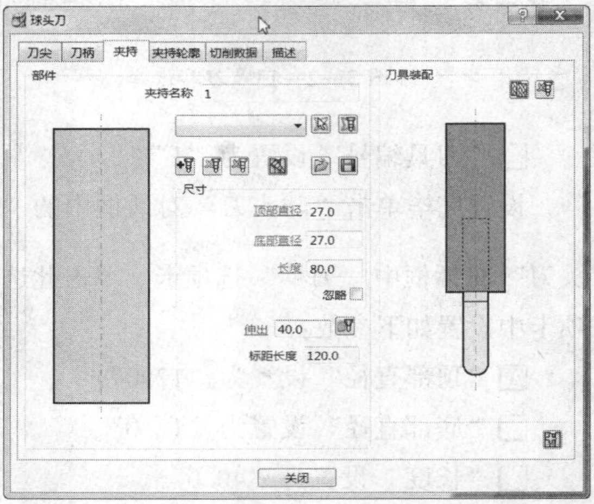

图 3—2—18 “球头刀”夹持的设置

单击“关闭”按钮。此时在用户界面左边的 PowerMILL 浏览器中将显示刚才设置的刀具“T1-BM12”，如图 3—2—19 所示。单击用户界面最右边“查看工具栏”中的“ISO1”按钮，用户工作区即显示如图 3—2—20 所示。

参照上述建立刀具的操作过程，按表 3—2—2 中刀具几何参数创建直径 10 mm 的球头刀。设置完毕的 PowerMILL 浏览器变为图 3—2—21 所示。

5. 进给率设置

如图 3—2—22 所示，右击用户界面左边 PowerMILL 浏览器中“刀具”标签内的“T1-BM12”，选择“激活”，使得在“T1-BM12”左边出现“>”符号，这表明“T1-BM12”刀具处于被激活状态。

单击用户界面上部“主工具栏”中的“进给率”按钮，弹出如图 3—2—23 所示的“进给和转速”对话框。

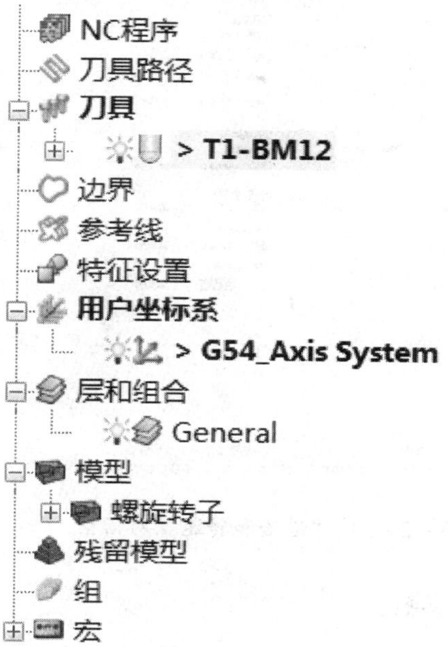

NC程序
刀具路径
刀具
> T1-BM12
边界
参考线
特征设置
用户坐标系
> G54_Axis System
层和组合
General
模型
螺旋转子
残留模型
组
宏

图 3—2—19 PowerMILL 浏览器

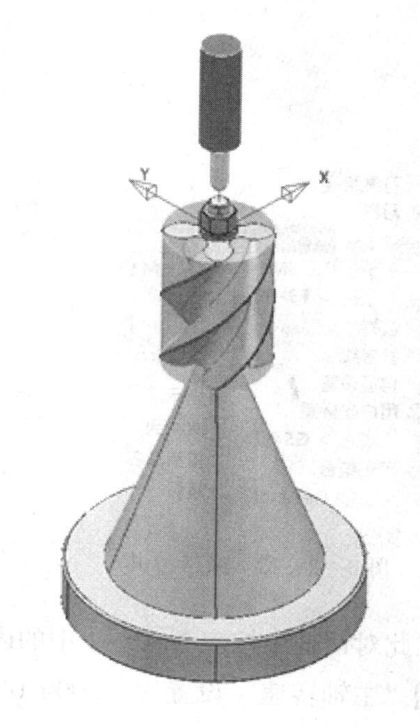

图 3—2—20 刀具建立完成后的显示

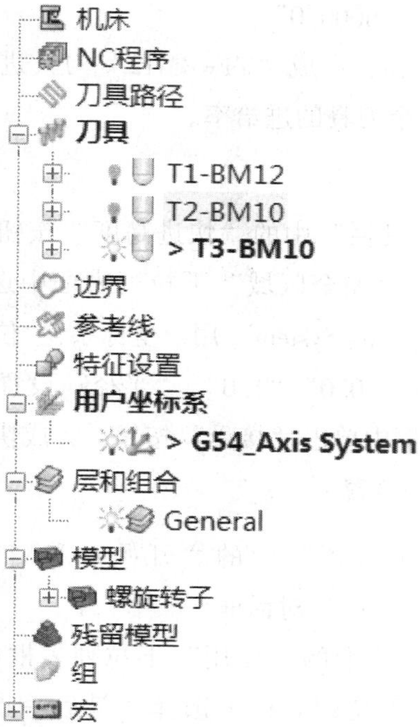

机床
NC程序
刀具路径
刀具
T1-BM12
T2-BM10
> T3-BM10
边界
参考线
特征设置
用户坐标系
> G54_Axis System
层和组合
General
模型
螺旋转子
残留模型
组
宏

图 3—2—21 PowerMILL 浏览器

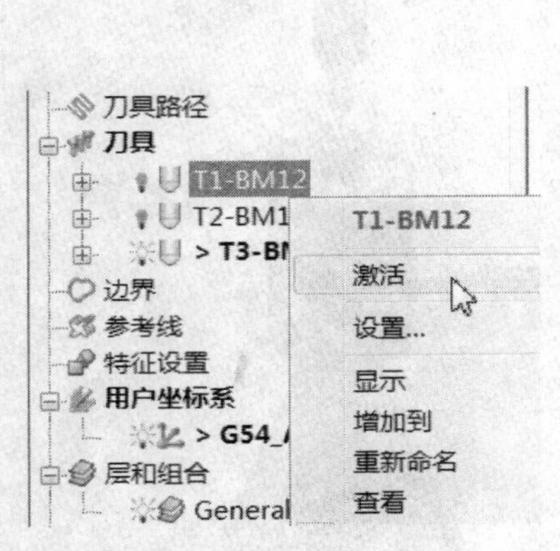

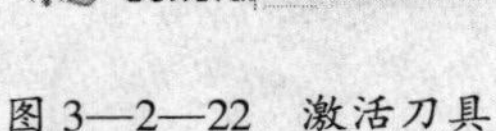

图 3—2—22　激活刀具

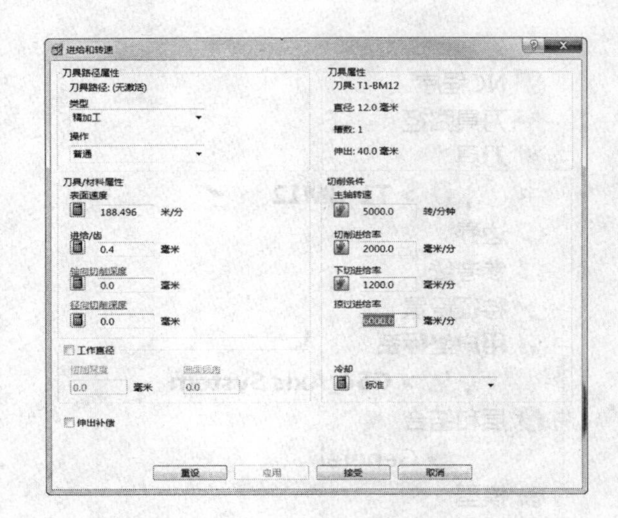

图 3—2—23　“进给和转速”对话框

在此对话框中按表 3—2—1 中的内容设置如下参数：

☐“主轴转速”设置为“5000. 0”。

☐“切削进给率”设置为“2000. 0”。

☐“下切进给率”设置为“1200. 0”。

☐“掠过进给率”设置为“6000. 0”。

设置完毕单击“接受”按钮，完成“T1-BM12”刀具进给率的设置。使用同样方法按表 3—2—1 中的参数设置其余刀具的进给率。

6. 快进高度设置

单击用户界面上部“主工具栏”中的“快进高度”按钮，弹出如图 3—2—24 所示的“快进高度”对话框，在“安全区域”下拉列表框中选择“圆柱体”，“用户坐标系”下拉列表框中选择“G54_Axis System”用户坐标系，“位置”设置为“-0. 0”“0. 0”“0. 0”，“方向”设置为“0. 0”“0. 0”“1. 0”，“半径”设置为“50. 0”，“下切半径”设置为“40. 0”。然后在此对话框中单击“接受”按钮，完成快进高度的设置。

7. 加工开始点和结束点的设置

单击用户界面上部“主工具栏”中的“开始点和结束点”按钮，弹出如图 3—2—25 所示的“开始点和结束点”对话框。

在此对话框“开始点”选项卡的“使用”下拉列表框中选择“第一点安全高度”，“结束点”选项卡的“使用”下拉列表框中选择“最后一点安全高度”，最后单击“接受”按钮，完成加工开始点和结束点的设置。

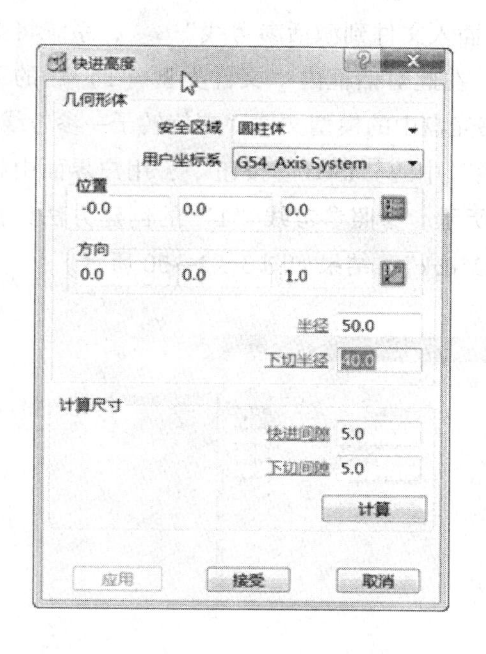

图 3—2—24 “快进高度”对话框

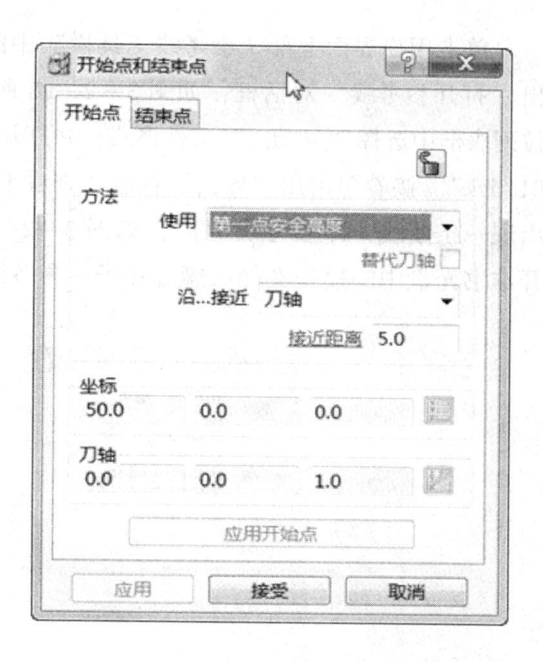

图 3—2—25 “开始点和结束点”对话框

8. 创建刀具路径

（1）粗加工刀具路径的产生

1）建立粗加工用参考线

①单击下拉菜单“查看”→“工具栏”→“参考线”命令。打开“参考线工具栏”，如图 3—2—26 所示。

图 3—2—26 “参考线工具栏”

②单击用户界面上部“参考线工具栏”中的“产生参考线”按钮，系统即产生一个名称为“1”、内容空白的参考线，如图 3—2—27 所示。

图 3—2—27 参考线“1”

单击用户界面上部“参考线工具栏”中的“插入文件到激活参考线”，系统将弹出“打开参考线”对话框，如图 3—2—28 所示。在此对话框内“文件类型（T）”的下拉列表框中选择“*.dgk”文件格式，并打开本书光盘中的模型文件“螺旋转子—参考线-01.dgk”。接着单击用户界面最右边“查看工具栏”中的“ISO1”按钮，用户界面中将出现一条曲线，即参考线“1”，如图 3—2—29 所示。参照参考线“1”的创建方法，打开本书光盘中的模型文件“螺旋转子—参考线-02.dgk”，结果如图 3—2—30 所示。

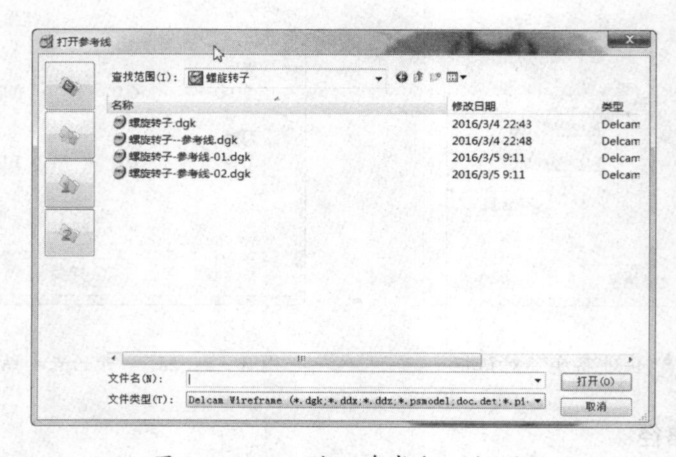

图 3—2—28 “打开参考线”对话框

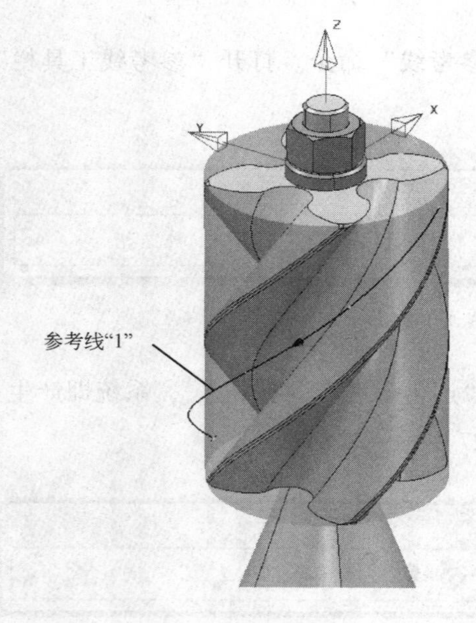

图 3—2—29 参考线“1”

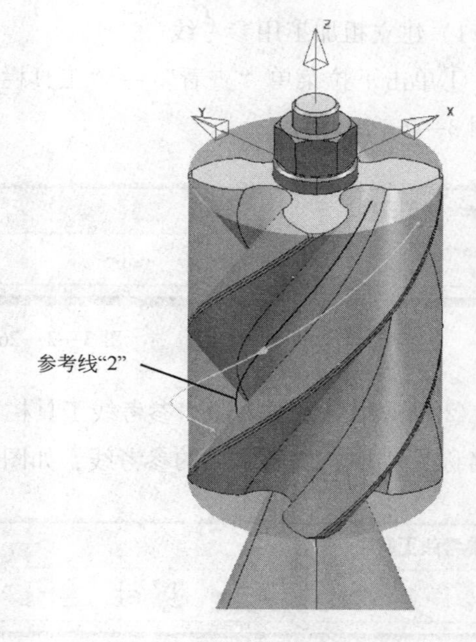

图 3—2—30 参考线“2”

2）建立粗加工刀具路径

①创建整体粗加工刀具路径。单击用户界面上部“主工具栏”中的“刀具路径策略”按钮，弹出如图3—2—31所示的“策略选取器”对话框。

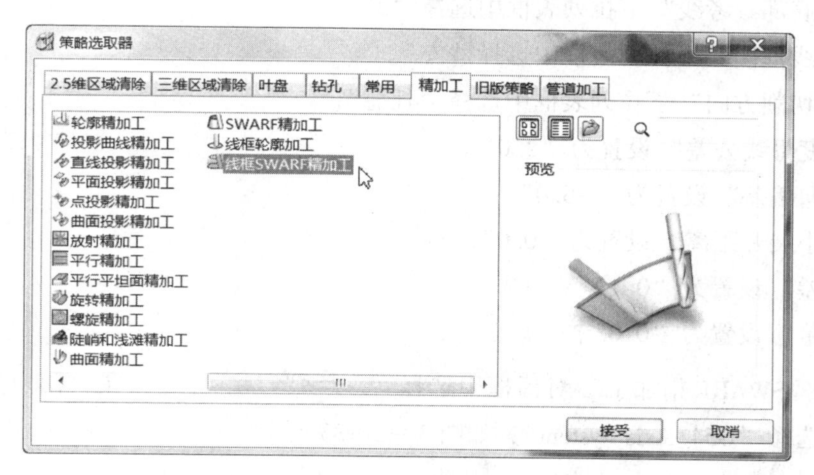

图3—2—31 “策略选取器”对话框

单击“精加工”标签，然后选择“线框SWARF精加工”选项，如图3—2—31所示，单击“接受”按钮，将弹出如图3—2—32所示的“线框SWARF精加工”对话框。

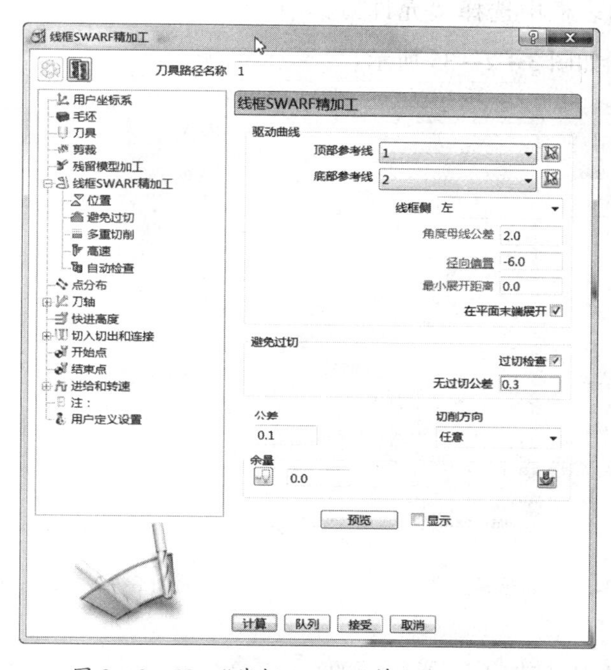

图3—2—32 “线框SWARF精加工”对话框

在此对话框中设置如下参数：

❑ “刀具路径名称” 改为 “1”。

❑ 在 “顶部参考线” 下拉列表框中选择 “1”。

❑ 在 “底部参考线” 下拉列表框中选择 “2”。

❑ 在 “线框侧” 下拉列表框中选择 “左”。

❑ 在 “切削方向” 下拉列表框中选择 “任意”。

❑ “角度母线公差” 设置为 “2.0”。

❑ “径向偏差” 设置为 “-6.0”。

❑ “最小展开距离” 设置为 “0.0”。

❑ “公差” 设置为 “0.1”。

❑ “余量” 设置为 “0.0”。

在 “线框 SWARF 精加工” 对话框中选择 用户坐标系 标签，在 “用户坐标系” 下拉列表框中选择 “G54_Axis System”，如图 3—2—33 所示。

选择 刀具 标签，在刀具选择下拉列表框中选择刀具 “T1-BM12”，如图 3—2—34 所示。

选择 剪裁 标签，在 “剪裁” 选项卡的毛坯 “剪裁” 下拉列表框中选择 “允许刀具中心在毛坯以外”，如图 3—2—35 所示。

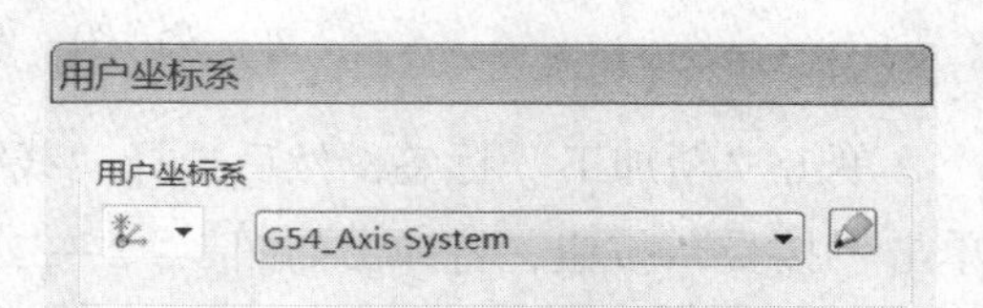

图 3—2—33 “用户坐标系” 选择

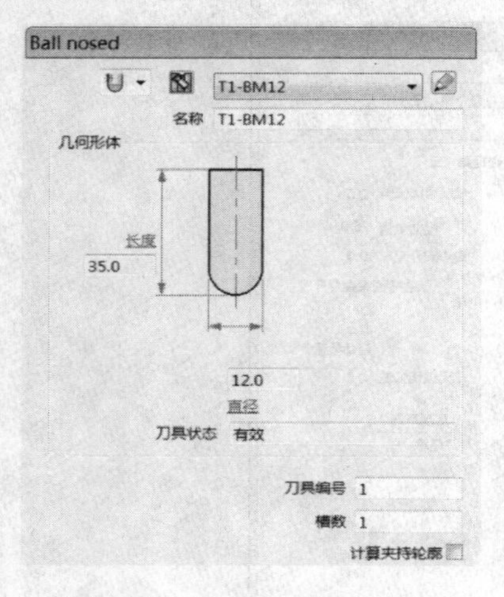

图 3—2—34 刀具选择

图 3—2—35 “剪裁” 选择

选择 “线框 SWARF 精加工” 标签下的 位置 标签，在 “位置” 选项卡中设置如下参数：

❑ 在“底部位置”下拉列表框中选择“底部”。

❑“偏置”设置为“-3.0”。

设置结果如图3—2—36所示。

选择“线框SWARF精加工”标签下的避免过切标签，在“避免过切”选项卡中设置如下参数：

❑ 在“策略”下拉列表框中选择“跟踪”。

❑ 在“上限”下拉列表框中选择“无”。

❑“无过切公差”设置为“0.3”。

设置结果如图3—2—37所示。

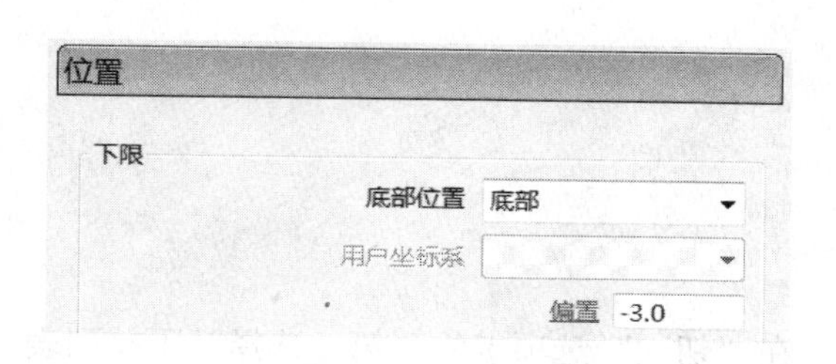

图3—2—36 “位置”参数设置

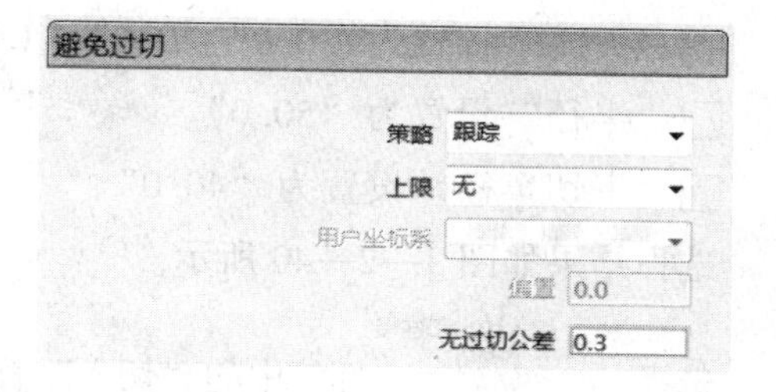

图3—2—37 “避免过切”参数设置

选择“线框SWARF精加工”标签下的多重切削标签，在“多重切削”选项卡中设置如下参数：

❑ 在“方式”下拉列表框中选择“偏置向上”。

❑ 在“上限”下拉列表框中选择“无”。

❑“最大切削次数”设置为“23”。

❑“最大下切步距”设置为“2.0”。

设置结果如图3—2—38所示。

选择刀轴标签。在“刀轴”选项卡的“刀轴”下拉列表框中选择“自动”，如图3—2—39所示。

选择快进高度标签。在“快进高度”选项卡中设置如下参数：

❑ 在“安全区域”下拉列表框中选择“圆柱体”。

❑ 在“用户坐标系”下拉列表框中选择“G54_Axis System”。

❑“位置”设置为“-0.0”“0.0”“0.0”。

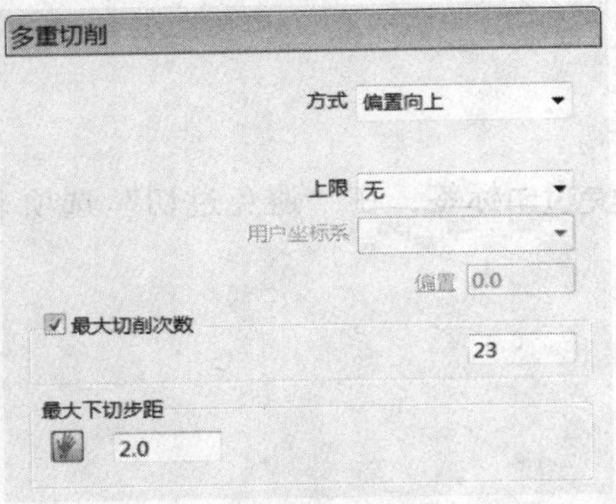

多重切削
方式 偏置向上
上限 无
用户坐标系
偏置 0.0
最大切削次数 23
最大下切步距 2.0

图 3—2—38 “多重切削”参数设置

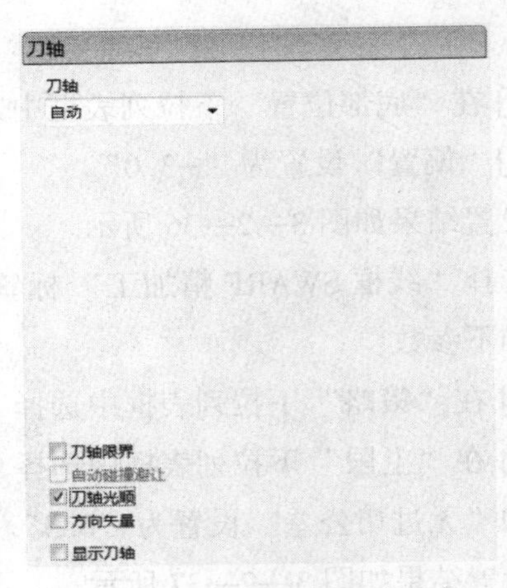

图 3—2—39 “刀轴”选项卡

□“方向”设置为“0.0”“0.0”“1.0”。

□“半径”设置为“50.0”。

□“下切半径”设置为“40.0”。

选择结果如图 3—2—40 所示。

选择  切入切出和连接 / 切入 标签中的“切入”标签。在“切入”选项卡的“第一选择”下拉列表框中选择“延伸移动”，“距离”设置为“6.5”，并且选中“增加切入切出到短连接”复选框。单击“切出和切入相同”按钮，把“切入”的参数全部复制给“切出”，如图 3—2—41 所示。单击“连接”标签，在“连接”选项卡的“短”下拉列表框中选择“下切步距”，“长”下拉列表框中选择“掠过”，“缺省”下拉列表框中选择“相对”，如图 3—2—42 所示。

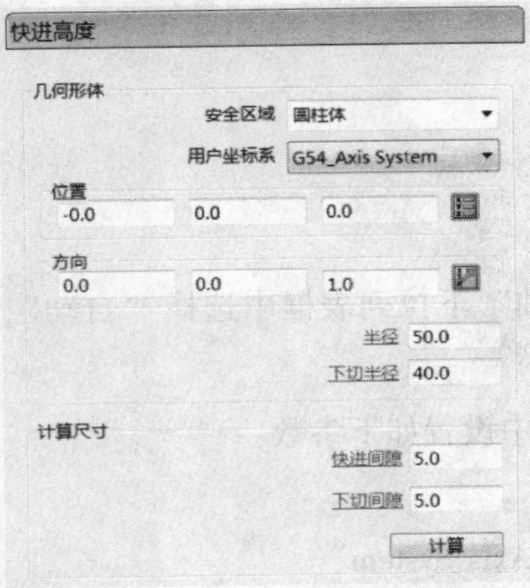

快进高度
几何形体
安全区域 圆柱体
用户坐标系 G54_Axis System
位置 -0.0 0.0 0.0
方向 0.0 0.0 1.0
半径 50.0
下切半径 40.0
计算尺寸
快进间隙 5.0
下切间隙 5.0
计算

图 3—2—40 “快进高度”选项卡

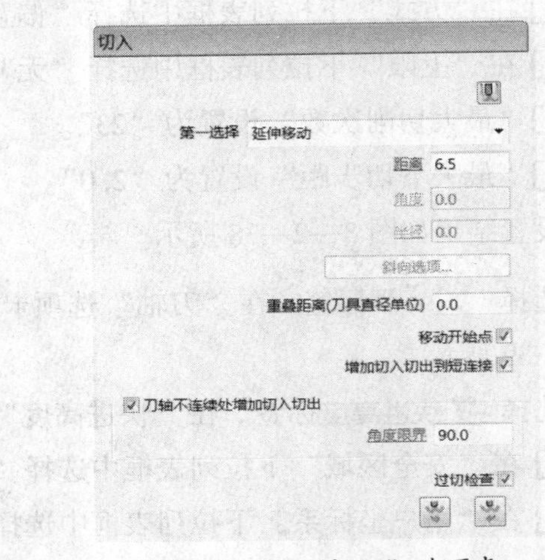

图 3—2—41 “切入”选项卡

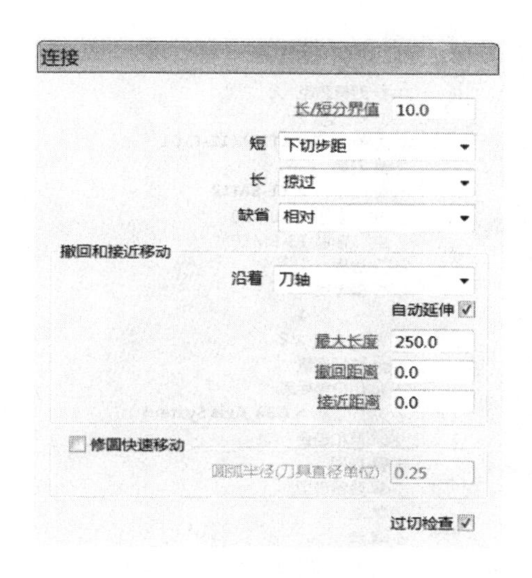

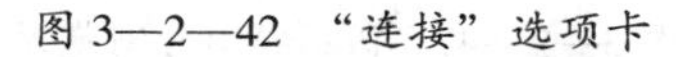
图 3—2—42 “连接”选项卡

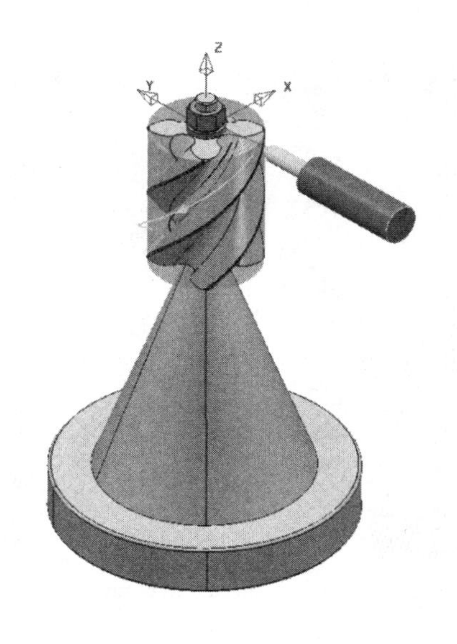

图 3—2—43 刀具路径“1”

“线框 SWARF 精加工”对话框的其余参数保持默认，设置完毕单击“计算”按钮。刀具路径生成后单击“取消”按钮，接着单击用户界面最右边“查看工具栏”中的“ISO1”按钮，用户界面产生如图 3—2—43 所示的粗加工刀具路径。

单击下拉菜单“查看”→“工具栏”→“刀具路径”命令。打开“刀具路径工具栏”，如图 3—2—44 所示。

图 3—2—44 “刀具路径工具栏”

单击用户界面上部“刀具路径工具栏”中的“变换刀具路径”按钮，系统将弹出“刀具路径变换”工具栏，如图 3—2—45 所示。接着再单击“刀具路径变换”工具栏中的“多重变换”按钮，然后出现“多重变换”对话框，选择此对话框中的“圆形”标签，在“圆形”选项卡中将“数值”设置为“4”，如图 3—2—46 所示。依次单击“接受”按钮和“刀具路径变换”工具栏中的“接受改变”按钮。此时在用户界面左边的 PowerMILL 浏览器中刀具路径下增加一个刀具路径“1_1”。激活刀具路径“1_1”。将刀具路径“1_1”名称改为“1T1BM12-C-01”，如图 3—2—47 所示。最后单击用户界面最右边“查看工具栏”中的

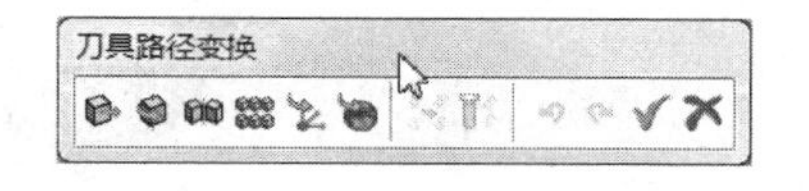

图 3—2—45 “刀具路径变换”工具栏

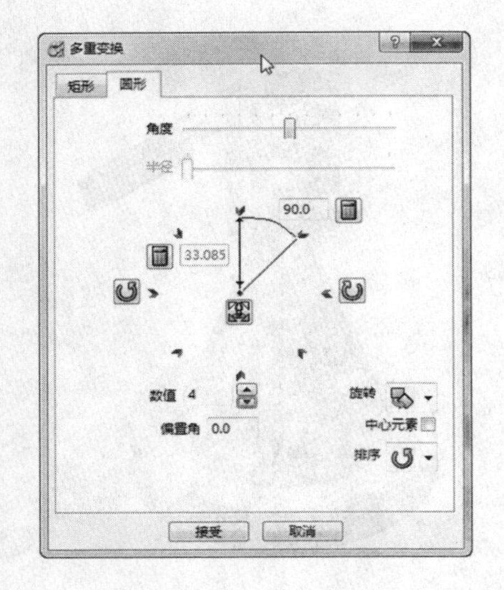

图 3—2—46 “多重变换”对话框

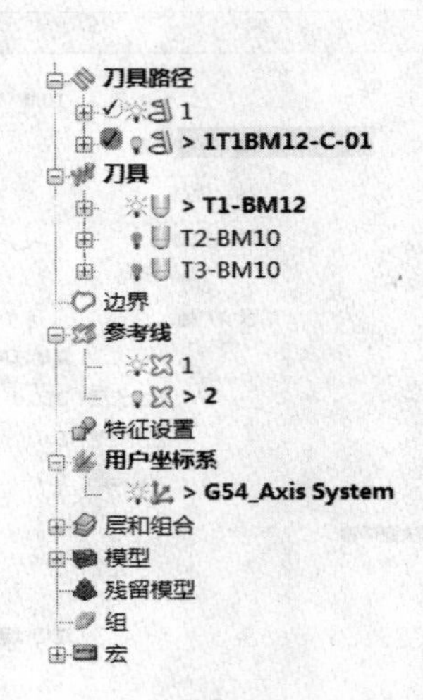

图 3—2—47 PowerMILL 浏览器

“ISO1”按钮，用户界面产生如图 3—2—48 所示的整体粗加工刀具路径。

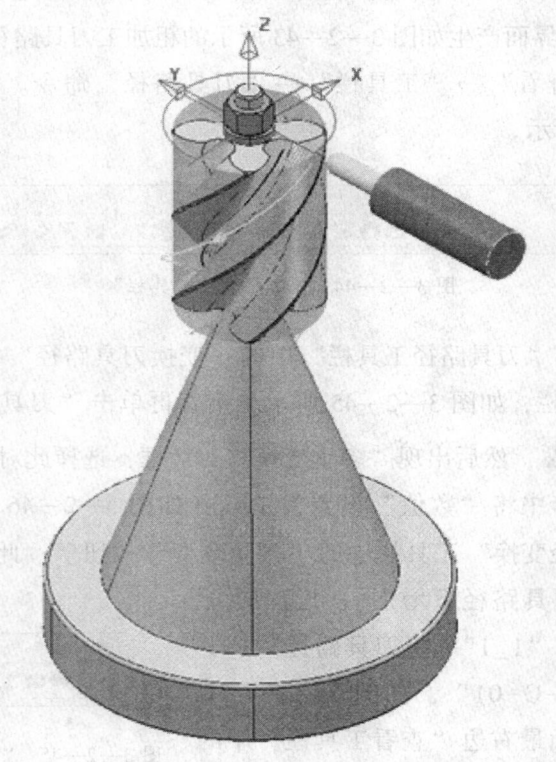

图 3—2—48 整体粗加工刀具路径

②创建右齿面粗加工刀具路径。单击用户界面上部“主工具栏”中的“刀具路径策略”按钮，弹出如图3—2—49所示的“策略选取器”对话框。

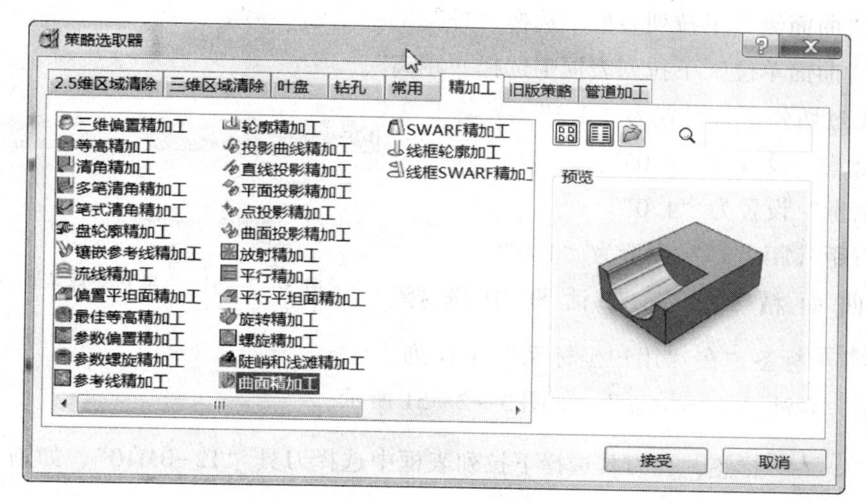

图3—2—49 “策略选取器”对话框

单击“精加工”标签，然后选择“曲面精加工”选项，如图3—2—49所示，单击“接受”按钮，将弹出如图3—2—50所示的“曲面精加工”对话框。

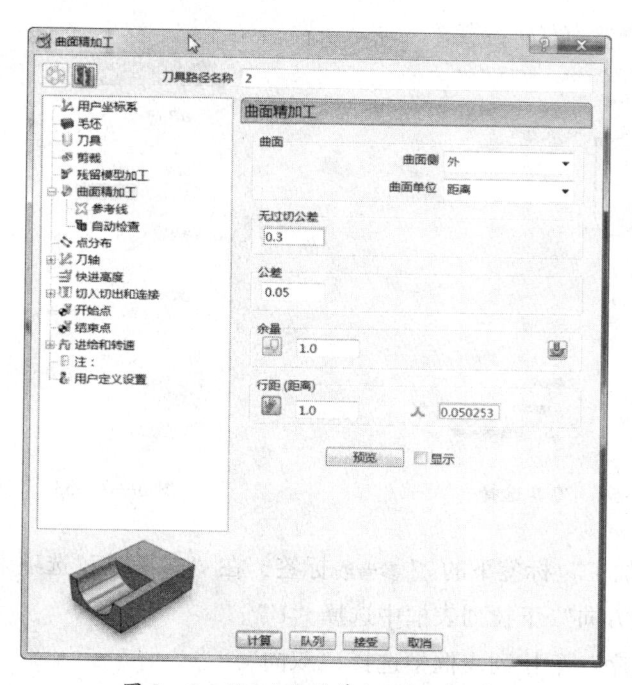

图3—2—50 “曲面精加工”对话框

在此对话框中设置如下参数：

❑“刀具路径名称”改为“2”。

❑在“曲面侧”下拉列表框中选择“外”。

❑在“曲面单位”下拉列表框中选择“距离”。

❑“无过切公差”设置为“0.3”。

❑“公差”设置为“0.05”。

❑“余量”设置为“1.0”。

❑“行距（距离）”设置为“1.0”。

在“曲面精加工”对话框中选择用户坐标系标签，在“用户坐标系”下拉列表框中选择“G54_Axis System”，如图3—2—51所示。

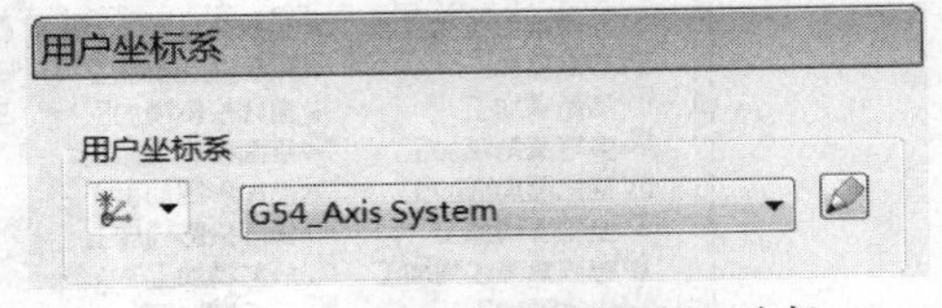

图3—2—51 “用户坐标系”选择

选择刀具标签，在刀具选择下拉列表框中选择刀具“T2-BM10”，如图3—2—52所示。

选择剪裁标签，在“剪裁”选项卡的毛坯“剪裁”下拉列表框中选择“允许刀具中心在毛坯以外”，如图3—2—53所示。

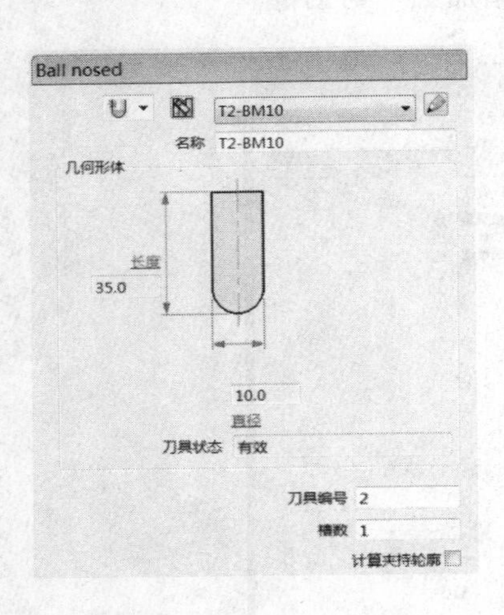

图3—2—52 刀具选择

图3—2—53 “剪裁”选择

选择“曲面精加工”标签下的参考线标签，在“参考线”选项卡中设置如下参数：

❑在“参考线方向”下拉列表框中选择“U”。

❑在“加工顺序”下拉列表框中选择“双向”。

❑在“开始角”下拉列表框中选择“最大U最小V”。

❑ 在“顺序”下拉列表框中选择“无”。

设置结果如图 3—2—54 所示。

选择“曲面精加工”标签下的自动检查标签，将“自动检查”选项卡中的“头部间隙”设置为“600. 0”，如图 3—2—55 所示。

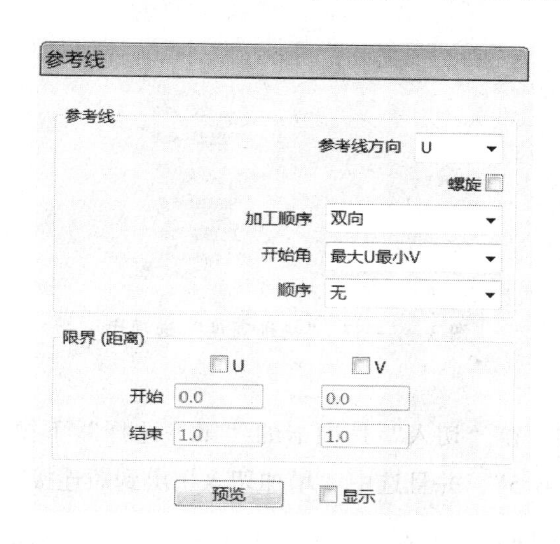

图 3—2—54 “参考线”参数设置

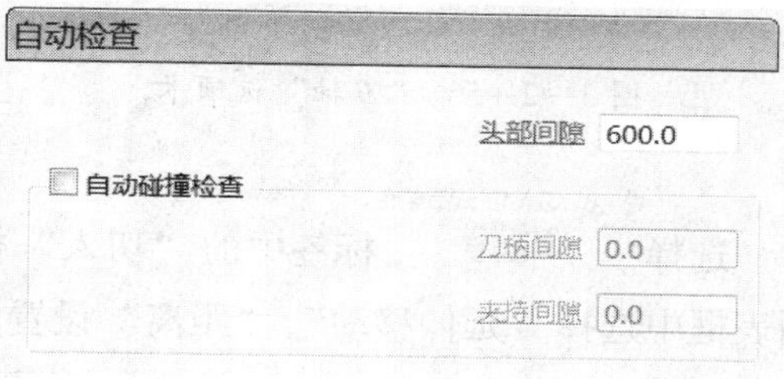

图 3—2—55 “自动检查”参数设置

选择刀轴标签，在“刀轴”选项卡中设置如下参数：

❑ 在“刀轴”下拉列表框中选择“朝向直线”。

❑ “点”设置为“0. 0”“0. 0”“0. 0”。

❑ “方向”设置为“0. 0”“0. 0”“1. 0”。

❑ 在“固定角度”下拉列表框中选择“无”。

选择结果如图 3—2—56 所示。

选择快进高度标签，在“快进高度”选项卡中设置如下参数：

❑ 在“安全区域”下拉列表框中选择“圆柱体”。

❑ 在“用户坐标系”下拉列表框中选择“G54_Axis System”。

❑ “位置”设置为“-0. 0”“0. 0”“0. 0”。

❑ “方向”设置为“0. 0”“0. 0”“1. 0”。

❑ “半径”设置为“50. 0”。

❑ “下切半径”设置为“40. 0”。

选择结果如图 3—2—57 所示。

刀轴
刀轴
朝向直线
点
0.0 0.0 0.0
方向
0.0 0.0 1.0
固定角度
无 90.0
替换刀具路径用户坐标系
用户坐标系
刀轴限界
自动碰撞避让
刀轴光顺
方向矢量
显示刀轴

图 3—2—56 “刀轴”选项卡

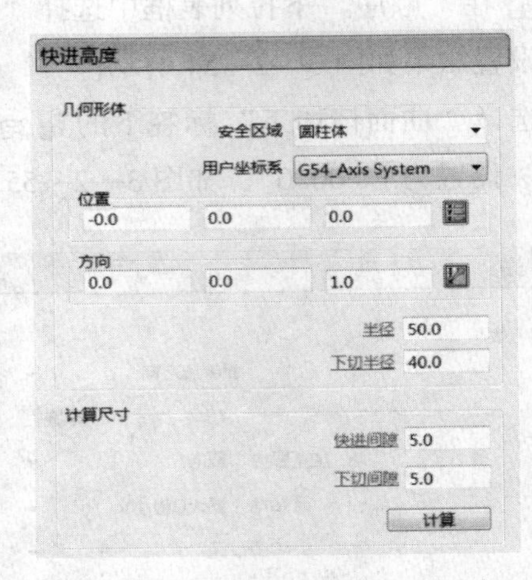

图 3—2—57 “快进高度”选项卡

选择 切入切出和连接 切入 标签中的“切入”标签。在“切入”选项卡的“第一选择”下拉列表框中选择“延伸移动”，“距离”设置为“6. 5”，并且选中“增加切入切出到短连接”复选框。单击“切出和切入相同”按钮，把“切入”的参数全部复制给“切出”，如图 3—2—58 所示。单击“连接”标签，在“连接”选项卡的“短”下拉列表框中选择“下切步距”，“长”下拉列表框中选择“掠过”，“缺省”下拉列表框中选择“相对”，如图 3—2—59 所示。

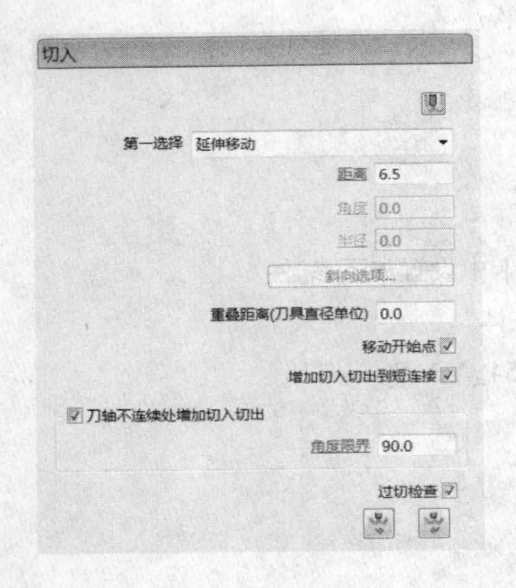

图 3—2—58 “切入”选项卡

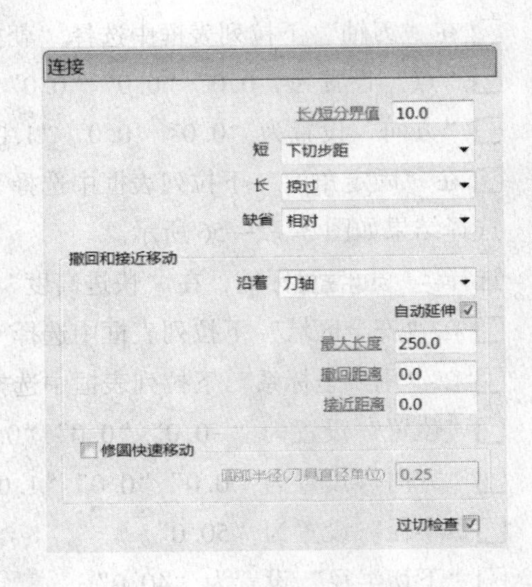

图 3—2—59 “连接”选项卡

在用户界面中选取图 3—2—60 所示的右齿面曲面。

“曲面精加工”对话框的其余参数保持默认，设置完毕单击“计算”按钮。刀具路径生成后单击“取消”按钮，接着单击用户界面最右边“查看工具栏”中的“ISO1”按钮，用户界面产生如图 3—2—61 所示的右齿面刀具路径。

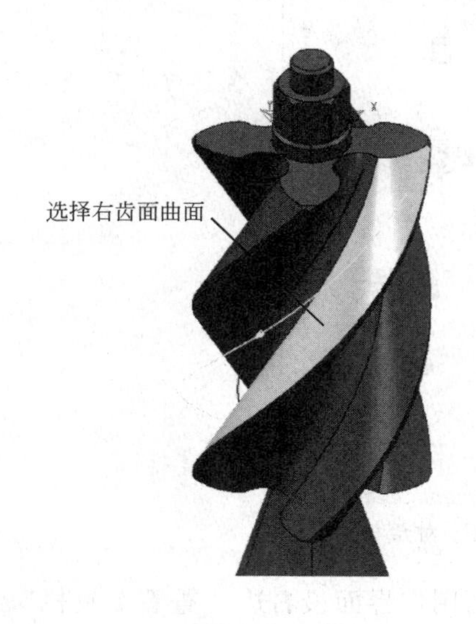

图 3—2—60　右齿面曲面

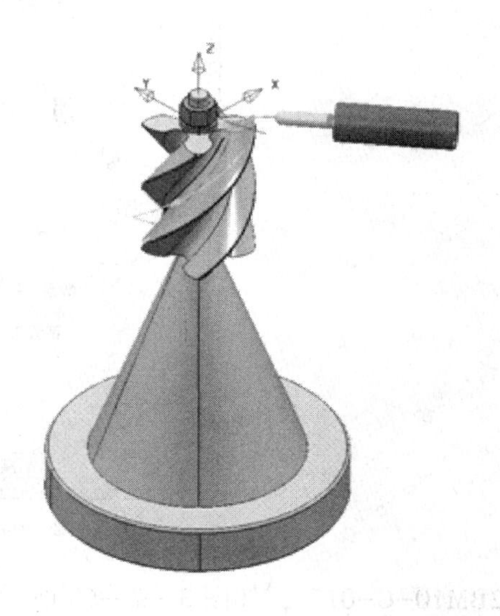

图 3—2—61　刀具路径“2”

单击下拉菜单“查看”→“工具栏”→“刀具路径”命令。打开“刀具路径工具栏”，如图 3—2—62 所示。

图 3—2—62　“刀具路径工具栏”

图 3—2—63　“刀具路径变换”工具栏

单击用户界面上部“刀具路径工具栏”中的“变换刀具路径”按钮，系统将弹出“刀具路径变换”工具栏，如图 3—2—63 所示。接着再单击“刀具路径变换”工具栏中的“多重变换”按钮，然后出现“多重变换”对话框，选择此对话框中的“圆形”标签，在“圆形”选项卡中将“数值”设置为“4”，如图 3—2—64 所示。依次单击“接受”按钮和“刀具路径变换”工具栏中的“接受改变”按钮。此时在用户界面左边的 PowerMILL 浏览器中刀具路径下增加一个刀具路径“2_1”。激活刀具路径“2_1”。将刀具路径“2_1”名称改为

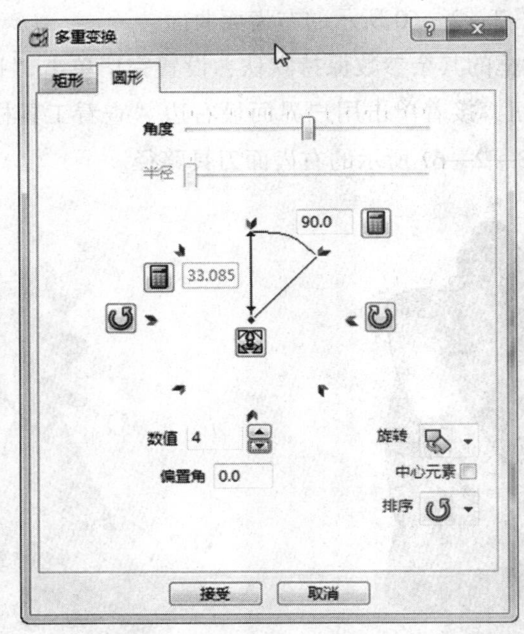

图 3—2—64 “多重变换”对话框

“2T2BM10-C-01”，如图 3—2—65 所示。最后单击用户界面最右边“查看工具栏”中的“ISO1”按钮，用户界面产生如图 3—2—66 所示的右齿面粗加工刀具路径。

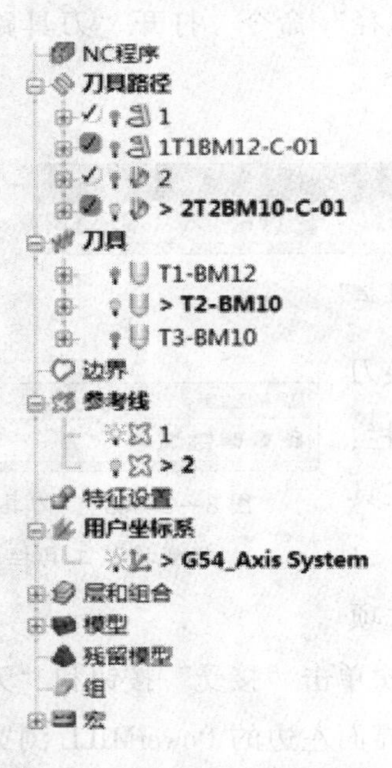

图 3—2—65 PowerMILL 浏览器

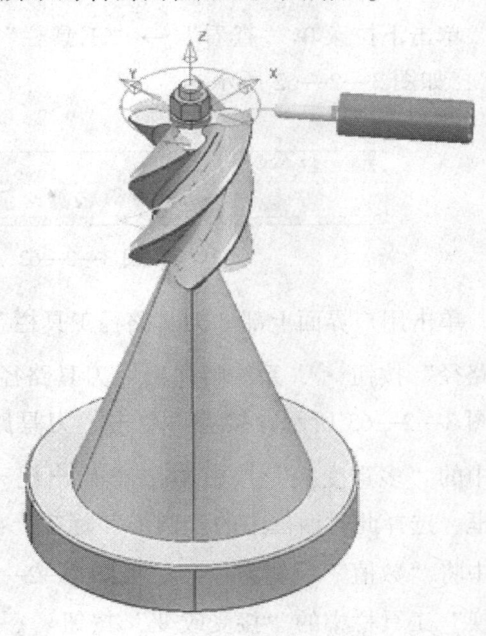

图 3—2—66 右齿面粗加工刀具路径

③创建左齿面粗加工刀具路径。单击用户界面上部“主工具栏”中的“刀具路径策略”按钮，弹出如图 3—2—67 所示的“策略选取器”对话框。

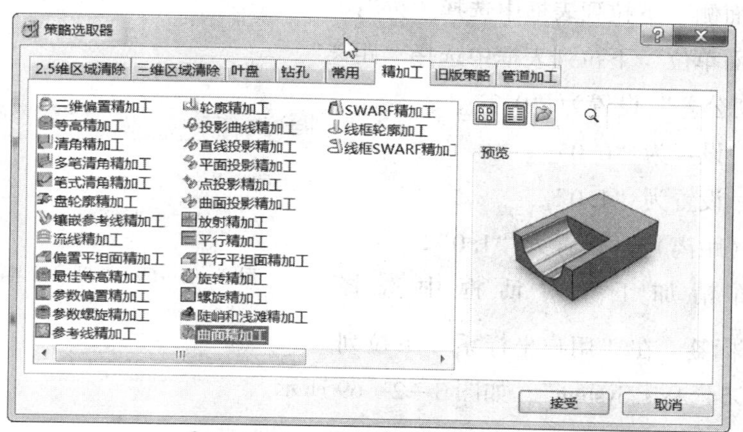

图 3—2—67 “策略选取器”对话框

单击“精加工”标签，然后选择“曲面精加工”选项，如图 3—2—67 所示，单击“接受”按钮，将弹出如图 3—2—68 所示的“曲面精加工”对话框。

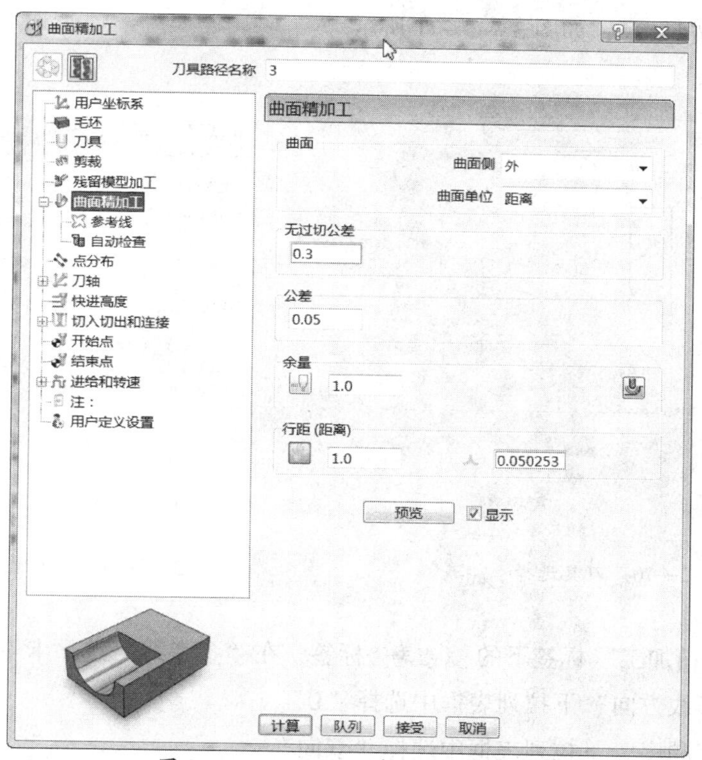

图 3—2—68 “曲面精加工”对话框

在此对话框中设置如下参数：

❑“刀具路径名称”改为“3”。

❑在“曲面侧”下拉列表框中选择“外”。

❑在“曲面单位”下拉列表框中选择“距离”。

❑“无过切公差”设置为“0.3”。

❑“公差”设置为“0.05”。

❑“余量”设置为“1.0”。

❑“行距（距离）”设置为“1.0”。

在“曲面精加工”对话框中选择 用户坐标系标签，在“用户坐标系”下拉列表框中选择“G54_Axis System”，如图3—2—69所示。

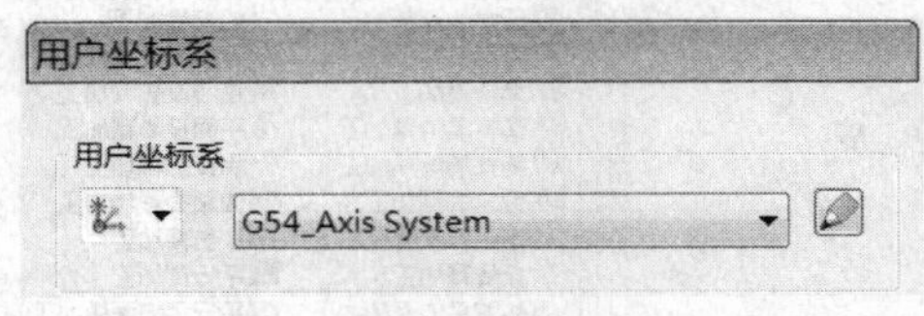

图3—2—69 “用户坐标系”选择

选择 刀具标签，在刀具选择下拉列表框中选择刀具“T2-BM10”，如图3—2—70所示。

选择 剪裁标签，在“剪裁”选项卡的毛坯“剪裁”下拉列表框中选择“允许刀具中心在毛坯以外”，如图3—2—71所示。

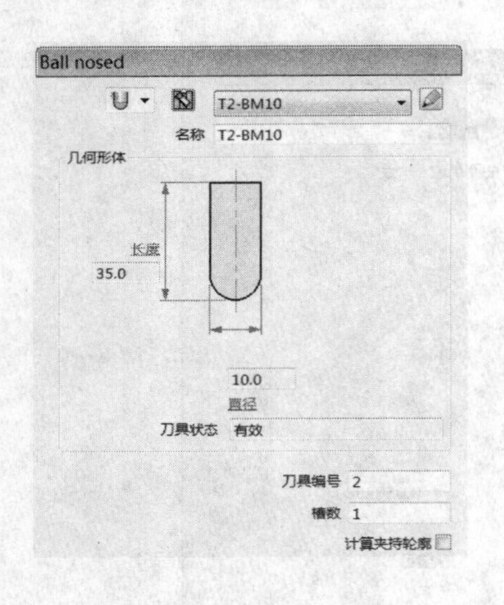

图3—2—70 刀具选择

图3—2—71 “剪裁”选择

选择“曲面精加工”标签下的 参考线标签，在“参考线”选项卡中设置如下参数：

❑在“参考线方向”下拉列表框中选择“U”。

❑在“加工顺序”下拉列表框中选择“双向”。

❑ 在“开始角”下拉列表框中选择“最大 U 最大 V”。

❑ 在“顺序”下拉列表框中选择“无”。

设置结果如图 3—2—72 所示。

选择“曲面精加工”标签下的自动检查标签，将“自动检查”选项卡中的“头部间隙”设置为“600.0”，如图 3—2—73 所示。

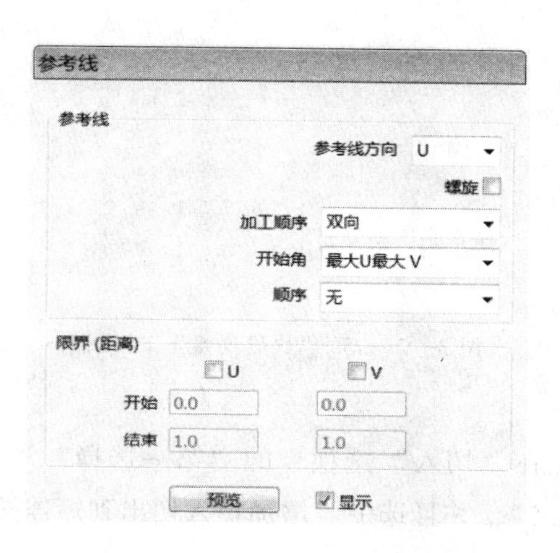

图 3—2—72 “参考线”参数设置

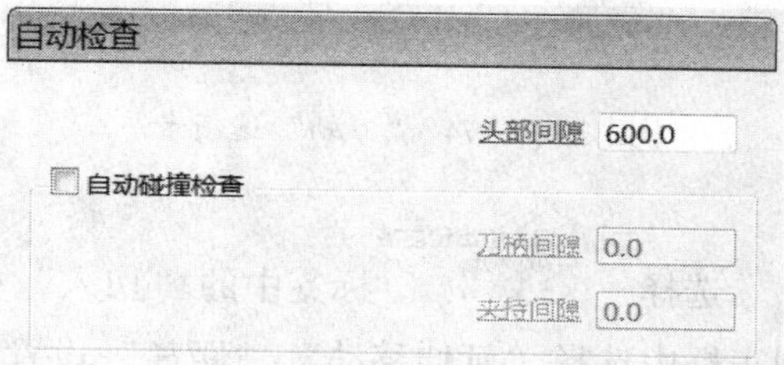

自动检查
头部间隙 600.0
自动碰撞检查
刀柄间隙 0.0
夹持间隙 0.0

图 3—2—73 “自动检查”参数设置

选择刀轴标签，在“刀轴”选项卡中设置如下参数：

❑ 在“刀轴”下拉列表框中选择“朝向直线”。

❑“点”设置为“0.0”“0.0”“0.0”。

❑“方向”设置为“0.0”“0.0”“1.0”。

❑ 在“固定角度”下拉列表框中选择“无”。

选择结果如图 3—2—74 所示。

选择快进高度标签，在“快进高度”选项卡中设置如下参数：

❑ 在“安全区域”下拉列表框中选择“圆柱体”。

❑ 在“用户坐标系”下拉列表框中选择“G54_Axis System”。

❑“位置”设置为“-0.0”“0.0”“0.0”。

❑“方向”设置为“0.0”“0.0”“1.0”。

❑“半径”设置为“50.0”。

❑“下切半径”设置为“40.0”。

选择结果如图 3—2—75 所示。

刀轴
刀轴
朝向直线
点
0.0 0.0 0.0
方向
0.0 0.0 1.0
固定角度
无 90.0
替换刀具路径用户坐标系
用户坐标系
刀轴限界
自动碰撞避让
刀轴光顺
方向矢量
显示刀轴

图 3—2—74 “刀轴”选项卡

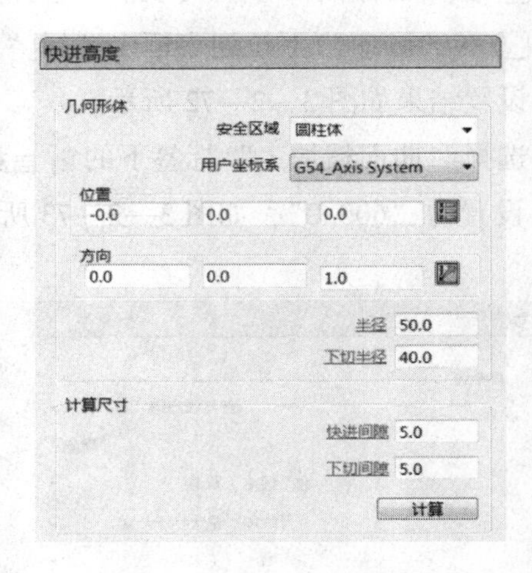

图 3—2—75 “快进高度”选项卡

选择“切入切出和连接”标签中的“切入”标签。在“切入”选项卡的“第一选择”下拉列表框中选择“延伸移动”，“距离”设置为“6.5”，并且选中“增加切入切出到短连接”复选框。单击“切出和切入相同”按钮，把“切入”的参数全部复制给“切出”，如图 3—2—76 所示。单击“连接”标签，在“连接”选项卡的“短”下拉列表框中选择“下切步距”，“长”下拉列表框中选择“掠过”，“缺省”下拉列表框中选择“相对”，如图 3—2—77 所示。

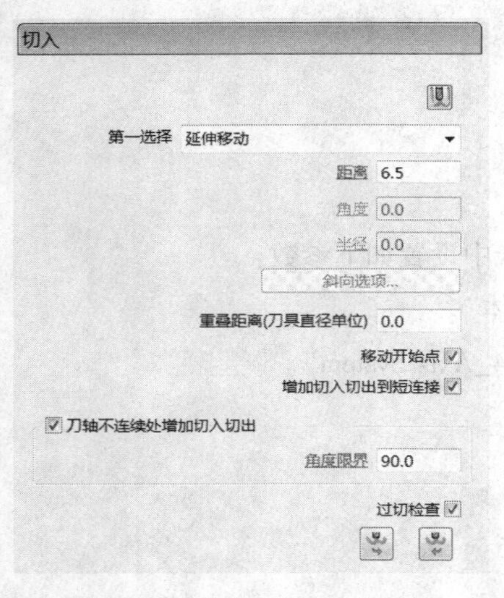

图 3—2—76 “切入”选项卡

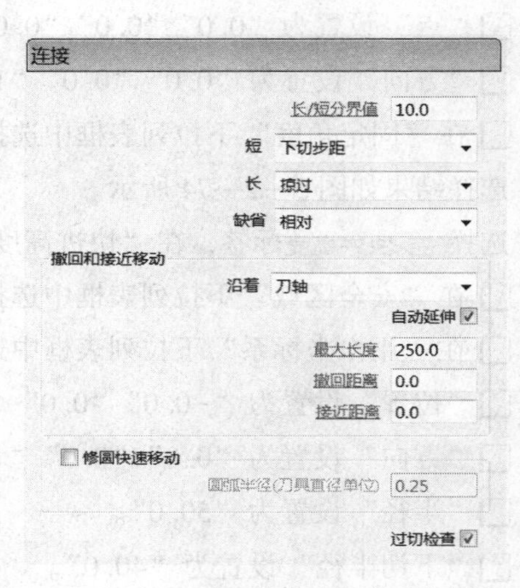

图 3—2—77 “连接”选项卡

在用户界面中选取图 3—2—78 所示的左齿面曲面。

“曲面精加工”对话框的其余参数保持默认，设置完毕单击“计算”按钮。刀具路径生成后单击“取消”按钮，接着单击用户界面最右边“查看工具栏”中的“ISO1”按钮 ，用户界面产生如图 3—2—79 所示的左齿面刀具路径。

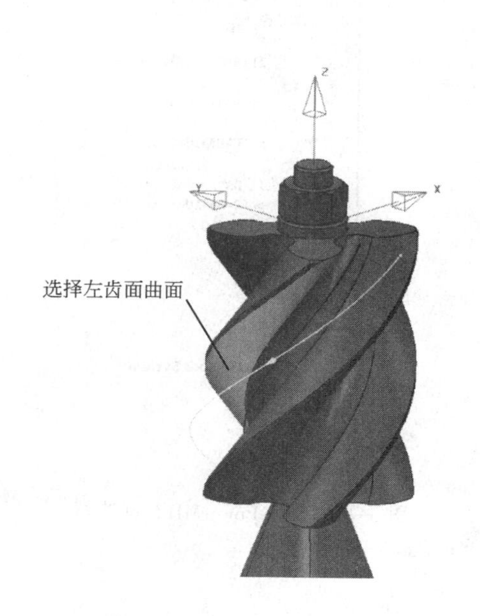

图 3—2—78　左齿面曲面

图 3—2—79　刀具路径“3”

单击下拉菜单“查看”→“工具栏”→“刀具路径”命令。打开“刀具路径工具栏”，如图 3—2—80 所示。

图 3—2—80　“刀具路径工具栏”

单击用户界面上部“刀具路径工具栏”中的“变换刀具路径”按钮 ，系统将弹出“刀具路径变换”工具栏，如图3—2—81所示。接着再单击“刀具路径变换”工具栏中的“多重变换”按钮 ，然后出现“多重变换”对话框，选择此对话框中的“圆形”标签，在“圆形”选项卡中将“数值”设置为“4”，如图 3—2—82 所示。依次单击“接受”按钮和“刀具路径变换”工具栏中的“接受改变”按钮 。此时在用户界面左边的 PowerMILL 浏览器中刀具路径下增加一个刀具路径“3_1”。

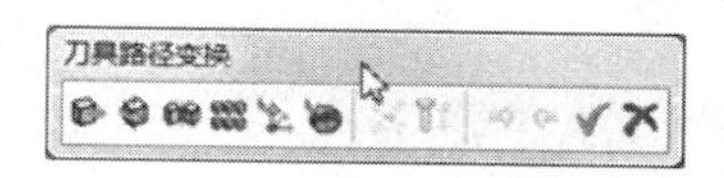

图 3—2—81　“刀具路径变换”工具栏

激活刀具路径“3_1”。将刀具路径“3_1”名称改为“3T2BM10-C-01”，如图3—2—83所示。最后单击用户界面最右边“查看工具栏”中的“ISO1”按钮，用户界面产生如图3—2—84所示的左齿面粗加工刀具路径。

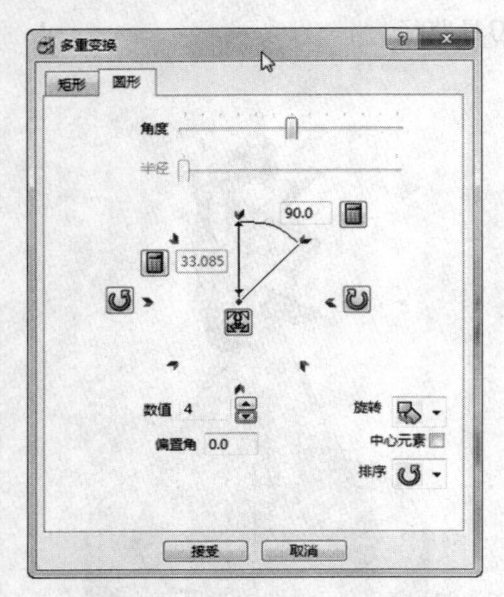

图3—2—82 “多重变换”对话框

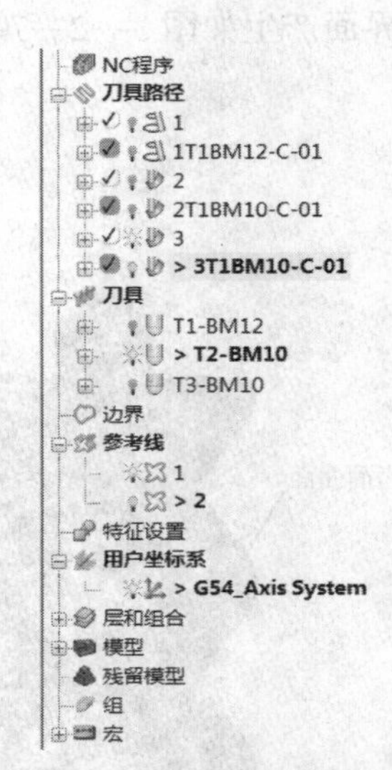

图3—2—83 PowerMILL浏览器

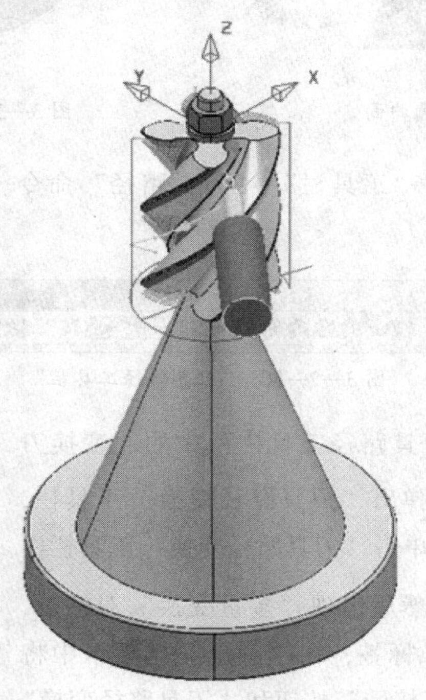

图3—2—84 左齿面粗加工刀具路径

（2）半精加工刀具路径的产生

1）创建右齿面半精加工刀具路径。参照右齿面粗加工编程方法，将“曲面精加工”对话框中“刀具路径名称”设置为“4”，“公差”设置为“0.02”，“余量”设置为“0.2”，“行距（距离）”设置为“0.8”，其他参数不变，产生刀具路径“4”。再通过刀具路径编辑旋转产生一个新的刀具路径“4_1”。最后将刀具路径“4_1”的名称修改为“4T2BM10-BJ-01”。结果如图3—2—85所示。

2）创建左齿面半精加工刀具路径。参照左齿面粗加工编程方法，将“曲面精加工”对话框中“刀具路径名称”设置为“5”，“公差”设置为“0.02”，“余量”设置为“0.2”，“行距（距离）”设置为“0.8”，其他参数不变，产生刀具路径“5”。再通过刀具路径编辑旋转产生一个新的刀具路径“5_1”。最后将刀具路径“5_1”的名称修改为“5T2BM10-BJ-01”。结果如图3—2—86所示。

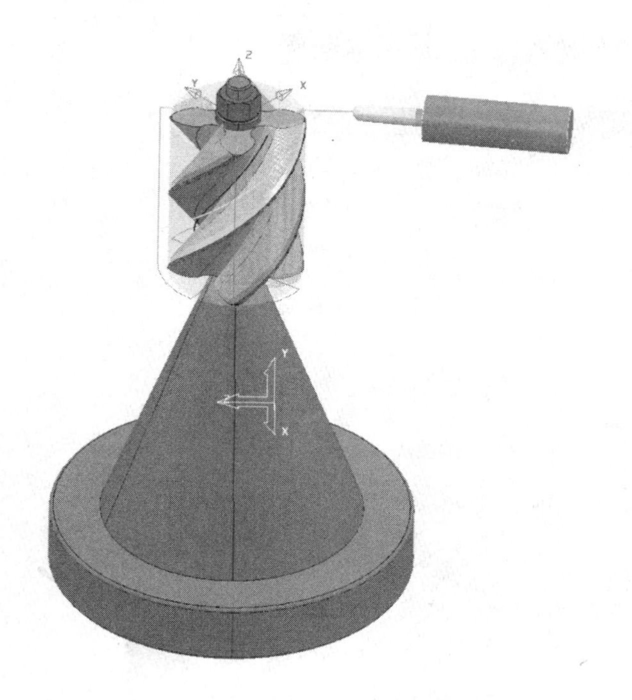

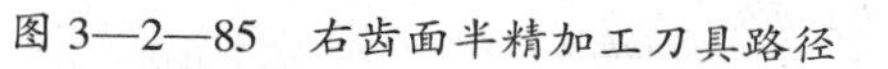

图3—2—85　右齿面半精加工刀具路径

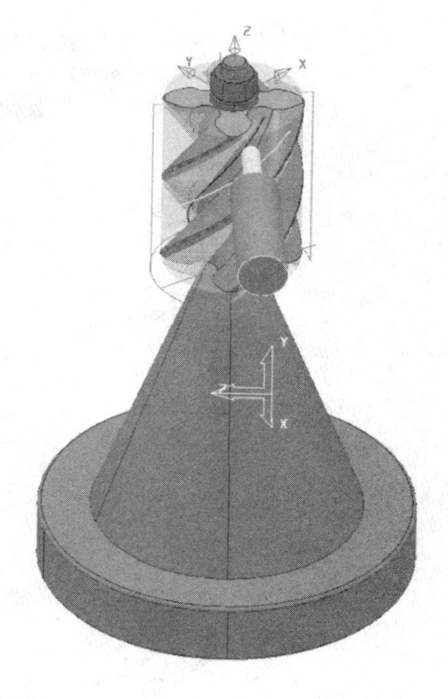

图3—2—86　左齿面半精加工刀具路径

3）创建齿根面半精加工刀具路径。单击用户界面上部“主工具栏”中的“刀具路径策略”按钮，弹出如图3—2—87所示的“策略选取器”对话框。

单击“精加工”标签，然后选择“曲面精加工”选项，如图3—2—87所示，单击“接受”按钮，将弹出如图3—2—88所示的“曲面精加工”对话框。

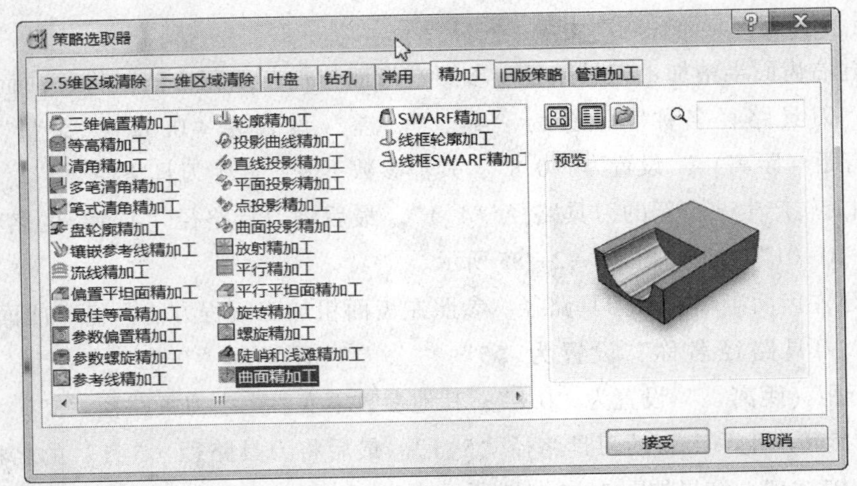

图 3—2—87 “策略选取器”对话框

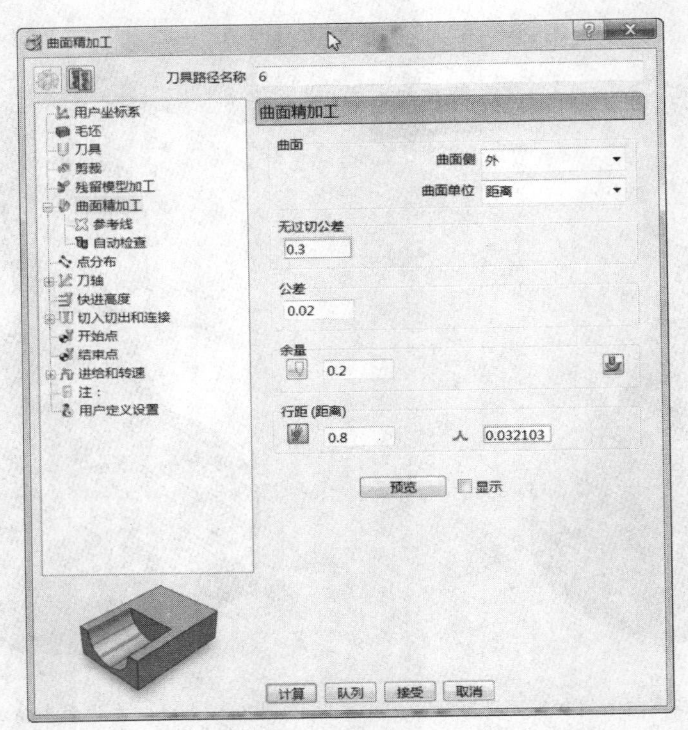

图 3—2—88 “曲面精加工”对话框

在此对话框中设置如下参数：

- “刀具路径名称”改为“6”。
- 在“曲面侧”下拉列表框中选择“外”。
- 在“曲面单位”下拉列表框中选择“距离”。

❑ “无过切公差”设置为“0.3”。

❑ “公差”设置为“0.02”。

❑ “余量”设置为“0.2”。

❑ “行距（距离）”设置为“0.8”。

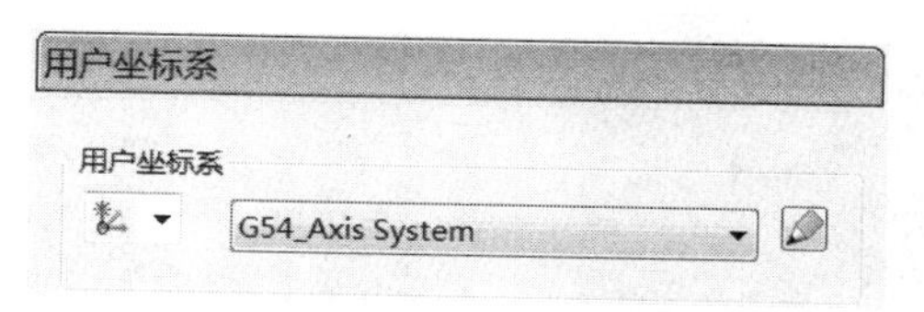

图 3—2—89 “用户坐标系”选择

在“曲面精加工”对话框中选择用户坐标系标签，在“用户坐标系”下拉列表框中选择“G54_Axis System”，如图 3—2—89 所示。

选择刀具标签，在刀具选择下拉列表框中选择刀具“T2-BM10”，如图 3—2—90 所示。

选择剪裁标签，在“剪裁”选项卡的毛坯“剪裁”下拉列表框中选择“允许刀具中心在毛坯以外”，如图 3—2—91 所示。

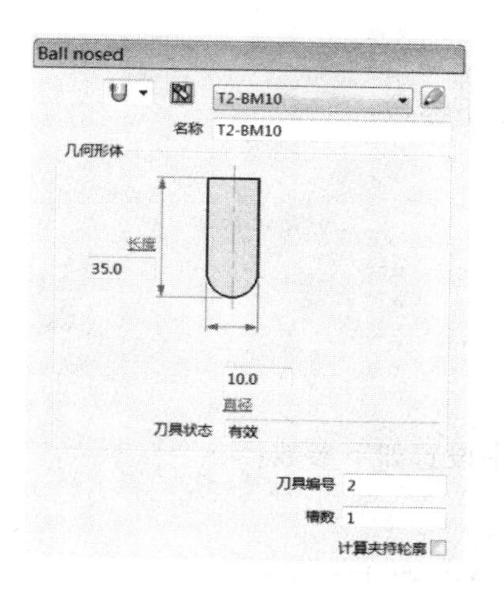

图 3—2—90 刀具选择

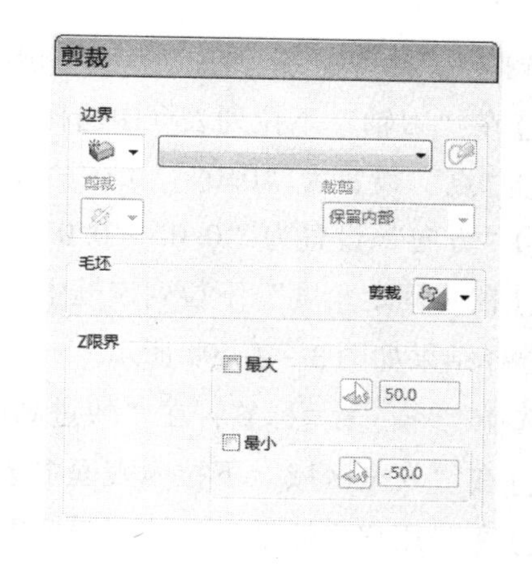

图 3—2—91 “剪裁”选择

选择“曲面精加工”标签下的参考线标签，在“参考线”选项卡中设置如下参数：

❑ 在“参考线方向”下拉列表框中选择“U”。

❑ 在“加工顺序”下拉列表框中选择“双向”。

❑ 在“开始角”下拉列表框中选择“最大 U 最大 V”。

❑ 在“顺序”下拉列表框中选择“由外向内”。

设置结果如图 3—2—92 所示。

选择“曲面精加工”标签下的自动检查标签，将“自动检查”选项卡中的“头部

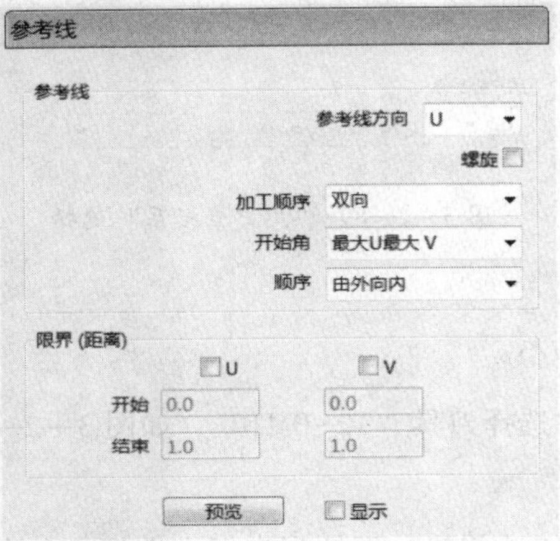

参考线
参考线
参考线方向 U
螺旋
加工顺序 双向
开始角 最大U最大V
顺序 由外向内
限界 (距离)
U
V
开始 0.0 0.0
结束 1.0 1.0
预览
显示

图 3—2—92 “参考线”参数设置

自动检查
头部间隙 600.0
自动碰撞检查
刀柄间隙 0.0
夹持间隙 0.0

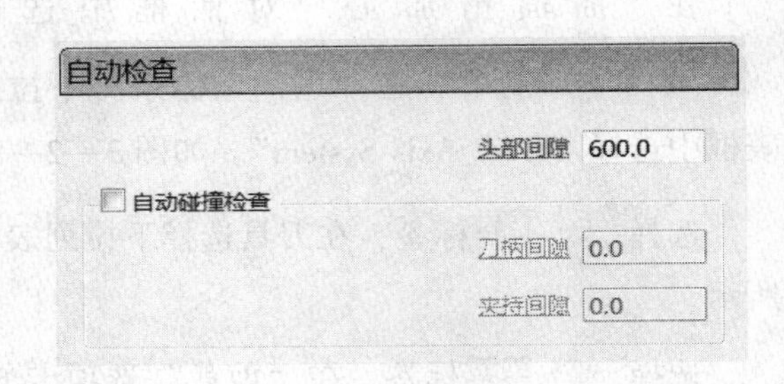

图 3—2—93 “自动检查”参数设置

间隙”设置为“600.0”，如图 3—2—93 所示。

选择 刀轴标签，在“刀轴”选项卡中设置如下参数：

❑ 在“刀轴”下拉列表框中选择“朝向直线”。

❑“点”设置为“0.0”“0.0”“0.0”。

❑“方向”设置为“0.0”“0.0”“1.0”。

❑ 在“固定角度”下拉列表框中选择“无”。

选择结果如图 3—2—94 所示。

选择 快进高度标签，在“快进高度”选项卡中设置如下参数：

❑ 在“安全区域”下拉列表框中选择“圆柱体”。

❑ 在“用户坐标系”下拉列表框中选择“G54_Axis System”。

❑“位置”设置为“-0.0”“0.0”“0.0”。

❑“方向”设置为“0.0”“0.0”“1.0”。

❑“半径”设置为“50.0”。

❑“下切半径”设置为“40.0”。

选择结果如图 3—2—95 所示。

选择 切入切出和连接 切入 标签中的“切入”标签。在“切入”选项卡的“第一选择”下拉列表框中选择“延伸移动”，“距离”设置为“6.5”，并且选中“增加切入切出到短连接”复选框。单击“切出和切入相同”按钮，把“切入”的参数全部复制给“切出”，如

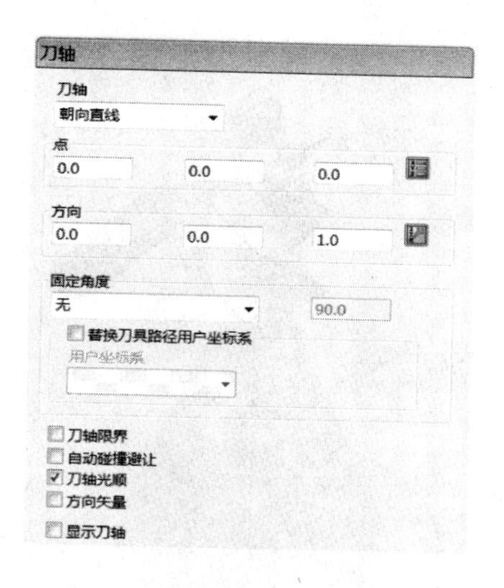

图 3—2—94 “刀轴”选项卡

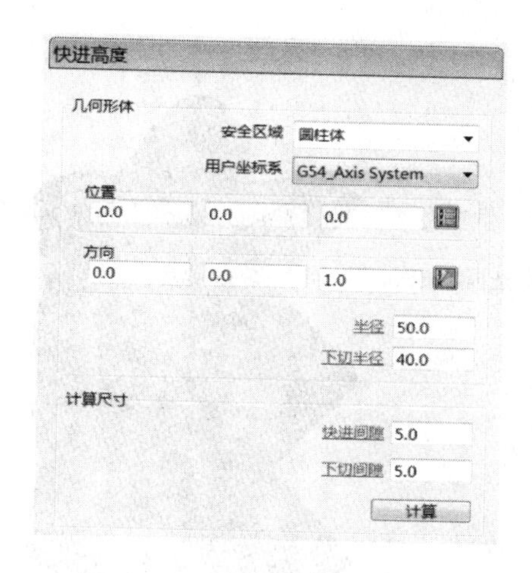

图 3—2—95 “快进高度”选项卡

图 3—2—96 所示。单击“连接”标签，在“连接”选项卡的“短”下拉列表框中选择“圆形圆弧”，“长”下拉列表框中选择“掠过”，“缺省”下拉列表框中选择“相对”，如图 3—2—97 所示。

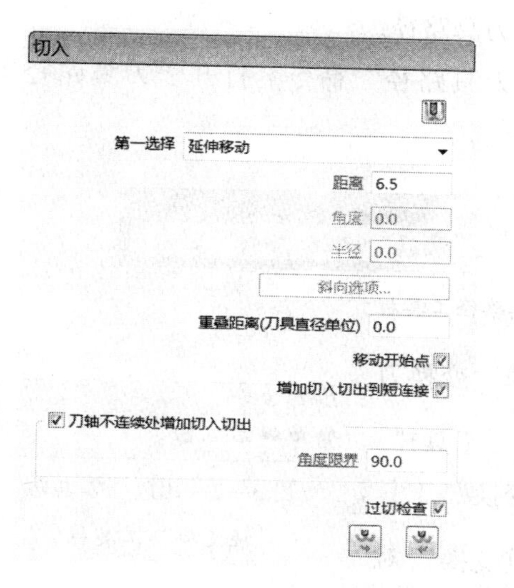

图 3—2—96 “切入”选项卡

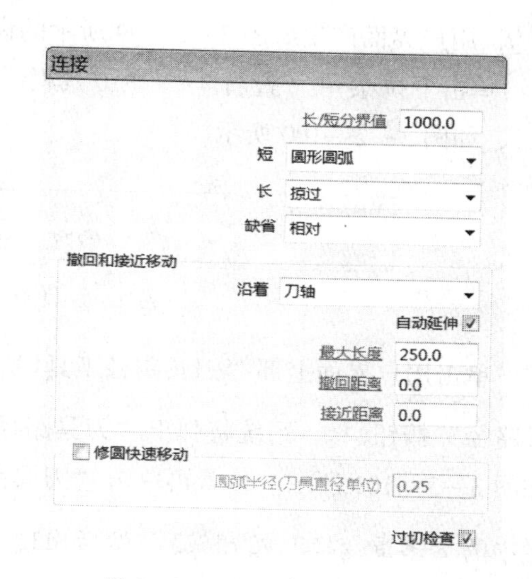

图 3—2—97 “连接”选项卡

在用户界面中选取图 3—2—98 所示的齿根面曲面。

“曲面精加工”对话框的其余参数保持默认，设置完毕单击“计算”按钮。刀具路径生成后单击“取消”按钮，接着单击用户界面最右边“查看工具栏”中的“ISO1”按钮

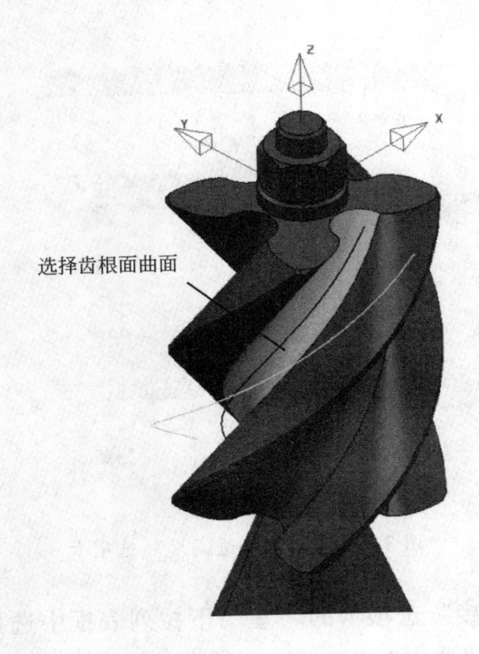

图 3—2—98 齿根面曲面

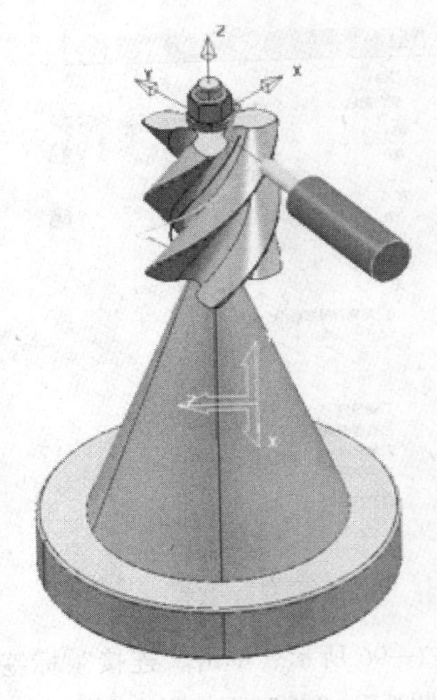

图 3—2—99 刀具路径“6”

，用户界面产生如图 3—2—99 所示的齿根面刀具路径。

单击下拉菜单“查看”→“工具栏”→“刀具路径”命令。打开“刀具路径工具栏”，如图 3—2—100 所示。

图 3—2—100 “刀具路径工具栏”

单击用户界面上部“刀具路径工具栏”中的“变换刀具路径”按钮，系统将弹出“刀具路径变换”工具栏，如图 3—2—101 所示。接着再单击“刀具路径变换”工具栏中的“多重变换”按钮，然后出现“多重变换”对话框，选择此对话框中的“圆形”标签，在“圆形”选项卡中将“数值”设置为“4”，如图 3—2—102 所示。依次单击“接受”按钮和“刀具路径变换”工具栏中的“接受改变”按钮。此时在用户界面左边的 PowerMILL 浏览器中刀具路径下增加一个刀具路径“6_1”。激活刀具路径“6_1”。将刀具路径“6_1”的名称改为“6T2BM10-BJ-01”，如

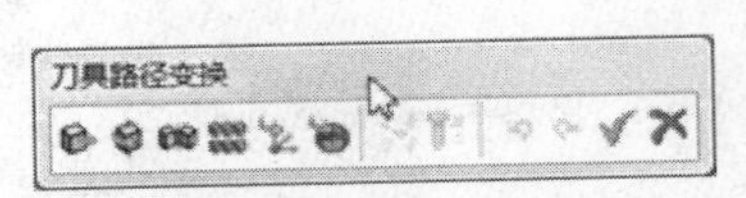

图 3—2—101 “刀具路径变换”工具栏

图 3—2—103 所示。最后单击用户界面最右边“查看工具栏”中的“ISO1”按钮，用户界面产生如图 3—2—104 所示的齿根面刀具路径。

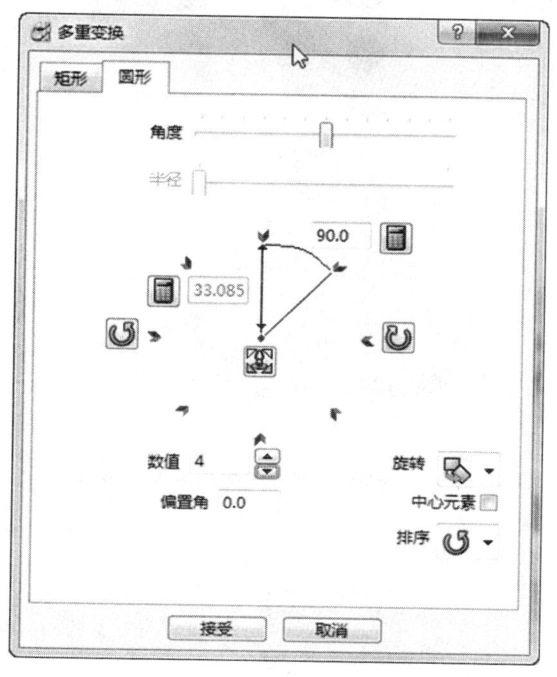

图 3—2—102 “多重变换”对话框

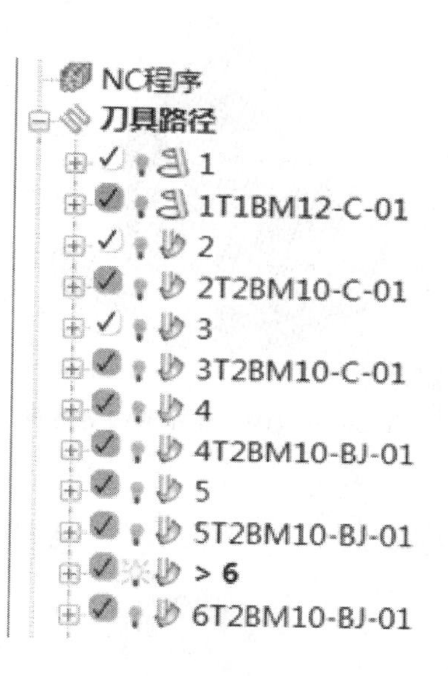

图 3—2—103 PowerMILL 浏览器

（3）精加工刀具路径的产生

1）创建右齿面精加工刀具路径。参照右齿面半精加工编程方法，将“曲面精加工”对话框中“刀具路径名称”设置为“7”，“公差”设置为“0.01”，“余量”设置为“0.0”，“行距（距离）”设置为“0.15”，刀具选择“T3-BM10”，其他参数不变，产生刀具路径“7”。再通过刀具路径编辑旋转产生一个新的刀具路径“7_1”。最后将刀具路径“7_1”的名称修改为“7T3BM10-J-01”。结果如图 3—2—105 所示。

2）创建左齿面精加工刀具路径。参照左齿面半精加工编程方法，将“曲面精加工”对话框中“刀具路径名称”设置为“8”，“公差”设置为“0.01”，“余量”设置为“0.0”，“行距（距离）”设置为“0.15”，刀具选择“T3-BM10”，其他参数不变，产生刀具路径“8”。再通过刀具路径编辑旋转产生一个新的刀具路径“8_1”。最后将刀具路径“8_1”的名称修改为“8T3BM10-J-01”。结果如图 3—2—106 所示。

3）创建齿根面精加工刀具路径。参照齿根面半精加工编程方法，将“曲面精加工”对话框中“刀具路径名称”设置为“9”，“公差”设置为“0.01”，“余量”设置为“0.0”，

图 3—2—104　齿根面刀具路径

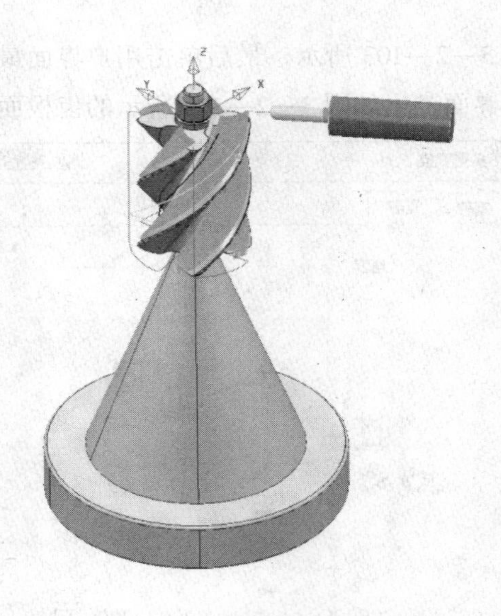

图 3—2—105　右齿面精加工刀具路径

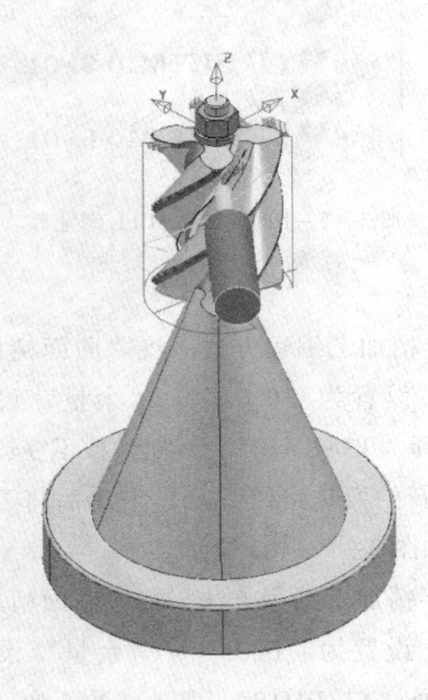

图 3—2—106　左齿面精加工刀具路径

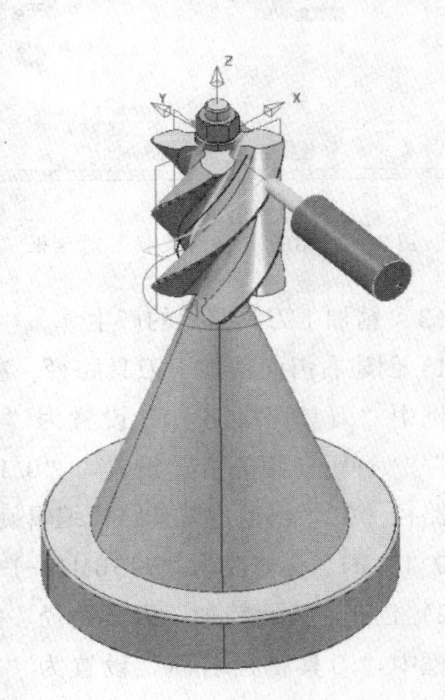

图 3—2—107　齿根面精加工刀具路径

“行距（距离）”设置为“0. 3”，刀具选择“T3-BM10”，其他参数不变，产生刀具路径“9”。再通过刀具路径编辑旋转产生一个新的刀具路径“9_1”。最后将刀具路径“9_1”的名称修改为“9T3BM10-J-01”。结果如图 3—2—107 所示。

三、刀具路径仿真

1. 仿真前的准备

如图 3—2—108 所示，单击下拉菜单“查看”→“工具栏”命令，分别选择“仿真”和“ViewMill”菜单。这时在用户界面中出现“仿真工具栏”和“ViewMill 工具栏”，如图 3—2—109 所示。

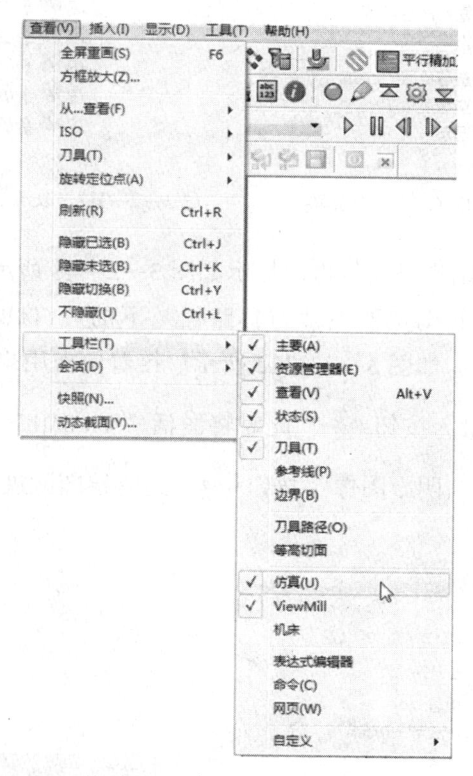

图 3—2—108 打开“仿真工具栏”和“ViewMill 工具栏”

图 3—2—109 “仿真工具栏”和“ViewMill 工具栏”

2. 刀具路径的仿真

将鼠标移至 PowerMILL 浏览器中“刀具路径”下的“1T1BM12-C-01”，然后右击，选择“激活”选项，如图 3—2—110 所示。

激活后的刀具路径“1T1BM12-C-01”前面将产生一个“>”符号，指示灯变亮，如

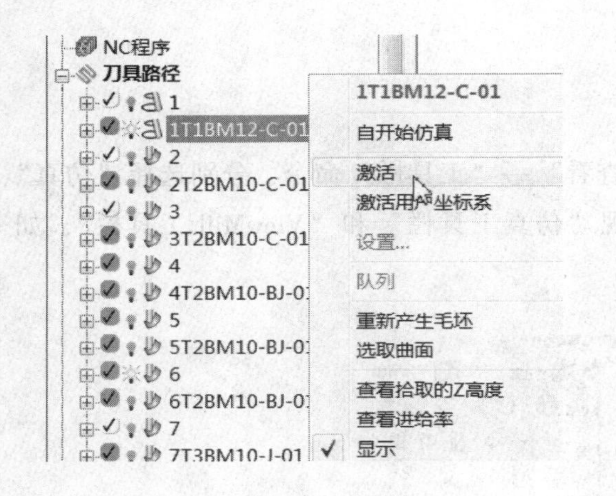

图 3—2—110　激活“1T1BM12-C-01”刀具路径

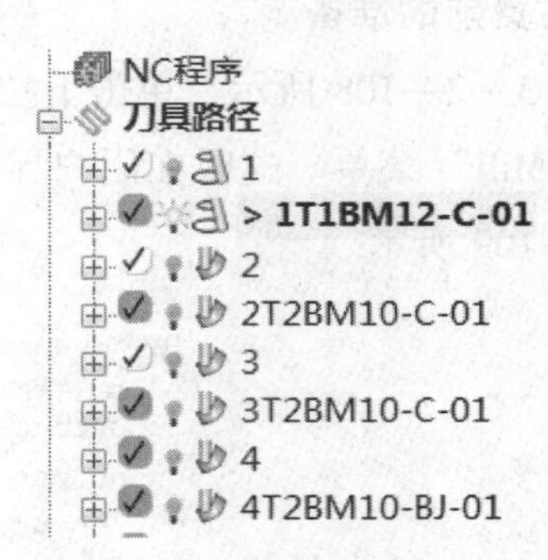

图 3—2—111　激活后的刀具路径“1T1BM12-C-01”

图 3—2—111 所示，同时用户界面将再次显示如图 3—2—48 所示的模型和刀具路径。

将鼠标移至 PowerMILL 浏览器中“刀具路径”下的“1T1BM12-C-01”，然后右击，选择“自开始仿真”选项，如图 3—2—112 所示。接着单击用户界面上部“ViewMill 工具栏”中的“开/关 ViewMill”按钮，此时将激活“ViewMill 工具栏”，如图 3—2—113 所示。然后单击“切削方向阴影图像”按钮，这时绘图区进入仿真界面，如图 3—2—114 所示。

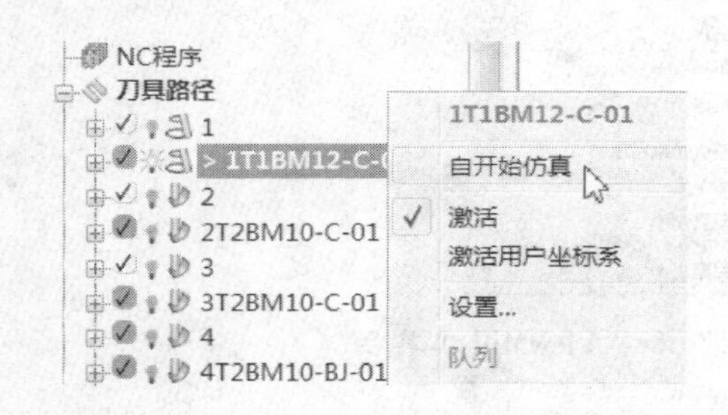

图 3—2—112　“1T1BM12-C-01”刀具路径仿真

图 3—2—113　“ViewMill 工具栏”

单击“仿真工具栏”中的“运行”按钮，如图 3—2—115 所示，执行“1T1BM12-C-01”刀具路径的仿真，仿真结果如图 3—2—116 所示。

将刀具路径“2T2BM10-C-01”激活。鼠标移至 PowerMILL 浏览器中“刀具路径”下的“2T2BM10-C-01”，然后右击，选择“自开始仿真”选项，如图 3—2—117 所示。单击“仿真工具栏”中的“运行”按钮，执行粗加工刀具路径的仿真，仿真结果如图

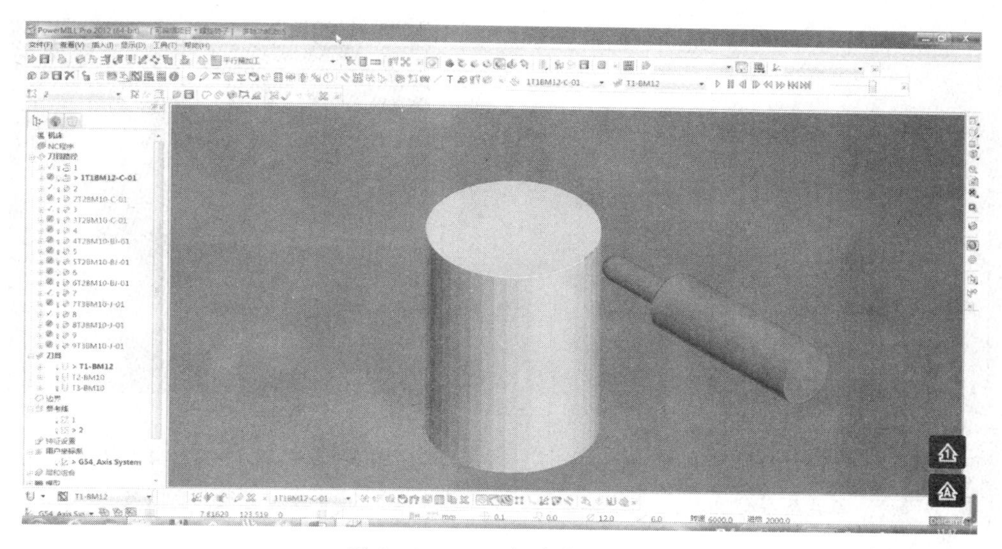

图 3—2—114 仿真界面显示

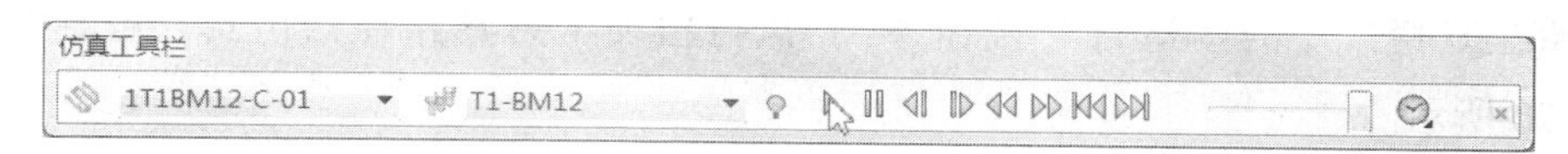

图 3—2—115 “仿真工具栏”

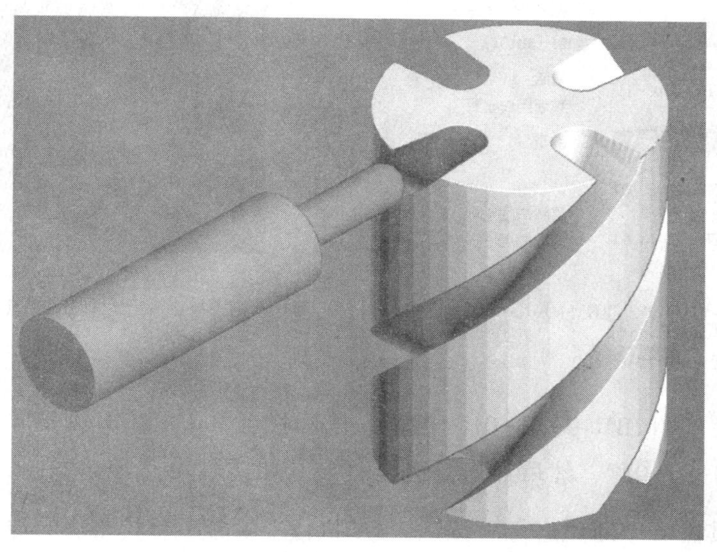

图 3—2—116 刀具路径“1T1BM12-C-01”仿真结果

3—2—118 所示。

将刀具路径“3T2BM10-C-01”激活。鼠标移至 PowerMILL 浏览器中“刀具路径”下

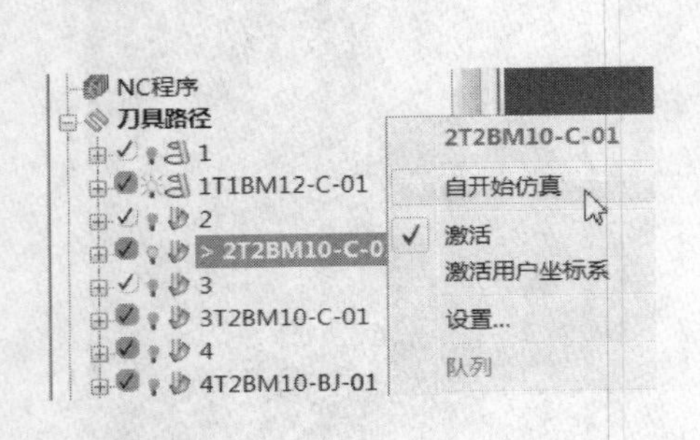

图 3—2—117 “2T2BM10-C-01”刀具路径仿真

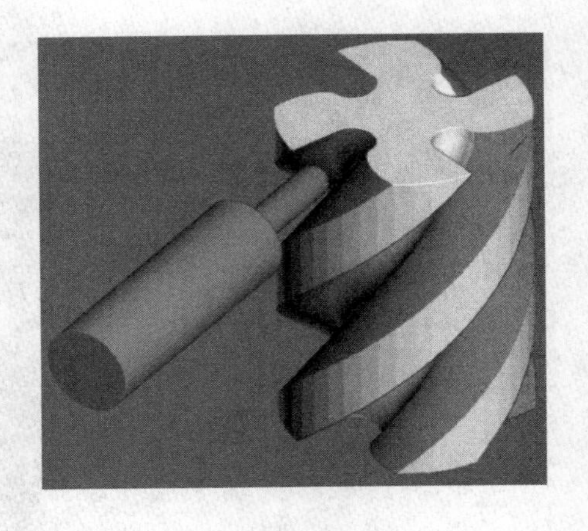

图 3—2—118 “2T2BM10-C-01”刀具路径仿真结果

的“3T2BM10-C-01”，然后右击，选择“自开始仿真”选项，如图 3—2—119 所示。单击“仿真工具栏”中的“运行”按钮，执行粗加工刀具路径的仿真，仿真结果如图 3—2—120 所示。

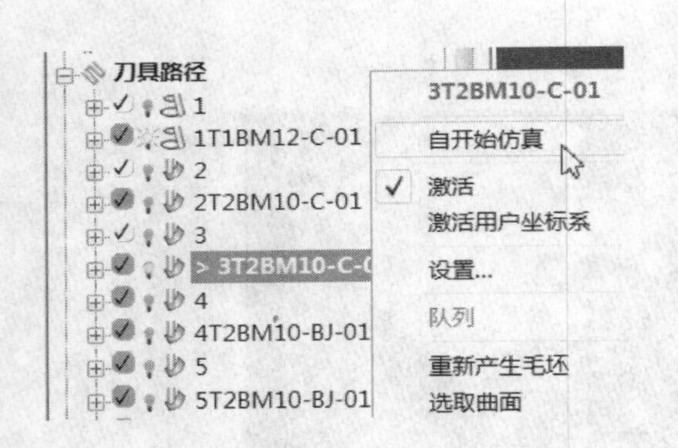

图 3—2—119 “3T2BM10-C-01”刀具路径仿真

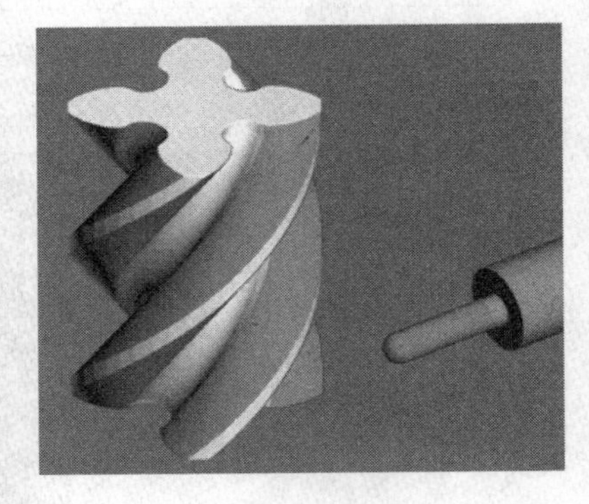

图 3—2—120 “3T2BM10-C-01”刀具路径仿真结果

将刀具路径“4T2BM10-BJ-01”激活。鼠标移至 PowerMILL 浏览器中“刀具路径”下的“4T2BM10-BJ-01”，然后右击，选择“自开始仿真”选项，如图 3—2—121 所示。单击“仿真工具栏”中的“运行”按钮，执行半精加工刀具路径的仿真，仿真结果如图 3—2—122 所示。

将刀具路径“5T2BM10-BJ-01”激活。鼠标移至 PowerMILL 浏览器中“刀具路径”下的“5T2BM10-BJ-01”，然后右击，选择“自开始仿真”选项，如图 3—2—123 所示。

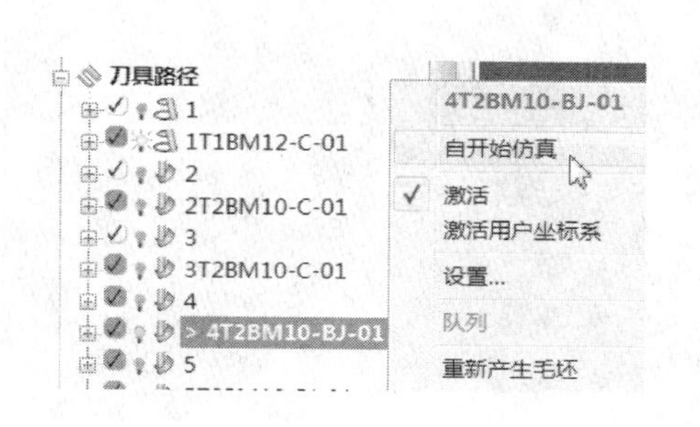

图 3—2—121 “4T2BM10-BJ-01”
刀具路径仿真

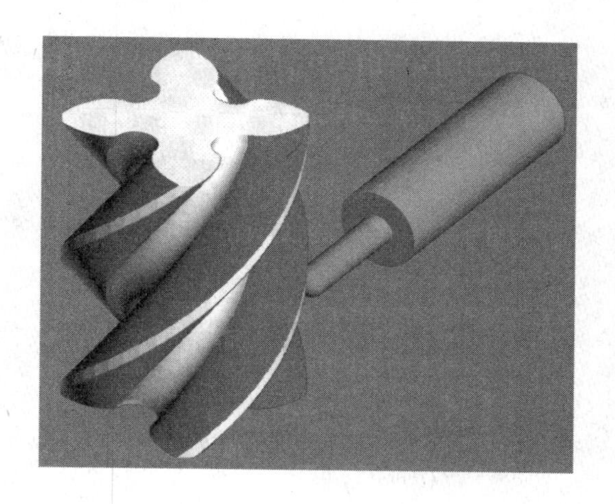

图 3—2—122 “4T2BM10-BJ-01”
刀具路径仿真结果

单击“仿真工具栏”中的“运行”按钮，执行半精加工刀具路径的仿真，仿真结果如图 3—2—124 所示。

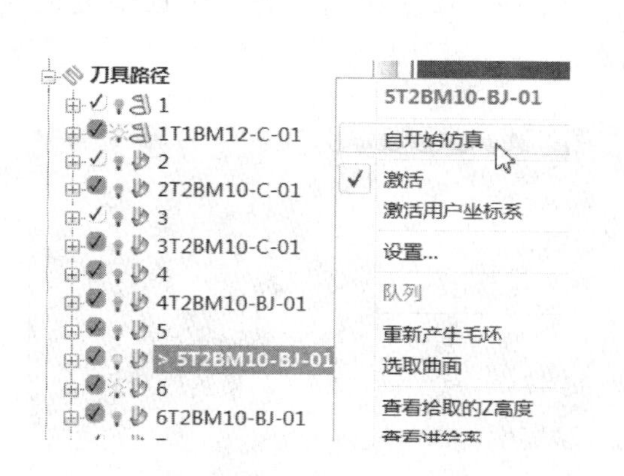

图 3—2—123 “5T2BM10-BJ-01”
刀具路径仿真

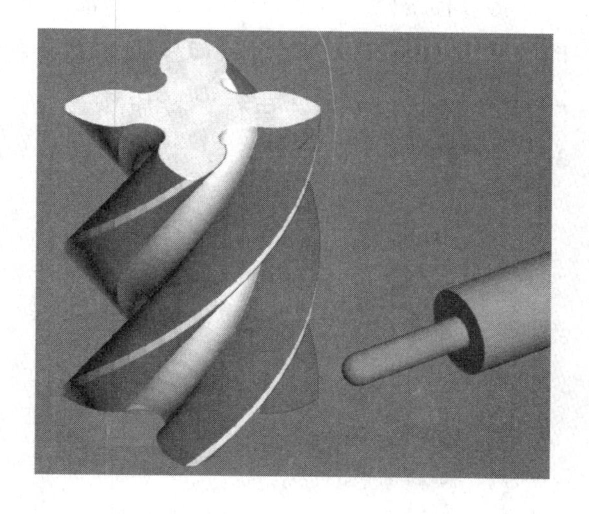

图 3—2—124 “5T2BM10-BJ-01”
刀具路径仿真结果

将刀具路径“6T2BM10-BJ-01”激活。鼠标移至 PowerMILL 浏览器中“刀具路径”下的“6T2BM10-BJ-01”，然后右击，选择“自开始仿真”选项，如图 3—2—125 所示。单击“仿真工具栏”中的“运行”按钮，执行半精加工刀具路径的仿真，仿真结果如

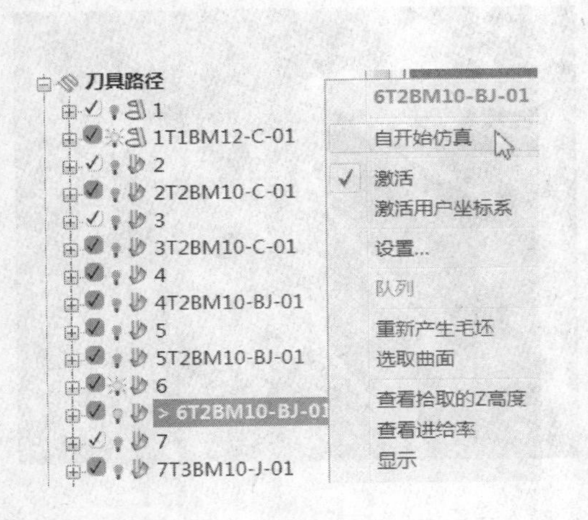

图 3—2—125 “6T2BM10-BJ-01”
刀具路径仿真

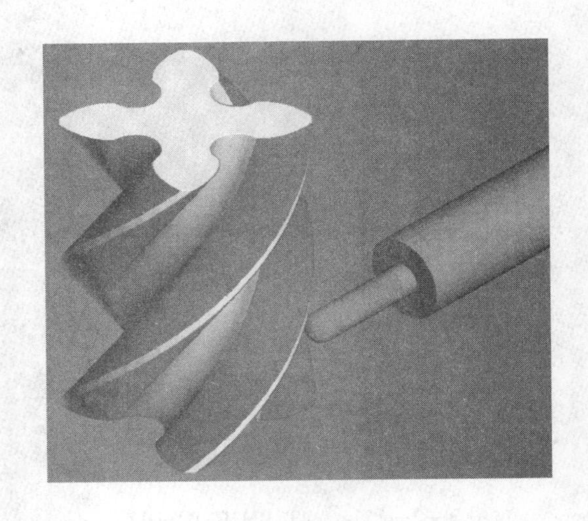

图 3—2—126 “6T2BM10-BJ-01”
刀具路径仿真结果

图 3—2—126 所示。

将刀具路径“7T3BM10-J-01”激活。鼠标移至 PowerMILL 浏览器中“刀具路径”下的“7T3BM10-J-01”，然后右击，选择“自开始仿真”选项，如图 3—2—127 所示。单击“仿真工具栏”中的“运行”按钮▷，执行精加工刀具路径的仿真，仿真结果如图 3—2—128 所示。

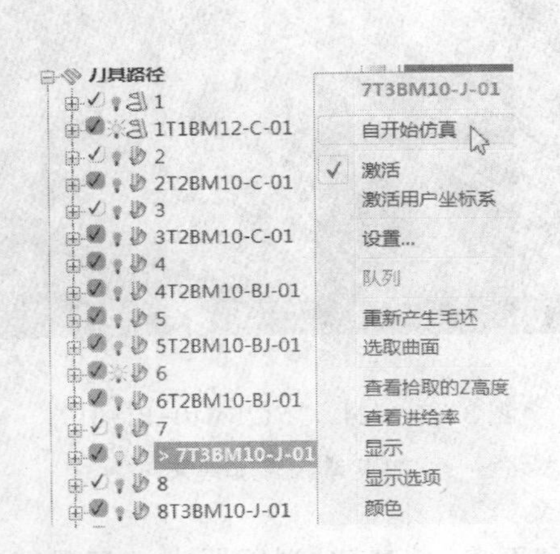

图 3—2—127 “7T3BM10-J-01”
刀具路径仿真

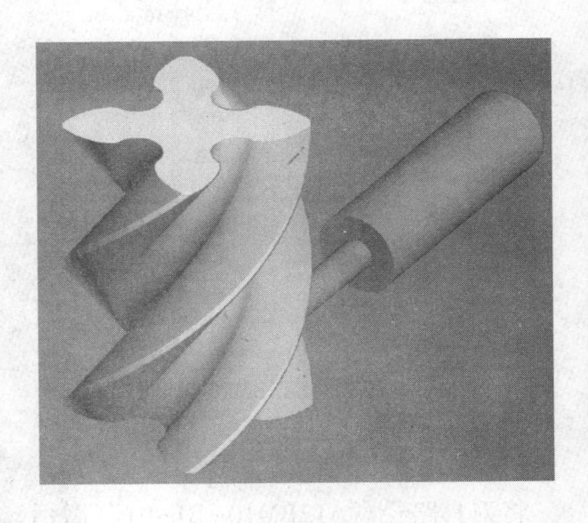

图 3—2—128 “7T3BM10-J-01”
刀具路径仿真结果

将刀具路径“8T3BM10-J-01”激活。鼠标移至 PowerMILL 浏览器中“刀具路径”下的“8T3BM10-J-01”，然后右击，选择“自开始仿真”选项，如图 3—2—129 所示。单击“仿真工具栏”中的“运行”按钮▷，执行精加工刀具路径的仿真，仿真结果如图 3—2—130 所示。

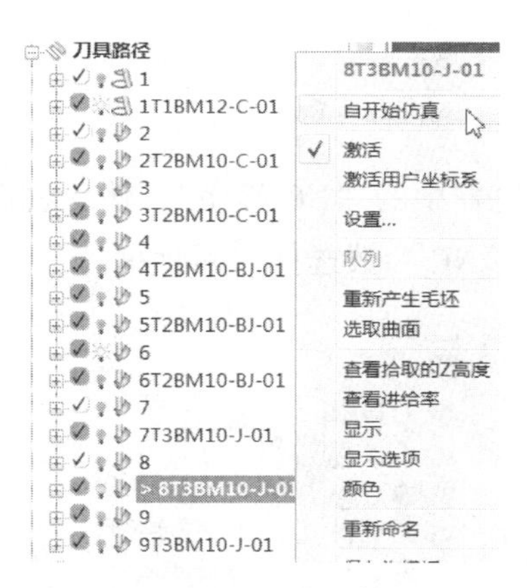

图 3—2—129 “8T3BM10-J-01”刀具路径仿真

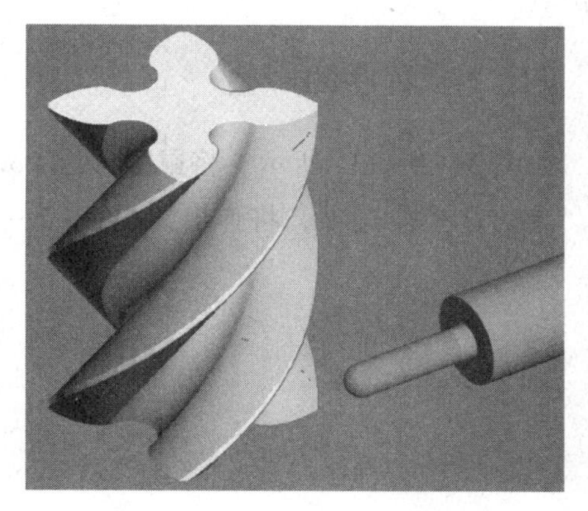

图 3—2—130 “8T3BM10-J-01”刀具路径仿真结果

将刀具路径“9T3BM10-J-01”激活。鼠标移至 PowerMILL 浏览器中“刀具路径”下的“9T3BM10-J-01”，然后右击，选择“自开始仿真”选项，如图 3—2—131 所示。单击“仿真工具栏”中的“运行”按钮▷，执行精加工刀具路径的仿真，仿真结果如图 3—2—132 所示。

图 3—2—131 “9T3BM10-J-01”刀具路径仿真

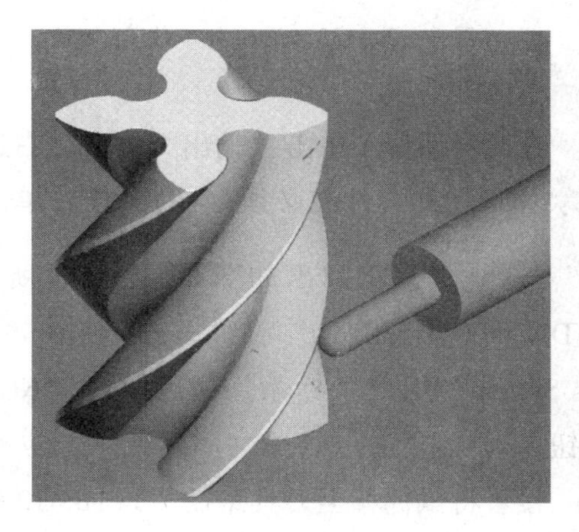

图 3—2—132 “9T3BM10-J-01”刀具路径仿真结果

3. 退出仿真

单击用户界面“ViewMill 工具栏”中的“退出 ViewMill”按钮，此时将打开“PowerMILL 询问”对话框，如图 3—2—133 所示，然后单击“是（Y）”按钮，退出加工仿真。

四、NC 程序的产生

如图 3—2—134 所示，将鼠标移至 PowerMILL 浏览器中的“NC 程序”，然后右击，选择“参数选择”选项，将弹出如图 3—2—135 所示的“NC 参数选择”对话框。

图 3—2—133 退出加工仿真

图 3—2—134 NC 程序参数选择

在此对话框中单击“输出文件夹”右边的“浏览选取输出目录”按钮，选择路径“E:\NC”（此文件夹必须存在），接着单击“机床选项文件”右边的“浏览选取读取文件”按钮，将弹出如图 3—2—136 所示的“选取机床选项文件名”对话框，选择“VDW_500_H530. opt”文件并打开，在“输出用户坐标系”下拉列表框中选择“G54_Axis System”用户坐标系。最后单击“NC 参数选择”对话框中的“应用”和“接受”按钮。

接着将鼠标移至刀具路径“1T1BM12-C-01”并右击，选择“产生独立的 NC 程序”选项，如图 3—2—137 所示，然后对其余刀具路径进行同样的操作。结果如图 3—2—138 所示。

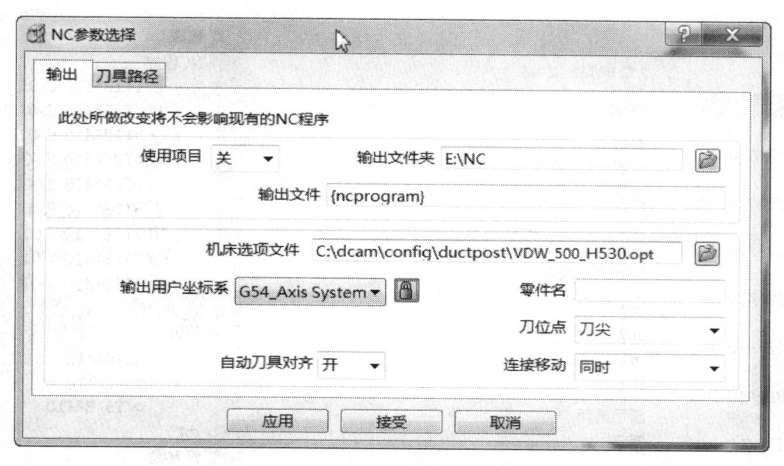

图 3—2—135 “NC 参数选择” 对话框

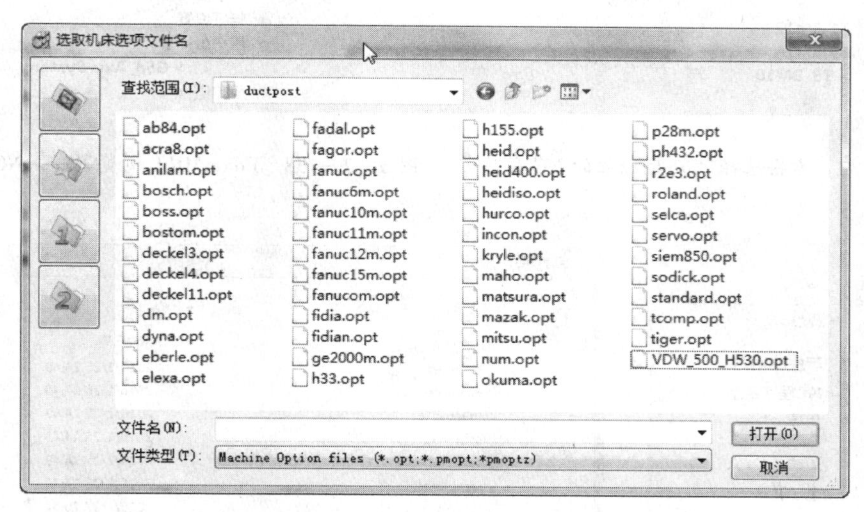

图 3—2—136 “选取机床选项文件名” 对话框

最后将鼠标移至“NC 程序”，右击，选择“全部写入”选项，如图 3—2—139 所示，程序自动运行产生 NC 代码。然后在文件夹“E:\NC”下将产生 9 个 . tap 格式的文件，即 1T1BM12-C-01. tap、2T2BM10-C-01. tap 等。学生可以通过记事本分别打开这 9 个文件，查看 NC 数控代码。

五、保存加工项目

单击用户界面上部“主工具栏”中的“保存此 PowerMILL 项目”按钮，弹出如图 3—2—140 所示的“保存项目为”对话框，在“保存在”下拉列表框中选择项目要存盘的

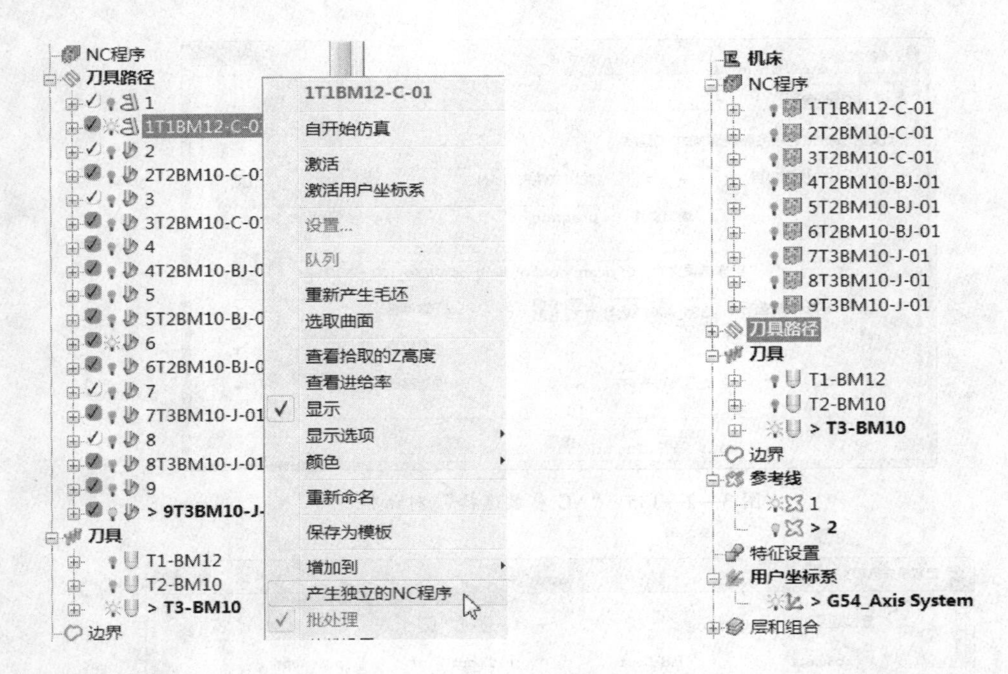

图 3—2—137　右击选择“产生独立的 NC 程序”　　图 3—2—138　PowerMILL 浏览器——NC 程序浏览

图 3—2—139　写入 NC 程序　　图 3—2—140　“保存项目为”对话框

路径“D:\TEMP\螺旋转子”，在“文件名”文本框中输入项目文件名称“螺旋转子”，然后单击“保存”按钮。

此时在文件夹“D:\TEMP”下将存有项目文件“螺旋转子”。项目文件的图标为▣，其功能类似于文件夹，在此项目的子路径中保存了这个项目的信息，包括毛坯信息、刀具信息和刀具路径信息等。

【任务评价】

一、自我评价

<table>
<tr><td>任务名称</td><td colspan="2"></td><td>课时</td><td colspan="4"></td></tr>
<tr><td colspan="2">任务自我评价成绩</td><td></td><td>任课教师</td><td colspan="4"></td></tr>
<tr><td>类别</td><td>序号</td><td>自我评价项目</td><td>结果</td><td>A</td><td>B</td><td>C</td><td>D</td></tr>
<tr><td rowspan="7">编程</td><td>1</td><td>编程工艺是否符合基本加工工艺？</td><td></td><td></td><td></td><td></td><td></td></tr>
<tr><td>2</td><td>程序能否顺利完成加工？</td><td></td><td></td><td></td><td></td><td></td></tr>
<tr><td>3</td><td>编程参数是否合理？</td><td></td><td></td><td></td><td></td><td></td></tr>
<tr><td>4</td><td>程序是否有过多的空刀？</td><td></td><td></td><td></td><td></td><td></td></tr>
<tr><td>5</td><td colspan="2">题目：通过对该零件的编程你的收获主要是什么？
作答：</td><td></td><td></td><td></td><td></td></tr>
<tr><td>6</td><td colspan="2">题目：你设计本程序的主要思路是什么？
作答：</td><td></td><td></td><td></td><td></td></tr>
<tr><td>7</td><td colspan="2">题目：你是如何完成程序的完善与修改的？
作答：</td><td></td><td></td><td></td><td></td></tr>
<tr><td rowspan="6">工件与刀具安装</td><td>1</td><td>刀具安装是否正确？</td><td></td><td></td><td></td><td></td><td></td></tr>
<tr><td>2</td><td>工件安装是否正确？</td><td></td><td></td><td></td><td></td><td></td></tr>
<tr><td>3</td><td>刀具安装是否牢固？</td><td></td><td></td><td></td><td></td><td></td></tr>
<tr><td>4</td><td>工件安装是否牢固？</td><td></td><td></td><td></td><td></td><td></td></tr>
<tr><td>5</td><td colspan="2">题目：安装刀具时需注意的事项主要有哪些？
作答：</td><td></td><td></td><td></td><td></td></tr>
<tr><td>6</td><td colspan="2">题目：安装工件时需注意的事项主要有哪些？
作答：</td><td></td><td></td><td></td><td></td></tr>
<tr><td rowspan="7">操作与加工</td><td>1</td><td>操作是否规范？</td><td></td><td></td><td></td><td></td><td></td></tr>
<tr><td>2</td><td>着装是否规范？</td><td></td><td></td><td></td><td></td><td></td></tr>
<tr><td>3</td><td>切削用量是否符合加工要求？</td><td></td><td></td><td></td><td></td><td></td></tr>
<tr><td>4</td><td>刀柄和刀片的选用是否合理？</td><td></td><td></td><td></td><td></td><td></td></tr>
<tr><td>5</td><td colspan="2">题目：如何使加工和操作更好地符合批量生产的要求？你的体会是什么？
作答：</td><td></td><td></td><td></td><td></td></tr>
<tr><td>6</td><td colspan="2">题目：加工时需要注意的事项主要有哪些？
作答：</td><td></td><td></td><td></td><td></td></tr>
<tr><td>7</td><td colspan="2">题目：加工时经常出现的加工误差主要有哪些？
作答：</td><td></td><td></td><td></td><td></td></tr>
<tr><td rowspan="4">精度检测</td><td>1</td><td>是否了解测量本零件所需各种量具的原理及使用方法？</td><td></td><td></td><td></td><td></td><td></td></tr>
<tr><td>2</td><td colspan="2">题目：本零件所使用的测量方法是否已经掌握？你认为难点是什么？
作答：</td><td></td><td></td><td></td><td></td></tr>
<tr><td>3</td><td colspan="2">题目：本零件精度检测的主要内容是什么？采用了哪种方法？
作答：</td><td></td><td></td><td></td><td></td></tr>
<tr><td>4</td><td colspan="2">题目：批量生产时，你将如何检测该零件的各项精度要求？
作答：</td><td></td><td></td><td></td><td></td></tr>
<tr><td colspan="8">（本部分综合成绩）合计：</td></tr>
<tr><td>自我总结</td><td colspan="7"></td></tr>
<tr><td colspan="3">学生签名：
年　月　日</td><td colspan="5">指导教师签名：
年　月　日</td></tr>
</table>

二、小组互评

序号	小组评价项目	评价情况			
		A	B	C	D
1	与其他同学口头交流学习内容是否顺畅？				
2	是否尊重他人？				
3	学习态度是否积极主动？				
4	是否服从教师教学安排和管理？				
5	着装是否符合标准？				
6	能否正确领会他人提出的学习问题？				
7	是否按照安全规范进行操作？				
8	能否辨别工作环境中哪些是危险因素？				
9	是否合理规范地使用工具和量具？				
10	能否保持学习环境的干净、整洁？				
11	是否遵守学习场所的规章制度？				
12	是否对工作岗位有责任心？				
13	能否达到全勤要求？				
14	能否正确地对待肯定与否定的意见？				
15	团队学习中主动与同学合作的情况如何？				

参与评价同学签名：

年　　月　　日

三、教师评价

教师总体评价：

教师签名：__________　　　年　　月　　日

【习题】

一、思考题

1. 简述在 PowerMILL 软件中生成四轴加工刀具轨迹的过程。
2. 在螺旋转子实例中使用了哪些方法控制刀具轴线？

二、练习图样

1. 按图 3—2—141 所示图样完成排缆轴加工程序的编写。
2. 按图 3—2—142 所示图样完成圆柱凸轮加工程序的编写。

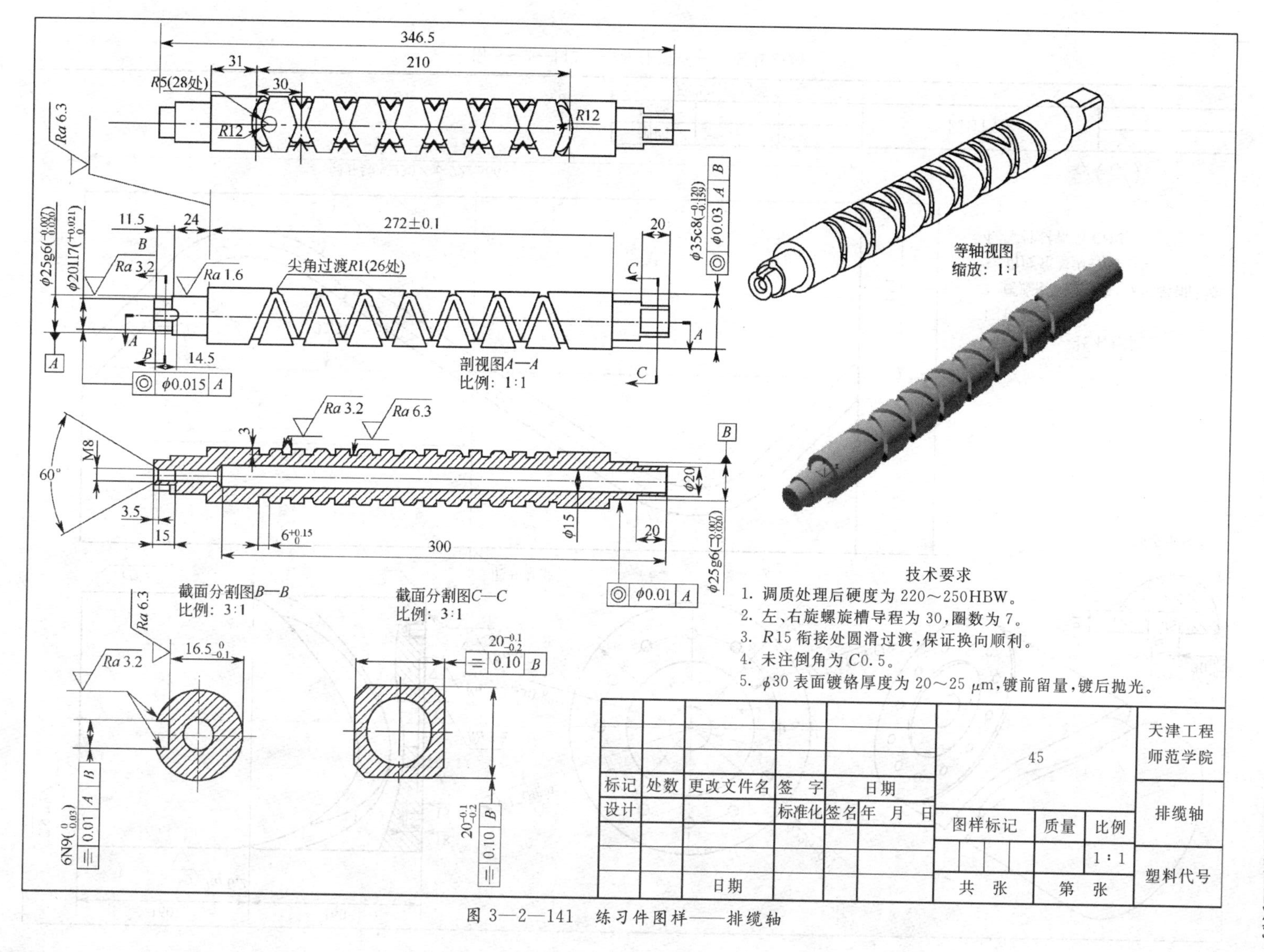

图 3—2—141 练习件图样——排缆轴

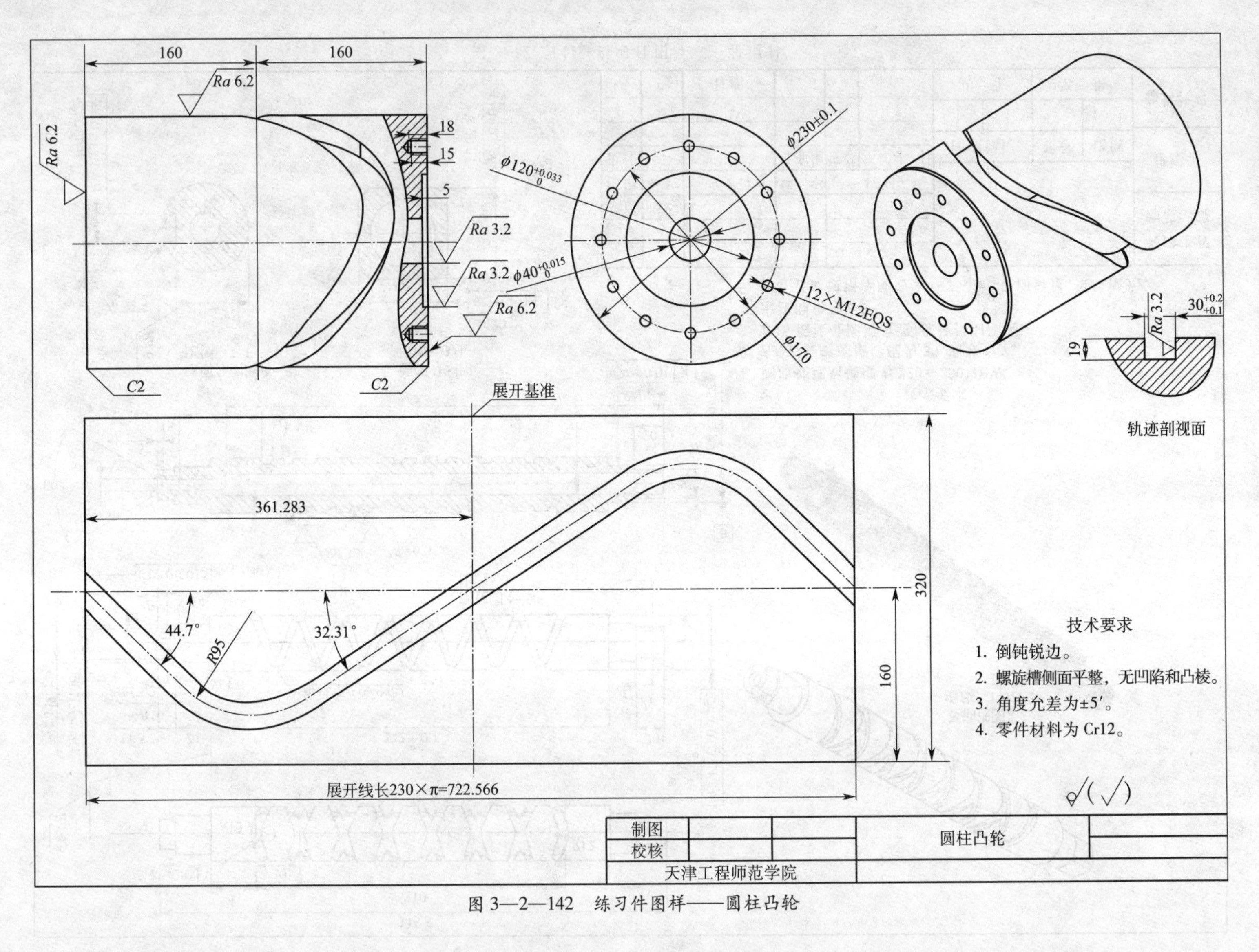

图 3—2—142　练习件图样——圆柱凸轮

任务3 管道类零件加工

【任务描述】

本任务主要介绍PowerMILL软件编程中多轴加工策略“管道加工”的应用，介绍这种加工策略基本的编程步骤，如输入模型，设置坐标系，建立毛坯和刀具，设置进给率和转速、快进高度、开始点和结束点、切入/切出和连接等，要求学生初步掌握PowerMILL软件中多轴加工策略“管道加工”的编程思路和设置方法。

【任务分析】

图3—3—1所示为零件图样。根据图样中的相关信息，对该图样中管道轮廓进行编程，粗加工至零件单边留余量0.2 mm，精加工直接加工到尺寸。

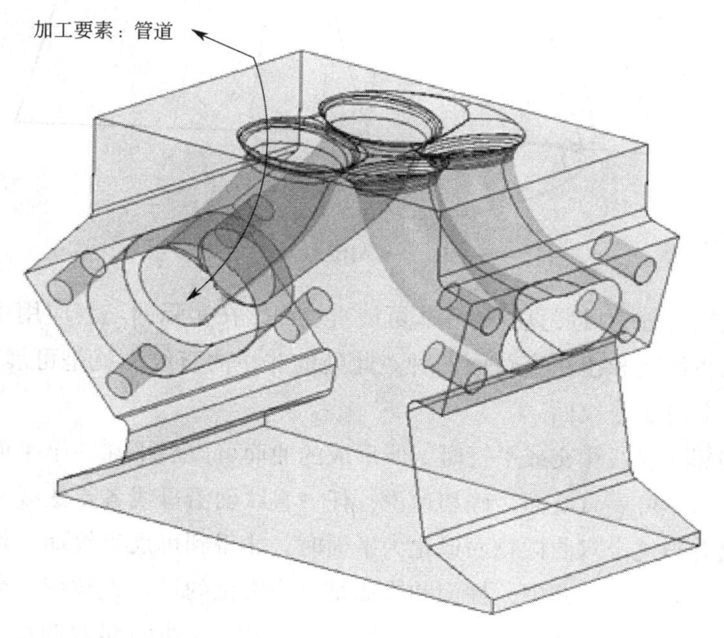

图3—3—1 零件图样

【相关知识】

目前在高性能复杂零件的高效加工中五轴数控加工技术已成为一种重要方式。与三轴加工相比，五轴数控加工的优势主要通过改变刀轴方向来实现，“SWARF 精加工” 策略就是其中控制刀轴方向的一种方式。

“SWARF 精加工” 也就是通常所说的“五轴侧刃铣” 加工，最早应用于航空航天领域。该加工方法是五轴加工最早应用的方式，是五轴加工的精髓所在。有些人习惯上把这种加工方法称为“航空铣” 或“侧刃铣”。“SWARF” 的全称是“Five Aixs Side Wall Axial Relief Feed”，直译的意思是五轴侧面（驱动）轴向间隙角度进给。

“SWARF 精加工” 策略用于曲面的精加工阶段，主要选用端铣刀或锥度铣刀并采用刀具的侧刃加工精度相对较高的曲面。图 3—3—2 所示为利用端铣刀侧铣加工复杂曲面的原理。由图中可以看出，为了得到更好的加工表面，在使用“SWARF 精加工” 策略时要对被加工曲面有一定的要求，其要求包括：首先曲面是直纹曲面，其次该直纹曲面还必须是可展曲面。

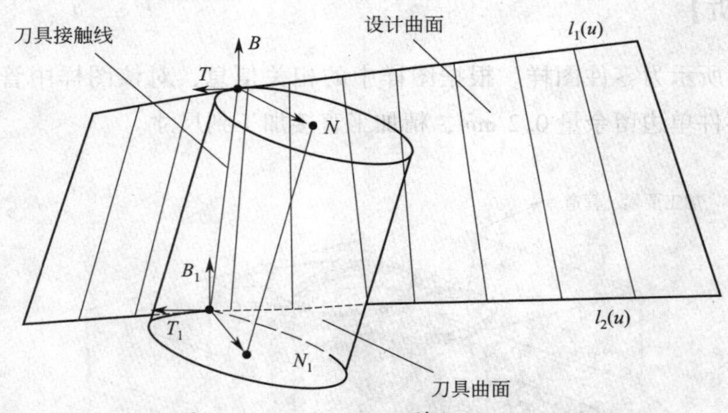

图 3—3—2 “SWARF 精加工” 原理

在数学中直纹面分为可展直纹面和非可展直纹面。在实际的工程应用中，通常又将直纹面分为非扭曲直纹面和扭曲直纹面两种。此处的非扭曲直纹面就是可展直纹面；反之，扭曲直纹面就是非可展直纹面。

当曲面上相邻两素线相交或平行时，所形成的曲面可以展平在一个平面上，称为可展直纹面；反之，为非可展直纹面。确切地说，任一直纹面沿母线各点法线的轨迹组成一个双曲抛物面，只有当这个双曲抛物面退化为平面时，才得到可展直纹面。可展直纹面只有柱面、锥面和切线面三种。其中，柱面和锥面是最为常见的可展直纹面，前者母线相互平行，后者的母线都过一点，如图 3—3—3a 所示；而单叶双曲面和双曲抛物面（马鞍面）属于双族母线的曲面，是不可展的直纹面，如图 3—3—3b 所示。

【任务实施】

按照零件加工要求，制定管道零件的数控加工工艺；编制加工程序；完成加工仿真，

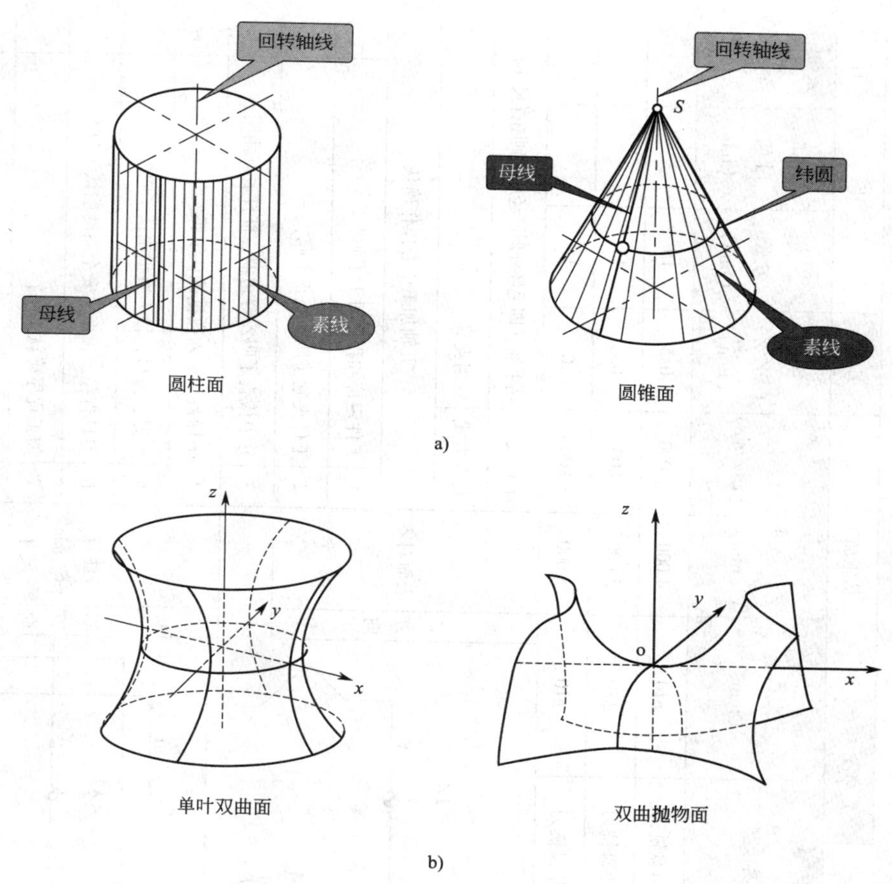

图 3—3—3 直纹曲面分类

a）可展直纹面 b）非可展直纹面

根据不同机床的数控系统产生与其相对应的 NC 程序。

一、制定加工工艺

1. 零件结构分析

管道零件的结构较为复杂，加工要素主要是异形沟槽，即管道的加工。

2. 毛坯选用

毛坯采用与管道零件外轮廓同样尺寸的铝料，且已经精加工好外轮廓，主要是对异形沟槽即管道进行加工。

3. 制定加工工序卡

管道零件采用 PowerMILL 软件中多轴加工策略“管道加工”的加工方式，遵循先粗加工后精加工的原则。加工工序卡见表 3—3—1。

表 3—3—1　加工工序卡

五轴加工程序单　　页码：

零件号	20160225	编程员		图档路径		机床操作员		机床号	
客户名称		材料 6061	工序号	01	工序名称	基座加工	日期	年　月　日	

序号	加工内容	程序名称	刀具号	刀具类型	刀具参数 (mm)	主轴转速 (r/min)	进给速度 (mm/min)	余量 (XY/Z) (mm)	装夹刀长 (mm)	加工时间 (h)	备注
1	管道粗加工	圆角盘铣刀—粗加工	T1	圆角盘铣刀	$\phi 10$	4 000	1 000	0.5	15		
2	管道插铣半精加工	圆角盘铣刀—半精加工	T1	圆角盘铣刀	$\phi 10$	5 000	800	0.2	15		
3	管道螺旋精加工	圆角盘铣刀—精加工	T1	圆角盘铣刀	$\phi 10$	5 000	800	0	15		

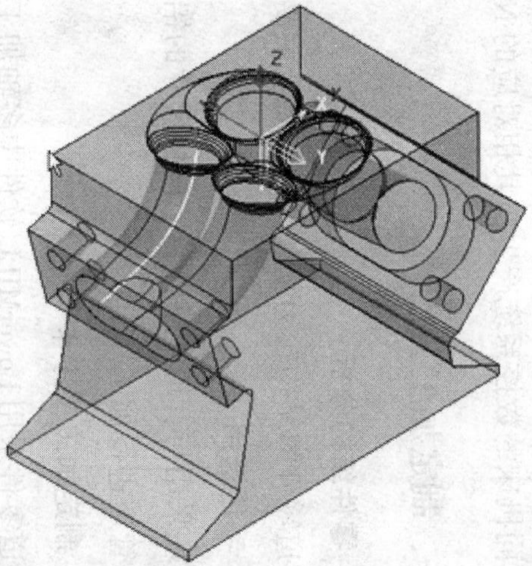

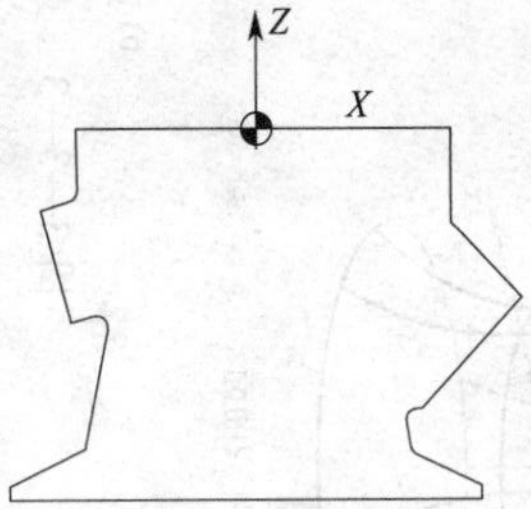

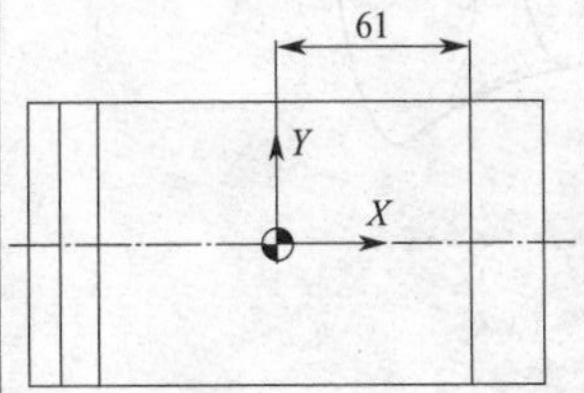

Z 方向	表面对零
XY 方向	注意 61 mm 尺寸

毛坯尺寸	精毛坯（即毛坯外形已经加工到图样尺寸）
装夹方式	专用夹具

五轴加工中心操作确认

序号	项目	
1	工件定位和程序对上了吗？	
2	工件夹紧了吗？找正了吗？	
3	分中检查了吗？寻边器、杠杆表好用吗？	
4	坐标系、输入数据确认了吗？	
5	对刀、刀号、输入数据确认了吗？	
6	刀具直径、长度、安全高度确认了吗？	
7	加工程序确认了吗？	
8	加工前使用 VERICUT 仿真加工了吗？	
9	加工前试切削了吗？	

二、编制加工程序

下面先介绍一个典型的管道加工应用实例，通过对该实例的详细讲解，使学生对 PowerMILL 数控编程中“管道加工”策略的编程思路有一定的认识和了解。

在这个实例中，将加工如图 3—3—4 所示的基座零件，包括刀具路径的产生、加工路径的仿真和 NC 程序的输出。

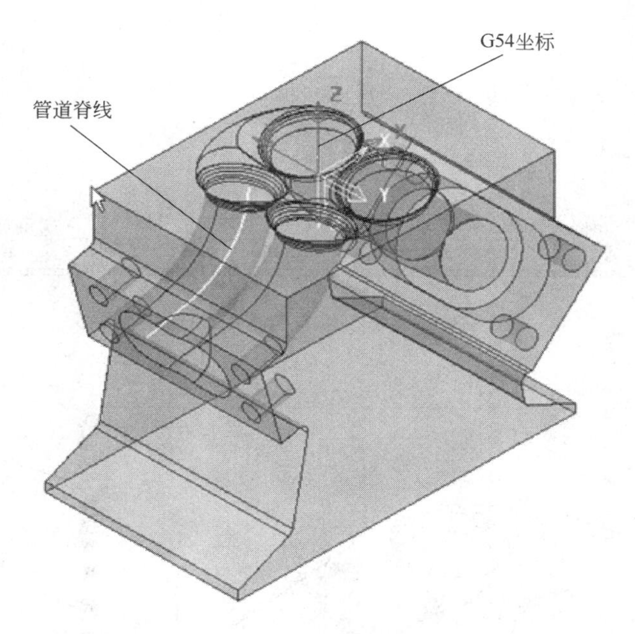

图 3—3—4　基座零件

1. 模型输入

将加工零件的 CAD 模型数据输入 PowerMILL 中。

通常通过从主下拉菜单中选取“文件”→“输入模型”选项将模型输入 PowerMILL 中，如图 3—3—5 所示。

导入零件模型后，可以用多种方式来查看导入后的零件模型，如图 3—3—6 所示。

2. 设定加工时的用户坐标系（G54）

坐标系的设定应使加工方便，本次设置如图 3—3—7 所示，直接使用“用户坐标系”中的“G54”坐标系。

3. 毛坯定义

单击用户界面上部“主工具栏”中的“毛坯”按钮，弹出“毛坯”对话框。在

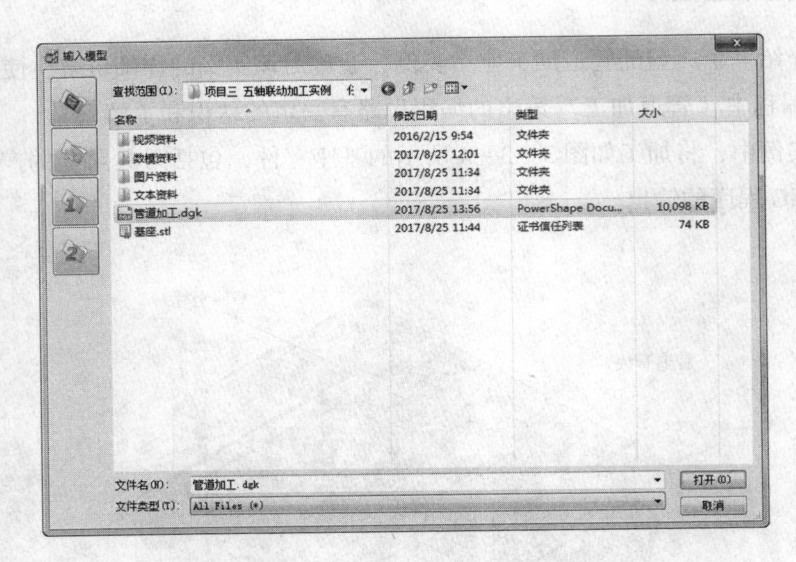

图 3—3—5 导入加工零件的 CAD 模型

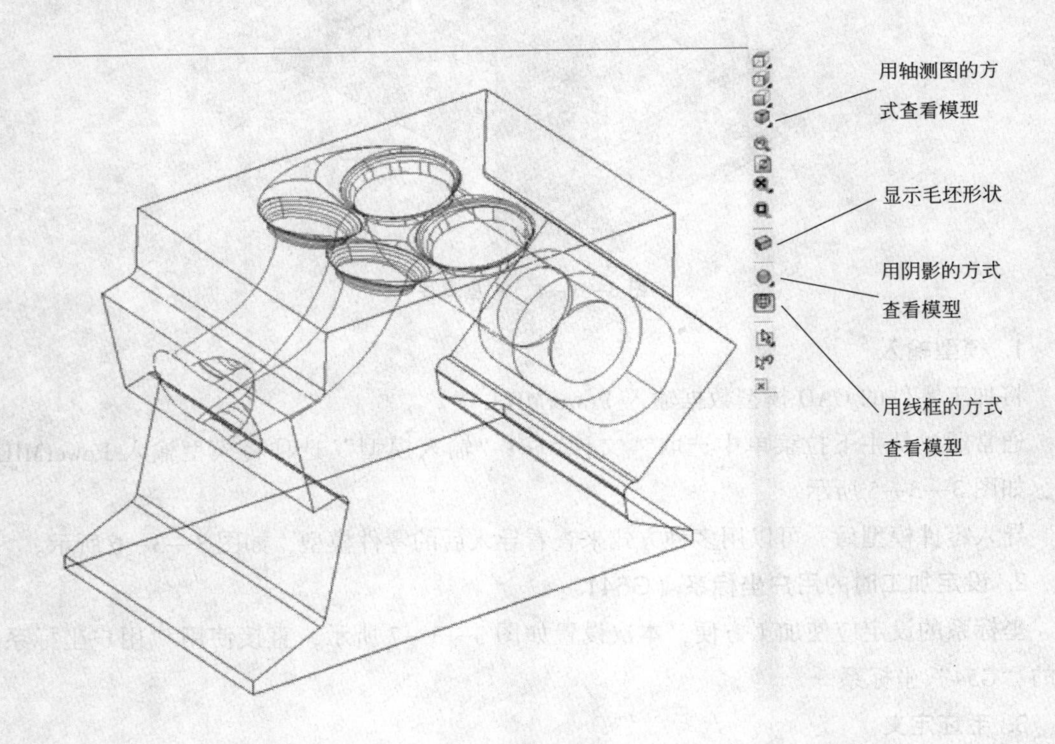

图 3—3—6 以线框方式显示的轴测图模型

“由…定义”下拉列表框中选择“三角形”，在“坐标系”下拉列表框中选择“世界坐标系”。接着单击“从文件装载毛坯”按钮，弹出“通过三角形模型打开毛坯”对话框，在此对话框中打开本书光盘中的毛坯模型文件“基座 . stl”。最后单击“毛坯”对话框中“接受”按钮，如图 3—3—8 所示。

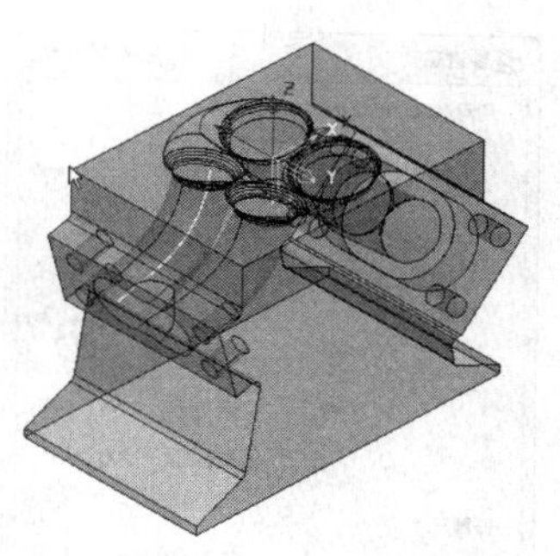

图 3—3—7 设定用户坐标系

4. 设置快进高度及开始点和结束点

单击用户界面上部“主工具栏”中的“快进高度”按钮，弹出“快进高度”对话框，进行快进高度的设置（“安全 Z 高度”和“开始 Z 高度”）。单击用户界面上部“主工具栏”中的“开始点和结束点”按钮，弹出“开始点和结束点”对话框，进行开始点和结束点的设置，如图 3—3—9 所示。

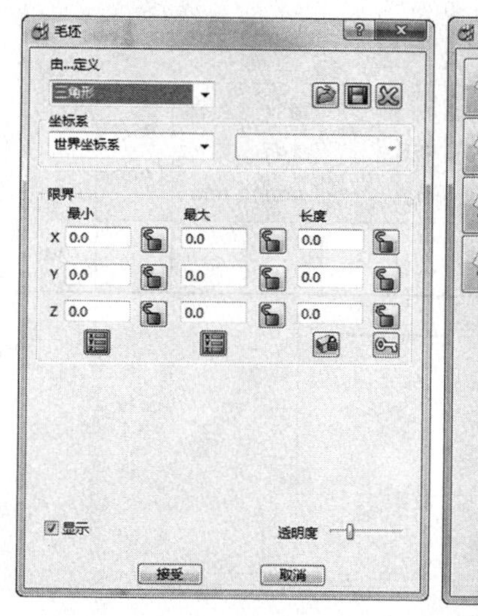

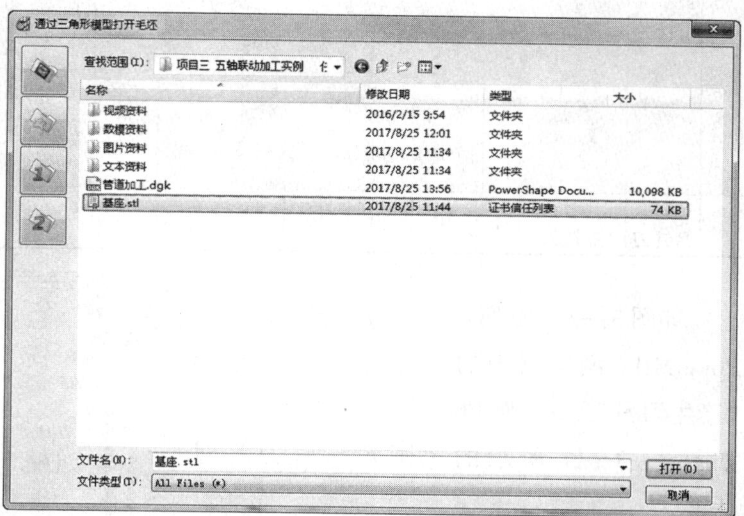

图 3—3—8 毛坯的建立

5. 定义加工刀具

由表 3—3—1 加工工序卡中的内容得知，加工此基座模型共需要 1 把刀具，具体刀具几何参数见表 3—3—2。

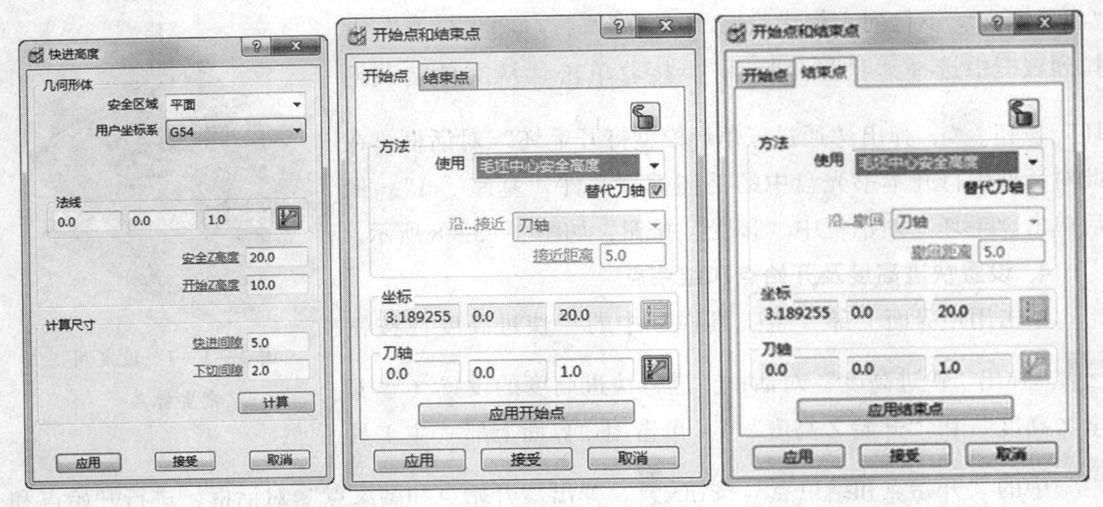

图 3—3—9　快进高度及开始点和结束点的设置

表 3—3—2　　　　　　　　刀具几何参数

序号	刀具类型	刀尖								刀柄			夹持			
				几何形状						尺寸			尺寸			
		名称	编号	直径(mm)	长度(mm)	刀尖半径(mm)	锥角(°)	锥高(mm)	锥形直径(mm)	顶部直径(mm)	底部直径(mm)	长度(mm)	顶部直径(mm)	底部直径(mm)	长度(mm)	伸出(mm)
	圆角盘铣刀	圆角盘铣刀	1	10	10	10										30

如图 3—3—10 所示，右击用户界面左边 PowerMILL 浏览器中的“刀具”，依次选择“产生刀具”→“圆角盘铣刀”选项，弹出如图 3—3—11 所示的“圆角盘铣刀”对话框。

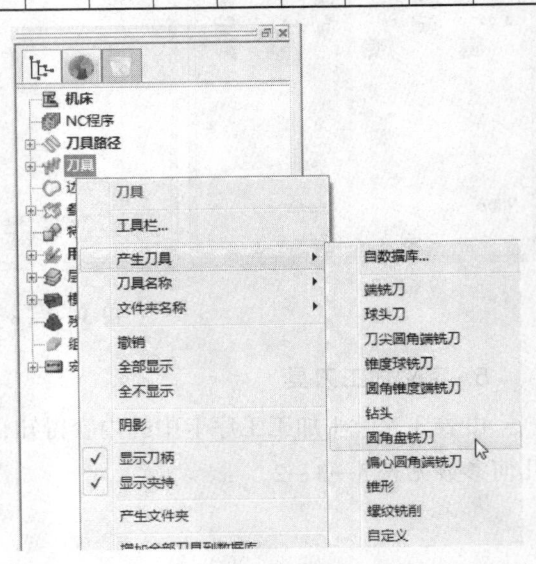

图 3—3—10　刀具选择

在此对话框的“刀尖”选项卡中设置如下参数：

- ☐“名称”改为“圆角盘铣刀”。
- ☐“直径”设置为“10.0”。
- ☐“长度”设置为“10.0”。
- ☐“刀具编号”设置为“1”。
- ☐“刀尖半径”设置为“5.0”。

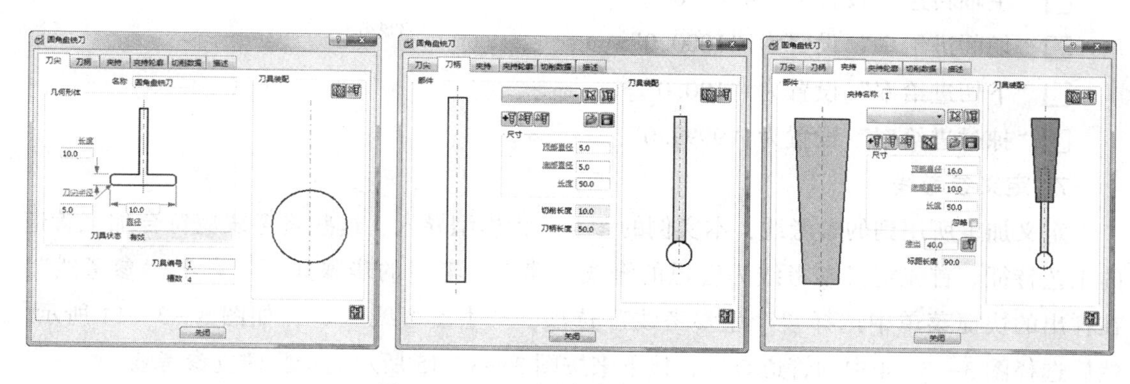

图 3—3—11 “圆角盘铣刀”对话框

6. 进给率设置

如图 3—3—12 所示，右击用户界面左边 PowerMILL 浏览器中“刀具”标签内的“圆角盘铣刀”，选择“激活”，使得在“圆角盘铣刀”左边出现“>”符号，这表明“圆角盘铣刀”处于被激活状态。

单击用户界面上部“主工具栏”中的“进给率”按钮，弹出如图 3—3—13 所示的“进给和转速”对话框。

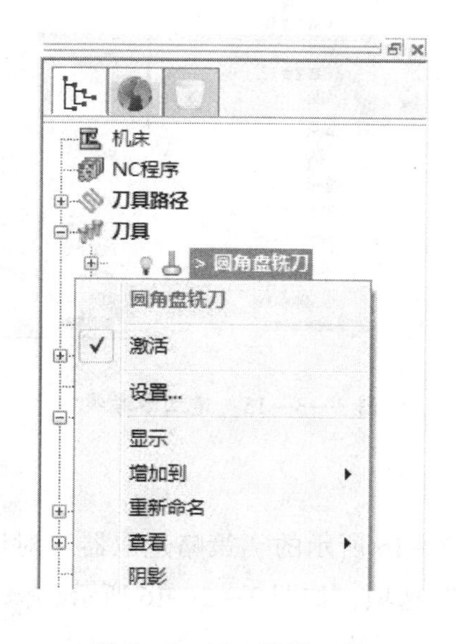

图 3—3—12 激活刀具

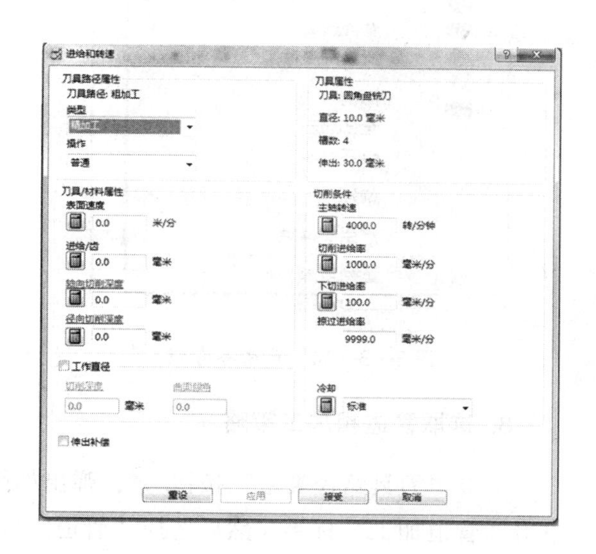

图 3—3—13 “进给和转速”对话框

在此对话框中按照表 3—3—1 中的内容设置如下参数：

☐“主轴转速”设置为“4000. 0”。

☐“切削进给率”设置为“1000. 0”。

☐“下切进给率”设置为“100. 0”。

☐“掠过进给率”设置为“9999. 0”。

7. 定义参考线

定义加工所用到的参考线，本实例的参考线为模型导入，这些参考线应符合加工管道的工艺特征。首先定义参考线为管道的脊线。建立参考线的步骤如下：右击“参考线”，在弹出的快捷菜单中选择“产生参考线”选项，产生参考线“1”，如图 3—3—14 所示。然后选择图 3—3—4 中的管道脊线，接下来按图 3—3—15 所示的步骤建立参考线。

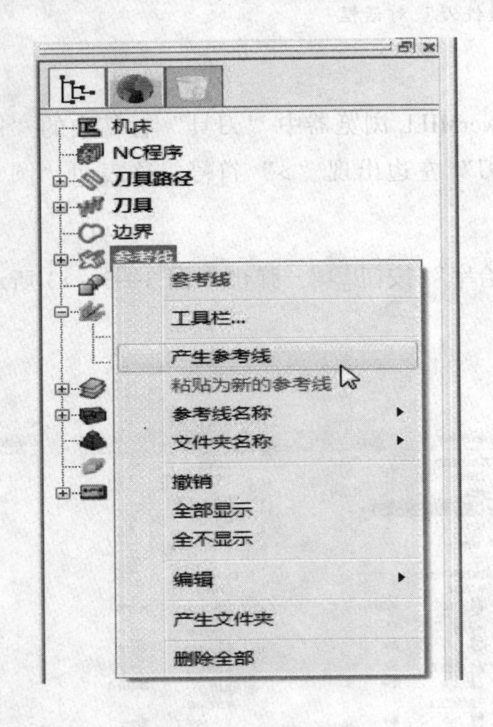

图 3—3—14　产生参考线

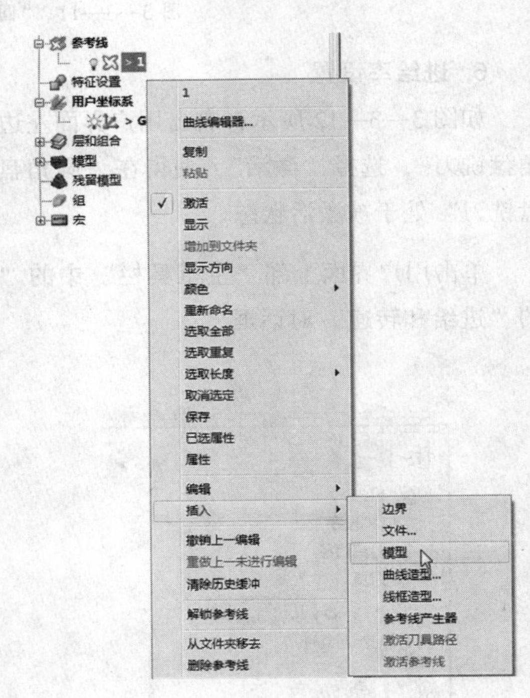

图 3—3—15　建立参考线

8. 选取管道粗加工策略

单击“刀具路径策略”按钮，弹出如图 3—3—16 所示的“策略选取器”对话框。单击“管道加工”标签，然后选择“管道区域清除”选项，如图 3—3—16 所示。

9. 管道粗加工参数设置

在“管道区域清除”对话框将“刀具路径名称”改为“圆角盘铣刀—粗加工”。用户坐标系默认为激活坐标系。毛坯默认。刀具选择“圆角盘铣刀”，如图 3—3—17 所示。

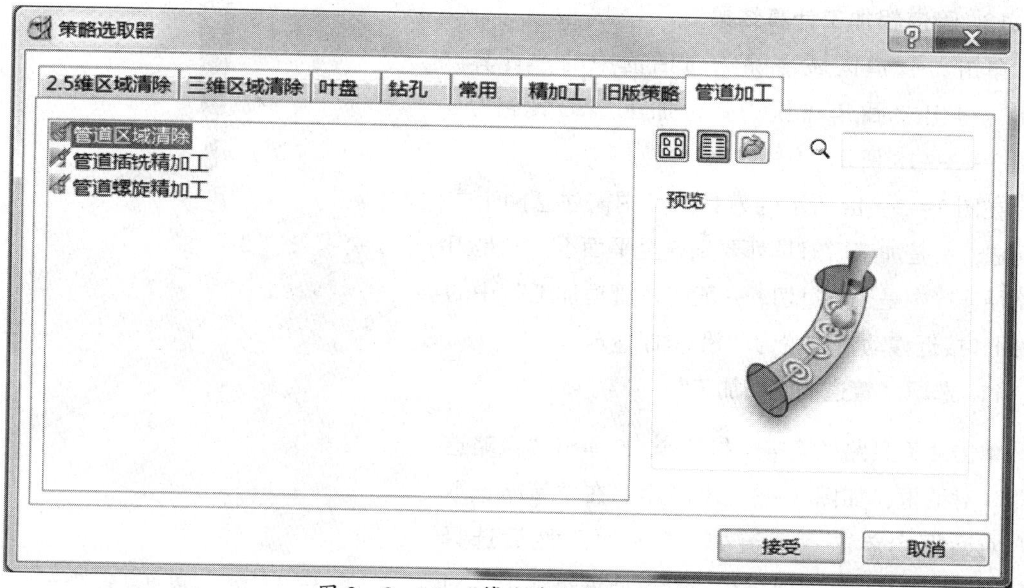

图 3—3—16 “策略选取器”对话框

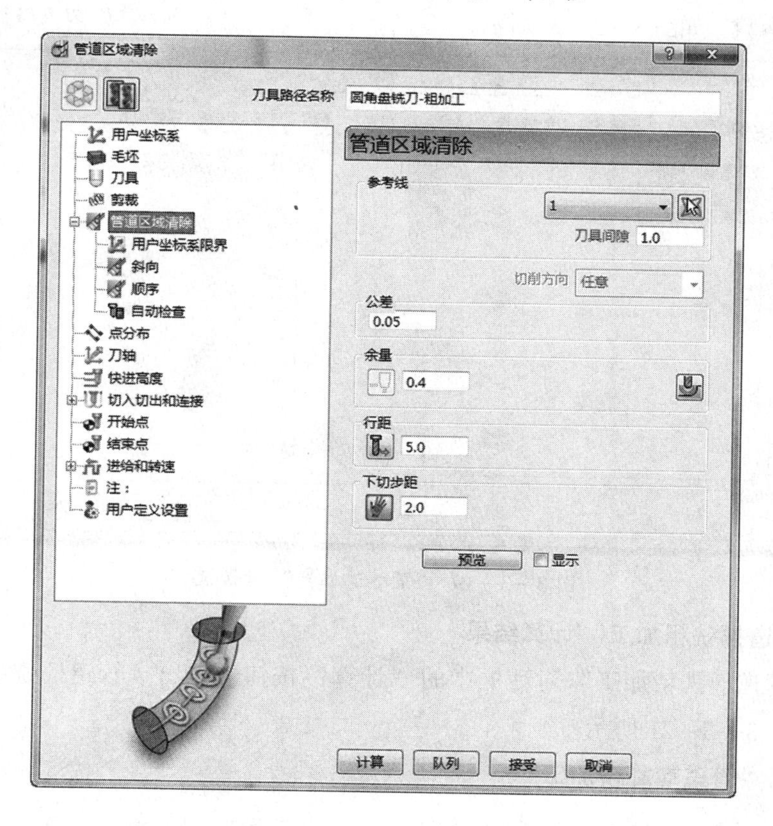

图 3—3—17 “管道区域清除”对话框

10. 管道粗加工计算结果

单击“管道区域清除”对话框中的“计算”按钮，得出“圆角盘铣刀—粗加工”刀具路径，如图3—3—18所示。

在图3—3—18所示的刀具路径中需注意两个主要问题，一是加工后刀具都要到安全平面上；二是刀具路径连接中是否有过切。一般将“管道加工”中的“撤回和接近移动”设置为“沿刀轴”。

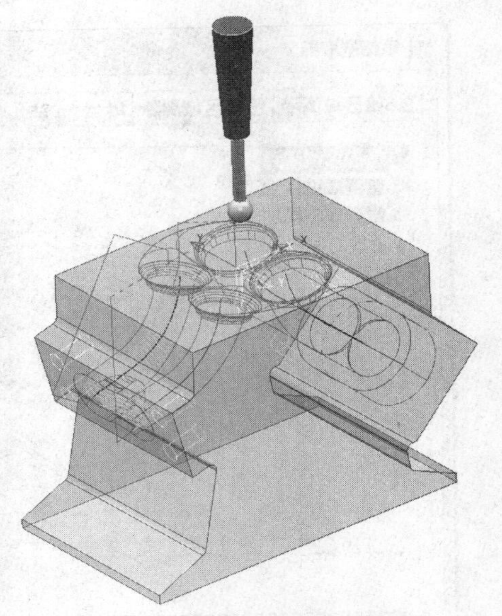

图3—3—18 “圆角盘铣刀—粗加工”刀具路径

11. 选取“管道插铣精加工”

单击“刀具路径策略”按钮，弹出“策略选取器”对话框，如图3—3—19所示。在“策略选取器”对话框中单击“管道加工”标签。然后选择“管道插铣精加工”选项。在“管道插铣精加工”对话框中设置各参数，如图3—3—20所示。

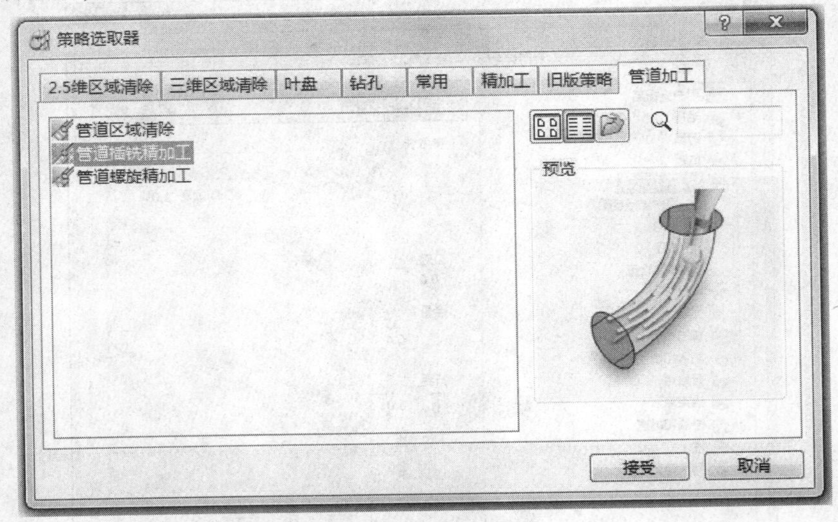

图3—3—19 “策略选取器”对话框

12. “管道插铣粗加工”计算结果

单击“管道插铣精加工”对话框中的“计算”按钮，得出“管道插铣半精加工”刀具路径，如图3—3—21所示。

13. 选取“管道螺旋精加工”

单击“刀具路径策略”按钮，弹出“策略选取器”对话框，如图3—3—22所示。

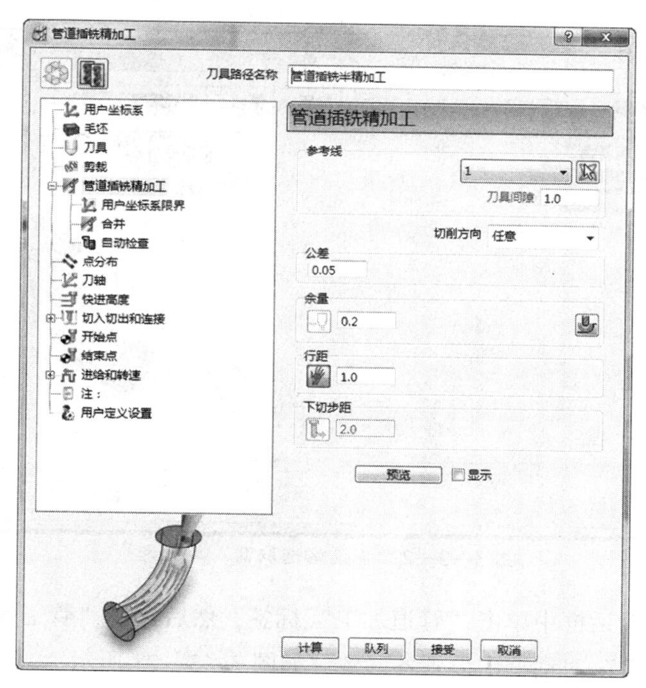

图 3—3—20 “管道插铣精加工”对话框

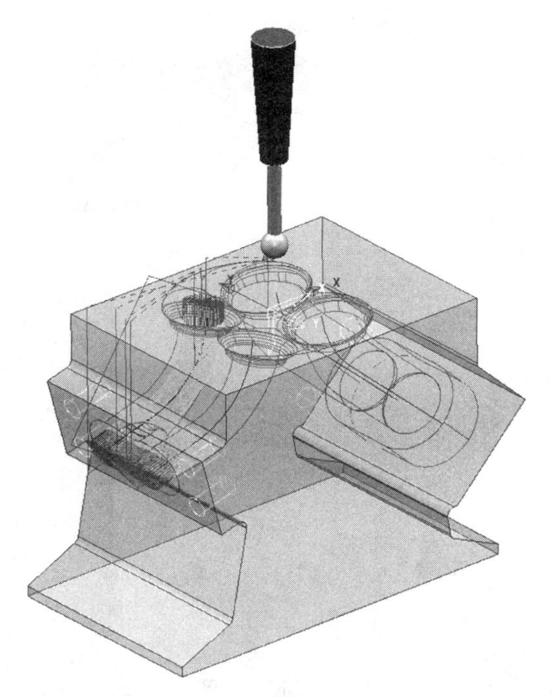

图 3—3—21 “管道插铣半精加工”刀具路径

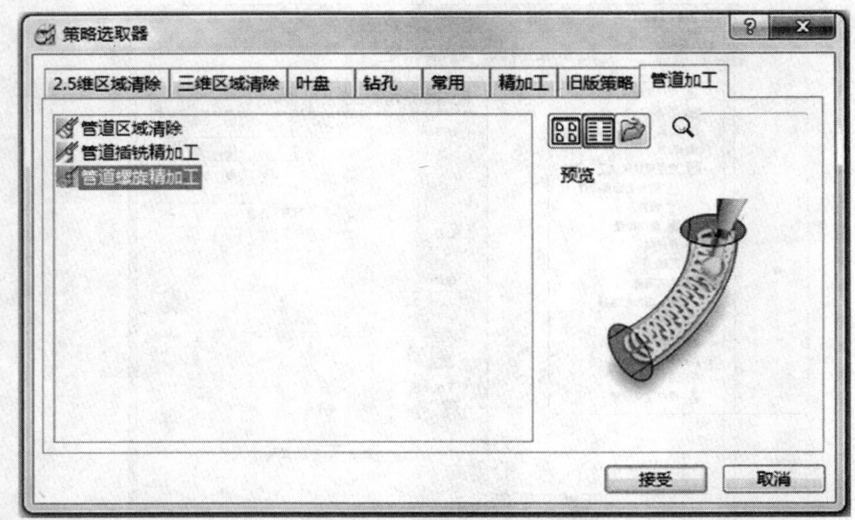

图 3—3—22 “策略选取器”对话框

在“策略选取器”对话框中单击“管道加工”标签，然后选择“管道螺旋精加工”选项。在“管道螺旋精加工”对话框中设置各参数，如图 3—3—23 所示。

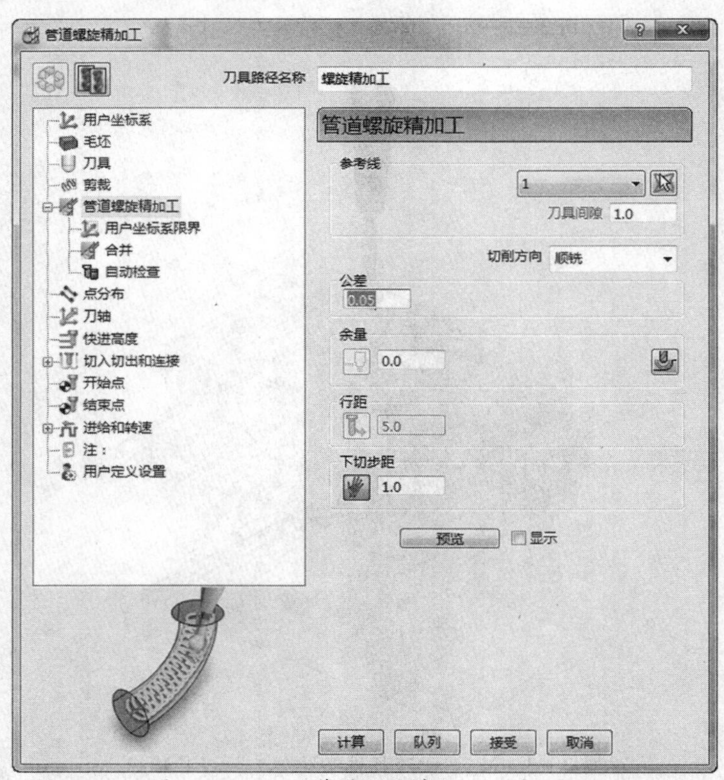

图 3—3—23 “管道螺旋精加工”对话框

14. “管道螺旋精加工”计算结果

单击“管道螺旋精加工”对话框中的“计算”按钮，得出“螺旋精加工”刀具路径，如图 3—3—24 所示。

用同样的方法可以分别生成剩余管道的刀具路径。

三、刀具路径仿真

由于产生了多个刀具路径，因此针对其中的一个刀具路径进行仿真。

1. 仿真前的准备

如图 3—3—25 所示，单击下拉菜单“查看”→“工具栏”命令，分别选择“仿真”和“ViewMill”菜单。这时在用户界面中出现“仿真工具栏”和“ViewMill 工具栏”，如图 3—3—26 所示。

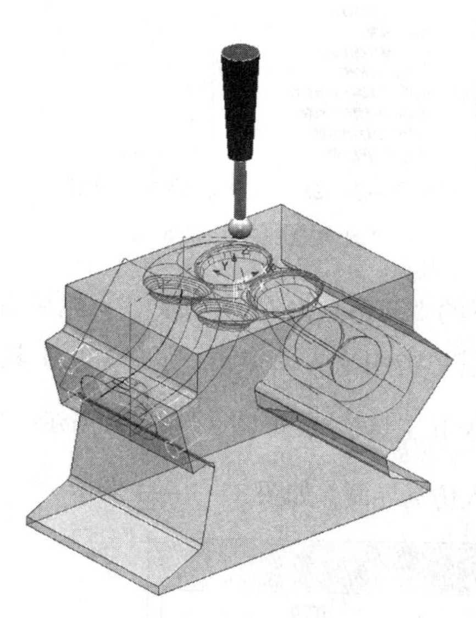

图 3—3—24 “螺旋精加工”刀具路径

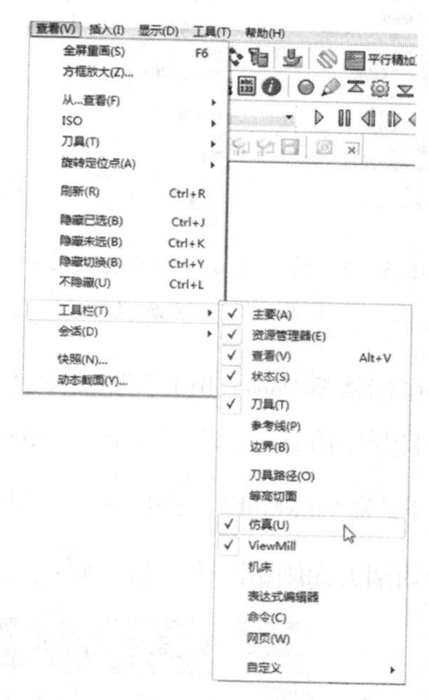

图 3—3—25 打开“仿真工具栏”和“ViewMill 工具栏”

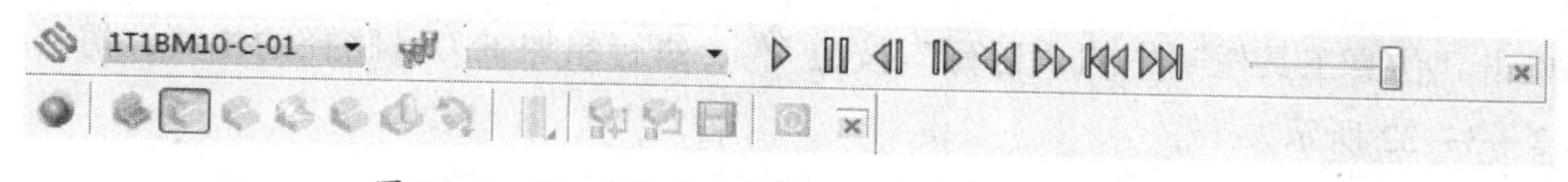

图 3—3—26 “仿真工具栏”和“ViewMill 工具栏”

2. 刀具路径的仿真

将鼠标移至 PowerMILL 浏览器中“刀具路径”下的“圆角盘铣刀—粗加工”，然后右击，选择“激活”选项，如图 3—3—27 所示。激活后的刀具路径“圆角盘铣刀—粗加工”前面将产生一个“>”符号，指示灯变亮，如图 3—3—28 所示。

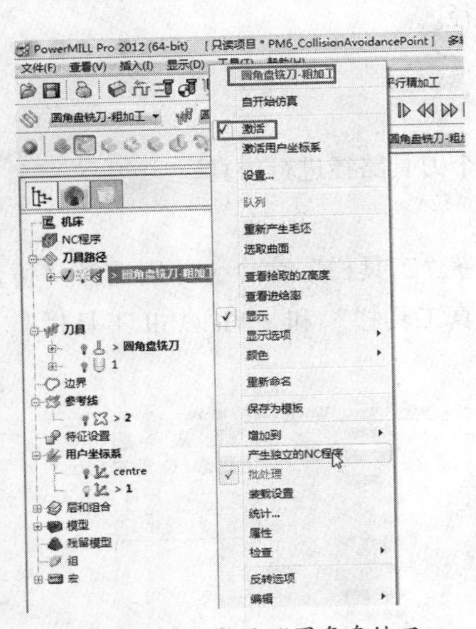

图 3—3—27 激活“圆角盘铣刀—粗加工”刀具路径

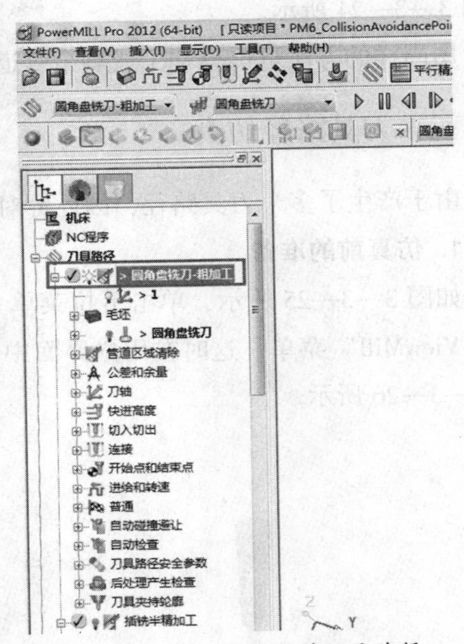

图 3—3—28 激活后的刀具路径“圆角盘铣刀—粗加工”

将鼠标移至 PowerMILL 浏览器中“刀具路径”下的“圆角盘铣刀—粗加工”，然后右击，选择“自开始仿真”选项，如图 3—3—29 所示。接着单击用户界面上部“ViewMill 工具栏”中的“开/关 ViewMill”按钮，此时将激活“ViewMill 工具栏”，如图 3—3—30 所示。然后单击“切削方向阴影图像”按钮，这时绘图区进入仿真界面，如图 3—3—31 所示。

图 3—3—29 “ViewMill 工具栏”

单击“仿真工具栏”中的“运行”按钮，进行粗加工刀具路径的仿真，仿真结果如图 3—3—32 所示。

3. 退出仿真

单击用户界面上部“ViewMill 工具栏”中的“退出 ViewMill”按钮，此时将打开“PowerMILL 询问”对话框，如图 3—3—33 所示，然后单击“是（Y）”按钮，退出加工仿真。

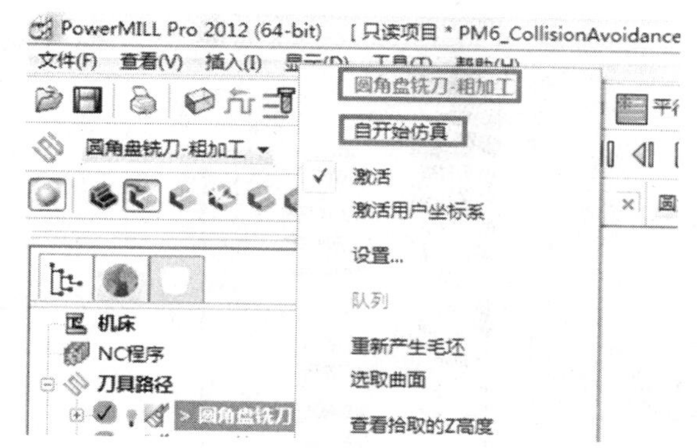

图 3—3—30 “圆角盘铣刀—粗加工”刀具路径仿真

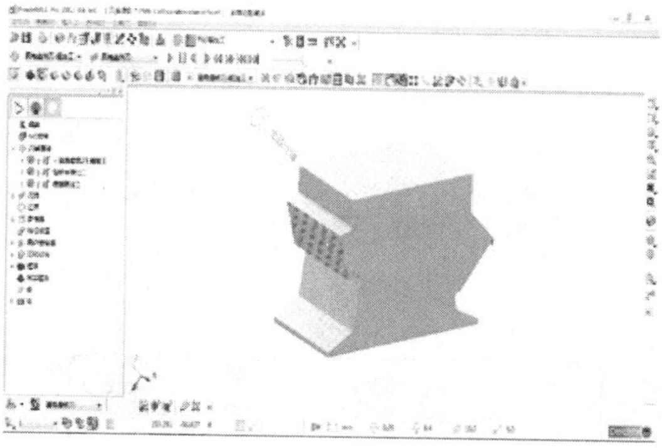

图 3—3—31 仿真界面显示

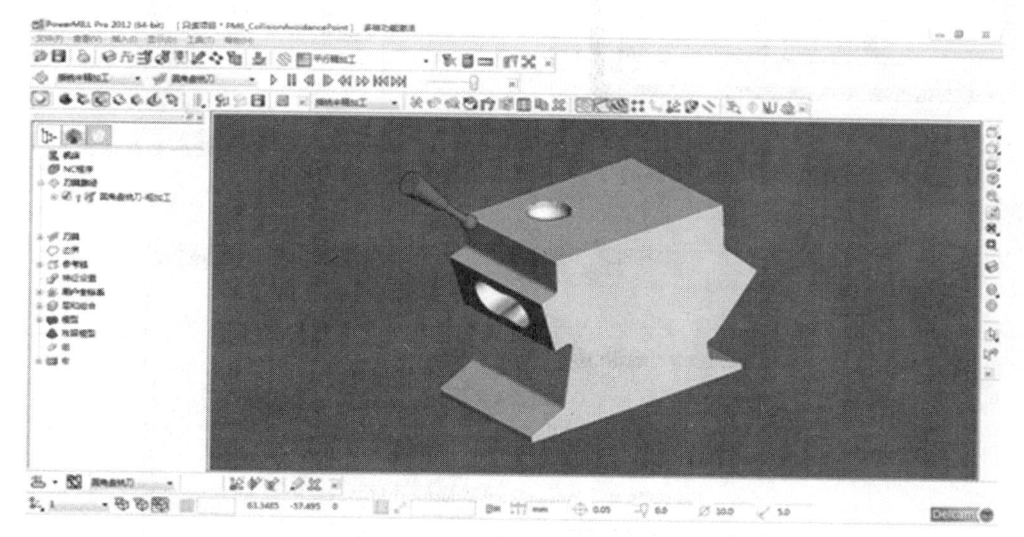

图 3—3—32 “圆角盘铣刀—粗加工”刀具路径仿真结果

4. 生成 NC 程序

如图 3—3—34 所示，将鼠标移至 PowerMILL 浏览器中的“NC 程序”，然后右击，选择“参数选择”选项，将弹出如图 3—3—35 所示的“NC 参数选择”对话框。

在此对话框中单击“输出文件夹”右边的“浏览选取输出目录”按钮，选择路径“E:\NC”（此文件夹必须存在），接着单击“机床选项文件”右边的“浏览选取读取文件”按钮，将弹出如图 3—3—36 所示的“选取机床选项文件名”对话框，选择“VDW_500_H530. opt”文件并打开。最后单击“NC 参数选择”对话框中的“应用”和“接受”按钮。

图 3—3—33　退出加工仿真

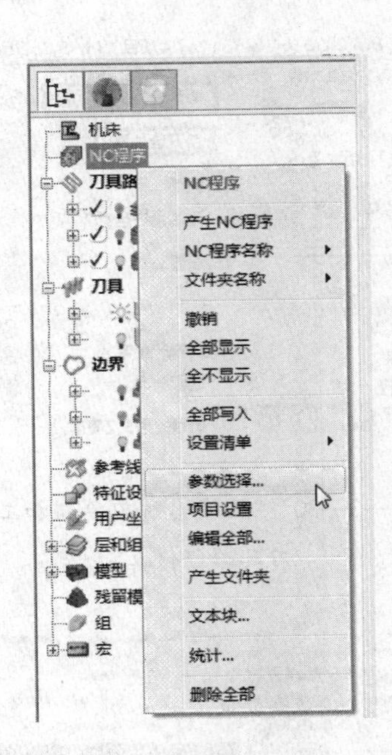

图 3—3—34　NC 程序参数选择

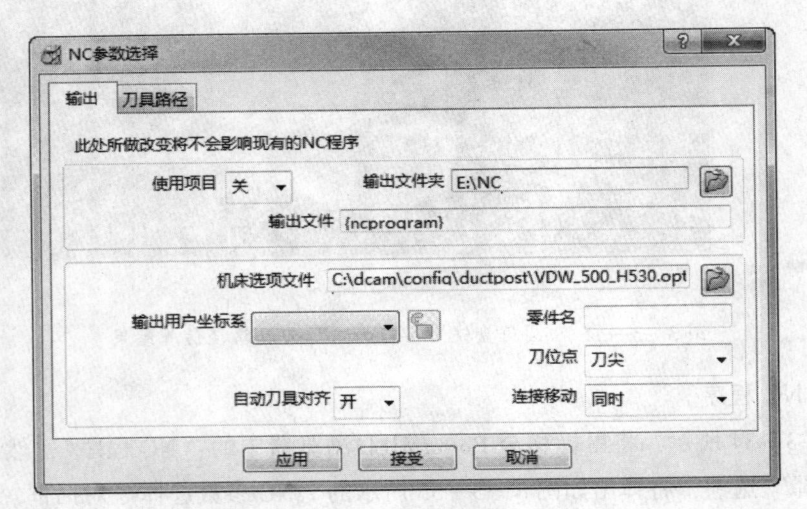

图 3—3—35　“NC 参数选择”对话框

接着将鼠标移至刀具路径“圆角盘铣刀—粗加工”并右击，选择“产生独立的 NC 程序”选项，如图 3—3—37 所示，然后对其余刀具路径进行同样的操作。

最后将鼠标移至“NC 程序”并右击，选择“全部写入”选项，如图 3—3—38 所示，生成所有的“NC 程序”。

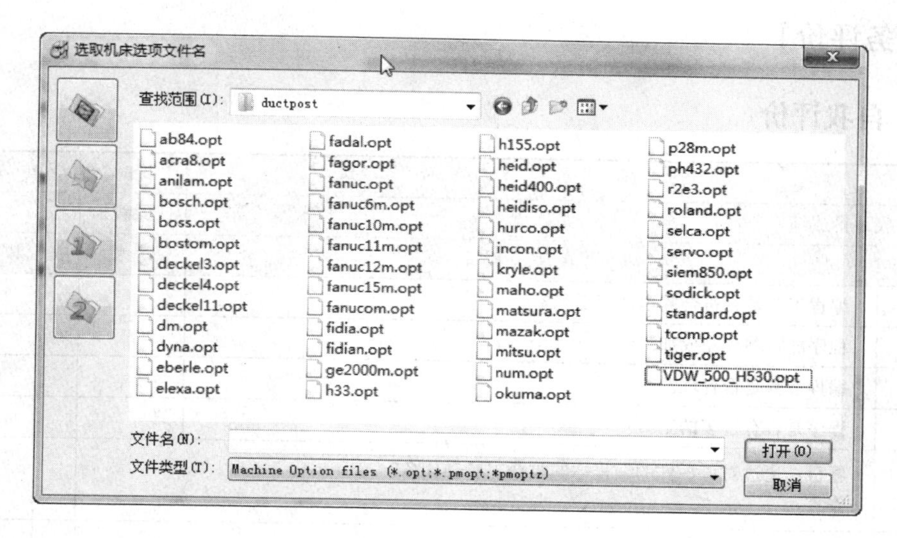

图 3—3—36 “选取机床选项文件名”对话框

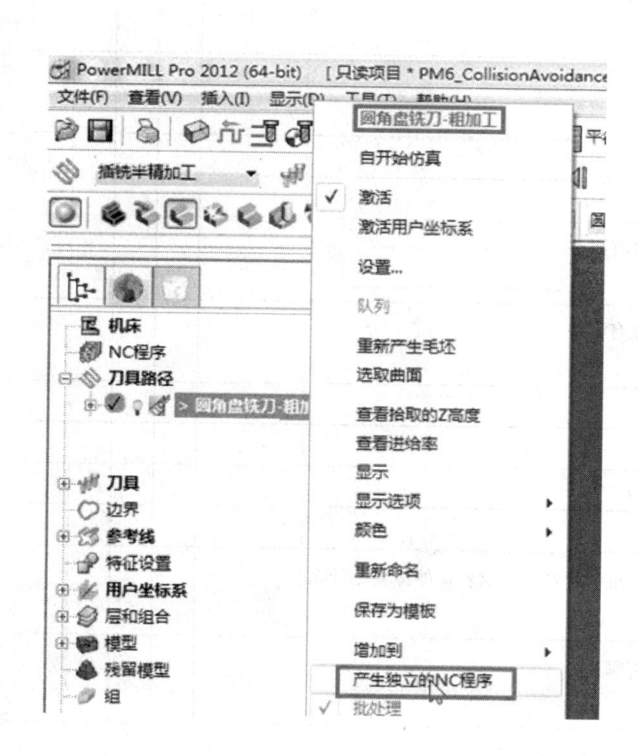

图 3—3—37 右击选择“产生独立的 NC 程序”

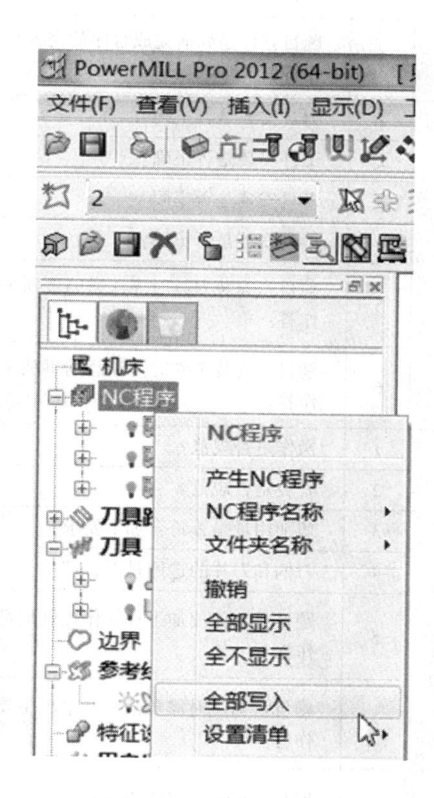

图 3—3—38 生成“NC 程序”

【任务评价】

一、自我评价

任务名称			课时				
任务自我评价成绩			任课教师				
类别	序号	自我评价项目	结果	A	B	C	D
编程	1	编程工艺是否符合基本加工工艺？					
	2	程序能否顺利完成加工？					
	3	编程参数是否合理？					
	4	程序是否有过多的空刀？					
	5	题目：通过对该零件的编程你的收获主要是什么？ 作答：					
	6	题目：你设计本程序的主要思路是什么？ 作答：					
	7	题目：你是如何完成程序的完善与修改的？ 作答：					
工件与刀具安装	1	刀具安装是否正确？					
	2	工件安装是否正确？					
	3	刀具安装是否牢固？					
	4	工件安装是否牢固？					
	5	题目：安装刀具时需注意的事项主要有哪些？ 作答：					
	6	题目：安装工件时需注意的事项主要有哪些？ 作答：					
操作与加工	1	操作是否规范？					
	2	着装是否规范？					
	3	切削用量是否符合加工要求？					
	4	刀柄和刀片的选用是否合理？					
	5	题目：如何使加工和操作更好地符合批量生产的要求？你的体会是什么？ 作答：					
	6	题目：加工时需要注意的事项主要有哪些？ 作答：					
	7	题目：加工时经常出现的加工误差主要有哪些？ 作答：					

续表

类别	序号	自我评价项目	结果	A	B	C	D
精度检测	1	是否了解测量本零件所需各种量具的原理及使用方法？					
	2	题目：本零件所使用的测量方法是否已经掌握？你认为难点是什么？ 作答：					
	3	题目：本零件精度检测的主要内容是什么？采用了哪种方法？ 作答：					
	4	题目：批量生产时，你将如何检测该零件的各项精度要求？ 作答：					
（本部分综合成绩）合计：							
自我总结							
学生签名： 年　月　日			指导教师签名： 年　月　日				

二、小组互评

序号	小组评价项目	评价情况			
		A	B	C	D
1	与其他同学口头交流学习内容是否顺畅？				
2	是否尊重他人？				
3	学习态度是否积极主动？				
4	是否服从教师教学安排和管理？				
5	着装是否符合标准？				
6	能否正确领会他人提出的学习问题？				
7	是否按照安全规范进行操作？				
8	能否辨别工作环境中哪些是危险因素？				
9	是否合理规范地使用工具和量具？				
10	能否保持学习环境的干净、整洁？				
11	是否遵守学习场所的规章制度				
12	是否对工作岗位有责任心？				
13	能否达到全勤要求？				
14	能否正确地对待肯定与否定的意见？				
15	团队学习中主动与同学合作的情况如何？				

参与评价同学签名：

年　月　日

三、教师评价

教师总体评价：

教师签名：__________ 年 月 日

【习题】

1. 简述在 PowerMILL 软件中进行管理加工的编程步骤。
2. 在 PowerMILL 软件中进行编程时有哪些注意事项？
3. 简述在 PowerMILL 软件中创建“圆角盘铣刀”的过程。
4. 在使用“SWARF 精加工”策略时对被加工曲面有哪些要求？
5. 在数学中直纹面分为哪两种？在实际的工程应用中通常又将直纹面分为哪两种？

任务 4 涡轮增压叶轮加工

【任务描述】

本任务主要介绍 PowerMILL 软件编程中涡轮增压叶轮的加工。作为透平机械的关键部件，整体式增压叶轮广泛应用于航空航天等领域，其加工技术一直是透平制造业中的一个重要课题。从整体式叶轮的几何结构和工艺过程可以看出，加工整体式叶轮时，刀具加工轨迹规划的约束条件比较多，相邻的叶片之间空间较小，加工时极易产生碰撞干涉，自动生成无干涉加工轨迹比较困难。因此，在加工叶轮的过程中不仅要保证叶片表面的加工轨迹，还要满足几何准确性的要求，而且由于叶片厚度的限制，要在实际加工中注意刀具加工轨迹的规划，以保证加工质量。现在支持多轴加工的 CAM 软件很多，PowerMILL 软件有专用增压叶轮切削加工模块。本任务主要要求学生能运用 PowerMILL 软件完成叶轮的编程与仿真加工。根据叶轮特点设置相应的参数，生成刀具轨迹，检验刀具路径是否正确、合理，通过相应的后处理生成数控加工程序，并运用机床加工零件。

【任务分析】

图 3—4—1 所示为增压叶轮模型三维图。叶轮类零件是机械装备行业重要的典型零件，在能源动力、航空航天、石油化工、冶金等领域应用广泛。叶轮的造型涉及空气动力学、流体力学等多个学科，叶轮所采用的加工方法、加工精度和加工表面质量对其最终的性能参数有很大影响。随着数控技术、CAM 技术的发展，叶轮的加工技术也日新月异。

整体叶轮是流体机械中流体与机械进行能量转换的中介装置，一般由轮毂、叶片等组成，如图 3—4—1 所示。当流体流经叶轮时，流体冲击叶片，叶片使流体的运动速度（方向或大小）发生改变，由于介质的惯性作用产生作用于叶片的力，该力作用于叶片从而使叶轮转动。随着叶轮的转动，流体的压力发生改变，从而使流体能转化为流体机械的机械能。

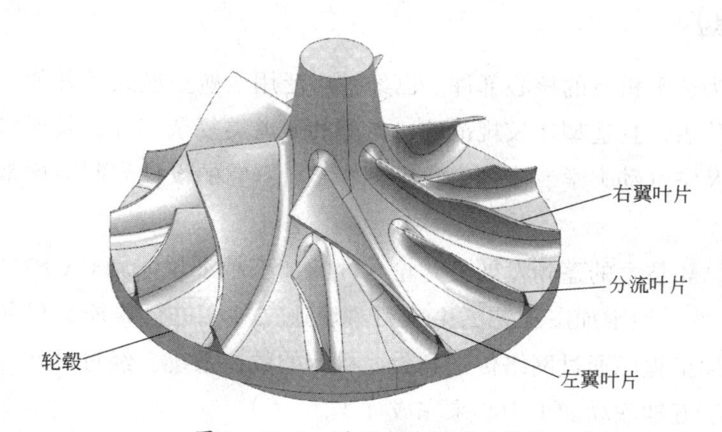

图 3—4—1　增压叶轮模型三维图

PowerMILL 软件的增压叶轮模块中针对叶轮加工有特定定义，根据叶轮特点将叶轮分为以下几个部分：

（1）轮毂：指叶轮轮毂曲面。

（2）套：指叶轮的包裹曲面，如图 3—4—2 所示。

（3）倒圆角：指叶片根部与轮毂相连接处的圆角曲面。

（4）左翼叶片：以分流叶片为参照，其左侧叶片为左翼叶片。

（5）右翼叶片：以分流叶片为参照，其右侧叶片为右翼叶片。

（6）分流叶片：指叶片的分流叶片曲面。

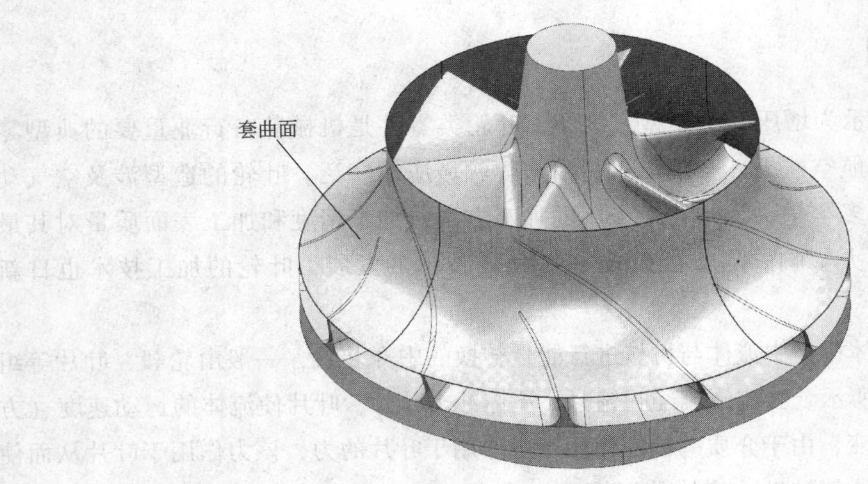

图 3—4—2　增压叶轮套

【相关知识】

整体叶轮作为透平机械的核心部件，已经被广泛用于航空航天及其他工业领域。整体叶轮是一类具有代表性且造型比较规范的、典型的通道类复杂零件，其形状特征明显，工作型面的设计涉及空气动力学、流体力学等多个学科。它的设计与制造比常规机械零件复杂得多。

随着 CAD/CAM 技术的蓬勃发展，叶轮零件的加工越来越依靠 CAD/CAM 软件，先建立其 CAD 模型，然后拟定加工工艺，生成刀具轨迹文件，进行数控编程和后置处理，再将所得到的数控加工程序通过网络传送到数控机床的数控系统，经过试运行和必要的修改补充，才将其用于五轴联动加工中心来完成加工。

对整体叶轮的建模，分为轮毂和叶片两个部分，而叶片又包含包覆曲面、压力曲面、吸力曲面，如图 3—4—3 所示。叶轮轮毂面及叶轮轮盖面分别由叶片中性面的根线和叶片中性面的顶线绕 Z 轴旋转而成；经过旋转轴 Z 的设计基准面为子午面；中性面是处于叶片压力面和吸力面中间位置的曲面。

如图 3—4—4 所示，流体从叶轮进口流进，从出口流出，相应处叶片的轮廓线称为进口边和出口边。对于半开式叶轮，轮盖面是叶片顶部曲线绕叶轮回转轴线旋转而形成的假想回转曲面。对于闭式叶轮，轮盖是个实体，相邻的两个叶片面和轮盖面、轮毂面所围成的空间成为流体的流道，闭式叶轮既可以整体铸造，也可以通过焊接方式将轮盖、叶片和轮盘组装在一起。

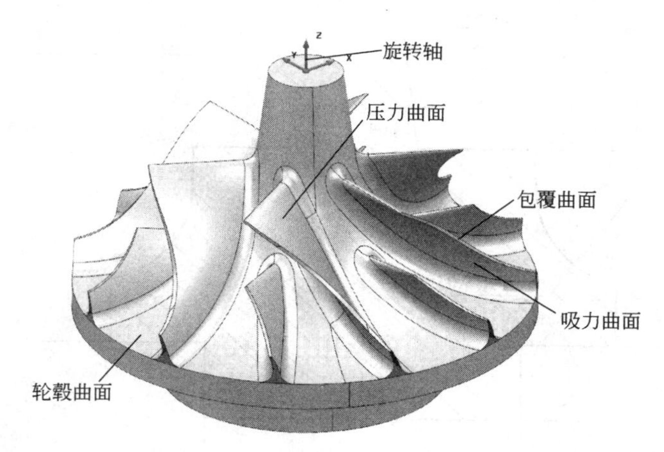

图 3—4—3　叶轮的几何构成元素

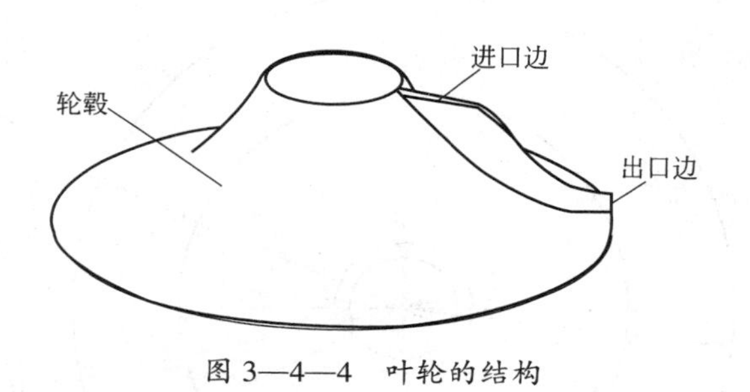

图 3—4—4　叶轮的结构

【任务实施】

按零件数字模型结构要求，制定增压叶轮数控加工工艺；编制加工程序；完成加工仿真，根据不同机床的数控系统产生与其相对应的 NC 程序。

一、制定加工工艺

1. 零件结构分析

根据图样中零件的特点，此零件的加工内容比较复杂，主要包括两个方面的内容，首先要用数控车床加工产品的外形尺寸，其次在五轴加工中心上加工产品上所有的流道与叶片。

2. 毛坯选用

毛坯选用铝合金 7075，尺寸为 ϕ96 mm×72 mm。毛坯的外形尺寸如图 3—4—5 所示。

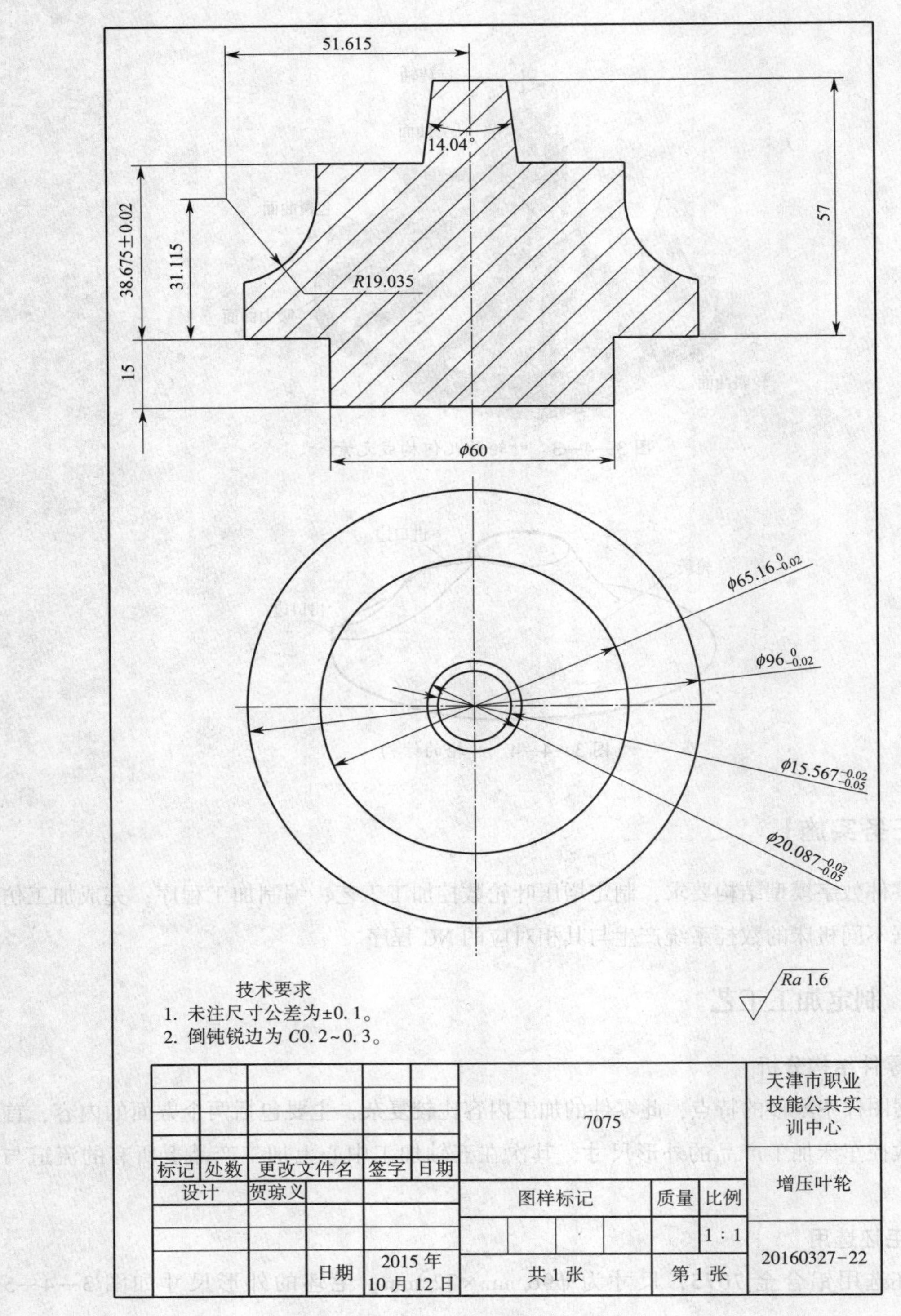

图 3—4—5　增压叶轮毛坯图样

3. 制定加工工序卡

在考虑零件的装夹方案时有多种方式可以选择，根据零件毛坯的结构，如果毛坯旋转中心没有中心定位孔，如本任务的毛坯中间就没有中心定位孔，这样可以选择三爪自定心卡盘的外爪进行定位和夹紧，如图 3—4—6 所示。

如果毛坯中心有定位中心孔，这时就可以采用心轴装夹，先在毛坯上制作键槽进行辅助定位，并制作适合用心轴装夹的专用工艺装备，如图 3—4—7 所示。

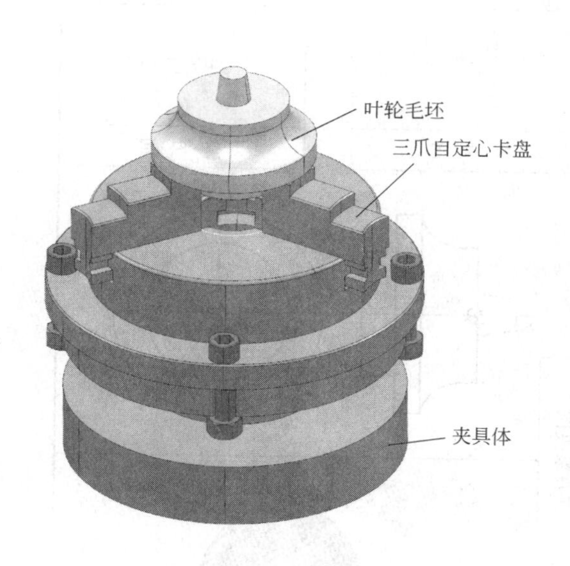

图 3—4—6　用三爪自定心卡盘夹紧毛坯

图 3—4—7　使用心轴装夹毛坯

无论采用哪一种装夹方式，在进行多轴加工时，装夹工件的过程中要求注意以下几点：

（1）产品在夹紧后，在加工过程中注意不能与刀柄发生干涉。

（2）刀柄不能与夹具发生干涉，图 3—4—8 所示为叶轮与刀柄发生干涉。

（3）在加工过程中要注意机床主轴不能与夹具发生干涉。

增压叶轮加工工序卡见表 3—4—1。

表 3—4—1　增压叶轮加工工序卡

五 轴 加 工 程 序 单　　页码：

零件号	20160327-22	编程员		图档路径		机床操作员		机床号	
客户名称		材料	7075	工序号	01	工序名称	增压叶轮加工	日期	年 月 日

序号	加工内容	程序名称	刀具号	刀具类型	刀具参数 (mm)	主轴转速 (r/min)	进给速度 (mm/min)	余量 (XY/Z) (mm)	装夹刀长 (mm)	加工时间 (h)	备注
1	整体粗加工	1T1BM6-C-01	T1	球头刀	ϕ6	8 000	3 000	0.3/0.3	35		
2	大叶片半精加工	2T1BM6-BJ-01	T1	球头刀	ϕ6	8 000	3 000	0.15/0.15	35		
3	小叶片半精加工	3T1BM6-BJ-01	T1	球头刀	ϕ6	8 000	2 400	0.15/0.15	35		
4	轮毂半精加工	4T1BM6-BJ-01	T1	球头刀	ϕ6	8 000	2 400	0.15/0.15	35		
5	大叶片精加工	5T2BM6-J-01	T2	球头刀	ϕ6	8 000	1 600	0/0	35		
6	小叶片精加工	6T2BM6-J-01	T2	球头刀	ϕ6	8 000	1 600	0/0	35		
7	轮毂精加工	7T2BM6-J-01	T2	球头刀	ϕ6	8 000	1 600	0/0	35		

工件装夹图

Z X

Y X

Z方向	毛坯上平面对零
XY方向	毛坯圆心

毛坯尺寸	ϕ96 mm×72 mm
装夹方式	专用夹具+三爪自定心卡盘

五轴加工中心操作确认

序号	确认项目	
1	工件定位和程序对上了吗?	
2	工件夹紧了吗? 找正了吗?	
3	分中检查了吗? 寻边器、杠杆表好用吗?	
4	坐标系、输入数据确认了吗?	
5	对刀、刀号、输入数据确认了吗?	
6	刀具直径、长度、安全高度确认了吗?	
7	加工程序确认了吗?	
8	加工前使用 VERICUT 仿真加工了吗?	
9	加工前试切削了吗?	

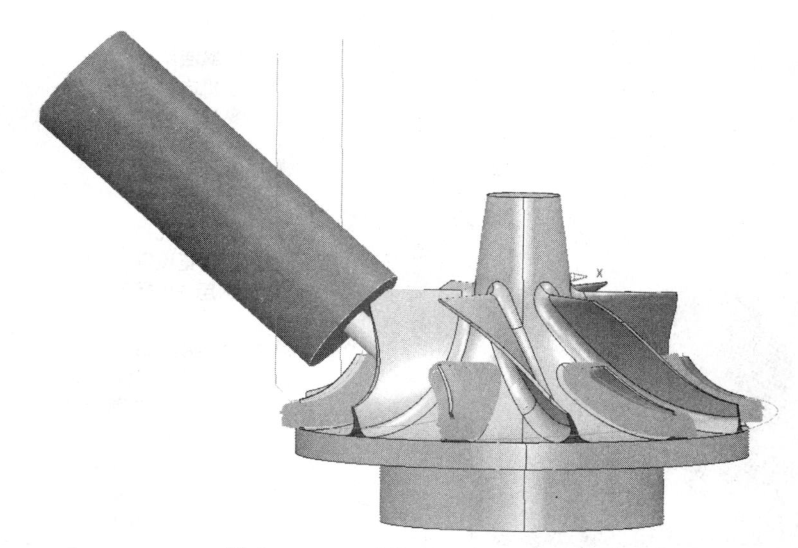

图 3—4—8　叶轮与刀柄发生干涉

二、编制加工程序

1. 模型输入

单击下拉菜单“文件”→“输入模型”命令，弹出如图 3—4—9 所示的“输入模型”对话框，在此对话框内“文件类型（T）”的下拉列表框中选择“Delcam Models（*.dgk）”文件格式，并分别打开本书光盘中的模型文件“整体叶轮 . dgk”“轮套 . dgk”“轮毂 . dgk”和“三爪卡盘与夹具体 . dgk”。然后单击用户界面最右边“查看工具栏”中的“ISO1”按钮，接着单击“查看工具栏”中的“普通阴影”按钮，即产生如图 3—4—10 所示的增压叶轮与夹具体数字模型。在用户界面左边 PowerMILL 浏览器中“用户坐标系”有“G54”用户坐标系；“层和组合”中有“叶轮曲面”“左翼叶片”

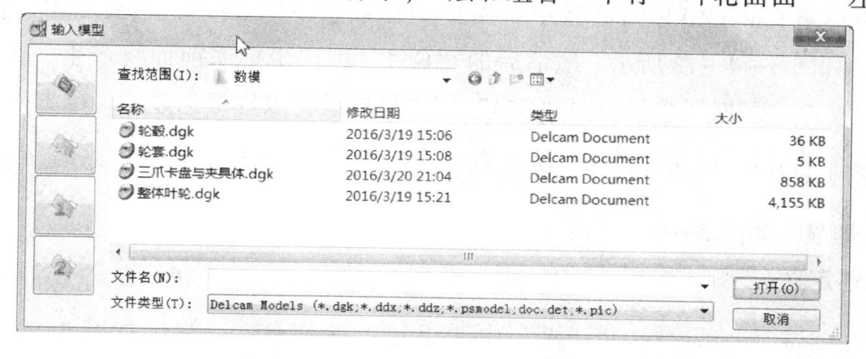

图 3—4—9　“输入模型”对话框

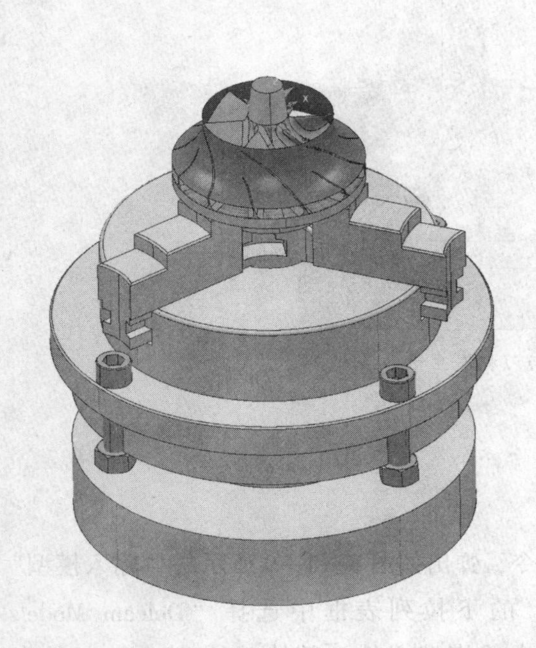
图 3—4—10　增压叶轮与夹具体数字模型

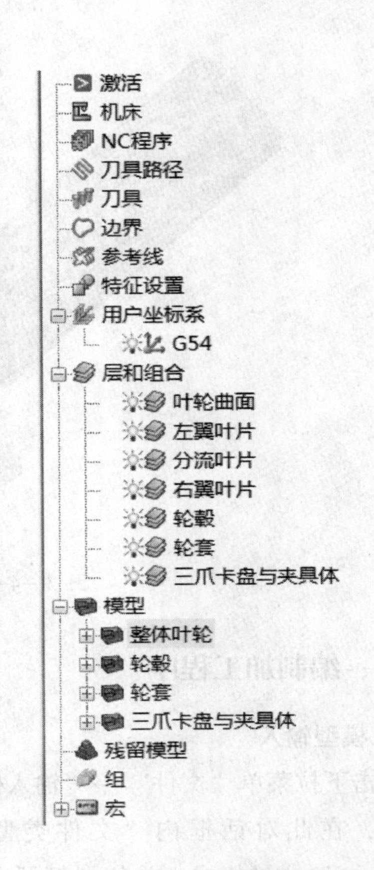

图 3—4—11　PowerMILL 浏览器

“分流叶片”“右翼叶片”“轮毂”“轮套”和“三爪卡盘与夹具体”七个用户层；“模型”中有“整体叶轮”“轮毂”“轮套”和“三爪卡盘与夹具体”四个数字模型，如图 3—4—11 所示。

将鼠标移至 PowerMILL 浏览器中“用户坐标系”下“G54”，然后右击，选择“激活”选项，如图 3—4—12 所示。激活后的“G54”用户坐标系前面将产生一个“>”符号，指示灯变亮，同时用户界面中“G54”用户坐标系将以红颜色显示。单击用户界面最右边“查看工具栏”中的“ISO1”按钮，接着单击“查看工具栏”中的“普通阴影”按钮，即显示如图 3—4—13 所示。

2. 毛坯定义

单击用户界面上部“主工具栏”中“毛坯”按钮，弹出如图 3—4—14 所示“毛坯”对话框。在图 3—4—14“由…定义”下拉列表框中选择“三角形”，“坐标

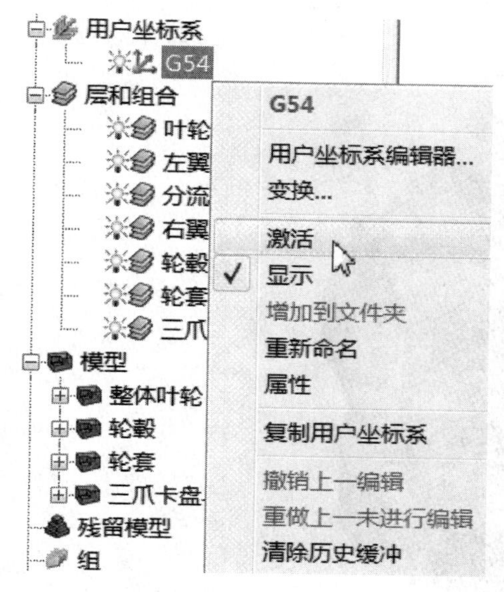

图 3—4—12　坐标系激活

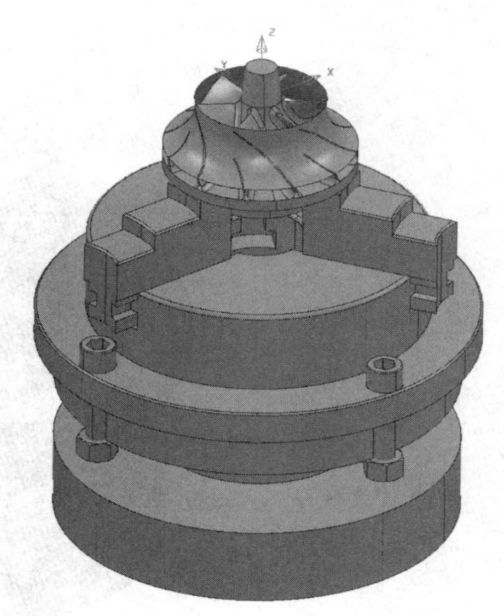

图 3—4—13　坐标系激活后的模型显示

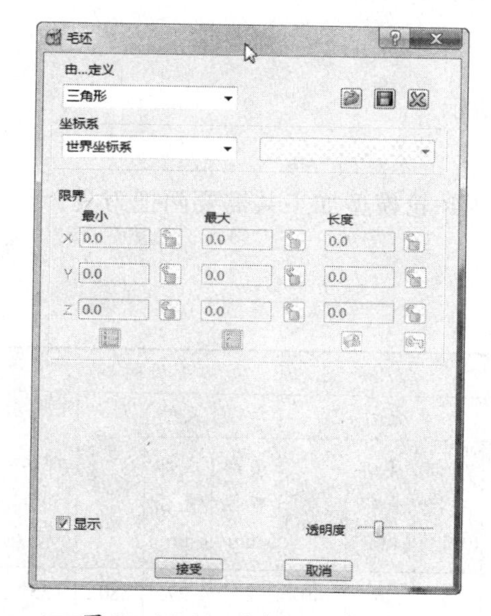

图 3—4—14　“毛坯”对话框

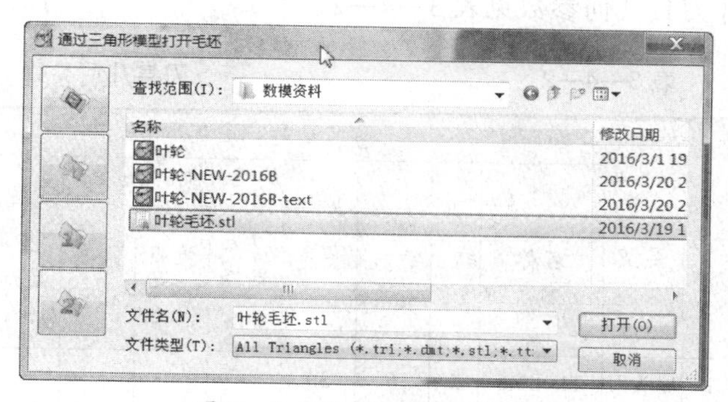

图 3—4—15　选择毛坯文件

系”下拉列表框中选择“世界坐标系”。接着单击“从文件装载毛坯”按钮，弹出“通过三角形模型打开毛坯”对话框，如图 3—4—15 所示，在此对话框中打开本书光盘中的毛坯模型文件“叶轮毛坯.stl”。最后单击“毛坯”对话框中“接受”按钮，则绘图区变为图 3—4—16 所示。

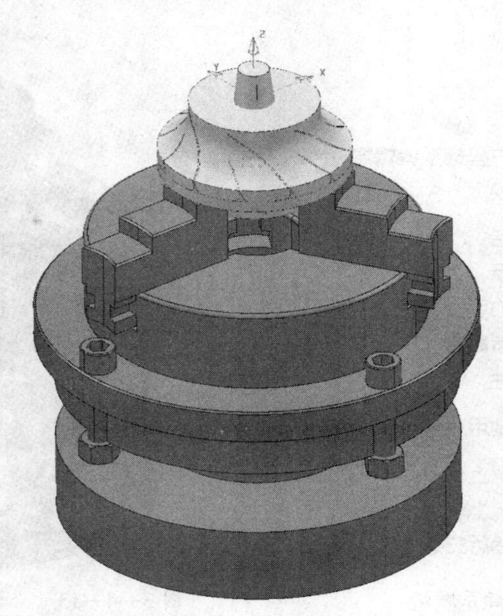

图 3—4—16　定义毛坯后的模型

3. 用户坐标系建立

本任务使用用户坐标系“G54”，如图 3—4—12 所示。

4. 刀具定义

由表 3—4—1 增压叶轮加工工序卡中得知，此增压叶轮模型加工共需要两把刀具，具体刀具几何参数见表 3—4—2。

表 3—4—2　　刀具几何参数

序号	刀具类型	刀尖								刀柄			夹持			
		名称	编号	几何形状						尺寸			尺寸			伸出（mm）
				直径（mm）	长度（mm）	刀尖半径（mm）	锥角（°）	锥高（mm）	锥形直径（mm）	顶部直径（mm）	底部直径（mm）	长度（mm）	顶部直径（mm）	底部直径（mm）	长度（mm）	
1	球头刀	T1-BM6	3	6	30					6	6	40	27	27	80	35
2	球头刀	T2-BM6	3	6	30					6	6	40	27	27	80	35

如图 3—4—17 所示，右击用户界面左边 PowerMILL 浏览器中的“刀具”，依次选择“产生刀具”→“球头刀”选项，弹出如图 3—4—18 所示的“球头刀”对话框。

在此对话框的“刀尖”选项卡中设置如下参数：

☐“名称”改为“T1-BM6”。

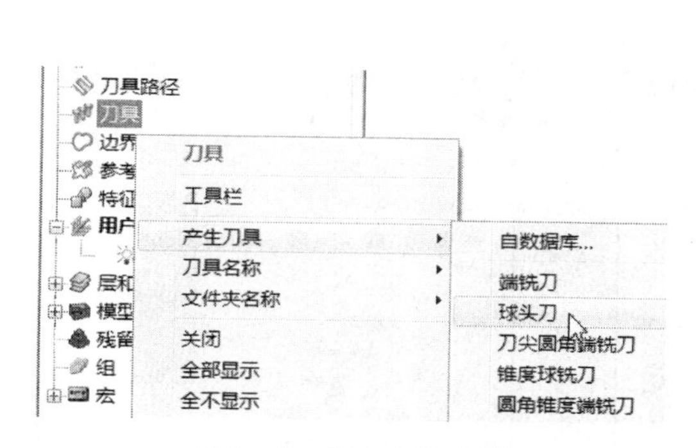

图 3—4—17　刀具选择

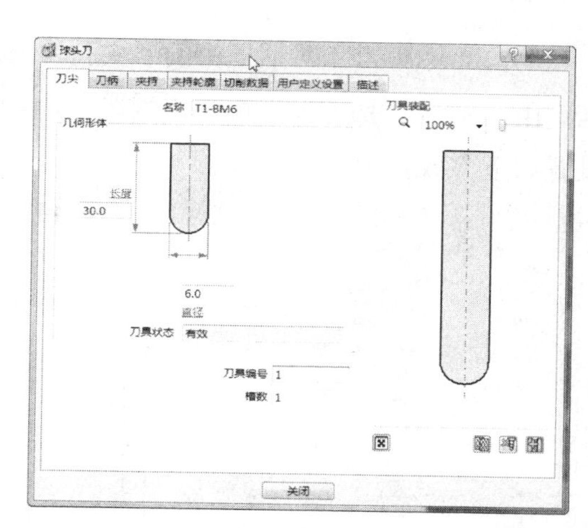

图 3—4—18　“球头刀”对话框

❑“直径”设置为“6.0”。

❑“长度”设置为“30.0”。

❑“刀具编号”设置为“1”。

设置完毕，单击“球头刀”对话框中的“刀柄”标签，弹出如图 3—4—19 所示的“球头刀”对话框中“刀柄”选项卡。单击此选项卡中的“增加刀柄部件”按钮，并在此选项卡中设置如下参数：

❑“顶部直径”设置为“6.0”。

❑“底部直径”设置为“6.0”。

❑“长度”设置为“40.0”。

设置完毕出现图 3—4—20 所示的图形。

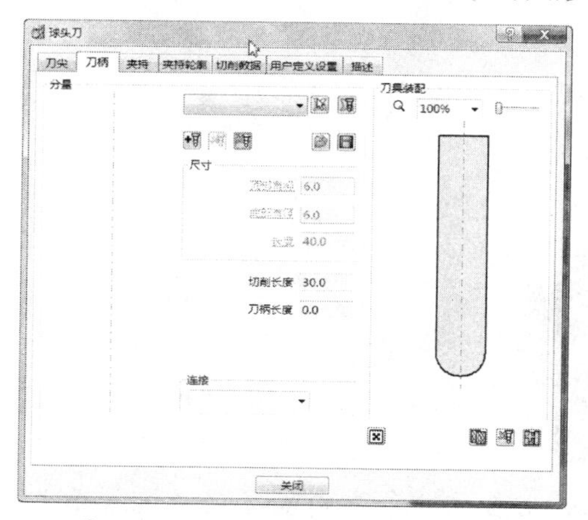

图 3—4—19　“球头刀”刀柄的选择

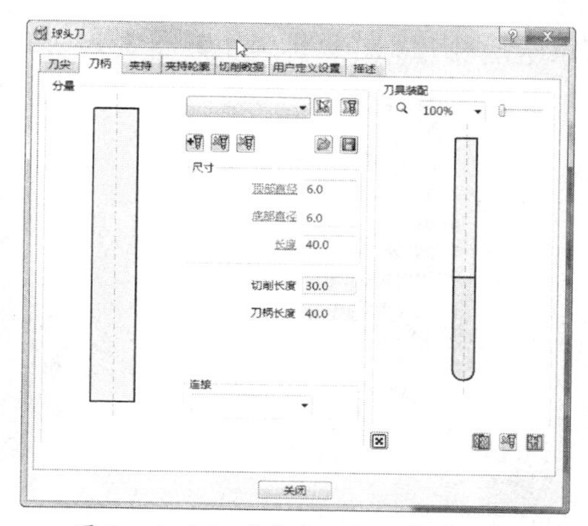

图 3—4—20　“球头刀”刀柄的设置

单击“球头刀”对话框中的“夹持”标签，弹出如图 3—4—21 所示的“球头刀”对话框中“夹持”选项卡。单击此选项卡中的“增加夹持部件”按钮，并在此选项卡中设置如下参数：

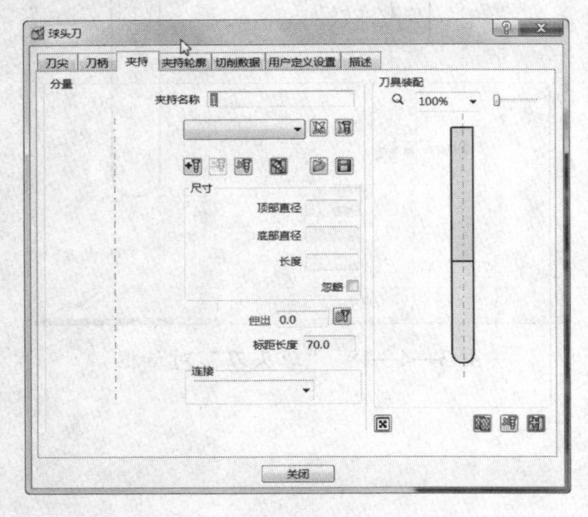

图 3—4—21 “球头刀”夹持的选择

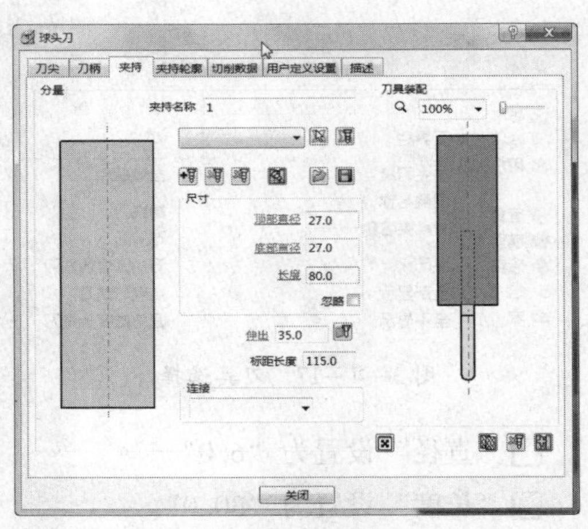

图 3—4—22 “球头刀”夹持的设置

❑“顶部直径”设置为“27.0”。

❑“底部直径”设置为“27.0”。

❑“长度”设置为“80.0”。

❑“伸出”设置为“35.0”。

设置完毕出现如图 3—4—22 所示的图形。

单击“关闭”按钮。此时在用户界面左边的 PowerMILL 浏览器中将显示刚才设置的刀具“T1-BM6”，如图 3—4—23 所示。单击用户界面最右边“查看工具栏”中的“ISO1”按钮，用户工作区即显示如图 3—4—24 所示。

图 3—4—23 PowerMILL 浏览器

图 3—4—24 刀具建立完成后的显示

图 3—4—25 PowerMILL 浏览器

参照上述建立刀具操作过程，按表 3—4—2 中的刀具几何参数创建直径 6 mm 的球头刀。设置完毕的 PowerMILL 浏览器变为如图 3—4—25 所示。

5. 进给率设置

如图 3—4—26 所示，右击用户界面左边 PowerMILL 浏览器中“刀具”标签内的“T1-BM6”，选择“激活”，使得在“T1-BM6”左边出现“>”符号，这表明“T1-BM6”刀具处于被激活状态。

单击用户界面上部“主工具栏”中的“进给率”按钮，弹出如图 3—4—27 所示的“进给和转速”对话框。

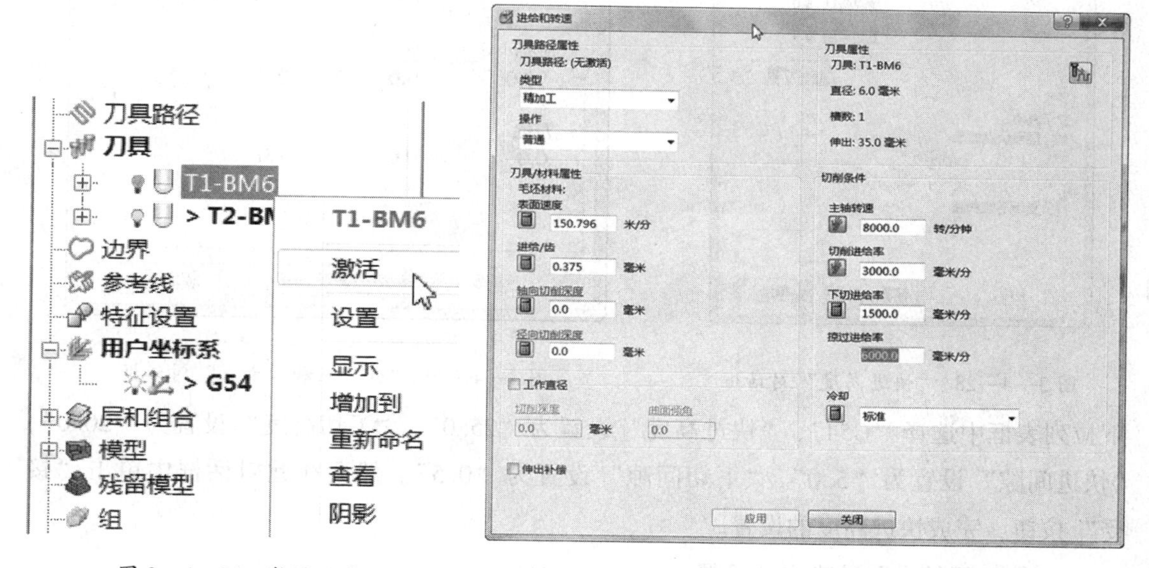

图 3—4—26　激活刀具

图 3—4—27　“进给和转速”对话框

在此对话框中按照表 3—4—1 中的内容设置如下参数：

- ❑“主轴转速”设置为“8000. 0”。
- ❑“切削进给率”设置为“3000. 0”。
- ❑“下切进给率”设置为“1500. 0”。
- ❑“掠过进给率”设置为“6000. 0”。

设置完毕，单击“接受”按钮，完成“T1-BM6”刀具进给率的设置。使用同样方法按照表 3—4—1 中的参数设置剩余刀具的进给率。

6. 快进高度设置

单击用户界面上部“主工具栏”中的“快进高度”按钮，弹出如图 3—4—28 所示的“快进高度”对话框，在“安全区域”下拉列表框中选择“平面”，“用户坐标系”

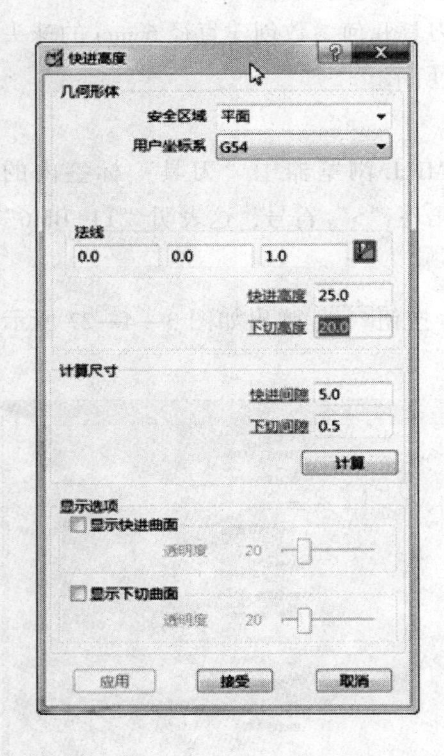

图 3—4—28 “快进高度”对话框

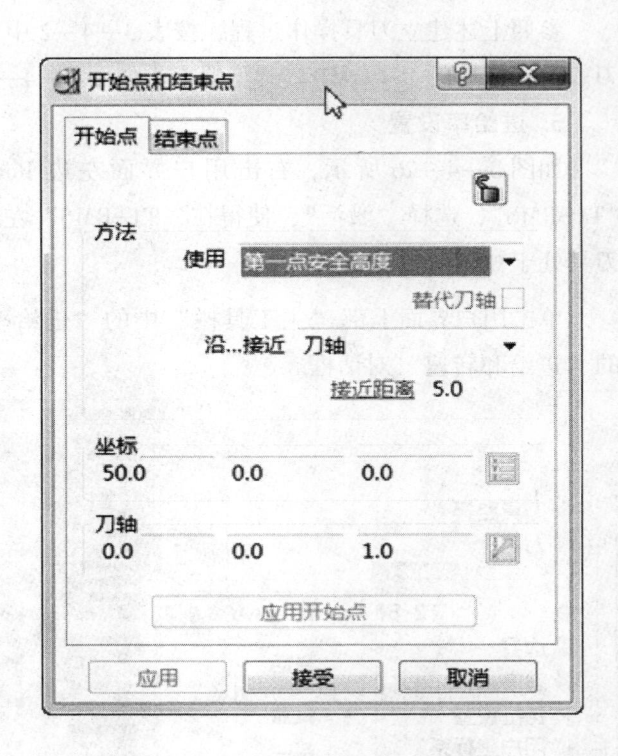

图 3—4—29 “开始点和结束点”对话框

下拉列表框中选择“G54”，“快进高度”设置为“25.0”，“下切高度”设置为“20.0”，“快进间隙”设置为“5.0”，“下切间隙”设置为“0.5”。然后在此对话框中单击“接受”按钮，完成快进高度的设置。

7. 加工开始点和结束点的设置

单击用户界面上部“主工具栏”中的“开始点和结束点”按钮，弹出如图 3—4—29 所示的“开始点和结束点”对话框。

在此对话框“开始点”选项卡的“使用”下拉列表框中选择“第一点安全高度”，“结束点”选项卡的“使用”下拉列表框中选择“最后一点安全高度”，最后单击“接受”按钮，完成加工开始点和结束点的设置。

8. 创建刀具路径

（1）粗加工刀具路径的产生

如图 3—4—26 所示，右击用户界面左边 PowerMILL 浏览器中“刀具”标签内的“T1-BM6”，选择“激活”，使得“T1-BM6”刀具处于被激活状态。

单击用户界面上部“主工具栏”中的“刀具路径策略”按钮，弹出如图 3—4—30

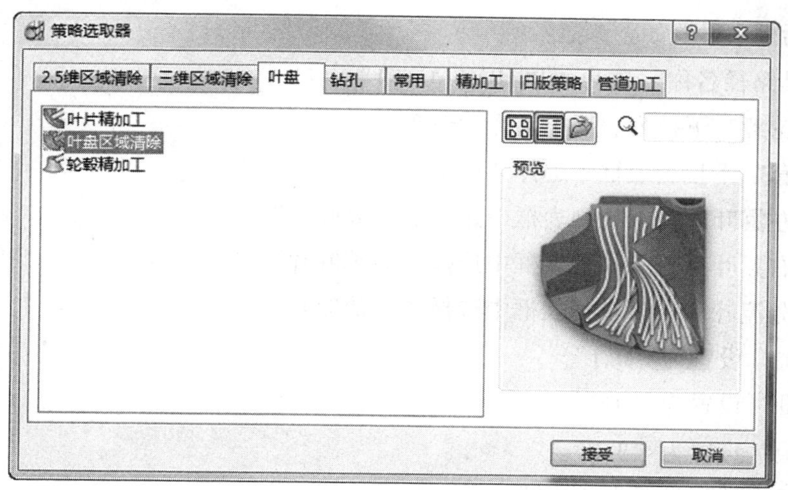

图 3—4—30 “策略选取器”对话框

所示的“策略选取器”对话框。

单击“叶盘”标签，然后选择“叶盘区域清除”选项，如图 3—4—30 所示，单击“接受”按钮，将弹出如图 3—4—31 所示的“叶盘区域清除”对话框。

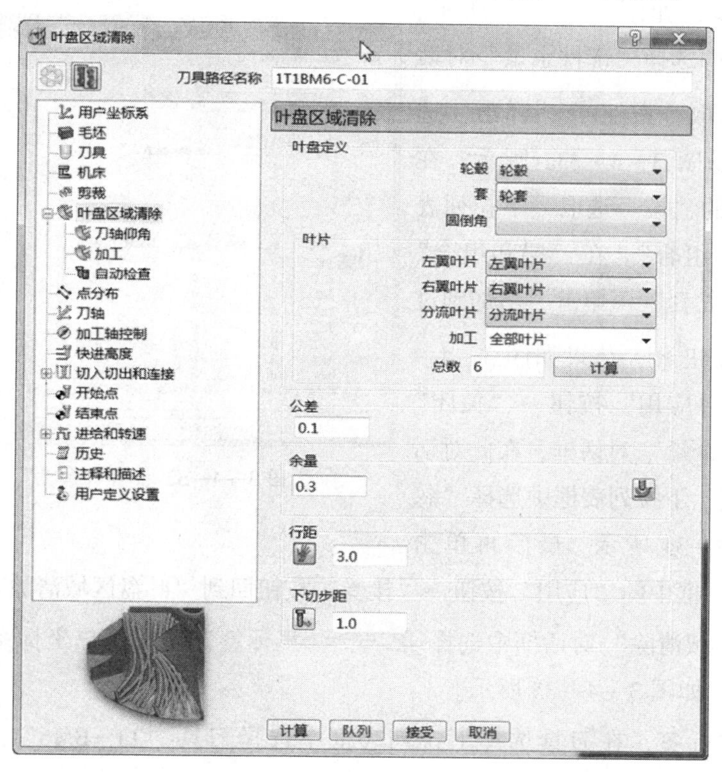

图 3—4—31 “叶盘区域清除”对话框

在此对话框中设置如下参数：

❑“刀具路径名称”改为“1T1BM6-C-01”。

❑在“轮毂”下拉列表框中选择“轮毂”。

❑在“套”下拉列表框中选择“轮套”。

❑在“左翼叶片”下拉列表框中选择“左翼叶片”。

❑在“右翼叶片”下拉列表框中选择“右翼叶片”。

❑在“分流叶片”下拉列表框中选择“分流叶片”。

❑“公差”设置为“0.1”。

❑“余量”设置为“0.3”。

❑“行距”设置为“3.0”。

❑“下切步距”设置为“1.0”。

❑在“加工”下拉列表框中选择“全部叶片”，然后单击“总数”右边的“计算”按钮，计算叶片总数，计算结果为“6”。

在“叶盘区域清除”对话框中使用鼠标左键单击“部件余量”按钮，系统弹出“部件余量”对话框，如图 3—4—32 所示。接着在用户界面中选择“部件余量”对话框中的“智能选取”按钮，弹出“选项”对话框，如图 3—4—33a 所示。在“选项”对话框的“按…选取”下拉列表框中选择“层或组合”。在“层和组合”列表框中选择“轮套”→单击“增加到过滤器并选取”按钮，结果如图 3—4—33b 所示。单击“应用”按钮→“关闭”按钮回到“部件余量”对话框，在此对话框的“加工方式”下拉列表框中选择“忽略”，如图 3—4—34 所示。最后再单击“部件余量”对话框中的“应用”按钮→“接受”按钮回到“叶盘区域清除”对话框。

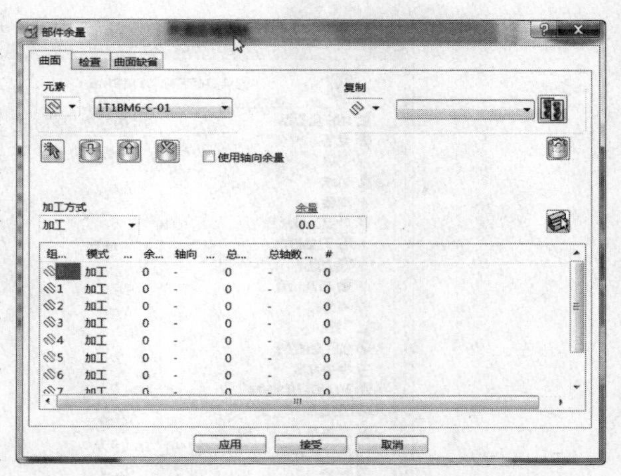

图 3—4—32 “部件余量”对话框

在“叶盘区域清除”对话框中选择 用户坐标系 标签，在“用户坐标系”下拉列表框中选择“G54”，如图 3—4—35 所示。

选择 刀具 标签，在刀具选择下拉列表框中选择刀具“T1-BM6”，如图 3—4—36 所示。

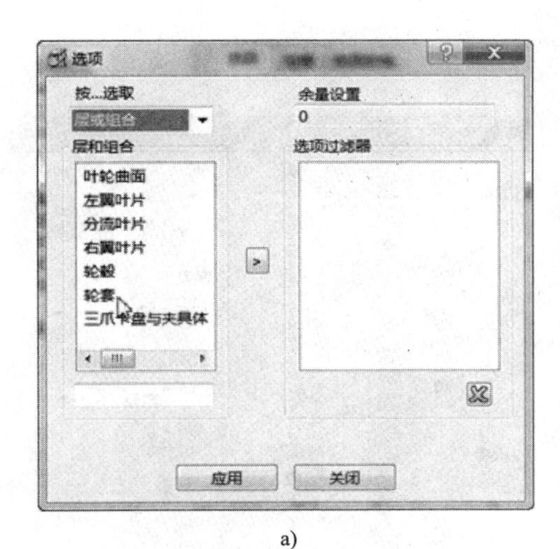

a)　　　　b)

图 3—4—33　选择“轮套”层

a）选择“轮套”层前　b）选择“轮套”层后

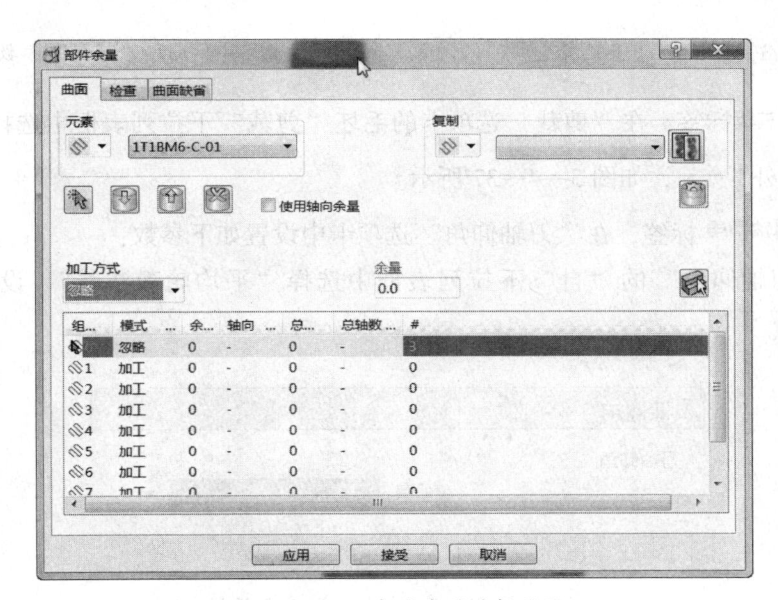

图 3—4—34　部件余量选择结果

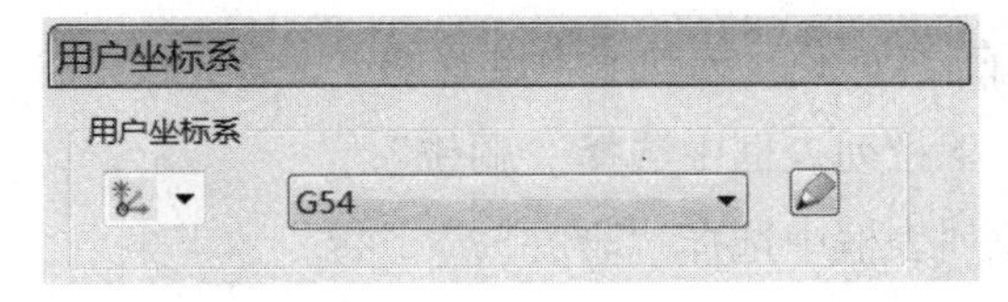

图 3—4—35　“用户坐标系”选择

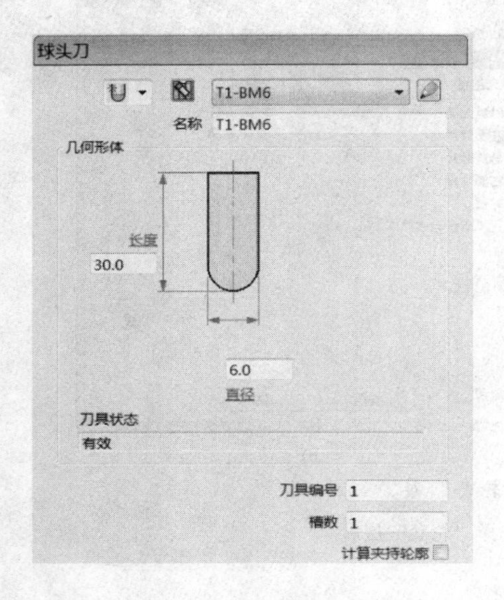

图 3—4—36 刀具选择

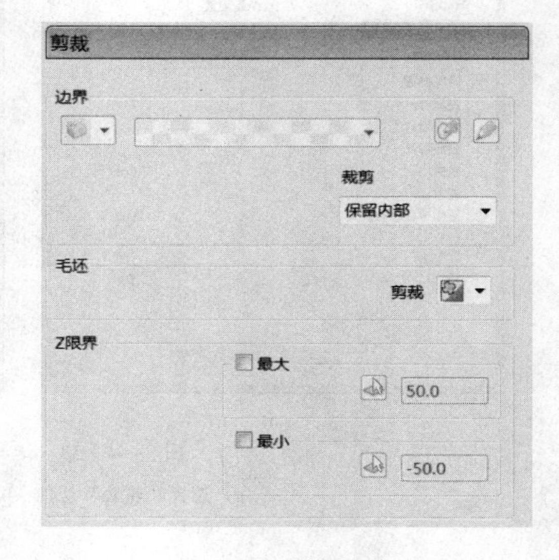

图 3—4—37 “剪裁”参数设置

选择 剪裁标签，在“剪裁”选项卡的毛坯“剪裁”下拉列表框中选择“允许刀具中心在毛坯以外”，如图 3—4—37 所示。

选择 刀轴仰角 标签，在“刀轴仰角”选项卡中设置如下参数：

❑ 在“刀轴仰角”的“自”下拉列表框中选择“平均轮毂法线”。设置结果如图 3—4—38所示。

图 3—4—38 “刀轴仰角”参数设置

选择 加工 标签，在“加工”选项卡中设置如下参数：

❑ 在“切削方向”下拉列表框中选择“顺铣”。

❑ 在“偏置”下拉列表框中选择“合并”。

❑ 在“排序方式”下拉列表框中选择“范围”。

设置结果如图 3—4—39 所示。

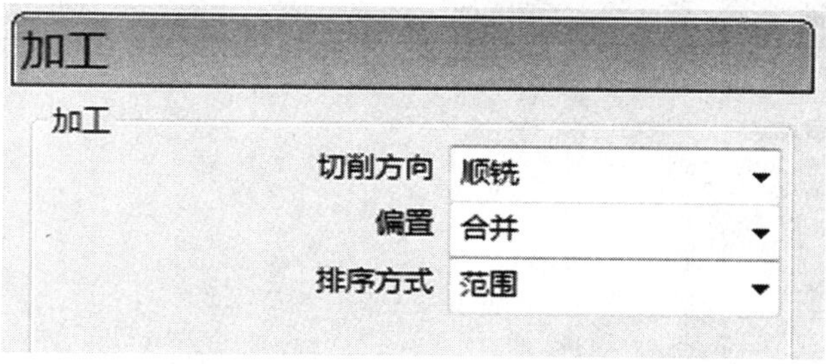

加工
加工
切削方向 顺铣
偏置 合并
排序方式 范围

图 3—4—39 “加工”参数设置

选择 自动检查标签，在“自动检查”选项卡中设置如下参数：

- “头部间隙”设置为“600.0”。
- 选中“自动碰撞检查”复选框。
- “夹持间隙”设置为“0.0”。
- “刀柄间隙”设置为“0.0”。

设置结果如图 3—4—40 所示。

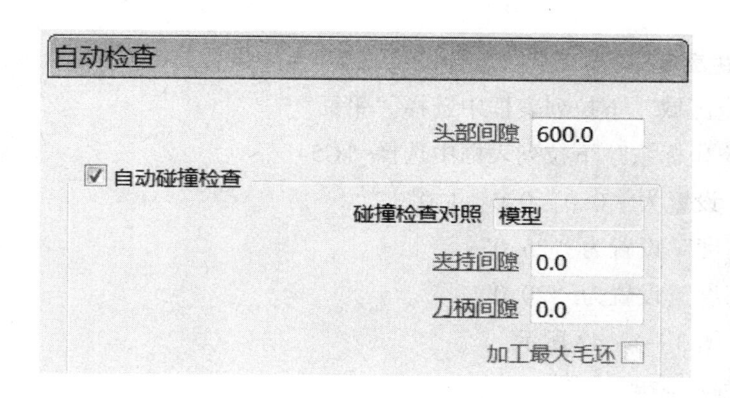

图 3—4—40 “自动检查”参数设置

选择 刀轴标签。在“刀轴”选项卡中设置如下参数：

- 在“刀轴”下拉列表框中选择“自动”。
- 选中“刀轴光顺”复选框。

选择结果如图 3—4—41 所示。

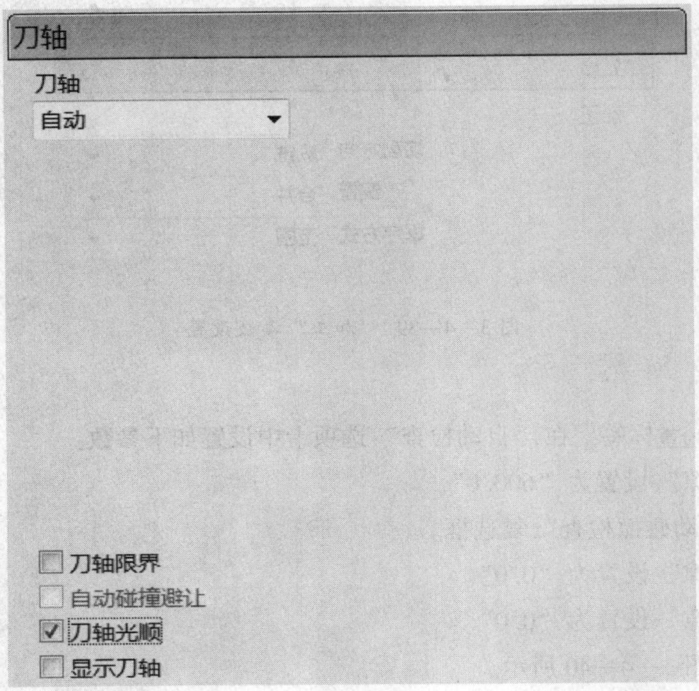

图 3—4—41 “刀轴” 选项卡

选择 快进高度标签。在“快进高度”选项卡中设置如下参数：

❑ 在“安全区域”下拉列表框中选择“平面”。

❑ 在“用户坐标系”下拉列表框中选择“G54”。

❑“法线”设置为“0.0”0.0“1.0”。

❑“快进高度”设置为“25.0”。

❑“下切高度”设置为“20.0”。

选择结果如图 3—4—42 所示。

选择 切入切出和连接 切入 标签中“切入”标签。在“切入”选项卡的“第一选择”下拉列表框中选择“延伸移动”，“距离”设置为“5.0”，并且选中“增加切入切出到短连接”复选框，单击“切出和切入相同”按钮，把“切入”的参数全部复制给“切出”，如图 3—4—43 所示。单击“连接”标签，在“连接”选项卡的“短”下拉列表框中选择“圆形圆弧”，“长”下拉列表框中选择“掠过”，“缺省”下拉列表框中选择“相对”，“长/短分界值”设置为“5000.0”。设置结果如图 3—4—44 所示。

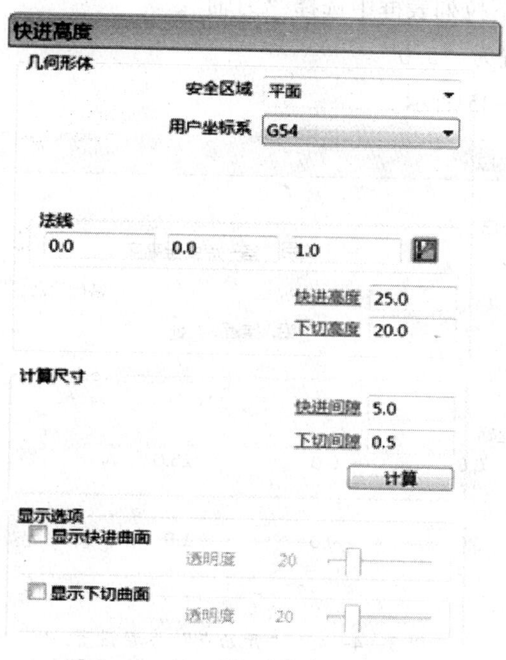

图 3—4—42 “快进高度”选项卡

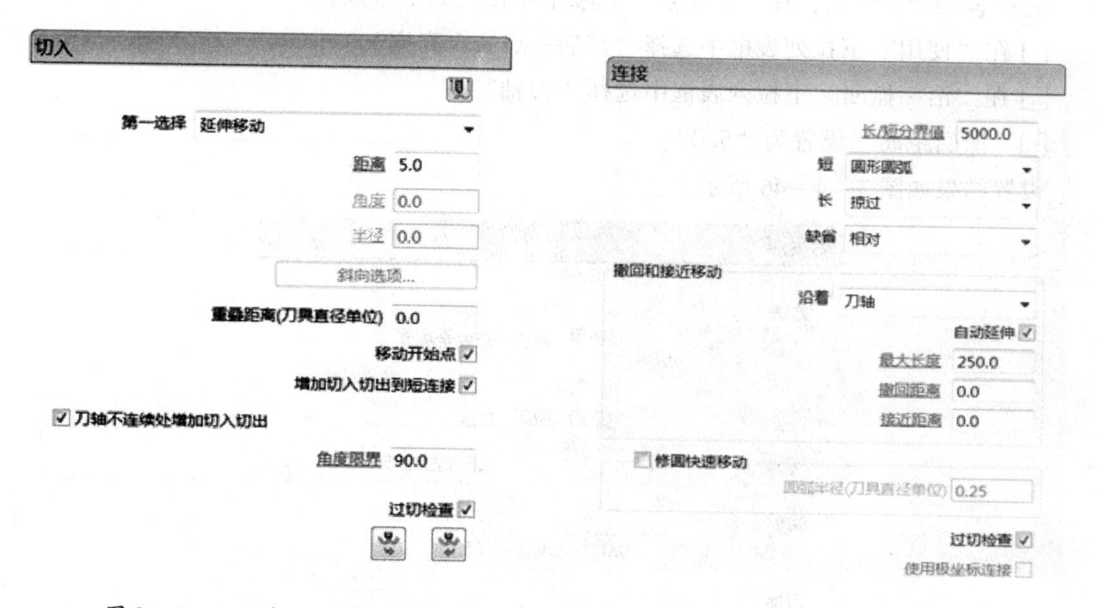

图 3—4—43 “切入”选项卡

图 3—4—44 “连接”选项卡

选择 开始点标签，在“开始点”选项卡中设置如下参数：

❑ 在“使用”下拉列表框中选择“第一点安全高度”。

□ 在“沿…接近”下拉列表框中选择“刀轴”。

□ “接近距离”设置为“5.0”。

设置结果如图 3—4—45 所示。

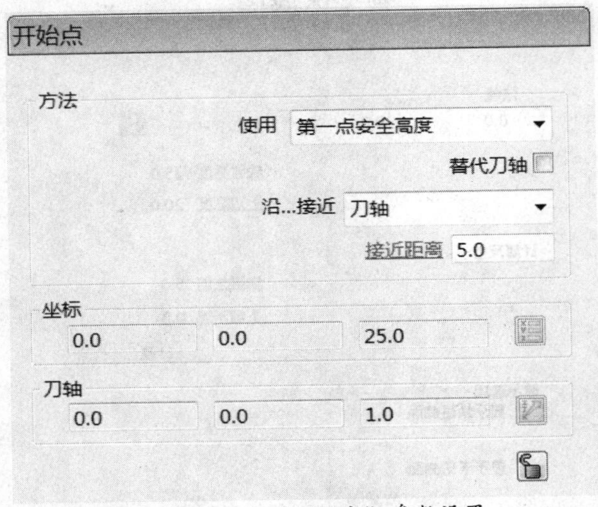

图 3—4—45 “开始点”参数设置

选择结束点标签，在“结束点”选项卡中设置如下参数：

□ 在“使用”下拉列表框中选择“最后一点安全高度”。

□ 在“沿…撤回”下拉列表框中选择“刀轴”。

□ “撤回距离”设置为“5.0”。

设置结果如图 3—4—46 所示。

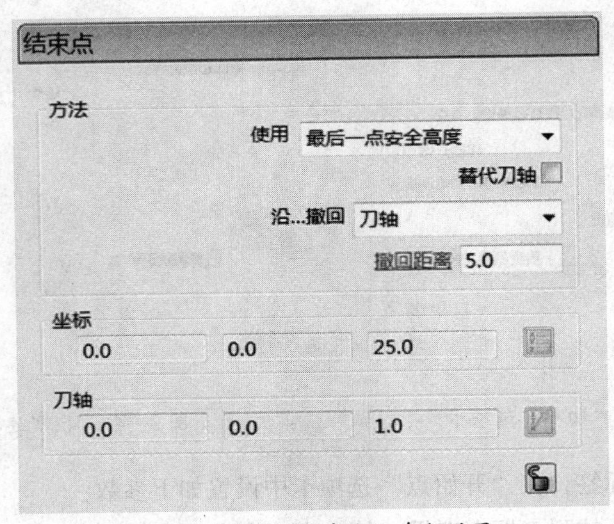

图 3—4—46 “结束点”参数设置

“叶盘区域清除”对话框的其余参数保持默认，设置完毕，单击“计算”按钮。刀具路径生成后单击“取消”按钮，接着单击用户界面最右边“查看工具栏”中的“ISO1”按钮，用户界面产生如图 3—4—47 所示的“1T1BM6-C-01”粗加工刀具路径。

（2）半精加工刀具路径的产生

1）创建“大叶片半精加工”刀具路径。单击用户界面上部“主工具栏”中的“刀具路径策略”按钮，弹出如图 3—4—48 所示的“策略选取器”对话框。

单击“叶盘”标签，然后选择“叶片精加工”选项，如图 3—4—48 所示，单击“接受”按钮，将弹出如图 3—4—49 所示的“叶片精加工”对话框。

在此对话框中设置如下参数：

❑“刀具路径名称”改为“2T1BM6-BJ-01”。

❑ 在“轮毂”下拉列表框中选择“轮毂”。

❑ 在“套”下拉列表框中选择“轮套”。

❑ 在“左翼叶片”下拉列表框中选择“左翼叶片”。

❑ 在“右翼叶片”下拉列表框中选择“右翼叶片”。

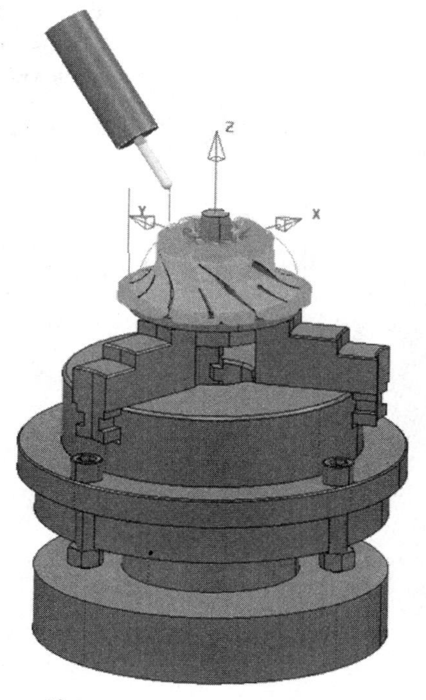

图 3—4—47 “1T1BM6-C-01”粗加工刀具路径

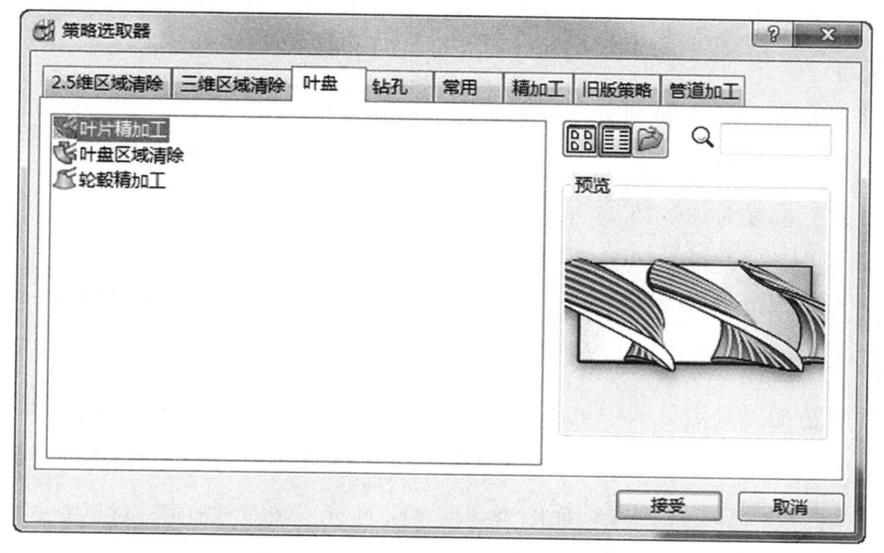

图 3—4—48 “策略选取器”对话框

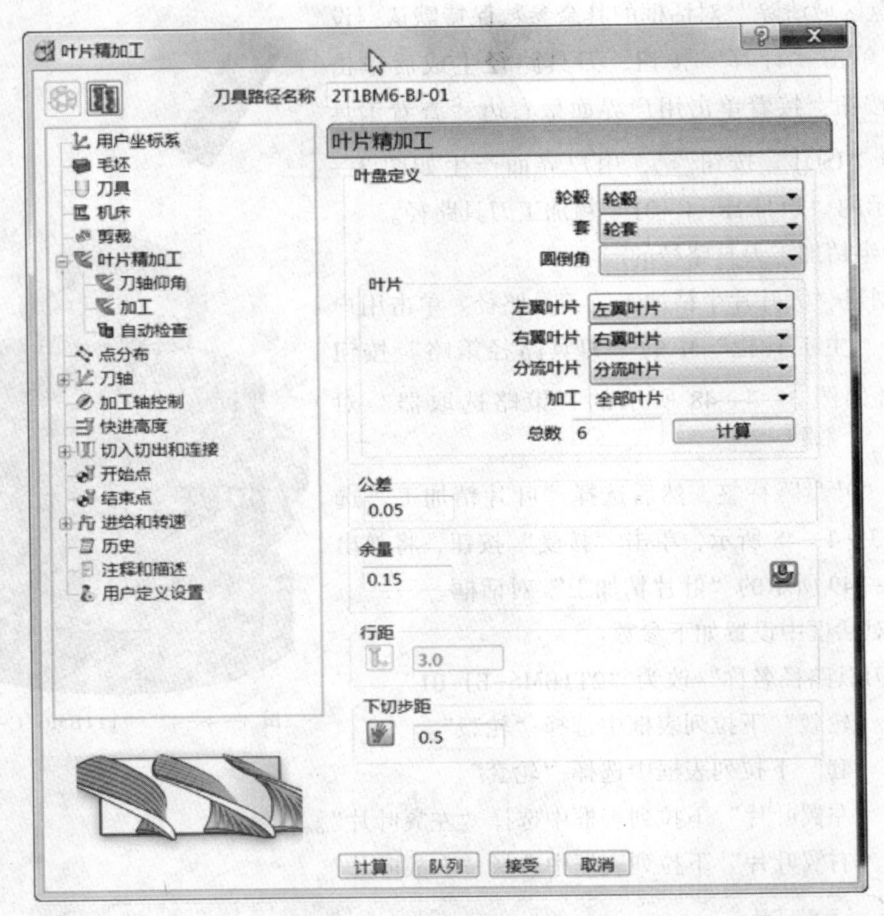

图 3—4—49 “叶片精加工”对话框

❑ 在“分流叶片”下拉列表框中选择“分流叶片”。

❑“公差”设置为“0.05”。

❑“余量”设置为“0.15”。

❑“下切步距”设置为“0.5”。

❑ 在“加工”下拉列表框中选择“全部叶片”，然后单击“总数”右边的“计算”按钮，计算叶片总数，计算结果为“6”。

在“叶片精加工”对话框中单击“部件余量”按钮，系统弹出“部件余量”对话框，如图 3—4—50 所示。接着在用户界面中选择“部件余量”对话框中的“智能选取”按钮，弹出“选项”对话框，如图 3—4—51a 所示。在“选项”对话框的“按…选取”下拉列表框中选择“层或组合”。在“层和组合”列表框中选择“轮套”→单击

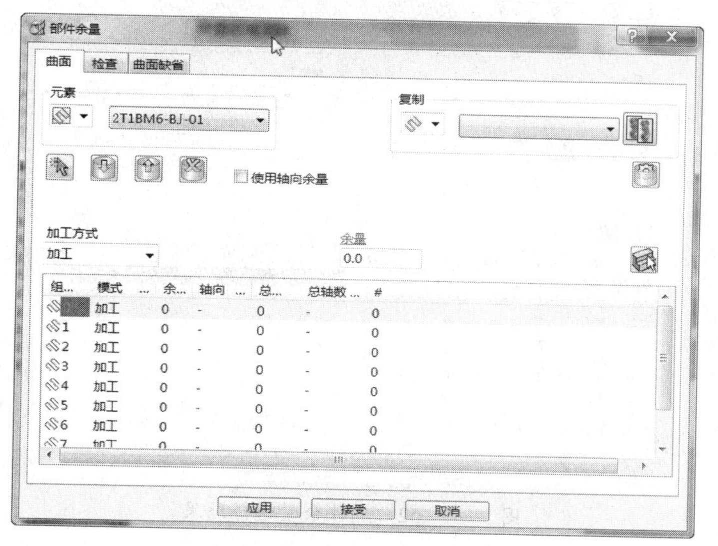

图 3—4—50 “部件余量”对话框

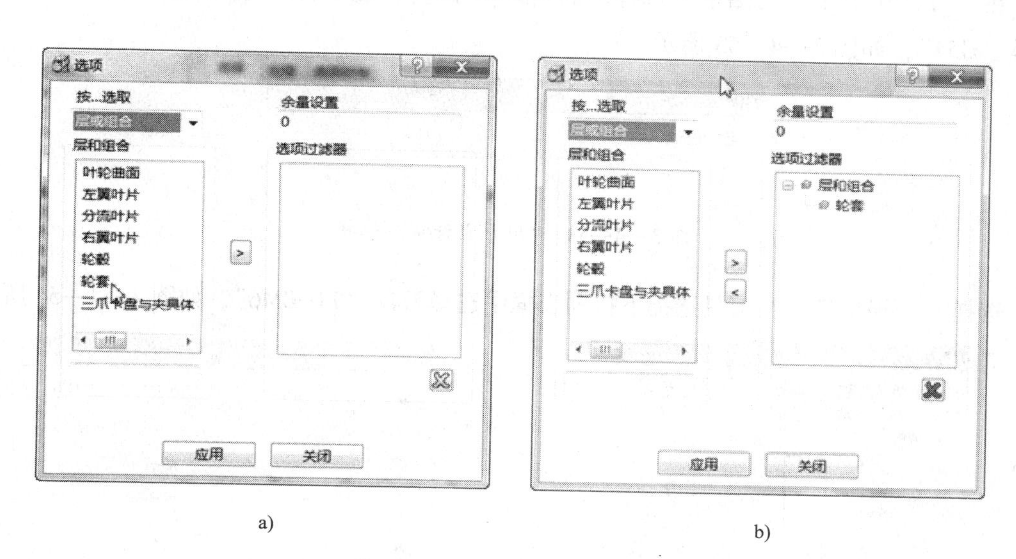

图 3—4—51 选择“轮套”层

a）选择“轮套”层前 b）选择“轮套”层后

“增加到过滤器并选取”按钮 >，结果如图 3—4—51b 所示。单击“应用”按钮→“关闭”按钮回到“部件余量”对话框，在此对话框的“加工方式”下拉列表框中选择“忽略”，如图 3—4—52 所示。最后再单击“部件余量”对话框中的“应用”按钮→“接受”按钮回到“叶片精加工”对话框。

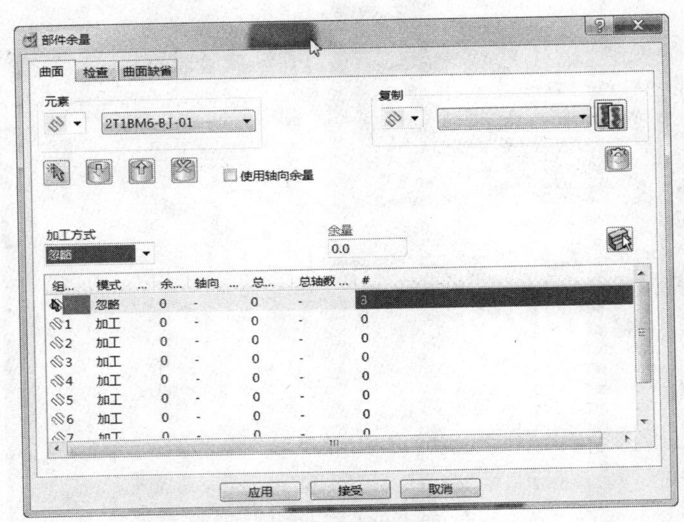

图 3—4—52　部件余量选择结果

在“叶片精加工”对话框中选择 用户坐标系 标签，在“用户坐标系”下拉列表框中选择“G54”，如图 3—4—53 所示。

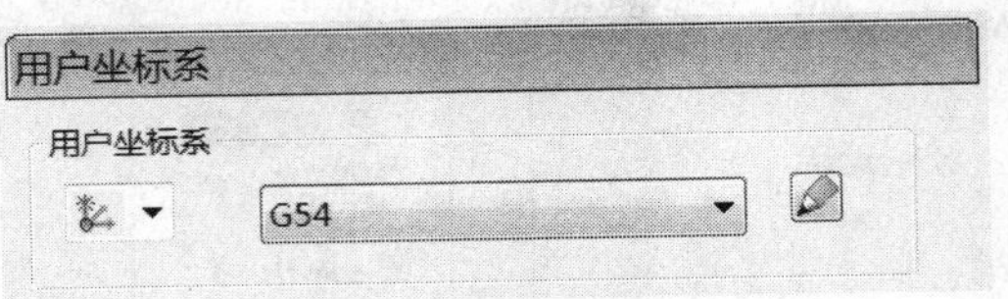

图 3—4—53　“用户坐标系”选择

选择 刀具 标签，在刀具选择下拉列表框中选择刀具“T1-BM6”，如图 3—4—54 所示。

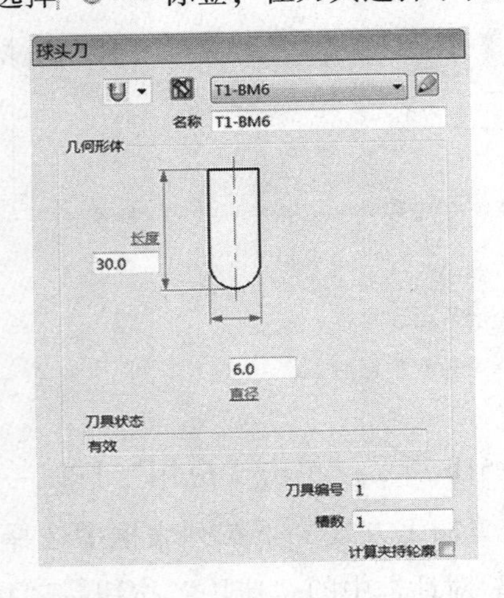

图 3—4—54　刀具选择

图 3—4—55　“剪裁”参数选择

选择 剪裁标签，在“剪裁”选项卡的毛坯“剪裁”下拉列表框中选择“允许刀具中心在毛坯以外”，如图3—4—55所示。

选择 刀轴仰角标签，在“刀轴仰角”选项卡中设置如下参数：

❑ 在“刀轴仰角”的“自”下拉列表框中选择“平均轮毂法线”，设置结果如图3—4—56所示。

图3—4—56 “刀轴仰角”参数设置

选择 加工标签，在“加工”选项卡中设置如下参数：

❑ 在“切削方向”下拉列表框中选择“顺铣”。

❑ 在“偏置”下拉列表框中选择“合并”。

❑ 在“操作”下拉列表框中选择“加工左翼叶片”。

❑ 在“排序方式”下拉列表框中选择“范围”。

❑ 在“开始位置”下拉列表框中选择“底部”。

设置结果如图3—4—57所示。

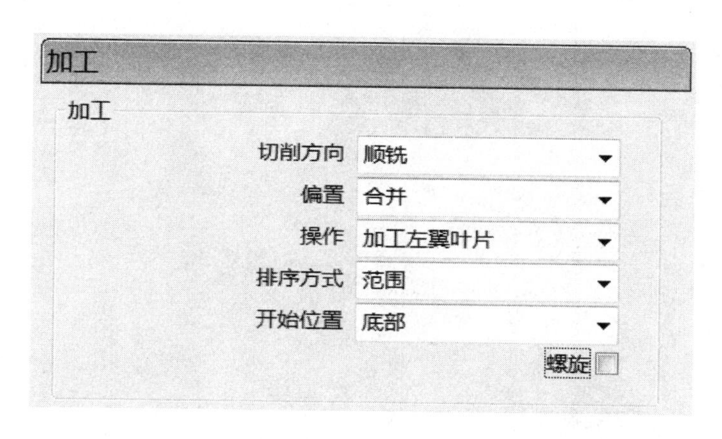

图3—4—57 “加工”参数设置

选择 自动检查标签，在“自动检查”选项卡中设置如下参数：

❑ “头部间隙”设置为“600.0”。

❑ 选中“自动碰撞检查”复选框。

❑ “夹持间隙”设置为“0.0”。

❑ “刀柄间隙”设置为“0.0”。

设置结果如图 3—4—58 所示。

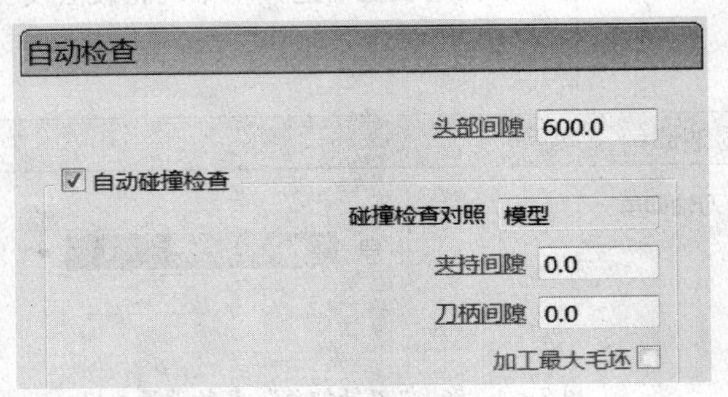

图 3—4—58 “自动检查”参数设置

选择刀轴标签。在“刀轴”选项卡中设置如下参数：

❑ 在“刀轴”下拉列表框中选择“自动”。

❑ 选中“刀轴光顺”复选框。

选择结果如图 3—4—59 所示。

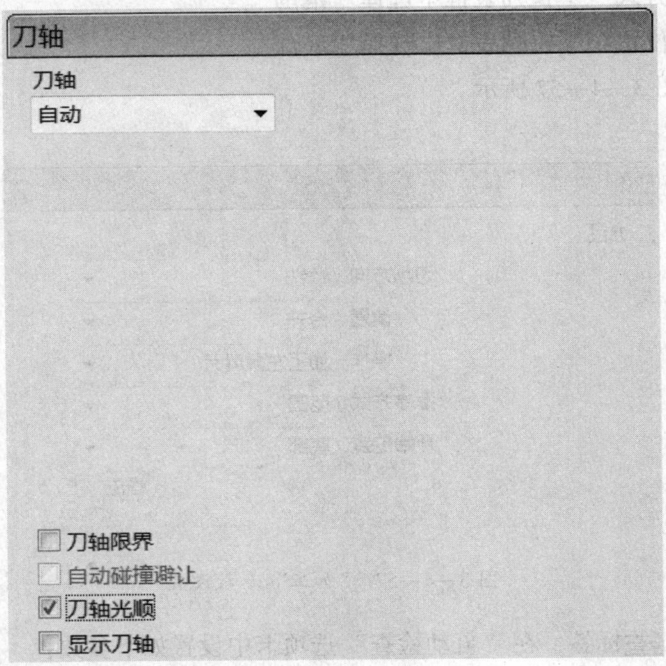

刀轴
刀轴
自动
刀轴限界
自动碰撞避让
刀轴光顺
显示刀轴

图 3—4—59 “刀轴”选项卡

选择 快进高度标签。在“快进高度”选项卡中设置如下参数：

❑ 在“安全区域”下拉列表框中选择“平面”。

❑ 在“用户坐标系”下拉列表框中选择“G54”。

❑“法线”设置为“0.0”0.0“1.0”。

❑“快进高度”设置为“25.0”。

❑“下切高度”设置为“20.0”。

选择结果如图3—4—60所示。

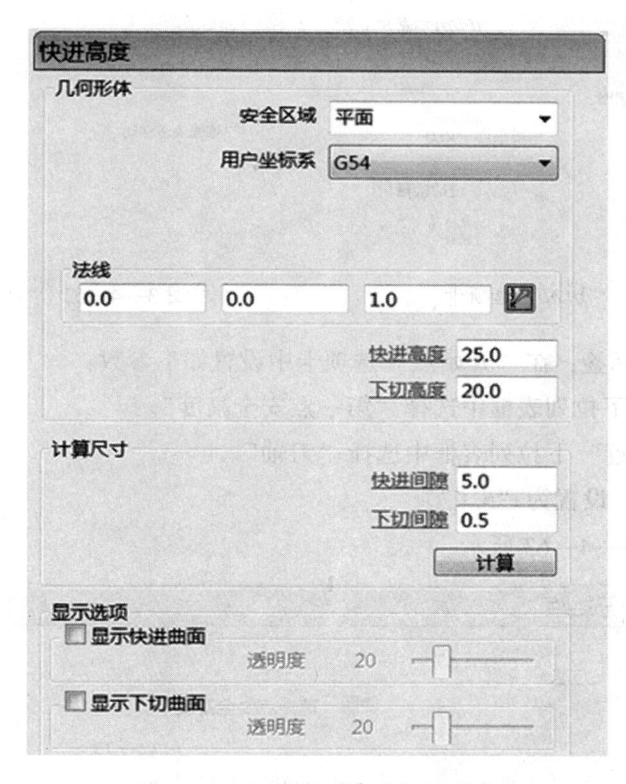

图3—4—60 “快进高度”选项卡

选择 切入切出和连接 切入 标签中“切入”标签。在“切入”选项卡的“第一选择”下拉列表框中选择“延伸移动”，“距离”设置为“5.0”，并且选中“增加切入切出到短连接”复选框，单击“切出和切入相同”按钮，把“切入”的参数全部复制给“切出”，如图3—4—61所示。单击“连接”标签，在“连接”选项卡的“短”下拉列表框中选择“圆形圆弧”，“长”下拉列表框中选择“掠过”，“缺省”下拉列表框中选择“相对”，“长/短分界值”设置为“5000.0”。设置结果如图3—4—62所示。

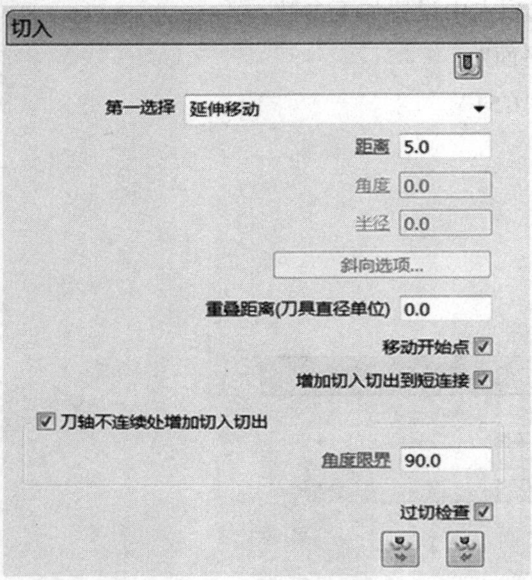

切入
第一选择 延伸移动
距离 5.0
角度 0.0
半径 0.0
斜向选项...
重叠距离(刀具直径单位) 0.0
移动开始点
增加切入切出到短连接
刀轴不连续处增加切入切出
角度限界 90.0
过切检查

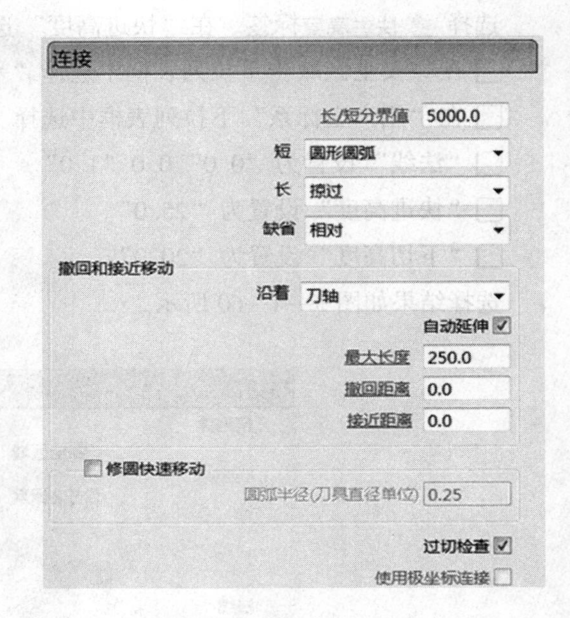

图 3—4—61 “切入”选项卡

连接
长/短分界值 5000.0
短 圆形圆弧
长 掠过
缺省 相对
撤回和接近移动
沿着 刀轴
自动延伸
最大长度 250.0
撤回距离 0.0
接近距离 0.0
修圆快速移动
圆弧半径(刀具直径单位) 0.25
过切检查
使用极坐标连接

图 3—4—62 “连接”选项卡

选择 开始点标签，在“开始点”选项卡中设置如下参数：

❑ 在“使用”下拉列表框中选择“第一点安全高度”。

❑ 在“沿…接近”下拉列表框中选择“刀轴”。

❑ “接近距离”设置为“5. 0”。

设置结果如图 3—4—63 所示。

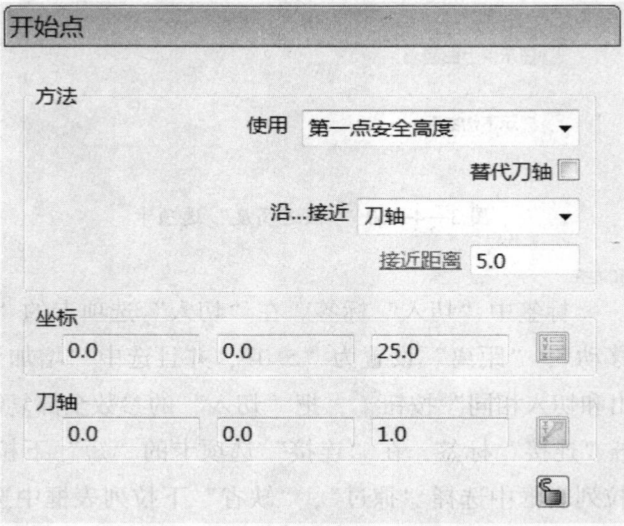

开始点
方法
使用 第一点安全高度
替代刀轴
沿...接近 刀轴
接近距离 5.0
坐标
0.0 0.0 25.0
刀轴
0.0 0.0 1.0

图 3—4—63 “开始点”参数设置

选择 结束点标签，在“结束点”选项卡中设置如下参数：

❑ 在“使用”下拉列表框中选择“最后一点安全高度”。

❑ 在“沿…撤回”下拉列表框中选择“刀轴”。

❑ “撤回距离”设置为“5.0”。

设置结果如图 3—4—64 所示。

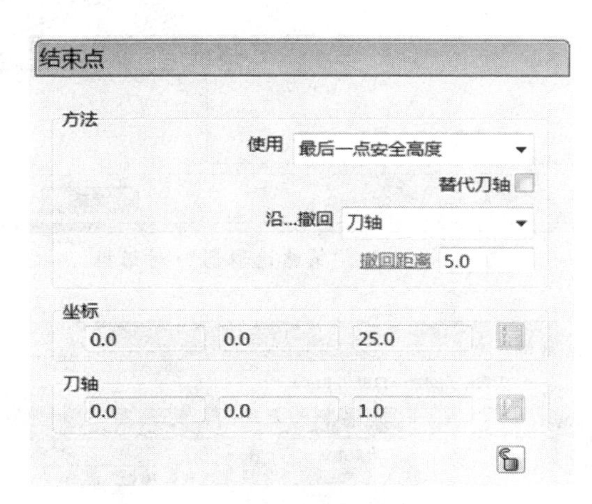

图 3—4—64 “结束点”参数设置

“叶片精加工”对话框的其余参数保持默认，设置完毕，单击“计算”按钮。刀具路径生成后单击“取消”按钮，接着单击用户界面最右边“查看工具栏”中的“ISO1”按钮，用户界面产生如图 3—4—65 所示的“2T1BM6-BJ-01”半精加工刀具路径。

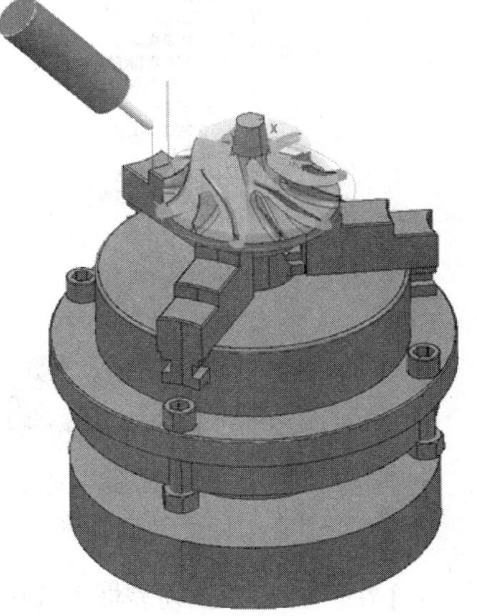

图 3—4—65 “2T1BM6-BJ-01”半精加工刀具路径

2）创建“小叶片半精加工”刀具路径。单击用户界面上部“主工具栏”中的“刀具路径策略”按钮，弹出如图 3—4—66 所示的“策略选取器”对话框。

单击“叶盘”标签，然后选择“叶片精加工”选项，如图 3—4—66 所示，单击“接受”按钮，将弹出如图 3—4—67 所示的“叶片精加工”对话框。

在此对话框中设置如下参数：

❑ “刀具路径名称”改为“3T1BM6-BJ-01”。

❑ 在“轮毂”下拉列表框中选择“轮毂”。

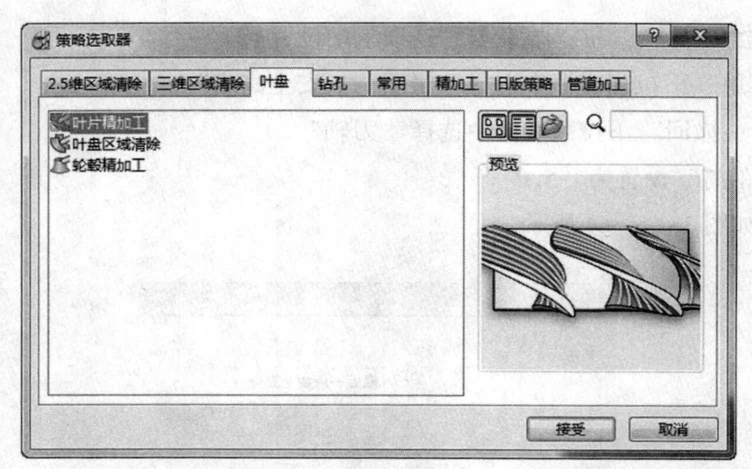

图 3—4—66 “策略选取器”对话框

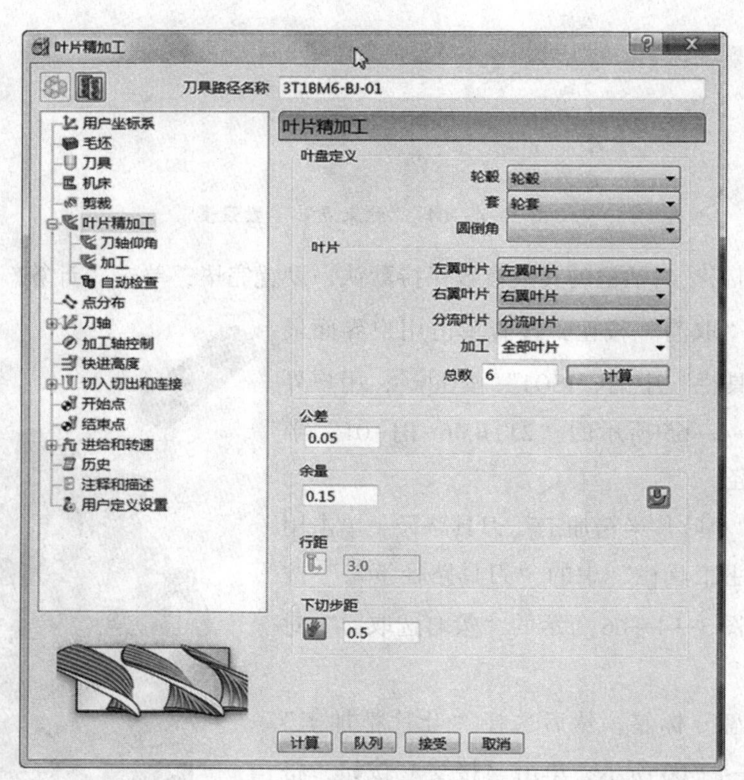

图 3—4—67 “叶片精加工”对话框

❑ 在“套”下拉列表框中选择“轮套”。

❑ 在“左翼叶片”下拉列表框中选择“左翼叶片”。

❑ 在“右翼叶片”下拉列表框中选择“右翼叶片”。

❑ 在“分流叶片”下拉列表框中选择“分流叶片”。

❑“公差”设置为“0.05”。

❑“余量”设置为“0.15”。

❑“下切步距”设置为“0.5”。

❑ 在“加工”下拉列表框中选择“全部叶片”，然后单击“总数”右边的“计算”按钮，计算叶片总数，计算结果为“6”。

在“叶片精加工”对话框中单击“部件余量”按钮，系统弹出“部件余量”对话框，如图3—4—68所示。接着在用户界面中选择“部件余量”对话框中的“智能选取”按钮，弹出“选项”对话框，如图3—4—69a所示。在“选项”对话框中的“按…选取”下拉列表框中选择“层或组合”。在“层和组合”列表框中选择“轮套”→单击“增加到过滤器并选取”按钮，结果如图3—4—69b所示。单击“应用”按钮→“关闭”按钮回到“部件余量”对话框，在此对话框的“加工方式”下拉列表框中选择“忽略”，如图3—4—70所示。最后再单击“部件余量”对话框中的“应用”按钮→“接受”按钮回到“叶片精加工”对话框。

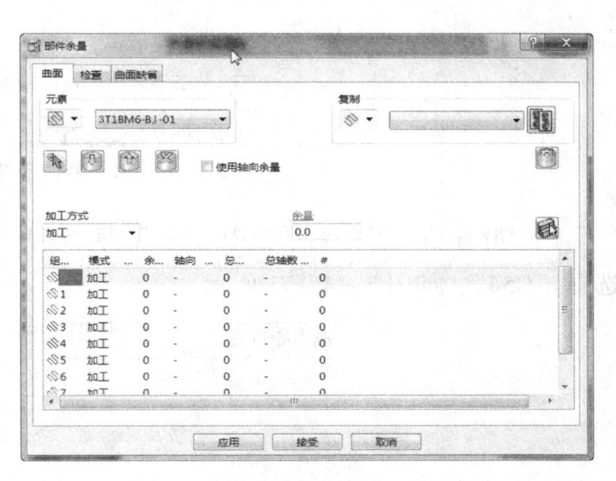

图3—4—68 “部件余量”对话框

a)

b)

图3—4—69 选择“轮套”层

a）选择“轮套”层前 b）选择“轮套”层后

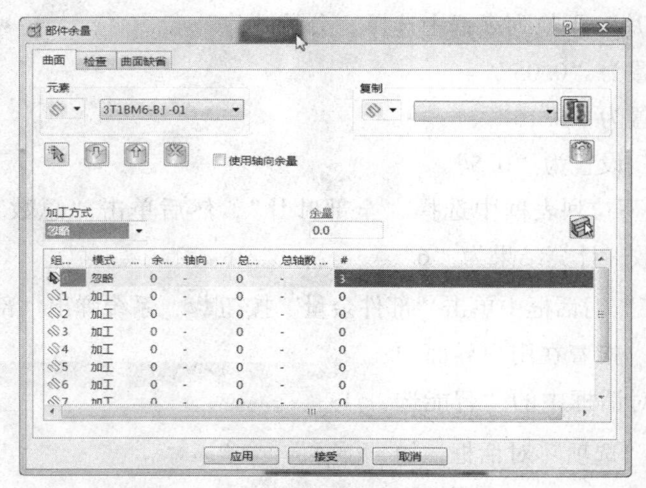

图 3—4—70　部件余量选择结果

在“叶片精加工”对话框中选择 用户坐标系 标签，在“用户坐标系”下拉列表框中选择“G54”，如图 3—4—71 所示。

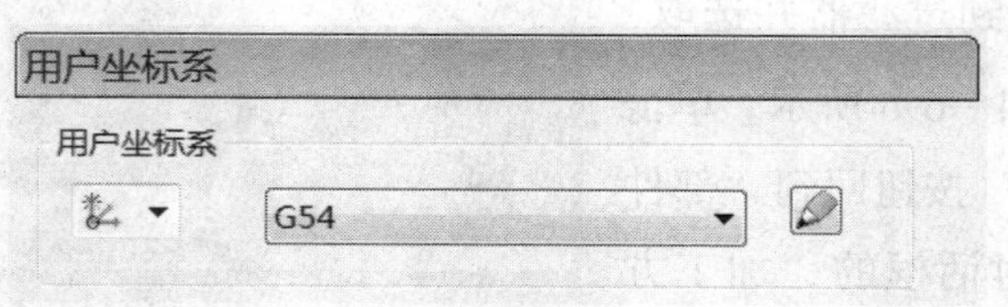

图 3—4—71　“用户坐标系”选择

选择 刀具 标签，在刀具选择下拉列表框中选择刀具“T1-BM6”，如图 3—4—72 所示。

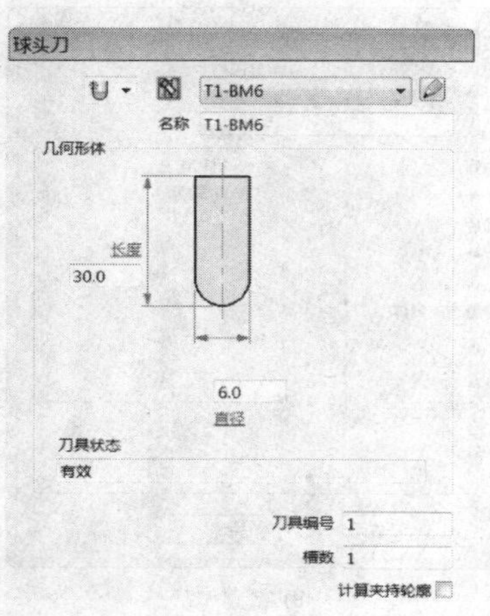

图 3—4—72　刀具选择

图 3—4—73　“剪裁”参数选择

选择 剪裁标签，在“剪裁”选项卡的毛坯“剪裁”下拉列表框中选择“允许刀具中心在毛坯以外”，如图 3—4—73 所示。

选择 刀轴仰角标签，在“刀轴仰角”选项卡中设置如下参数：

❑ 在“刀轴仰角”的“自”下拉列表框中选择“平均轮毂法线”，设置结果如图 3—4—74 所示。

图 3—4—74 “刀轴仰角”参数设置

选择 加工标签，在“加工”选项卡中设置如下参数：

❑ 在“切削方向”下拉列表框中选择“顺铣”。

❑ 在“偏置”下拉列表框中选择“合并”。

❑ 在“操作”下拉列表框中选择“加工分流叶片”。

❑ 在“排序方式”下拉列表框中选择“范围”。

❑ 在“开始位置”下拉列表框中选择“底部”。

设置结果如图 3—4—75 所示。

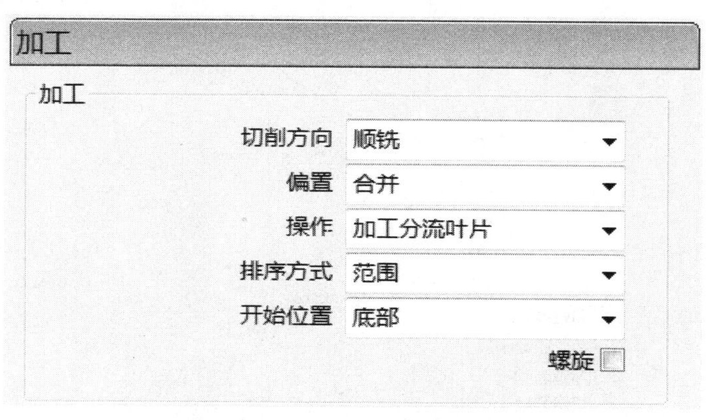

图 3—4—75 “加工”参数设置

选择 自动检查标签，在“自动检查”选项卡中设置如下参数：

❑ “头部间隙”设置为“600. 0”。

❑ 选中“自动碰撞检查”复选框。

❑“夹持间隙”设置为“0.0”。

❑“刀柄间隙”设置为“0.0”。

设置结果如图 3—4—76 所示。

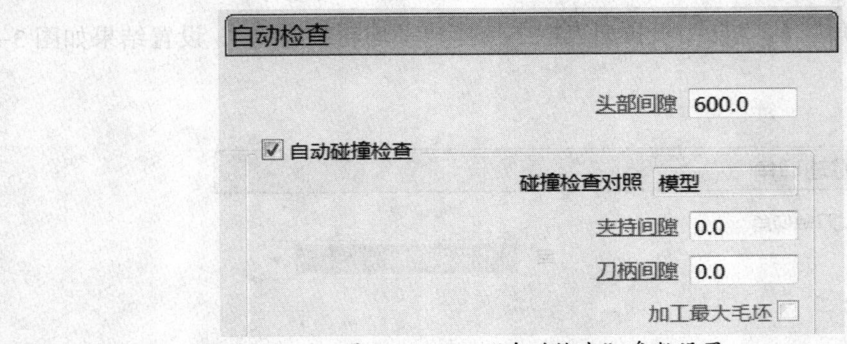

图 3—4—76 “自动检查”参数设置

选择 刀轴标签。在“刀轴”选项卡中设置如下参数：

❑在“刀轴”下拉列表框中选择“自动”。

❑选中“刀轴光顺”复选框。

设置结果如图 3—4—77 所示。

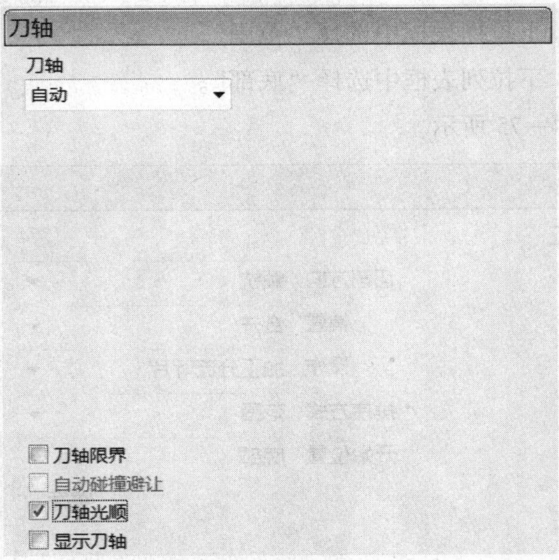

刀轴
刀轴
自动
刀轴限界
自动碰撞避让
刀轴光顺
显示刀轴

图 3—4—77 “刀轴”选项卡

选择 快进高度标签。在“快进高度”选项卡中设置如下参数：

❑在“安全区域”下拉列表框中选择“平面”。

❑在“用户坐标系”下拉列表框中选择“G54”。

❑“法线”设置为“0.0”“0.0”“1.0”。

❑“快进高度”设置为“25.0”。

❑“下切高度”设置为“20.0”。

设置结果如图 3—4—78 所示。

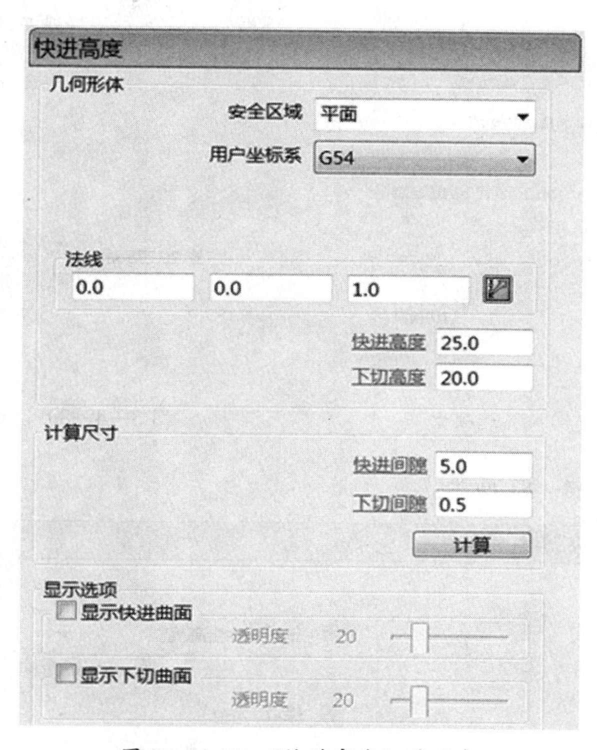

图 3—4—78 “快进高度”选项卡

选择 切入切出和连接 切入 标签中“切入”标签。在“切入”选项卡的“第一选择”下拉列表框中选择“延伸移动”，“距离”设置为“5.0”，并且选中“增加切入切出到短连接”复选框，单击“切出和切入相同”按钮，把“切入”的参数全部复制给“切出”，如图 3—4—79 所示。单击“连接”标签，在“连接”选项卡的“短”下拉列表框中选择“圆形圆弧”，“长”下拉列表框中选择“掠过”，“缺省”下拉列表框中选择“相对”，“长/短分界值”设置为“5000.0”。设置结果如图 3—4—80 所示。

选择 开始点标签，在“开始点”选项卡中设置如下参数：

❑在“使用”下拉列表框中选择“第一点安全高度”。

❑在“沿…接近”下拉列表框中选择“刀轴”。

❑“接近距离”设置为“5.0”。

切入

第一选择 延伸移动

距离 5.0

角度 0.0

半径 0.0

斜向选项...

重叠距离(刀具直径单位) 0.0

移动开始点 ☑

增加切入切出到短连接 ☑

☑ 刀轴不连续处增加切入切出

角度限界 90.0

过切检查 ☑

图 3—4—79 “切入”选项卡

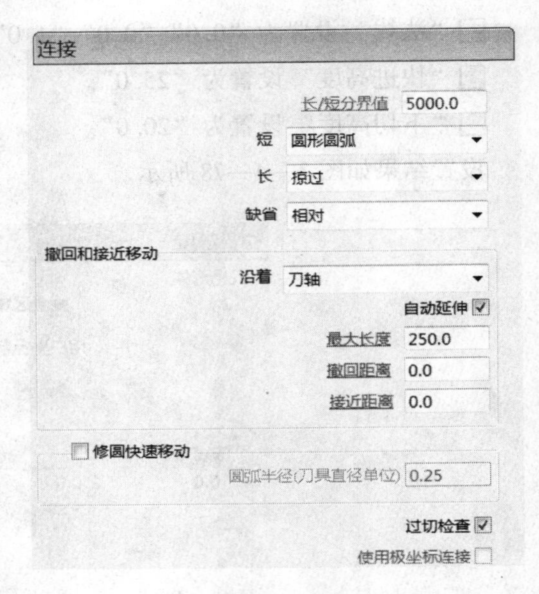

图 3—4—80 “连接”选项卡

设置结果如图 3—4—81 所示。

开始点

方法

使用 第一点安全高度

替代刀轴 ☐

沿...接近 刀轴

接近距离 5.0

坐标

0.0 0.0 25.0

刀轴

0.0 0.0 1.0

图 3—4—81 “开始点”参数设置

选择结束点标签，在“结束点”选项卡中设置如下参数：

- ☐ 在“使用”下拉列表框中选择“最后一点安全高度”。
- ☐ 在“沿…撤回”下拉列表框中选择“刀轴”。
- ☐ “撤回距离”设置为“5.0”。

设置结果如图 3—4—82 所示。

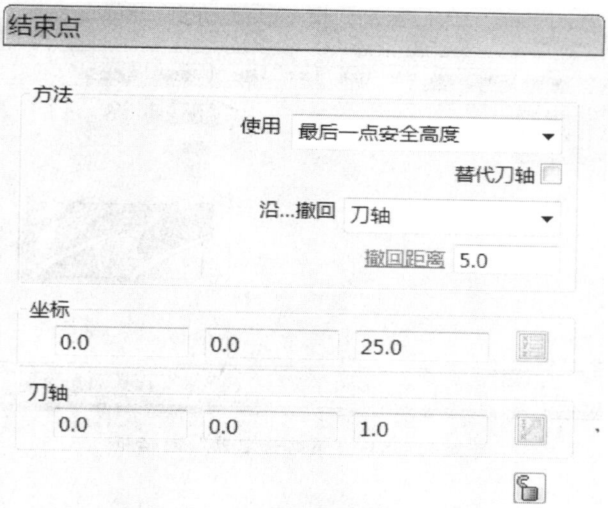

结束点

方法

使用 最后一点安全高度

替代刀轴

沿...撤回 刀轴

撤回距离 5.0

坐标

0.0 0.0 25.0

刀轴

0.0 0.0 1.0

图 3—4—82 “结束点”参数设置

“叶片精加工”对话框的其余参数保持默认，设置完毕单击“计算”按钮。刀具路径生成后单击“取消”按钮，接着单击用户界面最右边“查看工具栏”中的“ISO1”按钮，用户界面产生如图 3—4—83 所示的“3T1BM6-BJ-01”半精加工刀具路径。

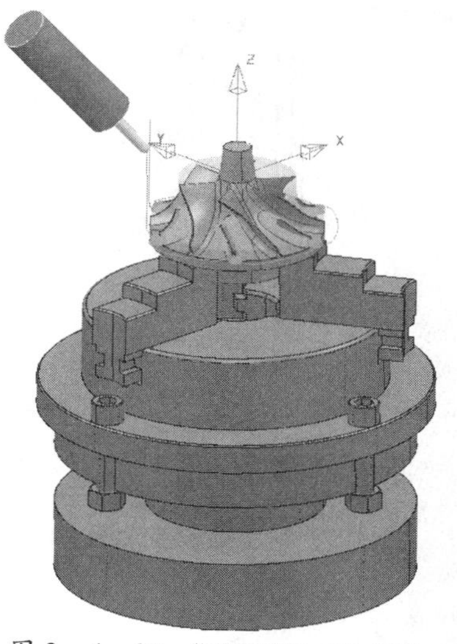

图 3—4—83 “3T1BM6-BJ-01”半精加工刀具路径

3）创建“轮毂半精加工”刀具路径。单击用户界面上部“主工具栏”中的“刀具路径策略”按钮，弹出如图 3—4—84 所示的“策略选取器”对话框。

单击“叶盘”标签，然后选择“轮毂精加工”选项，如图 3—4—84 所示，单击“接受”按钮，将弹出如图 3—4—85 所示的“轮毂精加工”对话框。

在此对话框中设置如下参数：

❑“刀具路径名称”改为“4T1BM6-BJ-01”。

❑ 在“轮毂”下拉列表框中选择“轮毂”。

❑ 在“套”下拉列表框中选择“轮套”。

❑ 在“左翼叶片”下拉列表框中选择“左翼叶片”。

❑ 在“右翼叶片”下拉列表框中选择“右翼叶片”。

❑ 在“分流叶片”下拉列表框中选择“分流叶片”。

❑“公差”设置为“0.05”。

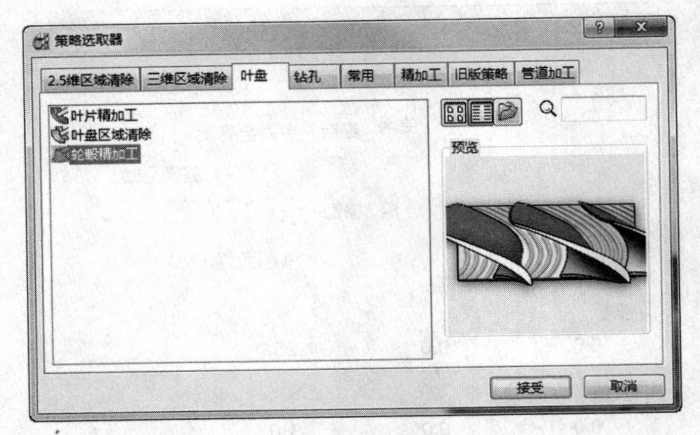

图 3—4—84 “策略选取器”对话框

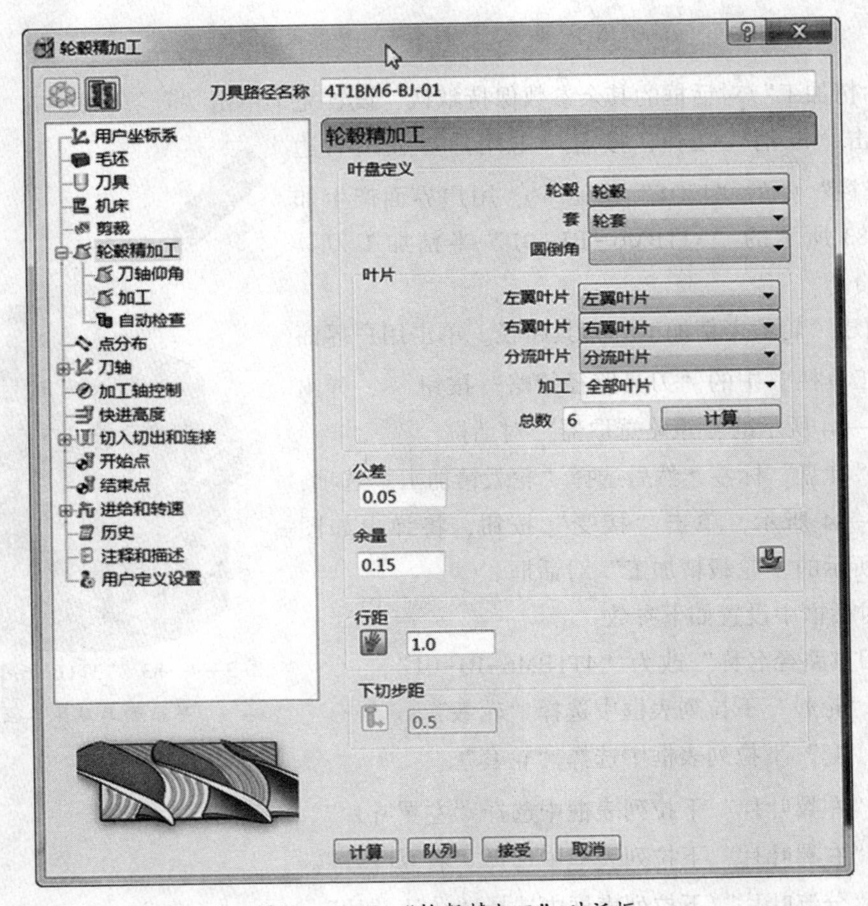

图 3—4—85 “轮毂精加工”对话框

❑“余量”设置为“0.15”。

❑“行距”设置为“1.0”。

❑在“加工”下拉列表框中选择“全部叶片”，然后单击“总数”右边的“计算”按钮，计算叶片总数，计算结果为“6”。

在“轮毂精加工”对话框中单击“部件余量”按钮，系统弹出“部件余量”对话框，如图3—4—86所示。接着在用户界面中选择“部件余量”对话框中的“智能选取”按钮，弹出“选项”对话框，如图3—4—87a所示。在“选项”对话框的“按…选取”下拉列表框中选择“层或组合”。在“层和组合”列表框中选择“轮套”→单击“增加到过滤器并选取”按钮，结果如图3—4—87b所示。单击“应用”按钮→“关闭”按钮回到“部件余量”对话框，在此对话框的“加工方式”下拉列表框中选择“忽略”，如图3—4—88所示。最后再单击“部件余量”对话框中的“应用”按钮→“接受”按钮回到“轮毂精加工”对话框。

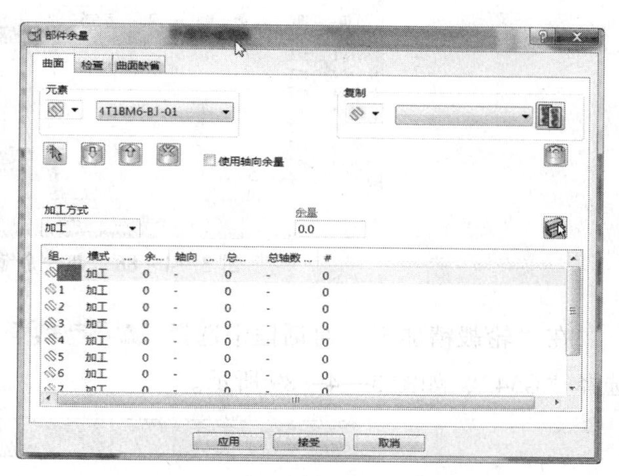

图3—4—86 “部件余量”对话框

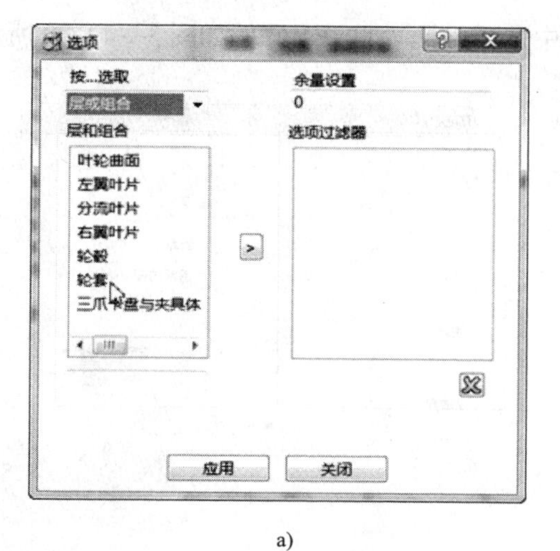

a)

b)

图3—4—87 选择“轮套”层

a）选择“轮套”层前 b）选择“轮套”层后

图 3—4—88 部件余量选择结果

在“轮毂精加工”对话框中选择 用户坐标系 标签，在“用户坐标系”下拉列表框中选择“G54”，如图 3—4—89 所示。

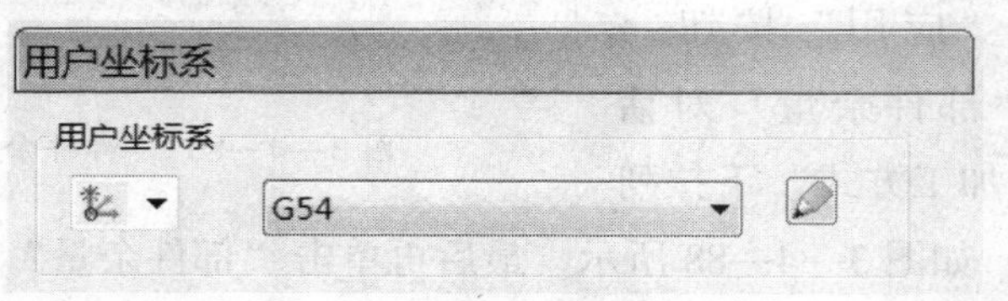

图 3—4—89 “用户坐标系”选择

选择 刀具 标签，在刀具选择下拉列表框中选择刀具“T1-BM6”，如图 3—4—90 所示。

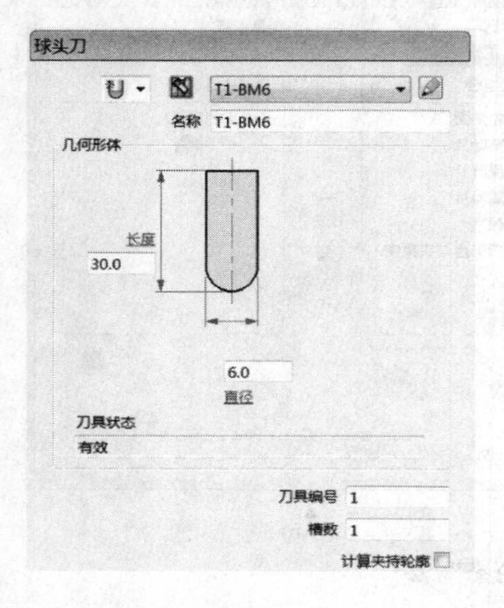

图 3—4—90 刀具选择

图 3—4—91 “剪裁”参数设置

选择剪裁标签，在“剪裁”选项卡的毛坯“剪裁”下拉列表框中选择“允许刀具中心在毛坯以外”，如图 3—4—91 所示。

选择刀轴仰角标签，在“刀轴仰角”选项卡中设置如下参数：

❏ 在“刀轴仰角”的“自”下拉列表框中选择“平均轮毂法线”，设置结果如图 3—4—92 所示。

图 3—4—92 “刀轴仰角”参数设置

选择加工标签，在“加工”选项卡中设置如下参数：

❏ 在“切削方向”下拉列表框中选择“顺铣”，设置结果如图 3—4—93 所示。

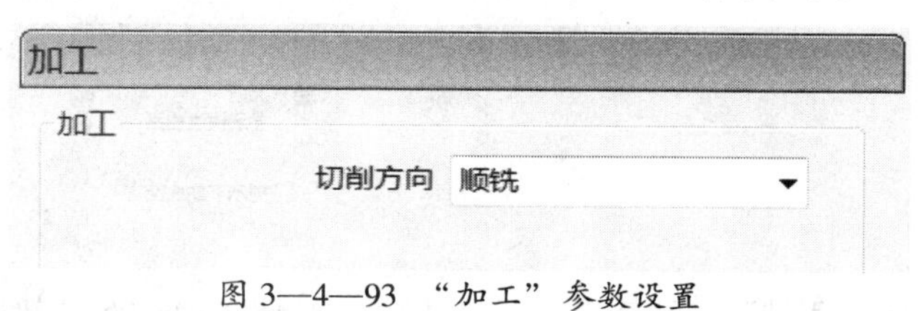

图 3—4—93 “加工”参数设置

选择自动检查标签，在“自动检查”选项卡中设置如下参数：

❏ “头部间隙”设置为“600. 0”。

❏ 选中“自动碰撞检查”复选框。

❏ “夹持间隙”设置为“0. 0”。

❏ “刀柄间隙”设置为“0. 0”。

设置结果如图 3—4—94 所示。

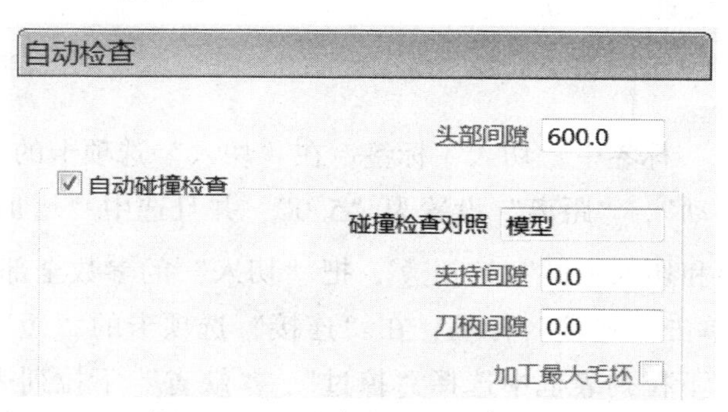

图 3—4—94 “自动检查”参数设置

选择 刀轴标签。在“刀轴”选项卡中设置如下参数：

❑ 在“刀轴”下拉列表框中选择“自动”。

❑ 选中“刀轴光顺”复选框。

选择结果如图3—4—95所示。

图3—4—95 “刀轴”选项卡

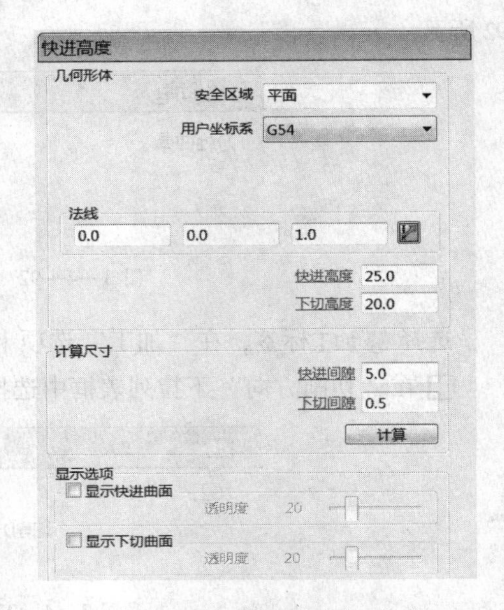

图3—4—96 “快进高度”选项卡

选择 快进高度标签。在“快进高度”选项卡中设置如下参数：

❑ 在“安全区域”下拉列表框中选择“平面”。

❑ 在“用户坐标系”下拉列表框中选择“G54”。

❑ “法线”设置为“0.0”0.0“1.0”。

❑ “快进高度”设置为“25.0”。

❑ “下切高度”设置为“20.0”。

选择结果如图3—4—96所示。

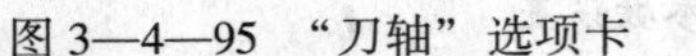

选择 标签中“切入”标签。在“切入”选项卡的“第一选择”下拉列表框中选择“延伸移动”，“距离”设置为“5.0”，并且选中“增加切入切出到短连接”复选框，单击“切出和切入相同”按钮，把“切入”的参数全部复制给“切出”，如图3—4—97所示。单击“连接”标签，在“连接”选项卡的“短”下拉列表框中选择“圆形圆弧”，“长”下拉列表框中选择“掠过”，“缺省”下拉列表框中选择“相对”，“长/短分界值”设置为“5000.0”。设置结果如图3—4—98所示。

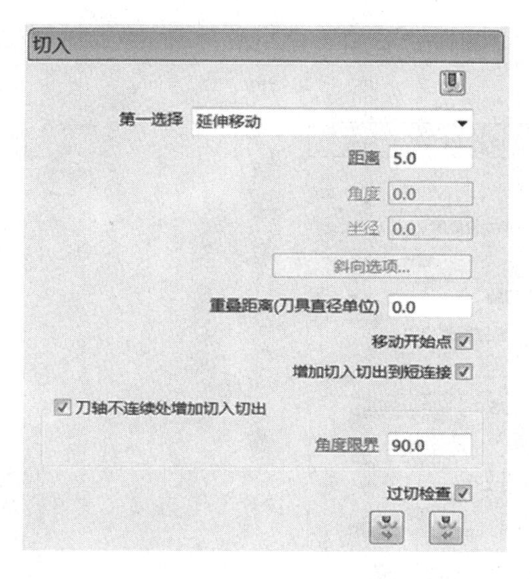

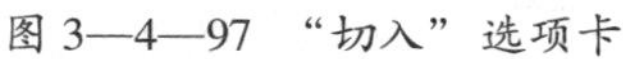
图 3—4—97 “切入”选项卡

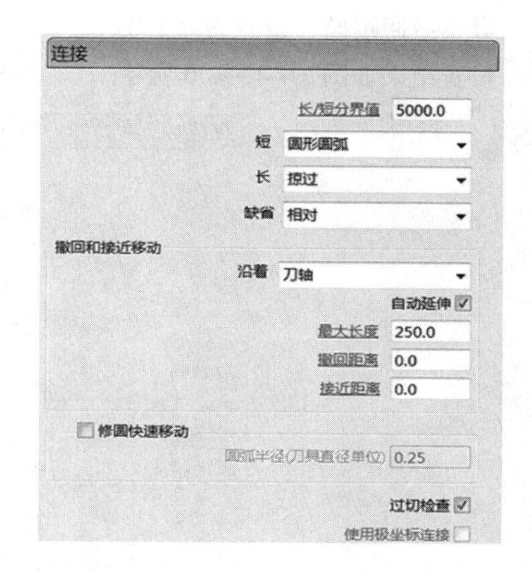

图 3—4—98 “连接”选项卡

选择开始点标签，在“开始点”选项卡中设置如下参数：

❑ 在“使用”下拉列表框中选择“第一点安全高度”。

❑ 在“沿…接近”下拉列表框中选择“刀轴”。

❑ “接近距离”设置为“5.0”。

设置结果如图 3—4—99 所示。

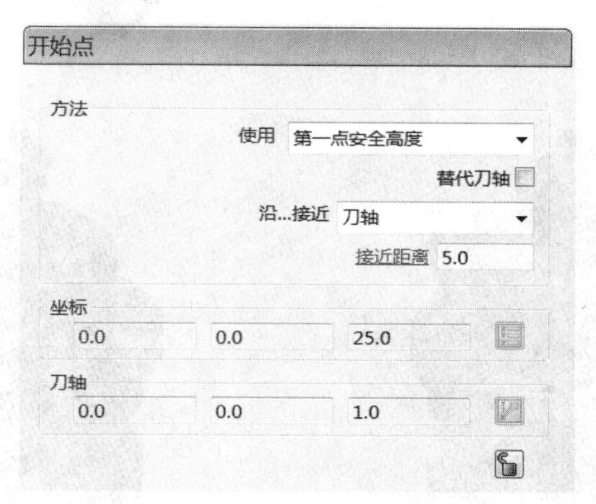

图 3—4—99 “开始点”参数设置

选择结束点标签，在“结束点”选项卡中设置如下参数：

❑ 在“使用”下拉列表框中选择“最后一点安全高度”。

❑ 在“沿…撤回”下拉列表框中选择“刀轴”。

❑“撤回距离”设置为“5.0”。

设置结果如图 3—4—100 所示。

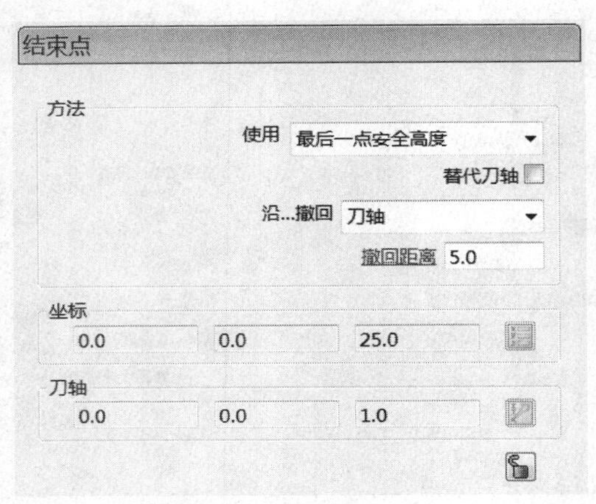

图 3—4—100 “结束点”参数设置

“轮毂精加工”对话框的其余参数保持默认，设置完毕单击“计算”按钮。刀具路径生成后单击“取消”按钮，接着单击用户界面最右边“查看工具栏”中的“ISO1”按钮，用户界面产生如图 3—4—101 所示的“4T1BM6-BJ-01”半精加工刀具路径。

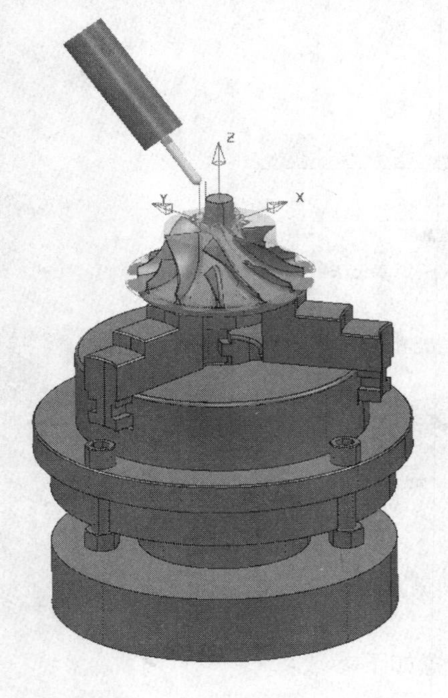

图 3—4—101 “4T1BM6-BJ-01”
半精加工刀具路径

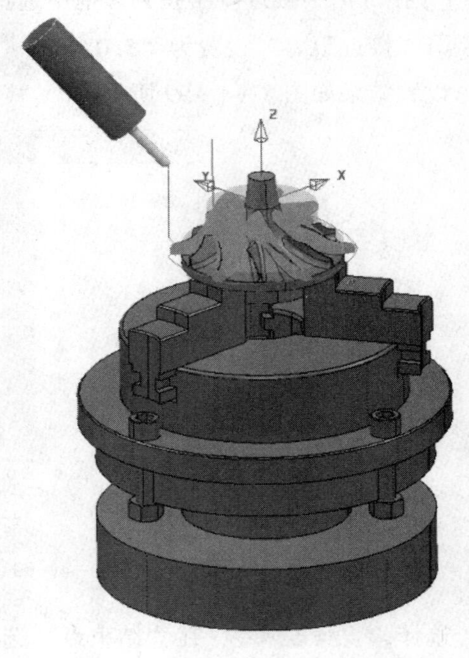

图 3—4—102 “5T2BM6-J-01”
刀具路径

（3）精加工刀具路径的产生

1）创建“大叶片精加工”刀具路径。按照上述建立“2T1BM6-BJ-01”刀具路径方法，只是在“叶片精加工”对话框中将“刀具路径名称”改为“5T2BM6-J-01”，“刀具”下拉列表框中选择“T2-BM6”，“公差”设置为“0.01”，“余量”设置为“0.0”，“行距”设置为“0.2”，其余参数不变。然后计算刀具路径，得到如图3—4—102所示的“5T2BM6-J-01”刀具路径。

2）创建“小叶片精加工”刀具路径。按照上述建立“3T1BM6-BJ-01”刀具路径方法，只是在“叶片精加工”对话框中将“刀具路径名称”改为“6T2BM6-J-01”，“刀具”下拉列表框中选择“T2-BM6”，“公差”设置为“0.01”，“余量”设置为“0.0”，“行距”设置为“0.2”，其余参数不变。然后计算刀具路径，得到如图3—4—103所示的“6T2BM6-J-01”刀具路径。

3）创建“轮毂精加工”刀具路径。按照上述建立“4T1BM6-BJ-01”刀具路径方法，只是在“轮毂精加工”对话框中将“刀具路径名称”改为“7T2BM6-J-01”，“刀具”下拉列表框中选择“T2-BM6”，“公差”设置为“0.01”，“余量”设置为“0.0”，“行距”设置为“0.3”，其余参数不变。然后计算刀具路径，得到如图3—4—104所示的“7T2BM6-J-01”刀具路径。

图3—4—103 “6T2BM6-J-01”刀具路径

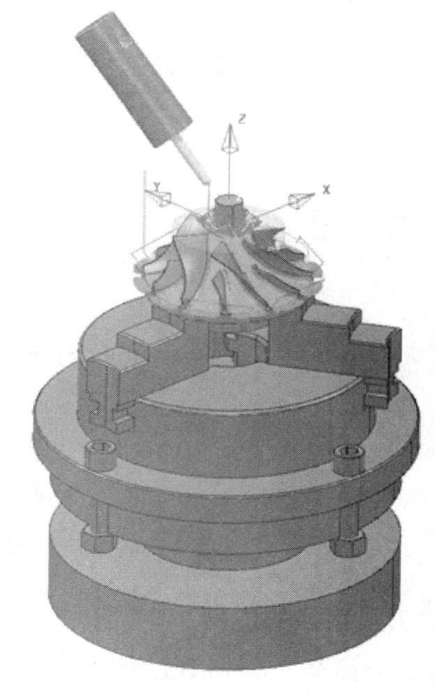

图3—4—104 “7T2BM6-J-01”刀具路径

三、刀具路径仿真

1. 仿真前的准备

如图 3—4—105 所示，单击下拉菜单“查看”→“工具栏”命令，分别选择“仿真”和“ViewMill”菜单。这时在用户界面中出现“仿真工具栏”和“ViewMill 工具栏”，如图 3—4—106 所示。

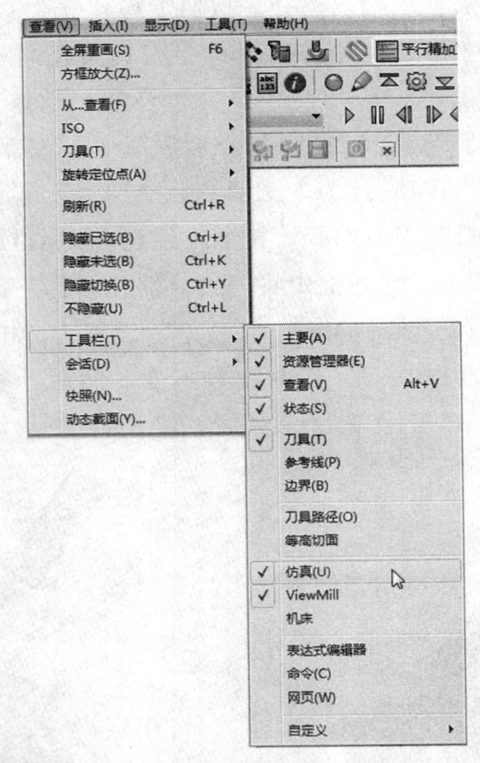

图 3—4—105 打开“仿真工具栏”和“ViewMill 工具栏”

图 3—4—106 “仿真工具栏”和“ViewMill 工具栏”

2. 刀具路径的仿真

将鼠标移至 PowerMILL 浏览器中“刀具路径”下的“1T1BM6-C-01”，然后右击，选择“激活”选项，如图 3—4—107 所示。

激活后的刀具路径“1T1BM6-C-01”前面将产生一个“>”符号，指示灯变亮，如图

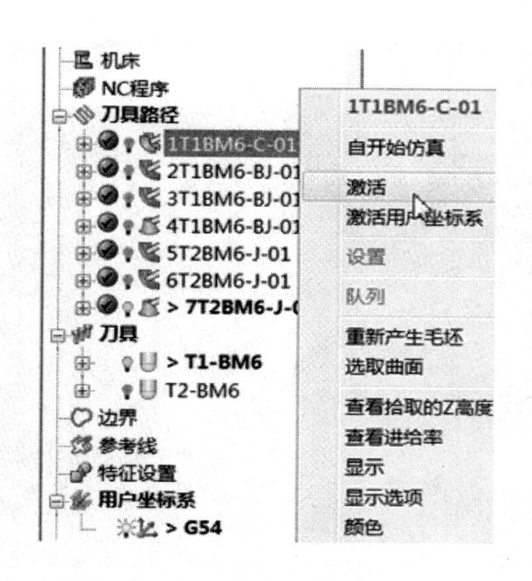

图 3—4—107 激活“1T1BM6-C-01”刀具路径

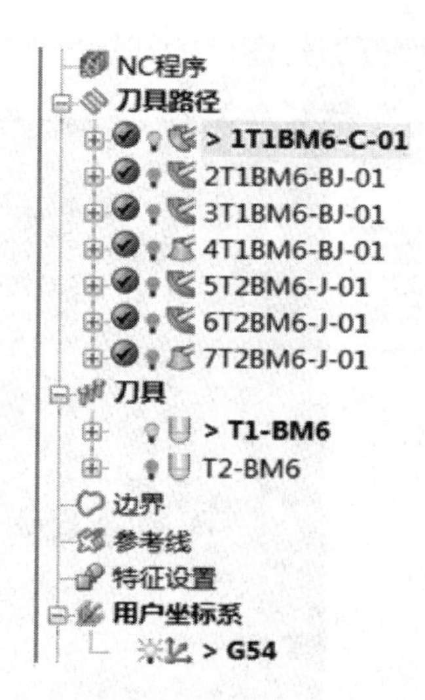

图 3—4—108 激活后的刀具路径“1T1BM6-C-01”

3—4—108 所示，同时用户界面将再次显示如图 3—4—47 所示的模型和刀具路径。

将鼠标移至 PowerMILL 浏览器中“刀具路径”下的“1T1BM6-C-01”，然后右击，选择“自开始仿真”选项，如图 3—4—109 所示。接着单击用户界面上部“ViewMill 工具栏”中的“开/关 ViewMill”按钮，此时将激活“ViewMill 工具栏”，如图 3—4—110 所示。然后单击“切削方向阴影图像”按钮，这时绘图区进入仿真界面，如图 3—4—111 所示。

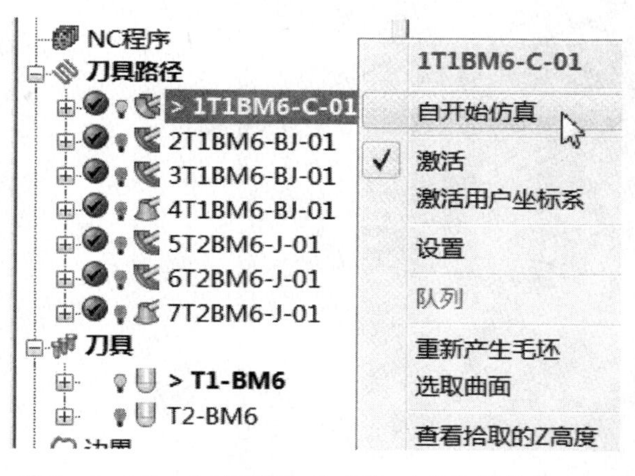

图 3—4—109 “1T1BM6-C-01”刀具路径仿真

图 3—4—110 “ViewMill 工具栏”

单击“仿真工具栏”中的“运行”按钮，如图 3—4—112 所示，执行“1T1BM6-

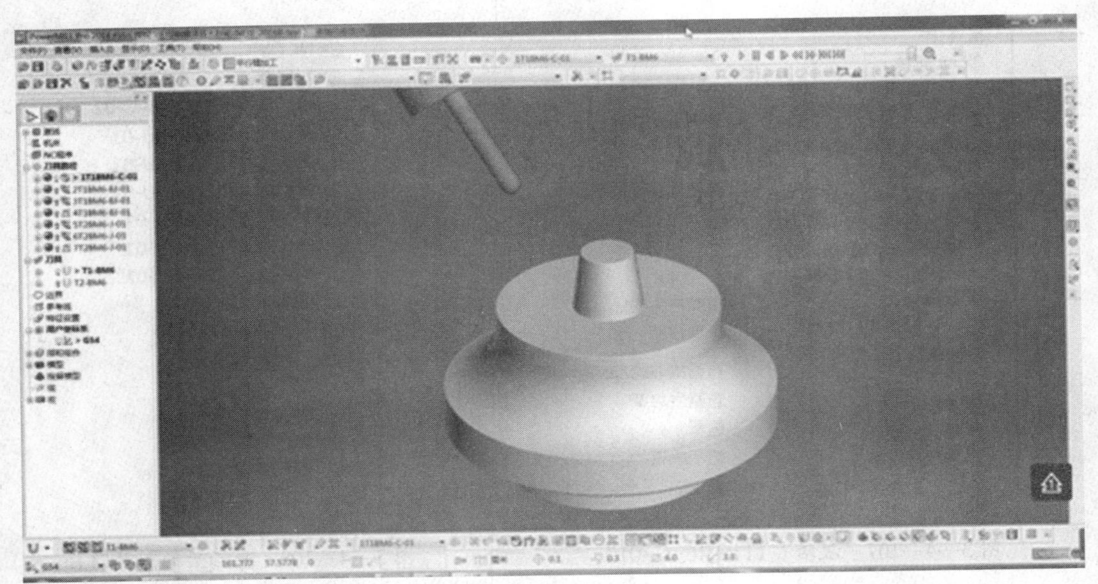

图 3—4—111　仿真界面显示

图 3—4—112　“仿真工具栏”

C-01”刀具路径的仿真，仿真结果如图 3—4—113 所示。

图 3—4—113　刀具路径“1T1BM6-C-01”仿真结果

将刀具路径“2T1BM6-BJ-01”激活。鼠标移至PowerMILL浏览器中“刀具路径”下的“2T1BM6-BJ-01”，然后右击，选择“自开始仿真”选项，如图3—4—114所示。单击“仿真工具栏”中的“运行”按钮▷，执行半精加工刀具路径的仿真，仿真结果如图3—4—115所示。

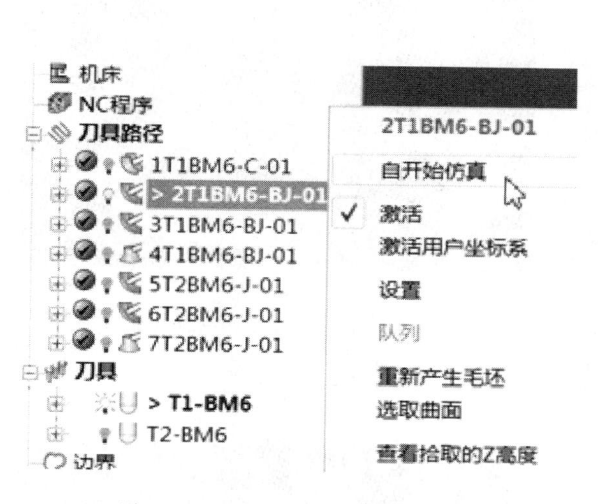

图3—4—114 “2T1BM6-BJ-01”刀具路径仿真

图3—4—115 “2T1BM6-BJ-01”刀具路径仿真结果

将刀具路径“3T1BM6-BJ-01”激活。鼠标移至PowerMILL浏览器中“刀具路径”下的“3T1BM6-BJ-01”，然后右击，选择“自开始仿真”选项，如图3—4—116所示。单击“仿真工具栏”中的“运行”按钮▷，执行半精加工刀具路径的仿真，仿真结果如图3—4—117所示。

将刀具路径“4T1BM6-BJ-01”激活。鼠标移至PowerMILL浏览器中“刀具路径”下的“4T1BM6-BJ-01”，然后右击，选择“自开始仿真”选项，如图3—4—118所示。单击“仿真工具栏”中的“运行”按钮▷，执行半精加工刀具路径的仿真，仿真结果如图3—4—119所示。

将刀具路径“5T2BM6-J-01”激活。鼠标移至PowerMILL浏览器中“刀具路径”下的“5T2BM6-J-01”，然后右击，选择“自开始仿真”选项，如图3—4—120所示。单击“仿真工具栏”中的“运行”按妞▷，执行精加工刀具路径的仿真，仿真结果如图3—4—121所示。

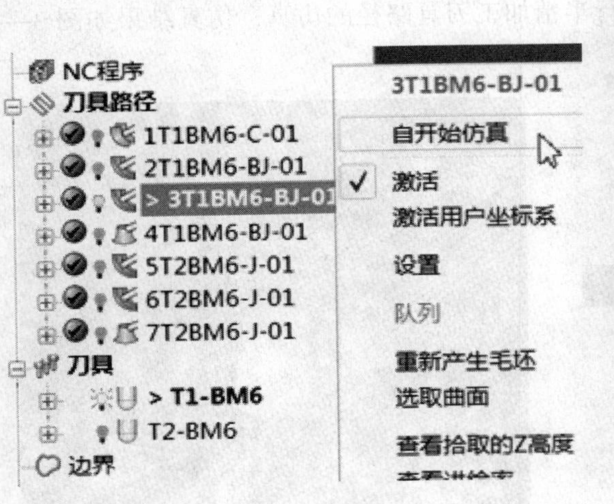

图 3—4—116 “3T1BM6-BJ-01”
刀具路径仿真

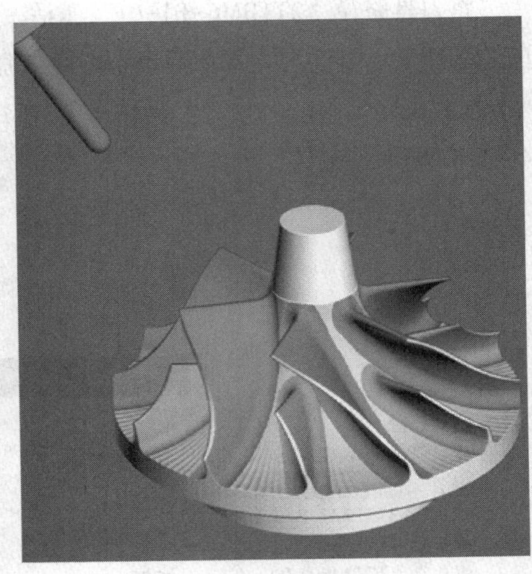

图 3—4—117 “3T1BM6-BJ-01”
刀具路径仿真结果

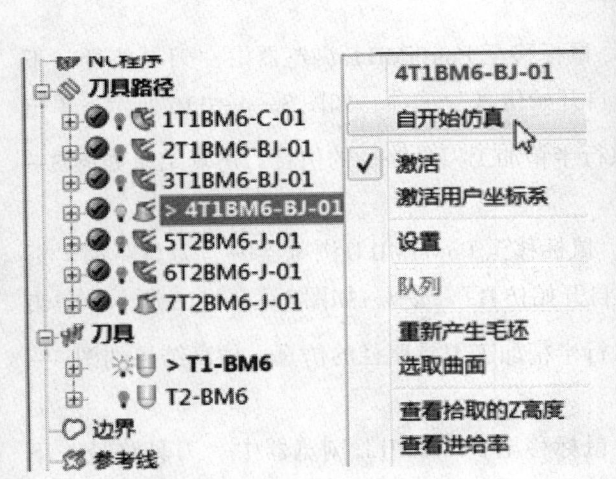

图 3—4—118 “4T1BM6-BJ-01”
刀具路径仿真

图 3—4—119 “4T1BM6-BJ-01”
刀具路径仿真结果

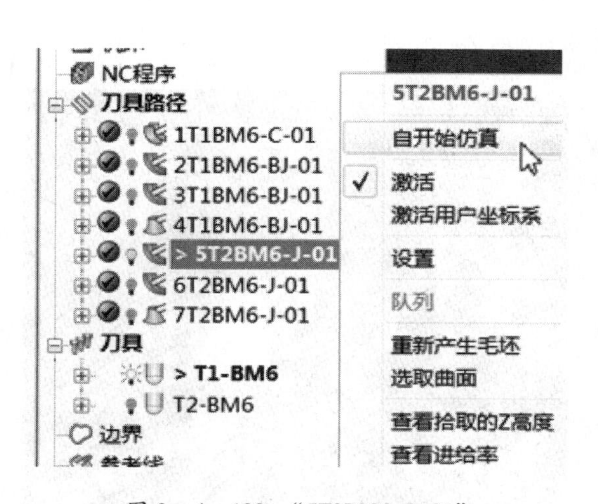

图 3—4—120 “5T2BM6-J-01”
刀具路径仿真

图 3—4—121 “5T2BM6-J-01”
刀具路径仿真结果

将刀具路径“6T2BM6-J-01”激活。鼠标移至 PowerMILL 浏览器中“刀具路径”下的“6T2BM6-J-01”，然后右击，选择“自开始仿真”选项，如图 3—4—122 所示。单击“仿真工具栏”中的“运行”按钮▷，执行精加工刀具路径的仿真，仿真结果如图 3—4—123 所示。

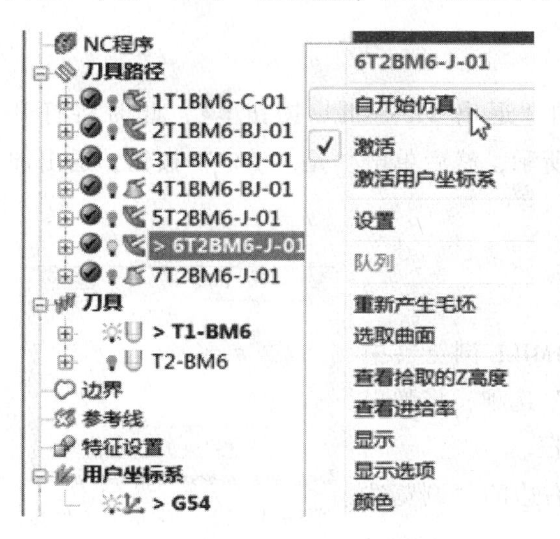

图 3—4—122 “6T2BM6-J-01”
刀具路径仿真

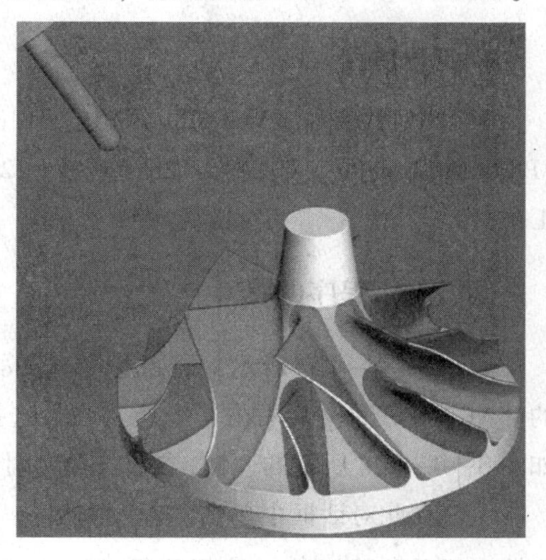

图 3—4—123 “6T2BM6-J-01”
刀具路径仿真结果

将刀具路径“7T2BM6-J-01”激活。鼠标移至 PowerMILL 浏览器中“刀具路径”下的“7T2BM6-J-01”，然后右击，选择“自开始仿真”选项，如图 3—4—124 所示。单击“仿真工具栏”中的“运行”按钮，执行精加工刀具路径的仿真，仿真结果如图 3—4—125 所示。

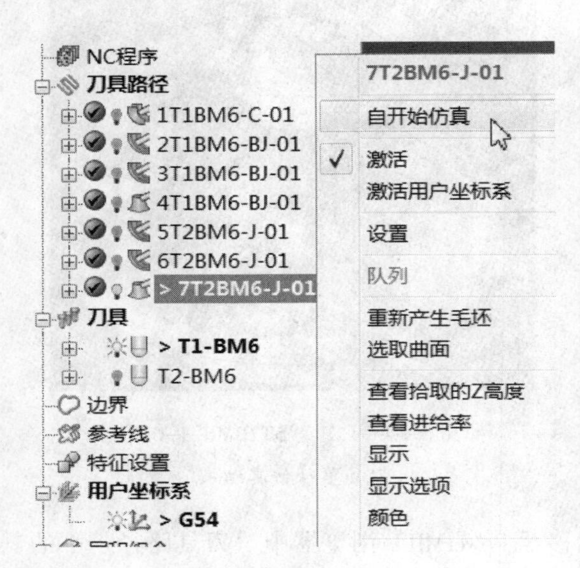

图 3—4—124 “7T2BM6-J-01” 刀具路径仿真

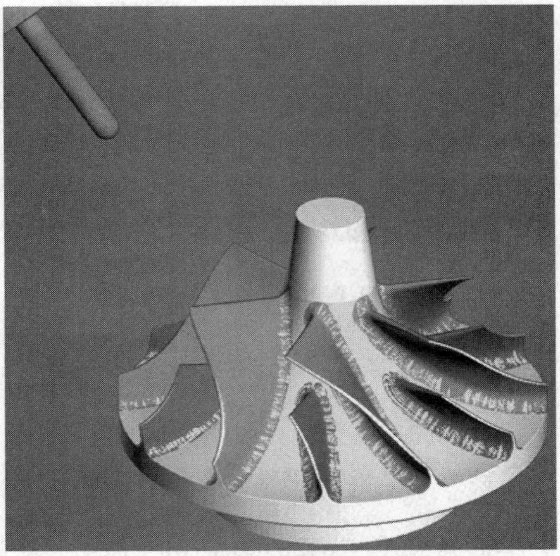

图 3—4—125 “7T2BM6-J-01” 刀具路径仿真结果

3. 退出仿真

单击用户界面“ViewMill 工具栏”中的“退出 ViewMill”按钮，此时将打开“PowerMILL 询问”对话框，如图 3—4—126 所示，然后单击“是（Y）”按钮，退出加工仿真。

四、NC 程序的产生

图 3—4—126 退出加工仿真

如图 3—4—127 所示，将鼠标移至 PowerMILL 浏览器中的“NC 程序”，然后右击，选择“参数选择”选项，将弹出如图 3—4—128 所示的“NC 参数选择”对话框。

在此对话框中单击“输出文件夹”右边的“浏览选取输出目录”按钮，选择路径“E：\ NC”（此文件夹必须存在），接着单击“机床选项文件”右边的“浏览选取读取文件”按钮，将弹出如图

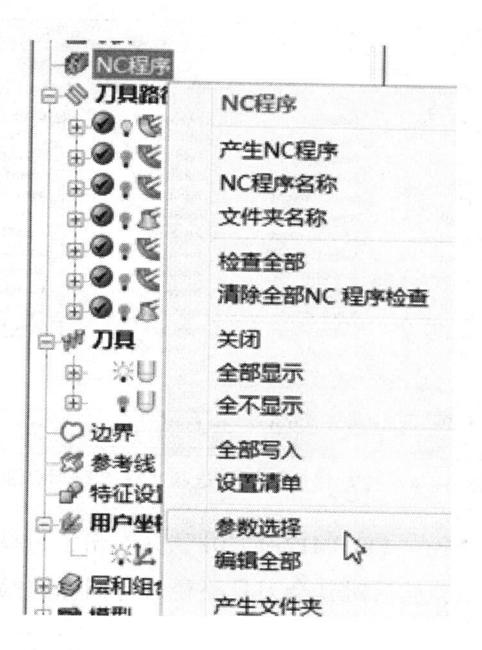

图 3—4—127　NC 程序参数选择

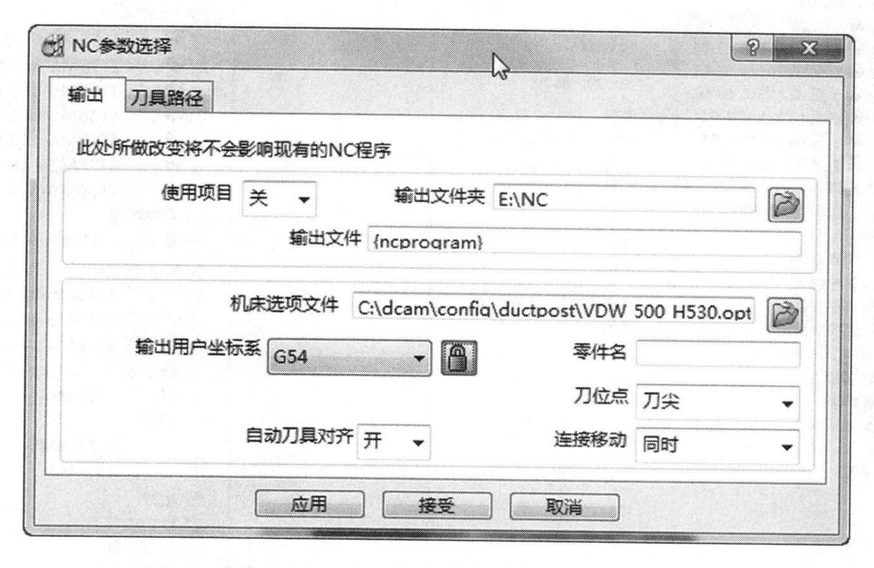

图 3—4—128　“NC 参数选择”对话框

3—4—129 所示的“选取机床选项文件名”对话框，选择“VDW_ 500_ H530. opt”文件并打开，在“输出用户坐标系”下拉列表框中选择“G54”用户坐标系。最后单击“NC参数选择”对话框中的“应用”和“接受”按钮。

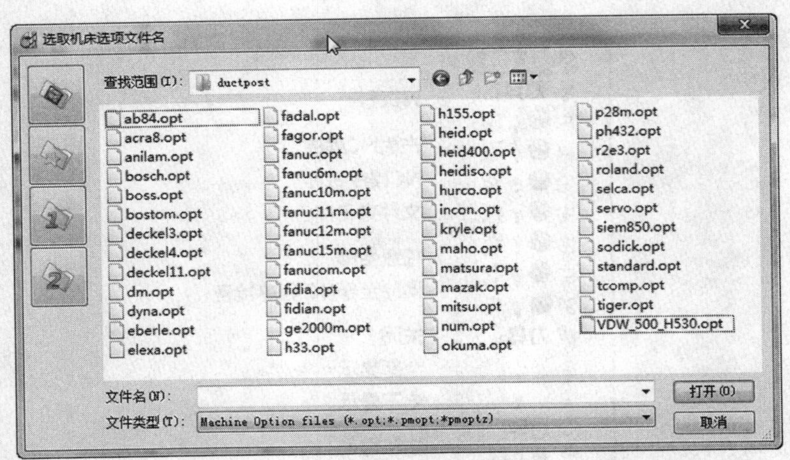

图 3—4—129 “选取机床选项文件名”对话框

接着将鼠标移至刀具路径“1T1BM12-C-01”并右击，选择“产生独立的 NC 程序”选项，如图 3—4—130 所示，然后对其余刀具路径进行同样的操作。结果如图 3—4—131 所示。

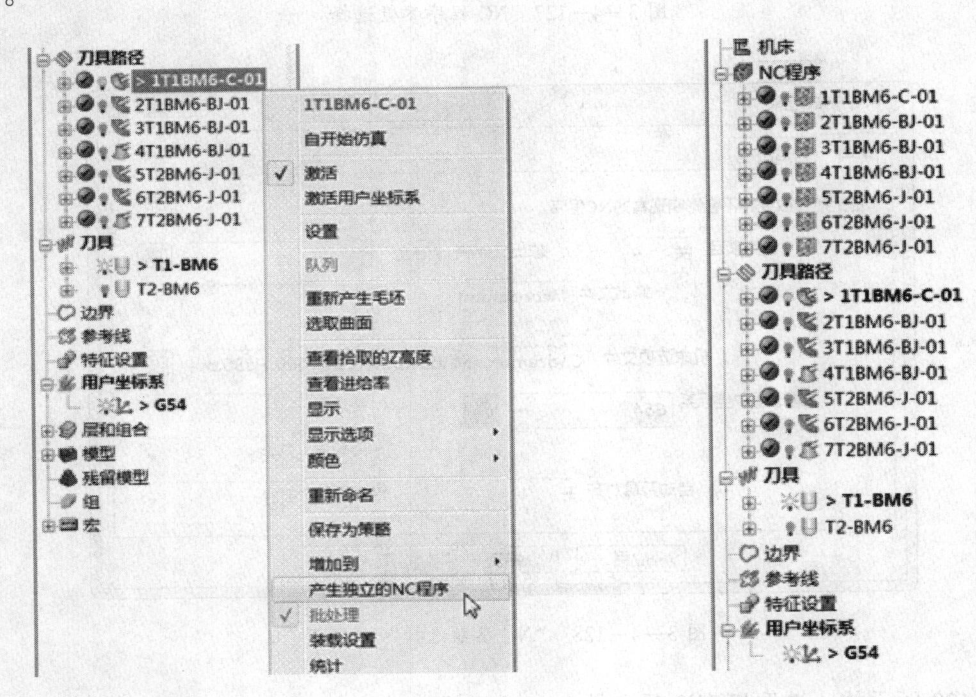

图 3—4—130 右击选择“产生独立的 NC 程序”

图 3—4—131 PowerMILL 浏览器——NC 程序浏览

最后将鼠标移至“NC 程序”，右击，选择“全部写入”选项，如图 3—4—132 所示，程序自动运行产生 NC 代码。然后在文件夹“E:\NC”下将产生 7 个 . tap 格式的文件，即 1T1BM6-C-01. tap、2T1BM6-BJ-01. tap 等。学生可以通过记事本分别打开这 7 个文件，查看 NC 数控代码。

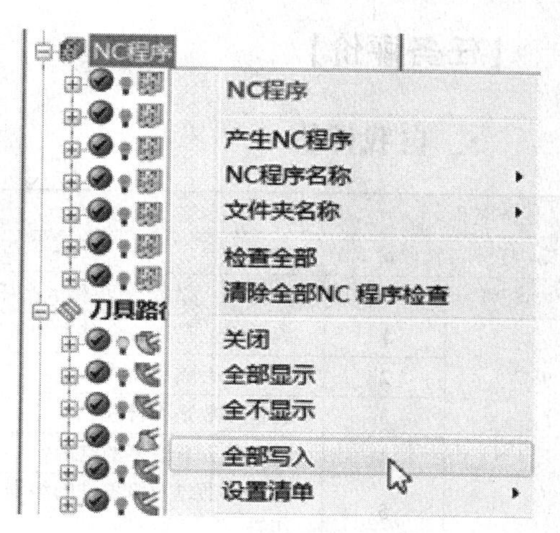

图 3—4—132 写入 NC 程序

五、保存加工项目

单击用户界面上部“主工具栏”中的“保存此 PowerMILL 项目”按钮，弹出如图 3—4—133 所示的“保存项目为”对话框，在“保存在”下拉列表框中选择项目要存盘的路径“D:\ TEMP \ 增压叶轮”，在“文件名”文本框中输入项目文件名称“增压叶轮”，然后单击“保存”按钮。

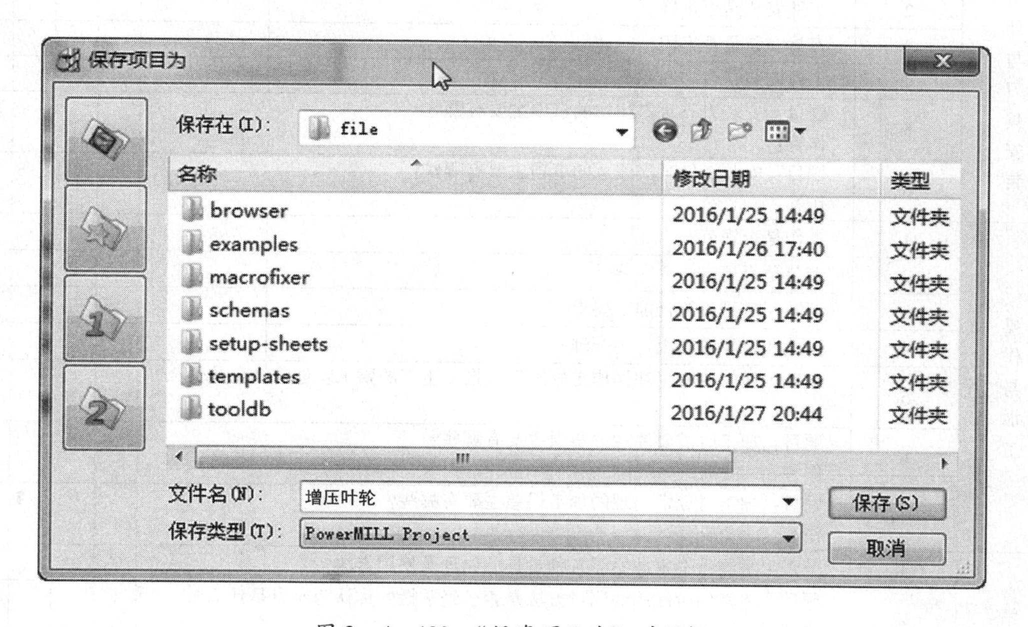

图 3—4—133 “保存项目为”对话框

此时在文件夹“D:\TEMP”下将存有项目文件“增压叶轮”。项目文件的图标为，其功能类似于文件夹，在此项目的子路径中保存了这个项目的信息，包括毛坯信息、刀具信息和刀具路径信息等。

【任务评价】

一、自我评价

任务名称			课时				
任务自我评价成绩			任课教师				
类别	序号	自我评价项目	结果	A	B	C	D
编程	1	编程工艺是否符合基本加工工艺？					
	2	程序能否顺利完成加工？					
	3	编程参数是否合理？					
	4	程序是否有过多的空刀？					
	5	题目：通过对该零件的编程你的收获主要是什么？ 作答：					
	6	题目：你设计本程序的主要思路是什么？ 作答：					
	7	题目：你是如何完成程序的完善与修改的？ 作答：					
工件与刀具安装	1	刀具安装是否正确？					
	2	工件安装是否正确？					
	3	刀具安装是否牢固？					
	4	工件安装是否牢固？					
	5	题目：安装刀具时需注意的事项主要有哪些？ 作答：					
	6	题目：安装工件时需注意的事项主要有哪些？ 作答：					
操作与加工	1	操作是否规范？					
	2	着装是否规范？					
	3	切削用量是否符合加工要求？					
	4	刀柄和刀片的选用是否合理？					
	5	题目：如何使加工和操作更好地符合批量生产的要求？你的体会是什么？ 作答：					
	6	题目：加工时需要注意的事项主要有哪些？ 作答：					
	7	题目：加工时经常出现的加工误差主要有哪些？ 作答：					
精度检测	1	是否了解测量本零件所需各种量具的原理及使用方法？					
	2	题目：本零件所使用的测量方法是否已经掌握？你认为难点是什么？ 作答：					
	3	题目：本零件精度检测的主要内容是什么？采用了哪种方法？ 作答：					
	4	题目：批量生产时，你将如何检测该零件的各项精度要求？ 作答：					

（本部分综合成绩）合计：

续表

自我总结	
学生签名： 年　月　日	指导教师签名： 年　月　日

二、小组互评

序号	小组评价项目	评价情况			
		A	B	C	D
1	与其他同学口头交流学习内容是否顺畅？				
2	是否尊重他人？				
3	学习态度是否积极主动？				
4	是否服从教师教学安排和管理？				
5	着装是否符合标准？				
6	能否正确领会他人提出的学习问题？				
7	是否按照安全规范进行操作？				
8	能否辨别工作环境中哪些是危险因素？				
9	是否合理规范地使用工具和量具？				
10	能否保持学习环境的干净、整洁？				
11	是否遵守学习场所的规章制度？				
12	是否对工作岗位有责任心？				
13	能否达到全勤要求？				
14	能否正确地对待肯定与否定的意见？				
15	团队学习中主动与同学合作的情况如何？				

参与评价同学签名：

年　月　日

三、教师评价

教师总体评价：

教师签名：__________　　　年　月　日

【习题】

一、思考题

1. 在 PowerMILL 软件中对叶轮的各加工要素是怎样定义的？
2. 在 PowerMILL 软件中进行编程时的注意事项有哪些？
3. 简述在 PowerMILL 软件中创建“轮毂精加工”刀具路径的过程。
4. 简述在 PowerMILL 软件中创建“叶片精加工”刀具路径的过程。
5. 简述在 PowerMILL 软件中创建“叶盘区域清除”刀具路径的过程。

二、练习图样

完成图 3—4—134 所示的叶轮加工程序的编写（文件为随书光盘中的“练习叶轮.dgk”）。

图 3—4—134　叶轮三维图